Ludimar Hermann

Grundriss der Physiologie des Menschen

Ludimar Hermann

Grundriss der Physiologie des Menschen

ISBN/EAN: 9783742813169

Hergestellt in Europa, USA, Kanada, Australien, Japan

Cover: Foto ©Klaus-Uwe Gerhardt /pixelio.de

Manufactured and distributed by brebook publishing software
(www.brebook.com)

Ludimar Hermann

Grundriss der Physiologie des Menschen

GRUNDRISS

DER

PHYSIOLOGIE

DES MENSCHEN

VON

Dr. L. HERMANN

IN BERLIN.

ZWEITE GÄNZLICH UMGEARBEITETE AUFLAGE.

Mit in den Text eingedruckten Holzschnitten.

BERLIN 1867.

VERLAG VON AUGUST HIRSCHWALD.

UNTER DEN LINDEN 68.

Vorwort zur ersten Auflage.

Für das Handbuch ist in einer Wissenschaft, welche erst wenige abgeschlossene Capitel aufweist, und welcher in den Hauptfragen fast durchweg ungelöste Räthsel vorliegen, vielleicht die blosse Aneinanderreihung der Thatsachen die geeignetste Form, jedenfalls aber die sicherste, da sie sich der Hypothesen gänzlich entschlägt. In diesem Grundriss dagegen hat der Verfasser versucht, mit Zugrundelegung der neueren naturwissenschaftlichen Anschauungen dem physiologischen Lehrstoff eine systematisch abgerundete Form zu geben, natürlich überall mit sorgfältiger Bezeichnung des Thatsächlichen und des Hypothetischen; das Schema hierzu ist in der Einleitung enthalten. Dem Anfänger kann nur durch diese Darstellungsform ein Ueberblick über die Bestrebungen der physiologischen Forschung und die Anregung zur eigenen Betheiligung gegeben werden. Freilich sind die Schwierigkeiten einer solchen Darstellung zu gross, als dass sich der Verfasser nicht bewusst wäre, wie weit er von der Erreichung seines Zieles entfernt ist.

Nur dieser Standpunct war im Vorwort ausdrücklich zu erwähnen und Vielen gegenüber zu entschuldigen. Welche

Anschauungen und Bestrebungen im Speciellen bei der Abfassung geleitet haben, wird sich besser aus der Prüfung des Inhalts, als aus Vorbemerkungen ergeben.

Die Abbildungen sind, dem gewöhnlichen Brauche entgegen, auf das Nothwendigste beschränkt, nie jedoch da weggelassen, wo sie zum Verständniss erforderlich schienen. Der nachdenkende Leser wenigstens wird sie nirgends vermissen.

Literaturangaben sind, dem Zwecke des Buches entsprechend, bis auf die gebräuchlichen Angaben der Autoren nicht gemacht; bei der Auswahl der letzteren haben hauptsächlich zwei Rücksichten geleitet: erstens sind sie angebracht bei bestrittenen oder noch unbestätigten Angaben, um die Verantwortlichkeit auf den Urheber zu übertragen, zweitens aber bei hervorragenden Untersuchungen, um den Leser mit den bedeutendsten Namen der physiologischen Forschung bekannt zu machen.

Berlin, im August 1863.

Vorwort zur zweiten Auflage.

Bei dieser zweiten Bearbeitung bin ich bemüht gewesen, die reichen Ergebnisse, welche die physiologische Forschung in den letzten Jahren gewonnen hat, sorgfältig einzureihen. Viele Abschnitte sind wesentlich verändert, einige von Grund aus neu abgefasst worden, so namentlich die Lehre von den chemischen Bestandtheilen des

Körpers, vom Chemismus der Athmung, von den nervösen Centralorganen.

Ueber eine Neuerung, welche vielleicht Manchem gegenüber der Rechtfertigung bedarf, gestatte ich mir hier einige Worte, nämlich über die Einführung der modernen chemischen Anschauungen (und der damit innig zusammenhängenden neuen Atomgewichte) und eines sie veranschaulichenden Modellsystems in den Abschnitt über die chemischen Körperbestandtheile. Jeder Physiologe, der der neueren Entwicklung der Chemie gefolgt ist, wird überzeugt sein, dass die Forschungen über die Constitution der chemischen Verbindungen auch für unsere Wissenschaft von der fundamentalsten Bedeutung sind, und reiche Früchte tragen werden; deshalb glaube ich, dass der Anfänger nicht früh genug auf diese Bestrebungen hingewiesen werden kann. Dies konnte aber wie mir schien nicht nachdrücklicher, kürzer und erfolgreicher geschehen, als durch Anwendung der KEKULÉ'schen Modell-Bausteine, welche ich zu diesem Zweck in ein typographisches, leicht zu handhabendes System gebracht habe.*) Die blosse Anwendung von Formeln, obwohl für den Geübten viel handlicher als das Modell, hat für den Anfänger nichts Anziehendes und Ueberzeugendes, und bedarf wortreicher Erläuterungen, während die Modelle, wie ich aus Erfahrung an mir selbst weiss, mit Leichtigkeit in die Constitutionslehre einführen. Der Vorwurf, dass die Modelle leicht falsche Vorstellungen über Ge-

---

*) Gegen meine Absicht sind die Einschnitte, welche die Länge eines Bausteins markiren, scharf anstatt abgerundet angefertigt worden. Die letztere Form, welche Kekulé anwendet, empfiehlt sich der Uebersichtlichkeit halber bei weitem mehr.

stalt der Atome und Molecüle erwecken könnten, scheint mir unwesentlich, da diese Vorstellungen durch eine einmalige Warnung beseitigt sind, und da sie schlimmstenfalls ein so geringes Unglück sind, dass die Vortheile dadurch nicht aufgewogen werden. Es darf freilich nicht übersehen werden, dass die gedruckten Modelle hinter den körperlichen darin wesentlich zurückstehen, dass die eingreifenden Seitenketten in der Ebene der Hauptkette dargestellt werden müssen, wodurch an der Zusammenhangsstelle die Uebersicht erschwert wird. Indessen glaube ich annehmen zu dürfen, dass aufmerksame Leser einen einfachen Baukasten zu Hülfe nehmen werden, wobei sie einfach so zu verfahren haben, dass je zwei sich sättigende Affinitäten vertical übereinanderstehen; zur Erleichterung des Verständnisses setze ich hier untereinander das gedruckte (p. 24), und ein perspectivisch gezeichnetes kör-

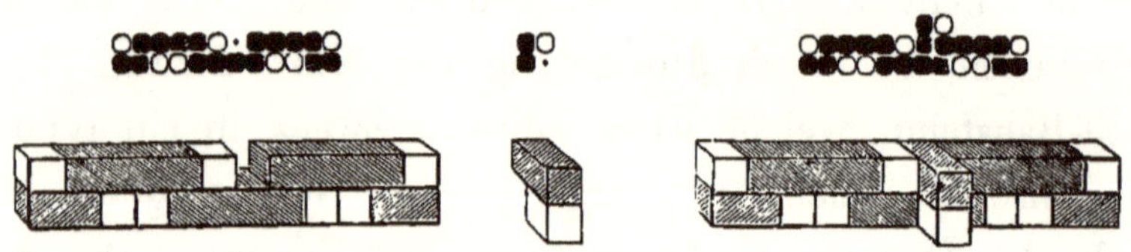

perliches Modell des Glycerins, links ohne, rechts mit seitlicher Einfügung der dritten OH-Gruppe, welche nicht, wie die beiden anderen, in eine Flucht mit der Hauptkette gebracht werden kann.

Berlin, im Juli 1867.

L. Hermann.

Inhalt.

EINLEITUNG.

Die Physiologie ist die Wissenschaft von den regelmässigen Vorgängen in den sog. belebten Körpern oder Organismen, den Pflanzen und Thieren. Die den belebten Körpern eigenthümlichen Vorgänge, deren Gesammtheit also das Leben ausmacht, lassen sich im Grossen zusammenfassen als regelmässige Veränderungen 1) ihres chemischen Bestandes, 2) der in ihnen wirkenden Kräfte, 3) ihrer Form. — Den Grund dieser Eigenthümlichkeiten suchte man früher in besonderen, den Organismen eigenen, vererbbaren Fähigkeiten, deren Summe man als „Lebenskraft" bezeichnete. Diesen unbestimmten Begriff hat man indess fallen lassen, seitdem man in den am besten erforschten Lebensvorgängen das Walten derselben Grundgesetze erkannt hat, welche auch in der unorganischen Natur sich kundgeben, besonders aber seit die Anwendung eines grossen Princips der neueren Naturwissenschaft auf die organische Welt über den Zusammenhang zwischen den Stoffveränderungen und den Kraftverhältnissen der Organismen belehrt hat. Auf diese Erfahrungen gestützt vermuthet man, dass überhaupt in den belebten Körpern nur dieselben Kräfte und nach denselben Gesetzen wirken, wie in den unbelebten, und dass es demnach auch gelingen werde, die bisher noch unverständlichen, namentlich auch die Gestaltungs-Vorgänge einst auf bereits bekannte Gesetze zurückzuführen. Diese Annahme hat, abgesehen von ihrer Wahrscheinlichkeit, das unendliche Verdienst, exacter Forschung und Anschauung auch auf organischem Gebiete Eingang verschafft zu haben. Hier wird sie, obgleich noch nicht streng bewiesen, der Darstellung des menschlichen Organismus überall stillschweigend zu Grunde gelegt werden.

Der menschliche und jeder thierische Körper ist ein Organismus, in welchem durch Oxydation seiner eigenen Bestandtheile Kräfte frei werden, d. h. Spannkräfte in lebendige Kräfte übergehen.*) Letztere erscheinen als die Leistungen oder Arbeiten des Körpers.

Spannkräfte sind im Organismus dadurch gegeben, dass in ihm Stoffe, welche die Neigung haben, mit einander in Verbindung zu treten, beständig im Vorrathe getrennt nebeneinander vorhanden sind, nämlich einerseits der oxydirende Sauerstoff, andererseits das oxydirbare Körpermaterial. Werden durch das Eintreten der Verbindung, also durch Oxydationsprocesse, jene Spannkräfte frei, so entstehen Bewegungen, und zwar die verschiedenen Formen derselben, welche man als mechanische Arbeit (Massenbewegung) oder als Wärme u. dgl. (Molecularbewegungen) wahrnimmt. Diese Bewegungen heissen die Leistungen des Organismus. Als eine Leistung in diesem Sinne, und zwar als mechanische Arbeit, müssen auch die regelmässigen Veränderungen in den Gestalten der Formelemente angesehen werden, welche man als Wachsthum, Theilung etc. bezeichnet.

Das Freiwerden von Kräften bei der Oxydation (wofür die gewöhnliche Verbrennung das bekannteste Beispiel bietet) erklärt sich nach den jetzt herrschenden Anschauungen etwa folgendermassen: Zwei Molecüle, welche die Neigung haben sich zu verbinden, (welche z. B. chemische Verwandtschaft besitzen, wie ein Kohlenstoff- und ein Sauerstoffmolecül), repräsentiren, solange sie durch irgend welchen Umstand an der Vereinigung gehindert sind, ein gewisses Quantum von Spannkraft. Bewegung der Molecüle, also lebendige Kraft, kann erst dann eintreten, wenn jenes Hinderniss hinweggeräumt ist. Ist dies geschehen, so tritt zunächst die Vereinigung ein, d. h. die erste Bewegung, durch welche sich die frei gewordene Spannkraft geltend macht, ist ein Zusammenfahren der beiden Molecüle. Nach dem Gesetze der Erhaltung der Kraft kann aber eine freigewordene Kraft nicht spurlos verschwinden, sondern muss in irgend welcher Form lebendig

---

*) Die hier gebrauchten Begriffe der Spannkraft und lebendigen Kraft, sowie die Gesetze ihrer Umwandlungen (Gesetz der Erhaltung der Kraft) müssen als bekannt vorausgesetzt werden. Eine erschöpfende Erläuterung derselben hier zu geben ist unthunlich, weil eine solche, um leicht verständlich zu sein, einer gewissen Weitläufigkeit, namentlich aber des Gebrauchs von Beispielen, nicht entbehren könnte. Dieser Gegenstand kann nicht trefflicher dargestellt werden, als in der populären Schrift von Helmholtz: „Ueber die Wechselwirkung der Naturkräfte, u. s. w. Ein Vortrag etc." Königsberg 1854, auf welche hiermit verwiesen wird.

fortbestehen, so lange sie nicht, etwa durch Trennung der beiden vereinigten Molecüle, wiederum in Spannkraft umgewandelt wird. Die Form jener bleibenden Bewegung kann nun der Hypothese nach äusserst verschieden sein; man ist geneigt, alle anhaltenden Molecularbewegungen sich als Schwingungen der Molecüle (und der sie umgebenden Aetheratome) vorzustellen; die verschiedenen Formen dieser Bewegungen betrachtet man hypothetisch als das Wesen der Wärme, des Lichtes, der Electricität, u. s. w. Ist mit der Molecularbewegung eine Ortsveränderung über den Raum eines Molecülbereichs hinaus verbunden, so bezeichnet man sie als Massenbewegung oder mechanische Arbeit.

Nicht bloss Oxydationsprocesse können als Ursachen des Freiwerdens von Kräften gedacht werden, sondern ebenso jede andere Art der Verbindung mehrerer bisher getrennter, oder jede festere Verbindung bisher locker verbundener Molecüle, so z. B. Hydratbildung, Salzbildung, Eintritt locker gebundener Gase in feste chemische Verbindung. Indess sind von allen diesen Vorgängen bisher fast nur die Oxydationsprocesse im Organismus nachgewiesen, daher werden hier nur diese erwähnt werden.

Die Intensitäten der im Körper freiwerdenden Kräfte, also die Grössen der Leistungen des Organismus, hängen einzig und allein ab von dem Umfange der Oxydationsprocesse und von den durch die oxydirbaren Stoffe repräsentirten Spannkraftmengen. Wird z. B. durch Verbrennung eines Gramms Traubenzucker zu Kohlensäure und Wasser ein Mal Wärme gebildet, ein anderes Mal mechanische Arbeit, so sind die Wärme- und die Arbeitsmengen erstens genau einander äquivalent, und zweitens ihre Grösse bestimmt durch die in einem Gramm Traubenzucker vermöge seiner Oxydirbarkeit gegebene Spannkraftmenge (welche in diesem Falle ganz in Betracht kommt, da die Verbrennung vollständig ist).

Die Aequivalenz zweier Leistungen von verschiedener Form, z. B. Wärme und mechanische Arbeit, besteht darin, dass ein Quantum der einen in ein bestimmtes Quantum der anderen, und das letztere umgekehrt wieder in das erstere, sich verwandeln lässt. Die als „Wärmeeinheit, Caloris" bezeichnete Wärmemenge*) lässt sich z. B. (wenn sie zur Ausdehnung eines Körpers verwendet wird) verwandeln in eine mechanische Arbeit von 430 Grammmetern**), und umgekehrt 1 Grammmeter mechanische Arbeit (wenn sie zur Reibung verwandt wird) in $^1/_{430}$ Wärmeeinheit.

In welchen Formen dagegen die Leistungen auftreten, ist von Bedingungen abhängig, deren Wesen, wie in der ganzen Naturwissenschaft, so auch hier noch durchaus unbekannt ist. Man weiss

*) Eine Wärmeeinheit ist die Wärmemenge, welche nöthig ist um 1 Gramm Wasser von 0° auf 1° C. zu erwärmen.

**) Ein Grammmeter ist die mechanische Arbeit, welche nöthig ist um 1 Gramm einen Meter hoch zu heben.

nur, dass bestimmte Formen der Leistung an bestimmte Apparate des Organismus gebunden sind, welche sowohl durch die in ihnen vorhandenen Stoffe (ihre chemische Zusammensetzung), als durch ihren besonderen Bau sich von einander unterscheiden und welche man als Organe bezeichnet; dass ferner gewisse Formen der Leistung, z. B. Wärmebildung, viel allgemeiner auftreten, als andere; dass endlich in demselben Organe zu verschiedenen Zeiten verschiedene Leistungsformen beobachtet werden und dass diese Abwechselung zum Theil durch die weiterhin zu besprechenden Auslösungsvorrichtungen bedingt wird. —

Nach dem im Eingange Gesagten muss jede Leistung des Körpers mit einem Verluste an oxydirbarem Körpermaterial und an vorräthigem Sauerstoff verbunden sein. Da nun die Producte der Oxydationsprocesse (Kohlensäure, Wasser u. s. w.) nicht etwa im Körper selbst wieder reducirt, sondern beständig aus demselben entfernt werden, so ist ein Ersatz des Verbrauchten nur von Aussen her durch Aufnahme neuen Sauerstoffs und neuer in oxydirbare Körperbestandtheile umzuwandelnder Stoffe möglich. Beides geschieht in der That, indem der Organismus beständig von Aussen aufnimmt: 1. Sauerstoff; 2. Substanzen, aus welchen oxydirbare Körperbestandtheile gebildet werden können, — organische Nahrungsstoffe.

Der Organismus enthält ausser seinen oxydirbaren Bestandtheilen auch andere, nicht oxydirbare (unorganische). Die Bedeutung derselben ist nur zum Theil aufgeklärt; sie scheint hauptsächlich eine mechanische zu sein; einige dienen als Lösungsmittel für die organischen, andere tragen zur Gestaltung fester Körpertheile wesentlich bei. Auch die unorganischen Stoffe werden fortwährend in gewissen Mengen nach Aussen entfernt, wobei sie zum Theil den auszuscheidenden Oxydationsproducten ebenfalls als Lösungsmittel dienen; auch sie müssen daher beständig durch neue von Aussen aufzunehmende ersetzt werden; letztere sind die unorganischen Nahrungsstoffe.

Den materiellen Bestand des Organismus bilden daher in jedem Augenblick: 1. gewisse Mengen von freiem Sauerstoff, 2. die den Oxydationsprocessen anheimgefallenen organischen Stoffe auf den verschiedensten Stufen der Oxydation, 3. unorganische Stoffe. Zugleich erhellt aus dem Gesagten, dass dieser Bestand durch Ausscheidung und Aufnahme einem fortwährenden Wechsel unterliegt, welchen man als Stoffwechsel des Organismus bezeichnet. —

Neben dem Stoffwechsel gehen in allen Körpertheilen gewisse regelmässige Gestaltveränderungen der Formelemente einher (Wachsthum, Theilung u. s. w.), welche in ihrer Gesammtheit auch langsame Gestaltveränderungen des ganzen Körpers herbeiführen. Ob zwischen ihnen und dem Stoffwechsel nähere Beziehungen bestehen (abgesehen von den p. 2 erwähnten, dass die zu den Formveränderungen nöthigen Kräfte, wie alle übrigen, Resultate des Stoffwechsels sind), ist unbekannt.

Gerade entgegengesetzt dem thierischen scheint das Wesen des pflanzlichen Organismus überwiegend in Reduction, und demgemäss in der Umwandlung lebendiger Kräfte in Spannkräfte zu bestehen. Die Pflanze nimmt nämlich Sauerstoffverbindungen auf, namentlich die Producte der thierischen Oxydation (Kohlensäure, Wasser, Ammoniaksalze, letztere hervorgegangen aus gewissen thierischen Auswurfsstoffen und aus faulenden Thierkörpern) und reducirt dieselben, lagert die Radicale (Kohlenstoff, Wasserstoff, Stickstoff u. s. w.), unter einander und mit Sauerstoff verbunden, als sog. „organische Verbindungen" in sich ab, und übergiebt den grössten Theil des freigewordenen Sauerstoffs der Atmosphäre. Zur Trennung der einmal verbundenen Molecüle sind Quantitäten lebendiger Kraft erforderlich, welche den nach der Trennung wieder vorhandenen Spannkräften gleich sind; man kann also sagen, dass bei der Reduction lebendige Kräfte in Spannkräfte umgewandelt werden. Die lebendigen Kräfte, welche die Pflanze verbraucht, sind wie es scheint hauptsächlich gegeben: durch die ihr zugeführte Wärme (durch Leitung aus der Umgebung, — die Pflanzen kühlen dieselbe ab, — durch Strahlung von der Sonne), ferner durch das von ihnen absorbirte Licht (chemische Strahlen) und endlich durch die Kräfte, welche durch die in der Pflanze entstehenden Verbindungen frei werden. Die Spannkraft aber, in welche diese lebendigen Kräfte umgewandelt werden, ist eben repräsentirt durch das getrennte Vorhandensein des freigewordenen Sauerstoffs und der in der Pflanze abgelagerten oxydationsfähigen organischen Verbindungen. (Es darf übrigens nicht unerwähnt bleiben, dass auch entgegengesetzte, den thierischen analoge Vorgänge in den Pflanzen vorkommen mögen; — so bilden manche Pflanzentheile Wärme; ferner erfordern die Gestaltungsvorgänge in den Pflanzen, ebenso wie die thierischen, lebendige Kräfte.) — Es ergiebt sich hieraus die äusserst wichtige Folgerung, dass sich Pflanzen- und Thierreich gegenseitig bedingen: Die Pflanze verbraucht lebendige Kraft und verwandelt sie in Spannkraft, indem sie reducirt, — das Thier wandelt Spannkraft in lebendige um, indem sie oxydirt. Die Pflanze verbraucht die Oxydationsproducte des Thieres, CO_2, H_2O, u. s. w., — das Thier die Reductionsproducte der Pflanze, O einerseits, und die in der Pflanze gebildeten organischen Verbindungen von C, H, N, O, etc. andrerseits. Letztere bilden, abgesehen von den unorganischen Stoffen, die einzige Nahrung des Thieres, denn auch das fleischfressende Thier geniesst in letzter Instanz nur die Umwandlungen pflanzlicher Nahrung.

Die Oxydationsprocesse und somit die Leistungen des Organismus stehen zum grössten Theil, wenn nicht alle, unter einem gewissen regulirenden Einfluss, der von einem besonderen Apparate, dem Nervensystem ausgeht. Dieser Einfluss erstreckt sich natürlich stets auf beides, sowohl auf Menge und Höhe der Oxydationsproducte, als auf die Grösse der freiwerdenden Kräfte, der Leistung, obwohl wir gewöhnt sind, je nach dem, was wir für die wesentliche Function eines Organes halten, den einen oder den andern der beiden Erfolge in den Vordergrund zu stellen. So halten wir in einem Muskel den Einfluss des Nerven auf die Bewegung, also die Leistung, für den wesentlichen, während wir den gleichzeitigen Einfluss auf Art und Menge der gebildeten Oxydationsproducte für gewöhnlich übersehen; bei der Drüse dagegen gilt der Einfluss der Nerven auf die Oxydationsproducte (nämlich die specifischen Secretbestandtheile) als der wesentliche, während der gleichzeitige Einfluss auf die Wärmebildung, also die Kraftäusserung, gemeinhin vernachlässigt wird. — Der Mechanismus dieser Beeinflussung ist noch vollkommen unbekannt; mechanisch aufgefasst stellt sie sich dar als sog. „auslösende Kraft", d. h. als eine Kraft, welche eine gewisse Summe von Spannkraft in lebendige Kraft umwandelt. Bekanntlich kann eine verschwindend kleine auslösende Kraft grosse Mengen von Spannkräften freimachen, und es ist sehr wahrscheinlich, dass auch die auslösenden Kräfte des Nervensystems, als Kräfte gemessen, nur einen sehr geringen Werth haben, dass demnach auch die ihnen, wie allen Kraftäusserungen im Organismus, vermuthlich ebenfalls zu Grunde liegenden Oxydationsprocesse nur von geringem Umfange sind. — Ein zweiter, bereits erwähnter, und ebenso unerklärter Einfluss des Nervensystems bezieht sich auf die Form der Leistungen, durch welche sich die ausgelösten Kräfte äussern; dieser qualitative Einfluss scheint mit dem quantitativen eng zusammenzuhängen.

Zur Erläuterung des Begriffs der Auslösung und der auslösenden Kraft diene Folgendes: Eine auslösende Kraft ist diejenige, welche ein Hinderniss hinwegräumt, das eine irgendwo angehäufte Spannkraft bis dahin an ihrem Freiwerden verhinderte. Eine aufgezogene, aber durch einen Sperrhaken am Gehen gehinderte Uhr repräsentirt z. B. eine gewisse Summe von Spannkraft; die Schwere des Gewichts oder die Elasticität der Feder sind an ihrer Wirkung in Form von Bewegung, gehindert. Sowie indess der Sperrhaken weggezogen wird, werden die Spannkräfte frei oder lebendig, das Gewicht fällt, die Feder nähert sich ihrer natürlichen Form, die Uhr geht. Die Kraft, welche den Sperrhaken zurückzieht, welche also die Uhr auslöst, ihre Spannkräfte frei macht, heisst die „auslösende Kraft." Ihre Grösse steht offenbar häufig in gar keinem Verhältniss zu der Grösse der ausgelösten; dieselbe Kraft, welche den Sperrhaken einer durch ein Lothgewicht getriebenen Uhr zurückzieht, könnte auch eine durch ein Centnergewicht getriebene auslösen. Andere Beispiele solcher Auslösungen sind: ein Funke, der eine Pulvermasse entzündet und dadurch enorme Kraftmengen frei macht, eine kleine Bewegung, die eine starke Batterie schliesst. Jedoch giebt es auch Auslösungsverhältnisse, wo die auslösende Kraft nicht wie oben momentan den ganzen Vorrath von Spannkräften freimacht, sondern nur einen Theil derselben, dessen Grösse zu ihrer eigenen in einem bestimmten, proportionalen oder complicirteren Verhältnisse steht. Ist z. B. eine Wassermasse durch eine Schleuse mit rechteckigem Thore am Ausströmen verhindert, so verhalten sich die ausströmenden Wassermengen, also auch die durch ihren Fall repräsentirten lebendigen Kräfte, wie die Höhen, um welche das Schleusenthor gehoben wird, oder die dazu nöthigen — hier auslösend wirkenden — Kräfte. Der letzteren Art sind wie es scheint auch alle Auslösungsvorrichtungen im Organismus.

Die nähere Betrachtung des Nervensystems ergiebt nun, dass nicht nur seine Wirkungen auf die Arbeitsorgane des Körpers (so mögen hier kurz zum Unterschiede von den nervösen diejenigen Organe heissen, in welchen beträchtlichere Kraftmengen freigemacht und leicht nachweisbare Arbeiten, Wärmebildung, mechanische Arbeit, etc. geleistet werden, also namentlich Muskeln und Drüsen), sondern auch die seiner einzelnen Theile auf einander, als Auslösungen aufzufassen sind. Ein Theil des Nervensystems, der sog. „leitende", kann nämlich gedacht werden als aus Reihen von Theilchen bestehend, deren jedes gewisse Spannkräfte besitzt, und die so mit einander verbunden sind, dass die freigewordenen Kräfte eines Theilchens die Spannkräfte des Nachbartheilchens auslösen; auf diese Weise vermittelt eine auslösende Kraft, welche auf das erste Theilchen einer solchen Reihe wirkt, hintereinander eine Kette von Auslösungen, bis endlich die freigewordenen Kräfte des letzten Theilchens in einem andern Organe (z. B. wie oben, in einem Arbeitsorgane) Kräfte auslösen. Solcher Auslösungsketten unterscheidet man zwei Arten mit verschiedenen Ausgangs- und Endpuncten; die eine geht von sog. „Sinnesorganen" aus, d. h. von Organen, in welchen ein äusserer Einfluss (Druck, Wärme, Schall, Licht, etc.) als auslösendes Moment wirkt, und mündet in sog. „nervösen Centralorganen"; diese Ketten nennt man centripetale; die zweite geht von nervösen Centralorganen aus, und mündet in den „Arbeitsorganen"; die letzteren heissen centrifugale.

Die nervösen Centralorgane sind hiernach als Ausgangs- und als Endpuncte von Auslösungsketten zu betrachten. Welche Vorgänge aber im ersten Falle als erste auslösende Momente wirken, und welche andere im zweiten als Resultat der centripetal anlangenden Auslösungen auftreten, ist unbekannt; über diese Frage giebt es nur Hypothesen, von denen bei den Centralorganen die Rede sein wird. Hier sei nur erwähnt, dass es auch Fälle giebt, wo die Frage einfach gelöst scheint, nämlich wo eine centripetale Kette im Centralorgan unmittelbar eine centrifugale auslöst, so dass eigentlich nur eine einzige, von einem Sinnesorgane ausgehende und in einem Arbeitsorgan mündende Kette vorhanden ist (Reflexvorgang). Endlich ist der Vollständigkeit halber schon hier zu erwähnen, dass in einem Theile der Centralorgane gewisse materielle Vorgänge, — unter andern auch solche, welche als auslösende Momente für centrifugale Ketten wirken, und solche, welche als Resultate centripetal anlangender auftreten, — mit einer völlig undefinirbaren Erscheinung, die man als Vorstellung bezeichnet, auf unerklärliche Weise verbunden sind. (In den beiden eben angeführten speciellen Fällen heissen die Vorstellungen „Wille“ und „Empfindung“.) Den Inbegriff sämmtlicher vorhandenen und möglichen Vorstellungen eines Organismus bezeichnet man mit dem Worte Seele.

Die Aufgabe der Physiologie ist es nun, die Molecular-Processe des Organismus zu erforschen und alle seine Leistungen im Sinne des bisher Angedeuteten auf jene zurückzuführen. Für eine naturwissenschaftliche Behandlung der seelischen Erscheinungen dagegen fehlt jeder Angriffspunct, da sie sich unter keinen der naturwissenschaftlichen Begriffe unterordnen lassen. Die Physiologie muss sich daher hier vorläufig auf die Ermittlung der Organe beschränken, an welche sie geknüpft sind. Auch von der übrigen Aufgabe, deren Lösung man als möglich zu bezeichnen wagen darf, ist erst ein kleiner Theil wirklich erledigt.

Für die Darstellung des bisher Ermittelten einen streng logischen Gang zu finden, ist schwierig. Da unsere Kenntnisse über den Zusammenhang zwischen den chemischen Vorgängen und den Leistungen des Organismus so gering sind, dass sie durch die bereits angeführten allgemeinen Bemerkungen fast erschöpft werden, so darf man noch nicht daran denken, beide, die so eng aneinander geknüpft sind, in ihrem natürlichen Zusammenhange darzustellen, sondern es ist zweckmässiger, den Stoffwechsel und den Kraftwechsel (so sei es gestattet die Umwandlung von Spannkräften in lebendige kurz zu bezeichnen) völlig getrennt in zwei besonderen Abschnitten abzuhandeln. Aber auch hier zeigt sich eine neue Schwierigkeit durch das Ineinandergreifen der organischen Processe. Leistungen des Organimus nämlich, also Resultate des Kraftwechsels, namentlich mechanische, werden vielfach zur Dirigirung der Stoffe verwandt, so dass ihre Kenntniss bereits für das Verständniss des Stoffwechsels erforderlich ist. So wird es also kommen, dass bereits im ersten, vom Stoffwechsel handelnden Abschnitt vielfach von Bewegungen, also von freigewordenen Kräften, die Rede ist, freilich ohne Rücksicht auf ihren Ursprung. Umgekehrt ist unsere Kenntniss von dem besonderen Stoffwechsel einzelner Arbeitsorgane so gering, dass es aus vielen Gründen zweckmässiger ist, das darüber Ermittelte erst im zweiten Abschnitt bei den Arbeitsorganen (z. B. den Muskeln) vorzubringen. — Der dritte Abschnitt handelt von der Physiologie der Auslösungsorgane, des Nervensystems. — Ein vierter bespricht die Entstehung, Entwicklung, die zeitlichen Veränderungen und den Tod des Organismus.

ERSTER ABSCHNITT.

Der Stoffwechsel des Organismus.

ERSTES CAPITEL.

Einleitung. Objecte des Stoffwechsels.

Genau genommen hätte die Lehre vom Stoffwechsel alle in den Organismus aufgenommenen Stofftheilchen auf ihrem Wege durch denselben zu verfolgen und für jeden Ort die Veränderungen anzugeben, welche sie durch Zerlegungen oder durch Verbindungen untereinander (namentlich durch Oxydation) erleiden, endlich auch zu erörtern, welchen körperlichen Formelementen sie an jeder Stelle als Bestandtheile angehören. In dieser Weise den Stoffwechsel abzuhandeln ist aber, abgesehen von den vielen Lücken in der Erkenntniss der Stoffwechselvorgänge, schon deshalb ganz unausführbar, weil der Weg der Stofftheilchen gar nicht ununterbrochen präformirt ist.

Der stoffliche Verkehr der Körperbestandtheile mit der Aussenwelt und unter einander geschieht nämlich nur zum allergeringsten Theile unmittelbar, zum überwiegend grössten durch Vermittlung einer Flüssigkeit, welche mit allen Körpertheilen, und auch mit den Apparaten, welche gleichsam als Pforten nach Aussen zu betrachten sind, in beständiger Berührung steht; — diese Flüssigkeit ist das Blut. Dieses nimmt zunächst von Aussen den Sauerstoff und die Nahrung auf, erst aus ihm versorgen sich mit beiden die einzelnen Körpertheile; ebenso geben nur wenige der letzteren ihre Ausscheidungsproducte direct nach Aussen ab, sondern fast alle übergeben sie zunächst dem Blute, welches sie an geeigneten Stellen aus dem Körper hinausschafft; endlich nimmt das Blut fortwährend Bestandtheile, welche an irgend einer Stelle gewisse Umwandelungen durchlaufen haben, auf und lagert sie an anderen Orten zur weiteren Verwerthung ab. Jedes Theilchen, das dem Stoffwechsel anheimgefallen ist, muss demnach mehrmals, vermuthlich sehr häufig, Bestandtheil einer sehr voluminösen Flüssigkeit werden, in welcher es mit unzähligen anderen sich mischt, so dass sein fernerer Weg durchaus von der zufälligen Stelle abhängt, an welcher es die Blutmasse wieder verlässt.

Es ist daher für die Darstellung des Stoffwechsels nothwendig, das Blut als das natürliche Centrum desselben, auch zum Ausgangspunct der Betrachtung zu machen. Auch giebt dasselbe am besten Gelegenheit, die Objecte des Stoffwechsels in den Formen kennen zu lernen, in welchen sie unmittelbar sich an den Stoffwechselvorgängen betheiligen. Da nämlich alle von Aussen in den Organismus aufgenommenen Stoffe zunächst ins Blut übergehen, da ferner fast alle auszuscheidenden unmittelbar vorher Blutbestandtheile gewesen sein müssen und endlich die Stoffe fast auf jeder Umwandlungsstufe, die sie in irgend einem Theile des Organismus durchlaufen haben, erst wieder Blutbestandtheile werden müssen, ehe sie eine neue Veränderung an einem anderen Orte eingehen, so enthält das Blut beständig einen Vorrath an allen Materialien des Stoffwechsels, und zwar fast auf allen möglichen Stufen der Umwandlung.

Es wird also die Lehre vom Stoffwechsel des Organismus zuerst aufgefasst werden als die Lehre vom Stoffwechsel des Blutes. Zunächst wird daher das Blut in seinen Bestandtheilen und seiner Bewegung besprochen werden (Cap. II.). Es folgen dann seine Einnahmen und Ausgaben, welche, der Uebertragerrolle des Blutes entsprechend, doppelter Art sein müssen: nämlich 1. die des äusseren Verkehrs, Einnahmen von Aussen und Ausgaben nach Aussen, 2. die des inneren Verkehrs mit den Körperbestandtheilen. Die ersteren fallen im Wesentlichen mit den Einnahmen und Ausgaben des Gesammt-Organismus zusammen. — Die gasförmigen Einnahmen und Ausgaben des Blutes sind so eng an einander geknüpft, dass beide zusammen, getrennt von den übrigen Ausgaben (Cap. III.) und Einnahmen (Cap. IV.), in einem besonderen Capitel (V.) abgehandelt werden. — Hierauf folgt dann eine Gesammt-Uebersicht des Blut-Stoffwechsels (Cap. VI.) und am Schlusse des Abschnitts (Cap. VII.) ein Abriss des Stoffwechsels des Gesammt-Organismus, wobei nur der Verkehr desselben mit der Aussenwelt, ohne Rücksicht auf die innere Stoffbewegung, ins Auge gefasst wird.

Der Besprechung dieser Vorgänge soll, um bei derselben die chemischen Bemerkungen abkürzen zu können, eine kurze Uebersicht der im Organismus vorkommenden Stoffe, welche also die Objecte des Stoffwechsels bilden, vorangeschickt werden.

Chemische Bestandtheile des menschlichen Körpers*).

Folgende Elemente setzen den menschlichen Körper zusammen: Sauerstoff, Wasserstoff, Kohlenstoff, Stickstoff, Schwefel, Phosphor, Chlor, Fluor, Kiesel; — Kalium, Natrium, Calcium, Magnesium, Eisen.

Als inconstante und höchst wahrscheinlich unwesentliche Bestandtheile finden sich noch Kupfer und Blei (ersteres vielleicht nur vom Gebrauch kupferhaltiger Materialien bei der Untersuchung herrührend, Lossen); als Begleiter des Eisens ferner, wie überall in der Natur, Mangan. Vermuthlich finden sich auch andere, in geringen Mengen überall verbreitete Metalle spurweise im Körper; nachgewiesen ist z. B. Lithium.

Nur wenige dieser Elemente sind in freiem Zustande im Organismus vorhanden, nämlich:

1. Sauerstoff, wird in freiem Zustande in den Körper aufgenommen, und wird hier (s. Einleitung) zur Oxydation (Verbrennung) der Körperbestandtheile verwandt. Aus später anzugebenden Gründen vermuthen Einige, dass er diese allmählich und ohne Hülfe hoher Temperatur erfolgende Verbrennung in seiner Modification als Ozon bewerkstelligt. Er findet sich in allen Körperflüssigkeiten, theils einfach gelöst, theils in lockrer chemischer Bindung.

2. Stickstoff wird gasförmig aus der Atmosphäre aufgenommen und findet sich in Folge dessen in den Körperflüssigkeiten gelöst. Ausserdem wird er vielleicht bei der Oxydation stick-

---

*) Als Körperbestandtheile werden hier nicht betrachtet: die Bestandtheile des Darminhalts, weil sie grossentheils vom Zufall abhängen und nur ausserhalb des Organismus, gleichsam auf seiner inneren Oberfläche sich befinden.

stoffhaltiger organischer Verbindungen frei, und in diesem Zustande ausgeschieden.

Auch Wasserstoff kommt frei, gasförmig, im Darmcanal als Zersetzungsproduct unbekannten Ursprungs, vielleicht von Buttersäuregährung herrührend, vor.

Chemische Verbindungen.

Nur in geringem Umfange scheint im Organismus die Entstehung chemischer Verbindungen aus Elementen oder aus einfacheren Verbindungen, sogenannte synthetische Processe, vorzukommen. Die meisten chemischen Processe im Körper bestehen im Gegentheil in dem Zerfall complicirter, ihrer Zusammensetzung nach nur unvollkommen, ihrer Constitution nach garnicht bekannter Verbindungen, welche mit der Nahrung in den Körper gelangen; sie bestehen sämmtlich aus Kohlenstoff, Wasserstoff und Sauerstoff, viele enthalten ausserdem Stickstoff, andre noch Schwefel, Phosphor, Eisen. Das hauptsächlichste Agens für diesen Zerfall ist der durch die Athmung in den Körper gelangende Sauerstoff, unter dessen Einfluss complicirte Verbindungen zu einfacheren, gleichzeitig sauerstoffreicheren, sogenannten Oxydationsproducten, zerfallen. Die einfachsten Producte, welche auf diese Weise entstehen, sind Kohlensäure, Schwefelsäure, Phosphorsäure und Wasser, in welchem Falle sich die einzelnen Elemente mit soviel Sauerstoff verbunden haben, als sie überhaupt aufnehmen können. Der Stickstoff spaltet sich nicht auf solche Weise, mit Sauerstoff verbunden ab, sondern er isolirt sich entweder vollkommen, indem er gasförmig ausgeschieden wird, — ein Vorgang dessen Vorkommen noch nicht mit Sicherheit constatirt ist, — oder er verlässt den Organismus in einfachen Verbindungen, z. B. als Ammoniak, oder als ammoniakartige Verbindungen (Ammoniake in denen Wasserstoff durch andre Atomverbindungen vertreten ist, z. B. Harnstoff).

Zwischen diesen einfachen Verbindungen, welche der Organismus ausscheidet, und den verwickelten, welche er aufnimmt, existiren nun eine sehr grosse Anzahl von Zwischenstufen, welche den Hauptbestand des Organismus ausmachen. Dieselben sind um so besser bekannt, je einfacher sie zusammengesetzt sind, mit andern Worten, je näher sie der Ausscheidung stehen. Bei diesen letzteren kann man auch mit ziemlicher Sicherheit den Oxydationsvorgang und die allmähliche Vereinfachung der Verbindungen verfolgen; man kann auch durch künstliche Oxydation manche dieser Verbindungen aus ihren Vorgängern darstellen, und umgekehrt manche aus einfacheren Verbindungen und aus den Elementen synthetisch erhalten. Bei den verwickelteren, und wenig bekannten Verbindungen lässt sich dagegen nicht mit gleicher Sicherheit eine Enstehung derselben durch Oxydation behaupten, und es ist möglich (ja sogar hie und da wahrscheinlich), dass hier auch synthetische Processe vorkommen.

Eine Anzahl von Substanzen, welche der Körper aufnimmt, gehen keine derartigen Veränderungen wie die beschriebenen ein, sondern durchlaufen den Organismus ohne Wechsel ihrer Atomgruppirung. Diese, sogenannten unorganischen Stoffe spielen im Körper eine noch nicht völlig aufgeklärte Rolle. Die hauptsächlichste derselben, das Wasser, dient als allgemeines Lösungsmittel im Körper, bildet der Masse nach den Hauptbestandtheil sämmtlicher Organe, mit Ausnahme der Knochen, und wird beständig in grossen Mengen aufgenommen und ausgeschieden, ein kleiner Theil auch im Körper selbst gebildet (s. oben). Die übrigen sind die sogenannten unorganischen Salze. Auch sie kommen in allen Körpertheilen vor, aber (mit Ausnahme der Knochen, die grösstentheils aus Salzen bestehen) nur in geringer Menge; bei der Verbrennung von Körpertheilen bleiben sie als „Asche" zurück. Ihre Bedeutung im Organismus ist nur zum kleinen Theile aufgeklärt. Grossentheils scheinen sie nicht einfach gelöst zu sein, sondern mit complicirteren (organischen) Körperbestandtheilen noch unbekannte chemische Verbindungen zu bilden. Nur so ist es verständlich, dass ihre Menge in sehr constanten Verhältnissen zu der anderer Substanzen steht (z. B. in den Knochen) und dass die Löslichkeit und Beschaffenheit gewisser Körper (z. B. der Eiweisskörper) sehr von den gleichzeitig vorhandenen Salzen abhängt. Die Kenntniss von den im Organismus wirklich vorkommenden Salzen ist übrigens noch höchst unvollkommen, da einmal die chemische Analyse der Aschen nur die darin vorhandenen Säuren und Metalle, nicht aber deren Verbindungen als Salze kennen lehrt, und zweitens eine Anzahl von Säuren die sich in der Asche finden, zum Theil erst durch die Verbrennung selbst entstanden sind (z. B. Phosphorsäure, Schwefelsäure, Kohlensäure).

Unter den in den Auswurfsstoffen des Körpers vorkommenden Salzen finden sich auch solche, welche nicht mit der Nahrung aufgenommen, sondern erst im Organismus entstanden sind. Es sind dies namentlich kohlensaure, schwefelsaure, phosphorsaure Salze.

Folgende chemische Verbindungen kommen im Körper vor:

1. Wasser $H_2Θ$ ○○/●● *) ist wie schon bemerkt als allgemeines

*) Die Vereinigung der Elemente zu den chemischen Verbindungen drückt man bekanntlich durch Formeln aus, deren Buchstaben eine bestimmte Gewichtsmenge (auf H als Einheit bezogen) des Elementes bezeichnen (z. B. heisst Θ 16 Gewichtstheile Sauerstoff, Cl 31,5 Gewichtstheile Chlor). Die Formel des Alkohols $Ɛ_2H_6Θ$ bedeutet also nur die Gewichtszusammensetzung desselben (46 Gew.-Th. Alkohol bestehen aus 24 Gew.-Th. Kohlenstoff, 6 Wasserstoff und 16 Sauerstoff). Man kann sich aber weiter auch ein Bild zu machen suchen von der Art wie die Ɛ-, H-, Θ-Atome im Alkoholmolecül mit einander zusammenhängen; man weiss, dass 1 Ɛ-Atom 4 H-Atome, 1 Θ-Atom 2 H-Atome, und 1 Ɛ-Atom 2 Θ-Atome binden kann; um diese Verhältnisse auszudrücken, nennt man H (ebenso K, Na, Ag, Cl, J) ein 1werthiges Atom, Θ (ebenso Ɛa, Mg u. s. w.) 2werthig, Ɛ 4werthig u. s. w. $ƐH_3$ kann also noch 1 H, oder 1 Cl, binden, die Verbindung $ƐH_3$ ist 1werthig ($Ɛ'H_3$). $Ɛ_2'H_5$ ist ebenfalls eine 1werthige Verbindung, weil die beiden Ɛ-Atome durch je eine ihrer 4 Affinitäten mit einander verbunden sind, so dass also 6 Affinitäten disponibel bleiben, von denen nur 5 in Beschlag genommen sind. Wenn nun noch 1 Θ-Atom dazu kommt, so wird dessen eine Affinität die letzte Affinität des Ɛ sättigen, es bleibt aber nun noch die zweite Affinität des Θ übrig, welche z. B. durch H gesättigt werden kann; durch letzteres entsteht der Alkohol, dessen Bau sonach durch das Schema dargestellt werden kann:

$$\left.\begin{matrix} Ɛ_2'H_5 \\ H' \end{matrix}\right\} Θ'' \quad \text{oder} \quad Ɛ_2'H_5(Θ'H)$$

Anschaulicher aber sind Modelle, in welchen jedes Atom durch einen Balken dargestellt wird, dessen Länge die Anzahl der Affinitäten (Werthigkeit) andeutet, z. B. ○ H', ○○ oder ●● Θ'', ○○○ N''', ●●●● Ɛ'''', ●●●●● P'''''. Man kann dann durch Aneinanderlegen der Balken die Sättigung der einzelnen Affinitäten darstellen (Kekulé) z. B.

HCl	$H_2Θ$	NH_3	$ƐH_4$	$Ɛ'H_3$	$Ɛ''H_2$	$Ɛ'''H$	$Θ'H$	$ƐΘ_2$
Salzsäure.	Wasser.	Ammoniak.	Grubengas.	Methyl.	Methylen.			Kohlensäure.

$Ɛ''Θ$	$ƐΘCl_2$	$ƐΘ_3H_2$	$Ɛ_2'''''$	$Ɛ_2''''$	$Ɛ_2'H_5$	$Ɛ_2H_6Θ$
Kohlenoxyd.	Phosgen.	Kohlensäure-Hydrat.			Aethyl.	Aethylalkohol.

Da die Kenntniss der Constitution für das Verständniss der chemischen Processe im Körper äusserst wichtig ist, so werden hier solche Modelle wo es nöthig erscheint, statt der sonst gebräuchlichen, für den Nicht-Chemiker weniger anschaulichen Typenformeln beigefügt werden.

Zu den Modellen ist noch zu bemerken, dass ○ stets H, ○○ und ●● Θ, ○○○ N''', ●●●● Ɛ, ○○○○○ N''''', dieselben Zeichen mit anderer (schwarzer resp. weisser) Füllung aber andere Elemente von gleicher Werthigkeit bezeichnen, z. B. ● Cl, K, Na, ▯▯ Ɛa'', Mg'', ●●● Fe''', ○○○○ S'''', ●●●●● P'''''. (Ueber die 3- und 5-Werthigkeit des N s. die Anmerkung zu Seite 27.) Für den Θ ist das Zeichen ●● aus Gründen der Uebersichtlichkeit überall gewählt, wo er in der (1werthigen) Gruppe ΘH ○/●● vorkommt.

Lösungsmittel ein Hauptbestandtheil sämmtlicher Säfte und Gewebe (etwa 70 pCt. des ganzen Körpers). Es wird in grossen Mengen fortwährend mit der Nahrung aufgenommen und aus dem Körper ausgeschieden; kleinere Mengen bilden sich im Organismus durch Oxydation des Wasserstoffs organischer Verbindungen.

Wasserstoffsuperoxyd $H_2\Theta_2$ soll nach Einigen im Organismus vorkommen und bei der thierischen Oxydation eine Rolle spielen (vgl. hierüber Cap. V.).

2. Säuren und Salze.

Im Allgemeinen sind Säuren solche Verbindungen, in welchen ein oder mehrere H-Atome durch Metalle vertreten werden können; durch diese Vertretung entstehen die Salze. In beifolgenden als Beispiel angeführten Säuren sind die durch Metall vertretbaren H-Atome durch einen Stern gekennzeichnet.

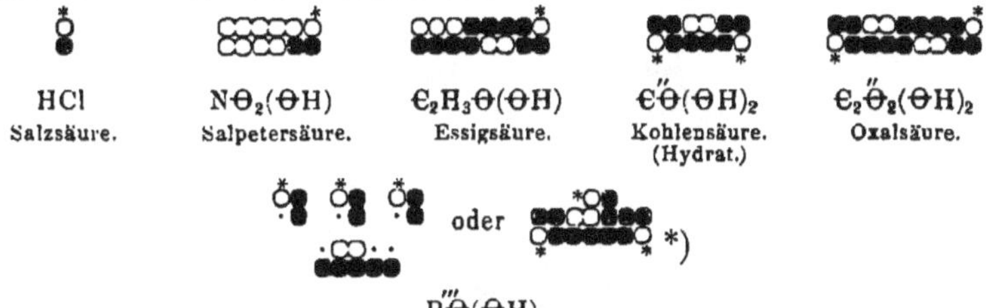

$P'''\Theta(\Theta H)_3$
c-Phosphorsäure.

Je nachdem 1, 2, etc. H-Atome durch Metall vertretbar sind, heisst die Säure 1-, 2-, basisch. Bei mehrbasischen Säuren können einzelne oder alle vertretbaren H-Atome durch 1- oder mehrwerthige Metalle vertreten sein, z. B.

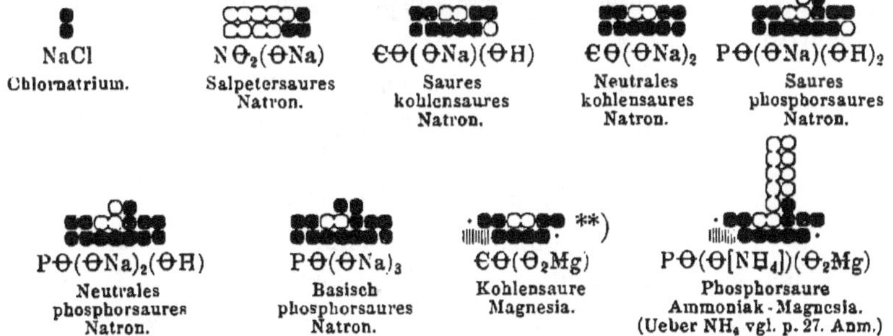

Bilden 1basische Säuren Salze mit mehrwerthigen Metallen, so werden mehrere Säuremolecüle durch das mehrwerthige Metall vereinigt, indem es deren vertretbare H-Atome ersetzt, z. B.

---

*) Die Einfügung der 3 ΘH-Gruppen gelingt in diesen flächenhaften Modellen nur dadurch dass eine derselben seitlich eingefügt wird; man hat hierbei zu beachten, mit welcher Θ-Affinität deren H verbunden ist.

**) Die beiden durch . bezeichneten Affinitäten (von Θ und Mg) hat man sich durch kreisförmigen Schluss der Kette in gegenseitiger Sättigung vorzustellen.

$ꞒaCl_2$	$FeCl_3$	$(Ꞓ_2H_3Ɵ)_2(Ɵ_2Ꞓa)$	$(NƟ_2)_3(Ɵ_3Fe)$
Chlorcalcium.	Eisenchlorid.	Essigsaurer Kalk.	Salpetersaures Eisenoxyd.

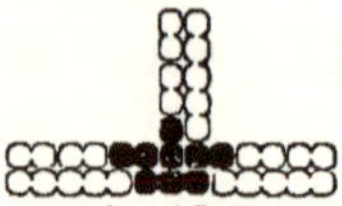

Folgende Säuren sind theils frei, theils in Salzen, theils in complicirteren weiter unten zu besprechenden Verbindungen (Aetherarten, Amidkörper etc.) im Organismus nachgewiesen:

a. Unorganische (Ꞓ-freie) Säuren.

1) Chlorwasserstoffsäure HCl scheint frei im Magensaft vorzukommen (vielleicht in complicirterer saurer Verbindung, vgl. Cap. III.). Ihre Salze (Chloride) sind im Körper sehr verbreitet, namentlich Chlornatrium, Chlorcalcium.

2) Schwefelsäure $S''Ɵ_2(ƟH)_2$  *) kommt in Salzen (neutrales schwefelsaures Natron, schwefelsaurer Kalk), ferner in complicirteren Verbindungen (vgl. unten: Taurin, Eiweisskörper) vielfach im Organismus vor.

Das saure Secret von Dolium galea enthält freie Schwefelsäure.

3) Phosphorsäure (gewöhnliche, 3basische oder c-Phosphorsäure) $P'''Ɵ(ƟH)_3$ kommt in Salzen (neutrales und saures phosphorsaures Kali und Natron, basisch phosphorsaurer Kalk, basisch phosphorsaure Magnesia) und ferner in complicirteren Verbindungen (vgl. unten, Glycerinphosphorsäure, Protagon) vielfach in Körper vor.

4) Kieselsäure $SiƟ_2$ ist in einigen Geweben des Körpers, vielleicht nur als zufälliger Bestandtheil (vgl. den Anhang), gefunden worden.

b. Organische (Ꞓ-haltige) Säuren.

5) Fettsäuren (allgemeine Formel $Ꞓ_nH_{2n-1}Ɵ(ƟH)$). Die Reihe der bis jetzt bekannten Fettsäuren lautet:

Ameisensäure	 $ꞒHƟ(ƟH)$
Essigsäure	$Ꞓ_2H_3Ɵ(ƟH)$
Propionsäure	$Ꞓ_3H_5Ɵ(ƟH)$
Buttersäure	$Ꞓ_4H_7Ɵ(ƟH)$
Baldriansäure	$Ꞓ_5H_9Ɵ(ƟH)$

*) Die beiden nicht mit S verbundenen Affinitäten der 2 mittleren Ɵ-Atome muss man sich unter einander verbunden vorstellen.

Capronsäure	$Є_6H_{12}Θ_2$
Oenanthylsäure	$Є_7H_{14}Θ_2$
Caprylsäure	$Є_8H_{16}Θ_2$
Pelargonsäure	$Є_9H_{18}Θ_2$
Caprinsäure	$Є_{10}H_{20}Θ_2$
Laurostearinsäure	$Є_{12}H_{24}Θ_2$
Myristinsäure	$Є_{14}H_{28}Θ_2$
Palmitinsäure	$Є_{16}H_{32}Θ_2$
Margarinsäure*)	$Є_{17}H_{34}Θ_2$
Stearinsäure	$Є_{18}H_{36}Θ_2$
Arachinsäure	$Є_{20}H_{40}Θ_2$

Diese (1basischen) Säuren bilden eine „homologe" Reihe; ihr Siedepunct nimmt mit jedem eintretenden $ЄH_2$ um 19° ab; die Є-ärmeren sind flüssig und flüchtig, die Є-reicheren fest und nichtflüchtig. Aus den letzteren entstehen die ersteren, indem $ЄH_2$ durch Oxydation (Bildung von $ЄΘ_2$ und $H_2Θ$) herausgenommen wird, z. B.

$$\underset{\text{Buttersäure.}}{Є_4H_8Θ_2} + 3\,Θ = \underset{\text{Propionsäure.}}{Є_3H_6Θ_2} + ЄΘ_2 + H_2Θ$$

Freie flüchtige Fettsäuren findet man häufig bei der Analyse von Körperbestandtheilen; indess ist ihr Vorkommen während des Lebens nicht festgestellt; die festen Fettsäuren kommen krystallisirt zuweilen in früher fetthaltig gewesenem Zellinhalte vor. Alkalisalze der Fettsäuren (**Seifen**, in Wasser löslich), ferner Amidverbindungen (vgl. unten, Glycin, Leucin), und vor Allem gewisse ätherartige Verbindungen derselben (s. unten, neutrale Fette) kommen in sehr vielen Körperbestandtheilen vor; ausserdem scheinen sie in gewissen noch complicirteren Verbindungen (vgl. Protagon) als constituirende Elemente vorhanden zu sein.

6) **Glycolsäuren** (allgemeine Formel $Є_nH_{2n-2}Θ(ΘH)_2$).

Die Glycolsäuren entstehen durch Oxydation aus den Fettsäuren, indem ein mit Є verbundenes H-Atom durch ΘH ersetzt wird; in diesem ΘH ist H durch Metall vertretbar, so dass diese Säuren 2basisch sind. Aus denjenigen Fettsäuren, welche mehr als 2 Є-Atome enthalten (also von der Propionsäure ab) können mehrere isomere Glycolsäuren entstehen, je nach dem Є-Atom, in welches die zweite ΘH-Gruppe eintritt; so entstehen z. B. die beiden isomeren Milchsäuren (Oxypropionsäuren), die sich in ihren Salzen unterscheiden. Die bis jetzt bekannten Glycolsäuren sind:

Kohlensäure (Oxyameisensäure) $ЄΘ(ΘH)_2$

Glycolsäure (Oxyessigsäure) $Є_2H_2Θ(ΘH)_2$

Milchsäure (Oxypropionsäure): $Є_3H_4Θ(ΘH)_2$

Fleischmilchsäure

Gewöhnliche Milchsäure

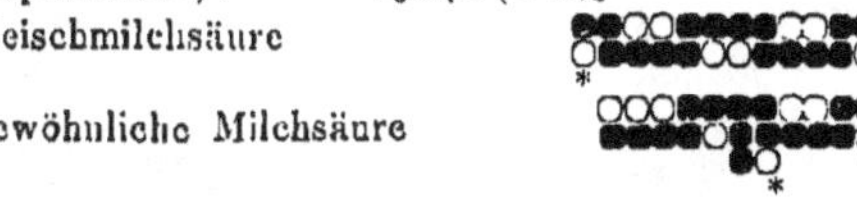

*) Die Margarinsäure ist als ein Gemenge von Palmitinsäure und Stearinsäure zu betrachten.

Butlactinsäure (Oxybuttersäure)	$C_4H_8O_3$
Valerolactinsäure (Oxybaldriansäure)	$C_5H_{10}O_3$
Leucinsäure (Oxycapronsäure)	$C_6H_{12}O_3$

Von diesen Säuren kommt nur die Kohlensäure und die beiden Milchsäuren im Organismus vor; die Glycolsäure und Leucinsäure (Oxyessigsäure, Oxycapronsäure) gewinnt man (vgl. unten) aus dem Glycin (Amidoessigsäure) und Leucin (Amidocapronsäure) durch salpetrige Säure.

Kohlensäure. Die oben bezeichnete salzbildende Kohlensäure existirt im freien Zustande nicht, sondern nur das Anhydrid derselben, CO_2; die Kohlensäure kommt sowohl frei (als absorbirtes Gas) als in (neutralen und sauren) Salzen, als auch in amidartigen Verbindungen (s. Harnstoff u. s. w.) in fast allen Körperbestandtheilen vor und wird in allen diesen Formen als hauptsächlichstes Oxydationsproduct des Körpers in grossen Mengen ausgeschieden. Kohlensaure Salze, welche in den Aschen gefunden werden, sind häufig zum Theil erst durch den Veraschungsprocess entstanden. Die wichtigsten kohlensauren Salze des Körpers sind: neutrales kohlensaures Natron, kohlensaurer Kalk, kohlensaure Magnesia.

Fleischmilchsäure ist ein wichtiges Stoffwechselproduct der Muskeln; gewöhnliche Milchsäure findet sich in verschiedenen Körperflüssigkeiten, wahrscheinlich stets als Product der Milchsäuregährung des Zuckers (s. unten).

7) Oxalsäuren (allgemeine Formel $C_nH_{2n-4}O_2(OH)_2$).

Die Oxalsäuren sind 2basische Säuren, welche durch Oxydation der Fettsäuren oder Glycolsäuren (mit Austritt von H_2O) entstehen. Die hier in Betracht kommenden Glieder der Reihe sind:

Oxalsäure	$C_2O_2(OH)_2$
Malonsäure	$C_3H_2O_2(OH)_2$
Bernsteinsäure	$C_4H_4O_2(OH)_2$

Von diesen kommt die Bernsteinsäure zuweilen, die Oxalsäure beim Menschen vielleicht nie normal, im Organismus in Form von Salzen vor; alle drei genannten aber in complicirteren Verbindungen (vgl. unten, Harnstoffe, Harnsäure u. s. w.).

8) Oelsäuren (allgemeine Formel $C_nH_{2n-3}O(OH)$).

Diese einbasischen Säuren entsprechen genau den Fettsäuren, in welchen jedoch 2 C-Affinitäten nicht (wenigstens nicht durch H) gesättigt sind. Einige Glieder der Reihe sind:

Acrylsäure	$C_3H_3O(OH)$	oder
Crotonsäure	$C_4H_5O(OH)$	oder

Angelicasäure $C_5H_7O(OH)$

.

.

.

Oelsäure $C_{18}H_{33}O(OH)$

Nur die Oelsäure (Oleinsäure, Elainsäure) kommt im Körper vor, und zwar in denselben Formen wie die Fettsäuren (als Seife, und als neutrales Fett, Olein).

9) Cholalsäuren.

Es sind dies Säuren von noch unbekannter jedenfalls complicirter Constitution. Sie sind in Wasser unlöslich, bilden leicht lösliche, seifenähnliche Alkalisalze, und zeigen eine gemeinsame characteristische Reaction (PETTENKOFER'sche Probe): Mit Zucker und concentrirter Schwefelsäure auf 60° erwärmt geben sie eine purpurviolette Färbung.

Sie kommen in der Galle und im Darminhalt aller Thiere, meist als complicirtere Verbindungen (gepaarte Gallensäuren, vgl. unten) vor. Die bis jetzt bekannten sind:

Cholalsäure	$C_{24}H_{40}O_5$		
Anhydride derselben:		Choloidinsäure	$C_{24}H_{38}O_4$
		Dyslysin	$C_{24}H_{36}O_3$
Hyocholalsäure	$C_{25}H_{40}O_4$		
		Hyodyslysin	$C_{25}H_{38}O_3$
Chenocholalsäure	$C_{27}H_{44}O_4$		
Guanogallensäure	?		
Lithofellinsäure	$C_{20}H_{36}O_4$		

10) Aromatische Säuren.

Säuren, in welchen die Atomgruppe Benzol C_6H_6 *) enthalten ist; in dieser sehr beständigen Gruppe kann jedes H-Atom durch 1werthige Atome oder Atomgruppen ersetzt werden; unter andern können so die oben genannten Fettsäuren eintreten indem sie durch Wegnahme von einem H 1werthig werden; das Verhältniss lässt sich auch so ausdrücken, dass die 1werthige Gruppe Phenyl C_6H_5 ($= C_6H_6 - H$) in einer grossen Anzahl von Verbindungen 1 H vertreten kann, z. B.

Ameisensäure CH_2O_2

Phenylameisensäure oder Benzoesäure $CH(C_6H_5)O_2$

Einige physiologisch wichtige aromatische Säuren sind:

Benzoësäure (Phenyl-Ameisensäure) $CH(C_6H_5)O_2$

Chlorbenzoësäure (Chlorphenyl-Ameisensäure) $CH(C_6H_4Cl)O_2$

*) Die beiden durch Puncte bezeichneten C-Affinitäten hat man sich durch kreisförmigen Schluss der Kette unter einander verbunden vorzustellen (wie oben bei der kohlensauren Magnesia, p. 19).

Salicylsäure (Oxyphenyl-Ameisensäure) $CH(C_6H_4[OH])O_2$

Anissäure (Methyloxyphenyl-Ameisensäure) $CH(C_6H_4[O.CH_3])O_2$

Diese Säuren kommen im Organismus an sich nicht regelmässig vor, jedoch durchwandern sie denselben häufig in Folge ihres Vorkommens in pflanzlicher Nahrung und gehen dann im Organismus eigenthümliche Verbindungen ein (vgl. unten, Hippursäure). Möglicherweise sind sie auch als Bestandtheile in complicirteren Körpern enthalten, da eine ihnen nahestehende Substanz (Tyrosin, s. unten) unter Umständen als Zersetzungsproduct der Eiweisskörper auftritt.

3. Alkohole.

Kohlenwasserstoffe, in welchen ein oder mehrere H-Atome durch die Gruppe OH vertreten sind, z. B.

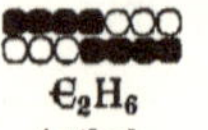

C_2H_6 Aethylwasserstoff.

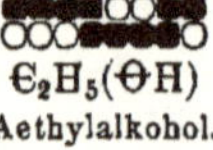

$C_2H_5(OH)$ Aethylalkohol.

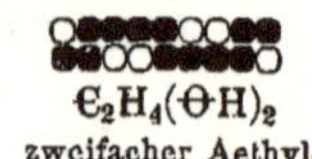

$C_2H_4(OH)_2$ zweifacher Aethylalkohol (Glycol).

C_3H_8 Propylwasserstoff.

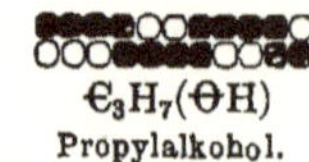

$C_3H_7(OH)$ Propylalkohol.

$C_3H_5(OH)_3$ dreifacher Propylalkohol (Glycerin).

Je nachdem 1, 2 . . . H-Atome durch OH vertreten sind, heisst der Alkohol 1-, 2- . . . atomig. Glycol ist z. B. ein 2atomiger, Glycerin ein 3atomiger Alkohol.

Von unzweifelhaften Alkoholen kommt nur einer, das Cholesterin $C_{26}H_{43}(OH)$, dessen Constitution noch unbekannt ist, als solcher im Organismus vor, und zwar in den Nervensubstanzen, der Galle und den Blutkörperchen. Das Glycerin kommt wahrscheinlich nur in Form von Aetherarten (s. unten) als Bestandtheil der Fette und verwandter Körper vor.

Zu den Alkoholen sind aber noch höchst wahrscheinlich die Zuckerarten zu rechnen (vielatomige Alkohole), deren Constitution noch unbekannt ist.

Die Zuckerarten sind leicht lösliche, süssschmeckende, krystallisirbare Körper, deren Lösungen die Polarisationsebene drehen, und die durch ihre leichte Oxydirbarkeit viele Metalloxyde zu Oxydulen oder Metallen reduciren. Sie zerfallen unter der Einwirkung von gewissen Organismen (Hefezellen) und von faulenden Substanzen unter Wärmeentwicklung in einfachere Verbindungen („Gährungsprocesse"). Folgende Zuckerarten kommen im Organismus vor:

Traubenzucker $C_6H_{12}O_6$ (eine der denkbaren Constitutionen: ) [syn. Stärkezucker, Krümelzucker, Harnzucker, Leberzucker], kommt spurweise im Blute, in der Leber und im Harne vor. In pathologischen Zuständen kann er massenhaft auftreten. Manche den Eiweisskörpern nahestehende Substanzen

(z. B. Chondrin) liefern ihn bei künstlicher Zersetzung, so dass dieser Atomcomplex möglicherweise in complicirteren Körperbestandtheilen vorhanden ist. Er dreht die Polarisations-Ebene nach rechts.

Gährungen: a. Zerfall in Alkohol und Kohlensäure ($Є_6H_{12}Θ_6 = 2\,Є_2H_6Θ + 2\,ЄΘ_2$) bei Gegenwart von Hefe; b. Zerfall in Milchsäure ($Є_6H_{12}Θ_6 = 2\,Є_3H_6Θ_3$) bei Gegenwart von faulenden Eiweisskörpern.

Milchzucker $Є_{12}H_{22}Θ_{11}$, Bestandtheil der Milch, ebenfalls rechtsdrehend. Dieser Zucker ist direct nur der Milchsäuregährung fähig, wird aber durch Kochen mit verdünnter Schwefelsäure in eine zur alkoholischen Gährung fähige Zuckerart („Lactose") verwandelt.

Inosit $Є_6H_{12}Θ_6$, Bestandtheil der Muskeln, nicht drehend, ebenfalls nur der Milchsäuregährung fähig.

Anhydride der Zuckerarten. Im Pflanzenreich sind gewisse Substanzen sehr verbreitet, welche durch Wasseraufnahme (beim Kochen mit verdünnten Säuren, bei der Einwirkung gewisser Fermente) in Zucker sich verwandeln. Die Hauptvertreter derselben sind: Gummi $Є_{12}H_{22}Θ_{11}$, Stärke $Є_6H_{10}Θ_5$, Cellulose $Є_6H_{10}Θ_5$, und das Zwischenproduct zwischen Stärke und Zucker: Dextrin $Є_6H_{10}Θ_5$.*) Im thierischen Organismus ist nur ein diesen Substanzen entsprechender Körper nachgewiesen, nämlich:

Glycogen $Є_6H_{10}Θ_5(\times x)$, Bestandtheil der Leber und wie es scheint sämmtlicher embryonalen Organe, in Wasser mit Opalescenz löslich, dem Dextrin in der rothen Jodreaction und dem rechtsseitigen Drehungsvermögen am nächsten stehend, durch Säuren und Fermente leicht in (Dextrin? und) Zucker übergehend.

Im Gehirn findet sich ausserdem eine völlig stärkeähnliche mit Jod sich bläuende, zuckerbildende Substanz (Jaffe).

Die Zuckerarten und deren Anhydride werden gewöhnlich unter dem Namen „Kohlenhydrate" zusammengefasst, welcher nur ausdrückt, dass sie (ausser Є) H und Θ in dem Mengenverhältniss wie sie im Wasser vorkommen ($H_2Θ$) enthalten.

4. Aetherarten.

Aetherarten entstehen dadurch, dass in den Alkoholen der H der ΘH-Gruppe durch Alkohol- oder Säureradicale**) ersetzt wird, z. B.

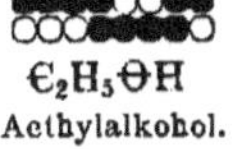

$Є_2H_5ΘH$

Aethylalkohol.

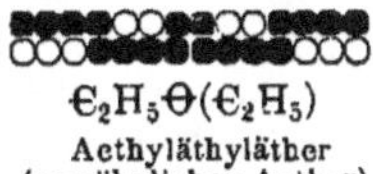

$Є_2H_5Θ(Є_2H_5)$

Aethyläthyläther (gewöhnlicher Aether).

$Є_2H_3Θ.ΘH$

Essigsäure.

$Є_2H_5Θ.Θ(Є_2H_3Θ)$

Essigsäure-Aethyläther (Essigäther).

---

*) Diese Formeln müssen höchstwahrscheinlich vervielfacht werden.

**) Unter „Radical" einer Säure oder eines Alkohols versteht man die nach Wegnahme der ΘH-Gruppen übrigbleibende Atomgruppe.

$C_3H_5(\Theta H)_3$ Glycerin. $C_3H_5(\Theta[C_2H_3\Theta])_3$ Tri-Essigsäure-Glycerinäther (Triacetin) [Neutrales Fett].

Im Organismus kommen soweit ermittelt von unzweifelhaften Aethern nur die neutralen Fette vor, d. h. dreifache Aether des 3atomigen Alkohols Glycerin (p. 24) mit den Fettsäuren (p. 20) und der Oelsäure (p. 23). Thierische Fette sind: Olein (genauer: Triolein, flüssig; die nächstfolgenden fest), Stearin, Margarin (vgl. p. 21. Anm.), Palmitin; ausserdem in der Milch (Butterfette): Myristin, Caprinin, Caprylin, Capronin, Butyrin.

Die neutralen Fette sind flüssig (Oele) oder leicht schmelzbar, in Wasser unlöslich, in Aether und heissem Alkohol leicht löslich; flüssig machen sie Papier durchscheinend (Fettflecken); durch colloide Substanzen lassen sie sich in Wasser in feinen Tröpfchen vertheilen, wobei die Flüssigkeit weiss und undurchsichtig wird (Emulsion). Beim Stehen zerfallen sie unter Wasseraufnahme, wobei Glycerin und Fettsäure frei wird, und durch letztere, wenn sie zu den flüchtigen gehört, der „ranzige" Geruch entsteht. Durch Alkalien werden die Fette ebenso zersetzt, indem sich fettsaure Alkalien (Seifen) bilden, in Wasser löslich; die Lösungen lösen Fette.

Den neutralen Fetten schliesst sich noch ein anderer Glycerinäther an, die Glycerinphosphorsäure, $C_3H_5(\Theta H)_2\Theta(P\Theta[\Theta H]_2)$, d. h. Glycerin, vom welchem 1 H durch den Rest der Phosphorsäure nach Wegnahme von 1 ΘH vertreten ist. Die Glycerinphosphorsäure ist ein Zersetzungsproduct des Protagons (s. unten).

Im Walrath (aus den Schädelhöhlen einiger Wale) kommen (einatomige) Aether der Fettsäuren mit dem Cetylalkohol (Aethal) $C_{16}H_{33}(\Theta H)$ vor, namentlich Palmitinsäure-Cetyläther $C_{16}H_{33}\Theta(C_{16}H_{31}\Theta)$.

5. Amidsubstanzen.

Das Ammoniak NH_3 kann sich an der Bildung von Verbindungen betheiligen, indem es als 1werthige Gruppe $\overset{\prime}{N}H_2$ oder als 2werthige Gruppe $\overset{\prime\prime}{N}H$ 1 oder 2 Affinitäten sättigt (1 oder 2 H vertritt), oder mit andern Worten, indem die H-Atome des NH_3 durch 1- oder mehrwerthige Atomgruppen vertreten werden. Hier kommen in Betracht: 1) Amide, Verbindungen, in welchen die ΘH-Gruppe von Säuren durch NH_2 ersetzt ist; z. B.

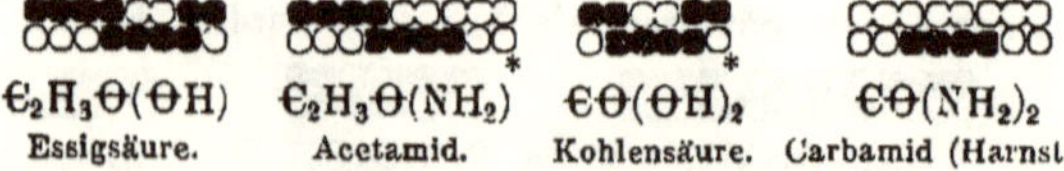

$C_2H_3\Theta(\Theta H)$ Essigsäure. $C_2H_3\Theta(NH_2)$ Acetamid. $C\Theta(\Theta H)_2$ Kohlensäure. $C\Theta(NH_2)_2$ Carbamid (Harnstoff).

2) Amidosäuren, Säuren, in welchen H-Atome des Radicals (p. 25. Anm.) durch NH_2 ersetzt sind, z. B.

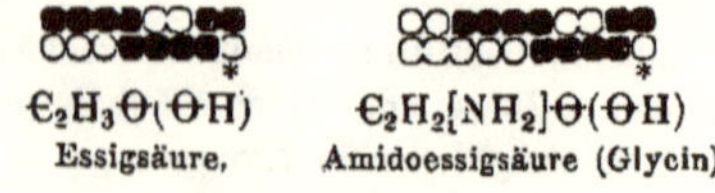

$C_2H_3\Theta(\Theta H)$ Essigsäure. $C_2H_2[NH_2]\Theta(\Theta H)$ Amidoessigsäure (Glycin).

Die Amidosäuren verhalten sich einerseits wie Säuren, andererseits aber wie Basen, indem das Ammoniak mit Säuren sich verbindet, z. B.

Glycinsilber (amidoessigsaures Silberoxyd). Salzsaures Glycin.*)

Mit salpetriger Säure behandelt geben die Amidosäuren in Oxysäuren, also z. B. die Amido-Fettsäuren in Oxy-Fettsäuren (Glycolsäuren, p. 22) über, indem die Gruppe NH_2 durch die Gruppe OH ersetzt wird.

In die Gruppe der Amidsubstanzen gehören fast alle ihrer Zusammensetzung nach genauer bekannten stickstoffhaltigen Körperbestandtheile; dieselben geben aus den Eiweisskörpern und deren Abkömmlingen hervor, in welchen daher wahrscheinlich ebenfalls der Stickstoff in der Form des Ammoniaks vorhanden ist, zum Theil aber auch in der Form des Cyans, da einige Amidsubstanzen auch Cyan enthalten (z. B. Harnsäure).

Amide.

1) Harnstoff, Amid der Kohlensäure $CO(NH_2)_2$,

$CO(OH)_2$ Kohlensäure. $CO(NH_2)_2$ Harnstoff.

einer der einfachsten Amidkörper, welcher das Hauptproduct der Oxydation stickstoffhaltiger Substanzen im Organismus bildet und in grossen Mengen mit dem Harn entleert wird.

Der Harnstoff ist krystallisirbar, in Wasser leicht löslich, giebt mit Salpetersäure ein schwerlösliches Salz, mit salpetersaurem Quecksilberoxyd einen weissen Niederschlag. Bei Gegenwart faulender Substanzen, ferner beim Kochen mit Alkalien, beim Ueberhitzen mit Wasser, nimmt er $2\,H_2O$ auf und liefert kohlensaures Ammoniak: $CO(NH_2)_2 + 2\,H_2O = CO(O.NH_4)_2$. Er war die erste künstlich darstellbare organische Substanz; man kann ihn auf verschiedene Weise künstlich erhalten, z. B. aus cyansaurem Ammoniak [$CN(O.NH_4) = CO(NH_2)_2$],

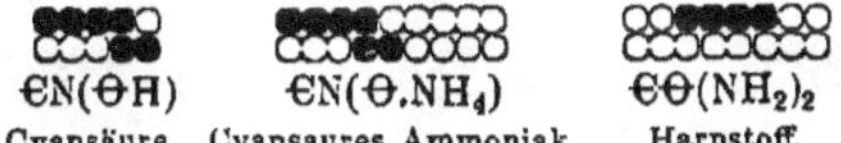

$CN(OH)$ Cyansäure. $CN(O.NH_4)$ Cyansaures Ammoniak. $CO(NH_2)_2$ Harnstoff.

aus Chlorkohlenoxyd (Phosgengas) und Ammoniak [$COCl_2 + 2\,NH_3 = CO(NH_2)_2 + 2\,HCl$].

NH_3 $COCl_2$ Phosgen. NH_3 HCl $CO(NH_2)_2$ HCl

In den beiden NH_2-Gruppen des Harnstoffs können noch H-Atome durch Alkohol- oder Säureradicale vertreten werden. Verbindungen der letzteren Art, namentlich mit Ersetzung von 2 H durch 2werthige Säureradicale, erhält man vielfach bei der künstlichen Oxydation der Harnsäure (welche selbst ein ähnlicher,

*) Der N der NH_2-Gruppe ist hier 5werthig, indem seine 2 bisher nicht zur Action gekommenen Affinitäten durch H und Cl gesättigt sind. In den Ammoniaksalzen ist N 5werthig, indem die 1werthige Gruppe NH_4 (Ammonium) dieselbe Rolle spielt wie ein 1werthiges Metall, z. B. $(NH_4)Cl$ Chlorammonium.

aber complicirterer Körper ist, s. unten) neben dem einfachen Harnstoff. Namentlich die Radicale der Oxalsäurereihe (p. 22) und der nächsten Abkömmlinge derselben bilden solche zusammengesetzte Harnstoffe; dieselben heissen zum Theil Säuren, weil das letzte noch vorhandene H-Atom der Amidgruppen durch Metall vertreten werden kann. Einige dieser Körper sind:

Parabansäure = Oxalylharnstoff $\Theta\!\!\!\!\!\Theta$ $CO(NH)_2(C_2O_2)$ — C_2O_2 Oxalyl. — $CO(NH)_2C_2O_2$ Parabansäure.

Barbitursäure = Malonylharnstoff $CO(NH)_2(C_3H_2O_2)$ — $C_3H_2O_2$ Malonyl.

Dialursäure = Tartronylharnstoff $CO(NH)_2(C_3H_2O_3)$ (Tartronsäure = Oxymalonsäure) — $C_3H_2O_3$ Tartronyl.

Alloxan = Mesoxalylharnstoff $CO(NH)_2(C_3O_3)$ (Mesoxalsäure = Dioxymalonsäure minus H_2O) — $C_3H_2O_4 - H_2O = C_3O_3$ Mesoxalyl.

Amidosäuren.

2) Glycin (Glycocoll, Leimzucker), Amidoessigsäure $C_2H_2(NH_2)O.OH$ als solches nicht im Körper vorkommend, wohl aber in sogenannten gepaarten Säuren.

Das Glycin giebt mit salpetriger Säure Oxyessigsäure = Glycolsäure (p. 21, 27). Es kann mit einbasischen Säuren in der Weise in Verbindung treten, dass ein H des NH_2 durch das Säureradical vertreten wird (die OH-Gruppe und das H-Atom treten als H_2O aus), z. B.

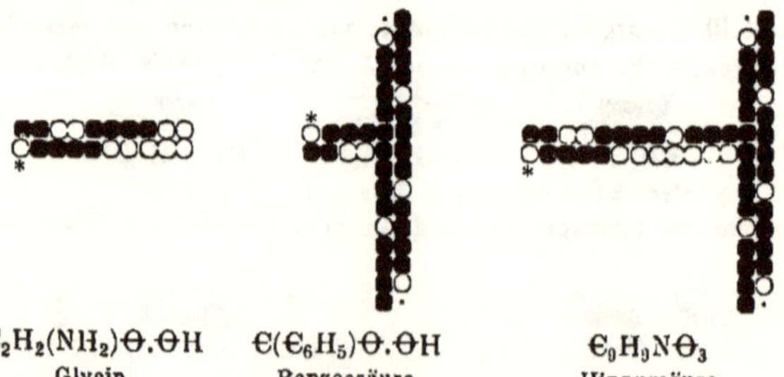

$C_2H_2(NH_2)O.OH$ Glycin. — $C(C_6H_5)O.OH$ Benzoesäure. — $C_9H_9NO_3$ Hippursäure.

Solche Verbindungen (welche sämmtlich beim Kochen mit Säuren H_2O aufnehmen und in Glycin und Säure zerfallen) sind:

Glycocholsäure (Glyco-Cholalsäure, p. 23) $C_{26}H_{43}NO_6$, Bestandtheil der Galle.

Hippursäure (Glyco-Benzoesäure) $C_9H_9NO_3$, Bestandtheil des Harns der Pflanzenfresser. Bei jedem Thiere tritt sie auf nach dem Genuss von Benzoesäure und einigen anderen aromatischen Säuren (Zimmtsäure, Mandelsäure, Chinasäure).

Andere, z. B. die p. 23, 24 genannten, aromatischen Säuren bilden nicht Hippursäure selbst, sondern die ihr entsprechende Säure, in welcher das Benzol wie in der ursprünglichen Säure substituirt ist, z. B. Chlorbenzoesäure giebt Chlorhippursäure, Salicylsäure (Oxybenzoesäure) Salicylursäure (Oxybippursäure), Anissäure (Methyloxybenzoesäure) Anisursäure (Methyloxyhippursäure).

Ein methylirtes Glycin, Methylamido-Essigsäure, das Sarcosin, $Ȼ_2H_2(NH[ȻH_3])Ɵ.ƟH$, erhält man beim Behandeln des Kreatins mit Alkalien.

3) Butalanin, Amidobaldriansäure, $Ȼ_5H_8(NH_2)Ɵ.ƟH$, und

4) Leucin, Amidocapronsäure, $Ȼ_6H_{10}(NH_2)Ɵ.ƟH$, finden sich in vielen Körperbestandtheilen, jedoch ausser dem Pancreas wahrscheinlich nur als Fäulnissproducte. Mit salpetriger Säure giebt Leucin Oxycapronsäure = Leucinsäure (p. 22, 27).

5) Serin, wahrscheinlich Amidomilchsäure $Ȼ_3H_5(NH_2)Ɵ_3$, aus dem Seidenleim (s. unten) neben Leucin und Tyrosin durch Kochen mit Säuren erhalten. Giebt mit salpetriger Säure Oxymilchsäure = Glycerinsäure.

6) Cystin, $Ȼ_3H_7NSƟ_2$, also Serin, in welchem ein Ɵ durch S vertreten ist, vermuthlich von derselben Constitution, Bestandtheil der Nieren, zuweilen auch im Harn und in Blasensteinen gefunden.

7) Taurin, Amido-Aethylschwefelsäure, $SƟ_2(ƟH)(Ȼ_2H_4.H_2N)$

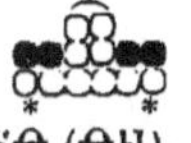

$SƟ_2(ƟH)_2$
Schwefelsäure.

$SƟ_2(ƟH)(Ȼ_2H_5)$
Aethylschwefelsäure*)

$SƟ_2(ƟH)(Ȼ_2H_4.H_2N)$
Amido-Aethylschwefelsäure (Taurin).

kommt in ähnlicher gepaarter Verbindung mit Cholalsäure, wie das Glycin, als Taurocholsäure $Ȼ_{26}H_{45}NSƟ_7$, in der Galle vor.

8) Tyrosin $Ȼ_9H_{11}NƟ_3$, eine Amidosäure, deren Natur noch nicht aufgeklärt ist (es liegt ihr eine aromatische Substanz zu Grunde), wird in geringen Mengen neben Leucin gefunden.

Amidsubstanzen von unbekannter Constitution.

9) Harnsäure $Ȼ_5H_4N_4Ɵ_3$, ein Bestandtheil des Harns, bei einigen Thierclassen (Vögel, beschuppte Amphibien, Insecten) der Hauptbestandtheil desselben.

Die wahrscheinlichste Constitution der Harnsäure ist: Tartronylcyanamid:

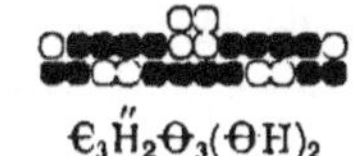

$Ȼ_3H''_2Ɵ_3(ƟH)_2$
Tartronsäure
(Oxymalonsäure, s. p. 28).

$Ȼ_3H_2Ɵ_3(NH_2)_2$
Tartronylamid.

$Ȼ_3H_2Ɵ_3(NH.ȻN)_2$
Tartronyl-Cyanamid
(Harnsäure).

Die Harnsäure ist 2basisch, da in ihr, wie in den zusammengesetzten Harnstoffen (p. 28) die beiden noch übrigen H-Atome der Amidgruppen durch Metall ersetzt

*) Nicht zu verwechseln mit Aetherschwefelsäure (zuweilen Aethylschwefelsäure genannt): $SƟ_2(ƟH)(Ɵ.Ȼ_2H_5)$.

werden können. Von den Salzen, welche, wie die Harnsäure selbst, in Wasser sehr schwerlöslich sind, kommen besonders saures harnsaures Natron und Ammoniak, beim Menschen hauptsächlich pathologisch, vor. Durch Oxydation liefert die Harnsäure: a. bei Gegenwart von Säuren: Alloxan (p. 28) und Harnstoff (p. 27): $C_5H_4N_4O_3 + H_2O + O = C_4H_2N_2O_4 + CH_4N_2O$ [das Alloxan liefert durch weitere Oxydation Kohlensäure und Parabansäure (p. 28) $C_4H_2N_2O_4 + O = CO_2 + C_3H_2N_2O_3$]; b. bei Gegenwart von Alkalien: Allantoin ($C_4H_6N_4O_3$) und Kohlensäure $C_5H_4N_4O_3 + H_2O + O = C_4H_6N_4O_3 + CO_2$; das Allantoin kommt im foetalen und Säuglings-Harn vor; c. mit Salpetersäure zur Trockne verdampft giebt die Harnsäure einen gelbrothen Rückstand, der mit Ammoniak sich purpurroth färbt (Murexid, purpursaures Ammoniak), mit Kali blau.

10) Xanthin $C_5H_4N_4O_2$ findet sich spurweise in vielen Körperorganen und im Harn, und kann künstlich aus Hypoxanthin und Guanin erhalten werden (s. unten).

Möglicherweise ist Xanthin, welches obgleich es Säuren bindet, auch mit Baryt ein Salz liefert, der Harnsäure analog zusammengesetzt, nämlich Malonylcyanamid.

11) Hypoxanthin oder Sarkin $C_5H_4N_4O$ kommt in Begleitung des Xanthins vor, in welches es durch Oxydationsmittel übergeführt werden kann.

12) Guanin $C_5H_5N_5O$ findet sich in geringen Mengen im Pancreas und in der Leber, ferner im Guano und in den Excrementen der Spinnen.

Durch Oxydation liefert das Guanin Xanthin unter N-Entwicklung: $2\,C_5H_5N_5O + 3\,O = 2\,C_5H_4N_4O_2 + H_2O + 2\,N$. Andre Oxydationsmittel zerlegen es in Kohlensäure, Parabansäure (p. 28) und eine starke Base Guanidin CH_5N_3 (welche man auch künstlich erhalten kann): $C_5H_5N_5O + H_2O + 3\,O = CO_2 + C_3H_2N_2O_3 + CH_5N_3$.

13) Kreatin $C_4H_9N_3O_2$, Bestandtheil des Harns, des Blutes, der Muskeln, des Gehirns u. s. w.

Durch Erhitzen mit starken Säuren, auch durch blosses Kochen mit Wasser, ferner bei Gegenwart faulender Substanzen, giebt das Kreatin H_2O ab und verwandelt sich in eine stark alkalische Substanz Kreatinin $C_4H_7N_3O$, welche gewöhnlich mit Kreatin zusammen gefunden wird, aber wahrscheinlich erst durch die chemische Behandlung aus demselben entstanden ist. Beim Kochen mit Baryt zerfällt das Kreatin unter Wasseraufnahme in Sarcosin (Methylglycin, s. p. 29) und Harnstoff: $C_4H_9N_3O_2 + H_2O = C_3H_7NO_2 + CH_4N_2O$. Auch durch Oxydation liefern Kreatin und Kreatinin Methylverbindungen.

14) Inosinsäure $C_5H_8N_2O_6$, Bestandtheil der Muskeln.

15) Kynurensäure $C_{16}H_{14}N_2O_5$ (?), zuweilen im Hundeharn vorkommend.

16) Farbstoffe. Diese Substanzen, von denen sich die am besten bekannten in ihrem Verhalten den Amidsubstanzen anschliessen, sind meist krystallisirbar und stammen wahrscheinlich

sämmtlich von einem, dem eisenhaltigen Hämatin ab (vgl. Cap. II.). Einige derselben enthalten kein Eisen; dieselben werden als die einfacheren zuerst aufgeführt.

a. Bilirubin (Biliphaein, Cholepyrrhin, Haematoidin) $C_{16}H_{18}N_2\Theta_3$, orangerother, krystallisirbarer Farbstoff der Galle, unlöslich in Wasser, löslich in Chloroform und in Alkalien, mit denen er wie eine einbasische Säure Verbindungen bildet. Durch Oxydation geht er in Biliverdin über. Dass er vom Hämatin herstammt, wird ausser vielen anderen Gründen (vgl. Cap. III.) direct dadurch bewiesen, dass er in alten Blutextravasaten gefunden wird (Hämatoidinkrystalle).

Mit Salpetersäure, die etwas salpetrige Säure enthält, zeigt das Bilirubin einen regenbogenartigen Farbenwechsel, der zur Erkennung kleinster Mengen dienen kann (Gmelin'sche Probe).

b. Biliverdin $\Theta_{16}H_{20}N_2\Theta_5$ (= Bilirubin + $H_2\Theta$ + Θ) entsteht durch Oxydation des Bilirubins an der Luft; im Organismus scheint es nicht vorzukommen; durch schweflige Säure scheint es wieder in Bilirubin überzugehen.

c. Bilifuscin $\Theta_{16}H_{20}N_2\Theta_4$ (= Bilirubin + $H_2\Theta$) und

d. Biliprasin $\Theta_{16}H_{22}N_2\Theta_6$ (= Bilifuscin + $H_2\Theta$ + Θ) sind in Gallensteinen in geringer Menge gefunden worden.

e. Haematin $\Theta_{32}H_{34}FeN_4\Theta_6$ (?), ein krystallinischer, getrocknet blauschwarzer, metallglänzender Farbstoff, in Wasser und Alkohol nicht löslich, wohl aber in wässrigen oder alkoholischen Säure- und Alkalilösungen, in welchen das Hämatin Verbindungen eingeht; die sauren Lösungen sind braun, die alkalischen dichroitisch: in dünnen Schichten grün, in dickeren roth. Im Organismus kommt es für sich nicht vor, man erhält es aber durch Einwirkung von Säuren und Alkalien aus einem complicirteren gefärbten Körper des Blutes, dem Hämoglobin (s. unten).

Die Hämatinlösungen zeigen im Spectralapparat einen Absorptionsstreifen im Roth, dessen Lage in sauren und alkalischen Lösungen etwas verschieden ist.

Krystallisirtes Hämatin, sog. Haeminkrystalle, erhält man aus Lösungen in starken Säuren (Eisessig); dieselben scheinen kein reines Haematin, sondern ein Salz zu sein (bei Gegenwart von Chlorverbindungen salzsaures Haematin).

f. Harnfarbstoffe. Im Harn sind verschiedene, theils eisenhaltige theils eisenfreie, nicht krystallinische Farbstoffe gefunden worden (Urohämatin, Urrhodin, Uroerythrin), deren Zusammensetzung unbekannt ist. Blaue Farbstoffe, welche zur Indigogruppe zu gehören scheinen, sind ebenfalls aus Harn dargestellt, scheinen aber nicht darin praeformirt zu sein.

g. Melanin, schwarze und braune, eisenhaltige, wenig bekannte Farbstoffe der Lungen, Bronchialdrüsen, des Rete Malpighii, der Haare, der Chorioidea u. s. w.

Endlich ist unter den Amidsubstanzen noch ein Zersetzungsproduct des Protagons (s. unten) hier anzuführen, welches die Constitution des Ammoniumoxydhydrats hat, das Neurin oder Cholin $\mathrm{C_5H_{15}NO_2}$ (Trimethyl-Oxäthyl-Ammoniumoxydhydrat):

$\mathrm{NH_4(OH)}$

Ammoniumoxydhydrat.

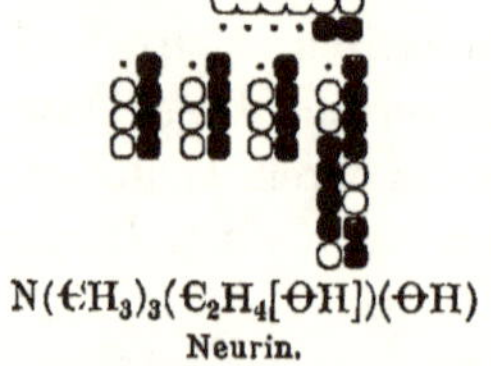

$\mathrm{N(CH_3)_3(C_2H_4[OH])(OH)}$

Neurin.

6. Complicirtere Körper von unbekannter Constitution.

Wie aus dem p. 16f. Gesagten hervorgeht, sind die bisher genannten Körper als natürliche oder künstliche Zersetzungsproducte anderer viel complicirterer zu betrachten, in welchen also die Elemente der bisher genannten, z. B. die Gruppen OH, $\mathrm{CH_3}$, $\mathrm{NH_2}$, $\mathrm{C_6H_5}$, in den mannigfaltigsten und verwickeltsten Combinationen vorkommen. Von diesen Substanzen sind nur wenige rein darzustellen, bei den übrigen misslingt dies, weil sie nicht krystallisirbar sind; man kennt daher von den meisten nicht einmal die Gewichts-Zusammensetzung (Formel) genau, geschweige denn die Constitution.

Von diesen Substanzen soweit sie bisher ermittelt sind, gehört eine ihren Zersetzungsproducten nach zu den Fettkörpern, — das Protagon. Die übrigen scheinen auch aromatische Gruppen zu enthalten, da sie unter andern Benzoësäure (p. 23) und Tyrosin (p. 29) durch Zersetzung liefern können. Diese letzteren kann man in folgende Gruppen bringen: Eiweisskörper, Albuminoidsubstanzen (den Eiweisskörpern in der Zusammensetzung am nächsten stehend), und complicirtere Verbindungen aus mehreren dieser Gruppen.

1. Protagon ($\mathrm{C_{116}H_{240}N_4PO_{22}}$?), Bestandtheil der Nervensubstanz, des Blutes, des Samens, des Eidotters u. s. w.

Das Protagon ist krystallisirbar, in warmem Alkohol und Aether löslich, quillt mit Wasser kleisterartig auf. Mit Baryt gekocht liefert es Neurin (p. 32), Glycerinphosphorsäure (p. 26), verschiedene Fettsäuren (p. 20). Verschiedene Zersetzungsproducte des Protagons und Mischungen derselben mit Protagon (Glycerinphosphorsäure, Myelin, Lecithin, Cerebrin, Cerebrinsäure) wurden früher als Bestandtheile der Nervensubstanz aufgezählt.

2. Eiweisskörper (Proteinstoffe, Albuminate). Diese N und S enthaltenden Substanzen finden sich fast in sämmtlichen Geweben und Flüssigkeiten des Körpers, in Wasser gelöst oder vielmehr gequollen; die Lösungen drehen die Polarisationsebene nach links. Sie sind nicht krystallisirbar, daher nicht sicher zu reinigen und äusserst schwer von unorganischen Beimengungen, mit denen sie zum Theil chemische Verbindungen eingehen, zu befreien. Ihre Lösungen werden durch viele Metallsalze und durch Alkohol gefällt. Durch Hitze und Mineralsäuren werden sie in eine unlösliche Modification übergeführt („coagulirt"). Eine andre Umwandlung unbekannter Natur erleiden sie in der löslichen sowohl als in der unlöslichen Form durch die Einwirkung gewisser fermentartiger Substanzen (s. unten), durch welche sie in Lösungen verwandelt werden, die nun nicht mehr durch Hitze und die meisten andern eiweissfällenden Agentien gefällt werden („Peptonlösungen").

Mit Säuren und mit Alkalien bilden die Eiweisskörper Verbindungen, von denen die ersteren (Säure-Albuminate, Syntonin) durch Alkalien, die letzteren (Alkali-Albuminate, Casein) durch Säuren gefällt werden.

Tiefer eingreifende zersetzende Agentien und Oxydationsmittel liefern aus den Eiweisskörpern namentlich Amidsubstanzen (s. oben): Glycin, Leucin, Tyrosin; ferner flüchtige Fettsäuren, Benzoesäure, Blausäure, Aldehyde der Fettsäuren und der Benzoesäure u. s. w.

Salpetersäure färbt die Eiweisskörper gelb („Xanthoproteinsäure") und Alkalizusatz verwandelt die Farbe in Roth. Salpetersaures Quecksilberoxydul färbt die Eiweisskörper bei 60° roth (Millon's Reagens). Beides kann zur Erkennung benutzt werden.

Die Herkunft der Eiweisskörper ist nicht sicher bekannt; aber es ist sehr wahrscheinlich, dass sie im thierischen Organismus nicht synthetisch producirt werden, sondern aus der (in letzter Instanz pflanzlichen) Nahrung stammen. Ebensowenig ist ihr weiteres Schicksal im Organismus festgestellt. Es scheint als ob die sog. Albuminoide (s. unten) ihre nächsten Abkömmlinge sind. Bei tieferer Zersetzung im Organismus geht der Stickstoff wahrscheinlich in Amidverbindungen über, deren am meisten oxydirte, z. B. Harnstoff, ausgeschieden werden. Ausserdem aber ist es der Constitution nach sehr leicht möglich, dass Fette, Glycogen, Zuckerarten aus den Eiweisskörpern hervorgehen, wofür auch wichtige physiologische Thatsachen sprechen. Umgekehrt scheinen auch synthetische Processe höherer Ordnung im Organismus vorzukommen, bei welchen Eiweisskörper complicirtere Verbindungen bilden (s. sub 4.).

Die verschiedenen thierischen Eiweisskörper haben fast gleiche procentische Zusammensetzung: € 52,7—54,5, H 6,9—7,3, N 15,4—16,5, S 0,8—1,6, Θ 20,9—23,5 pCt. Sie unterscheiden sich von einander hauptsächlich durch die Bedingungen der Fällung und Coagulation. Die wichtigsten sind:

1) Albumin, im Blutserum, Eierweiss (etwas verschieden), und den meisten Gewebssäften. Gerinnt bei 60—70° in neutraler oder saurer Lösung.

Das Casein der Milch ist Kalialbuminat (s. oben), gerinnt daher nicht ohne Weiteres durch Hitze, sondern erst nach Säurezusatz. Durch die meisten Säuren wird es gefällt.

2) Globulin, Bestandtheil des Blutes und vieler Gewebe, durch alle Säuren, selbst Kohlensäure fällbar, und durch Sauerstoffzuleitung wieder lösbar (wahrscheinlich ein Alkalialbuminat). Es existiren verschiedene Modificationen dieses Körpers.

3) Fibrin, das fasrige Gerinnsel im geronnenen Blute; eine Fällung, welche durch gegenseitige Einwirkung zweier Modificationen des Globulins (fibrinoplastische und fibrinogene Substanz) entsteht (Cap. II.). Durch Erhitzen nimmt es die Eigenschaften coagulirter Eiweisskörper an.

4) Myosin, das Gerinnsel der spontan erstarrten Muskeln (Cap. X.).

Das Syntonin der Muskeln ist nur ein durch die im Muskel auftretende oder zur Extraction verwandte Säure entstandenes Säurealbuminat (s. oben).

3. Albuminoide. Diese Körper, welche in vielen Geweben als wesentliche Bestandtheile vorkommen und den Eiweisskörpern in der Zusammensetzung nahestehen (jedoch sind einige schwefelfrei), werden meist als nächste Abkömmlinge der Eiweisskörper betrachtet; ob sie durch Oxydation oder umgekehrt durch Synthese oder durch andre Vorgänge aus ihnen hervorgehen, ist unbekannt. Sie sind unter einander viel verschiedener als die Eiweisskörper und haben ausser ihrer Unkrystallisirbarkeit und Unfähigkeit ächte Lösungen zu bilden (Colloidsubstanzen) kein gemeinsames Kennzeichen. Mit den bei den Eiweisskörpern erwähnten zerstörenden Agentien behandelt liefern sie dieselben Producte; namentlich tritt Glycin und Tyrosin in grossen Mengen auf. Einer derselben, das Chondrin, liefert beim Kochen mit verdünnter Schwefelsäure Traubenzucker. Die wichtigsten sind:

1) Mucin, Schleimstoff, (€ 52,2, H 7,0, N 12,6, Θ 28,2 pCt.) bildet in Wasser zähe Quellungen (Schleim), die durch wenig Essigsäure und durch überschüssigen Alkohol gefällt werden. Es findet sich in den schleimigen Secreten und in den schleimigen Bindesubstanzen (WHARTON'sche Sulze u. s. w.).

2) Glutin, Leim, (€ 50,4, H 6,8, N 18,3, S+Θ 24,5 pCt.) erhält man aus den meisten Bindesubstanzen (Knochen, Sehnen, Häute) durch Kochen mit Wasser. Der Leim quillt in kaltem Wasser gallertig auf, beim Kochen entsteht eine Lösung, die beim Erkalten wieder gelatinirt.

3) Chondrin, Knorpelleim, (€ 49,9, H 6,6, N 14,5, S 0,4, Θ 28,6 pCt.) wird auf ähnliche Weise aus Knorpel gewonnen. Vom vorigen nur durch Fällungsmittel unterschieden.

4) Sericin, Seidenleim ($\text{€}_{15}\ H_{25}\ N_5\ \Theta_8$?), Bestandtheil der Seide.

5) Keratin, Hornstoff, (€ 50,3—52,5, H 6,4—7,0, N 16,2—17,7, S 0,7—5,0, Θ 20,7—25,0 pCt.), der Rückstand der sogenannten Horngewebe, nach Extraction mit Aether, Alkohol, Wasser und Säuren. Eine nur in heissen Alkalien lösliche, in kalten quellende Substanz.

6) Elastin, (€ 55,5, H 7,4, N 16,7, Θ 20,5 pCt.), der Rückstand des Bindegewebes nach Extraction alles Löslichen: die Substanz der elastischen Einlagerungen. Unlöslich in allen nicht zersetzend wirkenden Agentien.

7) Fibroin, (€ 48,6, H 6,5 N 17,3, Θ 27,6 pCt.), der Hauptbestandtheil der Seide, löslich in concentrirten Säuren und Alkalien.

8) Fermente, Körper, welche durch eine noch unverständliche Einwirkung in gleichzeitig vorhandenen andern Körpern gewisse Veränderungen nicht oxydativer Natur hervorbringen (meist in Spaltung mit oder ohne Wasseraufnahme bestehend) ohne selbst dabei verbraucht zu werden*). Man rechnete sie früher zu den

---

*) Die Wirkung der eine Wasseraufnahme veranlassenden Fermente lässt sich ungefähr übersehen, da eine gleiche auch durch Kochen mit verdünnten Mineralsäuren hervorgebracht wird. Die Körper, auf welche diese Fermente wirken, sind höchst wahrscheinlich (manche, z. B. die Fette, sicher) ätherartig (p. 25) zusammengesetzt, indem ein Θ-Atom zwei Alkoholradicale, oder zwei Säureradicale, oder ein Alkohol- und ein Säureradical zusammenhält, z. B:

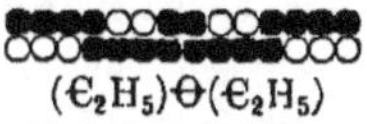

$(\text{€}_2H_5)\Theta(\text{€}_2H_5)$	$(\text{€}_2H_5)\Theta(\text{€}_2H_3\Theta)$	$(\text{€}_2H_3\Theta)\Theta(\text{€}_2H_3\Theta)$
Aethyl-Aethyläther (gewöhnlicher Aether).	Aethyl-Acetyläther (Essigäther).	Acetyl-Acetyläther (Essigsäure-Anhydrid).

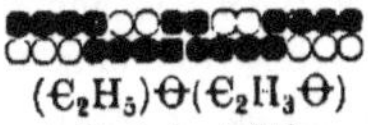

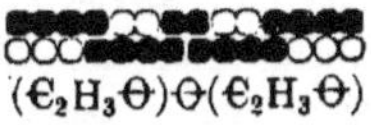

Eiweisskörpern, indessen zeigen die am besten bekannten thierischen Fermente nicht deren Eigenschaften.

Zur Reindarstellung mancher Fermente kann man die Eigenschaft derselben benutzen, aus ihren Lösungen durch voluminöse Niederschläge (Zusatz von Cholesterinlösungen, Collodium u. dgl.) mit niedergerissen zu werden.

Der Organismus enthält:

a. Zuckerbildende Fermente (welche Stärke, Glycogen u. s. w. unter $H_2\Theta$-Aufnahme in Zucker verwandeln), im Speichel, Pancreassaft und in der Leber.

b. Fettzerlegende Fermente (welche neutrale Fette, s. p. 26, unter $H_2\Theta$-Aufnahme in Glycerin und freie Fettsäure zerlegen), im Pancreassaft.

c. Eiweisskörper modificirende Fermente (welche coagulirte Eiweisskörper in Peptonlösungen oder ähnliche Lösungen umwandeln), im Magensaft (Pepsin), Pancreassaft und Darmsaft.

4. Körper, welche noch complicirter sind als die Eiweissstoffe. Mit Sicherheit lässt sich eine solche Complicirtheit der Constitution nur von solchen Körpern behaupten, welche durch Zersetzung Eiweisskörper liefern. Hieher gehört das

---

Durch Addition von $H_2\Theta$ werden die beiden verbundenen Radicale getrennt, und zu Alkohol, resp. Säure ergänzt, z. B.

$$(Є_2H_5)\Theta(Є_2H_3\Theta) + H_2\Theta = Є_2H_5(\Theta H) + Є_2H_3\Theta(\Theta H)$$

Essigäther. Wasser. Alkohol. Essigsäure.

Höchst wahrscheinlich sind die Anhydride der Zuckerarten (p. 25) ebenfalls solche ätherartige Vereinigungen von Zuckermolecülen, die durch $H_2\Theta$-Aufnahme in Zucker zerfallen (ihre Formeln müssten dann mit 2 oder mehr multiplicirt werden). Aehnliche ätherartige Verbindungen von Zuckermolecülen mit anderen Körpern sind die „Glucoside", (z. B. Gallussäure = Gerbsäure + Zucker — Wasser). (Auch die sog. „gepaarten Säuren", z. B. Hippursäure, p. 28, lassen sich ähnlich auffassen.) — Die verdünnten Mineralsäuren scheinen nun die Spaltung aller dieser Körper in der Art zu bewirken, dass sie selbst mit dem Alkoholradical der Aetherverbindung eine Aetherart bilden, welche dann aus unbekannten Ursachen unter Wasseraufnahme wieder zerfällt, etwa nach folgendem Schema:

1) $(Є_2H_5)\Theta(Є_2H_3\Theta) + N\Theta_2(\Theta H) = (Є_2H_5)\Theta(N\Theta_2) + Є_2H_3\Theta(\Theta H)$

Essigäther. Salpetersäure. Salpetersäureäther. Essigsäure.

2) $(Є_2H_5)\Theta(N\Theta_2) + H_2\Theta = N\Theta_2(\Theta H) + Є_2H_5(\Theta H);$

Salpetersäureäther. Wasser. Salpetersäure. Alkohol.

möglicherweise wirken nun die Fermente in ähnlicher Weise, indem sie mit einem der Constituenten der ätherartigen Verbindung selbst eine solche bilden, welche sogleich wieder unter Wasseraufnahme zerfällt, so dass das Ferment, wie oben die Mineralsäure, zu neuer Wirkung wieder frei wird.

Hämoglobin (Hämatoglobulin, Hämatokrystallin) Є 68,8, H 9,1, N 20,5, Fe 0,5, Θ 0,9 pCt., der rothe Farbstoff der Blutkörperchen, auch im Serum und in den Muskeln spurweise enthalten, ein in den meisten Blutarten, jedoch in verschiedenen Formen krystallisirbarer Körper, dichroitisch: in dünnen Schichten grün, in dickeren roth, in Wasser in geringem Grade löslich. Er zerfällt sehr leicht unter Auftreten eines dem Globulin (p. 34) am nächsten stehenden anscheinenden Eiweisskörpers (der aber nicht wie Globulin durch Sauerstoff gelöst wird) und eines Farbstoffs, Hämatin (p. 31). Dieser Zerfall wird bewirkt durch alle eiweisscoagulirenden und eiweissfällenden Einflüsse (Hitze, Alkohol, Mineralsäuren), ausserdem durch alle, auch die schwächsten Säuren (selbst Kohlensäure, bei Gegenwart von viel Wasser), endlich durch Alkalien.

Die wichtigste Eigenschaft des Hömoglobins ist seine Fähigkeit mehrere Gase: Sauerstoff, Kohlenoxyd, Stickoxyd, chemisch zu binden, und zwar in gleichen Volumverhältnissen: 1 Grm. Hämoglobin bindet 1,2—1,3 Ccm. Gas (bei 0° und 1 mtr. Druck gemessen). Diese Verbindungen sind ebenfalls krystallisirbar, beständiger und weniger löslich als das reine Hämoglobin, und nicht dichroitisch, die Lösungen sind hellroth. Die lockerste, physiologisch allein wichtige Verbindung ist die mit Sauerstoff, aus welcher der Sauerstoff schon durch dieselben Mittel wie ein einfach absorbirtes Gas ausgetrieben wird (vgl. Cap. II.); ausserdem entziehen ihr reducirende Substanzen (Schwefelammonium, Oxydullösungen, Eisenfeile, Stickoxyd, u. s. w.) den Sauerstoff. Fester ist die Verbindung mit Kohlenoxyd und noch fester die mit Stickoxyd, so dass der Sauerstoff durch Kohlenoxyd, und dies durch Stickoxyd ausgetrieben wird, nicht aber umgekehrt.

Das gasfreie Hämoglobin zeigt im Spectralapparat einen Absorptionsstreifen im Grün, das gashaltige dagegen zwei Streifen ebenfalls in Grün, deren Lage bei den drei Gasen etwas verschieden ist. Die Stelle des ersteren Streifens ist ungefähr der Zwischenraum zwischen denen der beiden letzteren.

Andre Körper, deren Zusammensetzung complicirter ist als die der Eiweisskörper, sind bisher noch nicht dargestellt. Jedoch kommt höchstwahrscheinlich ein solcher in den Muskeln vor, dessen Zersetzungsproduct das Myosin (p. 34) ist. (Vgl. hierüber Cap. X.)

Die im Organismus vorkommenden Substanzen sind im Vorstehenden nach chemischen Principien angeordnet worden. Andre Gruppirungsweisen gehen von der Genese derselben im Körper aus; dieselben sind aber unvollkommen, da unsre Kenntnisse von den chemischen Vorgängen im Organismus noch zu gering sind. Der gewöhnlichsten Eintheilung liegt die Thatsache zu Grunde, dass von organischen Substanzen hauptsächlich Eiweisskörper, Kohlenhydrate und Fette mit der Nahrung in den Körper gelangen, deren Abkömmlinge alle übrigen Körperbestandtheile sind; man bezeichnet dann die Veränderungen jener Substanzen bis zu ihrem Uebergang in geformte Körperelemente als „Assimilation" oder „progressive Metamorphose", die weiteren Veränderungen bis zur Ausscheidung aber als „regressive Metamorphose." Während bei der letzteren Oxydationsprocesse die Hauptrolle spielen, wodurch die complicirten Verbindungen in immer einfachere Verbindungen, schliesslich hauptsächlich in Kohlensäure, Wasser, Harnstoff, Schwefelsäure, Phosphorsäure zerfallen, sind die Vorgänge bei der progressiven Metamorphose (Bildung der Albuminoide aus Eiweisskörpern, Entstehung des Hämoglobins, des Protagons u. dgl.) noch ganz unverständlich und hier kommen wie es scheint auch synthetische Processe vor.

ANHANG.

Zufällige Körperbestandtheile.

Ausser den bisher aufgeführten regelmässigen Körperbestandtheilen sind noch zahlreiche andere fortwährend im Organismus anzutreffen, welche man jenen gegenüber als zufällige bezeichnen darf. Ob und in wie weit auch die wesentlichen Bestandtheile durch andere Substanzen ersetzbar sind, lässt sich a priori deshalb nicht entscheiden, weil man durchaus nicht alle Eigenschaften kennt, welche jene für den Organismus verwerthbar machen. Es ist nicht zweifelhaft, dass jede Substanz durch eine andere, die in den wesentlichen Eigenschaften vollkommen mit ihr übereinstimmt, wie überall so auch im Organismus ersetzt werden könne. Es ist aber sehr unwahrscheinlich, dass es für die complicirteren organischen Körperbestandtheile, z. B. die Eiweisskörper, solche vollkommne

Vertreter giebt; denkbarer ist dies für solche Körperbestandtheile, die wesentlich mechanische Bedeutung haben, etwa für die knochenbildenden Kalksalze.

Gewisse toxicologische Thatsachen deuten darauf hin, dass die knochenbildenden Kalksalze durch isomorphe Substanzen theilweise anscheinend ohne Schaden vertreten werden können, z. B. die phosphorsauren Salze durch arsensaure (ROUSSIN), die Kalksalze durch Bleisalze (GUSSEROW). Möglicherweise sind die in anscheinend normalen Geweben häufig gefundenen fremden Metalle (Blei, Kupfer) ebenfalls durch derartige „Pseudomorphosen" zu erklären.

Unzweifelhaft aber werden fortwährend mit der Nahrung auch solche Substanzen aufgenommen, welche nicht zum Ersatze wesentlicher Körperbestandtheile dienen können, und doch in den Stoffwechsel übergehen; diese bilden die zufälligen Körperbestandtheile. Die Regel für sie ist, dass sie nach sehr kurzem Verweilen im Organismus wieder ausgeschieden werden; während ihres Aufenthalts aber unterliegen sie grossentheils ebenfalls, soweit sie ihnen zugänglich sind, den oxydirenden Einflüssen des Körpers, und können also zu den Leistungen, namentlich zur Wärmebildung mit verwandt werden. Gerade diese zufälligen Bestandtheile sind aus naheliegenden Gründen leichter auf ihrem Wege durch den Körper und in ihren Veränderungen zu verfolgen, als die regulären, ein Umstand, der zu Rückschlüssen auf die normalen Stoffwechselvorgänge mit Vortheil benutzt wird. Von organischen Substanzen werden ganz oder grösstentheils unverändert wieder ausgeschieden: die meisten freien organischen Säuren, viele Alkaloïde, die meisten Farb- und Riechstoffe. Die Säuren der Oxalsäurereihe (p. 22) und deren Abkömmlinge, z. B. Aepfelsäure (Oxybernsteinsäure), Weinsäure (Dioxybernsteinsäure), und andere sogenannte Pflanzensäuren werden wenn sie in neutralen Alkalisalzen in den Körper gelangen, vollständig verbrannt und als kohlensaure Alkalien ausgeschieden. Alkoholische und ätherische Substanzen werden ebenfalls vollständig verbrannt; so auch die Zuckerarten. Von Zuckerverbindungen (Glucosiden) wird der Zucker abgespalten und verbrannt; so findet sich Gerbsäure (ein Gallussäure-Glucosid) als Gallussäure im Harn wieder. Die aromatischen Säuren, in welchen nur 1 C in das Benzol eingetreten ist (Benzoesäure, Salicylsäure u. s. w. vgl. p. 23f.) und die Aldehyde und Alkohole derselben (Bittermandelöl, das Aldehyd der Benzoesäure) erscheinen im Harn mit Glycin gepaart, als Hippursäuren, in welchen aber die in das Benzol eingetretenen substituirenden Elemente (ΘH, Cl, Br, $N\Theta_2$, NH_2) erhalten sind.

So geben: Benzoesäure, Bittermandelöl, Chinasäure (eine oxydirte Benzoesäure), Zimmtsäure (Phenyl-Acrylsäure): Hippursäure; — Chlorbenzoesäure: Chlorhippursäure; — Nitrobenzoesäure: Nitrohippursäure; — Salicylsäure (Oxybenzoesäure), ebenso deren Alkohol, Saligenin, und dessen Glucosid, Salicin: Salicylursäure (Oxyhippursäure) u. s. w.

Manche Stoffe können in den Organismus übergehen und in ihm Wanderungen durchmachen, ohne am Stoffwechsel theilzunehmen; so erklärt sich der Kieselsäuregehalt der Lungenasche und der Bronchialdrüsen durch eingeathmeten Sandstaub (Kussmaul).

ZWEITES CAPITEL.

Das Blut und seine Bewegung.

I. DAS BLUT.

Das menschliche Blut ist eine rothe, selbst in den dünnsten Schichten undurchsichtige, alkalisch reagirende flüssige Masse. Dieselbe besteht aus einer farblosen, alkalisch reagirenden Flüssigkeit (liquor s. plasma sanguinis), und microscopisch kleinen Körperchen, Blutkörperchen, welche in sehr grosser Menge (4—5,5 Millionen in einem Cub.^{mm}; Welcker), dicht einander berührend, in der Flüssigkeit aufgeschwemmt sind. Letztere sind zum grössten Theil roth, zum geringen ($^1/_{500}$—$^1/_{350}$, Welcker; — im Milzvenenblute dagegen $^1/_{70}$, Hirt) farblos.

Zur Prüfung der Reaction des Blutes lässt sich Lacmuspapier nicht direct verwenden, sondern man muss sich mit einer porösen Scheidewand und destillirtem Wasser ein Diffusat des Blutes verschaffen, dessen Reaction man prüft (Kühne).

Rothe Blutkörperchen.

Die rothen Blutkörperchen des Menschen sind runde, in der Mitte verdünnte (biconcave) Scheiben; ihr grösster Durchmesser beträgt durchschnittlich $^1/_{135}$$^{mm.}$ — Sie sind gleichmässig roth gefärbt. Der Consistenz nach sind sie sehr weich, biegsam und elastisch; weder eine Membran noch ein Kern ist an ihnen nachzuweisen, so dass man sie nicht als Zellen bezeichnen kann.

Die Blutkörperchen der Säugethiere sind mit Ausnahme der elliptischen des Kameels ähnlich den menschlichen; die der Vögel elliptisch und biconvex; die der Amphibien elliptisch, platt und sehr gross (bis zu $^1/_{12}$^{mm} Dchm. bei Proteus);

die der Fische meist rundlich elliptisch. Die der Vögel, Amphibien und Fische haben Kerne. — Bei den Wirbellosen finden sich nur in wenigen Abtheilungen rothe Blutkörperchen. Fast alle Wirbellosen, und von den Wirbelthieren der Amphioxus lanceolatus, haben farbloses oder gelbliches Blut, mit farblosen Körperchen von mannigfacher Gestalt, doch besitzen einige auch rothes Blut mit ähnlichen Farbstoffen wie das der Wirbelthiere.

Das specifische Gewicht der Blutkörperchen ist etwas grösser als das des Plasma; denn sie senken sich in ruhig stehendem Blute, wenn sie nicht (durch Gerinnung, s. u.) gehindert werden, langsam zu Boden. In ruhendem Blute vereinigen sich die rothen Blutkörperchen leicht zu geldrollenähnlichen Säulen. Die Ursache hiervon ist unklar.

Die Anwesenheit der rothen Körperchen ist nicht allein die Ursache der rothen Farbe, sondern auch der Undurchsichtigkeit des Blutes; werden dieselben entfärbt und der Farbstoff im Liquor gelöst (s. hierüber unten), so wird das roth bleibende Blut in dünnen Schichten durchsichtig („lackfarben" Rollett), gleichzeitig aber dunkler, weil die Reflexion von den hohlspiegelartigen rothen Scheiben wegfällt; umgekehrt wird das Blut heller roth, wenn die Blutkörperchen durch Zusatz von Salzen zusammenschrumpfen und dadurch das reflectirte Licht mehr concentrirt wird.

Durch eine Anzahl von Mitteln lässt sich der rothe Farbstoff von den Blutkörperchen trennen, wobei er sich im Liquor löst und diesen roth färbt; das Blut wird hierdurch lackfarben (s. oben). Die Blutkörperchen schwellen hierbei stets vom Rande her auf und werden endlich kugelig; der entfärbte sehr blasse kugelige Rest des Körperchens heisst das „Stroma" (Rollett). Die erwähnten Einwirkungen sind: Verdünnen des Blutes mit Wasser, Gefrieren und Wiederaufthauen des Blutes (Rollett), Durchleiten electrischer Entladungsschläge (Rollett), Entgasung des Blutes (s. unten), Behandlung mit gallensauren Salzen (v. Dusch), Aether (v. Wittich), Chloroform (Böttcher), kleinen Mengen Alkohol (Rollett), Schwefelkohlenstoff (L. Hermann). Ausser den erstgenannten und der Entgasung, lösen alle diese Einwirkungen bald nach der Entfärbung auch das Stroma im Plasma auf, zuweilen mit Hinterlassung eines klebrigen Körnchens.

Die chemischen Bestandtheile der rothen Blutkörperchen sind:

1. Das Hämoglobin (p. 37) und zwar zum Theil (im arteriellen Blut zum grössten Theil) mit Sauerstoff verbunden.

Ob das Hämoglobin in den farblosen Rest des Blutkörperchens (Stroma) nur mechanisch imprägnirt ist (wie die Farbestoffe in ächt gefärbten Zeugen), oder ob eine chemische Bindung desselben vorliegt, ist noch unbekannt.

Krystalle des Hämoglobins, die sog. Blutkrystalle (meist rhombische Prismen oder Tafeln, seltner, z. B. beim Meerschweinchenblut, rhombische Tetraeder) erhält man durch Zerstörung der Blutkörperchen (mit Wasser, Aether, gallensauren Salzen (p. 42), und Eindunstung oder Abkühlung der jetzt durchweg rothgefärbten (lackfarbenen) Flüssigkeit. Leicht krystallisiren Menschen-, Hunde-, Pferde-, Meerschweinchen-, Vögelblut, schwer oder gar nicht Rinds- und Schweineblut.

Da das Hämoglobin der wesentliche färbende Stoff im Blute ist, so zeigt das Blut in dünnen Schichten oder verdünnten Lösungen alle optischen Eigenschaften des Hämoglobins (p. 37). Durch sauerstoffentziehende (reducirende) und durch sauerstoffverdrängende Mittel (Kohlenoxyd) wird es genau wie eine Hämoglobinlösung verändert. Durch Einwirkung von Hitze, Säuren (selbst Kohlensäure, bei Gegenwart von viel Wasser), Alkohol wird auch im Blute das Hämoglobin zersetzt, unter Auftreten von Eiweiss und Hämatin, welches letztere, wenn es in Krystallen (Hämin) erhalten wird, zur Erkennung der kleinsten Blutmengen dienen kann (vgl. p. 31). Im Organismus spontan sich zersetzendes Blut bildet aus dem Hämoglobin einen andern Farbstoff (Bilirubin oder Hämatoidin, p. 31).

2. Geringe Mengen in Aether löslicher Substanzen: Fette, Seifen, Cholesterin, Protagon und dessen Zersetzungsproducte (Glycerinphosphorsäure etc.).

Das Verhalten des Blutkörperchenstroma gegen Wasser, Aether, Chloroform etc. (s. oben) stimmt sehr mit dem des Protagons überein; möglicherweise ist dies der constituirende Bestandtheil (L. Hermann).

3. Salze, namentlich Kali- und Phosphorsäure-Verbindungen.
4. Wasser.

Farblose Blutkörperchen.

Die farblosen Blutkörperchen (Lymphkörperchen) sind runde kernhaltige Zellen, mit etwas granulöser, maulbeerförmiger Oberfläche, grösser als die rothen (etwa $^1/_{90}{}^{mm}$). Sie zeigen die grösste Aehnlichkeit mit den Zellen der Lymphe, von denen sie auch herstammen (Cap. IV.). Diese (membranlosen) Zellen zeigen bei der Körpertemperatur lebhafte Bewegungen: Aussenden und Wiedereinziehen von Fortsätzen, wodurch fremde Körnchen in das Innere eindringen können. Ihre chemischen Bestandtheile sind noch nicht genau bekannt, vermuthlich sind es, mit Ausnahme des Farbstoffs, nahezu die der rothen. Viele Gründe sprechen dafür

(Cap. VI.), dass die farblosen Blutkörperchen die Vorstufe der rothen sind; Uebergangsformen finden sich an gewissen Orten (bes. im Milzvenenblut).

Ausserdem sind noch andere sehr inconstante und zweifelhafte feste Theile im Blute beschrieben, nämlich die „Faserstoffschollen" und das „Molecularfibrin" (ZIMMERMANN). — Das letztere ist, wie neuere Untersuchungen wahrscheinlich gemacht haben (ALEX. SCHMIDT), ein Niederschlag von fibrinoplastischer Substanz (Paraglobulin).

Blutflüssigkeit.

Die Blutflüssigkeit, welche man durch die Senkung der Blutkörperchen (p. 42) in noch ungeronnenem Blute oder durch Filtriren von Blut mit grossen Blutkörperchen (Froschblut mit Zuckerwasser verdünnt) sich verschaffen kann, enthält einen Stoff, welcher in dem sich selbst überlassenen Blute sehr bald sich anscheinend spontan, in Form verfilzter Fasern ausscheidet, und hierbei die Blutkörperchen in sich einschliesst, — den „Faserstoff" oder das „Fibrin." Diese Ausscheidung, die Gerinnung des Blutes, verwandelt das flüssige Blut zunächst in eine weiche rothe Masse, den Cruor; nach mehreren Stunden indess zieht sich dieselbe auf ein kleineres Volum zusammen, indem sie eine gelbliche Flüssigkeit, das Blutserum, aus sich auspresst. Ihre Form, d. h. die des Gefässes, behält sie (in verjüngtem Maassstabe) bei. Das Serum enthält sämmtliche Bestandtheile der Blutflüssigkeit mit Ausnahme des ausgeschiedenen Faserstoffs. Die zurückbleibende, im Serum schwimmende, dichte rothe Masse, der Blutkuchen (placenta sanguinis), besteht demnach aus dem Faserstoff und den Blutkörperchen. — Haben die Blutkörperchen vor der Gerinnung (z. B. bei Verzögerung derselben) Zeit gehabt, sich etwas zu senken, so enthält die oberste Schicht des Blutkuchens keine Körperchen, ist daher weiss und nach der Zusammenziehung von etwas geringerem Querschnitt, als der rothe Theil; man nennt sie die Speckhaut (crusta phlogistica, von ihrem Vorkommen in dem bei entzündlichen Krankheiten entleerten Blute). — Durch Peitschen des frischentleerten Blutes mit einem Stäbchen, erhält man den Faserstoff rein, indem er sich beim Gerinnen an das schlagende Stäbchen fasrig ansetzt; die zurückbleibende, jetzt nicht mehr gerinnungsfähige Flüssigkeit (das „geschlagene" oder „defibrinirte" Blut) besteht aus dem Serum und den Blutkörperchen.

Der als „Faserstoff" sich ausscheidende Körper ist eine dem

Eiweiss sehr nahe stehende Substanz, die „fibrinogene Substanz" (A. Schmidt), welche in dem natürlichen Blutplasma gelöst ist und im gelösten Zustande alle Eigenschaften des Eiweiss besitzt, jedoch durch Kohlensäure aus stark verdünnten Lösungen gefällt wird (aber schwerer als Globulin). Ihre Ausscheidung geschieht nicht, wie früher angenommen wurde, spontan, sondern (A. Schmidt) durch die Einwirkung eines anderen Bestandtheils des Plasma, der „fibrinoplastischen Substanz." Diese letztere, welche wie Globulin durch Kohlensäure aus verdünnten Lösungen gefällt und durch Sauerstoffeinleitung wieder gelöst wird, unterscheidet sich vom Globulin (der Krystalllinse) nur dadurch, dass sie durch Hitze und durch Alkohol nicht gefällt wird; sie ist daher als Paraglobulin bezeichnet worden (Kühne). Ob die Einwirkung der fibrinoplastischen Substanz als eine fermentartige aufzufassen ist, d. h. ob dieselbe Menge davon nach einander beliebige Quantitäten von fibrinogener Substanz zu coaguliren vermag, oder ob sie bei dem Vorgange selbst verbraucht wird, ist noch nicht festgestellt. Jedenfalls genügen sehr geringe Mengen, um viel Fibrinogen zu coaguliren.

Die Einwirkung der fibrinoplastischen auf die fibrinogene Substanz, also die Blutgerinnung, kann durch mancherlei Umstände verhindert, verzögert oder beschleunigt werden. Verhindert wird sie durch einen noch räthselhaften Einfluss der lebenden Gefässwand (Brücke): das Blut kann nicht gerinnen, so lange es in den Gefässen kreist, wobei jedes Theilchen fortwährend mit der lebenden Gefässwand in Contact kommt, sondern erst nach der Entfernung aus den Gefässen, oder nach dem Tode, oder auch in den lebenden Gefässen, sobald an einer Stelle Stillstand des Blutes eintritt, wodurch die centralen Blutschichten dem Einfluss der Wand entzogen sind. Verzögert oder auch verhindert wird die Gerinnung ferner durch den Zusatz von Alkalien, alkalischen Salzen; durch Kohlensäure oder andere schwache Säuren, welche das Paraglobulin aus seinen Lösungen fällen. Beschleunigt wird sie durch Berührung mit der Luft (so dass Blut in offenen Behältern schneller gerinnt, als in geschlossenen), durch Berührung mit fremden festen Körpern (z. B. Schlagen), durch Wärme bis zu 55°.

Früher wurde auch dem Hämoglobin und speciell dem aus diesem sich abspaltenden Eiweisskörper (vgl. p. 37) fibrinoplastische Wirksamkeit zugeschrieben (A. Schmidt), jedoch rührte diese nur von anhängendem Paraglobulin des Plasma her, da reines Hämoglobin und dessen Zersetzungsproducte nicht fibrinoplastisch wirken (Kühne).

Das Blut enthält mehr fibrinoplastische Substanz, als nöthig ist um sämmtliche fibrinogene auszuscheiden. Denn die aus dem geronnenen Blute ausgepresste Flüssigkeit (blutkörperchenhaltiges Serum) vermag noch andere Flüssigkeiten, welche fibrinogene Substanz enthalten, z. B. Transsudate (Cap. IV.) zu coaguliren, oder die Coagulation solcher fibrinogenhaltiger Flüssigkeiten zu beschleunigen, die zwar fibrinoplastische Substanz enthalten, aber nur so wenig oder eine so schwach wirkende, dass ihre spontane Gerinnung sehr langsam erfolgt (z. B. Chylus, Lymphe und die „Bradyfibrin" enthaltenden, d. h. langsam spontan gerinnenden Transsudate).

Die Menge des Fibrins ist trotz des grossen Volums, das es im geronnenen Zustande einnimmt, sehr gering, nur etwa 0,2% des Gesammtbluts.

Die übrigen Bestandtheile der Blutflüssigkeit (d. h. also: die Bestandtheile des Blutserums) sind:

1. Wasser, etwa 90% (das Serum = 100 gesetzt).
2. Eiweisskörper, und zwar:
   a. Albumin (durch Hitze fällbar).
   b. Natronalbuminat („Serumcasein", durch Säuren fällbar).
   c. Fibrinoplastische Substanz (Paraglobulin, s. oben; durch Kohlensäure fällbar), welche bei der Fibrinausscheidung nicht zur Verwendung gekommen ist.

Die Hauptmasse der Eiweisskörper besteht aus Albumin; die Gesammtsumme beträgt etwa 8—10 pCt. des Serums.

3. Amidsubstanzen: Kreatin, Kreatinin, Sarkin und Harnstoff, zuweilen auch Hippursäure und Harnsäure, sämmtlich in sehr geringer Menge.

4. Traubenzucker, in geringer und nach dem Orte verschiedener Menge (s. Cap. VI.).

5. Fette, Seifen, Fettsäuren, Cholesterin, Protagon, die Fette theils mittels der Seifen gelöst, theils emulgirt, ebenfalls nur in geringer, übrigens schwankender Menge (0,1—0,2%).

6. Ein, jeder Blutart eigenthümlicher Riechstoff.

7. Ein gelber Farbstoff. Häufig enthält das Serum auch Hämoglobin, das jedoch möglicherweise von einer Verunreinigung durch zerstörte Blutkörperchen herrührt.

8. Salze, und zwar vorwiegend Natronsalze, Chlor- und Kohlensäure-Verbindungen, also bes. Kochsalz und kohlensaures Natron.

9. Gase.

Blutgase.

Von Gasen enthält das Gesammtblut Sauerstoff, Kohlensäure und Stickstoff, theils nur absorbirt, theils in lockeren chemischen Verbindungen.

Das Grundgesetz für die Absorption von Gasen durch Flüssigkeiten (Henry-Dalton-Bunsen'sches Gesetz) lautet: Das Absorptionsvermögen ist für verschiedene Flüssigkeiten und Gase verschieden. Mit zunehmender Temperatur nimmt es ab, und wird beim Siedepuncte der Flüssigkeit = 0. Das von einer bestimmten Flüssigkeit bei gleichbleibender Temperatur aufgenommene Volumen eines bestimmten Gases ist von dem Drucke, unter dem das Gas steht, unabhängig; — oder mit andern Worten (mit Berücksichtigung des Mariotte'schen Gesetzes): Das Gewicht der aufgenommenen Gasmenge ist dem Drucke proportional. — Hieraus ergiebt sich, dass in einem leeren Raume (wo der Druck = 0 ist) kein Gas absorbirt bleiben kann, sondern das absorbirte ausströmen muss. (Ist der luftleere Raum abgeschlossen und wird das ausgeströmte Gas nicht entfernt, so wird sich endlich ein Druck herstellen, unter dem der Rest absorbirt bleibt.) — Da ferner verschiedene Gasarten auf einander keinen Druck ausüben, so wird eine Flüssigkeit, die ein Gas, z. B. Kohlensäure, absorbirt enthält, in einen von einem andern Gase, z. B. Wasserstoff, erfüllten Raum ihr Gas ebenso ausströmen lassen wie in den luftleeren Raum; denn der Druck in dem Wasserstoff enthaltenden Raum ist für Kohlensäure = 0; statt dessen wird Wasserstoff seinem Drucke entsprechend absorbirt werden. Man kann daher absorbirte Gase aus einer Flüssigkeit austreiben: 1. durch erhöhte Temperatur, besonders durch Auskochen, 2. durch den luftleeren Raum (Luftpumpe, Toricelli'sche Leere), 3. durch Hindurchleiten eines fremden Gases oder durch Schütteln mit einem solchen. — Alle diese Methoden sind zur Entbindung der im Blute enthaltenen Gase benutzt worden (Magnus, Lothar Meyer, Ludwig). Entgastes Blut ist sehr dunkel (fast schwarz), dichroitisch und lackfarben (p. 42).

1. Sauerstoffgas ist im arteriellen Blute (s. unten) im Mittel zu 15,78 Volumprocenten gefunden worden (Setschenow); in venösem Blute ist die Sauerstoffmenge äusserst schwankend (Cap. V.); im Venenblute ruhender Muskeln betrug sie im Mittel aus 5 Bestimmungen 5,96 Vprc. (Sczelkow). Das Verhalten gasfreien Blutes gegen Sauerstoffgas zeigt, dass letzteres von Blut nicht bloss absorbirt, sondern zum grössten Theil chemisch gebunden wird. Die Sauerstoffaufnahme ist nämlich vom Drucke bis auf einen kleinen Theil ganz unabhängig, folgt also nicht dem Dalton'schen Gesetz. Schliesst man die Blutkörperchen aus, nimmt man blosses Serum, so wird das Gas nur absorbirt, und zwar ebensoviel, wie der dem Dalton'schen Gesetze folgende (absorbirte) Theil des vom Blute im Ganzen aufgenommenen Sauerstoffs beträgt (L. Meyer). Man muss deshalb annehmen, dass der Sauerstoff von

einer in den Blutkörperchen enthaltenen Substanz chemisch gebunden, vom Serum aber nur absorbirt wird (d. h. von dessen Wasser, denn Serum absorbirt gerade soviel Sauerstoff wie blosses destillirtes Wasser).*) Diese Annahme muss man auf den natürlichen Sauerstoffgehalt des Blutes übertragen. — Die chemische Verbindung in den Blutkörperchen ist so locker, dass der gebundene Sauerstoff durch dieselben Mittel, wie bloss absorbirter, ausgetrieben wird (Auskochen, luftleerer Raum, Gasdurchleitung).

Als die den Sauerstoff bindende Substanz hat sich das Hämoglobin ergeben, mit dessen Bindungsvermögen für Sauerstoff (p. 37.) das Bindungsvermögen des Blutes und dessen Hämoglobingehalt übereinstimmt.

Kohlenoxydgas wird von entgastem Blute in gleichem Volumen aufgenommen wie Sauerstoffgas, das Blut wird dadurch, wie durch Sauerstoffaufnahme hellroth und verliert seinen Dichroismus (Hoppe, Bernard, L. Meyer). Ebenso verhält sich Stickstoffoxydgas gegen entgastes Blut (L. Hermann). Aus sauerstoffhaltigem Blute wird der Sauerstoff durch ein gleiches Volum Kohlenoxyd verdrängt, und kann nicht wieder eintreten. Stickoxyd entzieht zunächst dem sauerstoffhaltigen Blut Sauerstoff, indem es Untersalpetersäure bildet; weiter zugefügt, verbindet es sich selbst mit dem Hämoglobin; aus kohlenoxydhaltigem Blut wird das Kohlenoxyd durch ein gleiches Volum Stickoxyd verdrängt. — Reducirende Substanzen (Schwefelwasserstoff, Schwefelammonium, Oxydullösungen, Eisenfeile) entziehen dem Blute seinen Sauerstoff. Alle diese Wirkungen erklären sich durch die Eigenschaften des Hämoglobins (s. p. 37, wo auch das spectroscopische Verhalten des so behandelten Blutes angegeben ist). Bei der Zersetzung des Hämoglobins in sauerstoffhaltigem Blute, z. B. durch Säuren (p. 37), wird der Sauerstoff nicht frei und kann jetzt auch nicht mehr ausgepumpt werden (L. Meyer).

Der Sauerstoff des Blutes wird an oxydirbare Substanzen so leicht abgegeben, dass man vermuthet hat, er besitze die Form des „activen Sauerstoffs“ oder „Ozons.“ Hierfür scheinen in der That folgende Eigenschaften des Blutes zu zu sprechen: 1. Das Blut, die Blutkörperchen und das Hämoglobin sind sog. „Ozonübertrager,“ d. h. sie vermögen das Ozon von ozonhaltigen Körpern (längere Zeit aufbewahrtes Terpenthinöl) auf leicht oxydirbare Substanzen (Ozonreagentien, z. B. Guajactinctur, welche sich durch Oxydation bläut) augenblicklich zu übertragen (Schoenbein, His); hierfür ist es gleichgültig ob das Blut oder Hämoglobin sauerstoffhaltig ist oder nicht (z. B. mit CO gesättigt). 2. Blut und Hämoglobin können selbst Sauerstoff erregen, also bei Gegenwart von Luft die Guajactinctur bläuen (A. Schmidt); enthält das Blut selbst Sauerstoff, so ist die Gegenwart von Luft nicht nöthig, wohl aber wenn es mit CO gesättigt ist (Kühne & Scholz). Auf dieser Eigenschaft beruht auch die Zersetzung von

*) Doch wird auch angegeben (Fernet), dass blosses Serum ebenfalls etwas Sauerstoff unabhängig vom Druck aufnehme, ein Resultat, das vielleicht durch den geringen, im Serum vorhandenen Hämoglobingehalt zu erklären ist (p. 46).

Schwefelwasserstoff durch Blut. Es ist also sehr wahrscheinlich dass der eigene Sauerstoff des Blutes in erregter Form vorhanden ist; ob dies aber grade dieselbe ist, wie im Ozon (welches aus 3 Atomen Θ, mit 2 freien Affinitäten besteht Soret), ist nicht sicher; z. B. vermag das Ozon $C\Theta$ in $C\Theta_2$ zu verwandeln, das Blut aber nicht (Pokrowsky).

2. Kohlensäure findet man im arteriellen Blut (Setschenow) im Mittel zu 30, im venösen Blute ruhender Muskeln (Sczelkow) zu 35 Volumprocenten. Ein Theil der Kohlensäure ist nur durch Säuren austreibbar, also fest (salzartig) chemisch gebunden. Die auspumpbare Kohlensäure könnte entweder bloss absorbirt, oder zum Theil locker chemisch gebunden sein: entweder an kohlensaures oder an phosphorsaures Natron (Fernet).

Kohlensaures Natron wird durch Zuleiten von Kohlensäure in doppeltkohlensaures Natron verwandelt: $C\Theta.Na_2\Theta_2 + C\Theta_2 + H_2\Theta = 2\,(C\Theta.NaH.\Theta_2)$, durch gasaustreibende Mittel entsteht unter $C\Theta_2$-Entwicklung wieder neutrales Salz. Neutrales phosphorsaures Natron nimmt ebenfalls $C\Theta_2$ auf, und zwar 2 Aeq. Salz 1 Aeq. $C\Theta_2$ (Fernet); es entsteht dabei saures phosphorsaures und neutrales kohlensaures Salz: $2\,(P\Theta.Na_2H.\Theta_3) + C\Theta_2 + H_2\Theta = 2\,(P\Theta.NaH_2.\Theta_3) + C\Theta Na_2\Theta_2$. (L. Hermann). Diese Mischung giebt unter dem Einfluss gasaustreibender Mittel $C\Theta_2$ ab und es entsteht wieder neutrales phosphorsaures Salz.

In welcher Form die auspumpbare Kohlensäure im Blute vorhanden ist, ist noch nicht entschieden. Die alkalische Reaction des Blutes spricht gegen die Gegenwart absorbirter (Preyer), aber auch gegen die locker gebundener Kohlensäure, da alle solche Lösungen sauer reagiren. (Vgl. auch Cap. V.)

3. Stickstoff enthält das Blut etwa zu 1—2 Volumprocenten. Auch von ihm ist vielleicht ein kleiner Theil chemisch gebunden, und zwar in den Blutkörperchen (Fernet, Setschenow).

Beim Erwärmen giebt das Blut Spuren von Ammoniak ab (Thiry), welche von der Zersetzung eines im Blute enthaltenen Ammoniaksalzes herrührt (Kühne & Strauch).

Blutarten.

Die Zusammensetzung des Blutes ist nicht im ganzen Körper dieselbe. Den bedeutendsten Unterschied zeigt das arterielle (in den Körperarterien, dem linken Herzen und den Lungenvenen) und das venöse Blut (in den Körpervenen, dem rechten Herzen und den Lungenarterien), und zwar hauptsächlich im Gasgehalt und in der Farbe. Das arterielle Blut enthält mehr Sauerstoff (dagegen weniger Kohlensäure), als das venöse und hat eine hellere (scharlachrothe) Farbe; es zeigt ferner nicht den Dichroïsmus des letzteren. Der Unterschied der Farbe hängt mit dem des

Sauerstoffgehalts eng zusammen; denn durch Schütteln mit Sauerstoff (oder atmosphärischer Luft) wird dunkles Blut hellroth, durch Schütteln mit andern Gasen (ausser Kohlenoxydgas, p. 48) das hellrothe dunkel.

Ausserdem soll das Arterienblut mehr Wasser, Fibrin, Salze, Zucker und Extractivstoffe, dagegen weniger Blutkörperchen und weniger Harnstoff enthalten, als das venöse. Seine Temperatur ist durchschnittlich um 1° C. niedriger. Die Ursache der Wirkung der Gase auf die Blutfarbe liegt vielleicht zum Theil in der Formveränderung der Blutkörperchen, welche durch Sauerstoffbindung schrumpfen und concaver werden, durch Sauerstoffentziehung (Kohlensäuredurchleitung etc.) dagegen aufschwellen sollen (Harless); dem entsprechend müssen sie im ersteren Falle als stärkere Hohlspiegel das Licht concentrirter zurückwerfen, im letzteren mehr zerstreuen. Wenigstens macht der Zusatz von Salzen das Blut auf diese Weise (p. 42) heller, der Zusatz von Wasser dagegen dunkler. Indess wirken die Gase auch unabhängig von der Form der Körperchen auf den blossen Farbstoff (z. B. wenn man durch Wasserzusatz jene zerstört hat) in demselben Sinne; nur ist in lackfarbenem Blute die Farbe an sich dunkler und daher der Einfluss des Sauerstoffs schwerer sichtbar.

Von der eigenthümlichen Zusammensetzung besonderer Blutarten (Pfortader-, Lebervenen-, Milzvenenblut) ferner von dem Einfluss der Verdauung, der Athmung u. s. w. auf das Blut wird in späteren Capiteln die Rede sein.

Der Wechsel der körperlichen und chemischen Bestandtheile des Blutes, der Verlust und der Wiederersatz, ist Gegenstand des sechsten Capitels.

Blutmenge.

Die Menge des im menschlichen Körper enthaltenen Blutes ist nicht genau bekannt; sie beträgt etwa $^1/_{13}$ (Bischoff), bei Neugebornen $^1/_{19}$ (Welcker) des Körpergewichts.

Die bekanntesten Methoden zur Bestimmung der Blutmenge sind folgende: 1. Aus der Verdünnung, welche eine bekannte, injicirte, Wassermenge im ganzen Blut bewirkt, kann man die Blutmenge berechnen; man bestimmt die Verdünnung durch Vergleichung des Wassergehalts von zwei Blutproben, die man unmittelbar vor, und eine Weile nach der Wasserinjection entnommen hat (Valentin); [giebt falsche Resultate, weil das Wasser sich nicht gleichmässig mit dem ganzen Blut mischt, und weil das verdünnte Blut sofort mit den Geweben in Diffusion tritt, also Wasser (namentlich durch die Nieren) abgiebt, und feste Stoffe aufnimmt]. 2. Man bestimmt den festen Rückstand der gesammten Blutmenge, die man durch Ausfliessen bei der Enthauptung, und durch Ausspritzen des in den Gefässen gebliebenen Restes mit Wasser (so lange dies noch geröthet abfliesst) erhält; aus dem Rückstand lässt sich die Blutmenge berechnen, wenn man vorher in einer unverdünnten Blutprobe den Gehalt an festen Bestandtheilen bestimmt hat (Ed. Weber); [ungenau, weil sich nie alles Blut aus den Gefässen ausspritzen lässt und weil das durch die Gefässe strömende Wasser durch Diffusion Substanzen aus den Parenchymen aufnimmt]. — 3. Man verdünnt die in den Gefässen des Enthaupteten zurückgebliebene Blutmenge (durch Auslaugen des ganzen Körpers erhalten) so lange mit Wasser, bis sie genau dieselbe Farbe hat, wie eine vorher entzogene, gemessene, und mit einer gemessenen Wassermenge verdünnte Blutprobe; aus den zum Verdünnen gebrauchten Wassermassen lässt sich die Blutmenge einfach berechnen (WELCKER, HEIDENHAIN).

II. DIE BLUTBEWEGUNG.

Das Blut bewegt sich fortwährend mit grosser Geschwindigkeit durch alle Theile des Körpers in den durch das Gefässsystem vorgeschriebenen Bahnen, welche es nirgends verlässt. Alle Ausgaben von Stoffen geschehen daher durch die geschlossene Röhrenwand hindurch; ebenso, mit einer einzigen Ausnahme (Einströmen der Lymphe) die Einnahmen. Zu diesem Verkehr sind jedoch nur die dünnwandigsten Theile des Gefässsystems, die Haargefässe oder Capillaren geeignet. Da das Gefässsystem vollständig in sich geschlossen ist und die Blutbewegung stets in derselben Richtung geschieht, so muss dieselbe ein Kreislauf sein.

Man kann sich deshalb das Gefässsystem als ein kreisförmiges, vielfach verzweigtes, aber überall geschlossenes Rohr vorstellen; die Stellen des Rohres, wo die Verzweigung am feinsten ausgebildet ist, entprechen den Capillarsystemen; nur an zwei Stellen ist es vollkommen einfach, diese sind: die Aorta und die Lungenarterie, jede mit der ihr zugehörigen Herzhälfte; von jeder dieser Stellen kann man in die andre nur durch ein Capillarsystem gelangen; es giebt also zwei Hauptcapillarsysteme, welche beide jedes Bluttheilchen bei jedem Kreislauf einmal durchlaufen muss, die Lungencapillaren und die Körpercapillaren. Der functionelle Unterschied dieser beiden Capillarsysteme liegt im Gaswechsel des Blutes (s. Cap. V.); in den Lungencapillaren nimmt das Blut Sauerstoff auf und giebt Kohlensäure ab, in den Körpercapillaren geschieht das Umgekehrte. Das Blut ist daher auf dem ganzen Wege von den Lungen- zu den Körpercapillaren sauerstoffreich, daher hellroth (p. 49) oder arteriell, umgekehrt auf dem Wege von den Körper- zu den Lungencapillaren sauerstoffarm und kohlensäurereich, daher dunkelroth oder venös. Der ganze Kreislauf zerfällt demnach in eine arterielle und eine venöse Hälfte.

An den Anfängen der beiden einfachen Stellen des Gefässsystems (die eine in der arteriellen, die andere in der venösen

Hälfte) sind die Haupttriebwerke in Form zweier contractiler, mit Klappen versehener Schläuche angebracht, die beiden Herzhälften, und zwar die linke auf der arteriellen Seite (Anfang der Aorta), die rechte auf der venösen (Anfang der Lungenarterie).

Vom Herzen aus gerechnet, nennt man nun jede zu einem Capillarsysteme hin Blut führende Gefässverzweigung ein Arteriensystem, jede von einem Capillarsystem her Blut bringende ein Venensystem. Es giebt demnach zwei Arterien-, und zwei Venensysteme. Das Körperarteriensystem (System der Aorta) führt arterielles Blut aus dem linken Herzen in die Körpercapillaren, das Körpervenensystem das hier venös gewordene in das rechte Herz, von hier führt das Lungenarteriensystem das venöse Blut in die Lungencapillaren und das Lungenvenensystem das hier arteriell gewordene in das linke Herz.

Obwohl die ganze Blutbewegung ein einziger Kreislauf ist, wird doch oft missbräuchlich der Abschnitt vom linken Herzen durch die Körpercapillaren zum rechten Herzen als grosser oder Körper-Kreislauf, der andere als kleiner oder Lungen-Kreislauf bezeichnet. — Ein Theil des Körpervenenblutes, nämlich das aus den Capillaren des Darmes und der Milz kommende, vereinigt sich in einem Venenstamm (Pfortader), welcher nicht ohne Weiteres zum rechten Herzen geht, sondern erst zu einem zweiten Capillarsystem sich in der Leber, wie eine Arterie, verzweigt; erst aus diesem gelangt das Blut in die direct zum Herzen führenden Venen; auch dieser Abschnitt des Gefässsystems wird missbräuchlich als Pfortader-Kreislauf bezeichnet.

Da bei den Gefässtheilungen fast stets die Summe der Zweigquerschnitte den des Stamms übertrifft, so nimmt der Gesammtquerschnitt des Gefässsystems im Allg. mit der Verzweigung zu, sodass er an den beiden einfachen Stellen (Aorta und Art. pulmonalis) am geringsten, in den Capillartheilen am grössten ist. Die Gefässröhren, namentlich die Arterien, haben eine sehr vollkommene Elasticität.

Unter den bewegenden Kräften, welche den Blutkreislauf bewirken, steht die Herzbewegung oben an; ehe daher jene im Zusammenhange dargestellt werden, wird das Wesentliche über das Herz vorangeschickt.

Die Herzbewegung.

Das Herz besteht aus zwei vollständig getrennten, übereinstimmend gebauten musculösen Hohlorganen, deren jedes durch rhythmische Zusammenziehungen und ventilartige Vorrichtungen seinen Inhalt in bestimmter Richtung durch sich selbst hindurchbefördert. Die rechte Herzhälfte ist in die venöse, die linke in die arterielle Hälfte des Blutkreislaufs eingeschaltet, jene enthält daher nur dunkelrothes, diese nur hellrothes Blut (p. 51); — jene befördert das aus dem Körper kommende, durch die Hohlvenen einströmende Blut in die Lungenarterie, diese das aus den Lungen durch die Lungenvenen zurückkehrende in die Aorta. Jede Herzhälfte besteht aus einer dünnwandigen Vorkammer, die das einströmende Blut zunächst aufnimmt, und einer dickwandigen Kammer, die es in die Arterie presst.

Die Muskelfasern, welche den grössten Theil der Herzwand bilden, sind, obgleich dem Willen gänzlich entzogen, quergestreift und, abweichend von fast allen übrigen, verzweigt und unter einander netzartig zusammenhängend. Sie bilden mehrfache, verschieden gerichtete, zum Theil spiralig gewundene Schichten; die der Ventrikel entspringen von den faserknorpligen Ringen an den Vorhofsgrenzen, und setzen sich theils ebendaselbst wieder an, theils, nachdem sie sich in die Mm. papillares umgeschlagen, an die Chordae tendineae der Klappen. Die Muskeln der Vorhöfe sind völlig von denen der Kammern getrennt; dagegen gehen viele Fasern von einer Herzhälfte auf die andere über. Diese Muskelanordnung erklärt es, dass stets beide Vorhöfe oder beide Ventrikel sich gleichzeitig contrahiren, während Vorhof und Ventrikel in ihrer Thätigkeit von einander unabhängig sind.

Das Herz der Säugethiere und der Vögel verhält sich wie das menschliche. Bei den beschuppten Amphibien communiciren beide Kammern, bei den nackten ist überhaupt nur Eine vorhanden; bei jenen entspringt Aorta und Lungenarterie aus dem gemeinsamen Kammerraum, bei den nackten entspringt nur Ein Gefäss aus der Kammer, welches sowohl dem Körper als den Lungen Blut zuführt. Das Herz der Fische und der Batrachierlarven entspricht überhaupt nur der rechten menschlichen Herzhälfte (eine Kammer und eine Vorkammer); in die arterielle Kreislaufhälfte ist kein Herz eingeschaltet, so dass die Kiemenvenen direct in die Aorta übergehen. — Bei den Wirbellosen, wo meist kein abgeschlossenes Gefässsystem existirt, kommt ein eigentliches Herz mit Kammern und Vorkammern nur in wenigen Abtheilungen vor; in anderen ist nur ein offener mit Klappen versehener Schlauch vorhanden (z. B. das Rückengefäss der Insecten); andere haben gar Nichts dergleichen.

Die rhythmischen Bewegungen des Herzens bestehen in einer abwechselnden Zusammenziehung der Vorkammern und Kammern. Die beiden Herzhälften arbeiten durchaus parallel und gleichzeitig. Während der Zusammenziehung (Systole) der Vorkammern geschieht die Erschlaffung (Diastole) der Kammern, und umgekehrt; die Systole der Kammern folgt unmittelbar auf die der Vorkammern; dagegen bleibt nach der Kammersystole eine kleine Pause bis zur nächsten Systole der Vorkammern; die

Systole der Vorkammern dauert ferner kürzere Zeit, als die der Kammern.

Die Systole der Ventrikel nimmt etwa $^2/_5$, die Diastole derselben etwa $^3/_5$ der ganzen Periode in Anspruch (Valentin, Landois). Dies gilt indess nur bei gewöhnlicher Pulsfrequenz, da bei Veränderungen derselben die Dauer der Systole constant bleibt und nur die der Diastole variirt (Donders).

Das Herz und die grossen Gefässe liegen innerhalb des Thorax in einem weiten geschlossenen Behälter, welchen sie und beide Lungen, durch Ausdehnung über ihr natürliches Volum, auszufüllen gezwungen sind (s. Cap. V.); sie stehen daher unter negativem Druck, d. h. ihre Wände, besonders die nachgiebigeren der Atrien und Venenstämme, werden auseinander gezogen. Die Vorhöfe müssen daher, sobald sie erschlafft sind, sich stets von den Venen her mit Blut vollsaugen. Aber auch die erschlafften Ventrikel füllen sich durch denselben Umstand mit Blut; und ihre Vollsaugung wird noch durch eine gewisse active Erweiterung (die sog. „Selbststeuerung", s. unten) begünstigt. In der kurzen Pause zwischen dem Ende der Kammersystole und dem Beginn der Vorhofssystole, in welcher nach Obigem das ganze Herz erschlafft ist, müssen daher sowohl die Vorhöfe als die Ventrikel mit Blut gefüllt sein.

Die nach jener Pause eintretende Zusammenziehung der Vorkammern beginnt an den musculösen Venenmündungen und verengt zunächst diese, darauf das ganze Lumen der Vorkammer. Der hierdurch auf den Inhalt ausgeübte Druck muss den grösseren Theil desselben in die zwar schon gefüllten, aber noch ausdehnbaren Ventrikel entleeren; denn der Rückweg in die Venen ist ihm theils durch jene Verengerung ihrer Mündungen, theils durch directen Klappenverschluss (Coronarvenen und untere Hohlvene), theils durch entferntere Venen-Klappen (in dem Bereich der oberen Hohlvene) abgesperrt oder erschwert. Die Ventrikel werden sich daher soweit mit Blut füllen, bis ihre Spannung grösser geworden ist, als die der gegen Schluss ihrer Systole allmählich etwas erschlaffenden Vorhöfe. Ist dieser Punct eingetreten, so schliessen sich die „venösen" Klappen an der Ventrikel- und Vorhofsgrenze (Atrio-Ventricular-Klappen).

Diese Klappen (rechts die Tricuspidalis, links die Bicuspidalis oder Mitralis) bestehen aus 3 resp. 2 häutigen Platten, die mit breiter Basis an den Wänden der Grenzöffnung, mit ihren freien Rändern durch die Chordae tendineae an den Mm. papillares befestigt sind. In der Ruhe hängen sie schlaff in den Ventrikel herab. Sobald aber im Ventrikel ein höherer Druck herrscht, als im Vorhof, so treibt sie der Rückstrom nach oben, entfaltet sie, und da ihr Umschlagen in den

Vorhof durch die Chordae verhindert ist, so werden ihre inneren Ränder an einander gepresst, so dass ein vollständiger Verschluss zu Stande kommt.

Unmittelbar nach dem Verschluss der venösen Klappen beginnt die Kammersystole. Der Klappenverschluss wird durch die gleichzeitige Contraction der Papillarmuskeln noch befestigt, und die Zusammenziehung der Kammern presst nun deren ganzen Inhalt mit grosser Kraft in die Arterien (Aorta und Pulmonalis). Sowie die Systole aufhört, verschliesst der hohe Druck in den Anfängen der Arterien die Semilunarklappen, so dass ein Rücktritt des Blutes in die erschlafften Ventrikel unmöglich ist. Nach einer kurzen Pause, während welcher (wie oben gesagt) die Ventrikel sich aus den bereits gefüllten Vorhöfen anfüllen, beginnt das Spiel von Neuem mit der Vorhofssystole.

Die Semilunarklappen sind je drei am Umfange des Arterieneingangs angeheftete wagentaschenförmige Häute. Während das Blut in die Arterien einströmt, werden sie an die Arterienwände angedrückt. Sobald aber der Druck in den Arterien grösser wird, als in den Ventrikeln, schlagen sie sich nach unten und stossen mit ihren Rändern aneinander, die nun einen dreistrahligen Stern bilden; in dieser Lage bilden sie einen festen Verschluss gegen die Ventrikel.

Die die Herzsubstanz mit Blut versorgenden Coronararterien entspringen aus der Aorta meist so tief (in den Sinus Valsalvae), dass ihre Oeffnungen von den der Wand anliegenden Klappen bedeckt werden (ein vollständiger Verschluss scheint jedoch nie einzutreten, weil die Klappen sich nicht innig an die Aortenwand anschmiegen, Rüdinger). Während der Systole der Ventrikel strömt daher wenig oder kein Blut in sie ein, wohl aber füllen sie sich während der Diastole unter dem hohen Druck, der dann im Anfangstheil der Aorta herrscht. Die Ventrikelwandungen erhalten daher ihr Arterienblut nicht während sie contrahirt sind, sondern erst im Augenblicke der Erschlaffung, wo es leicht eindringt, und zugleich eine selbstständige Erweiterung durch die Turgescenz der Wände bewirkt, welche die Bluteinströmung während der Diastole begünstigt (s. oben). Diese Einrichtung ist die sog. „Selbststeuerung" des Herzens (Brücke).

Aus dem was oben über die Systole der Vorhöfe gesagt worden, ergiebt sich, dass sich wahrscheinlich nie alles Blut aus ihnen entleert, und dass stets ein kleiner Rückstoss in die Venen stattfinden muss, der indess ausserhalb des Thorax nur selten (als Venenpuls) merkbar ist. Die Bedeutung der Vorhöfe liegt darin, dass sie die Füllung der Ventrikel von der grade vorhandenen Spannung im Venensystem unabhängig machen, und dass sie den Schluss der Atrioventricularklappen besorgen (Ludwig). Ferner würde, wenn die Vorhöfe fehlten, im Augenblick der Kammerdiastole eine plötzliche Druckabnahme sich weithin rück-

wärts in das Venensystem verbreiten; dadurch aber dass das Endstück des Venensystems (der Vorhof) im Augenblick der Kammerdiastole sein Lumen verkleinert, wird der Druck im Venensystem annähernd constant erhalten. Die Vorhöfe wirken also auch regulirend auf die Blutbewegung in den Venen.

Die Gestalt des erschlafften Herzens (genauer: der beiden Ventrikel) ist im Allgemeinen eine Art schiefer Kegel, dessen Basis (ein Querschnitt durch die Atrioventriculargrenze) eine Ellipse ist. Durch die Systole (der Ventrikel) ändert sie sich dergestalt, dass die Basis sich abrundet, und die vorher schiefe Axe sich vertical stellt, so dass ein gerader Kegel entsteht. Diese Formveränderung ist mit einer Axendrehung und durch die eigenthümliche Lagerung des Herzens im Thorax mit einer Aufrichtung der Herzspitze verbunden; letztere schnellt dabei die Thoraxwand hervor (Ludwig). Ein Anschnellen der Herzspitze gegen die Thoraxwand kann ferner bewirkt werden durch den sog. „Reactionsstoss," den jeder bewegliche Körper, aus dem eine Flüssigkeit in einer Richtung ausströmt, in entgegengesetzter erleidet (Gutbrod, Skoda). Beide Momente sind zur Erklärung des Herzstosses oder Spitzenstosses verwerthet worden, welchen man zwischen der 5. und 6. Rippe, etwas medianwärts einer durch die Brustwarze gezogenen Verticalen, fühlt und sieht. Trifft der Stoss grade eine Rippe, so sieht man nur eine leichte Erschütterung der Umgebung.

Sowohl am blossgelegten Herzen, wie am Thorax in der Herzgegend, hört man mit dem aufgelegten Ohre oder mittels des Stethoscops je zwei schnell aufeinanderfolgende Töne, die „Herztöne." Der erste (systolische) ist dumpf und hält so lange an, wie die Systole der Kammern. Einige schreiben ihn den Schwingungen der gespannten membranösen Atrioventricularklappen zu, andre erklären ihn für das Muskelgeräusch (vgl. Cap. X,) des Herzens. Der zweite (diastolische) folgt ihm unmittelbar, fällt also in den Anfang der Kammerdiastole. Er ist kürzer und heller, und rührt jedenfalls von dem plötzlichen Schlusse der Semilunarklappen her.

Die Blutbewegung in den Gefässen.

Ursachen derselben.

Denkt man sich in dem von Blut erfüllten Gefässsystem jeden Bewegungsantrieb entfernt, so steht das Blut überall unter einem gleichmässigen Drucke, der etwas grösser ist, als er der blossen Schwere entsprechen würde, ein Beweis, dass das Gesammtvolum des Blutes grösser ist, als das natürliche Lumen des Gefässsystems (Brunner). Wird nun in einem solchen System plötzlich die Spannung an zwei Stellen ungleich gemacht, so muss sofort eine Strömung von der stärker zu der schwächer gespannten Stelle hin stattfinden. Diese Spannungsausgleichung geschieht um so schneller, die Stromgeschwindigkeit ist also um so grösser, je geringer die ihr entgegenwirkenden Widerstände. Während des Ausgleichungsvorgangs muss daher in jedem Augenblick der noch bestehende Rest von Spannungsunterschied um so grösser sein, je grösser der Widerstand. Ausserdem ist leicht einzusehen, dass bei sonst gleichen Verhältnissen die Stromgeschwindigkeiten mit den Spannungsunterschieden zunehmen.

Eine beständige Ungleichheit der Spannung nun in den verschiedenen Theilen des Gefässsystems wird verursacht durch die Herzbewegung, welche dadurch die Blutbewegung hervorbringt.

Die erste Systole (das System vorher in Ruhe gedacht) presst eine bestimmte, kurz vorher dem Venensystem entnommene, Quantität Blut (den Inhalt des linken Ventrikels, s. unten) in das elastische Arteriensystem, erhöht also die Spannung in demselben. Die erhöhte Spannung müsste sich sofort durch die Capillaren hindurch mit der verringerten im Venensystem ausgleichen, wenn nicht das Blut in der Reibung an den Wänden*) der feinen Gefässzweige und besonders der Capillaren einen bedeutenden Widerstand fände; dieser verzögert den Durchgang durch die Capillaren so sehr, dass die nächste Systole noch vor der vollendeten Ausgleichung erfolgt, also eine erhöhte Spannung im Arteriensystem vorfindet. Bei jeder folgenden Systole wiederholen sich dieselben Umstände; die Ueberfüllung des Arteriensystems, und somit die Spannung des Blutes in demselben durch die Ausdehnung der elastischen Arterienwände, wird also immer grösser. Der zuneh-

---

*) Genauer ausgedrückt, ist der Widerstand einer durch ein Rohr strömenden Flüssigkeit, vorausgesetzt dass sie, wie Wasser oder Blut, der Wand adhärirt (sie benetzt), nicht in der Reibung an den Wänden, sondern in der sog. „inneren Reibung" zu suchen. Die äusserste Wandschicht einer solchen Flüssigkeit steht nämlich vollkommen still. Denkt man sich nun die ganze Masse in unendlich viele sehr dünne concentrische Schichten zerlegt, so wird die der unbeweglichen Schicht zunächst liegende sich an dieser verschieben müssen, u. s. f. jede folgende an der nächst äusseren. Jeder solchen Verschiebung wirkt in der Reibung („innere Reibung") ein Widerstand entgegen, der einen Theil der bewegenden Kraft aufzehrt, d. h. in Wärme verwandelt; jede Schicht wird daher in ihrem Laufe verzögert und zwar müssen natürlich die äusseren Schichten stets mehr verzögert werden, als die inneren, die axiale am wenigsten; in der Axe ist also die Geschwindigkeit am grössten. Ebenso muss in engeren Röhren die Verzögerung der Axenschicht grösser sein als in weiteren.

mende Spannungsunterschied muss aber das Blut zugleich immer geschwinder durch die Capillaren treiben und er wird endlich so gross werden, dass er in dem Zeitraum zwischen zwei Systolen gerade so viel Blut durch die Capillaren presst, als jede Systole in das Arteriensystem ergiesst. Jetzt kann unter gleichbleibenden Umständen keine weitere Spannungserhöhung stattfinden: der nunmehr bestehende Spannungsunterschied zwischen Arterien- und Venensystem ist ein bleibender; er bewirkt einen continuirlichen Strom durch die Capillaren, der genau so viel Blut hindurchtreibt, als das Herz rhythmisch in die Arterien entleert. Die rhythmische Uebertragung aus dem Venen- in das Arteriensystem ist also umgesetzt in eine continuirliche Strömung aus dem Arterien- in das Venensystem durch die Capillaren. (E. H. WEBER.)

Der Inhalt des linken Ventrikels, also die Blutmenge, welche eine Systole überpumpt, hat man auf verschiedenen Wegen zu 150—190 grm. bestimmt. Die Methoden sind hauptsächlich folgende: 1. (LEGALLOIS, COLIN). Man misst direct den Ventrikelinhalt, indem man den Ventrikel vor der Todtenstarre mit einer Flüssigkeit von bekanntem spec. Gewicht füllt und vorher sowie nachher wägt; es ist unmöglich hier die normale Spannung des Herzens nachzuahmen, daher die Resultate unbrauchbar. — 2. (VOLKMANN). Man berechnet aus der Geschwindigkeit des Blutstroms in der Aorta und aus dem Querschnitt derselben, eine wie grosse Blutsäule das Herz in der Zeiteinheit um ihre eigne Länge vorschiebt, also wieviel es selbst in der Zeiteinheit entleert; mit Zuhülfenahme der Pulsfrequenz findet man so die durch jede Systole entleerte Menge zu etwa $^1/_{400}$ des Körpergewichts, also bei 75 Kgrm. Körp.-Gew. = 187,5 grm. — 3. (VIERORDT). Kennt man die Geschwindigkeit in irgend einem Gesammtquerschnitt des Arteriensystems, ferner die Grösse desselben und endlich die Grösse des Ostium arteriosum sinistrum, so kann man die mittlere Geschwindigkeit in diesem, also auch die in der Zeiteinheit vom linken Ventrikel entleerte Blutmenge einfach berechnen, da die Geschwindigkeiten zweier Querschnitte sich umgekehrt wie deren Flächeninhalt verhalten (s. unten). — Die Blutmenge, welche die Systole des rechten Ventrikels in das Lungenarteriensystem eintreibt, muss genau der des linken gleich sein, weil durch jeden Querschnitt des Gefässsystems in derselben Zeit gleich viel Blut strömt und beide Herzhälften sich gleich häufig contrahiren.

Um wie viel die Spannung (der Blutdruck) im Arteriensystem höher ist als im Venensystem, ergiebt sich am einfachsten aus der prallen Füllung der Arterien und der Schlaffheit der Venen, ferner aus der Höhe des Blutstrahls, der aus geöffneten Gefässen hervorspritzt: an den Venen erreicht dieser selten eine nennenswerthe Höhe, Arterien dagegen spritzen bis zur Höhe von mehreren Fussen.

Absolute Blutdruckbestimmungen lassen sich dadurch ausführen, dass man das Gefäss seitlich mit einem Manometer in Verbindung setzt; man kann das Blut selbst als Manometerflüssigkeit benutzen, indem man es in eine verticale Röhre steigen lässt und die Höhe der Säule misst (Hales); bei weitem vortheilhafter aber benutzt man das gewöhnliche Quecksilbermanometer, hier „Hämatodynamometer" genannt (Poiseuille). A priori ergiebt sich, dass der Blutdruck an einer und derselben Stelle des Arteriensystems (abgesehen von den sogleich zu erwähnenden Schwankungen durch die Pulswelle, also der mittlere Blutdruck einer Arterienstelle) wachsen muss: 1. mit der Füllung des Gefässsystems überhaupt, also mit der Blutmenge, 2. mit der Frequenz und Stärke der Herzcontractionen, denn je häufiger und je grössere Blutmengen das Herz aus den Venen in die Arterien überpumpt, um so grösser muss, wie die obige Betrachtung zeigt, der constante Spannungsunterschied im Arterien- und Venensystem werden. — Die Spannung muss ferner in verschiedenen Theilen des Arteriensystems selbst ungleiche Höhe haben. Da jeder Widerstand die Ausgleichung des Spannungsunterschiedes verzögert (p. 57), so hat der Widerstand, den jedes Arterienstück durch die Reibung an seinen Wänden bietet, einen ähnlichen Einfluss auf die Spannungen in den einzelnen Theilen des Arteriensystems, wie der Widerstand der Capillaren auf die Spannung im Arterien- und im Venensystem. Stromaufwärts von jedem Widerstande muss die Spannung constant grösser sein, als stromabwärts. Hieraus ergiebt sich, dass der Blutdruck im Arteriensystem vom linken Ventrikel nach den Capillaren zu im Allgemeinen beständig kleiner wird, dass die Verkleinerungen am schnellsten eintreten, wo die grössten Widerstände sind, also bei Verengerungen und da wo Aeste, namentlich unter grossen Winkeln, vom Stamme abgehen, und dass demnach in den Hauptarterienstämmen wegen ihrer Weite und geringen Verästelung der Druck nahezu dem des Bulbus aortae gleich bleibt, während er in den feineren und feinsten Arterien sehr schnell abnimmt. — Endlich muss wegen des geringeren Widerstandes der Lungencapillaren im Vergleich zu den Körpercapillaren, auch der Spannungsunterschied zwischen Lungenarterien und Lungenvenen geringer, der Druck in den Lungenarterien also niedriger sein, als in den Körperarterien, da die rhythmisch übergepumpten Blutmengen hier und dort gleich sind. — In der menschl. Aorta schätzt man den Blutdruck auf 250^{mm} Hg, in der Brachialis wurde er zu 110—120^{mm} direct bestimmt (Faivre). In der Art. pulmonalis soll er etwa $^1/_3$ so hoch sein als in den grösseren Körperarterien (Beutner).

Dem entsprechend sind auch die Arbeiten (d. h. die Producte aus den bewegten Massen in die Hubhöhen, hier Druckhöhen) des rechten Ventrikels (3 mal) kleiner, und deshalb seine Muskelschicht dünner, als die des linken. Die Arbeit einer Systole des letzteren berechnet sich, wenn man die entleerte Blutmenge (p. 58) auf 175 grm. und den Aortendruck auf 250mm Hg = 3mtr Blut veranschlagt, zu 0,525 Kilogrammmeter, also die 24stündige Arbeit (75 Systolen in der Minute) zu 56700 Kgrmtr. (wovon indess ein kleiner Theil auf den Vorhof kommt; denn die Entleerung des Ventrikels geschieht zum Theil durch elastische Kräfte, weil er während seiner Diastole durch den Vorhof über sein natürliches Volum ausgedehnt wird, s. p. 54). Diese ganze Arbeit wird, wie bereits erwähnt, durch die Reibung in den Gefässen in Wärme verwandelt. — Ueber die Mittel zur Erhaltung eines constanten Blutdrucks s. unten (p. 72).

Der continuirliche Blutstrom durch die Capillaren setzt eine annähernd constante Spannung der unmittelbar in sie führenden Arterienenden voraus; in diesen also wird sich eine den Systolen entsprechende Druckerhöhung kaum noch geltend machen. Verfolgt man aber das Arteriensystem rückwärts bis zum Herzen, so findet man an jeder Stelle eine regelmässige Druckschwankung, nämlich eine der Systole entsprechende Druckerhöhung und eine der Diastole entsprechende Verminderung. Diese Druckschwankung, welche sich leicht an jedem Arterienstück nachweisen lässt (s. unten), ist um so beträchtlicher, je näher dem Herzen, am stärksten also im Anfangsstück der Aorta (und Art. pulmonalis), am schwächsten, meist unmerklich, in den feinsten Arterienenden; man nennt sie den Puls. Sie tritt nicht im ganzen Arteriensystem gleichzeitig in demselben Sinne auf, sondern jede Phase derselben (z. B. das Maximum) zeigt sich an den vom Herzen entfernteren Arterienstellen später als an den näheren, d. h. die Druckschwankung läuft in Form einer Welle vom Herzen nach den Capillaren durch die Arterien ab, wobei sie zugleich fortwährend an Intensität abnimmt. Die durch die Systole in den Anfang des Arteriensystems eingepresste Blutmenge muss nämlich zuerst in diesem allein die Spannung erhöhen; im nächsten Augenblick aber sucht das über sein diastolisches Volum ausgedehnte Arterienstück durch seine Elasticität sich des Ueberschusses zu entledigen; rückwärts ist dem Blute der Weg durch die sich schliessenden Semilunarklappen versperrt; der Ueberschuss wird also vorwärts gedrängt, und wie in jedem elastischen Rohr, muss die ausgedehnte Stelle als Wellenberg schnell nach den Capillaren hin vorrücken. Wäre nun das Arteriensystem blind geschlossen, so müsste offenbar der Wellenberg in unveränderter Grösse bis zum Ende laufen und hier reflectirt wieder zurückkehren. Da aber durch den continuirlichen Abfluss in die Capillaren der systolische Ueberschuss im Arteriensystem fortwährend abnimmt und bis zur nächsten Systole nach dem Weber'schen Schema ganz verschwunden sein muss, so wird auch der Wellenberg während seines Ablaufes immer kleiner und am Ende seines Weges = 0. — In gewissen Fällen geht jedoch die Pulswelle in die Capillaren und durch diese selbst in die Venen über, d. h. mit andern Worten: in gewissen Fällen ist das oben gegebene Schema nicht vollkommen verwirklicht, der Strom durch die Capillaren geschieht nicht mehr continuirlich, sondern es macht sich auch hier noch der Herzrhythmus geltend; — dies tritt ein, wenn durch plötzliche Erweiterung einer Arterie deren Widerstand abnimmt, so dass das bisherige Gleichgewicht zwischen den Widerständen und dem Spannungsunterschied des Arterien- und Venensystems local gestört wird, z. B. nach Durchschneidung eines arterienverengenden Nerven (Bernard).

Die Geschwindigkeit der Fortpflanzung der Pulswelle (wohl zu unterscheiden von der später zu betrachtenden Geschwindigkeit des Blutstroms) lässt sich mit der Uhr messen, indem man die Durchtrittszeit des Wellenberges in einer entfernten Arterienstelle mit der Zeit der Systole oder mit der Zeit des Pulses in einer dem Herzen nahen Arterienstelle vergleicht. Sie beträgt im Mittel 28,5 Fuss in der Secunde (E. H. Weber).

Die Erhöhung des Blutdrucks und die (sicht- und fühlbare) Erweiterung des Lumens, welche in jedem Arterienstücke während des Durchgangs des Pulswellenberges erfolgt, benutzt man beide, um den Puls genauer zu beobachten. Die erstere bewirkt in dem seitlich mit der Arterie verbundenen Manometer (p. 59) regelmässige Schwankungen des Quecksilbers. Um diese anschaulich darzustellen, setzt man auf das Quecksilber im offenen Schenkel einen Schwimmer und lässt diesen mittels eines Pinsels auf einer gleichmässig (durch ein Uhrwerk) um eine verticale Axe rotirenden Trommel zeichnen (Ludwig's Kymographion). Die auf und niedergehenden Bewegungen des Quecksilbers zeichnen hier wellenförmige Curven. Diese geben aber über den zeitlichen Verlauf der Druckschwankung zuweilen keinen genauen Aufschluss, weil das Quecksilber vermöge seiner Trägheit sehr bald in Eigenschwingungen geräth, welche mit den Druckschwankungen zwar gleiche Dauer, aber nicht gleichen Verlauf haben. Um den Verlauf der Druckschwankung zu ermitteln, benutzt man daher andere Manometer, z. B. ein federndes, mit Flüssigkeit gefülltes gebogenes Rohr, das durch Druck auf den Inhalt sich streckt (Bourdon'sches Manometer; Fick'sches Kymographion), oder man benutzt direct die Erweiterung der Arterie; hierzu dienen die auch beim Menschen anwendbaren Sphygmographen: man setzt auf die Arterie ein Plättchen, welches ihren Erweiterungen und Verengerungen folgend einen Fühlhebel bewegt; auch diesen lässt man auf einer rotirenden Trommel (Vierordt) oder auf einer vorüberziehenden Scheibe (Marey) schreiben. Das Marey'sche Instrument giebt die genauesten Resultate, weil bei ihm die Eigenschwingungen des Hebels durch möglichste Verminderung seiner Masse und möglichste Erhöhung der Widerstände (durch Federn, die der Bewegung entgegen wirken) verhindert sind.

An der Theilungsstelle der Aorta wird ein Theil der Pulswelle reflectirt, so dass an den Arterien des Oberkörpers der Puls im normalen Zustande doppelschlägig (dicrotisch) ist. Der zweite Puls ist jedoch nur mit feinen Mitteln, z. B. mit Marey's Sphygmograph, als ein kleiner, auf den absteigenden Theil der Pulswelle aufgesetzter Wellenberg nachzuweisen.

Ueber die respiratorischen Druckschwankungen in den Arterien s. unten, ebenso über eine active Triebkraft derselben.

Der Blutdruck in den Capillaren lässt sich nicht messen, wohl aber kann man seine Veränderungen aus der Weite derselben, sowie aus dem Maasse der Filtration (Cap. III.) beurtheilen. Nach dem obigen Schema müsste er der Zeit nach constant sein, abgesehen von dem oben erwähnten Falle, wo die Pulswellen sich durch die Capillaren fortpflanzen. Jede Verminderung des Widerstandes in den zuführenden und jede Vermehrung in den abführenden Gefässen muss ihn ferner steigern. Ausserdem steigt und fällt er mit dem allgemeinen Blutdruck.

In den Venen ist der (manometrisch bestimmbare) Blutdruck äusserst schwankend, in den grossen Venenstämmen schwach negativ, und nach der Peripherie hin zunehmend. Ebenso wie die rhythmischen Blutinjectionen in die Arterien hier jedesmal eine Bergwelle hervorbringen, müssten die dem Venensystem rhythmisch entnommenen Blutmengen in diesem jedesmal eine nach den Capillaren verlaufende Thalwelle verursachen, wenn dies nicht durch die Vorhöfe verhindert würde (p. 56). Ueber die respiratorischen Druckschwankungen s. unten.

Für die Blutbewegung sind noch zwei Umstände von sehr grosser Bedeutung, so dass sie neben der Herzbewegung als Ursachen des Kreislaufs mit angeführt werden können, nämlich die Aspiration des Thorax und die zufällige Compression der Venen.

Die Aspiration des Thorax. Das Herz und die grossen Gefässstämme sind durch ihre Lage in einer grossen Höhle, zu deren Ausfüllung sie (neben den Lungen) beitragen müssen, über ihr natürliches Volum ausgedehnt und somit stärker mit Blut gefüllt als sie es unter andern Umständen sein würden. Namentlich betrifft dies die nachgiebigeren Theile, also die Venenstämme und die Vorkammern (p. 54). Die Aspiration des Thorax bewirkt somit, wie bereits beim Herzen erwähnt, dass die Blutmenge, welche den in's Herz mündenden Venenstämmen entnommen wird, sich durch Einströmen neuen Blutes aus den ausserhalb des Thorax gelegenen Venen sofort wieder ersetzt, was den Kreislauf wesentlich befördert. Jede Inspiration vergrössert ferner durch die dabei erfolgende Erweiterung der Brusthöhle jenen negativen Druck und übt daher auf die gesammte Blutmasse eine Aspiration in der Richtung gegen den Thorax aus; aber auch diese Aspiration muss vorzugsweise im Venensystem sich geltend machen. In den Arterien bewirkt sie nur eine geringe Abnahme der Spannung; das Venenblut dagegen treibt sie kräftig dem Herzen zu. — Die gewöhnliche Exspiration hebt nur die inspiratorische Erhöhung des negativen Drucks wieder auf; dagegen wandelt eine durch Muskelkräfte bewirkte, kräftige Exspiration, namentlich wenn etwa durch die geschlossene Stimmritze (wie beim Husten) dem Ausströmen der Luft ein Hinderniss gesetzt ist, den negativen Druck im Thorax in einen positiven um, comprimirt also Herz und Gefässe (namentlich die Venen), und bewirkt so in den Venen eine bedeutende Stauung, in den Arterien eine weniger bedeutende Druckerhöhung.

Dem entsprechend saugt das centrale Ende einer durchschnittenen Vene bei der Inspiration Luft ein; umgekehrt schwellen die Venen bei kräftiger Exspiration, namentlich aber beim Husten, bedeutend an. Schliesst man nach einer tiefen Inspiration die Stimmritze, und macht nun eine kräftige Exspirationsanstrengung, so wird der positive Druck im Thorax so stark, dass die Venenstämme fast verschlossen werden, immer weniger Blut in das Herz einströmt, und zuletzt der Kreislauf ganz unterbrochen wird (Ed. Weber). — Die Wirkung der Thoraxverhältnisse auf die Arterien zeigt sich ebenfalls in einer regelmässigen Schwankung des Blutdrucks (Erhöhung bei der Exspiration, Verminderung bei der Inspiration), welche aber nicht den Herz-, sondern den Athembewegungen isochron und daher etwa 4 mal langsamer als der Puls ist.

Deswegen erscheinen die Pulswellen der Kymographioncurve auf ein zweites (Respirations-) Wellensystem aufgesetzt. Hindert man durch eine eingeschaltete enge Röhre (Setschenow) die Pulswellen, sich in das Manometer fortzupflanzen, so erhält man die Respirationswellen rein für sich.

Vorübergehende zufällige Compression der Venen durch Contraction benachbarter Muskeln. Jede solche Compression eines Venenstücks muss dessen Inhalt in der Richtung gegen das Herz auspressen, da ihm der Weg in entgegengesetzter Richtung durch die sich schliessenden Klappen der Vene versperrt wird.

Die Blutbewegung in den Venen verhält sich demnach folgendermassen: Wenn das Blut das Capillarsystem durchströmt hat, so ist seine Geschwindigkeit nach dem obigen Schema nahezu $=0$, weil die Spannung im Arteriensystem nur hinreicht um die erforderlichen Blutmengen (z. B. 175 grm. in $^1/_{75}$ Minute) durch den Widerstand der Capillaren hindurchzutreiben. Die Herzkraft, welche durch den Widerstand völlig aufgezehrt (in Wärme verwandelt) ist, wirkt also auf das Venenblut nicht mehr ein*). Es wirken hingegen folgende Kräfte: 1. die Schwere; diese kann im Sinne des Kreislaufs treibend nur auf absteigende Venen (z. B. die des Kopfes bei aufrechter Körperstellung) wirken, hemmend dagegen wirkt sie auf aufwärts gerichtete: die Venen des Fusses müssten z. B. unter dem Drucke ihrer hohen Blutsäule so enorm ausgedehnt und gespannt, und der hierdurch gegebene Widerstand so gross sein, dass die ganze Blutbewegung in der unteren Extremität völlig stillstehen würde. Daher sind die übrigen Momente für den Venenblutlauf äusserst wichtig, nämlich: 2. die Aspiration des Thorax, namentlich während der Inspiration, und 3. die Muskelbewegungen des Körpers. — Jedenfalls ergiebt sich aus Allem, dass der Venenblutlauf sehr unregelmässig vor sich geht.

Die Blutbewegung in den Capillaren, die man an durchsichtigen Theilen (z. B. in der Schwimmhaut und im Mesenterium des Frosches) unter dem Microscop beobachten kann, ändert in den Zweigchen des feinen Netzwerks häufig ihre Richtung. Man hat hier Gelegenheit, die (p. 57 Anm.) erwähnte ungleiche Geschwindigkeit der verschiedenen Blutschichten an den dahintreibenden Blutkörperchen direct zu beobachten. Die in der Axe befindlichen haben die grösste, die wandständigen, unter welchen sich daher auch stets die schwereren farblosen Blutkörperchen finden, eine sehr viel geringere Geschwindigkeit. In den feinsten Capillaren, durch welche nur eine einfache Reihe von rothen Blutkörperchen sich hindurchzwängen kann, sieht man diese vielfach ihre Gestalt den Verhältnissen accommodiren; sie ziehen sich in die Länge, biegen und knicken sich an den Theilungsstellen und nehmen dann wieder ihre natürliche Form an. Ueber active Formveränderungen der Capillaren s. unten.

Geschwindigkeit der Blutbewegung.

Bei einer jeden Flüssigkeitsbewegung durch ein Röhrensystem muss in bestimmten Zeitabschnitten durch jeden Gesammtquerschnitt des Systems dieselbe Flüssigkeitsmenge strömen. So lange diese Bedingung irgend eines Hindernisses wegen nicht erfüllt ist, müssen,

---

*) Dies gilt indess nicht in aller Strenge; die wirklichen Verhältnisse sind complicirter, als die hier gegebene (Weber'sche) schematische Darstellung, so dass die Spannung in den Arterien häufig local jenes Maass überschreitet und das Blut mit noch merklicher Geschwindigkeit in die Venen gelangt, häufig unter so hohem Druck, dass die angeschnittenen Venen spritzen. Daher findet man gewöhnlich unter den Kräften, welche den Venenblutlauf bewirken, noch einen „Rest der vom Arteriensystem her wirkenden Triebkraft" („Vis a tergo", „Beharrungsvermögen", etc.) angeführt.

wenn das System dehnbar ist, vor dem Widerstande die Querschnitte sich entsprechend erweitern, also eine Stauung eintreten. So bewirkt z. B. (p. 57) der Widerstand der Capillaren die constante Stauung (Querschnittsvergrösserung) im Arteriensystem. Sobald aber der Kreislauf in ungestörtem Gange ist, muss auch durch jeden Gesammtquerschnitt des Gefässsystems in der Zeiteinheit dieselbe Menge Blut strömen. Hieraus folgt weiter, dass die Stromgeschwindigkeit in den verschiedenen Gesammtquerschnitten den Querschnittsgrössen umgekehrt proportional ist; sie ist also am grössten im Anfang der Aorta und der Art. pulmonalis, am geringsten (etwa 400 mal kleiner als in der Aorta) in den Capillaren (vgl. p. 52). Ebenso verhalten sich die Geschwindigkeiten in den Totalquerschnitten eines einzelnen verzweigten oder unverzweigten Gefässabschnitts; in einem überall gleichweiten und unverzweigten Gefässstück herrscht also überall gleiche Geschwindigkeit.

Welche Blutmasse aber in der Zeiteinheit durch jeden Querschnitt des Gefässsystems strömt, hängt natürlich ab von der Anzahl und Stärke der Herzbewegungen. Ist n die Anzahl der Systolen in der Zeiteinheit, a die Blutmenge eines Ventrikels (p. 58), so ist die durch jeden Querschnitt in der Zeiteinheit strömende Blutmasse m = n . a, d. h. beim Menschen etwa 218 grm. in der Secunde.

Wie sich diese Geschwindigkeit auf die einzelnen Gefässe, welche zu einem Gesammtquerschnitte des Systems gehören, vertheilt, muss offenbar hauptsächlich von den in ihnen vorhandenen Widerständen abhängen, und die Geschwindigkeit in den widerstandreicheren, also in engeren, gekrümmteren, unter grösserem Winkel abgezweigten, geringer sein. Dass die Geschwindigkeiten ferner in verschiedenen Schichten eines Gefässes sehr verschieden sind, ist p. 57 Anm. erörtert.

Regelmässige Schwankungen der Geschwindigkeit, der Zeit nach, existiren nur, soweit das Schema der continuirlichen Strömung nicht völlig verwirklicht ist, also in den Arterien durch die Pulswelle, und ebenso in den Capillaren und Venen, wenn ausnahmsweise auch in sie die Pulswelle übergeht (p. 61). Dass der Durchtritt der Pulswelle an jeder Arterienstelle momentan eine Beschleunigung herbeiführen muss, ergiebt sich aus dem p. 57 Gesagten; denn der Wellenberg erhöht local an einer Stelle die Spannung, während sie in der folgenden Strecke noch die diastolische Höhe hat; die Geschwindigkeit wächst aber mit der Grösse des Spannungsunterschiedes. — In den Capillaren und Venen müsste die Geschwindigkeit, abgesehen vom Eindringen des Pulses, der Zeit nach constant sein, wenn nicht namentlich in den letzteren viele Einflüsse grosse Unregelmässigkeiten herbeiführten. Häufig wird in einem Venenstück der Blutstrom ganz unterbrochen (p. 63), was aber ohne Schaden geschehen kann, weil die meisten Capillargebiete durch mehrere gleichlaufende Venen Abfluss haben, so dass, wenn in einer derselben der Strom verzögert oder unterbrochen ist, das Blut in den anderen um so geschwinder abfliesst.

Zur Messung der Strömungs-Geschwindigkeit in den Arterien dienen folgende Methoden: 1. Volkmann's Hämodromometer ist ein mit Wasser gefülltes Glasrohr von bekannter Länge, das man plötzlich in den Strom der Arterie einschalten kann; man misst mit der Uhr die Zeit, die das eindringende Blut gebraucht um das Rohr zu durchlaufen, also alles Wasser hinauszudrängen. 2. Das Tachometer (von Vierordt angewandt) ist ein in die Arterie eingeschaltetes Kästchen, das ein leichtes Pendelchen enthält; die Ausschläge, welche man von aussen beobachten kann, stehen in einer vorher zu ermittelnden Beziehung zu den Geschwindigkeiten der das Pendel ablenkenden Ströme. (Einen ähnlichen, einfacheren, aber weniger zuverlässigen Apparat hat Chauveau angegeben.) 3. Die Bestimmung der aus einer geöffneten Arterie in der Zeiteinheit ausfliessenden Blutmenge, während man die Spannung durch Regulirung der Oeffnungsgrösse unverändert erhält (Vierordt). — Beim Menschen existiren natürlich solche Bestimmungen nicht. (In der Carotis von Hunden schwankt die Geschwindigkeit zwischen 200 und 300^{mm} in der Sec.) — Die Geschwindigkeit in den Capillaren bestimmt man bei Thieren durch directe microscopische Messung des Weges, den ein Blutkörperchen in einer gegebenen Zeit durchläuft (E. H. Weber); beim Menschen durch Selbstbeobachtung an den entoptisch sichtbaren Bewegungen der Blutkörperchen in den Netzhautgefässen (Ludwig): auf letztere Art fand sie Vierordt an sich selbst = 0,6—0,9^{mm} in d. Sec. (vgl. Cap. XII.) — Die Geschwindigkeit in den Venen ist zu unregelmässig um eine Messung zu gestatten.

Um die Zeit zu messen, in welcher ein Bluttheilchen einen bestimmten Weg im Gefässsystem oder auch die ganze Kreisbahn durchläuft, injicirt man ein leicht nachweisbares Salz (Ferrocyankalium) in ein Gefäss, und bestimmt die Zeit, nach welcher es in den an einer anderen Stelle in kurzen Intervallen entnommenen Blutproben (durch Eisenchlorid) nachzuweisen ist (Hering); man weiss indessen hier nicht, welchen der vielen offenstehenden Wege die Salzlösung eingeschlagen hat; in den meisten Fällen wird zu erwarten sein, dass die zuerst nachweisbaren Spuren der Salzlösung auf dem kürzesten Wege an den Ort der Prüfung gelangt sind.

Vertheilung des Blutes im Körper.

Die Blutmenge, welche ein Körpertheil in der Zeiteinheit erhält, hängt ab: 1. von der Zahl und der Weite der zuführenden Arterien, 2. von der Stromgeschwindigkeit in denselben. Letztere ist nach obigem von vielen Umständen abhängig, besonders von der grösseren oder geringeren Entfernung vom Herzen, von der Anzahl und dem Winkel der passirten Verzweigungsstellen, u. s. w. Ueber die Veränderlichkeit der Weite einer Arterie s. unten unter „Innervation der Gefässe", wo auch Näheres über die Vertheilung des Blutes im Körper zu finden ist.

Einfluss des Nervensystems auf die Blutbewegung.*)

Von unmittelbarem Einfluss auf die Blutbewegung ist das Nervensystem: 1. durch die Beherrschung der Herzbewegungen; 2. durch die Beherrschung der Weite der Gefässe, speciell der feineren Arterien. Die letzteren sind nämlich mit Muskeln versehen, von deren Contractionszustand ihre Weite abhängt. Durch Veränderung der Gefässweite wird nicht nur local der Blutzufluss zu den einzelnen Organen geregelt, sondern die Veränderung des Lumens einer grösseren Anzahl von Arterien, und die dadurch gegebene Veränderung im Lumen des ganzen arteriellen Gefässgebietes ist auch von grossem Einfluss auf die Thätigkeit des Herzens.

1. Innervation des Herzens.

a. Intracardiale Centra. Das aus dem Körper entfernte oder von allen zu ihm tretenden Nerven getrennte Herz schlägt noch eine Zeit lang fort; bei kaltblütigen Thieren tagelang, bei Warmblütern solange für die Zufuhr sauerstoffhaltigen Blutes gesorgt ist. Seine Bewegungen müssen daher, wenigstens zum Theil, durch Vorrichtungen, die in ihm selbst gelegen sind, ausgelöst werden; man vermuthet letztere mit grösster Wahrscheinlichkeit in den (unter einander durch Nervenfasern zusammenhängenden) Ganglienzellen, die in die Muskelsubstanz des Herzens, namentlich in das Septum atriorum und in die Atrioventriculargrenze, eingelagert sind (Remak). Wenigstens ein Theil dieser Ganglien muss automatisch rhythmische Contractionen des Herzens auslösen, und auch die Reihenfolge des Contractionsverlaufs (von den Vorhöfen zu den Ventrikeln) muss in ihrer Anordnung und Ver-

*) Es ist vortheilhaft, bei den Hauptvorgängen des Stoffwechsels die nervösen Einflüsse gleich mit aufzuführen, obwohl bei dieser Vorwegnahme Begriffe gebraucht werden müssen, die erst im dritten Abschnitt erläutert werden.

bindung begründet sein. In einem ruhenden, aber noch erregbaren Herzen lassen sich durch verschiedene die Herzsubstanz treffende Reize (mechanische, thermische, chemische, electrische) auf reflectorischem Wege eine oder mehrere geordnete Contractionen der Herzabtheilungen hervorrufen, leichter von der inneren, als von der äusseren Herzoberfläche aus. Die Anwesenheit sauerstoffhaltigen Blutes in den Herzcapillaren scheint sowohl für die automatische, als auch für die durch Reflex erregte Thätigkeit der Herzganglien (bei Warmblütern) Bedingung zu sein (Ludwig, Volkmann, Goltz). Die eigentlichen Ursachen der rhythmischen Automatie sind indess gänzlich unbekannt.

Ganglienlose Herzmuskelstücke lassen sich wie jedes andere Muskelstück, durch directe Reizung in Contraction versetzen. — Nach Einigen haben nicht alle Ganglienzellen des Herzens die oben besprochene automatisch-rhythmische Function; man schliesst dies aus den (meist an Froschherzen angestellten) Trennungsversuchen, durch welche man die einzelnen Gangliengruppen von einander isoliren und ihre Wirkung für sich erkennen kann (Bidder, Stannius, Heidenhain, v. Bezold u. A.). Die wichtigsten Resultate derselben sind: Eine Abtrennung des Venensinus vom übrigen Herzen beim Frosche, durch Abschneiden oder Unterbinden, bewirkt einen (bei Abhaltung des Luftreizes anhaltenden, Goltz) Stillstand des Herzens, während der abgetrennte Sinus weiter pulsirt. Werden jetzt die Vorhöfe vom Ventrikel getrennt, so bleiben jene in Ruhe, während dieser wieder zu pulsiren anfängt. Man hat daher zwei Ganglienarten am Herzen unterschieden: rhythmisch-automatische (vorzugsweise im Venensinus und in den Ventrikeln) und bewegungshemmende (vorzugsweise in den Vorhöfen). Letztere sollen die rhythmisch-motorischen Kräfte des Ventrikels für sich unterdrücken können, der Summe beider rhythmischen Organe indess nicht gewachsen sein. — Indessen lassen sich diese Erscheinungen auch ohne die Annahme hemmender Centra im Herzen erklären: Der Herzstillstand nach Abtrennung des Sinus ist nämlich nur vorübergehend; da nun der Schnitt, resp. die Unterbindung die zu den Vorhöfen tretenden hemmenden Vagusfasern (s. unten) verletzt, so kann man den Stillstand von der Reizung dieser Fasern ableiten u. s. f.

Temperaturen unter 0 bis -4^0 und über $30-40^0$ C. heben die Pulsationen des Froschherzens auf (Schelske, E. Cyon). Die Frequenz der Schläge wächst mit steigender Temperatur bis nahe an die Grenztemperatur. Die Intensität der Contractionen ist bei niedrigen und mittleren Temperaturen am grössten und ziemlich beständig; über $20-30^0$ nimmt sie ab. Plötzliche Einwirkung hoher Temperaturen bewirkt die Erscheinungen der Vagusreizung (s. unten); war aber vorher das Herz stark abgekühlt, so erfolgen rasch auf einander folgende Schläge, die endlich in Tetanus übergehen. — Im Wärmestillstand bringt Reizung am Sinus (welche sonst durch Vagusreizung Stillstand herbeiführt) Tetanus der Ventrikel hervor. Die Deutung hiervon s. unten. (E. Cyon.)

b. Hemmende Nerven. Auch die von Aussen her zum Herzen tretenden Nerven (des Plexus cardiacus), welche theils vom

Vagus, theils vom Sympathicus herstammen, haben auf die Herzbewegungen Einfluss. Die im Vagus verlaufenden Fasern vermögen, wenn sie anhaltend (mechanisch, chemisch oder electrisch) gereizt werden, die Frequenz der Herzcontractionen herabzusetzen und bei starker Reizung Stillstand des ganzen Herzens in Diastole zu bewirken (Ed. Weber, Budge). Bei Säugethieren (und Menschen) besteht eine solche Reizung, vom Ursprung des Vagus in der Medulla oblongata ausgehend, während des ganzen Lebens; denn eine Durchschneidung der Vagi erhöht plötzlich die Herzfrequenz.

Reflectorisch wird eine Vagusreizung hervorgebracht: durch mechanische Reizung (Klopfen) der Baucheingeweide beim Frosch (Goltz), durch Reizung der verschiedensten sensiblen Nerven (Lovén), des Bauchstrangs und des Halsstrangs des Sympathicus (Bernstein). Da nach Durchschneidung sämmtlicher den Vagus reflectorisch erregenden Fasern die Vagusdurchschneidung keine beschleunigende Wirkung mehr ausübt, so ist die beständige Erregung der Vagi bei Warmblütern reflectorischer Natur (Bernstein).

Die anhaltende Reizung des Vagus braucht nicht in der gewöhnlichen tetanischen Form zu geschehen, um die hemmende Wirkung auf das Herz auszuüben, sondern es genügt eine in mässig schnellem Rhythmus erfolgende Erregung (v. Bezold); man kann daher, wenn man eine automatische Erregung des Vaguscentrums in der Medulla oblongata annimmt, diese sich „rhythmisch" statt „tonisch" vorstellen. — Während des durch Vagusreizung bewirkten Stillstandes löst jede directe Reizung des Herzens eine örtliche Contraction aus. — Der Vagus gehört in Bezug auf seine Wirkung auf das Herz zu den sog. „regulatorischen" oder „Hemmungsnerven" (s. darüber das 11. Capitel).

Am Froschherzen kann man durch Reizung des Sinus, an welchem die Vagusfasern verlaufen, die Erscheinungen der Vagusreizung hervorrufen (vgl. oben). Vergiftung mit Curare (s. Cap. X.), ebenso starke Abkühlung, lähmt die Vagusendigungen im Herzen.

c. Beschleunigende Nerven. Reizung des Halstheils des Sympathicus bewirkt in den meisten Fällen eine Beschleunigung der Herzschläge (v. Bezold). Reizung der Medulla oblongata bewirkt ebenfalls Beschleunigung der Herzschläge, sobald die Leitung zum Herzen, durch das Rückenmark, die von hier zum Grenzstrang des Sympathicus abtretenden Rami communicantes, und den Grenzstrang, unversehrt ist (v. Bezold). Diese Beschleunigung ist ein complicirtes Phänomen, da durch die Reizung der Medulla oblongata gleichzeitig eine Verengerung des arteriellen Strombettes bewirkt wird, welche die Pulsfrequenz steigert (LUDWIG & THIRY, s. unten). Da aber die Frequenzsteigerung auch eintritt, wenn dieser letztere Einfluss aufgehoben ist (durch Durchschneidung der Haupt-Gefässnerven: der Splanchnici), und da dieselbe bei erhaltenen Herznerven stärker ist als nach Trennung derselben (wonach nur die indirecte Frequenzsteigerung eintreten kann), so existirt ein System frequenzvermehrender Fasern, welche auf dem oben angegebenen Wege zum Herzen gehen (M. & E. CYON). Das Centrum derselben scheint in der Medulla oblongata zu liegen.

2. Innervation der Gefässe.

Die Weite der Arterien variirt, abgesehen von der elastischen Ausdehnung, noch mit dem Contractionszustande der in ihrer Wand enthaltenen glatten Muskelfasern; dieser wird wiederum von mannigfachen Umständen beeinflusst; so wird er durch Kälte direct verstärkt, durch Wärme vermindert; besonders aber ist er von dem Erregungszustande der die Gefässmuskeln beherrschenden „vasomotorischen" Nerven abhängig. Für die meisten derselben ist ein continuirlicher „tonischer" Erregungszustand nachgewiesen, so dass die Durchschneidung Erschlaffung der Gefässmuskeln, Erweiterung der Arterie, verstärkten Blutzufluss in dem betr. Organe und in Folge dessen Röthe, erhöhte Temperatur und vermehrte Ausschwitzung aus den Capillaren zur Folge hat. Die Strömung kann so stark zunehmen, dass das Blut hellroth in die Venen dringt, und sogar die Pulswellen sich bis in die Venen fortpflanzen (BERNARD; vgl. p. 61). Die Reizung des peripherischen Endes des Gefässnerven muss umgekehrt die Arterie verengern und den Blutzufluss bis zur völligen Unterdrückung herabsetzen, wobei der betr. Körpertheil blass, kühl und ärmer an filtrirten Blutbestandtheilen (Parenchymsaft, Secret; s. Cap. III.) werden muss.

Eine von den Stämmen nach den Capillaren peristaltisch fortschreitende Contraction der Arterien würde activ das Blut den Capillaren zutreiben, also im Sinne des Kreislaufs wirken. Ein solcher Vorgang während des Lebens ist nicht festgestellt. Nach Vernichtung der Herztriebkraft lässt sich aber bei Reizung des vasomotorischen Centrums (s. unten) eine active Entleerung der Arterien in die Venen nachweisen (GOLTZ, THIRY, v. BEZOLD), auf welche vermuthlich die Leere der Arterien nach dem Tode zurückzuführen ist.

Die bekannteste Thatsache, die das Einwirken der Nerven auf die locale Blutbewegung zeigt, ist die Schamröthe. — Die vasomotorischen Nerven verlaufen theils in spinalen, theils in sympathischen Bahnen, z. B. für die Kopfhaut, die Conjunctiva, die Speicheldrüsen im Halsstrang des Sympathicus (BERNARD), für die unteren Extremitäten in den vorderen Wurzeln der Rückenmarksnerven (PFLÜGER), denen sie sich aber erst mit den Rr. communicantes des Sympathicus beimischen (BERNARD). Der geräumige Gefässbezirk der Baucheingeweide erhält seine Fasern von den Splanchnici, welche daher die einflussreichsten Gefässnerven sind (v. BEZOLD; CYON & LUDWIG). — Auch das Dasein direct gefässerweiternder Nerven wird behauptet (BERNARD, SCHIFF), ob mit Recht, ist noch nicht entschieden; ihre Wirkung wäre jedenfalls noch unverständlich. Am Penis bewirkt Reizung der Nervi erigentes eine Erschlaffung der Arterien (LOVÉN), ebenso an den Speicheldrüsen (vgl. Cap. III.) die Reizung der cerebrospinalen Fasern (BERNARD). Ueber reflectorische Arterienerweiterung s. unten.

Ein allgemeines Centralorgan für die vasomotorischen Nerven scheint in der Medulla oblongata zu liegen, deren Reizung bei unversehrtem Rückenmark und Sympathicus Verengerung sämmtlicher feineren Arterien und in Folge deren, Erhöhung des Blutdrucks in den Arterienstämmen und Anschwellen des Herzens bewirkt (LUDWIG & THIRY). Dies Centralorgan ist beständig in Action, wodurch sich der Tonus der vasomotorischen Nerven erklärt. Durchschneidung des Rückenmarks in der Cervicalgegend hebt diesen Tonus auf. Reflectorisch wird derselbe herabgesetzt oder aufgehoben: allgemein durch Reizung eines centripetalen Herznerven, des Nervus depressor, ein Vagusast (CYON & LUDWIG); local in einem Arterienbezirk durch Reizung der sensiblen Nerven der entsprechenden Gegend (LOVÉN).

Die beständige Erregung des vasomotorischen Centrums scheint durch die im Blute vorhandene Kohlensäure ausgeübt zu werden. Vergiftet man Thiere durch Kohlensäure (ohne gleichzeitigen Sauerstoffmangel oder auch durch Erstickung), so entsteht eine Verengerung sämmtlicher feineren Arterien und dadurch eine Zunahme des Blutdrucks in den Arterienstämmen und im Herzen (THIRY); dies Phänomen ist intermittirend und hält einen regelmässigen Rhythmus ein (L. TRAUBE).

Auch an Capillaren (namentlich jungen) hat man in neuester Zeit active Contractionen beobachtet, welche zu der Annahme geführt haben, dass die Wand derselben aus contractilem Protoplasma besteht (STRICKER).

Wechselbeziehungen zwischen Herzbewegung und Blutdruck durch das Nervensystem.

Erhöhung des Blutdrucks in den Arterienstämmen und im Herzen (z. B. durch Verschliessung der Aorta, Verengerung der feineren Arterien in Folge von Reizung des Gefässnervencentrums, Reizung des einflussreichsten Gefässnerven: des Splanchnicus) bewirkt eine Vermehrung der Pulsfrequenz, wahrscheinlich durch directe Reizung der stärker gespannten Herzwände; umgekehrt bewirkt Erniedrigung des Blutdrucks im Herzen (Durchschneidung des Rückenmarks, der Splanchnici) eine Herabsetzung der Pulsfrequenz (LUDWIG & THIRY). — Erhöhung des Blutdrucks in den feineren Gefässen bewirkt eine Herabsetzung der Pulsfrequenz durch reflectorische Vagusreizung (BERNSTEIN; — vgl. p. 69).

Gewisse Zustände des Herzens, vermuthlich vermehrter Blutdruck in demselben, bewirken ferner eine Reizung der Nervi depressores, durch welche die Erregung der vasomotorischen Nerven und so der Blutdruck vermindert wird (CYON & LUDWIG).

Es scheint demnach hier ein complicirtes Regulationssystem zu existiren, durch welches der Blutdruck und die Herzthätigkeit auf constanter Höhe erhalten werden. Zu starke Spannung in den Arterienstämmen und im Herzen bewirkt einerseits verstärkte Herzthätigkeit, andrerseits Erschlaffung der Gefässe also Verminderung der Widerstände, — wodurch der normale Zustand sich herstellen muss. Umgekehrt bewirkt zu starke Herzthätigkeit, wodurch der Druck in den peripherischen Gefässgebieten zu gross wird, eine reflectorische Vagusreizung und Verlangsamung der Pulse, wodurch dem Uebelstande abgeholfen wird.

Aus den angeführten Thatsachen ergiebt sich, dass die Grössen der Pulsfrequenz, des Blutdrucks, der Strömungsgeschwindigkeit von sehr mannigfachen Einflüssen abhängen. Die mittlere Pulsfrequenz beträgt 72 in der Minute; beim Foetus ist sie viel grösser (184); sie sinkt bis zum 21. Jahre. Im hohen Alter scheint sie wieder etwas zu steigen. — Die wirkliche Pulsfrequenz in jedem Augenblick ist sehr veränderlich, z. B. wirken Gemüthsbewegungen stark darauf ein (wahrscheinlich durch Vermittlung der Vagi). Von sonstigen Einflüssen sind die wichtigsten: Temperatur: Wärme erhöht, Kälte vermindert die Pulsfrequenz (entweder durch directe Wirkung, vgl. p. 68, oder wahrscheinlicher durch einen reflectorischen Vorgang); Bewegung: dieselbe erhöht die Pulsfrequenz; Körperstellung: in verticaler Stellung (auch ohne Muskelaction) ist die Pulsfrequenz grösser als in horizontaler (Ursache unbekannt); ferner ist die Pulsfrequenz grösser während der Verdauung als in den Zwischenzeiten, grösser endlich beim weiblichen Geschlecht und bei kleinen Personen als beim männlichen Geschlecht und bei langen Personen.

Zahlreiche Arzneistoffe und Gifte wirken auf die Pulsfrequenz, sobald sie in das Blut aufgenommen sind, und zwar theils durch directe Einwirkung auf die im Herzen liegenden Ganglien, theils durch Erregung oder Lähmung des Vaguscentrums, oder der Vagusfasern, namentlich deren Endigungen im Herzen; auch durch Wirkungen auf die vasomotorischen Apparate kann nach dem oben Gesagten ein indirecter Einfluss auf die Pulsfrequenz stattfinden.

Bei vielen Wirbelthieren, namentlich bei Fischen, finden sich im Verlaufe des Gefässsystems **accessorische Herzen** (Verdickungen der Gefässmusculatur mit rhythmischer Contraction) sowohl im Arterien- (Bulbus aortae, Art. axillaris u. s. w.) als im Venensystem (Caudalherz des Aals). Ohne anatomisch nachweisbare Verdickung nimmt man an den gewöhnlichen Gefässmuskeln langsame rhythmische Pulsationen (unabhängig vom Herzrhythmus) wahr: an den Ohrarterien des Kaninchens und an den Flughautvenen der Fledermaus. Ihre Bedeutung ist noch nicht erklärt.

DRITTES CAPITEL.

Ausgaben aus dem Blute, Absonderung.

Als „Absonderung" (Secretion) im weiteren Sinne bezeichnet man sämmtliche Vorgänge, bei welchen Stoffe unverändert oder verändert das Blut verlassen; auch bezeichnet man als Absonderungen (Secrete) die durch diese Vorgänge gelieferten Producte. — Die letzteren kann man in zwei Abtheilungen bringen, nämlich:

1. Die aus dem Blute abstammenden, frei auf innere oder äussere Oberflächen ergossenen Flüssigkeiten oder Gase*). Die auf innere Flächen (in Hohlräume, Canäle) ergossenen, die „Secrete im engeren Sinne", dienen hier besonderen Verrichtungen (z. B. der Verdauung), und werden zum grössten Theil, mehr oder weniger verändert, wieder in's Blut aufgenommen, — die äusseren dagegen (die sog. Excrete) sind für den Körper verloren, obwohl einige derselben (z. B. Talg, Schweiss) auch auf der Oberfläche noch gewisse Dienste leisten.

Offenbar ist für den Absonderungsprocess selbst kein Unterschied zwischen Secret und Excret vorhanden; und überhaupt ist die Bestimmung für eine innere oder äussere Oberfläche kein fundamentaler Unterschied. Will man eine scharfe Trennung zwischen Se- und Excreten beibehalten, so nennt man am besten die

*) Die gasförmigen Absonderungen werden im fünften Capitel abgehandelt.

Stoffe Excretionsstoffe, welche im Körper nicht weiter verwendet werden können und deren Verbleiben im Organismus schädliche Wirkungen äussern würde. Hierher gehören namentlich gewisse Endproducte der Oxydationsprocesse, nämlich Kohlensäure, Harnstoff u. s. w. Als Excrete würde man dann hauptsächlich die respiratorische und die Harnabsonderung zu betrachten haben. — Häufig werden alle den Organismus verlassenden Stoffe ohne Rücksicht auf ihren Ursprung Excrete genannt. Es kommen dann zu den hier genannten noch folgende in ihrem wesentlichen Theile nicht oder nicht direct vom Blute abstammende hinzu: 1. Der Koth, d. h. die unverdaulichen Theile der Nahrung, gemengt mit den nicht wieder in's Blut zurückkehrenden Bestandtheilen der Verdauungssecrete; 2. die Hornabstossung (Epidermis-, Haar- und Nägelverlust); 3. Eier und Saamen.

2. Die aus dem Blute abstammenden, in die Körpergewebe ergossenen und diese durchtränkenden Flüssigkeiten, die „Parenchymsäfte," Muskelsaft, Bindegewebesaft, etc.

Insofern auch die festen Bestandtheile der Gewebe (Zellen, Fasern, etc.) ihr Material aus den Parenchymsäften, also mittelbar aus dem Blute beziehen, kann jeder Körperbestandtheil als Absonderung aus dem Blute aufgefasst werden. Doch ist der letzterwähnte Vorgang so in Dunkel gehüllt, dass er hier noch unerörtert bleiben muss; auch die Absonderung der noch wenig bekannten Parenchymsäfte kann hier nur im Allgemeinen berührt werden.

I. ABSONDERUNG IM ALLGEMEINEN.

1. Physicalische Vorgänge.

Alle flüssigen Ausscheidungen aus dem Blute geschehen durch die geschlossene Gefässwand der Capillaren hindurch. (Die einzige normale Ausscheidung aus offner Gefässwand ist, wie es scheint, die Menstrualblutung).

Die physicalischen Kräfte, welche Flüssigkeiten durch Membranen hindurchtreiben können, sind: die Filtration und die Diffusion.

Filtration nennt man das Durchtreten einer Flüssigkeit durch die Poren (die gröberen, nicht die wesentlichen, physicalischen, intermoleculären) eines Körpers, z. B. einer Membran, unter dem Einfluss eines Druckes. Wie beim gewöhnlichen „Filtriren" die Schwere, so kann die Spannung des Blutes in den Gefässen gewisse oder sämmtliche flüssige Blutbestandtheile nach aussen durchpressen, da die Spannung der die Capillaren umgebenden (Parenchym-) Flüssigkeiten meist geringer ist, als der Blutdruck. Die Menge der filtrirten

Flüssigkeit nimmt zu mit der Grösse jenes Spannungsunterschiedes; dieser wird aber vergrössert: 1. durch Herabsetzung der Spannung in der Umgebung der Capillaren, also durch Entziehung von Parenchymflüssigkeit, durch locale Aufhebung des Luftdrucks (Aufsetzen von Schröpfköpfen) etc.; 2. durch Erhöhung des Drucks in den Capillaren; diese geschieht durch die p. 66 f. angedeuteten Einflüsse, nämlich: a. durch Erhöhung des allgemeinen Blutdrucks, b. durch Erweiterung der zuführenden Arterien, d. h. durch Erschlaffung ihrer Circularmuskeln, hervorgebracht durch Wärme oder durch Nachlass der Erregung in den vasomotorischen Nerven. — Die umgekehrten Einflüsse, also: Verminderung des Blutdrucks, Kälte, Reizung der vasomotorischen Nerven, müssen die Filtration herabsetzen. So erklärt sich zum Theil die Einwirkung der Nerven auf die Absonderung (s. unten). — Was die Beschaffenheit der filtrirten Flüssigkeiten betrifft, so geben ächte Lösungen unverändert durch; unächte dagegen, d. h. blosse Quellungen (z. B. Eiweiss-, Stärke-, Gummilösungen), lassen von dem gequollenen Stoffe nur einen von dem Filtrationsdruck abhängigen Theil, bei sehr geringem Druck gar nichts hindurch. Filtrirendes Blut wird daher bei geringem Druck nur seine ächt gelösten Theile (Wasser, Salze, Zucker, etc.), bei höherem auch kleinere oder grössere Mengen von Eiweiss, fibrinogener Subztanz etc. durchtreten lassen.

Diffusion (genauer hier: Hydrodiffusion, Endosmose) ist der Verkehr von Flüssigkeiten durch Membranen hindurch, unabhängig von jedem Druckunterschiede, oft sogar dem hydrostatischen Druck entgegenwirkend. (Auch structurlose Membranen, die also nur die wesentlichen, physicalischen Poren besitzen, sind dazu geeignet.) Zur Diffusion gehören aber stets zwei Flüssigkeiten, während zur Filtration nur auf einer Seite der Membran Flüssigkeit vorhanden zu sein braucht (auf der andern kann Luft oder leerer Raum sein); ferner gehören zur Diffusion verschiedene Flüssigkeiten, während Filtration auch zwischen gleichartigen, nur unter verschiedenem Druck stehenden Flüssigkeiten stattfinden kann. — Die Grundbedingung für die Diffusion ist, dass sich die Membran gleichzeitig mit den Bestandtheilen beider Flüssigkeiten durchtränke (imbibire); das Ziel des Diffusionsvorganges ist die völlige chemische Ausgleichung der beiderseitigen Flüssigkeiten. Die beiden hierzu nöthigen, entgegengesetzt gerichteten Flüssigkeitsströme sind jedoch nicht gleich stark, sondern sie bestimmen sich gegenseitig so, dass für jede in einer Richtung hinüberwandernde Quantität eines gelösten Stoffes eine bestimmte Quantität des Lösungsmittels (im Organismus stets Wasser) in der entgegengesetzten Richtung hinüberwandern muss. Das Verhältniss dieser Quantitäten, oder: die Wassermenge, die für eine = 1 gesetzte Menge eines gelösten Stoffes übergehen muss, heisst das endosmotische Aequivalent des Stoffes. Das endosmotische Aequivalent steht im Allgemeinen im umgekehrten Verhältniss zu dem Wasseranziehungsvermögen der Stoffe, ist daher bei leicht löslichen, bes. hygroscopischen Salzen (z. B. Kochsalz) am kleinsten; bei Stoffen, die keine wahren Lösungen bilden („Colloïdsubstanzen" Graham, z. B. Eiweiss, Hämoglobin,*) Gummi) ist es unendlich gross; d. h. die Lösungen

---

*) Obgleich das Hämoglobin krystallisirbar ist, gehört es doch nicht unter die diffundirbare, von Graham als „Krystalloidsubstanzen" bezeichnete Gruppe; ohne Zweifel würde Graham einen andern Namen gewählt haben, wenn er dies, vor der Hand allein dastehende Beispiel gekannt hätte.

derselben diffundiren überhaupt nicht, da für die geringste Menge der Colloïdsubstanz schon unendlich grosse Wassermengen in entgegengesetzter Richtung übergehen müssten.

Offenbar werden bei den meisten Secretionsprocessen sowohl Filtration als Diffusion betheiligt sein, weil das Blut überall von chemisch differenten, und zugleich unter niedrigerem Druck stehenden Flüssigkeiten umgeben ist.

Die blossen physicalischen Vorgänge (Filtration und Diffusion) können natürlich nur Flüssigkeiten liefern, welche die Bestandtheile der Flüssigkeit, wenn auch in anderen Mengen enthalten. Ob es solche Absonderungen überhaupt giebt, ist nicht mit Sicherheit festgestellt. Am nächsten stehen ihnen der Zusammensetzung nach die sog. „Transsudate“, nämlich die normalen Höhlenflüssigkeiten (Liquor pericardii, peritonei, pleurae, ventriculorum cerebri etc.) und die pathologischen Flüssigkeiten hydropischen Höhlen und oedematöser Gewebe. Ihre Hauptbestandtheile sind: Wasser, Salze, Zucker, Harnstoff, verschiedene Mengen von Eiweiss, fibrinogener, zuweilen auch fibrinoplastischer Substanz. Das Dasein der fibrinogenen Substanz erkennt man an dem Eintritt der Gerinnung auf Zusatz von fibrinoplastischen Substanzen (z. B. ausgepresstem Blute, p. 46); enthalten die Transsudate zugleich fibrinoplastische Substanz, so gerinnen sie nach der Entleerung spontan, jedoch meist sehr langsam, wegen der geringen Menge des fibrinoplastischen Körpers.

In neuerer Zeit ist es wahrscheinlicher geworden, dass diese Höhlenflüssigkeiten, wenigstens zum Theil, als Lymphe (Cap. IV.) zu betrachten sind, da man in ihnen Lymphzellen findet und ferner directe Communication der Höhlen mit Lymphgefässen ermittelt sind (v. Recklinghausen).

Chemische Vorgänge.

Die meisten Absonderungen enthalten dagegen ausser den Blutbestandtheilen noch andere („specifische“), zu deren Bildung die physicalischen Vorgänge nicht führen können. Man muss daher gewisse chemische Umsetzungen in den transsudirten Flüssigkeiten annehmen, deren Sitz, oder wenigstens Impuls, höchst wahrscheinlich in den Zellen zu suchen ist, mit denen die Absonderungen in Berührung kommen, d. h. in den Gewebszellen bei den Parenchymsäften, in den Drüsenzellen bei den freien Secreten.

Zwischen Parenchymsäften und freien Secreten scheint daher

kein weiterer Unterschied zu sein, als dass jene in einem dichten Zellennetz eingeschlossen bleiben, diese aber eine dünne Zellenlage (in den Drüsen) passiren und ihre Stelle verlassen.

Da die specifischen Secretbestandtheile grossentheils zu den ihrer Natur und Abkunft nach unbekannten Substanzen gehören, so lässt sich über den allgemeinen Character der chemischen Vorgänge in den Absonderungszellen nichts Bestimmtes sagen. Einige specifische Secretbestandtheile sind aber unzweifelhaft Oxydationsproducte von Blutbestandtheilen, und da zugleich die Secretion mit einer Leistung (p. 2), nämlich mit Wärmebildung verbunden ist (in den Speicheldrüsen direct nachgewiesen, LUDWIG), so ist es wahrscheinlich, dass die chemischen Processe bei der Secretion ziemlich allgemein Oxydationsprocesse sind. Hierfür spricht ferner, dass in den absondernden Organen während der Secretion ein erhöhter Sauerstoffverbrauch stattfindet (dunklere Färbung des Venenbluts), wenn das Secret an specifischen Bestandtheilen reich ist, und dass die Secretion unmöglich wird, wenn die Zufuhr sauerstoffhaltigen Blutes fehlt, obwohl die übrigen Bedingungen vorhanden sind (vgl. unten bei der Speichelsecretion).

Von einigen Secreten (Hauttalg, Milch) ist es bewiesen, von anderen (Schleim) wahrscheinlich, bei den übrigen aber möglich, dass die specifischen Bestandtheile derselben von den zerfallenden Zellen selbst herrühren, und dem blossen Transsudate sich beimischen.

Absonderungsorgane.

Die freien Secrete werden von besonderen Absonderungsorganen geliefert. Das einfachste Absonderungsorgan ist eine mit Blutcapillaren versehene Membran, welche mit einer Zellschicht (Epithel) bedeckt ist; ferner besitzen alle Absonderungsorgane Nerven, deren letzte Endigungen vermuthlich — in den Speicheldrüsen nachgewiesenermassen (PFLÜGER) — mit den Secretionszellen in directer Verbindung stehen. Die einfachsten absondernden Flächen dienen zur Secretion der Höhlenflüssigkeiten; es sind die serösen Häute (Peritoneum, Pericardium, etc.), die Synovialhäute, Schleimbeutel und Sehnenscheiden. Die meisten Secrete aber erfordern eine grössere Oberfläche, als eine einfache glatte Membran bietet; hier wird die absondernde Fläche durch eine einfache oder verzweigte, röhren- oder sackförmige Einstülpung der Fläche, auf welche sich das

Secret ergiesst, (Scheimhaut, äussere Haut) gebildet; die einzelnen Schichten dieser Fläche setzen sich in die Einstülpung hinein fort, also aussen die bindegewebige, gefässhaltige, oft mit Muskelfasern versehene Grundlage, innen das Epithel, dessen Zellen häufig in der Tiefe der Einstülpung in andersgestaltete, specifische Absonderungszellen übergehen. Eine solche eingestülpte secernirende Fläche bildet eine Drüse. Das aus den Gefässen kommende Transsudat muss also erst die Zellschicht durchdringen, um als Secret in den Hohlraum der Drüse und von hier auf die Fläche, deren Einstülpung die Drüse ist, zu gelangen. — Auch eine andere Art von Oberflächenvergrösserung, nämlich durch Ausstülpung (Zotten), findet sich in einem Secretionsorgan, nämlich in den Synovialhäuten.

Sind die Drüseneinstülpungen verzweigt, so nennt man die Drüse „zusammengesetzt"; sind sie oder ihre Zweige röhrenförmig, so heissen die Drüsen tubulös (Schweiss-, Laab-Drüsen, Nieren, Hoden etc.); sind sie bläschenförmig, — acinös (Schleim-, Talg-, Speicheldrüsen, etc.). Bei den zusammengesetzten Drüsen heisst der mit der Oberfläche, auf welche die Drüse mündet, unmittelbar zusammenhängende, canalförmige Theil, der Eingang der Einstülpung: Ausführungsgang; häufig enthält er Erweiterungen, die als Reservoirs für das fertige Secret dienen (Harnblase, Saamenblasen), oder er hängt mit wandständigen Reservoirs durch Canäle zusammen (Gallenblase). — Die sog. „Drüsen ohne Ausführungsgang" (Milz, Lymphdrüsen, Follikel, Nebennieren, Thymus, Schilddrüse) sind keine Absonderungsorgane, und werden im 4. und 6. Capitel besprochen.

Nerveneinfluss.

Bei allen Absonderungen vermuthlich, bei vielen nachweisbar, findet ein Einfluss des Nervensystems auf den Secretionsprocess statt. Derselbe kann bestehen in Einleitung der sonst nicht vorhandenen Secretion, in quantitativer Veränderung und in qualitativer Veränderung der Secretion durch die Nervenerregung.

Da bei einigen Drüsen der Nerveneinfluss auf die Secretion mit einem zweiten auf die Circulation in der Drüse verbunden ist (z. B. in den Speicheldrüsen, Bernard) so könnte man geneigt sein, den ersteren überhaupt durch den letzteren zu erklären. Ein solcher Einfluss mittels der Circulation würde bestehen können 1) in Veränderung des Filtrationsdrucks in den Drüsencapillaren, durch Erweiterung oder Verengerung der zuführenden Arterien, 2) in Veränderung der chemischen Processe durch den unter denselben Umständen reichlicher oder spärlicher zugeführten Sauerstoff. Da indess der Nerveneinfluss, soweit er in Einleitung der sonst ruhenden Secretion besteht, auch ohne alle Circulation noch stattfinden kann (an abgeschnittenen Drüsen, LUDWIG), da ferner der Secretionsprocess der Filtration entgegen wirken kann (der Druck im Ausführungsgange der Drüse kann bei verhindertem Abfluss des Secrets durch die Nervenreizung grösser werden, als der Druck in den Arterienstämmen, LUDWIG), so kann der Nerveneinfluss auf die Secretion nicht allein durch den auf die Circulation erklärt werden. Man muss also ausser den vasomotorischen Fasern, noch andere specifisch „secretorische“ annehmen, welche direct in noch unverständlicher Weise auf den Secretionsprocess wirken; das Dasein derselben ist jetzt auch anatomisch constatirt, durch die bereits erwähnte Entdeckung von Fasern, die direct zu den Drüsenzellen treten (PFLÜGER).

Dass aber neben den „secretorischen“ auch vasomotorische Fasern die Secretion beeinflussen, ist festgestellt (BERNARD) durch das schon erwähnte Zusammenfallen von Secret- und Circulationsveränderungen. Ihrer Natur nach wird der Einfluss derselben sich hauptsächlich auf den Transsudationsprocess, also auf Quantität und Concentration des Secrets erstrecken. Für den zweiten oben genannten Einfluss fehlt es an Anhaltspuncten, wenn auch die Zufuhr sauerstoffhaltigen Blutes für anhaltende Secretion erforderlich ist (die ausgeschnittene Drüse liefert auf Nervenreizung nur Anfangs Secret, auch wenn man, durch künstliches Oedem, für hinreichenden Flüssigkeitsvorrath gesorgt hat, GIANNUZZI).

II. DIE EINZELNEN ABSONDERUNGEN.

A. Parenchymsäfte und Parenchyme.

Die Methoden, sich Parenchymsäfte zu verschaffen, sind zu unvollkommen, um sie in ihrer ursprünglichen Zusammensetzung in genügender Menge zu liefern. Sie bestehen darin, entweder das möglichst vom Blut befreite Gewebe auszupressen, oder durch verschiedene Lösungsmittel (Aether, Alkohol, Wasser, Säuren) nach einander einzelne Bestandtheile zu extrahiren. — Die Kenntnisse über die Zusammensetzung und namentlich über die Bildung der Parenchymsäfte sind daher höchst mangelhaft. In vielen Fällen weiss man nicht, ob die durch die oben erwähnten Methoden aus einem Gewebe erhaltenen specifischen Stoffe dessen flüssigen oder geformten Elementen angehören. Ueber die Entstehung der Parenchymsäfte kann man nur vermuthen, dass durch die Zellen des Gewebes in dem von den Blutgefässen gelieferten Transsudate durch chemische Processe, vielleicht unter dem Einflusse besonderer (trophischer) Nerven (s. Cap. XI.) die specifischen Bestandtheile (Leim, Fette, Farbstoffe, etc.) entstehen; ferner vermuthet man, dass die Transsudate in einem gewissen Ueberschuss geliefert werden, welcher durch Wiederaufsaugung mittels der Lymphgefässe wieder ausgeglichen wird (s. Cap. IV.). Die gebildeten specifischen Stoffe sind zum Theil unlöslich und werden dann Formelemente.

Hieraus ergiebt sich, dass eine gesonderte chemische Betrachtung der flüssigen und geformten Parenchymbestandtheile noch nicht möglich ist und dass die ganze Entstehungsgeschichte der Gewebe vor der Hand nur morphologisch behandelt werden kann. Es wird daher hier ohne jene Trennung das Wenige zusammengestellt werden, was über die specifischen chemischen Bestandtheile der Parenchyme bekannt ist.

1. Knochengewebe. Das reine Knochengewebe (nach Entfernung von Periost, Marksubstanz etc.) besteht höchst überwiegend aus unorganischen Salzen; in dem vollkommen getrockneten Knochen (Wasser etwa 22 pCt.) findet sich eine für jede Thierart sehr constante Zusammensetzung; beim Menschen 68 pCt. Salze, 32 pCt. organischer Substanz (Zalesky). Erstere bestehen (=100 gesetzt) aus 84 pCt. basisch phosphorsauren Kalks ($P_2\Theta_8Ca_3$), 1 pCt. basisch phosphorsaurer Magnesia ($P_2\Theta_8Mg_3$), 7,6 pCt. anderer Kalksalze ($C\Theta_3Ca$, $CaCl_2$, $CaFl_2$) und 7,4 pCt. Alkalisalze (NaCl etc.). Der organische Antheil besteht fast ganz aus leimgebender Substanz, und wandelt sich durch Kochen, namentlich nach Behandlung mit Säuren, in Leim um.

Die eigentliche Knochensubstanz spongiöser und compacter Knochen hat genau dieselbe Zusammensetzung. Die Constanz der Zusammensetzung der Knochensubstanz (Milne Edwards jun., Zalesky) berechtigt zu der Annahme, dass die Salze nicht mechanisch in die organische Substanz eingelagert, sondern chemisch mit dieser verbunden sind.

Verdünnte Säuren entziehen dem Knochen die Salze, und lassen die weiche knorpelartige organische Substanz zurück. Glühen zerstört umgekehrt die letztere und hinterlässt eine weisse poröse unorganische Masse (gebrannter Knochen). In beiden Fällen bleibt die ungefähre äussere Gestalt des Knochens erhalten.

Dem Knochen schliessen sich die anderen mit Kalksalzen imprägnirten Gewebe an, z. B. die Zähne. Der Zahnschmelz, fast wasserfrei, enthält nur 4 pCt. organischer Substanz, und im übrigen die Bestandtheile des Knochens in analogen Verhältnissen.

Die Kalksalze des Knochens können zum Theil durch isomorphe Salze vertreten werden (z. B. $P_2\Theta_8Ca_3$ durch $As_2\Theta_8Ca_3$ oder durch $P_2\Theta_8Pb_3$).

Ueber die secretorische Bildung und Erneuerung der Knochensubstanz ist Nichts bekannt.

2. Knorpelgewebe. Abgesehen vom Wasser und den Bestandtheilen der Zellkörper enthält der Knorpel hauptsächlich chondringebende Substanz (p. 35), Einlagerungen von Elastin (p. 35) und wenig unorganische Salze.

Dem Knorpel am nächsten steht die Cornea, welche beim Kochen eine chondrinähnliche Substanz liefert; sie enthält ausserdem viel fibrinoplastische Substanz (p. 45).

3. Bindegewebe. Im Bindegewebe kann man unterscheiden (KÜHNE): 1) die Substanz der Fibrillen, — leimgebende Substanz, 2) die Kittsubstanz zwischen den Fibrillen, durch Kalk- und Barytwasser extrahirbar (ROLLETT), das Extract enthält Mucin (p. 35), 3) die Einlagerungen von Elastin (p. 35) und 4) die Zellkörper mit ihren gewöhnlichen, hauptsächlich eiweissartigen Elementen; häufig sind dieselben von Fett erfüllt.

In den foetalen und einigen anderen Bindegeweben tritt die leimgebende Substanz gegen die mucingebende zurück.

4. Muskelgewebe s. Cap. X.

5. Nervengewebe s. Cap. XI.

B. Höhlenflüssigkeiten.

Die Absonderung derselben geschieht nicht durch Drüsen, sondern durch die die Höhlen auskleidenden, mit einer einfachen Zellschicht bedeckten Häute („seröse Häute," etc.). Zum grössten Theil scheinen sie blosse Transsudate zu sein, über deren allgemeine Bestandtheile das Wesentliche bereits p. 77 erwähnt ist; die Mengenverhältnisse der letzteren sind äusserst mannigfaltig, die quantitativen Analysen können hier nicht aufgeführt werden. — Als blosse Transsudate können, wie es scheint, betrachtet werden: Liquor pericardii, pleurae, peritonei, cerebro-spinalis, Humor aqueus, vielleicht auch Liquor amnii und allantoïdis (4. Abschn.).

Folgende Höhlenflüssigkeiten haben specifische Bestandtheile:

1. Gelenkschmiere, Synovia; sie enthält ausser den Transsudatbestandtheilen noch Mucin (0,2—0,6%) und Fett (0,06—0,08%); man findet in ihr zahlreiche abgestossene Epithelzellen.

2. Schleimbeutel- und Sehnenscheidenflüssigkeit; sie enthalten einen noch nicht erforschten gallertartigen Stoff.

In welcher Weise die Höhlenflüssigkeiten verbraucht und wieder ersetzt werden, ist unbekannt.

C. Drüsen-Absonderungen.

1. Absonderungen für den Verdauungscanal.

1. Schleim.

Der Schleim des Digestionscanals wird im Munde, Rachen und Oesophagus von kleinen acinösen, im Magen (besonders in der Nähe des Pylorus) und Darm von einfachen oder einfach zusammengesetzten tubulösen Drüsen secernirt, welche mit dem Epithel ihres Mutterbodens, also erstere mit Platten-, letztere mit Cylinderepithel ausgekleidet sind. — Der Schleim ist eine klare, schlüpfrige, fadenziehende, alkalische Flüssigkeit, eine Quellung von Mucin, zuweilen auch Albumin, in welcher die gewöhnlichen Blutsalze, namentlich Chlornatrium, gelöst sind. Der Darmschleim enthält ausserdem fermentartige Körper, welche ihm besondere Eigenschaften verleihen, und wird deshalb gesondert als „Darmsaft" beschrieben (s. unten). Regelmässig enthält der Schleim Formbestandtheile, nämlich 1. kleine, runde, kernhaltige Zellen, den farblosen Blutkörperchen ähnlich, — sog. Schleimkörperchen, — welche man als junge Epithelzellen der Schleimdrüsen betrachtet; 2. ausgewachsene platte Epithelzellen der Schleimhaut, häufig im natürlichen Zusammenhang, oder Fragmente von solchen. — Die Schlüpfrigkeit des Schleimes macht ihn geeignet, die Reibung des Inhalts an den Wänden des Digestionscanals zu vermindern.

Reinen Schleim kann man (abgesehen vom Darmschleim) nur bei Thieren aus der Mundhöhle gewinnen, nachdem man die Ausführungsgänge sämmtlicher Speicheldrüsen unterbunden hat. Die beigemischten Formbestandtheile lassen vermuthen, dass das Mucin sich nur durch Zerfall von Drüsenzellen dem Schleim beimischt (vgl. unten die Talg- und Milchsecretion). — Ein Nerveneinfluss auf die Schleimsecretion ist noch nicht bekannt.

Da das Mucin anscheinend nicht resorbirbar ist (Cap. V.), so wird es wahrscheinlich gänzlich mit den Faeces ausgeschieden, während die übrigen Schleimbestandtheile möglicherweise wieder zum Theil in's Blut zurückkehren.

2. Speichel.

Die drei verschiedenen Speichel („Drüsenspeichel") der Parotis, Submaxillaris und Sublingualis sind sehr wasserreiche, farblose, alkalische Secrete von niedrigem specifischem Gewicht (1,004—1,009). Ausser den gewöhnlichen Transsudatstoffen (darunter sehr geringe Mengen von Eiweiskörpern: Albumin und Globulin) enthalten sie als specifische Bestandtheile: a. Mucin, am meisten der Sublingualspeichel, weniger der Submaxillarspeichel, am wenigsten der Parotidenspeichel; — b. ein Ferment, Ptyalin, welches Stärke, namentlich schnell die gequollene (Kleister), in Dextrin und Zucker umwandelt, am schnellsten bei der Körpertemperatur; — c. Schwefelcyanverbindungen (Rhodankalium). — Ausserdem enthält der Speichel, wie es scheint namentlich der Sublingualspeichel (Donders), Formelemente, welche den Schleimkörperchen sehr ähnlich sind, — Speichelkörperchen; diese Zellen enthalten Körnchen, welche eine lebhafte Molecularbewegung zeigen. Der gemischte Speichel enthält ausserdem den Mundschleim, und abgestossenes Plattenepithel der Mundhöhle.

Die Gewinnung der einzelnen Drüsenspeichel geschieht beim Menschen aus pathologischen Speichelfisteln, für die Parotis ausserdem durch Einlegen eines Röhrchens in die Mündung des Ductus Stenonianus (gegenüber dem 2. oder 3. Oberkiefer-Backzahn); bei Thieren durch künstliche Speichelfisteln. — Das Ptyalin wird durch mechanisches Niederreissen (p. 36) mittels eines im Speichel erzeugten Niederschlages von phosphorsaurem Kalk ausgefällt, aus dem Niederschlag mit Wasser extrahirt und mit Alkohol gefällt; es ist kein Eiweisskörper (Cohnheim). — Die Fähigkeit Stärke in Zucker zu verwandeln kommt jedem einzelnen der menschlichen Drüsenspeichel zu, ganz besonders aber dem gemischten Mundspeichel, welcher in der Mundhöhle durch Zusammenfliessen der Drüsenspeichel und des Mundschleims entsteht. Bei Thieren haben nicht alle Drüsenspeichel diese Eigenschaft, wie denn überhaupt die verschiedenen Drüsenspeichel je nach der Nahrung bei den einzelnen Thieren verschieden entwickelt sind. Die Zuckerbildung geht sehr schnell vor, und wird durch mässige Ansäuerung nicht gestört, was für die Verdauung von Wichtigkeit ist. — Das Rhodankalium CN.KS, nachweisbar durch die blutrothe Färbung bei Zusatz von Eisenchlorid, ist kein constanter Speichelbestandtheil und findet sich am häufigsten im Mundspeichel, bes. wenn krankhafte Processe (Zahncaries) im Munde stattfinden.

Secretion.

Die Absonderung des Speichels steht nachweisbar unter Nerveneinfluss, welcher hier besser als bei allen übrigen Secretionen erforscht ist. Ohne diesen steht die Secretion völlig still (C. G. Mitscherlich, Ludwig). Im Leben geschieht die Erregung der secretorischen Nerven wie es scheint stets entweder reflectorisch bei Erregung der sensiblen und Geschmacksnerven der Mundhöhle, ferner des Vagus, vermuthlich der vom Digestionsapparat ausgehenden Fasen desselben (Oehl), oder (bes. Parotis, Bernard) combinirt mit (willkürlicher) Erregung der Nerven für die Kaumuskeln. Es wird also Speichel abgesondert bei Reizung der Mundhöhle durch schmeckende Substanzen oder mechanische, chemische, thermische, electrische Reize, ferner bei gewissen Zuständen des Magens (Nausea), und endlich bei Kaubewegung. Die centripetalen Nerven, welche erregt, reflectorisch die Secretion einleiten, verlaufen im Trigeminus, Glossopharyngeus, und Vagus. Die secretorischen Nerven verlaufen in den Bahnen des Facialis, Trigeminus und Sympathicus.

Unter den secretorischen Nerven sind zwei Gattungen zu unterscheiden (Bernard, Eckhard, v. Wittich), welche nicht nur verschiedene Arten von Speichel liefern, sondern auch vasomotorisch in verschiedener Weise einwirken, ohne dass es jedoch gelingt, den ersten Einfluss durch den zweiten zu erklären (vgl. p. 80). Die erste Nervengattung wirkt verengend auf die zur Drüse führenden Gefässe, so dass das Blut spärlich und sehr dunkel in die Venen gelangt; die Reizung derselben liefert zugleich einen spärlichen, an specifischen Bestandtheilen, namentlich Schleim, sehr reichen, daher äusserst zähen, häufig gallertartigen Speichel. Die zweite Nervengattung scheint die zuführenden Gefässe zu erweitern, denn bei ihrer Erregung fliesst das Blut sehr reichlich in die Venen (so dass diese pulsiren, s. p. 61), und mit hellrother, fast arterieller Farbe; zugleich ist der copiös secernirte Speichel arm an specifischen Bestandtheilen, sehr dünnflüssig. Die Nerven der ersten Gattung verlaufen für alle Speicheldrüsen im Sympathicus, die der zweiten theils im Facialis, theils im Trigeminus; für die Parotis durch den N. petrosus superficialis minor, das Gangl. oticum und den Auriculo-temporalis, für die Submaxillaris und Sublingualis durch die Chorda tympani zum Lingualis, von hier bald wieder abtretend theils durch das Ganglion submaxillare, theils direct zur Drüse. (Das Stück des Lingualis, welches zugleich die hier erwähnten Fasern enthält, heist Truncus tympanico-lingualis.)

Gesetzt auch, es liesse sich der verschiedene Mucingehalt der beiden Speichelarten durch ihre verschiedene Quantität erklären, so dass der unter hohem Druck secernirte, daher reichliche, Trigeminus-Speichel in der Zeiteinheit gleichviel specifische Stoffe aus der Drüse entnähme, als der spärlichere Sympathicus-Speichel (Bernard), so würde doch der vasomotorische Einfluss nicht zur Erklärung der Secretion genügen, da der Druck in dem Drüsenlumen höher steigen kann als der Blutdruck (vgl. p. 80), und da die Secretion auch noch nach Aufhören des Blutstroms in der Drüse durch Nervenreizung hervorgerufen wird (Ludwig, Giannuzzi). Es müssen also andere, noch unbekannte Mechanismen zu Grunde liegen, wobei an die Verbindung der Nervenfasern mit den Drüsenzellen (Pflüger) zu erinnern ist. — Die Temperatur der Speicheldrüsen kann durch die Secretion um 1,5°C. gesteigert werden (Ludwig); ob die Sympathicusreizung eine grössere Temperatur-Erhöhung herbeiführt, als die Trigeminus-Reizung, ist nicht untersucht. Eine solche Untersuchung würde vielleicht andeuten, ob bei jener mehr Sauerstoff in der Drüse verbraucht wird, als bei der letzteren.

Die reflectorisch erregte Speichelabsonderung liefert stets den dünnflüssigen (Trigeminus-) Speichel. Das Centralorgan, in welchem der Reflex (zunächst auf die Submaxillardrüse) stattfindet, ist für die Geschmacksreizung und für die Secretionserregung vom Magen aus wahrscheinlich das Gehirn, für andere auf die Mundschleimhaut wirkende Reize aber das Ganglion submaxillare; denn nach Durchschneidung des Truncus tympanico-lingualis wirken die ersteren nicht mehr, wohl aber die letzteren. Man muss also annehmen, dass das Ganglion submaxillare secretorische Centralorgane enthält, welche zu reflectirter Thätigkeit erregt werden können, durch Fasern, welche von der Zunge her in den Lingualis treten, von diesem aber wieder zum Ganglion abgehen; während die vom Gehirn her (hier reflectorisch durch die Geschmacksnerven erregten) durch Facialis, Chorda und Tympanico-lingualis zum Ganglion gelangenden dasselbe vermuthlich nur durchsetzen (Bernard).

Ausserdem wird noch angegeben (Bernard), dass bei Zerschneidung des Gangl. submaxillare mit Schonung der vom Tympanico-lingualis durchtretenden Fasern, oder bei Lähmung der sympathischen Fasern durch Curare, eine continuirliche Secretion eintritt, die nun nur durch Geschmacksreize verstärkt werden kann; ferner trete eine continuirliche Secretion ein, wenn der Truncus tympanico-lingualis vor längerer Zeit durchschnitten ist; jetzt können nur noch die sympathischen Fasern die Secretion (in der oben angegebenen Weise) modificiren. Eine Erklärung für den Eintritt continuirlicher Secretion nach Nervendurchschneidung, welche vermuthlich in der Annahme von Hemmungsnerven gesucht werden muss, fehlt noch vollständig. Die continuirliche Secretion lässt übrigens bald nach, unter Degeneration der Drüse.

Die in 24 Stunden secernirte Speichelmenge wird sehr verschieden geschätzt ($^1/_2$—2 Kgrm.). Die flüssigen Bestandtheile des Speichels werden vermuthlich mit Ausnahme des Mucins grossentheils im Verdauungscanale wieder resorbirt (s. Cap. IV.).

3. Magensaft.

Der Magensaft ist das Secret der die Magenschleimhaut (bis auf die Pylorusgegend, wo die Schleimdrüsen vorwiegen) dicht gedrängt erfüllenden Laabdrüsen, tubulöse in der Tiefe ausgebuchtete und (bis auf das kurze mit Cylinderepithel ausgekleidete Mündungsstück) mit runden grossen Secretionszellen — Laabzellen — erfüllte Drüsen. — Der Magensaft ist eine dünne, klare, farblose, saure Flüssigkeit, die sich im Magen mit dem Magenschleim mischt. Ihre specifischen Bestandtheile sind: a. freie Salzsäure;

diese kann, ohne die Wirkung des Magensaftes zu beeinträchtigen, durch Milchsäure ersetzt werden, welche sich stets bei der Verdauung im Magen bildet (Cap. IV.); — b. ein Eiweisskörperveränderndes Ferment (p. 36), das Pepsin. — Das Pepsin hat in saurer Lösung die Eigenschaft, geronnene Eiweisskörper bei der Körpertemperatur schnell zu lösen; die Lösung erfolgt unter Aufquellung, am schnellsten bei einem Säuregrad, welcher auch für sich am schnellsten aufquellend wirkt (z. B. für Ochsenfibrin 0,8—1 grm. HCl im Liter, Brücke); bei gleichem Säuregrad aber um so schneller, je mehr Pepsin vorhanden ist, bis zu einem gewissen Maximalgehalt, über welchen hinaus die Lösung nicht mehr beschleunigt wird. Dieselbe Menge Pepsin vermag bei fortwährendem Ersatz der verbrauchten Säure immer neue Eiweissmengen zu lösen. — Die Veränderungen, welche die Eiweisskörper durch die Lösung erfahren, sind noch wenig bekannt. In der ersten Zeit scheinen sie noch ziemlich ihre ursprünglichen Eigenschaften zu behalten; sie sind durch Hitze (vorausgesetzt, dass sie nicht vor der Einwirkung des Magensafts durch Hitze coagulirt waren, in welchem Falle das Aufquellen und die Lösung überhaupt langsamer geschieht), ferner durch Neutralisation mit Alkalien, fällbar; nach längerer Zeit aber verlieren sie die Eigenschaft durch Hitze, Alkohol, Mineralsäuren und gewisse Metallsalze gefällt zu werden, und heissen in diesem Zustande „Peptone." Die Peptone haben ferner ein weit geringeres endosmotisches Aequivalent, als gewöhnliche Eiweisskörperlösungen (Funke). Auch gelöste Eiweisskörper erleiden durch Magensaft dieselbe Umwandlung. Ferner wird auch Leim durch Magensaft gelöst, wie es scheint aber ohne Mitwirkung des Pepins nur durch die Säure (Mulder). — Die Wirkungsfähigkeit des Magensaftes wird durch die Einflüsse aufgehoben, welche überhaupt den Fermenten ihre Wirksamkeit nehmen (Kochen, concentrirte Säuren, viele Metallsalze, starker Alkohol, u. s. w.). Concentrirte Salzlösungen verzögern die Auflösung, indem sie die Quellung des Eiweisskörpers verhindern; ebenso wird die Lösung verzögert, wenn man durch Einschnüren des Gerinnsels dessen Quellung verhindert. Auch die Galle verhindert die Auflösung, (abgesehen von der Neutralisation der Säure) dadurch, dass sie die Eiweisskörper zum Schrumpfen bringt und das Pepsin fällt (Brücke), auch die Peptone (Bernard). — Alkalialbuminatlösungen (p. 33) werden durch die Säure des Magensaftes vor der Auflösung gefällt, z. B. das Casein (p. 34) der Milch. — Vgl. auch das 4. Capitel.

Natürlichen Magensaft gewinnt man aus pathologischen oder bei Thieren aus künstlich angelegten Magenfisteln; ferner auch dadurch, dass man Schwämme, die an Fäden befestigt sind, verschlucken lässt und nach einiger Zeit wieder herauszieht. Künstlichen Magensaft bereitet man durch Infundiren frischer oder getrockneter Magenschleimhäute mit Wasser und Zusatz von Salzsäure (0,1 %), oder auch durch Auflösung von rein dargestelltem Pepsin (über die Methode s. p. 36) in Wasser und Säure. — Die Salzsäure kann ausser durch Milchsäure (welche bei gleicher Menge schwächer wirkt), auch durch Oxalsäure, Phosphorsäure, Essigsäure mit abnehmender Wirksamkeit ersetzt werden. — Nach einer Hypothese ist das Pepsin im natürlichen Magensaft mit der Salzsäure gepaart („Chlorpepsinwasserstoffsäure" C. Schmidt).

Secretion.

Ueber die Absonderung des Magensaftes ist Folgendes bekannt (Brücke): Das Pepsin wird in den Laabzellen gebildet, aus welchen es durch Wasser in neutraler Lösung erhalten, viel leichter aber durch verdünnte Salzsäure ausgezogen werden kann. Vermuthlich wird es auch im Leben durch eine saure Flüssigkeit aus den Zellen extrahirt. Trotzdem lässt sich in den Drüsen selbst nur in den wenigsten Fällen saure Reaction nachweisen, während die Magenoberfläche der Schleimhaut mit stark saurem Magensaft bedeckt ist. [Die Reaction lässt sich mit Lacmuspapier prüfen oder (Bernard) durch Injection von milchsaurem Eisenoxyd und Ferrocyankalium in's Blut; es bildet sich dann im Körper nur da eine blaue Färbung von Berlinerblau, wo saure Reaction herrscht; hier also findet sich die Schleimhautoberfläche blau, die Drüsenschicht aber nicht.] Dennoch wird die Säure in den Drüsen gebildet; denn wenn man die Schleimhautoberfläche durch Magnesia usta neutralisirt, dann die Schleimhaut mit Wasser zerreibt und stehen lässt, so findet sich nach längerer Zeit wieder saure Reaction. Auch findet sich in der Schleimhaut ein Metalloxyde reducirender Körper (Zucker?), dem man leicht Milchsäurebildung zuschreiben kann. Man muss also annehmen, dass die Laabdrüsen das Pepsin und eine Säure bilden, letztere aber (mit Pepsin beladen) sofort an die Oberfläche entleeren; die Kräfte, welche dies bewirken, sind räthselhaft, ebenso die Entstehung freier Salzsäure, da man kaum annehmen kann, dass sie etwa durch Milchsäure aus einem Salze verdrängt wird (vielleicht aus Chlorcalcium, Smith); man ist geneigt, hypothetisch beides einem electrolytischen Vorgange unter dem Einfluss der Nerven zuzuschreiben (Brücke).

Auch die Secretion des Magensaftes scheint nur unter nervösen Einflüssen, ebenfalls reflectorisch (vgl. Speichel), zu erfolgen. Sie stockt, wenn der Magen leer ist, tritt aber ein, wenn er mit mechanisch reizenden Stoffen (Nahrung) erfüllt ist, wahrscheinlich auch bei Reizung der Mundschleimhaut. Die Secretion ist unabhängig von der Integrität der von Aussen zum Magen tretenden Nerven (Vagi etc.); die Centralorgane eines Theiles der secretorischen Nerven hat man also in den Magenwänden selbst zu suchen (Brücke, Ravitsch). Mit der Secretion tritt eine Röthung der Schleimhaut, also eine Erweiterung ihrer Gefässe ein.

Der abgesonderte Magensaft wird im Darme vermuthlich grossentheils wieder resorbirt (s. Cap. IV.). Man findet daher geringe Mengen von Pepsin in verschiedenen Körperflüssigkeiten, z. B. im Parenchymsaft der Muskeln, im Urin (Brücke). Die Säure des Magensaftes wird durch die alkalischen Darmsecrete neutralisirt. Ueber die secernirten Mengen existiren weder brauchbare Bestimmungen noch Schätzungen.

4. Galle.

Die Galle ist eine neutrale oder schwach alkalische, meist dickflüssige, bittere Flüssigkeit von gelber, brauner, grüner bis schwarzer Farbe. Ihre specifischen Bestandtheile sind (ausser dem aus der Gallenblase und den Gallengängen stammenden Schleim): 1. die Natronsalze zweier gepaarten Säuren (sog. „Gallensäuren") nämlich: Glycocholsäure (auch „Cholsäure" genannt) und Taurocholsäure (auch „Choleïnsäure"). Erstere ist gepaart aus dem stickstoffhaltigen Glycin (p. 28) und der stickstofflosen Cholalsäure (p. 23); letztere aus dem stickstoff- und schwefelhaltigen Taurin (p. 29) und ebenfalls Cholalsäure; 2. Cholesterin (p. 24), gelöst durch die gallensauren Salze; 3. Zersetzungsproducte von Protagon, nämlich Cholin (Neurin, p. 32) und Glycerinphosphorsäure (p. 26); 4. Farbstoffe; namentlich ein rothgelber, Bilirubin (Cholepyrrhin, Bilifulvin) und ein grüner, vielleicht erst secundär entstehender, Biliverdin (p. 31); 5. geringe Mengen von Fetten und Seifen.

Galle gewinnt man leicht aus der Gallenblase nach dem Tode; während des Lebens bei Thieren durch angelegte Gallenfisteln, die zugleich zur Bestimmung der in bestimmten Zeiten gebildeten Mengen dienen können. — Die Farbe der Galle variirt sehr im physiologischen, noch mehr im pathologischen Zustande und bei verschiedenen Thieren; an der Luft wird gelbe Galle grün durch Oxydation des Bilirubins zu Biliverdin; die der Pflanzenfresser ist bereits in der Blase grün. — Die gallensauren Salze lassen sich leicht durch Eindampfen der Galle, Extraction mit Alkohol, Entfärbung der Flüssigkeit durch Thierkohle und Zusatz von Aether als harziger, beim Aufbewahren in der alkoholisch-ätherischen Flüssigkeit krystallinisch werdender Niederschlag gewinnen („krystallisirte Galle"). — Die beiden Gallensäuren sind in verschiedenen Verhältnissen gemengt; beim Menschen, bei Amphibien und Fischen überwiegt die Taurocholsäure, ebenso bei vielen Säugethieren und Vögeln; bei anderen (z. B. beim Schwein, Känguruh) die Glycocholsäure. Die in den Gallensäuren enthaltene Cholalsäure wird bei verchiedenen Thieren durch verwandte Säuren ersetzt (p. 23), z. B. durch die Chenocholalsäure bei der Gans, durch die Hyocholalsäure beim Schwein, Guanogallensaure im Guano, und die Säuren führen demnach verschiedene Namen (Taurochenocholsäure, Hyoglycocholsäure). Die Polarisationsebene drehen die Gallensäuren nach rechts, Cholesterin nach links (F. HOPPE).

Secretion.

Die Bildung der Galle geschieht in den sogenannten Inseln (Acini) der Leber; jede derselben erhält, wie die Leber im Ganzen, arterielles Blut (durch die Leberarterie) und venöses, aus den Capillaren des Magens, des Darmes, des Pancreas und der Milz stammendes, (durch die Pfortader) zugeführt, und giebt an die Lebervenen venöses Blut ab. Die an der Peripherie des Acinus liegenden Endzweigchen der Pfortader (Vv. interlobulares) und der Arterie*) sind mit den vom Centrum abgehenden Anfangszweigen der Lebervenen (Vv. intralobulares) durch ein dichtes den Acinus durchflechtendes Capillarnetz verbunden, dessen Maschen dem Anschein nach die grossen, rundlichen Drüsenzellen der Leber dicht erfüllen. Diese sind so angeordnet (HERING), dass sie (oft nur zu zwei in einem Querschnitt) die Wand der feinsten Gallencanälchen bilden; letztere münden in ein die Acini umspinnendes (interlobuläres) Netzwerk, aus dem der Ductus hepaticus hervorgeht, welcher nachdem er einen Seitenast (Ductus cysticus) zu einem Reservoir (Gallenblase) abgesandt, als Ductus choledochus in das Duodenum mündet. Das Pfortaderblut, welches bereits ein Capillarsystem durchlaufen hat, und sich nun noch einmal auf einen enormen Gefässquerschnitt vertheilt, muss in den Lebercapillaren ausserordentlich langsam fliessen.

Die Bildung der Galle geschieht fortwährend; wie es scheint wird das Secret ausser der Verdauungszeit durch den Ductus cysticus in die Gallenblase gebracht und hier aufbewahrt, während der Verdauung aber sowohl direct, als aus der Gallenblase in den Darm ergossen. Die Bildung der specifischen Bestandtheile geschieht in den Leberzellen; dass sie nicht einfach aus dem Blute abgeschieden werden, wird dadurch bewiesen, dass sie weder für gewöhnlich, noch bei behinderter Absonderung (nach Exstirpation

---

*) Nicht alle Zweige der Art. hepatica gehen direct in die Vv. interlob. über, sondern ein Theil erst, nachdem sie das Bindegewebe, die Gallengänge und die grösseren Gefässe mit Blut versorgt haben.

der Leber) in dem der Leber zuströmenden Blute zu finden sind (dagegen treten sie in's Blut über, wenn der Ausfluss der Galle aus der Leber, etwa durch Verschliessung des Ausführungsganges, behindert ist, und dadurch der Druck in den Gallengängen zunimmt; schon ein sehr geringer Druck genügt um den Rücktritt in's Blut zu bewirken; es zeigen sich dann Gallenfarbstoff, Cholalsäure, Glyco- und Taurocholsäure [F. Hoppe-Seyler] im Urin, und ersterer färbt den Harn braun, Haut und Schleimhäute gelb — Gelbsucht). Von welcher der beiden in die Leber gelangenden Blutarten das Material zur Gallenbereitung vorzugsweise geliefert wird, ist ungewiss; nach den Einen (Oré, Frerichs, u. A.) hebt die Unterbindung oder Obliteration (Kottmeyer) der Leberarterie die Gallensecretion auf, nicht aber die der Pfortader, neuere Untersuchungen (Schiff) gaben ein entgegengesetztes Resultat. Injection der Pfortader mit färbenden Stoffen färbt nur die Peripherie, Injection der Lebervenen nur das Centrum des Acinus, so dass eine Betheiligung beider Gefässe an der Secretion wahrscheinlich ist (Chrzonszczewsky & Kühne). Ebenso haben die vergleichenden Untersuchungen des in die Leber gelangenden und aus ihr kommenden Blutes nur ungefähr die Stoffe ermittelt, welche in der Leber zurückgehalten und dort in Gallenbestandtheile umgewandelt werden. Die Untersuchungen des Pfortader- und Lebervenenblutes ergaben, abgesehen von dem Auftreten des Zuckers im letzteren (s. Cap. VI.), dass das Lebervenenblut ärmer an Wasser, Eiweiss, Faserstoff, Fetten, Blutfarbstoff und Salzen (dagegen reicher an Blutkörperchen s. Cap. VI.) ist, als das Pfortaderblut, das namentlich nach der Verdauung sehr reich an Fetten ist (Lehmann, C. Schmidt). Dass lebhafte Oxydation bei der Lebersecretion vorgeht, beweist die hohe Temperatur der Drüse und des Lebervenenblutes; man ist daher geneigt, anzunehmen, dass aus dem Blute der Lebercapillaren Wasser, Salze, Eiweisskörper und auf unbekannte Weise Fette und Blutfarbstoff austreten und durch Oxydation aus Eiweisskörpern Glycin, Taurin, Glycogen (?), aus Fetten Cholalsäure, Cholesterin und Zucker (?), aus Blutfarbstoff Gallenfarbstoffe entstehen. Am sichersten nachgewiesen ist die Bildung des Gallenfarbstoffs aus Blutfarbstoff und zwar: 1. durch die Identität des Bilirubins mit Hämatoïdin (Virchow, Valentin, Jaffe); aus dem Bilirubin entsteht weiter durch Behandlung mit Sauerstoff Biliverdin (Heintz); 2. durch das Auftreten von Gallenfarbstoff im Urin, sobald freier Blutfarbstoff im Blute vorhanden ist, z. B. nach Zerstörung von Blutkörperchen durch Wasserinjection (M. HERRMANN), oder durch Injection von gallensauren Salzen (KÜHNE), welche die Blutkörperchen auflösen (p. 42) (vielleicht geschieht ähnliches in der Leber; KÜHNE).

Die Entstehung von Cholalsäure und Zucker aus Fetten soll nach verschiedenen Hypothesen so stattfinden, dass das Glycerin den Zucker, die Fettsäure aber die Cholalsäure liefert, Vorgänge, welche bisher durch Nichts bewiesen sind. In Rücksicht auf den Protagongehalt der rothen Blutkörperchen (p. 43) und den höchst wahrscheinlichen Untergang rother Blutkörperchen in der Leber (Cap. VI.) ist die Möglichkeit einer Entstehung von Cholalsäure und Cholesterin aus Protagon in's Auge zu fassen. — Das in der Leber entstehende Glycin kann sich statt mit Cholalsäure auch mit andern Säuren, z. B. mit Benzoësäure zu Hippursäure, paaren (vgl. p. 39).

Die nicht genau bestimmbare Menge der secernirten Galle schwankt (von LUDWIG nach anderen Angaben berechnet) ungefähr zwischen 160 und 1200 grm. in 24 Stunden; sie ist von der Nahrung in hohem Grade abhängig, wird gesteigert durch Wassertrinken (wobei sie wasserreicher ist), ferner durch Fleischkost, weniger durch Vegetabilien, gar nicht durch Fettgenuss; sehr verringert wird sie beim Hungern. Das Maximum der Secretion fällt mehrere Stunden nach der Nahrungsaufnahme, um so später, je reichlicher die Mahlzeit war (BÉCHAMP). Nervöse Einflüsse auf die Gallenbildung sind noch nicht bekannt.

Auch ungewöhnliche Stoffe finden sich in der Galle, wenn sie mit der Nahrung aufgenommen sind; namentlich sollen schwere Metalle in die Leber und Galle übergehen; Kupfer und Blei finden sich ziemlich regelmässig in der Leber (vgl. jedoch p. 15).

Ueber die Beziehungen der Gallensecretion zur Glycogenie der Leber s. Cap. VI.

Ausscheidung.

Die Entfernung der gebildeten Galle aus der Leber geschieht vermuthlich durch das mechanische Nachrücken des Secrets, unterstützt durch die Compression der Leber bei der Inspiration (Cap. V.; die aus Fisteln ausfliessenden Gallenmengen vermindern sich daher bei der verlangsamten Respiration nach Vagusdurchschneidung, HEIDENHAIN); die Entleerung der Gallenblase aber und der grossen Gallengänge geschicht wahrscheinlich durch eine gleichzeitig mit den Darmbewegungen eintretende Contraction ihrer glatten Muskelfasern.

Da Thiere mit Gallenfisteln schnell abmagern, wenn man sie

an dem Auflecken der ausfliessenden Galle hindert, so vermuthete man, dass der grösste Theil der Galle im Darme wieder resorbirt werden müsse; weder aber sind die weiteren Schicksale der resorbirten Gallenstoffe bekannt, noch andere Möglichkeiten, welche die Abmagerung nach Entfernung der secernirten Galle erklären können, genügend ausgeschlossen. Dagegen finden sich sämmtliche Gallenstoffe in beträchtlichen Mengen im Koth, nämlich Gallenfarbstoffe, welche den Koth färben, Gallensäuren, Schleim, Cholesterin, u. s. w. Die Gallensäuren erleiden im unteren Theile des Darmrohrs eine Spaltung (vgl. Cap. IV.), namentlich die Taurocholsäure, so dass man in den Faeces Glycocholsäure, Cholalsäure und ferner deren Anhydride, Choloïdinsäure und Dyslysin (p. 23) findet (Hoppe-Seyler). Die Resorption specifischer Gallenbestandtheile ist daher noch zweifelhaft.

Abweichend von allen übrigen Secreten für den Verdauungsapparat hat die Galle für die eigentliche Verdauung (d. h. Vorbereitung der Nahrung für die Resorption) wahrscheinlich keine Bedeutung; eine allenfalls dahin zu zählende Eigenschaft, nämlich: Fette in Emulsion zu bringen, theilt sie mit andern Secreten, die sie in weit höherem Grade besitzen (pancreatischer Saft, Darmsaft). Peptonlösungen werden durch Galle gefällt, ein Umstand, dessen Bedeutug im nächsten Capitel erörtert werden wird. Die physiologische Bedeutung der Galle scheint hauptsächlich der Resorption und zwar der Fette (Cap. IV.) zu gelten. Galle (und gallensaure Salze) macht nämlich sowohl die Filtration von Fetten durch Membranen unter geringem Druck, als auch die Diffusion zwischen Fetten und wässrigen Lösungen möglich (v. Wistinghausen), wahrscheinlich weil sie als seifenartige Lösung die gleichzeitige Imbibition beider (eine Bedingung der Diffusion, p. 76) gestattet; sie erleichtert ferner den Durchgang von Fetten durch enge (capillare) Röhren. — Auch soll die Galle die Contraction der Zottenmuskelfasern (Cap. IV.) anregen (Schiff) und auch dadurch die Fettabsorption befördern. — Ausserdem scheint sie eine faulige Zersetzung des Darminhalts zu verhindern.

Dem entsprechend sieht man, wenn die Galle durch eine Fistel nach aussen geleitet wird, keine wesentliche Verdauungsstörung, sondern nur 1. Hinderung der Fettaufnahme (Fettgehalt des Kothes, und fettarmen Chylus), 2. ungefärbten, sehr übelriechenden, harten Koth, 3. zuweilen grosse Gefrässigkeit des Thieres; man erklärt sie durch den bedeutenden Verlust an Gallenbestandtheilen, die im Darme sonst wieder resorbirt werden (s. oben); 4. die mangelnde Fettaufnahme ersetzt das Thier durch vermehrten Genuss von Kohlenhydraten (Cap. VII.).

5. Pancreatischer Saft.

Der pancreatische Saft oder Bauchspeichel, welcher in der acinösen, den Speicheldrüsen sehr ähnlichen Pancreasdrüse abgesondert wird, ist eine stark alkalische, klare, sehr zähe, farblose, in der Hitze gerinnende Flüssigkeit. Ihre specifischen Bestandtheile sind: 1. Mehrere in der Hitze gerinnende Eiweisskörper, welche vom Albumin sich nur wenig unterscheiden und denen man bisher die fermentartigen Eigenschaften des Secrets zuschrieb (Pancreatin). Neuere Untersuchungen (Danilewsky) haben indess gezeigt, dass die Fermente des Pancreassecrets besondere Körper sind. — 2. Mehrere von einander trennbare fermentartig wirkende Köper: a. ein Stärke in Zucker umwandelnder, b. ein neutrale Fette emulgirender und zerlegender, c. ein geronnene Eiweisskörper ohne vorheriges Aufquellen lösender (Danilewsky) und zersetzender (Kühne, s. unten). — 3. Leucin und andere Umwandlungsproducte der Eiweissreihe.

Man erhält den pancreatischen Saft durch künstliche Fisteln, und einen künstlichen Pancreassaft durch einen wässrigen Aufguss der Drüsensubstanz.

Der pancreatische Saft hat, vermöge seines Gehalts an Fermenten drei hervorragende Eigenschaften, die ihn für die Verdauung sehr wichtig machen: 1. Gequollene Stärke wandelt er, noch kräftiger als Mundspeichel, in Dextrin und Zucker um (Bernard). — 2. Neutrale Fette zerlegt er sehr schnell so, dass (unter Wasseraufnahme) Glycerin und freie Fettsäure entsteht (vgl. p. 26); letztere verbindet sich zunächst mit dem Alkali des Pancreassaftes zu Seife, der Ueberschuss bewirkt saure Reaction. Der Zerlegung geht eine Emulgirung des Fettes vorauf (Bernard). — 3. Geronnene Eiweisskörper werden durch Pancreassaft aufgelöst, ebenso Leim (Corvisart). Die Auflösung der Eiweisskörper geschieht nur bei alkalischer Reaction (vgl. dagegen den Magensaft), und nicht unter vorherigem Aufquellen (wie im Magensaft), welches sogar verzögernd wirkt (Danilewsky). Die Lösung stimmt in ihren Eigenschaften mit den Peptonlösungen überein (Kühne). Nach einiger Zeit aber wird das Pepton weiter zersetzt (Kühne) unter Auftreten von Leucin, Tyrosin, und unbekannten Extractivstoffen, worunter ein mit Chlor sich violettfärbender Körper. Diese Processe haben nicht den Character der Fäulniss.

Der Leucingehalt des Pancreassaftes rührt jedenfalls von der Wirkung des Saftes auf sein eigenes Eiweiss her; ebenso die röthliche Färbung des Pancreas mit Chlor (TIEDEMANN & GMELIN). — Es ist bemerkenswerth, dass alle hier genannten Wirkungen des Pancreas dieselben sind, welche sich auch durch Kochen mit Mineralsäuren hervorrufen lassen (vgl. p. 35. Anm.).

Secretion.

Die Absonderung des Pancreassafts geschieht wahrscheinlich nie ohne Nervenreiz (wie die des Speichels); sie ist für gewöhnlich sehr schwach, nimmt aber bei der Verdauung stark zu. Dass auch hier die specifischen Bestandtheile in den Drüsenzellen gebildet werden, zeigt: 1. die Wirksamkeit von Aufgüssen der Drüsensubstanz, 2. das Vorhandensein von Zellenfragmenten im Secret (DONDERS); man kann annehmen, dass auch hier die Bestandtheile durch Zerfall der Zellen frei werden. — Mit der verstärkten Absonderung ist stets auch ein verstärkter Blutzufluss, Röthung der Drüse (BERNARD), verbunden. Man kann also eine vasomotorische Einwirkung der Nerven wie bei den Speicheldrüsen vermuthen.

Die auf die Secretion einwirkenden Nerven sind nicht bekannt; sie scheinen von der Magenschleimhaut aus reflectorisch erregt zu werden, ähnlich wie die der Speicheldrüsen von der Mundschleimhaut (LUDWIG); daher gehen Magensaft- und Pancreassecretion meist Hand in Hand (BIDDER und SCHMIDT). Reizung des centralen Vagusendes bringt die Secretion zum Stillstand (LUDWIG).

Die Menge des pancreatischen Saftes lässt sich durch Fisteln nicht genau ermitteln, weil das Pancreas zwei mit einander anastomosirende Ausführungsgänge hat. Von den Schicksalen des Secrets im Darm gilt vermuthlich dasselbe wie vom Speichel und Magensaft.

6. Darmsaft.

Der Darmsaft (Succus entericus) ist das Secret der im ganzen Darmcanal vorkommenden tubulösen LIEBERKÜHN'schen Drüsen (die acinösen BRUNNER'schen Drüsen des Duodenum haben im Bau und Secret viel Aehnlichkeit mit dem Pancreas). Erst in neuster Zeit ist es gelungen, reinen Darmsaft auf folgende Weise zu erhalten (THIRY): Einem Thiere wird ein Stück des Darms vom Reste ab getrennt, aber mit seinem Mesenterium in Verbindung gelassen; die beiden Enden des Restes werden mit einander vereinigt, so dass das Thier mit seinem etwas verkürzten Darm am Leben bleibt. Das resecirte Stück wird am einen Ende verschlossen, das andere in die Bauchwunde eingenäht, durch welche es nun, da seine Ernährung ungestört ist, fortdauernd sein Secret entleert.

Der so gewonnene Saft ist dünflüssig, hellgelb, stark alkalisch, eiweisshaltig. Fermentartige Wirkung äussert er nur auf Fibrin, welches er schnell löst (andre coagulirte Eiweiskörper nicht, Thiry). Näheres über die chemischen Bestandtheile ist noch nicht bekannt.

Die Secretion ruht für gewöhnlich fast gänzlich, wird aber durch mechanische Reizung und schwache Säuren enorm gesteigert (13 grm. auf 100 □ cm. pro Stunde).

Die früheren Angaben, welchen Versuche mit unreinem Darmsaft zu Grunde liegen (gewonnen durch Darmfisteln bei Entziehung der Nahrung, durch Einlegen von Schwämmen, durch Abschluss der übrigen Secrete, die sich in den Darm ergiessen) sind hiernach zu berichtigen. Nach diesen sollte der Darmsaft zähe sein (daher „Darmschleim"), und Stärke in Zucker verwandeln, Fette zerlegen (beides weniger als Pancreassaft) und geronnene Eiweisskörper lösen.

2. Absonderungen für den Athmungsapparat.

Die Lunge kann man nach Bau und Function als eine acinöse Drüse mit gasförmiger Secretion betrachten, deren Ausführungsgang die Trachea ist. Wie im 5. Cap. auseinandergesetzt werden wird, kennt man auch hier noch keineswegs vollständig die Kräfte, welche die Abscheidung des Secrets, der Kohlensäure, bewirken.

Flüssige Absonderungen, Schleim, liefern die zahlreichen Schleimdrüsen der Luftwege vom Naseneingange bis zu den mittleren Bronchien. Dieselben sind acinös und haben Pflasterepithel, die kleinsten jedoch sind mehr tubulös und haben Cylinderepithel. Von ihrer Secretion gilt dasselbe, wie von den Schleimdrüsen des Digestionsapparats (p. 83). Der Schleim wird wie es scheint nur in sehr geringen Mengen secernirt und der Ueberschuss durch später zu erwähnende Vorrichtungen (Cap. V.) herausgeschafft.

3. Harnabsonderung.

Der in den Nieren gebildete Harn ist ein wahres Excret, dessen Entfernung aus dem Organismus nothwendig ist und ohne weitere Benutzung zu anderen Zwecken (vgl. p. 74 über „Excrete") geschieht. Seine Bestimmung ist die Entfernung gewisser Endproducte der Oxydation stickstoffhaltiger Substanzen und ferner des Wasserüberschusses aus dem Organismus. Die Oxydationsproducte werden in Wasser gelöst zugleich mit Salzen ausgeschieden.

Die lange schwebende Frage, ob jene Endproducte vollständig im Blute präformirt sind, oder ob ein Theil von ihnen (der Menge nach) erst in den Nieren gebildet wird, scheint jetzt zu Gunsten der letzteren Ansicht entschieden (s. unten), so dass jene Stoffe wirklich als „specifische Bestandtheile" des Nierensecrets betrachtet werden können.

Der Harn ist eine klare, durchsichtige, in verschiedenen Nüancen gelbe, schwach saure Flüssigkeit von salzigbittrem Geschmack und aromatischem Geruch (spec. Gew. 1,005—1,030). Ein wenig Schleim aus den Schleimdrüsen der Ausführungsgänge („Harnwege") ist ihm beigemischt. Seine specifischen Bestandtheile sind: 1. Harnstoff, das hauptsächlichste Endproduct der Oxydation stickstoffhaltiger Substanzen, zum Theil schon im Blute vorgebildet, zum Theil aber erst in den Nieren entstanden (Oppler, Zalesky); 2. Harnsäure (p. 29), eine niedrigere Oxydationsstufe; 3. eine Reihe noch niedrigerer Oxydationsstufen, die meisten in geringen Mengen, einige (mit * bezeichnet) nicht constant vorkommend: *Allantoin, Xanthin, Hypoxanthin (Sarkin), Kreatinin, Kreatin, Glycin (jedoch nur gepaart mit Benzoësäure als Hippursäure), *Taurin, *Cystin, *Leucin, *Tyrosin; 4. ein oder mehrere Harnfarbstoffe; 5. gewisse unbekannte Stoffe, sog. Extractivstoffe (z. B. der den Geruch bedingende). — Die übrigen Bestandtheile des Urins sind: 1. Wasser; 2. Salze (die gewöhnlichen Blutsalze; ausserdem aber einige, die wahrscheinlich ebenfalls Oxydationsproducte sind, z. B. oxalsaure Salze, schwefelsaure, vielleicht von Oxydation schwefelhaltiger Stoffe, zunächst Taurin, herrührend); 3. geringe Mengen von Zucker (Brücke); 4. Gase: Sauerstoff, Stickstoff, (auffallend viel, Morin), Kohlensäure.

Die Farbe des Harns variirt mit seiner Concentration, sie ist am dunkelsten in dem concentrirten Morgenharn („urina sanguinis"), am hellsten in dem nach reichlichem Getränk gelassenen („urina potus"). — Die saure Reaction rührt meist von dem Gehalt an saurem phosphorsaurem Natron her; zuweilen ist der normale Harn alkalisch, nämlich nach dem Genuss von caustischen, kohlensauren oder pflanzensauren Alkalien (letztere gehen durch Oxydation in kohlensaure über, p. 39). An der Luft nimmt allmählich die saure Reaction zu, durch Zersetzung (Oxydation) der Farb- und Extractivstoffe, wobei freie Milchsäure gebildet wird („saure Gährung"); durch die freie Säure werden die harnsauren Salze zersetzt, und es bildet sich ein Niederschlag (Sediment) der namentlich in Säuren schwerlöslichen Harnsäure. — Nach längerer Zeit (bei höherer Temperatur früher) tritt Fäulniss ein, namentlich ein Zerfall des Harnstoffs in kohlensaures Ammoniak; die Reaction wird jetzt alkalisch („alkalische Gährung"), der Geruch stinkend, und es bilden sich unter Pilz- und Infusorienentwickelung Sedimente von harnsaurem Ammoniak, phosphorsaurer Ammoniak-Magnesia' u. s. w. Das Ferment für diese Zersetzungen ist der dem Harne beigemengte Schleim.

Welche unter den oben genannten specifischen Harnbestandtheilen im Harne besonders vertreten sind, scheint von der Art der Ernährung abzuhängen. Bei den fleischfressenden Säugethieren wiegt wie beim Menschen der Harnstoff bedeutend vor, sehr wenig Harnsäure, keine Hippursäure; bei den Pflanzenfressern wenig Harnstoff, viel Hippursäure, keine Harnsäure; wandelt man gewaltsam die Nahrung um, so ändert sich dem entsprechend auch der Harn. Auch der menschliche Harn ändert nach der Nahrung seine Verhältnisse (s. unten); namentlich mehrt sich beim Genuss von Pflanzenkost, noch mehr aber beim Genuss von Benzoësäure, Zimmtsäure, Bittermandelöl, Chinasäure, vielleicht auch anderen Pflanzenstoffen (s. unten) die Hippursäure, schwindet dagegen bei blosser Fleischkost. Der gleich nach der Entleerung fest werdende Harn der Vögel, beschuppten Amphibien, Insecten, u. s. w. besteht dagegen überwiegend aus harnsauren Salzen.

Die Hippursäure im Harn der Pflanzenfresser bildet sich höchst wahrscheinlich durch Genuss eines der Benzoësäure nahestehenden pflanzlichen Stoffes; das zu ihrer Bildung nöthige Glycin wird der Leber entnommen (Kühne & Hallwachs). Als jener Stoff ist vermuthlich die „Cuticularsubstanz" der Pflanzen zu betrachten, welche der Chinasäure in ihrer Zusammensetzung am nächsten zu stehen scheint (Meissner & Shepard); diejenigen Pflanzentheile, welche keine Cuticularsubstanz besitzen, z. B. die unterirdischen Pflanzentheile, enthülste Getreidekörner, geben keine Hippursäure.

Secretion.

Die absondernden Elemente der Nieren (Näheres über ihre Structur s. in d. histologischen Lehrbüchern) sind die Harnkanälchen und die mit ihnen in Verbindung tretenden Gefässe. Jedes Harnkanälchen endet in der Rindensubstanz der Niere mit einer blasigen Anschwellung (Kapsel, Malpighi'sches Körperchen), in welche ein sog. Glomerulus eingestülpt ist. Der Glomerulus ist ein kleiner Gefässknäuel, entstanden durch Verzweigung und Wiedervereinigung eines feinsten Zweiges der Nierenarterie (Vas afferens). Das aus der Wiedervereinigung hervorgehende, aus der Kapsel austretende Gefäss (Vas efferens) löst sich noch einmal in wahre Capillaren auf, welche die Harnkanälchen, namentlich die gewundenen Anfänge derselben, umspinnen und dann sich zu den Nierenvenenzweigen vereinigen.

Da das Blut in den Glomerulis wegen des im zweiten Capillarsystem gegebenen Hindernisses unter hohem Drucke steht, so muss hier eine starke Filtration in die Kapseln hinein stattfinden; es werden also Wasser und die ächt gelösten Theile der Blutflüssigkeit (Salze, Harnstoff, Zucker u. s. w.) in die Harnkanälchen übergehen. (Unächt gelöste Theile, Eiweiss etc., treten erst unter abnorm erhöhtem Drucke über, p. 76.) Diese sehr verdünnte Lösung tritt nun an den Wänden der Harnkanälchen mit dem Blute, welches sie soeben verlassen hat, und welches durch den Wasserverlust concentrirter geworden ist, in Diffusion, die nothwendig zu einer Rückkehr von Wasser in das Blut führen muss (Ludwig), so dass der Urin concentrirter wird. Jedoch reicht diese physicalische Erklärung der Harnbereitung nicht aus, da in den Nieren selbst Harnstoff gebildet wird; man muss annehmen, dass die aus dem Blute in den Harn übergehenden Extractivstoffe (Kreatin, Kreatinin, u. s. w.) in den Secretionszellen der Nieren, welche die Harnkanälchen auskleiden, und welche sie also passiren müssen, zum grössten Theil zu Harnstoff und Harnsäure oxydirt werden. — In denselben Zellen muss auch der Harnfarbstoff, höchst wahrscheinlich aus Blutfarbstoff, gebildet werden.

Da die Verzweigungen des Vas afferens an der Peripherie des Glomerulus liegen, während das Vas efferens aus dem Innern hervorgeht, so ist der Strom aus ersterem in letzteres begünstigt, ein Rückstrom aber erschwert, da Spannungszunahme in den Zweigen des Vas efferens die Zweige des Vas afferens an die Wand der Kapsel andrücken und verschliessen muss (Ludwig).

Für die Bildung von Harnstoff und Harnsäure in den Nieren selbst (abgesehen von dem eigenen Stoffwechsel ihrer Substanz) sprechen folgende Umstände: 1. der sehr geringe Harnstoffgehalt des Blutes im Vergleich zu dem des Harnes; 2. der auffallend geringe Harnstoffgehalt des Blutes nach Exstirpation beider Nieren, und der sehr bedeutende Harnstoffgehalt nach blosser Unterbindung der Ureteren (wo also nur die Ausscheidung des gebildeten Harnstoffs verhindert, die Bildung aber durch das Dasein der Nieren noch möglich ist); dagegen finden sich in ersterem Falle die niedrigeren Oxydationsproducte (Kreatin, Kreatinin, u. s. w.) sowohl im Blute als in den Muskeln bedeutend vermehrt (Oppler, Zalesky); 3. das Vorkommen von niederen Oxydationsproducten (Taurin, Cystin, etc.) in der Nierensubstanz, ohne dass sie sich, abgesehen von seltenen Fällen, im Harne finden; 4. das Fehlen der Harnsäure und der Hippursäure im Blute (Meissner); 5. die Umwandlung von Kreatin in Harnstoff durch Digestion mit zerriebener Nierensubstanz (Ssubotin). — Dass auch fertig gebildeter Harnstoff aus dem Blute in den Nieren abgeschieden wird, konnte man nur aus der Angabe folgern, dass das Blut der Nierenarterie harnstoffreicher sei, als das der Nierenvene (Picard). Da indess dieser Angabe eine mangelhafte Untersuchungsmethode (v. Recklinghausen) zu Grunde liegt, da ferner nach Nierenexstirpation der

Harnstoffgehalt des Blutes nicht zu-, sondern abnimmt (Bernard & Barreswil, Zalesky), so ist es nicht unmöglich, dass auch der geringe Harnstoffgehalt des Blutes aus den Nieren selbst herstammt.

Nach Exstirpation beider Nieren werden Wasser und stickstoffhaltige Substanzen durch die Magen- und Darmschleimhaut ausgeschieden (Bernard & Barreswil). Magen und Darm füllen sich mit ammoniakalischen Flüssigkeiten, welche zum Theil erbrochen werden, die Verdauung wird bald gestört, endlich erfolgt (durch Vergiftung mit einer stickstoffhaltigen Substanz oder durch Zunahme des Blutdrucks?) plötzlicher Tod.

Die Function der Nieren die wesentlichen Harnbestandtheile zu bilden, nicht bloss mechanisch auszuscheiden, lässt sich am deutlichsten an den Thieren zeigen, welche nicht Harnstoff, sondern hauptsächlich Harnsäure ausscheiden (Zalesky). Während die Nierenexstirpation (bei Schlangen*)) keine Harnsäureanhäufung im Körper bewirkt, zeigt sich nach Unterbindung der Ureteren (bei Vögeln und Schlangen) fast in allen Geweben eine weisse, aus Harnsäure bestehende Incrustation.

Aus den oben angedeuteten Absonderungsverhältnissen ergeben sich folgende Einflüsse auf die Menge des in bestimmter Zeit entleerten Harns und seiner einzelnen Bestandtheile: 1. Die Menge des Harns im Ganzen hängt ab: a. von der Höhe des Blutdrucks in den Glomerulis; b. von dem Gehalte des Blutes an Stoffen von geringem endosmotischen Aequivalent (Wasser, Salze etc.); — denn je grösser ersterer, um so mehr wird in der Zeiteinheit filtriren, und je grösser letzterer, um so weniger wird von den filtrirten Stoffen aus den Harnkanälchen wieder in das Blut zurückdiffundiren, um so grösser wird also in beiden Fällen die Harnmenge sein. — Ad a. Zu den den Druck in den Glomerulis erhöhenden Umständen gehören: 1. Erhöhung des allgemeinen Blutdrucks, also erhöhte Füllung des Gefässsystems (z. B. durch reichlichen Genuss von Wasser, das schnell resorbirt wird); 2. Erhöhung der Spannung im Arteriensystem allein, hervorgebracht durch erhöhte Herzthätigkeit (z. B. nach Vagusdurchschneidung); 3. Erhöhung der Spannung in der Nierenarterie insbesondere (z. B. nach Unterbindung anderer grosser Arterien) oder bloss in den Glomerulis (durch vasomotorische Erweiterung der Vasa afferentia); 4. gehinderter Abfluss aus den Glomerulis nach der Venenseite hin (z. B. durch krankhafte Verengerung der Capillaren oder nach Unterbindung der Nierenvene). Sehr starke Erhöhung des Drucks, bes.

---

*) Bei Vögeln ist wegen der Lage der Nieren deren Expiration mit Erhaltung des Lebens unausführbar.

durch die ad 4. genannten Umstände lässt auch (s. p. 98) die unächt gelösten Theile der Blutflüssigkeit, Eiweiss, fibrinogene Substanz, in den Urin filtriren, die stärkste endlich lässt durch Gefässzerreissung Blut (Blutkörperchen) übertreten. — Entgegengesetzte Einflüsse, namentlich also verminderte Spannung im Arteriensystem, z. B. bei verminderter Herzthätigkeit (Herzkrankheiten), müssen die Urinmenge herabsetzen. — Ad b. Unter den hierher gehörigen Stoffen wird namentlich der Wassergehalt des Blutes auf die Harnmenge den grössten Einfluss haben; in der That hängt die Urinmenge auch von ihm, also von der Menge der Getränke, hauptsächlich ab (durch a. und b. erklärlich). — Die Menge jedes einzelnen Harnbestandtheiles hängt ab: a. von dem Gehalte des Blutes an demselben; es wird aber vermehrt: 1) der Wassergehalt des Blutes: durch Aufnahme von Wasser (in Getränken) und durch verminderte Ausscheidung desselben auf andern Wegen, durch Schweiss und Exspiration (bei niedriger Temperatur); 2) der Salzgehalt: durch vermehrte Aufnahme der Salze in der Nahrung (gewisse durch Oxydation erst im Körper entstehende werden natürlich durch erhöhte Oxydationsvorgänge vermehrt); 3) der Zuckergehalt: durch vermehrte Bildung des Zuckers in der Leber (Cap. VI.), und durch verhinderte Zerstörung (Oxydation) desselben; 4) der Gehalt an Oxydationsproducten stickstoffhaltiger Substanzen (vorläufig abgesehen von den einzelnen, ob Harnstoff, Harnsäure, Kreatin, etc.): durch vermehrte Aufnahme stickstoffhaltiger Nahrungsmittel, also Fleisch, Eier, etc., ferner durch vermehrten Verbrauch derselben (erhöhte Nerventhätigkeit, erhöhte Temperatur, Fieber u. s. w.; Näheres im 8. Cap.); 5) der Kohlensäuregehalt: durch Erhöhung kohlensäurebildender Processe im Körper, bes. durch Muskelbewegung (Morin); — b. von der oxydirenden Thätigkeit der Nieren. Dieser Einfluss trifft von den Bestandtheilen des Urins nur die eben sub 4) berührten, welche (s. oben) in der Niere selbst weiter, und zum grössten Theil zu Harnstoff oxydirt werden, und ausserdem einige Salze, die wahrscheinlich in der Niere selbst erst durch Oxydation entstehen (z. B. schwefelsaure aus Taurin). Je lebhafter die oxydirende Thätigkeit der Niere, um so überwiegender werden voraussichtlich jene Producte in das höchste Oxydationsproduct, Harnstoff, übergeführt; je geringer, um so mehr werden die niedrigeren, zunächst Harnsäure (bes. im Fieber, in der Gicht, etc.) dann Kreatin und Kreatinin (z. B. nach Unterbindung der Ureteren), endlich Leucin, Cystin und ähnliche, bereits krankhafte, neben dem Harnstoff auftreten. Die Gegenwart von Benzoësäure und ähnlichen Stoffen (p. 39) im Blute hält einen entsprechenden Theil der Producte in Form von Glycin von weiterer Oxydation zurück, und führt zu vermehrter Hippursäure-Ausscheidung. Welche Einflüsse die Oxydationsthätigkeit der Niere beherrschen, ist noch unbekannt. Wahrscheinlich sind es zum Theil nervöse, zum Theil vielleicht der Sauerstoffvorrath des Körpers und Blutes. Von den nervösen Einflüssen wird weiter unten im Zusammenhang die Rede sein. Ueber einen Einfluss des Sauerstoffs ist noch Nichts bekannt.

Aus dem eben Gesagten wird man leicht sich die Bedingungen zusammenstellen können, welche die Menge des in bestimmter Zeit entleerten Harnstoffs vermehren. Es sind: 1. vermehrte Urinsecretion überhaupt, gleichgültig aus welcher Ursache; 2. reichliche Fleischkost; 3. erhöhter Verbrauch stickstoffhaltiger Producte (s. d. 7. und 8. Cap.); 4. erhöhte oxydirende Thätigkeit der Nieren.

Ausser den genannten Bestandtheilen enthält der Urin nach dem Genusse gewisser ungewöhnlicher Substanzen, diese oder ihre Oxydationsproducte (vgl. p. 39). Sofern diese Substanzen giftig sind, führt die Nierensecretion eine beständige Entgiftung des Körpers mit sich, welche wenn sie so schnell erfolgt, dass sie mit der Einführung des Giftes in das Blut (z. B. durch Resorption vom Magen aus) gleichen Schritt hält, das Zustandekommen der Vergiftung ganz verhindern kann. Daher sind bei bestehender Nierensecretion gewisse leicht diffundirende Gifte (z. B. Curare) vom Magen aus unwirksam, während dieselben sofort Vergiftung herbeiführen, wenn sie entweder direct in das Blut gebracht oder schnell resorbirt werden (z. B. bei subcutaner Injection) — oder wenn die Nierenthätigkeit (durch Unterbindung der Nierengefässe) unterbrochen wird (L. Hermann). Da wir möglicherweise mit der Nahrung viele so beschaffene schädliche Substanzen häufig geniessen, so ist die Entgiftung des Köpers eine weitere wichtige Function der Nieren.

Die Menge des in 24 Stunden entleerten Urins schwankt beim Erwachsenen (hauptsächlich unter dem Einfluss der Getränkmenge) zwischen 1000 und 2000 Gramm; die Menge des Harnstoffs beträgt durchschnittlich 30, die der Harnsäure 1 Gramm, die der Hippursäure 1—2 Gramm.

Dass ein Einfluss des Nervensystems auf die Nierensecretion vorhanden ist, beweisen die Veränderungen derselben bei Gemüthsbewegungen und Nervenkrankheiten, so wie die Beobachtung, dass die Verletzung einer gewissen Stelle des 4. Hirnventrikels*) die

---

*) Diese Stelle ist nicht dieselbe, deren Verletzung nach Bernard Diabetes, also vermehrte Zuckerbildung und Harnausscheidung, hervorbringt; sie liegt indess dieser sehr nahe.

Harnsecretion vermehrt (BERNARD, DONDERS). Doch ist über Bahnen und Art der Nervenwirkungen nichts Sicheres bekannt.

Die Einwirkung der Nerven geschieht wahrscheinlich (wie bei anderen Secretionen) auf doppeltem Wege: 1. vasomotorisch, den Druck in den Glomerulis und so die Filtration regulirend. In diesem Sinne soll der gereizte Vagus den Blutzufluss erhöhen, so dass die Vene anschwillt und die Secretion zunimmt, der Splanchnicus major dagegen umgekehrt den Zufluss und die Secretion vermindern (BERNARD); 2. die Oxydation, also die Bildung der specifischen Stoffe, regulirend. Hierfür sind noch keine Beobachtungen bekannt. Das Nierenvenenblut ist noch ziemlich sauerstoffhaltig, daher carmoisinroth, wahrscheinlich wegen des sehr schnellen Durchfliessens. Nach BERNARD soll es bei der Vagusreizung zugleich mit der stärkeren Secretion heller, bei der Splanchnicusreizung dunkler sein.

Ausscheidung.

Der secernirte Urin gelangt aus den gewundenen Harnkanälchen in ihre Fortsetzung, die geraden, welche, nach mehrfachen gabeligen Vereinigungen, an der Oberfläche der Nierenpapillen in die Nierenkelche und das Nierenbecken münden. Alle diese Theile sind stets mit Harn gefüllt; ein Rücktritt aus dem Becken in die Kanälchen ist unmöglich, weil jeder erhöhte Druck in jenem die Mündungen dieser zusammendrückt. — Aus den beiden Nierenbecken gelangt der Urin durch die beiden Ureteren in das Reservoir, die Harnblase. Die Bewegung durch die Ureteren kann geschehen: 1. durch das Nachrücken des beständig secernirten Urins; 2. durch die Schwere (da die Blase fast in jeder Körperstellung tiefer liegt, als die Nieren); 3. durch peristaltische Contractionen der Uretermuskeln, welche, wie es scheint, jeden einzelnen in den Ureter gelangten Tropfen, durch fortlaufende Verschliessung des Lumens hinter ihm, hinabdrängen.

In der Blase, welche im leeren Zustande gefaltet ist, sammelt sich der Urin gewöhnlich so lange an, bis sie sich vollständig entfaltet; jede weitere Anfüllung dehnt ihre Wand über ihren natürlichen Umfang aus. Der Rücktritt des Harns in die Ureteren ist durch deren eigenthümliche Einmündungsweise (schiefe Durchbohrung der Blasenwand, so dass ein Druck von innen den Kanal verschliesst), — der Austritt in die Harnröhre durch einen Ring von elastischen Fasern, beim Manne ausserdem durch die Elasticität der Prostata verhindert. Sobald die Spannung des Urins die Elasticität letzterer Gebilde überwindet, so dass ein Tropfen in die Harnröhre gelangt, tritt Drang zur Entleerung der Blase ein; jetzt wird entweder der Verschluss der Blase durch willkürliche

Contraction der die Harnröhre umgebenden Muskeln verstärkt (BUDGE), oder es wird willkürlich die Entleerung der Blase eingeleitet. Diese geschieht durch Contraction der Blasenwandmuskeln (Detrusor urinae), welche allmählich bis zum völligen Verschwinden des Blasenlumens vorrückt, und den ganzen Inhalt durch die Harnröhre nach aussen treibt. Die Harnröhre selbst wird dann noch zuletzt durch die sie umgebenden Muskeln (bes. Bulbocavernosus) entleert. Die Entleerung der Blase wird durch die Bauchpresse (s. Cap. V.) unterstützt. Während des Aufenthalts in der Blase verliert der Urin einen Theil seines Wassers durch Resorption; ferner wird ihm hier sowohl wie in der Harnröhre Schleim aus den zahlreichen Schleimdrüsen beigemengt, welcher zuweilen bereits in der Blase die saure Gährung (p. 97) einleitet.

Die peristaltischen Ureterbewegungen geschehen reflectorisch, da sie nur auf Reizung des Ureter durch eindringenden Harn oder künstliche Reizung hervorgerufen werden; sie laufen stets in der Richtung zur Blase ab. Ihre Centralorgane sind vielleicht zum Theil in im Ureter selbst gelegenen Ganglienzellen, theils in den den Ureter mit Zweigen versorgenden sympathischen Ganglien zu suchen.

Der oben dargelegten Ansicht vom Blasenverschluss steht eine andere, verbreitetere, gegenüber, wonach die Blase durch einen kreisförmigen Schliessmuskel, Sphincter, verschlossen ist, der in einem beständigen vom Nervensytem abhängigen Contractionszustande („Tonus") verharrt (HEIDENHAIN und COLBERG, SAUER). Das Dasein des Sphincter ist indess für den Menschen geleugnet (BARKOW; dagegen behauptet von HEIDENHAIN), und ebenso das Vorhandensein jenes Tonus nach Experimenten an Thieren bestritten worden (L. ROSENTHAL und v. WITTICH).

Die Nerven der Blasenmuskeln will man in das Rückenmark (Lendentheil BUDGE), selbst in das Hirn (KILIAN, VALENTIN) verfolgt haben. Sie können leicht, namentlich von der Blasenschleimhaut und dem Bulb. urethrae aus reflectorisch erregt werden. Daher tritt bei starker Blasenfüllung unwillkürliche Entleerung ein. Bei Rückenmarkdegeneration findet sich häufig Harnretention durch Lähmung des Detrusor.

4. Absonderungen für die Haut.

Ueber die respiratorische Ausscheidung der Haut s. die Hautathmung (Cap. V.).

1. Schweiss.

Der Schweiss ist das Secret der zahlreichen Schweissdrüsen der Haut, tubulöser Drüsen, deren inneres, blindes Ende zu einem Knäuel aufgewickelt ist und meist im Corium, zuweilen im Unterhautbindegewebe liegt, deren äusseres Ende frei auf die Hautoberfläche mündet (die „Poren" der Haut).

Der Schweiss führt im Allgemeinen dieselben Auswurfsstoffe aus dem Körper, wie der Harn, von dem er sich vielleicht nur dadurch unterscheidet, dass er nicht beständig secernirt wird und dass er über die ganze Haut ergossen wird, so dass er noch für den Organismus (als Temperaturregulator) verwerthet werden kann. [Es würden sich die Schweissdrüsen zu den Nieren hiernach morphologisch etwa so verhalten, wie die Schleimdrüsen zu den Speicheldrüsen, die Brunner-schen Drüsen zum Pancreas, die Talgdrüsen zur Milchdrüse.]

Man erhält grössere Mengen Schweiss durch Lagerung des Körpers auf eine geneigte Metallrinne im Dampfbade, oder durch Bekleiden einzelner Körpertheile mit einem luftdicht schliessenden Ueberzuge (Guttapercha), der mit einem Auffangegefäss verbunden ist. Fast stets ist das Gewonnene mit Hauttalg und Epidermisschuppen verunreinigt.

Der Schweiss ist eine anscheinend farblose, klare, sauer reagirende Flüssigkeit von variablem Geruch (nach den Hautstellen). Die Bestandtheile des Schweisses sind: 1. Wasser, 2. die gewöhnlichen Salze, 3. Harnstoff (und vielleicht andere Oxydationsproducte N-haltiger Körper, so nach Favre eine N-haltige Säure, Schweisssäure oder Hidrotsäure), 4. Spuren eines Farbstoffs (Schottin), 5. Fette, 6. verschiedene flüchtige Fettsäuren (Ameisensäure, Essigsäure, Buttersäure, Propionsäure, etc.).

Die Fette überwiegen im Secrete der Schweissdrüsen des äusseren Gehörganges (Ohrenschmalzdrüsen) so bedeutend, dass dasselbe (Ohrenschmalz) mehr dem Hauttalge als dem Schweisse gleicht. — Der Schweiss ist leicht zersetzbar, und zwar trifft die Zersetzung entweder mehr seinen Fettgehalt, in welchem Falle der Geruch nach flüchtigen Säuren und die saure Reaction zunimmt, oder seine N haltigen Bestandtheile, in welchem Falle Ammoniak und alkalische Reaction entsteht.

Secretion.

Die Absonderung des Schweisses geschieht nur unter gewissen Umständen. Sie besteht höchst wahrscheinlich zum Theil in einer Transsudation, zum Theil in eigenthümlicher Thätigkeit der Schweissdrüsenzellen; jedenfalls rührt der Fettgehalt von diesen her, da sie mit Fetttröpfchen gefüllt sind, und um so stärker, je fett- oder fettsäurereicher das Secret ist. Die Absonderung wird befördert: 1. durch Alles was den Druck in den Capillaren der Schweissdrüsen erhöht, also: a. erhöhten Blutdruck im Allgemeinen, z. B. durch reichliche Wasseraufnahme; b. erhöhte Temperatur des Körpers oder der Umgebung, welche die zuführenden Arterien (durch Erschlaffung ihrer Muskeln?) erweitert. Für diesen Fall wird die Schweissabsonderung besonders wichtig, da die Verdunstung des Schweisses dem Körper Wärme entzieht und ihn abkühlt (s. Cap.

IX.). 2. Durch erhöhten Gehalt des Blutes an Schweissbestandtheilen, namentlich Wasser. Reichliches warmes Getränk wirkt daher aus mehrfachen Ursachen schweisstreibend. — Welche Höhe die genannten Einflüsse erreichen müssen, um überhaupt die Secretion einzuleiten, ist nicht bekannt. — Die secernirten Mengen sind natürlich äusserst schwankend. Häufig wird Monate lang kein Schweiss abgesondert, während zu andern Zeiten in einer Stunde bis zu 1600 grm. und mehr geliefert wird (Favre). Am meisten liefern die mit vielen grossen Schweissdrüsen versehenen Hautflächen (Stirn, Achselhöhlen, Fusssohlen, Handteller u. s. w.). — Ueber die Bedeutung der Schweisssecretion für den Gesammtorganismus s. Cap. VI. und IX.

Eine Einwirkung des Nervensystems auf die Schweissbildung ist wegen der bekannten Einflüsse von Gemüthsbewegungen wahrscheinlich. Indessen kennt man weder die Bahnen, noch sind überhaupt Nerven zu den Drüsen verfolgt. Man ist desshalb vorläufig auf die Aufnahme rein vasomotorischer Einflüsse beschränkt. — Wie in den Harn, so gehen auch in den Schweiss genossene Substanzen unzersetzt oder oxydirt über. Nach dem Genuss von Benzoësäure soll sich im Schweisse, wie im Harn, Hippursäure finden (H. Meissner). Auch Indican zeigte sich einmal im Schweisse (Bizio).

2. Hauttalg (Hautsalbe).

Die kleinen acinösen Talgdrüsen der Haut münden fast sämmtlich in Haarbälge; jedoch sind die Bälge an vielen Stellen so klein, dass sie selbst als wandständige Ausstülpungen des Drüsenausführungsganges erscheinen. Die Hauptmasse des Talgsecrets sind verschiedene, bei der Körpertemperatur im normalen Zustande flüssige Fette und Cholesterin; ausserdem aber in geringer Menge die gewöhnlichen Transsudatbestandtheile (Wasser, Salze) und ein Eiweisskörper. Die Absonderung geschieht unzweifelhaft so, dass die specifischen Bestandtheile (Fette) in den Drüsenzellen entstehen, und durch deren Zerfall frei werden. Möglicherweise handelt es sich indess beim Freiwerden der Fetttropfen um einen ähnlichen Contractionsprocess wie in der Milch (s. unten). Man sieht die dem Drüsenlumen nächsten Zellschichten sich mehr und mehr mit Fetttropfen füllen („fettig degeneriren"), bis die innersten ganz davon voll sind; letztere zerfallen fortwährend, und daher sind Zellentrümmer dem Secrete beigemengt. Ein Einfluss des Nervensystems auf die Secretion ist nicht nachgewiesen. — Das Secret erhält zunächst die Haare, dann aber auch die Haut schlüpfrig und glänzend, und hindert das Eindringen von Flüssigkeiten.

Genauere Untersuchungen des Secrets fehlen, da man sich keine grösseren Mengen verschaffen kann, ausser der die Haut der Neugeborenen überziehenden Anhäufung (Vernix caseosa). — Dem Hauttalge gleicht wahrscheinlich das Secret der MEIBOM'schen Drüsen der Augenlider. Dagegen ist das Ohrenschmalz ein Secret von Schweissdrüsen (p. 105), obwohl es auch im Gehörgang (an den Haarbälgen) Talgdrüsen giebt.

Anhang zur Talgsecretion. Milchabsonderung.

Obwohl die Milchabsonderung keine Hautsecretion genannt werden kann, so steht sie doch der Talgsecretion in jeder Beziehung so nahe, dass sie sich an diese am besten anreiht. Die Milchdrüsen lassen sich als sehr vergrösserte, agglomerirte Talgdrüsen, die Milch als ein Hauttalg mit grösserem Gehalt an Transsudatbestandtheilen betrachten.

Jede Milchdrüse besteht aus 15—24 unvollkommen getrennten acinösen Drüsen, jede mit einem Ausführungsgange versehen, der nach einer länglichen reservoirartigen Erweiterung in der Brustwarze mündet. Nur beim Weibe in der Zeit des Geschlechtslebens sind die Drüsen vollkommen entwickelt, und nur in der Zeit von der Niederkunft bis zum Wiedereintritt der Menstruation secerniren sie.

Auch bei Neugebornen, vom 4. bis zum 8. Tage, kommt eine Milchsecretion vor („Hexenmilch"); ebenso, in seltenen Fällen, bei Männern.

Das Secret, die **Milch**, ist eine undurchsichtige, weisse, meist schwach alkalische, häufig aber neutrale oder schwach saure Flüssigkeit von süsslichem Geschmack und eigenthümlichem Geruch; sie ist eine Emulsion von sehr kleinen Fetttröpfchen („Milchkügelchen") in einer klaren Flüssigkeit; ihr spec. Gew. ist 1,008—1,014.

Die Bestandtheile der Milch sind: 1. Wasser, im Mittel 89%; 2. Salze und zwar hauptsächlich Kali-, Kalk-, Phosphorsäure-Verbindungen, auch etwas Eisenoxyd, zusammen i. M. 0,1% (die Salze zeigen eine auffallend ähnliche Mischung mit denen der Blutkörperchen); 3. Milchzucker 4,3%; 4. Albuminate, besonders Casein, 4%, auch etwas Eiweiss (d. h. [p. 34] nur ein kleiner Theil der Albuminate wird durch Hitze, der grösste Theil erst nach Säurezusatz gefällt); 5. Fette (die Glycerinäther der Butin-, Stearin-, Palmitin-, Myristin-, Oleïnsäure u. s. w.), 2,6%; 6. höchstwahrscheinlich Protagon; 7. verschiedene „Extractivstoffe" (darunter Harnstoff (LEFORT); 8. Gase (CO_2, O, N).

Secretion.

Die Absonderung der Milch geht wahrscheinlich so vor sich, dass die specifischen Bestandtheile (Milchzucker, Casein und Fett) in den Drüsenzellen aus Transsudatbestandtheilen gebildet und durch Zerfall derselben oder analoge Processe frei werden. Von den Fetten ist dies direct nachgewiesen; man sieht ganz wie bei den Talgdrüsen, die innersten Zellenlagen sich mit Fett mehr und mehr erfüllen. Entweder zerfallen nun diese Zellen, oder wahrscheinlicher (Stricker, Schwarz) sie entleeren die Fetttröpfchen durch Contractionen (s. unten, Colostrumkörperchen). Die freigewordenen Tröpfchen vertheilen sich in der Flüssigkeit emulsiv. Wie überhaupt Fett in albuminathaltigen Flüssigkeiten, so überziehen sich auch die Milchkügelchen mit einer aus einem Albuminat (Casein?) bestehenden dünnen Haut. Im Beginn der Milchabsonderung, in der Milch der ersten Säugetage, dem sog. „Colostrum", finden sich runde unzerfallene, mit Fetttröpfchen erfüllte Zellen (die Colostrumkörperchen) zuerst allein, dann mehr und mehr, nie aber ganz, durch die gewöhnlichen Milchkügelchen verdrängt. Man bemerkt dass die Colostrumkörperchen contractil sind (Stricker, Schwarz) und Fetttröpfchen aus sich auspressen; es liegt daher nahe anzunehmen, dass dies auch später der Modus der Milchkügelchenbildung ist, dass aber nur im Beginn die Mutterzellen der Milchkügelchen sich selbst ablösen und in die Milch übergehen. — Aus welchen Transsudatbestandtheilen die specifischen gebildet werden, ist nur zu vermuthen; das Casein stammt ohne Zweifel vom Eiweiss des Blutes her, der Milchzucker möglicherweise vom Traubenzucker des Blutes, wenigstens wird er durch Genuss von Kohlenhydraten vermehrt; jedoch sind auch andere Quellen denkbar (Cap. VII.); der Ursprung des Fettes ist ebenso zweifelhaft wie die Fettbildung überhaupt (Cap. VII.); man vermuthet eine Abstammung von Albuminaten (von Casein, Hoppe, s. unten). — Der Secretionsprocess liegt daher noch ganz im Dunkeln, zumal da selbst der Salzgehalt nicht einfach physicalisch zu erklären ist. Auch ein Einfluss des Nervensystems, der unzweifelhaft existirt, scheint zur blossen Milchsecretion nicht erforderlich zu sein, da diese nach Durchschneidung der cerebrospinalen Nerven (beim Menschen der 4.—6. Intercostalnerv; auch mit den Gefässen gelangen [sympathische?] Nerven in die Drüse) fortdauert (Eckhard). Von Einwirkungen auf die Secretion einzelner Bestandtheile kennt man hauptsächlich die der Nahrung: Bei Fleischkost ist der Caseingehalt und der Fettgehalt stärker, als bei Pflanzenkost; bei reichlicher Nahrung überhaupt wächst der Fettgehalt, bei reichlicher Aufnahme von Kohlenhydraten der Zuckergehalt, Fettnahrung erhöht den Fettgehalt nicht. — Ausserdem variirt die Zusammensetzung mit der Dauer der Absonderung, mit den übrigen geschlechtlichen Verrichtungen, u. s. w.

Da die Milch mehrere sehr leicht veränderliche Bestandtheile und höchst wahrscheinlich auch Fermente enthält (welche beim Transsudiren der Milch durch eine Membran, theilweise zurückgehalten werden, F. Hoppe), so erleidet sie sehr bald nach der Entleerung gewisse Veränderungen, die zum Theil auch künstlich angeregt und benutzt werden. Einige dieser Veränderungen sind nachweislich Oxydationen und mit Sauerstoffverbrauch und Kohlensäurebildung verbunden (Hoppe). — Zunächst bildet sich auf der Milch beim Stehen eine Schicht, welche aus emporgestiegenen (ihres Fettgehalts wegen leichteren) Milchkügelchen besteht, der sog. „Rahm". Durch Schlagen („Buttern") der Milch, werden die Hüllmembranen der Kügelchen zum Theil zerrissen und dadurch eine Vereinigung des Fettes bewirkt; man erhält so das Milchfett fast rein als „Butter." (Die zurückbleibende Lösung von Casein, Zucker und Salzen ist die „Buttermilch"; gewöhnlich macht man Butter durch Schlagen des blossen Rahmes.) — Unter den chemischen Veränderungen der Milch stehen obenan die des Milchzuckers und der Fette. Ersterer geht, namentlich bei etwas hoher Temperatur, allmählich in Milchsäuregährung über, die Milch wird sauer und die freie Milchsäure fällt, wie jede freie Säure (p. 33) und wie der Magensaft (p. 87) das gelöste Casein, die Milch gerinnt flockig. Das Gerinnsel, der „Käse", schliesst andere Milchbestandtheile, namentlich die Kügelchen, in sich ein. Die zurückbleibende Zucker- und Salzlözung heisst „Molke". Häufig findet eine geringe Milchsäurebildung bereits in der Drüse statt, so dass die Milch sauer entleert wird. Die Milchsäurebildung bedarf des Sauerstoffzutritts nicht (Hoppe). — Auf Zusatz von Hefe kann die Milch unter Umständen (die wahrscheinlich den Milchzucker in Lactose verwandeln, vgl. p. 25) in alkoholische Gährung übergehen; ein so bereites alkoholisches Getränk ist der „Kumiss" der Tartaren. — Die Fette zersetzen sich ebenfalls beim Stehen der Milch oder der Butter in Glycerin und Fettsäuren (Capryl-, Caprin-, Capron-, Buttersäure). Endlich nimmt beim Stehen der Milch an der Luft unter Sauerstoffaufnahme und Kohlensäureabgabe der Caseingehalt ab, das Alkohol- und Aetherextract zu, wahrscheinlich also entsteht hier Fett durch Oxydation und Spaltung von Albuminaten (Hoppe).

Während der Säugezeit beträgt die 24stündige Milchmenge beider Brüste etwa 1350 grm.

Ausscheidung.

Die Entleerung der Milch aus den flaschenförmigen Reservoirs der Milchgänge geschieht gewöhnlich durch das Saugen des Säuglings, zu dessen Nahrung sie dient, d. h. durch den Luftdruck. Begünstigt wird sie wahrscheinlich durch die glatten Muskelfasern, welche die Gänge und die ganze Drüse umfassen. Ein Theil der Muskeln dient ferner zu der noch nicht genau erforschten

Erection der Warze, welche nach Durchschneidung der cerebrospinalen Nerven der Milchdrüse aufhört (Eckhard).

5. Absonderungen für die Sinnesorgane.

Es handelt sich hier fast durchweg um Schleimdrüsensecretionen, von welchen dasselbe gilt, wie von der des Verdauungsapparats (s. p. 83). Ferner sind bereits erwähnt das Ohrenschmalz (p. 105), und das Secret der Meibom'schen Drüsen. Eine besondere Erwähnung erfordert nur noch die Absonderung der

Thränen.

Sie werden von den acinösen Thränendrüsen secernirt, welche den Schleimdrüsen vollständig analog gebaut sind; auch das Secret kann man als einen ausserordentlich wässrigen Schleim (oder wenn man will: Speichel) betrachten; es besteht überwiegend aus Transsudatbestandtheilen mit kleinen Mengen Mucin und Eiweiss. Es ist klar, farblos, alkalisch, von salzigem Geschmack. Ein Nerveneinfluss (durch den Trigeminus und Patheticus) ist unzweifelhaft vorhanden, wie die vermehrte Absonderung aus psychischen Ursachen und durch reflectorische Reizung (von der Nasenschleimhaut, Conjunctiva und Retina aus) beweist, indess noch nicht genau studirt; vermuthlich ist er im Wesentlichen vasomotorisch.

Die Thränen gelangen durch mehrere Ausführungsgänge in den Conjunctivalsack; über ihre weitere Verwendung und Beförderung s. das 12. Capitel.

Die specifischen Secrete für die Geschlechtsapparate, in welchen morphologische Gebilde das Wesentliche sind, werden erst im 4. Abschnitt besprochen.

VIERTES CAPITEL.

Aufnahme von Stoffen in das Blut, Resorption.

Resorbirte Stoffe.

Die Stoffe, welche in das Blut aufgenommen (resorbirt) werden, sind (p. 13): 1. das Oxydationsmittel, der Sauerstoff, aufgenommen durch die Athmung (Cap. V.); 2. das zu oxydirende oder zum Ersatz unverändert ausgeschiedener Körperbestandtheile dienende Material, die Nahrung; dieselbe unterliegt zuvor gewissen vorbereitenden Einflüssen, welche die Resorption möglich machen, — Verdauung (s. unten); 3. die Producte der Oxydation von Stoffen, die durch Absonderung (Cap. III.) vom Blute an die Körperorgane abgegeben und hier oxydirt worden sind; — diese Producte sind entweder gasförmig (nur die Kohlensäure) oder flüssig; sie sind ferner entweder höchste Oxydationsproducte, die das Blut nur aufnimmt, um sie an andern, dazu geeigneten Stellen aus dem Körper auszuscheiden (Kohlensäure, Glycin, Kreatin, Kreatinin, etc., cf. p. 99), oder sie sind niedrigere, die zwar nicht an Ort und Stelle, wohl aber im Blute selbst, oder nach ihrer Wiederabsonderung an andern Stellen, durch weitere Oxydation wieder verwerthet werden; zu diesen letzteren gehören die meisten sog. „specifischen Bestandtheile" der Absonderungen, seien es nun Parenchymsäfte, Höhlenflüssigkeiten oder freie Secrete; der Unterschied ist nur der, dass die Bestandtheile der ersteren von derselben Stelle in's Blut aufgenommen werden, an der ihre Mutterstoffe es verlassen hatten, während die der freien Secrete an andern Stellen resorbirt werden, nachdem sie in den Kanälen des Körpers kürzere oder längere Wege zurückgelegt haben. 4. Endlich wird auch ein grosser Theil der vom Blute abgesonderten Stoffe unverändert wieder aufgenommen, entweder auf anderem Wege, oder auf demselben, wenn die physicalichen Bedingungen sich unterdess geändert haben; so Wasser, Salze, Eiweiss, kurz sog. Transsudatbestandtheile.

Zur Erläuterung des sub 3 Angeführten diene p. 13 f. — Ad 4. Hierher gehört die Resorption unveränderter Bestandtheile der Parenchymsäfte und Höhlenflüssigkeiten, ferner die Aufsaugung pathologischer Transsudate (Oedemflüssigkeiten, seröse Ergüsse); offenbar wäre diese Resorption unter denselben Bedingungen, unter denen die Ausscheidung erfolgte, und in dieselben Gefässe hinein, undenkbar; es müssen daher entweder andere Bedingungen eintreten, z. B. der Filtrationsdruck des Blutes nachlassen, der ja fortwährend wechselt, oder ein anderer Weg genommen werden, z. B. durch die Lymphgefässe (s. unten). Die unveränderten Bestandtheile wahrer Secrete werden an andern Orten wieder resorbirt.

Resorptionswege.

Die Aufnahme in's Blut geschieht theils direct in die Blutgefäss-Capillaren, theils indirect durch einen Appendix des Blutgefässsystems, die Lymphgefässe. Blut- und Lymphgefäss-Capillaren liegen überall zusammen. Der vom Verdauungsapparat, namentlich vom Darm kommende Theil des Lymphgefässsystems heisst das Chylusgefässsystem.

Das Lymph- und Chylusgefässsystem bildet einen einfach verzweigten Gefässbaum (etwa wie das Venensystem), welcher mit mehreren nicht sehr starken Stämmen, Ductus thoracicus und Truncus lymphaticus communis dexter, in die Halsvenenstämme einmündet. Letzterer sammelt nur die Lymphgefässe der rechten oberen Körperhälfte und der rechten Brusthöhle, der Ductus thoracicus alle übrigen, also auch die Chylusgefässe. Ueber die Anfänge der Lymphgefässe in den Organen sind noch wenig sichere Beobachtungen gemacht. Die Einen halten das geschlossene Netzwerk der Lymphcapillaren (etwas weiter als die Blutcapillaren) für den Ursprung der Lymphgefässe, Andre lassen dasselbe erst aus feinen wandungslosen Räumen in den Geweben entspringen (mit andern Worten: sie nehmen offne Röhren als Ursprung an). In vielen zusammengesetzten Geweben, namentlich in Drüsen, sind die Ursprünge der Lymphgefässe einfach die spaltförmigen Räume zwischen den Blutgefässen und andern Gewebstheilen, z. B. den Drüsencanälchen (Ludwig, Tomsa, Zawarykin, Mac-Gillavry); im Rückenmark umgeben diese Spalten die Blutgefässe (perivasculäre Räume His). Diese Lymphräume scheinen von Epithel ausgekleidet zu sein. Innerhalb der elementaren Gewebe selbst bildet höchstwahrscheinlich das netzförmige Saftcanälchensystem, welches die anastomosirenden Zellen der Bindesubstanzen (Bindegewebe, Knochen, etc.) bilden, oder nach anderer Auffassung: das Saftcanälchennetz, in dessen Knotenpuncten die Protoplasmahaufen der Bindesubstanzen liegen (v. RECKLINGHAUSEN), den Ursprung des Lymphgefässsystems (VIRCHOW). Dieselbe Ungewissheit herrscht über die Ursprünge des Chylusgefässsystems in den Zotten des Dünndarms, kleinen, verschieden, meist kegelförmig gestalteten, dicht nebeneinanderstehenden Hervorstülpungen der Schleimhaut, die der inneren Darmfläche ein sammetartiges Aussehen geben. Diese Zotten sind von dem Cylinderepithel der Darmschleimhaut überzogen und besitzen längsgerichtete glatte Muskelfasern, bei deren Contraction Verkürzung der Zotte und spiralige Faltung ihrer Oberfläche eintritt (BRÜCKE). Die Zotten enthalten nun ausser einem Blutcapillarnetz, auch die fraglichen Anfänge der Chylusgefässe, die mit einem, selten mehreren centralen Stämmchen aus jeder Zotte hervorgehen. Diese Anfänge liegen im weitesten Sinne in den die Zotte bedeckenden Epithelialzellen, da alle aus dem Darm in die Chylusgefässe dringenden Substanzen nothwendig zuerst jene passiren müssen und auch nachweislich passiren (wie man an den Fetttröpfchen beobachten kann, s. unten). Es nehmen nun die Einen eine directe Verbindung jener Epithelialzellen mit den Chylusgefässen an, und zwar durch das Saftcanälchensystem des Bindegewebes der Zotte, welche mit Ausläufern der an ihrer Basis sich verjüngenden Epithelzellen communiciren (HEIDENHAIN); Andere nehmen ein Chyluscapillarsystem in der Zotte an, das aber abgeschlossen ist und nur durch Diffusion mit dem Epithel communiciren kann (E. H. WEBER), Andere endlich leugnen auch die Chyluscapillaren (FUNKE, KÖLLIKER), ja selbst das centrale Chylusgefäss (BRÜCKE, BRUCH), und nehmen eine Fortbewegung durch wandungslose Räume, durch die Maschen des Zottengewebes oder durch Spalträume zwischen Gefässen und andern Gewebsbestandtheilen (BASCH) an. Es sind also für die Chyluswege ziemlich dieselben Ansichten repräsentirt, wie für die Lymphgefässanfänge. — Ebenso streitig ist die Beschaffenheit der Epithelialzellen selbst, welche aus dem Darme nachweislich Körper aufnehmen können, deren Durchgang das Dasein von O e f f n u n g e n voraussetzt (Fetttröpfchen, Pigmentkörnchen, Blutkörperchen, etc.). Jede Zelle hat dem Darmlumen zugewandt eine verdickte, streifige Wand, welche die fraglichen Oeffnungen enthalten muss. Nach den Einen (BRÜCKE) ist diese Wand nur ein Schleimpfropf, die Zellen also offen, nach Andern ist sie (wofür ihr streifiges Aussehen spricht) von feinen Porenkanälchen durchbohrt (KÖLLIKER, WELCKER), oder sie besteht, an Flimmerzellen erinnernd, aus dicht pallisadenartig nebeneinanderstehenden Stäbchen, deren Zwischenräume also die Canäle repräsentiren würden (FUNKE, BRETTAUER und STEINACH, HEIDENHAIN); Andere endlich halten sie für völlig solide ohne Oeffnungen. — Eine von allen übrigen abweichende Angabe (LETZERICH) lässt die in die Chylusgefässe eindringenden Körperchen gewisse offne, z w i s c h e n den Epithelialzellen liegende becherförmige Gebilde durchwandern, welche in der Tiefe mit dem Saftkanälchennetz anastomosiren. — Ueber die in das Lymph- und Chylussystem eingeschalteten D r ü s e n s. unten.

Resorptionskräfte.

Die physicalischen Kräfte, welche eine Aufnahme von Flüssigkeiten in das Blut bewirken können (die Gasaufnahme wird im

5. Cap. behandelt werden), sind für die directe Aufnahme durch die geschlossene Capillarwand wiederum (p. 75) Filtration und Diffusion; erstere wirkt wahrscheinlich nur ausnahmsweise, weil ein höherer Druck als der Blutdruck ausserhalb der Gefässe unter normalen Umständen nicht vorzukommen scheint. Dagegen kommen für die Aufnahme in die noch zweifelhaften Anfänge der Lymph- und Chylusgefässe wahrscheinlich ausserdem andere Kräfte in Betracht; sind sie z. B. offene Röhren, vielleicht Capillarattraction, u. s. w.; möglicherweise kann hier auch die Filtration eine grössere Rolle spielen, da der Druck im Lymphsystem bedeutend geringer ist, als im Blutsystem (Noll). — Welche Substanzen direct in's Blut, und welche durch das Lymphsystem aufgesogen werden, weiss man durchaus nicht. Da man in den Lymph- und Chylusgefässen noch freien Spielraum für Vermuthungen in Bezug auf die Resorptionskräfte hat, so ist man geneigt, Substanzen von sehr grossem endosmotischen Aequivalent oder solche, die gar keiner Diffusion fähig sind, kurz Alles, dessen Resorption durch Blutgefässe dem Anschein nach nur schwer oder gar nicht möglich ist, von Lymph- oder Chylusgefässen resorbiren zu lassen. Dahin gehören namentlich Eiweisslösungen und Fette. Wasser und ächte Lösungen (auch Peptone) werden höchstwahrscheinlich von beiden Gefässarten aufgenommen; auch scheint die Fettresorption nicht auf die Lymphgefässe beschränkt zu sein (dafür spricht der grössere Fettgehalt des das Darmvenenblut enthaltenden Pfortaderblutes, andern Blutarten gegenüber, vgl. jedoch p. 160).

Die Aufnahme von Stoffen mit grossem endosmotischen Aequivalent (z. B. Eiweisslösungen) könnte durch Diffusion in die Blutgefässe nur unter Abgabe enormer Wassermengen geschehen, es müsste also der Darm z. B. ausserordentliche Transsudatmassen enthalten; im Verdauungsapparat wird indessen durch die Umwandlung der Eiweisslösungen in Peptone (vgl. p. 87) das end. Aequivalent namentlich in schwachsaurer Lösung um das Zehnfache und mehr herabgesetzt (Funke), so dass die Aufsaugung durch die Blutgefässe wohl denkbar ist. — Hiernach würde also das Eiweiss der Nahrung als Peptonlösung vorzugsweise von den Blutgefässen, das der Parenchymsäfte dagegen durch die Lymphgefässe resorbirt werden. Die Oxydationsproducte der Parenchymbestandtheile haben fast sämmtlich ein sehr geringes end. Aeq., wodurch natürlich ihre directe Aufnahme in's Blut ausserordentlich befördert wird (Kreatin, Harnstoff etc.).

Resorptionsstätten.

Eine der Hauptaufsaugungsstätten, die hier gesondert zu betrachten ist, ist der Verdauungskanal. Hier werden 1. die

Nahrungsbestandtheile zum Theil resorbirt, nachdem sie die für das Zustandekommen der Resorption erforderlichen Umwandlungen — Verdauung (s. unten) — erlitten haben; neben dieser hauptsächlichen Resorption geschieht aber auch 2. eine Resorption der Secrete des Verdauungsapparats (Schleim, Speichel, Magensaft, pancreatischer Saft, Galle, Darmsaft), nachdem sie ihre Function verrichtet haben, wahrscheinlich zum Theil verändert; gewisse Bestandtheile derselben (Mucin, spec. Gallenbestandtheile p. 93) werden nicht resorbirt, sondern mit dem Koth entleert. — Die bei der Verdauung unten näher zu besprechenden Umwandlungen schaffen aus den zur Resorption ungeeigneten Stoffen, Stärke (Kleister), Eiweissstoffen und Leim, andere von geringem endosmotischen Aequivalent, nämlich Zucker, Peptonlösung, Leimlösung; ebenso aus einem Theil der Fette leicht resorbirbare Seifen (p. 26); die Hauptmasse der Fette verwandeln sie in eine Emulsion. Es sind demnach im Ganzen folgende Stoffe im Verdauungsapparat zu resorbiren: 1. Wasser (theils aus der Nahrung, theils von Verdauungssäften), 2. lösliche Salze (ebenso, zum Theil aus unlöslichen Salzen oder freien Säuren und Basen der Nahrung entstanden, s. unten, Verdauung), 3. Zuckerarten (alle Arten direct aus der Nahrung, Traubenzucker und Milchzucker ausserdem aus der genossenen Stärke), 4. andere lösliche Stoffe der Nahrung oder der Verdauungssäfte (Pepsin u. s. w.), 5. Seifen (aus genossenen Fetten), 6. Peptonlösungen (aus genossenen löslichen und unlöslichen Eiweissstoffen), 7. Leimlösung (aus genossenem Leim und leimgebendem Gewebe), 8. emulgirtes (in feinen Tröpfchen vertheiltes) Fett aus der Nahrung. — Von diesen Stoffen scheinen die 7 ersten Rubriken sowohl von den Blutgefässen, als von den Chylusgefässen resorbirt zu werden, wegen ihres geringen end. Aeq.; wahrscheinlich werden die ächten Lösungen unter ihnen (1—4) überwiegend von den Blutgefässen, oder gleichmässig von beiden, die übrigen aber überwiegend von den Chylusgefässen aufgenommen. Die Aufnahme der Fette dagegen ist wie es scheint fast ausschliesslich Aufgabe der Chylusgefässe.

Die Wege, auf welchem die Fette in diese hineingelangen, sind nach dem p. 113 Angegebenen entweder vollständig ausgebildete Kanäle (Oeffnungen der Zottenepithelien und Bindegewebskanalsystem bis zu dem Chylusgefäss der Zotte, Heidenhain) oder sie werden ganz oder zum Theil erst von den Fetttröpfchen gebildet (p. 113), die man während der Fettverdauung alle Theile der Zotten erfüllen sieht. Sowohl für die erste als für die zweite Möglichkeit ist die Wirkung der Galle, Filtration und Diffusion von Fetten zu befördern (p. 93) ein wichtiges Hülfsmittel. Dennoch sind die Kräfte, welche den Uebergang bewirken, noch ganz räthselhaft; am wahrscheinlichsten ist die Filtration, durch den im Darme herrschenden ziemlich hohen Druck, da der Druck in den Chylusgefässen jedenfalls gering ist; die Contraction der Zotten (s. oben) kann nur die Entleerung ihrer Chylusgefässe nach den Stämmchen zu, nicht aber die Aufnahme von Fett aus dem Darm bewirken, sie soll durch die Galle befördert werden (Schiff).

Die Fettaufnahme durch die Chylusgefässe und die begünstigende Wirkung der Galle sieht man deutlich an dem weissen, milchähnlichen Inhalt jener nach Fettgenuss und aus der Abnahme desselben, wenn der Zutritt der Galle zum Darme durch Verschliessung des Ductus choledochus oder durch Anlegung einer Gallenfistel abgeschnitten ist (p. 93).

Eine zweite, nur ausnahmsweise thätige, aber viel besprochene und deshalb hier zu erwähnende Aufsaugungsstätte ist die äussere Haut. Alle von hier aufgenommenen Stoffe müssen zuerst die Epidermis durchwandern, deren Permeabilität wie es scheint im gewöhnlichen Zustande sehr gering ist, durch verschiedene Mittel aber (warme Bäder etc.) vorübergehend erhöht werden kann. Die Thatsachen über Resorption durch die Haut sind noch zu unsicher um hier eine Stelle finden zu können.

Die Aufsaugung der Parenchymsäfte ist ein noch sehr in Dunkel gehüllter Vorgang. Wie es scheint, werden (abgesehen von der Resorption ächt gelöster Oxydationsproducte, p. 114), auch die unveränderten, eiweisshaltigen Transsudate beständig oder unter Umständen durch die Lymphgefässe aufgesogen, nämlich um so stärker, je stärker die Transsudation, je höher also die Spannung der Parenchymflüssigkeit im Gewebe ist. Wenigstens fliesst aus einem durchschnittenen Lymphgefäss die Lymphe um so stärker aus, je mehr man die Transsudation, durch Erweiterung der zuführenden Arterien (Durchschneidung oder Lähmung der vasomotorischen Nerven), Hemmung des Blutabflusses (Unterbindung der Venen, Compression derselben durch Muskelbewegungen), erhöht (Ludwig, Schwanda); so dass vielleicht die Lymphgefässe als Regulatoren für den Gewebsturgor zu betrachten sind. Den Zustand erhöhter Spannung der Parenchymflüssigkeit, welchem hiernach durch vermehrte Lymphaufsaugung abgeholfen wird, nennt man Oedem.

Schicksale der indirect resorbirten Stoffe.

Es bleibt nun noch übrig, die indirect, durch Chylus- und Lymphgefässe, resorbirten Stoffe auf ihrem Wege bis in's Blut zu verfolgen. Sie legen diesen Weg nicht ohne Weiteres zurück, sondern ihre Mischung wird durch gewisse Organe, die Lymphdrüsen, welche in das Chylus- und Lymphgefässsystem eingeschaltet sind, beträchtlich verändert, und in eine Flüssigkeit umgewandelt, welche dem Blute, in das sie ergossen werden soll, in vieler Hinsicht ähnlich und gleichsam eine Vorstufe desselben ist. Da sich solche Organe nicht bloss im Verlaufe der grösseren Lymphgefässe finden (gewöhnliche Lymphdrüsen), sondern auch ganz dicht an den Anfängen der Chylus- und Lymphgefässe (die sog. „Follikel"), so kann man sich den ursprünglichen, durch die einfache Resorption entstandenen Inhalt der Chylus- und Lymphgefässe nicht verschaffen, man kennt daher nur den veränderten Inhalt, welcher bereits Drüsen passirt hat, den **Chylus** und die **Lymphe**.

Die Follikel, welche man erst in neuerer Zeit als die einfachste Form der Lymphdrüsen erkannt hat, finden sich in grosser Zahl an den Anfängen der Chylus- und der Lymphgefässe. Erstere liegen in der Darmschleimhaut entweder einzeln („solitäre Follikel," im ganzen Darm) oder in Haufen nebeneinander (PEYER'sche Haufen, Plaques" im unteren Theil des Dünndarms); letztere finden sich in vielen Körpertheilen, namentlich in der Schleimhaut der Mundhöhle, des Rachens (auch die Tonsillen sind nur Follikelhaufen), des Magens, der Conjunctiva (Trachomdrüsen), in den Lungen (hier schon lange als kleine Lymphdrüsen beschrieben), in der Milz (MALPIGHI'sche Bläschen) und wahrscheinlich noch an vielen andern Stellen. — Der feinere Bau der Follikel und Lymphdrüsen ist noch nicht sicher festgestellt (s. die histolog. Lehrbb.). Das Wesentliche scheint folgendes: der Follikel enthält Einen, die Lymphdrüse zahlreiche, von Bindegewebsgerüsten gebildete Hohlräume (Lymphräume, Alveolen), welche von einem zarten Fasernetz und von Blutgefässcapillaren durchflochten sind; die Binnenräume sind dicht von farblosen, runden, kernhaltigen Zellen (Lymphzellen) erfüllt. Es scheinen nun diese zellenerfüllten Räume nichts anderes zu sein als ein sehr erweitertes Bindegewebs-Saftcanälchensystem, dessen Grundsubstanz zu dem feinen Fasernetz geschwunden ist. In diese Räume münden entweder die gewöhnlichen Saftcanälchen oder, in den eigentlichen Lymphdrüsen, die Zweige der zuführenden Lymphgefässe, welche in Form von Spalträumen (Lymphsinus) die Alveolen umgeben, und aus den Alveolen gehen die abführenden Lymphgefässe wieder hervor. Es muss also die zugeführte Flüssigkeit die Hohlräume passiren und zwischen den Zellen ihren Weg suchen, wobei sie mit dem in den Capillaren enthaltenen Blut in endosmotischen Verkehr tritt. In den meisten Follikeln sind die zuführenden Gefässchen noch nicht nachgewiesen und werden daher von Manchen geleugnet; diese halten die Follikel für Lymphdrüsenanfänge.

Die **Lymphe** ist eine farblose oder gelblichweisse Flüssigkeit, welche unter dem Microscop sich in ein farbloses Plasma und darin suspendirte kernhaltige Zellen (Lymphkörperchen), feine Fetttröpfchen und Kerne zerlegt; die Lymphkörperchen sind den in den Alveolen der Follikel und Lymphdrüsen enthaltenen Zellen äusserst ähnlich und stammen sicher von diesen her (vor dem Passiren grösserer Lymphdrüsen enthält die Lymphe nur sehr wenige, aus den Follikeln stammende); andrerseits gleichen sie völlig den farblosen Blutkörperchen. Die Lymphe gerinnt spontan, wie das Blut, nur langsamer, sie bildet einen Lymphkuchen und presst ein Lymphserum aus; sie enthält also fibrinogene und fibrinoplastische Substanz (A. Schmidt), jedoch letztere weniger, als das Blut (so dass Zusatz von Blut die Gerinnung beschleunigt, vgl. p. 46). — Die übrigen Bestandtheile sind, ausser dem fehlenden Farbstoff, ganz die des Blutes, also Wasser, Salze, Albuminate, Protagon, Fette, Zucker, Harnstoff, Extractivstoffe. — Der Chylus (schwer rein zu gewinnen, weil er sich in der Cysterna chyli und im Ductus thoracicus mit Lymphe mengt) unterscheidet sich von der Lymphe nur durch seinen enormen Fettgehalt während der Fettverdauung, der ihm ein milchweisses Aussehen giebt; das Fett bildet theils einzelne, theils gehäufte Tröpfchen, grösser als die der Lymphe.

Die Bewegung der Lymphflüssigkeiten zum Blute hin geschieht unter geringem Druck (Noll) und sehr langsam, besonders wegen des bedeutenden Widerstands, den die Lymphdrüsen bieten müssen. Die Kräfte, welche die Bewegung unterhalten, kann man nur vermuthen; wahrscheinlich sind es: 1. dieselben (nach p. 116 noch unbekannten) Kräfte, welche den Inhalt in die Anfänge hineintreiben; sie müssen ein allmähliches Vorrücken des Inhalts bewirken; 2. Contraction der die Lymphgefässe umgebenden Körpermuskeln, die wegen der zahlreichen Klappen derselben den Inhalt, ganz wie den der Venen (p. 63), nach der Mündung zu auspressen; 3. die Aspiration des Thorax (p. 62), da die Mündungen der Hauptstämme, und ausserdem der grösste Theil des Ductus thoracicus, innerhalb der Brusthöhle liegen.

Bei gewissen Thieren, bei Amphibien und einigen Vögeln (Struthionen) wird die Bewegung der Lymphe durch rhythmisch pulsirende Lymphherzen (4 bei den Fröschen, 2 bei den übrigen Amphibien, 1 bei den Straussen) befördert. Ihr nervöses Centralorgan liegt nach den Einen im Rückenmark, nach Andern in ihnen selbst.

Im Blute angelangt mischen sich die Lymphbestandtheile mit denen des Blutes. In welcher Weise sie hier weiter verwerthet und umgewandelt werden, wird im 6. Capitel besprochen.

Vorbereitung der Nahrung für die Resorption, Verdauung.

In dem Verdauungscanal, der vom Munde bis zum After reicht, werden die genossenen, theils festen, theils flüssigen Nahrungsmittel zum Theil direct von den Wänden in die Säfte aufgenommen, zum grössten Theil aber erst nach gewissen mechanischen und chemischen Vorbereitungen. Der Theil der Nahrung, welcher weder der directen Aufnahme noch einer erfolgreichen Vorbereitung zugänglich ist, der „unverdauliche“, wird in Gemeinschaft mit gewissen Bestandtheilen der Darmsecrete als „Koth“ durch den After entleert.

I. CHEMISMUS DER VERDAUUNG.

Die Absonderung und die Eigenschaften der Verdauungssäfte sind im vorigen Capitel besprochen.

Keine wesentlichen chemischen Veränderungen erleiden im Verdauungscanal das Wasser, die unorganischen und die meisten löslichen organischen Bestandtheile der eingeführten Nahrung: diese werden so weit sie schon gelöst waren oder in den Verdauungssecreten löslich sind, unverändert, höchstens, sofern sie freie Säuren und Basen waren, gebunden, an den geeigneten Orten resorbirt (s. p. 115). — Unverändert bleiben ferner gewisse, der Einwirkung der Verdauungssäfte unzugängliche, unlösliche Substanzen, namentlich Cellulose, Horngewebe, elastisches Gewebe, — und auch von löslichen die Theile, welche wegen zu grosser Masse oder zu dichter Beschaffenheit nicht vollständig gelöst werden können. Dies Alles wird, in Verbindung mit gewissen Bestandtheilen der Verdauungssäfte, als Koth durch den After entleert. — Die verschluckte Luft giebt im Verdauungscanal ihren Sauerstoff ab und empfängt dafür Kohlensäure (Cap. V.), so dass im Dickdarm hauptsächlich Stickstoff und Kohlensäure vorhanden sind. — Die eigentlichen chemischen Veränderungen betreffen gewisse unlösliche oder zwar gelöste aber schwer diffundirbare organische Stoffe, die zu den wichtigsten Nahrungsmitteln gehören: nämlich Kohlenhydrate (nam. Stärke), Eiweissstoffe (Eiweiss, Fibrin, Muskelsubstanz, Casein u. s. w.) besonders in ihren unlöslichen Modificationen, Leim und Fette. Diese Substanzen müssen in eine zur Resorption geeignete Form umgewandelt werden.

Die pflanzenfressenden Thiere scheinen auch zur Verdauung der Cellulose Einrichtungen zu besitzen; vermuthlich wandeln sie dieselbe in Zucker um. Man schliesst eine Verdauung von Cellulose aus der grossen Menge derselben in der pflanzlichen Nahrung und aus dem geringen Gehalt der letzteren an andern Nahrungsstoffen, welcher kaum hinreichen kann die Ernährung zu unterhalten. — Auch die Cuticularsubstanzen, welche zur Hippursäurebildung führen sollen (p. 98), müssten von den Pflanzenfressern verdaut werden, während sie für Fleischfresser und den Menschen unverdaulich sind.

In der Mundhöhle werden die Speisen mit dem alkalischen Mundspeichel, d. h. einer Mischung von Parotiden-, Submaxillar- und Sublingualspeichel mit Mundschleim, gemengt. Diese Mischung verhält sich 1) als Lösungsmittel für lösliche aber noch ungelöste Bestandtheile der Nahrung (z. B. Salze, Zucker), 2) wandelt sie die in der Nahrung enthaltene Stärke (gequollen: „Kleister") in Dextrin und Traubenzucker um. Diese Umwandlung beginnt schon im Munde und wird im Magen fortgesetzt, wenn nicht zu grosse Säuremengen sie hindern (s. p. 84).

Im Magen geschieht 1) eine innige Mischung der Nahrungstheile unter einander und mit den Secreten der Magendrüsen: Schleim und Magensaft. Da letzterer sauer reagirt, so wird das vorher alkalische Gemisch meist neutralisirt und angesäuert; vieles vorher Ungelöste wird hier noch gelöst, namentlich Salze, die nur durch Säuren gelöst werden können, z. B. kohlensaure und phosphorsaure Erden. 2) Die Umwandlung der gequollenen Stärke in Zucker wird durch den verschluckten Speichel fortgesetzt, so lange die Reaction nicht zu stark sauer ist. 3) Die Hauptveränderung im Magen betrifft die Eiweisskörper. Fibrin, Muskelsubstanz gelangen fast stets in unlöslicher Modification in den Magen, Albumin bald in löslicher, bald in unlöslicher (z. B. gekochtes Eiereiweiss), Casein ebenso (gelöst in der Milch, ungelöst im Käse); doch wird auch das gelöste Casein sofort nach dem Eintritt in den Magen durch den Magensaft gefällt (p. 87). Ausser dem löslichen Eiweiss hat es daher der Magen im Allgemeinen mit ungelösten Eiweisskörpern zu thun. Durch die Einwirkung der Säure quellen dieselben im Magen auf und werden dann durch das Pepsin des Magensaftes gelöst, und in „Peptone" (p. 87) umgewandelt. Auch der Leim und die leimgebenden Gewebe (Bindegewebe, Knochenstroma) werden im Magen aufgelöst. — Ob die Aufenthaltszeit der Speisen im Magen genügt diese Umwandlungen zu vollenden, ist nicht bekannt, jedenfalls gehen bei reichlichem Genuss Quantitäten von unveränderter Stärke und ungelösten Eiweisskörpern in den

Darm über. — Die Masse bildet beim Uebergang in den Darm einen meist sauren Brei, den **Chymus**.

Die natürliche Verdauung im Magen hat man beobachtet: bei Menschen durch zufällig vorkommende Magenfisteln (BEAUMONT, BIDDER und SCHMIDT); bei Thieren durch künstlich angelegte Magenfisteln, oder durch Wiederherausziehen der Nahrung, die man, in ein an einem Faden befestigtes Tüllsäckchen gehüllt, hatte verschlucken lassen. Aus den Versuchen mit natürlichem oder künstlichem Magensaft (p. 88) bei Körpertemperatur („künstliche Verdauung") hat man mancherlei Rückschlüsse auf die Vorgänge im Magen gezogen.

Im **Darm** kommt der saure Chymus mit durchweg alkalischen Secreten in Berührung, nämlich mit Galle und Pancreassaft im Duodenum, mit Darmsaft (Darmschleim) im ganzen Darm. Dies muss zunächst eine Umwandlung der Reaction zur Folge haben, die in den äusseren (die Wand berührenden) Schichten früher zu Stande kommt, als in der Axe des Darmrohrs; in der Mitte des Dünndarms ist sie meist durchweg vollendet, die Reaction also alkalisch. Obwohl man die Eigenschaften jedes einzelnen der Verdauungssäfte einigermaassen kennt (s. das vorige Cap.), so ist doch ihr Zusammenwirken in der natürlichen Mischung ziemlich unbekannt. Erwiesen ist, dass die Darmverdauung, soweit sie chemische Umwandlung des Inhalts, und nicht Resorption (s. oben) betrifft, auf die noch unveränderten Stärke- und ungelösten Eiweisstheile des Chymus im Sinne der vorangegangenen Processe einwirkt, also jene in Zucker und diese in lösliche Peptone umwandelt; dass sie ferner die bis dahin noch ganz intacten **Fette** für die Resorption vorbereitet. — Die Zuckerbildung aus der Stärke ist (da der Mundspeichel im Darme nicht mehr mit Sicherheit nachzuweisen ist) dem pancreatischen Saft zuzuschreiben. Die Lösung der Eiweisskörper besorgt (da die Wirkung des in den Darm gelangten Magensaftes durch die Galle aufgehoben wird, p. 87) höchst wahrscheinlich der pancreatische Saft und der Darmsaft; die Peptone werden im Darm zum Theil weiter zersetzt (vgl. p. 94), unter Auftreten von Leucin und Tyrosin, — welche vermuthlich resorbirt werden, da sie sich im Koth nicht finden, — und andern Zersetzungsproducten, welche in den Koth übergehen. — Die Fette endlich werden durch den pancreatischen Saft (wahrscheinlich auch durch Galle und Darmsaft) in eine sehr feine Emulsion umgewandelt, eine Form, in der sie für die Resorption geeignet sind (s. unten); ein Theil derselben wird auch durch den Pancreassaft in Fettsäuren und Glycerin, zerlegt, also in lösliche, resorbirbare

Producte. Letztere Wirkung scheint erst da einzutreten, wo der Darminhalt alkalisch ist, also in der zweiten Hälfte des Dünndarms; die Fettsäuren verbinden sich hier mit den freien Alkalien zu „Seifen."

Ausser diesen, für die Resorption höchst wichtigen Umsetzungen kommen noch andere vor, die für die Resorptionsfähigkeit wie es scheint ohne Belang sind. So wird der genossene sowohl wie der aus der Stärke gebildete Zucker vor der Resorption zum Theil in Milchsäure verwandelt (schon im Magen); auch Alkohol- und Buttersäure-Gährung kommt vor (vielleicht nur unter abnormen Verhältnissen). Die Gase, welche bei diesen Gährungen geliefert werden, sind hauptsächlich Kohlensäure und Wasserstoff, zuweilen auch Kohlenwasserstoffe; die Darmgase bestehen daher hauptsächlich aus Kohlensäure, Stickstoff und Wasserstoff (vgl. Cap. V.). Ferner werden die meisten Salze mit organischen Säuren ganz oder theilweise in kohlensaure Salze umwandelt (Magawly). Auch die bei der Fettzersetzung gebildeten Fettsäuren gehen weitere Zersetzungen ein, und diese liefern theils flüchtige Producte, die dem an sich fast geruchlosen Dünndarminhalt den eigenthümlichen Kothgeruch verleihen, theils Gase. Die gepaarten Gallensäuren werden im Darm vermuthlich durch den pancreatischen Saft (unter Wasseraufnahme) zerlegt in Glycin resp. Taurin, und Cholalsäure, welche zum Theil in Anhydridform (Choloidinsäure, Dyslysin, p. 23) in den Koth übergeht.

In Folge der beschriebenen chemischen Umwandlungen und der nebenherlaufenden Resorption aller löslichen oder löslich gemachten Bestandtheile und der Fette ändert sich im Laufe des Dünndarms die Beschaffenheit des Inhalts bedeutend. Die im Anfang noch vorhandenen Stärke- und unlöslichen Eiweisstheile schwinden allmählich, statt ihrer treten Zucker, Milchsäure, Peptone, Leucin und Tyrosin auf; ebenso schwinden die zuerst beigemischten grösseren Fetttropfen und -Haufen, indem die Flüssigkeit zur Emulsion wird; die Farbe ist durch die beigemengte Galle gelb oder gelbbraun. Endlich schwinden Zucker, Eiweissstoffe und Fette ganz und gar aus der Masse, auch an Wasser wird sie immer ärmer, so dass sie am Ende des Dünndarms nur noch die Bestandtheile des Koths enthält; auch zeigt sie hier schon dessen Geruch, wegen der oben besprochenen Zersetzungen und Gährungen.

Im Dickdarm treten die Verdauungsprocesse (d. h. die Vorbereitungen für die Resorption) immer mehr zurück; neue Säfte, ausser dem auch hier gebildeten Darmsaft, kommen nicht hinzu; — auch die Resorption beschränkt sich fast auf die Wasseraufsaugung, also Eindickung des Inhalts. Dieser, der Koth und die Gase, ist bereits besprochen.

Häufig zeigt der Koth eine saure Reaction, die von freien Fettsäuren herrührt. Die Menge des Kothes, im Verhältniss zum Genossenen, hängt natürlich von dem Gehalte des letzteren an unverdaulichen Bestandtheilen ab.

II. MECHANIK DES VERDAUUNGSAPPARATS.

Die Mechanik des Verdauungsapparats umfasst: 1. die Aufnahme (Ergreifung) der Nahrung, die Beförderung derselben durch den Verdauungscanal, und die Entleerung des Kothes, — 2. die mechanische Vorbereitung für die Aufnahme in die Säfte, nämlich die Zerkleinerung der festen Nahrung, und die innige Mengung derselben mit den chemisch vorbereitenden Flüssigkeiten (Kauen, Einspeicheln, etc.). Beide Vorgänge laufen nebeneinander her.

Das Ergreifen der Nahrung geschieht für flüssige Substanzen durch Eingiessen unter Beihülfe des Einsaugens (Trinken), für feste dadurch, dass kleine Stücke hinter Lippen und Zähne gebracht, oder durch die Schneidezähne von einem grösseren Stücke abgeschnitten („abgebissen“) werden.

Sofort nach dem Ergreifen beginnt bei festen Bissen die Zerkleinerung, das Kauen. Dasselbe beginnt mit einem Zerschneiden zwischen den messerförmigen Schneidezahnreihen, hierauf folgt eine Zermalmung zwichen den höckrigen Flächen der Back- (Mahl-) Zähne. Zum Zerschneiden dient eine abwechselnde An- und Abziehung des Unterkiefers senkrecht gegen den Oberkiefer, also eine Drehung des ersteren um eine durch seine beiden Gelenke gehende, horizontale Axe; die Anziehung geschieht durch den Masseter und Temporalis, die Abziehung durch die Schwere des Unterkiefers, durch den Digastricus, Mylo- und Geniohyoideus. Zur Zermalmung gehört eine Verschiebung der Gelenkköpfe des Unterkiefers in ihren Gelenkgruben, welche den Unterkiefer gegen den Oberkiefer nach vorn, nach hinten und nach den Seiten verrückt; hierzu dienen besonders die Pterygoidei. Das fortwährende Hineinschieben des Bissens, oder seiner Theile zwischen die Zahnreihen geschieht von aussen her durch die Wangenmuskeln, bes. den Buccinator, von innen her durch die Zunge. Letztere vermag auch weichere Bissen durch Andrücken und Reiben gegen den harten Gaumen zu zerquetschen. — Während des Kauens wird der Bissen innig mit den Flüssigkeiten den Mundhöhle (Speichel und Schleim) gemengt, und so zu einem formbaren Brei gebracht.

Die Nerven, die zu diesen Acten dienen, sind: für die eigentlichen Kaumuskeln der Ram. maxillaris inferior trigemini (bes. sein oberer Zweig: Crotaphitico-buccinatorius), für die Zunge der Hypoglossus. — Das Centrum für die coordinirten Kaubewegungen liegt in der Medulla oblongata (Schröder v. d. Kolk). — Bei vielen Thieren wird die Zerkleinerung der Speisen noch in gewissen Apparaten des Magens fortgesetzt, so in den drei ersten Mägen der Wiederkäuer (Pansen [rumen], Netzmagen [reticulum] und Buch [psalterium]; aus den beiden ersten Mägen kehrt der Brei in den Mund zurück, ehe er in den folgenden übergeht), im Muskelmagen der Vögel, im Kaumagen der Käfer, in dem gezahnten Magengerüst der Krebse, u. s. w. — Auch für die Mischung mit den Mundflüssigkeiten existiren eigene Apparate, z. B. der Kropf der Vögel, eine Erweiterung der Speiseröhre, in der die Nahrung eingeweicht wird.

Die Fortbewegung der festen und flüssigen Speisen durch den Verdauungscanal geschieht durch Contraction der in seinen Wänden befindlichen ringförmig und longitudinal angeordneten Muskeln; dieselbe verläuft so, dass die dadurch bewirkte Verengerung oder Verschliessung des Lumens den Inhalt in der Richtung vom Munde zum After vor sich hertreibt. Man nennt diese vorrückende Contraction die peristaltische Bewegung und ihren ersten Theil (vom Munde zum Oesophagus), bei welchem willkürliche Muskeln wirken, das Schlingen. — Die beim Schlingen sich successiv verengenden Theile des Canals sind: 1. die Mundspalte (Contraction des Orbicularis oris), 2. die Zahnspalte (Kaumuskeln) [bei festen Bissen folgt hier die Kaubewegung], 3. der Raum zwischen Zunge und hartem Gaumen; die Zunge drückt sich successiv von vorn nach hinten (zuerst mit der Spitze, dann mit dem Rücken) an den Gaumen an und schiebt den Bissen (oder „Schluck") vor sich her; der Theil der Zunge, auf welchem letzterer gerade ruht, ist rinnenförmig ausgehöhlt. Die Hebung der Zunge geschieht an ihrer Spitze durch ihre eigene Musculatur, in der Mitte durch Hebung (Abflachung) des Bodens der Mundhöhle (Mylohyoideus), hinten durch Hebung des Zungenbeins (Stylohyoideus), 4. der Raum zwischen Zungenwurzel und Gaumen (Isthmus faucium); nachdem der Bissen den vorderen Gaumenbogen passirt hat, schliesst sich dieser, d. h. legt sich dicht an die gehobene Zungenwurzel an (M. palatoglossus), und die weitergehende Contraction (Palatopharyngeus etc.) presst den Bissen an den Mandeln vorbei durch den hinteren Gaumenbogen in den Pharynx, wobei er durch die zahlreichen Schleimdrüsen dieser Gegend mit Schleim überzogen wird; 5. der Pharynx; die hier stattfindende Kreuzung zwischen Respirations- und Digestionscanal macht die Abschliessung der beiden Oeffnungen des ersteren nothwendig. Diese geschieht durch zwei Klappen, welche von vorn her sich über die Oeffnungen legen: das Gaumensegel legt sich an die hintere Rachenwand an (Levatores palati mollis und Druck des Bissens) und schliesst dadurch das zum Respirationscanal gehörige (Cap. V.) Cavum pharyngonasale ab; die Epiglottis legt sich über den Kehlkopfseingang. Die Fortbewegung durch den Pharynx geschieht nun durch die Contraction der Schlundkopfschnürer, welche den Bissen in den Oesophagus hinabpressen. Der Schluss der Epiglottis geschieht hauptsächlich dadurch, dass ihre Muskeln (Thyreo- und Aryepiglottici) sie herabziehen (Czermak). Da jedoch mit der Zungenwurzel auch der Kehlkopf beim Schlingen in die Höhe gezogen wird (von aussen wahrnehmbar), so kann schon der durchtretende Bissen den Kehldeckel auf den hochstehenden Kehlkopf herabdrücken.

Im Oesophagus wird der durch Schleim schlüpfrig gemachte Bissen theils durch die Schwere, hauptsächlich aber durch die peristaltische Bewegung, die in den unteren zwei Dritttheilen nur von glatten Muskelfasern bewirkt wird, in den Magen hinabbefördert.

Im Magen verweilen grössere Speisemassen längere Zeit. Die Bewegungen, die hier vorgehen, sind noch nicht genau bekannt; jedenfalls müssen einerseits die Massen durcheinander geknetet werden, damit auch die im Innern befindlichen Theile mit der absondernden Wand in Berührung kommen, andererseits müssen die Speisen durch den Magen hindurch, und endlich durch den Pylorus hinaus befördert werden; letzteres bewirkt die im ganzen Digestionscanal vorhandene peristaltische Bewegung. Wie beide Bewegungsprincipien verwirklicht sind, und wie sie abwechseln, ist ziemlich unbekannt. Wahrscheinlich ist die Magenwandung gewöhnlich dicht um den Inhalt zusammengezogen; die Muskelverdickungen, die Cardia und Pylorus umschliessen (erstere neuerdings bestritten, Giannuzzi), verschliessen für gewöhnlich die Oeffnungen. Der angefüllte Magen macht (ohne Muskelwirkung, durch mechanische Verhältnisse) eine Drehung um eine horizontale, durch Cardia und Pylorus gehende Längsaxe, so dass die sonst nach unten gerichtete grosse Curvatur sich nach vorn wendet. Verschluckte oder im Mageninhalt entwickelte Gase treten meist durch die am höchsten gelegene Cardia wieder aus. — Die Magenbewegungen sollen während des Schlafes fehlen (Busch).

Im Dünndarm ist die peristaltische Bewegung am ausgeprägtesten; sie ist (mit Ausnahme des fast unbeweglich angehefteten Duodenums) mit einer mannigfachen Verlagerung der ganzen Darmschlingen verbunden. Sie schiebt den hier ziemlich dünnflüssigen Inhalt, sowie die eingeschlossenen Gase allmählich bis zum

Uebergang in's Coecum. Die Bewegung in entgegengestzter Richtung ist ausserdem durch die klappenartig gestellten Schleimhautfalten gehindert. Aus dem Coecum ist der Rückweg in den Dünndarm durch die Valvula Bauhini, eine klappenförmige Falte der Darmwand, verhütet.

Im Dickdarm geschieht die peristaltische Bewegung sehr langsam, so dass der Inhalt in den Ausbuchtungen des Colon (Haustra coli) längere Zeit sich aufhalten kann. Nachdem er hier (durch Verlust an flüssigen Bestandtheilen) sich in Koth umgeändert hat, gelangt er in das S romanum und dann in den Mastdarm.

Die Entleerung des Kothes aus dem Mastdarm geschieht in grösseren (meist 24 stündigen) Intervallen. Ausser der peristaltischen Bewegung wirkt bei der Kothentleerung die Bauchpresse bedeutend mit (zwar nicht direct auf den im kleinen Becken liegenden Mastdarm, aber wahrscheinlich durch Nachschieben von Koth aus den höhergelegenen Theilen). Ueber den Mechanismus der Bauchpresse s. Cap. V. Die Sphincteren des Mastdarms sind für gewöhnlich geschlossen; ihre Contraction, und wenn diese aufgehoben ist, ihre Elasticität, wird durch den Druck des herabgepressten Kothes überwunden; der Levator ani verhindert das Herauspressen des Mastdarms und befördert durch Verkürzung des Rohres in der Längsaxe das Freiwerden der in ihm befindlichen Kothsäule.

Auslösung der Bewegungen am Digestionsapparat.

Zum Zustandekommen der den Inhalt fortschiebenden Bewegungen im Verdauungscanal ist der Reiz des Inhalts nothwendig; sie scheinen also reflectorisch erregt zu werden. So tritt also z. B. die Schlingbewegung nur dann ein, — und dann auch immer, — wenn ein fremder Körper hinter den weichen Gaumen gebracht wird, also bei jeder Berührung der hinteren Gaumensegelfläche, der Epiglottis u. s. w. Man kann daher willkürlich nur dann „leer“ schlucken, wenn man etwas Speichel hinter den weichen Gaumen bringt; dadurch ist das Leerschlucken nur wenige Male hintereinander möglich, nämlich so lange der Speichelvorrath im Munde reicht. Ohne die einleitenden Schlussbewegungen (Kiefer-, Zungenschluss, etc. p. 124) ist das eigentliche Schlingen nicht möglich.

Soweit quergestreifte Muskeln bei den Bewegungen im obern

Theile des Verdauungscanals betheiligt sind, liegt ihr nervöses Centralorgan in der Medulla oblongata, und zwar beim Menschen in den Nebenoliven (Schröder v. d. Kolk); die von hier aus das Schlingen vermittelnden Nerven sind: Facialis für die Lippen, die Kaunerven (s. oben) für den Kieferschluss, Hypoglossus für die Zunge und Plexus pharyngeus (gebildet vom Glossopharyngeus, Vagus-Accessorius und Sympathicus) für den Rachen. Der Tensor palati mollis und der Mylohyoideus werden ausserdem vom Trigeminus versorgt. Die sensiblen Fasern, welche reflectorisch das Schlingen einleiten, liegen in den Gaumenzweigen des Trigeminus (Schröder v. d. Kolk). — Die peristaltischen Bewegungen der übrigen Theile haben dagegen ihre Centralorgane wahrscheinlich in den Ganglien, die in den Wandungen der Organe theils entdeckt sind, theils vermuthet werden müssen (Remak, Meissner, Manz, Billroth, Krause); denkt man sich ihre Anordnung so, dass die in einem Querschnitt liegenden Ganglien immer die Muskelfasern des folgenden beherrschen, so wäre das Entstehen der peristaltischen Bewegung erklärlich; zugleich erklärt das Vorhandensein der Ganglien die Bewegungen ausgeschnitter Stücke; directe Reizung bringt eine örtliche Contraction hervor, die häufig peristaltisch vorschreitet. — Doch werden alle hierhergehörigen Theile auch von aussen her mit Nerven versorgt, namentlich vom Vagus (Plexus oesophageus, Rami gastrici) und Sympathicus (Splanchnici, Plexus coeliacus, mesenterici, hypogastrici); zum Theil sind diese gewiss bei den Bewegungen betheiligt; sicher nachgewiesen ist indess nur, dass durch Reizung des Vagus Contractionen des Oesophagus und des Magens (nach Einigen auch des Dünndarms) bewirkt werden können, dass Durchschneidung der Vagi die Fortbewegung der Speisen aus dem Magen erheblich beeinträchtigt, und dass Reizung des Splanchnicus die peristaltischen Bewegungen des Dünndarms zum Stillstand bringt (Pflüger); lezterer könnte demnach zu den „Hemmungsnerven“ gezählt werden (Cap. XI.). — Bei der Kothentleerung sind auch die Nerven der Exspirationsmuskeln, ferner die des Levator ani und anderer Dammmuskeln betheiligt.

Der Splanchnicus ist zugleich der vasomotorische Nerv des Darms (p. 71); seine Reizung bewirkt also eine Verminderung des Blutzuflusses, welche möglicherweise die Hemmung der peristaltischen Bewegungen erklären könnte. Uebrigens bewirkt Leere der Darmgefässe, z. B. durch Compression der Aorta, verstärkte Darmbewegung, die durch Injection beliebiger Flüssigkeiten (O. Nasse) in die Gefässe wieder aufgehoben wird. Nach dem Tode bewirkt Splanchnicusreizung verstärkte Darmbewegung.

Das Vorkommen antiperistaltischer Bewegungen im Digestionscanal ist, obwohl häufig behauptet, noch nicht nachgewiesen. Das Erbrechen, d. h. die Entleerung des Mageninhalts nach oben, beruht nicht auf einer activen Contraction des Magens, sondern nur auf der Compression desselben durch Contraction des Zwerchfells und der Bauchmuskeln (Magendie). Dies wird dadurch bewiesen, dass ein Erbrechen auch noch möglich ist, wenn man den Magen durch eine Blase ersetzt (Magendie), und dass das Erbrechen nicht mehr stattfindet nach Vergiftung der Thiere mit einer Dosis Curare, welche die willkürlichen Muskeln lähmt, die Nerven des Magens jedoch intact lässt (Giannuzzi).

FÜNFTES CAPITEL.

Gasförmige Einnahmen und Ausgaben des Blutes. Athmung.

Unter **Athmung** (**Respiration**) versteht man denjenigen Theil des Stoffwechsels, bei welchem gasartige Stoffe betheiligt sind, also im Wesentlichen die Zufuhr des Sauerstoffs zu den Körperbestandtheilen und die Entfernung der gasigen Oxydationsproducte, bes. der Kohlensäure. Die Vermittlung dieser Processe geschieht, wie überhaupt die Vermittlung des Stoffverkehrs mit der Aussenwelt, durch das Blut, so dass dieses einerseits mit dem umgebenden Medium, in welchem die Thiere leben, (atmosphärische Luft oder Wasser) in Verkehr tritt, um ihm Sauerstoff zu entnehmen und Kohlensäure zu übergeben („**äussere Athmung**"), — andererseits mit den Körpergeweben, um ihnen Sauerstoff zu übergeben und Kohlensäure zu entziehen („**innere Athmung**"). Die äussere Athmung, auch kurzweg Athmung genannt, geschieht überall, wo das Blut mit dem Athmungsmedium in eine für den Gasverkehr hinreichend nahe Berührung kommt, der Hauptsache nach aber in den speciell dazu bestimmten „**Athmungsorganen**".

Die **atmosphärische Luft** ist eine Mischung von etwa $^1/_5$ (0,208) Vol. Sauerstoff und $^4/_5$ (0,792) Vol. Stickstoff, einer sehr geringen, schwankenden Menge (0,0003—0,0005 Vol.) Kohlensäure und einer ebenfalls schwankenden Menge Wasserdampf (deren Maximum von der Temperatur abhängt). Diese Mischung steht unter einem Druck von etwa 760^{mm} Hg. — Das zur Athmung vieler Organismen dienende Wasser enthält ausser etwas Stickstoff und Kohlensäure bei 15° C. und 760mm Barometerstand höchstens 1/12 (0,084) seines Volums an Sauerstoff in Lösung. Die in Wasser lebenden Thiere haben dem entsprechend ein verhältnissmässig geringes Sauerstoffbedürfniss.

I. CHEMISMUS DER ATHMUNG.

Aeussere Athmung.

Die äussere Athmung, der Verkehr der Gase des Blutes mit denen der Luft geschieht an allen Stellen, wo Blutcapillaren mit Luftschichten in naher Berührung sind. Eine solche findet hauptsächlich statt auf der grossen Oberfläche der „Athmungsorgane“, von welchen unten die Rede sein wird, ausserdem aber auf der Haut und in dem stets lufthaltigen Verdauungstractus, doch in beiden mit weit geringerer Energie. Indessen ist die Hautathmung („Perspiration“) von solcher Bedeutung, dass eine Aufhebung derselben bei Thieren (durch Ueberfirnissen der Haut) in Kurzem tödtet, oder wenigstens den Stoffwechsel und demgemäss auch die Leistungen, namentlich die Wärmebildung (Bernard) sowie die Herz- und Athembewegungen, bedeutend herabdrückt. Bei unvollkommener Ueberfirnissung werden in Folge von mässigem Sauerstoffmangel die Athembewegungen verstärkt (vgl. d. Anhang). — Die Darmathmung ist wegen des geringen Gasvorraths beim Menschen ohne Bedeutung, doch wird aller im Darme vorhandene Sauerstoff verzehrt und Kohlensäure dafür ausgeschieden, so dass sich im Dickdarm hauptsächlich Kohlensäure und Stickstoff finden (p. 122).

Bei manchen Thieren (z. B. bei einem Luft schluckenden Fisch, Cobitis fossilis, Schlammpeizger) scheint die Darmathmung Bedeutung zu haben. — Die schädlichen Wirkungen der Ueberfirnissung leiten Einige von einem im Körper zurückgehaltenen schädlichen Auswurfsstoff („Perspirabile retentum“) ab. Nach neueren Untersuchungen (Edenhuizen) scheint derselbe in einer flüchtigen stickstoffhaltigen Verbindung zu bestehen; an den freigelassenen Stellen lässt sich die Ausscheidung eines flüchtigen Alkali (Ammoniak?) durch Hämatoxylinpapier nachweisen; ferner zeigt sich an den längere Zeit überzogen gehaltenen Hautstellen ein entzündliches Oedem, in dessen Serum sich Krystalle von phosphorsaurer Ammoniak-Magnesia finden sollen. — Auch die Lungenathmung ist mit einer spurweisen Ammoniakentleerung verbunden (Thiry), welche aber, ihrer verschwindend kleinen Quantität wegen, vermuthlich von keiner physiologischen Bedeutung ist und daher im Folgenden nicht berücksichtigt wird.

Die äussere Athmung besteht in einem Uebergang von Sauerstoff aus der Luft in das Blut, von Kohlensäure, Wasserdampf und Wärme aus dem Blute in die Luft; es kehrt also die eingeathmete Luft sauerstoffärmer, aber wärmer, kohlensäure- und wasserreicher (meist mit Wasserdampf gesättigt) aus dem Körper zurück. Dem entsprechend ist das aus der Lunge zurückkehrende (Lungenvenen-) Blut sauerstoffreicher, kühler, kohlensäure- und wasserärmer, als das Lungenarterienblut; es ist demnach heller geröthet (arteriell); doch kommt nur ein kleiner Theil des Wärme- und Wasserverlustes auf Rechnung des Lungenblutes, da alle Theile des Athmungscanals an die eingeathmete Luft Wärme und Wasserdampf abgeben. —

Zwischen venösem Blut und freier Luft muss nach dem Dalton'schen Gesetze (p. 47) ein Gasaustausch stattfinden: das venöse Blut enthält viel mehr $CΘ_2$ absorbirt als es unter dem verschwindend kleinen $CΘ_2$-Partiardruck der Atmosphäre (nur etwa $^1/_{2000}$ Atmosphäre) absorbirt halten kann, muss also $CΘ_2$ an die Luft abgeben; umgekehrt muss unter dem hohen Sauerstoffdruck der Luft (= $^1/_5$ Atm.) das venöse Blut Sauerstoff absorbiren, weil es weniger Sauerstoff, als diesem Druck entspricht, absorbirt enthält.

Man kann dies auch folgendermassen ausdrücken: Ein absorbirtes Gas wird abgegeben, wenn seine Spannung im Blute grösser ist, als in der Atmosphäre, und umgekehrt werden Gase vom Blute aufgenommen, so lange ihre Spannung im Blute kleiner ist als in der Atmosphäre.

Hieraus ergiebt sich eine einfache Methode die Spannung eines Gases im Blute zu bestimmen (Ludwig & Becher, Ludwig & Holmgren): Sobald nämlich das Blut an einen Gasraum, mit welchem es communicirt, weder Gas abgiebt noch aus ihm Gas aufnimmt, muss nothwendig die Spannung jedes Gases im Gasraum gleich der desselben Gases im Blute sein; jetzt ist also die Spannung (d. h. der Partiardruck) jedes Gases im Gasraum ein directes Maass der Spannung desselben Gases im Blute. Man braucht also, um z. B. die Θ-Spannung in einer Blutart zu bestimmen, nur das Blut mit einem Gasgemenge von beliebiger Zusammensetzung, aber bekanntem Druck zusammen zu bringen und nach vollendetem Gasaustausch den Θ-Partiardruck im Gasraum zu bestimmen (durch Ermittelung des Procentgehalts an Θ und des Gesammtdrucks).

Es ist hierbei selbstverständlich, dass die gefundene Gasspannung nur die am Ende des Austausches im Blute vorhandene ausdrückt, welche von der ursprünglich vorhanden gewesenen, welche eigentlich bestimmt werden soll, eben wegen des geschehenen Austauschs meist merklich abweichen muss. Trotzdem gestattet dieses Verfahren Schlüsse in mehrfacher Richtung. Erstens nämlich kann man es so variiren, dass eine möglichst grosse Menge Blut zum Versuche verwandt wird; dann wird offenbar der Gasaustausch fast keine Veränderung in der Gasspannung des Blutes bewirken können, und die gefundene Spannung ist also direct die in der zum Versuche verwandten Blutmenge. Dieser Art war die Bestimmung der $CΘ_2$-Spannung im circulirenden Blute, wie es den Lungen zuströmt, durch Ludwig & Becher. Wenn man nämlich den Athem längere Zeit anhält, so wird das Blut in seinen Gasspannungen mit der Lungenluft sich ins Gleichgewicht setzen, und der CO_2-Partiardruck in der jetzt exspirirten Luft ist also gleich der CO_2-Spannung im venösen Blute; und zwar hat der Versuch selbst diese Spannung wenig verändert, da gleichsam die ganze Blutmasse zum Versuche verwandt worden ist. — Zweitens aber ist die Bestimmung der Endspannung selbst, wie sich weiter unten ergeben wird, häufig von grossem Werthe. Denn durch Variirung der Zusammensetzung des Gasraums, der Temperatur, u. s. w. kann man bei Verwendung ursprünglich gleich beschaffener Blutmengen die Einflüsse der genannten Umstände auf die Art des Gaswechsels, der sich eben in der Endspannung ausdrückt, feststellen.

Bei der Athmung sind die Verhältnisse des Gaswechsels complicirter, als sie oben für den freien Gaswechsel und für die bloss absorbirten, nicht chemisch gebundenen Bestandtheile angegeben sind, wie sich aus folgendem ergeben wird.

Sauerstoffaufnahme. Da der Sauerstoff des Blutes zum grössten Theil an Hämoglobin chemisch gebunden wird (p. 47 f.), so geschieht die Sauerstoffaufnahme so gut wie ganz unabhängig vom Partiardruck des Sauerstoffs im geathmeten Medium, also auch noch in einer sehr sauerstoffarmen Luft. Dies hat den Vortheil, dass ein in einem abgeschlossenen Luftraum athmendes Thier den Sauerstoff bis fast auf die Neige aufzehren kann (Ludwig & W. Müller).

Man kann dies Verhältniss auch so ausdrücken, dass die Sauerstoffspannung des Blutes (durch die chemische Bindung im Hämoglobin) sehr niedrig ist, kleiner als in einer nur wenige Procente enthaltenden (unter gewöhnlichem Druck stehenden) Atmosphäre.*)

Kohlensäureausgabe. Wenn die Kohlensäure im Blute einfach absorbirt wäre, so würde sie bei Berührung von Blut und Luft, da die letztere fast frei von Kohlensäure ist, aus dem Blute entweichen. Sobald aber, beim Athmen in einem abgeschlossenen Luftraum, die ausgeathmete Kohlensäure sich anhäuft, so würde ein Punct eintreten müssen, wo keine Kohlensäure mehr ausgegeben wird. Beim Athmen in noch kohlensäurereicheren Gemischen müsste sogar umgekehrt Kohlensäure vom Blute aufgenommen werden. Diese Verhältnisse gelten nun in der That für die Athmung (Ludwig & W. Müller), jedoch wirken noch andere Momente mit ein, so dass sich der oben bezeichnete Gleichgewichtspunct nicht a priori angeben lässt.

---

*) Da die Blutkörperchen in der Blutflüssigkeit suspendirt sind, so muss man sich vorstellen, dass der chemischen Bindung eines Sauerstofftheilchens stets eine Absorption in der Blutflüssigkeit vorhergeht. Die Unabhängigkeit der Sauerstoffaufnahme vom Druck ist also so zu verstehen, dass das Plasma bei jedem Druck so lange immer neuen Sauerstoff absorbirt, als die Blutkörperchen noch im Stande sind ihn daraus zu entnehmen und chemisch zu binden.

Zunächst ist bei der gewöhnlichen Athmung die mit dem Blute in Verkehr tretende Luft nicht direct die äussere, sondern die Luft der Alveolen (s. unten), welche wegen der nicht vollständigen Entleerung bei der Exspiration stets sauerstoffärmer ist, als die Atmosphäre; doch trifft dies den Sauerstoffwechsel nach dem oben Gesagten fast gar nicht, sondern nur den Kohlensäureverkehr. Die dem Blute entzogenen Kohlensäuremengen sind daher zunächst von dem Grade der Lüftung, also von der Zahl und Tiefe der Respirationen in gewissem Grade abhängig. Je oberflächlicher und seltener diese sind, um so weniger CO_2 wird vom Blute abgegeben, und durch gänzliches Anhalten des Athems muss ein Punct erreicht werden, wo keine CO_2 mehr abgegeben wird, wo die Kohlensäurespannungen der Lungenluft und des Blutes im Gleichgewicht sind. Durch Untersuchung der in diesem Momente in den Lungen enthaltenen (jetzt exspirirten) Luft kann man (vgl. oben) die Kohlensäurespannung des Blutes berechnen (Ludwig & Becher). — (Zugleich ergiebt sich hieraus, dass zur quantitativen Bestimmung des Gaswechsels nicht die Vergleichung einer einzelnen In- und Exspirationsluftmenge genügt, sondern dass die eine lange Zeit hindurch inspirirte Luft, mit der in derselben Zeit exspirirten zu vergleichen ist.)

Der Kohlensäuredruck der Alveolenluft ist nun aber so hoch, dass eine Abgabe von Kohlensäure aus dem Blute an dieselbe nicht möglich wäre, wenn die Kohlensäurespannung des Lungencapillarblutes nicht grösser wäre, als die des entleerten venösen Blutes, wie sie sich aus dem auspumpbaren CO_2-Gehalt ergiebt (Ludwig & Becher, Ludwig & Holmgren); es muss also nothwendig die CO_2-Spannung des Lungencapillarblutes grösser sein als die des gewöhnlichen venösen Blutes.

Folgende Untersuchungen haben in der That gezeigt, dass es gewisse Umstände giebt, welche in der Lunge die Kohlensäurespannung des Blutes plötzlich erhöhen, und so eine Kohlensäureausgabe selbst an die kohlensäurereiche Alveolenluft bewirken: 1. Genauere Vergleichungen arteriellen und venösen Blutes haben ergeben (Ludwig & Schöffer, Ludwig & Sczelkow) dass das erstere nicht bloss an auspumpbarer, sondern auch an fest gebundener Kohlensäure ärmer ist als das letztere. Es wird also in den Lungen Kohlensäure aus salzartigen Verbindungen ausgetrieben, also die Kohlensäurespannung des Blutes vermehrt. 2. Im blossen Serum ist der Gehalt an fest gebundener Kohlensäure im Vergleich zur auspumpbaren viel geringer als im Gesammtblut, mit andern Worten: im Serum ist die Kohlensäurespannung geringer als im Gesammtblut; Zusatz von Blut zu Serum vermindert ferner dessen Gehalt an fest gebundener, und vermehrt die auspumpbare Kohlensäure; die Blutkörperchen verwandeln also fest gebundene Kohlensäure des Serum in auspumpbare, erhöhen somit die Kohlensäurespannung (Ludwig & Schöffer). 3. An einen mit Sauerstoff gefüllten Raum giebt Blut mehr Kohlensäure ab, als an ein Vacuum, der Sauerstoff erhöht also die Kohlensäurespannung des Blutes (Ludwig & Holmgren). 4. In blossem Serum wird durch Sauerstoff die Kohlensäurespannung nicht erhöht (Ludwig & Preyer).

Hieraus ergiebt sich also, dass in den Lungen die Kohlensäurespannung des Blutes durch Verwandlung fest gebundener Kohlensäure in auspumpbare so vermehrt wird, dass man die Kohlensäureausgabe an die kohlensäurereiche Alveolenluft verstehen kann, dass ferner an diesem Vorgange das Lungengewebe selbst nicht betheiligt ist (da man ihn ohne die Lunge nachahmen kann), sondern dass das Wirksame die Blutkörperchen und der Sauerstoff sind. Die sauerstoffhaltigen Blutkörperchen treiben also Kohlensäure aus salzartigen Verbindungen aus. Die Kohlensäureausgabe des Blutes ist mithin grossentheils von der gleichzeitigen Sauerstoffaufnahme abhängig.

Die genannte Wirkung der sauerstoffhaltigen Blutkörperchen, welche nur auf der Bildung einer Säure beruhen kann, ist auf verschiedene Weise denkbar: 1) Das Sauerstoff-Hämoglobin kann selbst eine Säure sein (Preyer); hierfür spricht unter anderm, dass Sauerstoffzutritt zu Blut unter denselben Bedingungen die Krystallisation des Hämoglobins befördert, wie die Abstumpfung der alkalischen Reaction des Blutes durch Säurezusatz (Kühne). 2) Der Sauerstoff kann eine Zersetzung des Hämoglobins bewirken, durch welche eine Säure entsteht (bei gewissen Zersetzungen des Hämoglobins entstehen flüchtige Fettsäuren, Hoppe-Seyler). Bei Entgasung von Blut unter starker Eindunstung wird nämlich ebenfalls die fest gebundene Kohlensäure aus dem Blute, ja sogar aus zugesetzten kohlensauren Salzen, ausgetrieben (Pflüger); es ist denkbar, dass hierbei Säuren durch Zersetzung des Hämoglobins entstehen. 3) Die Säure kann aus andern Bestandtheilen des Blutkörperchen, z. B. aus Protagon (p. 43), entstehen. — Auch im Lungengewebe, dessen Zuthun aus den oben angegebenen Gründen unwahrscheinlich ist, kommt eine Säure vor, der man die CO_2-Austreibung zugeschrieben hat, nämlich Taurin (p. 29) (Cloetta; früher war dasselbe als „Lungensäure“ von Verdeil beschrieben worden).

Innere Athmung.

Die innere Athmung, d. h. der Verkehr zwischen den Gasen des Blutes und denen der Gewebe, welcher die Umwandlung des arteriellen Blutes in venöses bewirkt, ist noch in Dunkel gehüllt. Vor Allem war es fraglich, ob ein solcher Verkehr wirklich existirt, ob nicht die Oxydation, aus der die Kohlensäure hervorgeht, ganz oder zum Theil im Blute der Capillaren selbst stattfindet; ferner, wenn man den Gaswechsel annimmt, ob der Sauerstoff direct an die oxydirbaren Bestandtheile der Gewebe, und aus ihnen die Kohlensäure wieder ins Blut übergeht, oder ob gewisse Uebertragungstoffe, vielleicht fermentartige Uebertrager (M. Traube), den Uebergang vermitteln. — Von dem Sauerstoffverbrauch und der Kohlensäurebildung einzelner Organe wird später mehrfach die Rede sein. Hier nur soviel, dass der innere Gaswechsel verschiedener Organe, ferner desselben Organs zu verschiedenen Zeiten, von sehr verschiedenem Umfange ist. Demgemäss ist auch Kohlensäuregehalt und Farbe der Venenblutarten äusserst wechselnd. So z. B. ist das Nierenvenenblut hell carmoisinroth, die meisten anderen Venenblutarten dunkelblauroth. Das Venenblut thätiger Muskeln enthielt im Mittel aus 5 Versuchen 3 Volumprocent weniger Θ, dagegen 4,1 mehr $C\Theta_2$, als das ruhender (12,6 weniger Θ und 10,6 mehr $C\Theta_2$ als arterielles); trotz des geringeren Θ-Gehalts war das Venenblut der thätigen merkwürdigerweise nicht jedesmal dunkler als das der ruhenden (Ludwig & Sczelkow).

Dass in allen Organen Oxydationen, also Sauerstoffverbrauch und Kohlensäurebildung, stattfinden, ist allgemein angenommen, und ergiebt sich schon aus dem Venöswerden des Blutes in allen Capillaren. — Gegen die Annahme, dass die Oxydation innerhalb des Capillarblutes vor sich geht, spricht: 1. die Beobachtung, dass die Athmung in den Muskeln auch noch vor sich geht, nachdem alles Blut aus ihren Capillaren entfernt ist (Cap. X.), 2. dass Thätigkeiten, welche nothwendig mit Oxydation verbunden sind (Muskelbewegungen) noch möglich sind, wenn das Blut keinen Sauerstoff mehr enthält (Setschenow). — Die alte Ansicht, dass die Kohlensäurebildung im Lungenblute selbst stattfinde (Lavoisier), ist schon dadurch widerlegt, dass das in die Lunge gelangende (venöse) Blut reich an Kohlensäure ist. Allerdings wird das Blut, welches längere Zeit steht, dunkel und verliert durch innere Oxydationsprocesse seinen ganzen Sauerstoff; dies geschieht aber in frischem Blute, auch bei Blutwärme, nicht. Das Blut scheint in seinem Laufe durch die Gefässe etwas Sauerstoff einzubüssen (Estor & Saintpierre); höchst wahrscheinlich aber nur durch die lebende Gefässwand, welche nachweisbar, wie die meisten Gewebe, dem Blute Sauerstoff entzieht (Hoppe-Seyler). — Die Annahmen, dass die thierischen Oxydationsprocesse durch Ozonisirung des Blutsauerstoffs (p. 48) oder durch Bildung von Wasserstoffsuperoxyd zu Stande kommen, entbehren zu sehr der thatsächlichen Grundlage um hier näher erörtert zu werden.

Grössen des Gaswechsels.

Die Mengenverhältnisse des Gaswechsels sind, abgesehen von den Schwankungen, welche durch die Athembewegungen bedingt sind (s. unten), hauptsächlich von dem Verbrauche des Sauerstoffs im Organismus abhängig (über diesen Verbrauch s. Cap. VIII.). Denn es wird um so mehr Sauerstoff von den Blutkörperchen gebunden, je ärmer sie durch den Verbrauch daran geworden sind, und es wird um so mehr Kohlensäure abgegeben, je mehr das Blut durch die Oxydationsprocesse im Körper mit diesem Gase beladen ist. Unter den Momenten, welche einzelne oder alle Oxydationsprocesse im Körper steigern (s. Cap. VIII.), sind besonders hervorzuheben: Muskelarbeit, niedere Temperatur der Umgebung (welche den Wärmebildungsprocess im Körper, zur Erhaltung der normalen Temperatur, erhöhen muss), der Verdauungsprocess (der mit Steigerung vieler Secretionen verbunden ist), grössere Energie der ganzen Lebensthätigkeit (so beim männlichen Geschlecht, bei kräftigen Constitutionen, im mittleren Lebensalter, u. s. w.). Alle diese Momente erhöhen die Kohlensäureabgabe, da fast bei allen Oxydationen Kohlenstoff oxydirt wird; am meisten erhöhen diejenigen Processe die Kohlensäureabgabe, welche mit Verbrennung kohlenstoffreicher Stoffe verbunden sind, und ebenso der Genuss kohlenstoffreicher Nahrung (Kohlenhydrate), welche zum Theil direct verbrannt zu werden scheint. Die Sauerstoffaufnahme braucht nicht nothwendig der Kohlensäureausgabe parallel zu gehen, selbst wenn alle gebildete Kohlensäure sofort zur Ausscheidung kommt; da einerseits eine Bildung von Kohlensäure ohne Sauerstoffverbrauch denkbar ist, andererseits aufgenommener Sauerstoff in irgend einer Art aufgespeichert werden kann, ohne sogleich verbraucht zu werden. Näheres über diese Verhältnisse bei den Muskeln (Cap. X.), wo sie am besten bekannt sind.

Mittelzahlen für die Mengen des Gaswechsels haben dem entsprechend nur geringen Werth; ein Erwachsener verbraucht in 24 Stunden etwa 746 grm. (520601 Ccm.) Sauerstoff und exspirirt etwa 867 grm. (443409 Ccm.) Kohlensäure (Vierordt). Würde sämmtlicher Sauerstoff nur zur Oxydation von Kohle verwandt, und alle gebildete $\text{C}\Theta_2$ exspirirt, so müsste das Volum derselben dem des Sauerstoffs in grösseren Zeiträumen gleich sein, denn 1 Aequivalent $\text{C}\Theta_2$ und 2 Aequivalente Θ haben gleiches Volum. Da jedoch auch andere Oxydationsproducte entstehen ($H_2\Theta$ etc.), so muss die gebildete $\text{C}\Theta_2$ weniger Raum einnehmen, als der verbrauchte Θ; daher entsteht beim Athmen im abgeschlossenen Raum stets eine Luftverdünnung (die sich jedoch auch dadurch schon erklären lässt, dass die Sauerstoffaufnahme bis zur Erschöpfung des Vorraths fortgesetzt wird, während die Kohlensäureausscheidung bald nachlässt und zuletzt aufhört; vgl. p. 133). — Durch Arbeit kann die stündliche Sauerstoffaufnahme von 31 grm. (s. oben) auf das fünffache (156 grm., Hirn) gesteigert werden.

Zur qualitativen Vergleichung der in- und exspirirten Luft genügt die tägliche Erfahrung, dass die ausgehauchte Luft wärmer und feuchter ist, als die gewöhnliche Atmosphäre, und das einfache Experiment, durch eine Röhre in Kalk- oder Barytwasser auszuathmen, wobei eine Trübung von kohlensaurem Kalk oder Baryt entsteht. — Zur quantitativen Vergleichung genügt, da die Zusammensetzung der eingeathmeten Luft bekannt ist (den Kohlensäure- und Wassergehalt entfernt man, indem man die Inspirationsluft vorher durch Kali und Schwefelsäure streichen lässt), die Untersuchung der ausgeathmeten; man exspirirt dazu gewöhnlich in Quecksilbergasometer (ALLEN & PEPYS). Um indess den Gesammtgaswechsel für längere Zeit zu bestimmen, kann man die exspirirte Luft durch Apparate streichen lassen, welche die gebildete Kohlensäure und das Wasser auffangen, so dass beides gewogen werden kann. Hierzu sind Aspirationsvorrichtungen nöthig, z. B. luftleere Räume, (ANDRAL & GAVARRET), ein sich entleerendes Wassergefäss (SCHARLING), oder eine Saugpumpe (PETTENKOFER). Will man den Versuch im Grossen anstellen (wie bei dem PETTENKOFER'schen Apparat, dessen Athmungsraum bequem einem Menschen längere Zeit zum Aufenthalt dienen kann), so genügt es, nur einen gemessenen Bruchtheil der in- und exspirirten Luft durch die Absorptionsflüssigkeiten streichen zu lassen, vorausgesetzt, dass die Gesammtmengen (durch Gasuhren) beständig gemessen werden. Nach einer andern Methode wird in einem völlig abgeschlossenen Raume geathmet, der nur mit einem Sauerstoffbehälter in Verbindung steht; die gebildete Kohlensäure wird durch einen mit Kalilauge gefüllten, sehr vollkommnen Absorptionsapparat fortwährend gebunden, und die dadurch entstehende Verminderung des Luftdrucks saugt fortwährend Sauerstoff ein; am Ende des Versuchs findet man dann die producirte Kohlensäure in der Kalilauge, den schon vorher vorhanden gewesenen Stickstoff im Raume; den verbrauchten Sauerstoff findet man aus der Abnahme des zu Anfang im Raume und im Sauerstoffbehälter vorhanden gewesenen Vorraths (REGNAULT & REISET).*) Ein ähnlicher Apparat, aber einfacher, ist neuerdings (LUDWIG & KOWALEWSKY) construirt worden. — Will man den Gaswechsel der gesammten äusseren Athmung bestimmen, so muss der Athmungsraum den ganzen Körper aufnehmen; sucht man nur den der Hautathmung, so athmet Mund und Nase durch ein besonderes nach aussen geführtes Rohr; sucht man endlich nur den der Lungen, so besteht der Athmungsraum nur aus einer vor Mund und Nase gebundenen, luftdicht anschliessenden Maske.

II. MECHANIK DER ATHMUNG.

Bei den niedersten Organismen mit sehr geringer Körpermasse genügt die blosse Umspülung der Oberfläche durch das Respirationsmedium (Wasser), um den Gasverkehr durch Diffusion zu unterhalten. Bei entwickelteren Thieren von grösserer Masse muss eine grössere Oberfläche für den Verkehr zwischen den Säften und dem Medium geschaffen werden. Bei den Thieren mit unentwickeltem oder fehlendem Blutgefässsystem muss das Respirationsmedium in den Körper eingeführt und darin verbreitet werden, um gleichsam überall die Säfte aufzusuchen;

*) Bei diesen Versuchen zeigte sich eine Zunahme des Stickstoffgehaltes im Athmungsraume, welche man entweder durch eine respiratorische N-Entleerung oder durch einen geringen N-Gehalt des Sauerstoffs erklären kann. Da erstere durch keine weiteren Erfahrungen bestätigt worden ist, so muss vor der Hand letzteres angenommen werden.

bei entwickeltem Blutgefässsystem dagegen kann die Blutmasse in ein Organ mit grosser Oberfläche geleitet werden, wo sie das Respirationsmedium antrifft und auf grossen Flächen mit ihm in Diffusionsverkehr treten kann. Ersteres geschieht durch verzweigte Röhrensysteme, welche den ganzen Körper durchziehen, nämlich die Wassergefässsysteme der Strahlthiere und Würmer, und die Luftröhren- oder Tracheensysteme der Arthropoden; — letzteres bei Wasserathmung durch eine vom Wasser umspülte Ausstülpung der Körperoberfläche, die Kiemen der Mollusken, Krebse, Fische und Batrachierlarven, — bei Luftathmung durch ein Einstülpungs-System, die Lungen der Amphibien, Vögel, Säugethiere und des Menschen. Als ein besonderes Athmungsmedium für den Foetus der Säugethiere und des Menschen ist endlich noch das sauerstoffhaltige mütterliche Blut zu betrachten. Das Begegnen des Blutes mit dem Athmungsmedium, d. h. beider Blutarten, geschieht bekanntlich in der Placenta (foetalis und uterina), in welcher durch Capillarwände der Gasverkehr vermittelt wird.

Die menschlichen Athmungsorgane,*) die Lungen, sind zwei elastische Säcke, die ein verzweigtes Röhrensystem mit endständigen Bläschen (Alveolen) enthalten; die Oberfläche jeder Alveole ist noch dadurch vergrössert, dass ihre Wände durch hervorspringende Leistchen vielfach ausgebuchtet sind. Der Hohlraum der Lunge communicirt durch Luftröhre, Kehlkopf, Rachen und Nasen- oder Mundhöhle mit der äusseren Luft.

Die sich selbst überlassenen Lungen enthalten keine Luft; sie sind „atelectatisch" wie die Lunge des Foetus vor der ersten Athmung, d. h. die Wände ihrer Röhren und Alveolen werden durch ihre Elasticität aneinandergedrückt. Im Körper sind aber die Lungen in einen starren Behälter von grossem Volumen (den Thorax) so eingefügt, dass zwischen ihrer äusseren Oberfläche und der inneren des Behälters (genauer: zwischen dem Pleuraüberzug der Lungen und dem des Thorax) keine Luft sich befindet und auch keine hineindringen kann. Der Druck der in die Lungen eindringenden atmosphärischen Luft muss sie daher, ihrer Elasticität zuwider, über ihr natürliches Volum entfalten, so dass sie dem Thorax überall unmittelbar anliegen, sie sind deshalb während des Lebens stets mit Luft gefüllt. Sowie indess durch eine Oeffnung Luft in den Raum zwischen Lungen und Thoraxwand eindringen kann, fallen die Lungen durch ihre Elasticität zu ihrem natürlichen (atelectatischen) Volum zusammen („Pneumothorax").

Zur Ausfüllung des Thoraxraumes müssen nicht nur die Lungen, sondern auch Herz und Gefässe beitragen. Auf die Innenwand aller dieser Organe wirkt

*) Von der Haut- und Darmathmung (p. 130) ist hier nicht die Rede, weil diese keine besondere Mechanik besitzen. Auch ist ihre Bedeutung beim Menschen vermuthlich gering.

der atmosphärische Luftdruck, — auf die Lungen direct (durch Communication mit Trachea, u. s. w.), auf das Herz indirect, da der ganze Körper, mithin sämmtliche ausserhalb des Thorax gelegenen Blutgefässe unter dem Luftdruck stehen, und diese mit dem Herzinhalt communiciren. Da somit auf alle im Thorax liegenden Hohlorgane derselbe Druck entfaltend wirkt, so werden dieselben einfach ihrer Dehnbarkeit entsprechend ausgedehnt werden; das dehnbarste Organ, die Lunge, wird daher bei weitem am meisten zur Ausfüllung des Thorax beitragen müssen (am meisten über das natürliche Volum ausgedehnt werden), die dickwandigen Herzkammern am wenigsten (kaum merklich), sehr merklich dagegen die dünnwandigen Vorkammern und Venenstämme (vgl. p. 54). Ferner müssen auch die nachgiebigen Theile der Thoraxwand selbst, auf deren Aussenfläche ebenfalls der Atmosphärendruck wirkt, durch Hineinwölbung in den Thorax zur Ausfüllung oder vielmehr Verkleinerung des Hohlraums beitragen. Daher sind Zwerchfell und Intercostalweichtbeile in den Thorax hineingewölbt.

Zur Veranschaulichung dieser Verhältnisse diene folgendes Modell: Die mit dem Hahn o versehene Flasche enthält zwei elastische Beutel, deren natürliche Gestalt Fig. 1 darstellt; der eine, ein Doppelbeutel mit einer dünnwandigen

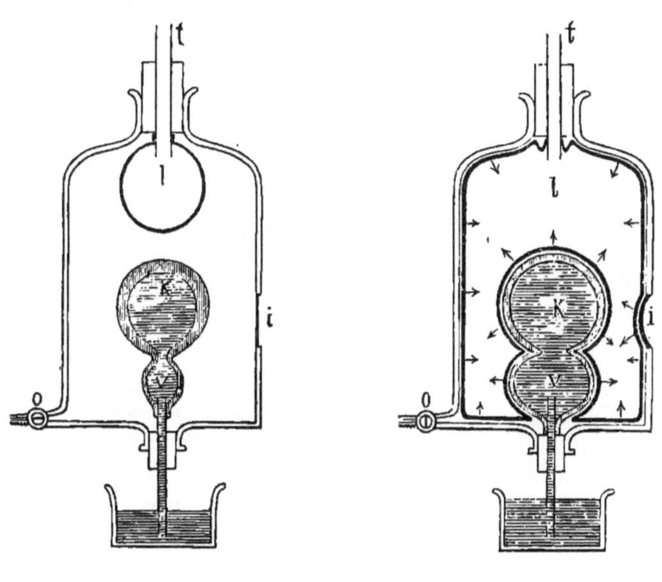

Fig. 1. *Fig. 2.*

und einer dickwandigen Abtheilung (v und k), ist mit Flüssigkeit gefüllt und communicirt mit einem offenen Wassergefäss; er stellt das Herz (v Vorkammer, k Kammer) dar; der Beutel l, mit Luft gefüllt und durch t (Trachea) mit der Atmosphäre communicirend, repräsentirt die Lunge. Die Membran i stellt die Weichtheile eines Intercostalraums dar. Fig. 2 zeigt nun den Apparat nachdem man durch o die Luft aus der Flasche ausgepumpt hat. Man sieht, wie beide

Beutel, auf deren Innenwand der Luftdruck (bei v k mittelbar) wirkt, entfaltet worden sind, bis der Raum der Flasche vollkommen ausgefüllt ist. Am meisten ist l ausgedehnt worden, viel weniger v, am wenigsten k. Ferner ist auch i etwas in die Flasche hineingewölbt worden. — Sowie man durch Oeffnen von o Luft einlässt, stellt sich der Zustand der Fig. 1 wieder her, welcher dem Pneumothorax entspricht.

Jeder der beiden Beutel (in Fig. 2) sucht natürlich sich auf Kosten des andern zusammenzuziehen, d. h. letzteren auszudehnen; die Figur stellt eben den Gleichgewichtszustand dar. Man findet daher gewöhnlich die Thoraxverhältnisse so dargestellt, dass die über ihr natürliches Volum ausgedehnte Lunge einen Zug („negativen Druck") auf das Herz und die Weichtheile der Thoraxwand ausübt (in Fig. 2 durch die Pfeile angedeutet). Man muss aber festhalten, dass dieselbe Wirkung auch umgekehrt vom Herzen u. s. w. auf die Lungen ausgeübt wird.

Die elastische Kraft, mit welcher die zur Weite des ruhenden Thorax ausgedehnten Lungen sich auf ihr natürliches Volum zusammenzuziehen streben, also den negativen Druck im ruhenden Thorax, kann man manometrisch bestimmen, indem man an der Leiche ein Manometer luftdicht in die durchschnittene Trachea einfügt und dann den Thorax öffnet; sie beträgt etwa 6^{mm} Hg (Donders). — Die elastische Kraft der ausgedehnten Lungen kann noch unterstützt werden durch die Contraction der die Bronchien umgebenden glatten Muskelfasern. Dieselbe muss die Bronchien verengen und zugleich den negativen Druck im Thorax verstärken (d. h. zu einer stärkeren Ausdehnung der andern Organe führen). Jedoch ist weder über ihren Eintritt noch über ihre Innervation etwas ermittelt.

Die Athembewegungen.

Die in den Lungenalveolen enthaltene Luft verkehrt mit den Gasen des Blutes, welches durch die sie umspinnenden Capillaren kreist. Der bereits besprochene Verkehr besteht auf Seite der Alveolenluft in einem Verlust an Sauerstoff und einer Aufnahme von Kohlensäure, wodurch dieselbe sehr bald für ferneren Gaswechsel unfähig wird. Nun kann zwar durch die Gasdiffusion ein schichtweiser Austausch der Gase zwischen der Alveolenluft und den darüber lagernden Luftschichten geschehen, der zuletzt bis an die äussere Atmosphäre dringt. Indess geschieht dieser Austausch zu langsam, um den Gaswechsel des Blutes zu unterhalten. Es ist deshalb eine häufige mechanische Wechselung der Luft in den Alveolen nöthig und diese geschieht durch eine regelmässig abwechselnde Erweiterung und Verengerung der ganzen Lungen. Dieselbe wird durch rhythmische Erweiterungen und Verengerungen des Thorax (Inspiration und Exspiration) bewerkstelligt, welchem die Lungen ja beständig folgen müssen.

Die Erweiterung des Thorax, die Inspiration, geschieht

stets durch Muskelwirkung. Die regelmässig wirkenden Inspirationsmuskeln sind: das Zwerchfell, die Scaleni und die Intercostales, namentlich die externi. Bei absichtlich tiefer oder wegen irgendwelcher Hindernisse angestrengter Inspiration treten noch andere, „accessorische," Inspirationsmuskeln in Thätigkeit, zunächst die Serrati postici und die Levatores costarum, bei höchster Athemnoth die Sternocleidomastoidei, Pectorales, Serrati antici etc. — Hauptsächlich bewirkt das Zwerchfell die Erweiterung des Thoraxraumes, und zwar indem es sich bei seiner Contraction, namentlich an den musculösen Partien abflacht, und an seinen Rändern, mit denen es in der Ruhe an der Thoraxwand anliegt, sich von ihr abhebt. Die übrigen Muskeln wirken fast alle auf die Rippen; sie haben im Allgemeinen einen Verlauf von hinten und oben nach vorn und unten, sind an ihrem oberen Ende, durch die Wirbelsäule oder (Pectorales, Serrat. antic.) festgestellte Theile der oberen Extremität, fixirt, und ziehen daher die Rippen nach aussen und oben, wodurch der Thorax erweitert wird.

Die Rippen sind vermöge ihrer beiden an den Wirbelkörpern und Querfortsätzen befindlichen Gelenke um eine geneigte Axe drehbar. Jede Drehung um dieselbe nach oben macht die geneigte Ebene, die man sich durch jeden Rippenbogen gelegt denkt, mehr horizontal, erweitert somit den Thorax im Querschnitte. Die Drehung der Rippen um ihre Axen ist jedoch durch die, freilich nachgiebigen, elastischen Knorpel, durch die sie mit dem Sternum verbunden sind, auf enge Grenzen beschränkt. Mit jeder Rippenhebung erfolgt daher ausser einer Hebung des Sternum auch eine leichte Drehung der Knorpel um ihre Längsaxe. Die Wirkung der rippenhebenden Muskeln ist hiernach leicht verständlich. — Inwieweit ferner die Intercostalmuskeln als Rippenheber zu betrachten sind, ergiebt sich aus Folgendem (Hamberger): Sind in nebenstehender Figur RR' und rr' die hinteren (nach vorn absteigenden) Stücke zweier benachbarter Rippen in ihrer Ruhestellung, RR'' und rr'' dieselben in der Inspirationsstellung, stellt ferner ab eine Faser der Intercostales externi, cd eine der interni dar, so muss offenbar, wie schon der Augenschein lehrt, der Abstand ab in der gehobenen Stellung (a'b'), cd dagegen in der gesenkten, am

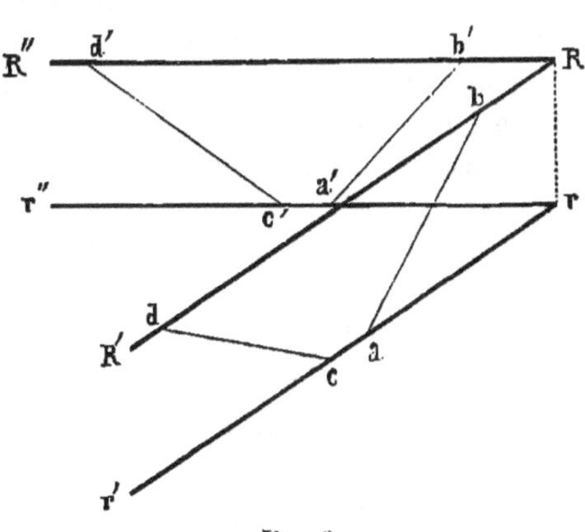

Fig. 3.

kleinsten sein.*) Hieraus folgt umgekehrt, dass Verkürzung von ab beide Rippen heben, von cd dagegen beide senken muss. Grade umgekehrt verhalten sich die gleichen Faserrichtungen an den vorderen Rippenabschnitten (zwischen Angulus costae und Sternum). Hier müssten die interni inspiratorisch, die externi exspiratorisch wirken. Inspiratorisch wirken also die externi an den knöchernen, die interni an den knorpligen Rippentheilen. Da aber dies zugleich ziemlich die Haupt-Verbreitungsbezirke der beiden Faserrichtungen sind, so kann man die Intercostales überhaupt zu den Inspirationsmuskeln rechnen.

Während die Rippenheber den Thorax im Querschnitt erweitern, vergrössert die Zwerchfellscontraction den Längendurchmesser. Je nachdem die Rippen- oder die Zwerchfellbewegung vorwiegt, unterscheidet man einen Costal- und einen Abdominaltypus der Athmung (letzterer Name rührt davon her, dass jede Zwerchfellabflachung die Baucheingeweide nach unten drängt, also die Bauchwand hervorwölbt). Der Costaltypus ist beim weiblichen, der Abdominaltypus beim männlichen Geschlechte meist der vorwiegende.

Die Verkleinerung des Thoraxlumens, die Exspiration, geschieht in der Regel nur dadurch, dass die bei der Inspiration aus ihrer Gleichgewichtslage gebrachten Thoraxwandungen nach dem Aufhören der Inspirationskräfte durch Schwere und Elasticität wieder in jene zurückkehren. Die Schwere zieht die gehobenen Rippen wieder herab; die Elasticität der Lungen zieht das Zwerchfell wieder in die Höhe und die Thoraxwände einwärts, die Elasticität der torquirten Rippenknorpel bringt die Rippen wieder in ihre natürliche Lage. — Bei angestrengter oder behinderter Exspiration treten auch hier Muskelkräfte in Thätigkeit, und zwar haben die Exspirationsmuskeln im Allgemeinen die Richtung von hinten und unten nach vorn und oben. Die hauptsächlichsten Exspirationsmuskeln sind die Bauchmuskeln, welche bei ihrer Contraction den Bauchinhalt comprimiren und dadurch das Zwerchfell in die Höhe treiben; auch ziehen sie die Rippen nach unten; dasselbe thun die Quadrati lumborum und die Serrati postic. infer.; die Rippen werden ferner gesenkt durch die Intercostales interni, soweit sie an den knöchernen Rippentheilen verlaufen (s. oben). Wie die Herabziehung der Rippen den Thorax verengt, ergiebt sich aus dem oben Gesagten.

Auch die luftzuleitenden Apparate nehmen in gewisser Beziehung an den Athembewegungen Theil. So erweitert sich bei der Inspiration die Stimmritze, bei angestrengter Inspiration auch die Nasenlöcher (Mm. levatores alae nasi), wodurch der Luft der Zutritt zu den Lungen erleichtert wird.

---

*) Setzt man den Winkel rRb = x, so ist

$$ab^2 = Rr^2 + (ra - Rb)^2 + 2Rr\,(ra - Rb)\cos x$$

$$\text{und } cd^2 = Rr^2 + (Rd - rc)^2 - 2Rr\,(Rd - rc)\cos x;$$

es wird also ab um so grösser, je kleiner x, cd dagegen um so grösser, je grösser x (der Cosinus wächst mit abnehmendem Winkel).

Da die Lungen, wie oben erwähnt, jeder Bewegung der Thoraxwand nachfolgen müssen, so bewirkt jede Inspiration eine Vergrösserung der Lungen im Querschnitt und in den Längsdurchmessern (auch in der Wandschicht, da die Randtheile des Zwerchfells sich von der Thoraxwand abheben). Letztere ist selbstverständlich mit einem Herabrücken der ganzen Lunge längs der Thoraxwände verbunden, und bedingt schon für sich, auch ohne Erweiterung des Thoraxquerschnittes, eine Vergrösserung des Lungenquerschnitts, da durch das Herabrücken in dem kegelförmigen Thorax jede Lungenschicht in einen tieferen, also grösseren, Thoraxquerschnitt gelangt. Das Herabrücken der Lungen zieht auch Luftröhre und Kehlkopf bei der Inspiration etwas nach unten, was man leicht von aussen bemerkt.

Die Erweiterung der Lungen bei der Inspiration, welche alle Hohlräume derselben, vorzüglich aber die nachgiebigsten, die Alveolen, betrifft, bewirkt eine Zunahme ihres Luftgehaltes. Diese Zunahme beträgt bei ruhigem Athmen etwa $1/6$ des Gesammtinhalts. Doch ist ein weit intensiverer Luftwechsel durch tiefere Athmung ermöglicht. Einen Massstab für die Grenze des möglichen Luftwechsels gewährt die „vitale Capacität" der Lungen, nämlich der Volumunterschied des Luftgehalts in der möglichst gefüllten und der möglichst entleerten Lunge; oder die Luftmenge, welche nach möglichst tiefer Inspiration durch eine möglichst tiefe Exspiration entleert wird (Hutchinson). Diese Menge steht in einem ziemlich bestimmten Verhältnisse zur Körpergrösse, variirt jedoch etwas nach Beschäftigung und Geschlecht (ist bei Männern grösser Arnold). Bei erwachsenen Männern beträgt sie im Mittel 3770 Cub.$^{cm.}$

Zur Ermittelung der vitalen Capacität dient das „Spirometer" (Hutchinson), ein Glockengasometer, dessen Glocke durch Gewichte äquilibrirt ist, und in welches nach einer tiefen Inspiration durch ein Kautschukrohr möglichst tief exspirirt wird; die Luftvolumina werden durch die ihnen proportionalen Erhebungshöhen der (cylindrischen) Glocke gemessen.

Andere hier in Betracht kommende Grössen sind: 2) Der Luftgehalt der Lunge im Zustande stärkster Exspiration („residual air" Hutchinson); man kann denselben ermitteln, indem man Wasserstoffgas aus einem geschlossenen Behälter so lange athmet, bis keine Aenderung der Zusammensetzung des Gases mehr erfolgt, also der Wasserstoff sich gleichmässig mit dem ganzen Lungeninhalt gemischt hat; wenn man jetzt so tief als möglich exspirirt, kann man aus der Zusammensetzung der Gasmischung und dem fehlenden Wasserstoff die in den Lungen noch befindliche Gasmenge berechnen (H. Davy, Gréhant). 3) Der Luftgehalt der Lunge im Zustande gewöhnlicher mässiger Exspiration (ebenso wie die vorige Grösse zu bestimmen). — Der Unterschied beider Grössen, also die Luftmenge die nach mässiger Exspiration noch exspirirt werden kann, heisst „Reserveluft". Ebenso heisst der Unterschied im Luftgehalt bei gewöhnlicher und bei tiefster Inspiration „Complementärluft". Der Unterschied im Luftgehalt bei gewöhnlicher Inspiration und Exspiration heisst „Respirationsluft". Nennt man die residual air a, die Reserveluft b, die Respirationsluft c, die Complementärluft d, so ist $b+c+d$ die „vitale Capacität."

In Bezug auf die chemische Gaserneuerung in den Lungen ist ermittelt worden (durch Wasserstoffathmung, Gréhant), dass von einer zwischen zwei beliebigen Exspirationen inspirirten Gasmenge c ein bestimmter Theil α c in den Lungen bleibt und sich gleichmässig vertheilt (ist $b = 500$ Ccm., so ist $\alpha . c = 330$). Bei gewöhnlicher Respiration ist also $\frac{\alpha . c}{a+b+c}$ das Volum neuer Luft (im chemischen Sinne), welches die Volumeinheit des Lungenraums bei jeder Inspiration erhält; diese Grösse (z. B., für $c=500$, $a+b+c=2930$, $\frac{330}{2930}=0{,}113$) heisst der „Ventilationscoëfficient". — Ferner ist durch eine einmalige Wasserstoffinspiration und folgende Luftathmung gefunden worden, dass eine inspirirte Gasmenge von 500 Ccm. bei gewöhnlicher Athmung erst nach der 6.—10. Respiration die Lungen wieder verlassen hat (Gréhant).

Zur Bestimmung der Athmungsintensität dient auch das „Thoracometer" (Sibson), welches die Aenderungen im horizontalen Mediandurchmesser der Brust bestimmt. Die vordere Brustwand schiebt ein Stäbchen vor sich her, das durch ein Getriebe einen Zeiger bewegt; die Axe des Zeigers ist durch ein Gestell an einem Brett befestigt, auf welchem der Körper horizontal ruht. An Thieren kann man auch die Zwerchfellsbewegungen bestimmen: durch eine eingesenkte Nadel (Snellen) oder durch einen vom Abdomen her gegen das Zwerchfell gelegten Fühlhebel, welcher seine Bewegungen auf einem vorbeigeführten Papierstreifen graphisch in Curven darstellt, — „Phenograph" (Rosenthal).

Da der Thorax bei der Inspiration sich erweitert, so werden die in ihm liegenden Hohlorgane noch weiter über ihr natürliches Volum ausgedehnt, als sie in der Ruhe schon sind, unter anderm wird also auch der „negative Druck," (p. 140), unter dem das Herz und die Gefässe stehen, vergrössert, die Aspiration des Herzens und der Gefässe also verstärkt (p. 63). Umgekehrt kann durch die Exspiration, welche für gewöhnlich nur die inspiratorische Zunahme des negativen Drucks wieder aufhebt, der negative Druck gänzlich aufgehoben und selbst in einen positiven verwandelt werden, — dann nämlich, wenn bei activer Exspirationsanstrengung das Entweichen der Luft aus den Lungen durch Verschluss der Stimmritze gehindert ist (vgl. p. 63). — Auch der (in der Ruhe dem Atmosphärendrucke gleiche) Druck der in den Athemwegen enthaltenen Luft erleidet wegen der Enge der Zugänge (Nasenlöcher, Stimmritze) geringe Schwankungen, eine negative (etwa 1^{mm}) bei der Inspiration, eine positive ($2-3^{mm}$) bei der Exspiration. Man kann sie nachweisen: bei Thieren, indem man ein Manometer seitlich mit der Trachea in Verbindung setzt, — beim Menschen, indem man das Manometer in ein Nasenloch bringt und bei geschlossenem Munde durch das andere athmet.

Der bei der Inspiration durch den Kehlkopf und das Luftröhrensystem streichende Luftstrom erzeugt durch die Reibung an den Wänden Geräusche, die man mit dem aufgelegten Ohre hört. In den starren Theilen (Kehlkopf, Luftröhre, grössere Bronchien) hat dasselbe einen hauchenden Character (= h oder ch, „bronchiales Athmungsgeräusch"); in den feinsten Bronchien dagegen, wo sich die Luft durch enge Canäle hindurchzwängen muss, ist es mehr schlürfend oder zischend (= w oder f, „vesiculäres Geräusch"). Beim oberflächlichen Athmen (erwachsener Männer) wird der Character des Geräusches unbestimmt; ebenso erzeugt die reguläre Exspiration ein undeutliches schwaches Geräusch.

Auslösung und Rhythmus der Athembewegungen.

Sowohl Inspirations- als Exspirationsbewegungen können willkürlich hervorgebracht werden. Gewöhnlich geschehen sie jedoch unwillkürlich in einem bestimmten Rhythmus und mit bestimmter Intensität (Tiefe). Der Wille kann beides beliebig variiren, doch ist die gänzliche Unterbrechung nur auf kurze Zeit möglich. Die durchschnittliche Frequenz ist beim Erwachsenen 18 in der Minute.

In frühem und spätem Lebensalter, beim weiblichen Geschlecht, bei erhöhter Temperatur, bei Muskelanstrengungen, während der Verdauung, bei Gemüthsbewegungen, nach einer zeitweisen Unterdrückung (kurz bei denselben Momenten, die die Herzfrequenz erhöhen) sind die Athembewegungen häufiger. Im Allgemeinen kommen in jedem Zustande auf 4 Herzcontractionen eine In- und Exspiration. — Der Einfluss der Affecte betrifft nicht bloss die Frequenz, sondern oft auch Tiefe und Form der Athembewegung; letztere bewirkt zuweilen characteristische Töne oder Geräusche im Zuleitungsrohre. So sind mit Schallerscheinungen verbunden: die schnell auf einander folgenden Inspirationen des Schluchzens, die tiefe Inspiration mit folgender kräftiger Exspiration beim Seufzen, die langsame und anhaltende Inspiration durch den krampfhaft geöffneten Mund beim Gähnen, die stossweise unterbrochene Exspiration des Lachens, u. s. w.

Die Anregung zu den unwillkürlichen rhythmischen Athembewegungen geht von einer umschriebenen Stelle der Medulla oblongata aus, welche an der Ursprungsstelle des Vagus und Accessorius liegt; ihre Zerstörung unterdrückt sofort die Athmung und ist daher tödtlich („Noeud vital" FLOURENS). Von hier aus werden durch die Nn. phrenici das Zwerchfell, durch die äusseren Thoraxnerven die übrigen Inspirationsmuskeln in Bewegung gesetzt; auch die Exspiration wird, soweit sie durch Muskelkräfte geschieht, von hier aus geleitet. — Gewisse auf der Bahn des Vagus im Noeud vital anlangende centripetale Fasern müssen im normalen Zustande in einer beständigen Erregung sein, welche reflectorisch die Athembewegungen beschleunigt; denn die Durchschneidung eines oder beider Vagi (am Halse) verlangsamt die Athembewegungen; die Reizung des centralen Endes dagegen bewirkt umgekehrt eine Beschleunigung der Athmung bis zur krampfhaften Inspiration (wobei das Zwerchfell unbewegt in Contraction bleibt) (Traube).*) Doch werden die Athembewegungen in demselben Maasse, als sie langsamer oder schneller werden, zugleich tiefer, resp. oberflächlicher, so dass die Leistung der Med. obl. im Ganzen dieselbe bleibt, nur anders vertheilt wird; wenigstens werden nach der Vagusdurchschneidung die im Ganzen inspirirten Gasmengen nicht kleiner (Rosenthal). Inspirationsmuskeln, die vor der Vagusreizung noch nicht in Thätigkeit waren, werden auch durch die Reizung nicht afficirt. Waren vor der Reizung bei der Exspiration Muskeln thätig, so wird ihre Thätigkeit durch die Reizung aufgehoben (Rosenthal). — Den entgegengesetzten Erfolg hat die Reizung des sensiblen Nerven für den Kehlkopf, des R. laryngeus superior (vagi). Die Reizung seines centralen Endes macht die Athmung seltner (und zugleich tiefer), bis zum völligen Erlöschen derselben (wobei das Zwerchfell erschlafft stehen bleibt). Noch stärkere Reizung setzt endlich Exspirationsmuskeln in Thätigkeit (Rosenthal).

Stellt man sich die Rhythmik einer automatischen Erregung so vor, dass die erregenden Kräfte im Centralorgane jedesmal erst sich bis zu einer gewissen Spannung anhäufen müssen, um frei zu werden, dass sie also gleichsam einen gewissen Widerstand jedesmal zu überwinden haben (s. Cap. XIII.), so kann man den Einfluss des Vagus und des Laryngeus sup. so erklären, dass jener den supponirten Widerstand verkleinert, dieser aber ihn vergrössert; es wird dann Reizung des Vagus häufigere aber kleinere Entladungen, also schnellere aber oberflächlichere Inspirationen bewirken, sehr starke Reizung wird den Widerstand ganz aufheben, also eine continuirliche Entladung, tetanische Inspiration, zur Folge haben. Umgekehrt wird Reizung des Laryng. sup. langsamere, aber tiefere Inspirationen bedingen, und zuletzt, wo der Widerstand enorm vegrössert wird, jede Entladung, also jede Inspiration verhindern. In diesem Sinne kann der Laryng. sup. ebenso als „Hemmungsnerv" für die Ganglien des Noeud vital betrachtet werden, wie die zum Herzen gehenden Vagusfasern für die Ganglien des Herzens (Rosenthal).

Das auslösende Moment für die Athembewegungen, von welchem weiter unten die Rede sein wird, kann entweder direct auf die Substanz der Medulla oblongata wirken (Rosenthal), oder auf die Endigungen centripetaler Nerven, welche zur Medulla obl. gehen

---

*) Bei der Ausführung dieses Versuchs tritt zuweilen, wenn die Reizung der Vagusenden auf electrischem Wege geschieht, statt des Stillstandes in Inspirationsstellung umgekehrt ein Stillstand in Exspirationsstellung ein. Dieser Erfolg rührt aber stets davon her, dass wegen mangelhafter Isolirung Stromschleifen durch den R. laryngeus superior gehen (Rosenthal).

(Rach, v. Wittich); im letzteren Falle wäre die Athmung ein *reflectorischer* Act. Der entscheidende Versuch, ob nämlich die Athembewegungen aufhören sobald die Med. obl. von allen ihren centripetalen Fasern getrennt ist, ist von beiden Seiten mit verschiedenem Erfolge angestellt worden. Eine Entscheidung ist daher noch nicht möglich, da die übrigen für beide Ansichten angeführten Versuche nicht eindeutig sind.

Das auslösende Moment selbst besteht in einem bestimmten Grade des Kohlensäuregehalts im Blute. Dass dieser Zustand des Blutes die Athembewegungen veranlasst, wird durch Folgendes bewiesen: 1. Man kann die Athembewegungen ganz unterdrücken („*Apnoe*"), wenn man durch starke künstliche Athmung (Einblasen von Luft in die Lungen) oder durch willkürliche zeitweilige Verstärkung der Athmung, das Blut arm an Kohlensäure erhält. 2. Die Athmung ist um so stärker, je reicher an Kohlensäure das Blut ist; sie wird z. B. verstärkt („*Dyspnoe*," s. den Anhang) bei Eintritt von Luft oder Flüssigkeit in die Pleurahöhlen, wodurch die Lunge zusammenfällt (p. 138), oder bei Athmungsunfähigkeit der Lungen durch Entzündung etc. Die erste Athembewegung des Foetus wird ebenso durch Unterbrechung der Placentarathmung, also plötzliche Kohlensäureanhäufung im Blute bewirkt (Schwartz). 3. Diese Blutveränderung braucht nur local in den Gefässen der Medulla obl. zu geschehen, um dieselbe Wirkung zu äussern*); dies geschicht z. B. durch Stagnation des Blutes in diesen Gefässen (bei Unterbindung der Halsarterien, Kussmaul & Tenner, Rosenthal), wodurch das Blut immer kohlensäurereicher wird.

Der Kohlensäurereichthum des Blutes bewirkt keine Athembewegungen, wenn durch gleichzeitigen Sauerstoffmangel die *Erregbarkeit* der Medulla oblongata vernichtet ist; dieser Zustand heisst „*Asphyxie*" (s. den Anhang).

Da die Umstände, welche den $C\Theta_2$-Gehalt des Blutes erhöhen, fast stets mit Verminderung seines Θ-Gehalts verbunden sind, so konnte man alle genannten Erscheinungen auch dadurch erklären, dass der *Sauerstoffmangel* des Blutes das die Athembewegungen auslösende Moment sei. Für diese Ansicht sprach sogar in hohem Grade der Umstand, dass Athmung oder künstliche Einblasung von indifferenten, Θfreien Gasen (H, N, $N_2\Theta$) lebhafte Dyspnoe bewirkt;

*) Dies ist übrigens kein Moment zur Entscheidung der oben erörterten Frage, ob die Athembewegungen reflectorisch seien oder nicht. Denn die Anhänger ersterer Ansicht können diese Versuche so deuten, dass das Blut der Med. obl. auf das Zustandekommen des Reflexes von Einfluss ist.

so lange man annahm, dass diese Gase sowohl die CO_2 als den O aus dem Blute austreiben, mussten diese Versuche als directer Beweis dafür erscheinen, dass nicht die CO_2-Anhäufung, sondern der O-Mangel Ursache der Dyspnoe, und der Athembewegungen überhaupt, sei (Rosenthal). Dem standen jedoch Versuche gegenüber, nach welchen Einathmung sehr CO_2-reicher, aber durchaus nicht O-armer Gasmischungen lebhafte Dyspnoe bewirkt (L. Traube). Man musste deshalb beiden Momenten (O-Mangel und CO-Anhäufung) gleiche Wirksamkeit zuschreiben (Dohmen). Seit aber entdeckt ist, dass der O eine besondere Rolle für die Austreibung der CO_2 spielt (vgl. p. 134), die H-Athmung also die CO_2 nicht in gleichem Grade austreiben kann wie die Luftathmung, also zur CO_2-Anhäufung führt, vereinigt sich alles zu dem Schlusse (Thiry), dass die Kohlensäure das auslösende Moment für die Athembewegungen ist, und der O-Mangel nur insofern in demselben Sinne wirkt, dass er stets zur CO_2-Anhäufung führen muss.

Anhang zur Mechanik der Athmungsorgane. Die luftzuleitenden Organe, Nasenhöhle (die Athmung durch den Mund dient, obwohl sie häufig willkürlich gewählt wird, in der Regel nur als Ersatz, wenn die Nase verschlossen ist), Cavum pharyngonasale, Kehlkopf und Luftröhre sind theils mit Vorrichtungen versehen, die den Zwecken der Athmung dienen, theils wird die Athembewegung benutzt, um in jenen zweckmässige Bewegungen einzuleiten. In dem langen Zuleitungscanal wird die inspirirte Luft erwärmt und von den gröberen schädlichen Beimengungen, die an den Wänden haften bleiben, gereinigt; die nach Aussen gerichtete *Flimmerbewegung* (fast im ganzen Zuleitungsrohre) schafft die angesetzten Partikeln, ebenso überschüssigen Schleim, u. s. w., beständig heraus. — Der Kehlkopf besitzt ferner in den *Stimmbändern* eine Schutzwand gegen eindringende fremde Körper (Speichel, Speisetheilchen) etc., sowie gegen die Einathmung gewisser ätzender Gase (s. Anhang), da jeder Reiz reflectorisch die Stimmritze schliesst. Sind die Muskeln derselben durch Zerschneidung beider Vagi oder Laryngei inferiores gelähmt, so dringen jene Substanzen leicht durch die geöffnete Stimmritze ein, und erzeugen tödtliche Lungenentzündung (Traube). — Die Hinausbeförderung fremder Körper, welche einmal in die Luftwege eingedrungen oder krankhaft darin entstanden sind (Schleim), geschieht durch Reizung der betreffenden Schleimhautpartien, welche durch Reflex explosive Exspirationsstösse erzeugen; diese schleudern die fremden Substanzen heraus. Solche Exspirationsstösse sind das *Niesen* für den Nasencanal, das *Husten* für den Kehlkopf. Beide sind mit einem Schall verbunden, der durch das plötzliche Sprengen des Verschlusses (beim Niesen das an die Schlundwand angelegte Gaumensegel, beim Husten die geschlossene Stimmritze) entsteht. Die beim Reflex betheiligten sensiblen Nerven sind beim Niesen der Trigeminus, vielleicht auch der Olfactorius, beim Husten vermuthlich der Laryngeus superior. Den Husten kann man auch willkürlich hervorrufen. (Möglicherweise werden auch die Bronchialmuskeln [p. 140] zur Entfernung von Schleim etc. aus den feineren Bronchien benutzt.) — Die Exspirationsströme benutzt man ferner *willkürlich* zu ähnlichen Zwecken, z. B. treibt man durch sie Schleim aus der willkürlich von aussen comprimirten Nase aus (*Schnäuzen*), oder aus dem durch Muskelwirkung verengten Isthmus faucium (*Räuspern*). Flüssigkeiten, welche man in dem Rachen eine Zeit lang verweilen lassen will, ohne sie zu verschlucken, verhindert man durch den Exspirationsstrom am Eindringen in die Luftwege, wobei die in Blasen durch die Flüssigkeit streichende Luft ein gluckendes Geräusch verursacht (Gurgeln). Den aus dem weit geöffneten Munde kommenden warmen und feuchten Exspirationsstrom benutzt man beim Hauchen zum Erwärmen oder Befeuchten. Endlich setzt man durch den Exspirationsstrom Stimmbänder, Gaumensegel, Zunge, Lippen oder die Vorrichtungen an den Mund gesetzter Instrumente in tönende Schwingungen oder Geräusche (Singen, Sprechen, Blasen etc. — Ueber Stimme und Sprache s. Cap. X.). — Schliesst man nach tiefer Inspiration die Stimmritze und contrahirt nun kräftig die Bauchmuskeln, so wird der Bauchinhalt stark comprimirt, was zu Entleerungen aus den Abdominalorganen (Mastdarm, Uterus, Blase) benutzt wird (Bauchpresse).

Anhang zum fünften Capitel.

Folgen des Sauerstoffmangels.

Wird auf irgend eine Weise der Zutritt des Sauerstoffs zum Blute abgeschnitten, oder bedeutend vermindert, oder gar der bereits im Blute gebundene Sauerstoff ausgetrieben oder anderweitig dem Blute entzogen, so tritt eine Reihe von Erscheinungen ein, welche schliesslich zum Tode führt (Erstickung, Suffocation).

Eine Austreibung gebundenen Sauerstoffs aus dem Blute kann geschehen durch Einathmen von Kohlenoxydgas (p. 48); ferner kann dem Blute Sauerstoff entzogen werden durch sauerstoffverzehrende Substanzen, z. B. Schwefelwasserstoff. Die Umstände, welche, je nachdem sie vollständig oder unvollständig eintreten, die Sauerstoffzufuhr hemmen oder herabsetzen, sind: Sauerstoffmangel im Athmungsmedium (z. B. fortgesetztes Athmen in abgeschlossenem Luftraume; luftleerer Raum, Untertauchen in Wasser); beim Foetus die Ablösung der Placenta oder Verschluss der Nabelgefässe vor der Geburt; Unterbrechung der Haut- oder Lungenathmung: ersteres durch Ueberfirnissen, letzteres durch Verschliessung der luftzuführenden Kanäle (von aussen durch Druck, — Erwürgen, — innen durch krampfhaften Verschluss der Stimmritze [s. oben], Verstopfung durch fremde Körper, Füllung der Bronchien mit krankhaften Producten [Schleim]), Zusammensinken der Lunge durch Eindringen von Luft oder Flüssigkeit in die Pleurasäcke (Pneumothorax, pleuritische Exsudate), partielle Zerstörung der Lungen (Tuberculose etc.), Aufhören der Athembewegungen, endlich Verschluss (Embolie) der Lungenarterie.

Die nächste Folge der Sauerstoffverarmung im Blute, wie sie durch die genannten Umstände bewirkt wird, ist eine Anhäufung von Kohlensäure (vgl. p. 148), und diese bewirkt sogleich eine Verlangsamung und Vertiefung der Athembewegungen, unter Beihülfe der accessorischen Muskeln (p. 141, 142), die sog. Dyspnoe.

Dieselbe ist offenbar ein regulatorischer Act, denn in den meisten Fällen (wenn nicht etwa gar kein Sauerstoff im Athmungsmedium vorhanden oder die Gaszufuhr zu den Alveolen ganz unmöglich ist) wird sie zu einer Erhöhung des Sauerstoffgehalts im Blute führen; sie lässt dann von selbst wieder nach.

Geht die Sauerstoffverarmung des Blutes aber noch weiter, so treten allgemeine *Krämpfe* der Körpermuskeln ein (clonische Convulsionen); das Centrum derselben liegt ebenfalls in der Medulla oblongata, so dass man annehmen muss, dass der Reiz, wenn er einen gewissen Grad erreicht hat, vom Athmungscentrum auf benachbarte, schwerer erregbare Centra übergeht. Ob auch hier der Reiz die Kohlensäure ist, ist noch zweifelhaft, da kohlensäurereiche Gasmischungen, wenn sie Sauerstoff genug enthalten, zwar die Dyspnoe (p. 148), aber nicht die Krämpfe geben. Die $C\Theta_2$ bewirkt ferner einen Krampf der Gefässmuskeln (s. p. 71), der auf das Herz zurückwirkt (p. 72).

Die Krämpfe entstehen auch, wenn man bloss die Blutzufuhr zum Gehirn abschneidet, durch Verschliessung der Carotiden und Vertebralarterien, und ebenso bei Verblutung (Kussmaul & Tenner); man hat sie in dieser Form als „anämische" Krämpfe bezeichnet; ihre wahre Ursache ist aber in allen Fällen die Gegenwart stagnirenden und dadurch bald Θ-arm und $C\Theta_2$-reich werdenden Blutes in den Hirncapillaren. Auch beim Kussmaul-Tenner'schen Versuch geht den Krämpfen Dyspnoe voraus (Rosenthal, vgl. p. 147). — Bei der Verblutung kann man sich ebenfalls die Stagnation von Blut in den Hirngefässen, durch ungenügenden Nachschub von den Stämmen, leicht vorstellen; ebenso gut aber wäre es denkbar, dass auch der Θ-Mangel oder die $C\Theta_2$-Anhäufung in der Hirnsubstanz selbst erregend wirken könnte.

Geht der Sauerstoffmangel immer weiter, so hört endlich die *Erregbarkeit* der Nervencentra auf, zu welcher ein gewisser Sauerstoffgehalt nöthig ist, und nun kann selbst der stärkste Reiz weder Athembewegungen noch Krämpfe auslösen, beide hören vollständig auf; dieser Zustand (nicht zu verwechseln mit der „Apnoe" p. 147) heisst „*Asphyxie*". Sehr bald hört jetzt auch das Herz zu schlagen auf (p. 68) und der *Tod* tritt ein (*Erstickung*).

Im Zustande der Asphyxie ist, so lange das Herz noch schlägt, noch Rettung möglich (ausser bei Sättigung des Blutes mit Kohlenoxyd) durch Einblasung von Sauerstoff in die Lungen (*künstliche Respiration*). Es treten dann die Erscheinungen in umgekehrter Reihenfolge wieder auf, zuerst Krämpfe, dann Dyspnoe, dann die gewöhnliche Athmung, endlich, bei sehr lebhafter Lufteinblasung, Apnoe (p. 147).

In der Leiche des Erstickten fehlt der Unterschied zwischen arteriellem und venösem Blut; alles Blut ist dunkel schwarzroth (nur bei Kohlenoxydgasvergiftung nicht, p. 48); abscheidbarer Sauerstoff ist nicht vorhanden (das Blut zeigt im Spectralapparat den Streifen des Θ-freien Hämoglobins, p. 37), dagegen viel freie Kohlensäure (jedoch nicht soviel als dem Sauerstoffminus entspricht); der Gehalt an gebundener Kohlensäure und an Stickstoff ist unverändert (SETSCHENOW).

Besteht der Sauerstoffmangel dagegen lange Zeit in mässigem Grade fort, z. B. bei partieller Lungenzerstörung, einseitigem Pneumothorax, so erfolgt eine Accommodation des Sauerstoffverbrauchs an die Zufuhr; es werden die mit Oxydationen verbundenen Leistungen entsprechend vermindert (der Körper kühler, schlaffer), die Athembewegungen etwas frequenter; der bestehende Sauerstoffmangel macht sich durch dunklere Färbung des Blutes kenntlich, welche an den Lippen und anderen Schleimhäuten durch bläuliche Färbung (Cyanose) sich kund giebt.

Athmung fremder Gasarten.

Für die Erhaltung des Lebens kann bei Warmblütern die Zufuhr von Sauerstoff auch die kürzeste Zeit nicht entbehrt werden; derselbe darf jedoch mit andern unschädlichen Gasen (Wasserstoff, Stickstoff) gemengt sein, wie in der Atmosphäre.

Die Angabe, dass das Stickstoffoxydulgas längere Zeit hindurch den Sauerstoff vertreten könne (H. DAVY), hat sich nicht bestätigt: reines $N_2Θ$ bewirkt bei Warmblütern sofort Dyspnoe und Erstickung; beim Menschen wird erstere nur durch den Rausch (s. unten) subjectiv unmerklich (L. HERMANN).

Die übrigen Gasarten lassen sich folgendermassen eintheilen:

A. Indifferente Gase. Sie können, mit Sauerstoff gemischt, beliebig lange ohne Schaden geathmet werden. 1) Stickstoff, 2) Wasserstoff, 3) vielleicht Grubengas. Für sich geathmet bewirken sie Dyspnoe, Krämpfe und Asphyxie (p. 147 f.).

B. Irrespirable Gase. Sie können nur spurweise, mit andern Gasen gemengt, eingeathmet werden, weil sie in grösserer Concentration reflectorisch Stimmritzenkrampf bewirken (p. 148). Hierher gehören: a. Gasförmige Säuren: 1) Kohlensäure (als schwächste Säure am wenigsten irrespirabel, kann daher in erheblicher Concentration geathmet werden, namentlich durch Trachealfisteln [s. unten], und wirkt dann giftig, s. sub C.), 2) Chlorwasserstoffsäure, 3) Fluorwasserstoffsäure, 4) Untersalpetersäure, 5) schweflige Säure u. s. w. — b. Säurebildende Gase: 1) Stickoxydgas (NΘ), giebt mit Sauerstoff sogleich Untersalpetersäure: NΘ + Θ = NΘ_2; würde wenn es zum Blute gelangen könnte, giftig wirken (s. sub. C.); 2) Phosgengas (Chlorkohlenoxyd, $\mathrm{C}\Theta Cl_2$ [p. 18]) zerfällt mit Wasser sogleich in Kohlensäure und Salzsäure: $\mathrm{C}\Theta Cl_2 + H_2\Theta = C\Theta_2 + 2HCl$; 3) Chlorborgas ($BCl_3$), giebt mit Wasser Borsäure und Salzsäure; 4) Fluorborgas (BFl_3) giebt mit Wasser Borsäure und Borfluorwasserstoffsäure; 5) Fluorkieselgas ($SiFl_3$) giebt mit Wasser Kieselsäure und Kieselfluorwasserstoffsäure u. s. w. — c. Alkalische Gase: 1) Ammoniak, 2) substituirte Ammoniake (Methylamin etc.) — d. Substituirend oder oxydirend wirkende Gase: 1) Chlor; 2) Fluor (?), 3) Ozon.

Die irrespirablen Gase kann man bei Thieren durch Trachealfisteln in die Lungen einführen, wo dann die meisten heftig zerstörend wirken; der Stimmritzenkrampf ist also ein schützender Act; nach Vagusdurchschneidung würde er fortfallen (p. 148).

C. Giftige Gase. Dieselben können eingeathmet werden, bewirken aber durch ihre Aufnahme in das Blut schädliche oder tödtliche Veränderungen im Organismus.

Man kann sie folgendermassen eintheilen: a. Reducirende Gase; sie oxydiren sich auf Kosten des Blutes, welchem sie seinen Sauerstoff entziehen; hierdurch bewirken sie die Erscheinungen des Sauerstoffmangels (p. 149), Dyspnoe, Krämpfe und Asphyxie. 1) Schwefelwasserstoffgas H_2S (oxydirt sich zu S und $H_2\Theta$); nachdem das Blut Θ-frei geworden ist, wird das Hämoglobin zersetzt, wobei sich zuerst ein hämatinartiger Körper, dann eine grüne Substanz bildet; zu diesen Wirkungen kommt es aber bei warmblütigen Thieren nicht, weil schon vorher durch die Sauerstoffentziehung der Tod erfolgt (Hoppe-Seyler, Kauffmann & Rosenthal). 2) Phosphorwasserstoffgas PH_3, oxydirt sich im Blute zu phosphoriger Säure und Wasser (Dybkowsky). 3) Arsenwasserstoffgas AsH_3 und 4) Antimonwasserstoffgas SbH_3, scheinen ähnlich zu wirken (Hoppe-Seyler). 5) Stickstoffoxydgas NΘ, wirkt auf das Blut zuerst ebenfalls reducirend (L. Hermann), ist aber irrespirabel (s. auch sub b.). — b. Sauerstoffverdrängende Gase; sie treiben den Sauerstoff aus seiner Verbindung mit Hämoglobin aus, mit welchem sie selbst eine festere, ebenfalls hellrothe Verbindung eingehen, sie bewirken ebenfalls die Erscheinungen des Θ-Mangels. 1) Kohlenoxydgas $\mathrm{C}\Theta$ (vgl. p. 48). Wenn das Blut nicht völlig mit $\mathrm{C}\Theta$ gesättigt ist, so ist eine Herstellung möglich, indem der noch im Blute vorhandene Sauerstoff das $\mathrm{C}\Theta$ zu $\mathrm{C}\Theta_2$ oxydirt (Pokrowsky). 2) Stickoxyd, im Ueberschuss auf Blut wirkend, bildet ebenfalls eine feste Verbindung mit Hämoglobin (L. Hermann); es kommt aber wegen seiner Irrespirabilität nicht zur Wirkung. 3) Cyanwasserstoff $\mathrm{C}NH$, scheint ebenfalls eine Verbindung mit Hämoglobin zu bilden (Hoppe-Seyler, Preyer); der Zusammenhang dieses Umstandes mit der giftigen Wirkung der Blausäure ist noch nicht festgestellt. — c. Berauschende Gase:

sie bewirken, mit Sauerstoff eingeathmet, Störungen des Bewusstseins und Anästhesie: 1) Stickoxydulgas $N_2Θ$ (H. Davy) (vgl. p. 151); 2) Oelbildendes Gas (Aethylengas) $Є_2H_4$ (L. Hermann); 3) Methylchlorürgas $ЄH_3Cl$ (L. Hermann); 4) Kohlensäure $ЄΘ_2$, bewirkt eine Reihe complicirter Erscheinungen, von denen einige bereits p. 71, 147 und 151 angeführt sind; weiterhin tritt eine Art Betäubung (Narcose) ein; der Zusammenhang ist hier noch nicht vollständig aufgeklärt. — d. Giftige Gase von unbekannter Wirkung; hierher gehören die meisten, noch sehr wenig untersuchten Gase, z. B. Cyangas $Є_2N_2$.

SECHSTES CAPITEL.

Stoffwechsel des Blutes.

Nachdem in den drei vorhergehenden Capiteln die Ausgaben und Einnahmen des Blutes besprochen worden sind, ist zu erörtern, auf welche Weise sich das Blut und seine Bestandtheile in ihrer normalen absoluten und relativen Menge erhalten. Dass unter normalen Lebensbedingungen sich Einnahmen und Ausgaben des Blutes fast genau decken, zeigt die sehr constante Menge (Spannung) und Zusammensetzung des Blutes; gewisse Schwankungen kommen allerdings auch normal vor, aber nur vorübergehende; so ist es z. B. klar, dass zur Zeit der Verdauung, wo die Einnahmen so bedeutend überwiegen, eine positive Schwankung eintreten muss. Eine Bilance der Einnahmen und Ausgaben ist jedoch noch nicht zu ziehen möglich, da man bis jetzt keinen der beiden Factoren auch nur annähernd quantitativ bestimmen kann.

Wechsel der Blutkörperchen.

Ein Wechsel der chemischen Blutbestandtheile wäre denkbar, ohne dass zugleich ein Wechsel der Formbestandtheile, der Blutkörperchen, Statt fände. Indessen sprechen viele (unten zu erwähnende) Thatsachen dafür, dass fortwährend rothe Blutkörperchen zu Grunde gehen und neue entstehen; andere Thatsachen zeigen, dass die neuen rothen Blutkörperchen aus farblosen hervorgehen. Ueber die Entstehung dieser letzteren liegen ziemlich sichere Erfahrungen vor, viel weniger über Ort und Art des Uebergangs der farblosen in rothe, und am wenigsten über den Modus des Unterganges der letzteren.

1. Die farblosen Blutkörperchen, identisch mit den Lymphzellen, entstehen im Geborenen höchst wahrscheinlich fast sämmtlich in den Lymphdrüsen und Follikeln (sowie in einigen wahrscheinlich ähnlich gebauten Organen: Thymus- und Schilddrüse) und in der Milz. Die in den ersteren Organen gebildeten werden mit der Lymphe in's Blut ergossen (p. 118), die der Milz dagegen (mit Ausnahme der Milz-Follikel, die zum Lymphsystem zu gehören scheinen) werden dem Blute direct beigemischt, zum Theil bereits in rothe umgewandelt.

Von den Lymphdrüsen und Follikeln war bereits (p. 117) die Rede. — Die Thymusdrüse, ein embryonales, nach der Geburt langsam abnehmendes, erst spät ganz verschwindendes Organ der Brusthöhle, scheint nach den neuesten Forschungen Alveolen zu enthalten, die den Lymphalveolen und Follikeln völlig entsprechen; ausserdem enthält sie degenerative Bestandtheile (Fettzellen, Amyloidkörper u. s. w.). Jene Structur und ihre zahlreichen Lymphgefässe lassen in ihr ein lymphdrüsenähnliches Organ vermuthen. — Auch in der Schilddrüse werden von Einigen (Jendrassik) lymphalveoläre Gebilde als normale Bestandtheile, die daneben vorkommenden mit colloiden Massen erfüllten Cysten dagegen als Degeneration angesehen.

Noch unklarer und räthselhafter ist der Bau der Milz (s. d. hist. Lehrbb.). Nach der jetzt verbreitetsten Vorstellung sind 1) die an den feinen Arterienzweigen seitlich aufsitzenden Malpighi'schen Bläschen als wahre Lymphfollikel zu betrachten (Gerlach); sie bilden circumscripte Verdickungen der Arterienwand, die sich als einfache Einlagerung von farblosen (Lymph-) Zellen zwischen die Gewebsspalten der Adventitia betrachten lassen (vgl. p. 117); bei vielen Thieren ist diese alveoläre Verdickung nicht circumscript, sondern mehr gleichmässig über die Arterienwände verbreitet (W. Müller). Die Milzpulpe besteht aus ganz ähnlichen Räumen, wie die Alveolen der Lymphdrüsen, nur dass hier die Blutgefässe dieselbe Rolle spielen, wie in jenen die Lymphgefässe, d. h. die Capillaren der Blutgefässe münden (wie dort die freilich sinusartigen Lymphgefässenden) in die mit Lymphzellen erfüllten Alveolen, aus denen dann erst die Venen hervorgehen. Es mischen sich also die Bestandtheile des Blutes mit den hier befindlichen Lymphkörperchen. Neben dieser Mischung (die also rothe und farblose Zellen enthält) finden sich in diesen Räumen zahlreiche Uebergangsformen zwischen farblosen und rothen Blutkörperchen (s. unten) und ausserdem gefärbte Zellen und Kerne, welche man für in Rückbildung begriffene rothe Blutkörperchen hält, — letztere theils frei, theils in zellenartige Massen eingeschlossen (vgl. unten). Die Milzpulpe reagirt sauer, und man findet in ihr ausser sämmtlichen Blutbestandtheilen mannigfache Oxydationsproducte: Harnsäure, Hypoxanthin, Xanthin, Leucin, Tyrosin, Inosit, flüchtige Fettsäuren (Ameisen-, Essig-, Buttersäure), Milchsäure; ferner zahlreiche Pigmente, ein eisenhaltiges Albuminat, und überhaupt auffallend viel Eisenverbindungen. — Das Venenblut der Milz enthält ausnehmend viel farblose Zellen (1 auf 70 rothe, Hirt) und seine rothen Zellen zeichnen sich durch Kleinheit, geringere Abplattung, grössere Resistenz gegen Wasser, Mangel an Rollenbildungsvermögen (p. 42), vor anderen aus (Funke), Eigenschaften die man als Merkmale der Neubildung betrachtet; ausserdem enthält es, wie die Milzpulpe, zahlreiche Uebergangsformen.

Die Bildung der Lymphzellen in allen diesen Organen ist nach den neueren Forschungen ein Vorgang, welcher mit der Entstehung der Bindegewebskörperchen seiner Natur nach zusammenfällt. Die einander völlig analogen farblosen, contractilen und activer Wanderungen (Cap. X.) fähigen Körperchen, welche in dem Canälchennetz des Bindegewebes (in den Knotenpuncten), ferner in dem hiermit zusammenhängenden (p. 113) Lumen der Lymphgefässe und in dem erweiterten Canalnetz der Lymphdrüsen und Follikel (p. 117), endlich in den analogen Räumen der Milz etc. liegen, sind, so muss man annehmen, in beständiger Vermehrung (durch Theilung) begriffen, wodurch der fortwährende Abgang in der Richtung zum Blute ersetzt wird (Virchow, v. Recklinghausen).

Diese Anschauungen werden durch zahlreiche Thatsachen gestützt, unter andern: das Vorkommen von Lymphzellen in Lymphe, welche noch keine Lymphdrüsen oder Follikel passirt hat; ferner die pathologische Bildung von Lymphkörperchen aus zweifellosen Bindegewebszellen bei der Leukämie, wo auch die Bildung der Lymphzellen in den Lymphdrüsen und der Milz krankhaft gesteigert ist (Friedreich); endlich die Bildung der den Lymphkörperchen völlig gleichenden Eiterkörperchen durch Vermehrung von Bindegewebszellen (Virchow, C. O. Weber, Rindfleisch).

Die massenhafte Neubildung der farblosen Blutelemente scheint auf die verschiedenen Bildungsorgane derart vertheilt zu sein, dass eines das andere ersetzen und unterstützen kann. Man schliesst dies aus der Erfahrung, dass die Exstirpation einzelner jener Organe (Milz, Thymus, Lymphdrüsen, etc.) keine nachtheiligen Folgen für den Körper hat, sondern durch vicariirende Anschwellung der übrigen compensirt wird; werden jedoch viele zugleich exstirpirt, so ist das Leben gefährdet.

Von der Blutzellenbildung im extrauterinen Leben ist die fötale gänzlich verschieden. Die ersten Blutzellen entstehen mit den Gefässen zugleich, indem die innersten Schichten der die letzteren bildenden Zellenreihen ohne weiteres Blutzellen werden und durch Theilung neue bilden (Remak, Kölliker); später sobald die Leber gebildet ist, soll die Blutkörperchenbildung auf diese übergehen (E. H. Weber, Kölliker); jedoch ist weder der Modus deutlich, noch die Thatsache überhaupt feststehend. Einige (Lehmann, Funke) schreiben sogar der Leber für das ganze Leben die Bildung neuer Blutzellen zu, und stützen sich hauptsächlich auf den Reichthum des Lebervenenblutes an farblosen Zellen und an neugebildeten rothen (ähnlich denen des Milzblutes); jedoch lassen sich diese Beobachtungen auch anders erklären (s. unten), und es sind in der Leber noch keine follikelähnlichen Organe nachgewiesen.

2. Der Uebergang farbloser Blutkörperchen in rothe geschieht wahrscheinlich überall im Blute, direct nachgewiesen ist er nur in der Milz, deren Venenblut zahlreiche Uebergangsformen enthält (p. 155). Die zu Grunde liegende chemische Umwandlung ist unbekannt, namentlich die Entstehung des Hämoglobins; es wird angegeben, dass dasselbe in den neuentstandenen rothen Zellen besonders leicht krystallisirbar ist (Funke). Die Entstehung des Hämoglobins scheint unter dem Einfluss des Sauerstoffs zu geschehen, denn man sieht auch Lymphe und lymphhaltige Organe zuweilen an der Luft sich röthen (Virchow, Friedreich). — Der formelle Uebergang besteht nach der verbreitetsten Ansicht in einem Verschwinden des Kernes, dem eine allmähliche Abplattung der rothwerdenden Zelle folgt; zugleich scheint das Körperchen immer leichter den Diffusionsströmen zugänglich zu werden; die eben roth gewordenen, jungen Zellen, wie sie im Milz- und Lebervenenblute vorkommen (p. 156), quellen weniger leicht in Wasser auf und sind noch nicht so stark abgeplattet, als die gewöhnlichen, älteren, die vom Wasser leicht zerstört werden, und scheibenförmig, daher auch grösser sind.

Ein Theil der farblosen Zellen soll nicht in rothe sich verwandeln, sondern durch fettige Degeneration zu Grunde gehen (Virchow).

3. Ueber den Untergang der rothen Zellen ist noch wenig bekannt. Man hat Ursache ihn überall zu vermuthen wo Farbstoffe entstehen, da es wahrscheinlich (von manchen fast sicher) ist, dass diese alle aus freigewordenem Blutfarbstoff hervorgehen (p. 31) hauptsächlich also in der Milz, in der Leber, in der Niere u. s. w.

Am wahrscheinlichsten ist ein massenhafter Untergang rother Blutkörperchen in der Milz und Leber. In der Milz werden, da das Blut nach der oben erörterten Anschauung gleichsam durch die farblosen Zellen der Alveolen hindurchfiltriren muss, vermuthlich viele mit dem Arterienblut hineingelangte Zellen zurückgehalten (wenn nicht ein Theil des Blutes auf anderem Wege, z. B. durch die Follikel, die Milz durchsetzt). Hierfür sprechen zugleich die p. 155 geschilderten Spuren des Untergangs rother Elemente: die in Rückbildung begriffnen, verschrumpften Zellen, die Pigmente und eisenhaltigen Verbindungen, vielleicht auch die Oxydationsproducte; ferner der Umstand, dass das Milzvenenblut nur farblose und „junge" rothe Blutzellen enthält. Die sog. blutkörperchenhaltigen Zellen scheinen dadurch zu entstehen (Preyer), dass farblose contractile Zellen rothe Blutkörperchen in sich aufnehmen (vgl. p. 43). — In der Leber wird der Untergang rother Blutzellen wahrscheinlich gemacht durch das Auflösungsvermögen der gallensauren Salze für die rothen Körperchen und die Bildung des Gallenpigments (p. 91 f.), ferner durch den äusserst langsamen Blutstrom in der Leber (p. 90), endlich durch die Armuth oder den Mangel an „alten" rothen Zellen im Lebervenenblut. Dasselbe enthält, wie bereits (p. 156) erwähnt, nur „junge" rothe und viele farblose Zellen, ähnlich dem Milzvenenblut (LEHMANN); woraus aber noch keineswegs auf eine Neubildung von Blutzellen in der Leber geschlossen werden darf, da die neuen Zellen der Milzvene durch die Pfortader in die Leber gelangen. Nimmt man nun an, dass die durch die übrigen Componenten der Pfortader eingeführten „alten" rothen Zellen ganz oder theilweise in der Leber zu Grunde gehen, so muss natürlich das Lebervenenblut mehr neue Elemente enthalten, als das Pfortaderblut. — Es scheint demnach besonders der in die Artt. coeliaca und mesentericae gelangende Bruchtheil der Blutmasse seine rothen Elemente einzubüssen und zwar theils direct in der Milz und Leber (Art. hepatica), theils nachdem Magen und Darm versorgt sind, in der Leber (Pfortader).

Wechsel der chemischen Bestandtheile.

Ueber den Wechsel der chemischen Blutbestandtheile ist noch weniger Sicheres bekannt, als über den der morphologischen. Man weiss zwar im Allgemeinen, wie in den drei letzten Capiteln erörtert ist, welche Bestandtheile das Blut einnimmt und ausgiebt, allein man kennt weder auch nur annähernd die Grössen dieses Umsatzes, noch weiss man, wie er sich auf die verschiedenen Verkehrsstellen vertheilt. Ferner weiss man so gut wie Nichts über die Frage, ob innerhalb des Blutes selbst chemische Veränderungen seiner Bestandtheile vor sich gehen. Gegen das Vorkommen von Oxydationsprocessen im Blute spricht die bereits (p. 135) erwähnte Thatsache, dass in sauerstoffhaltigem, aber kohlensäurefreiem frischen Blute keine Kohlensäure gebildet wird. Dagegen wird (abgesehen von den Bestandtheilen der Blutkörperchen, deren Farbstoff nach p. 157 erst im Blute entsteht) gewöhnlich angenommen, dass die fibrinogene Substanz entweder im Blute oder doch in der Lymphe aus andern Eiweisskörpern (Albumin) entstehe; jedoch ist auch dies keine feststehende Thatsache, da auch sie möglicherweise, etwa wie der Zucker aus der Leber, aus irgend einem Organe fertig gebildet aufgenommen wird. Ferner wird gewöhnlich angegeben, dass gewisse leicht oxydirbare Stoffe, z. B. Fettsäuren, namentlich aber der in grossen Mengen dem Blute zugeführte Zucker für den man nur eine offenbar unzureichende Ausscheidungsstätte im Harne kennt (p. 97), im Blute selbst zu

Kohlensäure und Wasser verbrannt werden; auch hierfür fehlt es noch vollkommen an Beweisen (vgl. übrigens p. 161 ff.).

Der Wechsel der chemischen Blutbestandtheile durch Secretion und Resorption lässt sich auf folgende Weise kurz zusammenfassen.

1. Der Gaswechsel des Blutes ist bereits im 5. Capitel im Zusammenhang besprochen.

2. Die unorganischen Bestandtheile werden beständig in grossen Mengen aus dem Verdauungsapparat und aus Parenchymsäften und Secreten resorbirt und ebenso an Parenchymsäfte und Secrete ausgegeben, das Wasser ausserdem durch Haut- und Lungenathmung direct an die Atmosphäre. Die Constanz ihrer Menge im Blute wird durch folgende Mechanismen erhalten: a. das Wasser: Verarmung des Blutes an Wasser muss zunächst auf den Diffusionsverkehr des Blutes in der Art einwirken, dass von dem concentrirteren Plasma weniger Wasser an die Parenchyme und Secrete abgegeben, dagegen mehr aufgenommen wird. Ferner ist mit jeder Wasserabnahme im Blute zugleich eine Abnahme des Blutvolums, also eine Verminderung des Blutdrucks in den Gefässen verbunden, so dass auch durch Filtration weniger Wasser abgegeben wird; am meisten macht sich dies durch Verminderung des Wassergehaltes (und der Menge) der nach aussen gehenden Secrete, Harn, Schweiss, bemerklich, in den Parenchymen nur durch verminderte Prallheit. Endlich bewirkt der locale Wassermangel gewisser Parenchyme Empfindungen, welche zu erhöhter Wasseraufnahme durch die Nahrung veranlassen (Durst, s. Cap. VII.). — Umgekehrt führt begreiflich Wasserüberschuss im Blute zu vermehrter Ausgabe durch Filtration und Diffusion, welche wiederum durch Vermehrung des Harns, des Schweisses, Aufhören des Durstes, etc. sich bemerklich macht. Ueber die Vertheilung der Wasserabgabe nach Aussen s. Cap. VII. — b. Salze. Auch die Veränderungen im Salzgehalt des Blutes müssen den Diffusionsverkehr, wie sich leicht ergiebt, in einer Art modificiren, welche zu einer annähernden Constanz des Salzgehalts im Ganzen führt. Wie sich aber die Mengen der einzelnen Salze erhalten, oder ob eine gegenseitige Vertretung stattfindet, ist unbekannt.

3. Organische Bestandtheile. Da die Kräfte, durch welche organische Substanzen in das Blut ein- und aus demselben austreten, noch keineswegs sicher bekannt sind (s. Cap. III. und IV.), so kann man noch nicht den Mechanismus vermuthen, welcher,

analog dem eben besprochenen für die unorganischen Stoffe, eine annähernde Quantitätsconstanz jener herbeiführte. Nur das weiss man, dass eine beständige Aufnahme organischer Nahrungsstoffe durch gewisse, noch räthselhafte Empfindungen (Hunger, s. Cap. VII.) veranlasst wird, und zwar um so stärker, je grösser der Verbrauch gewesen ist. Was hier noch über den organischen Stoffwechsel des Blutes folgt, ist hauptsächlich Recapitulation. — a. Fette, etc.: Der Austritt neutraler Fette aus dem Blute, ebenso der directe Eintritt, sind noch völlig unbegreifliche Vorgänge, die man bis jetzt nur durch Annahme vorhergehender Zerlegung, resp. Verseifung erklären könnte. In der That scheinen neuere Untersuchungen (Radziejewski) darauf hinzudeuten, dass im Organismus aus Seifen Fette gebildet werden. Für die directe Fettaufnahme wird angeführt: der grössere Fettgehalt des Pfortaderblutes anderen Blutarten gegenüber (p. 91); indessen könnte diese Angabe vielleicht auf das Protagon zu beziehen sein (das bei den bisherigen Bestimmungen im Aether- oder Alkoholextract mit enthalten war und als Fett verrechnet wurde), da von diesem ein Theil in der Leber das Blut verlässt (vgl. die Bestandtheile der Galle, p. 89); — für die Fettausgabe: das directe Entstehen der Parenchym- und Secretfette aus Blutfetten, eine Ansicht, welche immer mehr durch andere Vorstellungen über die Entstehung der Fette verdrängt wird (Cap. VII.). Jedenfalls ist die Bedeutung des geringen Fettgehalts im Blute noch völlig unbekannt. — b. Stickstoffhaltige Körper: Die Hauptaufnahmestätte für Albuminate ist die Darmwand, von wo sie sowohl direct als indirect resorbirt zu werden scheinen; ausserdem werden fortwährend überschüssig ausgeschiedene Albuminate aus den Parenchymen, vermuthlich indirect (p. 116), wieder resorbirt. Man nimmt an, dass die Albuminate zunächst nach ihrer Aufnahme aus Peptonen in die Form des Serumalbumins übergehen. An welcher Stelle nun, und ob überhaupt im Blute selbst (p. 158), andre Blutalbuminate, namentlich die fibrinogene Substanz daraus hervorgehen, ist noch zu erforschen; vom Hämoglobin ist bereits bei den Blutkörperchen (p. 157) die Rede gewesen. — Die Ausgabe von Eiweisskörpern geschieht an sämmtliche Parenchyme und viele Drüsen. Man stellt sich nun weiter vor, dass hier die Albuminate zunächst in Albuminoide übergehen und als solche theils bleibende Gewebsbestandtheile werden (Leim, Chondrin, Keratin, Elastin), theils als specifische Secretbestandtheile (Mucin, Fermente) ausgeschieden werden. Weiterhin scheint dann hauptsächlich in gewissen Parenchymen (Muskel- und Nervengewebe, Fettgewebe, Leber) eine weitere Oxydation und Spaltung stattzufinden: die stickstoffhaltigen, leicht diffundirbaren Spaltungsproducte werden theils in Secreten ausgeschieden (Glycin, Taurin der Galle durch den Koth), theils in's Blut wieder resorbirt (Glycin zum Theil als Hippursäure aus der Leber, Kreatin, Kreatinin aus den Muskeln, etc.) und von hier schliesslich an Nieren (und Schweissdrüsen?) abgegeben, wo sie vollends theils zu Harnsäure, grösstentheils aber zu Harnstoff oxydirt (vgl. p. 99) und ausgeschieden werden. Von den stickstofflosen Spaltungsproducten ist nur wenig bekannt; man vermuthet sie in dem Glycogen und Zukker der Leber und anderer Parenchyme (s. unten), in den Fetten der Parenchyme und Secrete, u. s. w. — c. Kohlenhydrate. Der Traubenzucker des Blutes stammt theils aus dem Verdauungsapparat (direct genossen, oder aus genossener Stärke oder aus anderen Zuckerarten gebildet), theils aus Parenchymen, und zwar angeblich aus der Leber (s. unten), den Muskeln (Cap. X.) und im foetalen Zustande aus der Placenta (s. unten). — Die Ausgabe des Traubenzuckers aus dem Blute geschieht: a) in geringen Mengen durch den Harn (p. 97); b) an gewisse Höhlentranssudate (p. 77), wo seine weiteren Schicksale unbekannt sind; c) an die Milch, wo er sich in Milchzucker umwandeln soll (p. 108); d) angeblich zum Theil durch directe Verbrennung im Blute selbst (? p. 158); als Beweis wird angeführt, dass bei erstickten Thieren der Zuckergehalt des Harns vermehrt ist (Jones). Die Glycogen- und Zuckerbildung in den Parenchymen erfordert hier eine genauere Betrachtung.

Glycogen- und Zuckerbildung in Parenchymen.

In vielen thierischen Geweben findet sich eine stärke- oder richtiger dextrinähnliche, sehr leicht (durch dieselben Mittel wie Stärke) in Zucker übergehende Substanz, das Glycogen (p. 25). Hauptsächlich kommt sie vor: in der Leber (Bernard, Hensen), in fast allen Geweben des Embryo und seiner Adnexa (Bernard), ebenso in den Geweben junger Thiere, und in neugebildeten pathologischen Geweben (Kühne).

Glycogen scheint auch bei niederen Thieren vielfach vorzukommen; z. B. fand es sich in der Ascaris lumbricoides, haptsächlich in den Muskeln (Foster). Zuckerbildende („glycogene") Substanzen, die dem Glycogen der Leber mehr oder weniger nahe stehen, finden sich auch im Gehirn (Jaffe), in den Muskeln (Dextrin Limpricht), in vielen Drüsen (Kühne), u. s. w.

Aus der Leber stellt man das Glycogen dar (Kühne) durch Zerreiben des ganz frischen Organes mit Sand und Wasser bei 100°, Ansäuern zur vollständigen Ausfällung der Albuminate, Filtriren, und Auskochen des Rückstandes mit neuen Portionen Wasser bis das Filtrat nicht mehr opalisirt. Die vereinigten Filtrate werden auf die Hälfte eingeengt, und mit Alkohol versetzt, wodurch das Glycogen, mit etwas Glutin verunreinigt, in weissen Flocken ausfällt; von letzterem befreit man es durch Kochen mit Kali, Neutralisiren und Ausfällen mit Alkohol.

Ueber die Bildung des Glycogens ist nur für die Leber Einiges bekannt. Dieselbe enthält bei gesunden Thieren bei jeder Nahrung Glycogen, aber bei stärke- oder zuckerhaltiger Nahrung bei weitem mehr als bei kohlenhydratfreier. Die Quelle des Glycogens scheint daher hauptsächlich der der Leber zugeführte Zukker zu sein (Pavy, Tscherinoff); indessen muss noch die Möglichkeit festgehalten werden, dass auch andere Blutbestandtheile (Eiweisskörper, Protagon) Glycogen liefern können.

Fermente, welche das Glycogen in Zucker überführen, enthalten nicht bloss die zuckerbildenden Secrete (Speichel, Pancreassaft), sondern auch die Leber und das Blut. Die ausgeschnittene Leber enthält stets grosse Mengen von Zucker, welche beständig zunehmen, so lange noch Glycogen vorhanden ist. Eine noch nicht entschiedene Frage ist es, ob die Leber *auch während des Lebens Zucker bilde*. In einer ganz frischen, dem eben getödteten Thiere entnommenen Leber haben die Einen (Bernard, Kühne) geringe, aber deutliche Zuckermengen gefunden, die Andern (Pavy, Ritter, Schiff) keine Spur. Für eine Zuckerbildung in der Leber während des Lebens spricht ferner, dass das Lebervenenblut (bei stärke- und zuckerfreier Kost) reicher an Zucker ist, als das Pfortaderblut (Bernard); diese beständige Abfuhr von Zucker liesse sich mit sehr geringem Zuckergehalt oder selbst mit Zuckermangel der Leber vereinigen; indess ist auch dieser Befund und überhaupt der Zuckergehalt des Blutes, insbesondere des Lebervenenblutes, bestritten worden (Pavy, Ritter, Schiff). Diejenigen, welche keine Zuckerbildung in der lebenden Leber annehmen, bestreiten entweder das Vorhandensein des zuckerbildenden *Fermentes*, das sich erst nach dem Tode oder unter pathologischen Bedingungen (s. unten, Diabetes) bilde (Schiff), oder nehmen an, dass das vorhandene Ferment (durch eine Art Hemmungswirkung von Seiten des Nervensystems) an seiner Wirkung während des Lebens gehindert sei (Pavy).

Diejenigen, welche eine vitale Zuckerbildung in der Leber annehmen, lassen den Zucker in das Blut übergehen und hier zum grössten Theil verbrannt werden, während ein kleiner Theil in Excrete übergeht (in den Harn, in die Milch). Wenn keine Zuckerbildung in der Leber stattfindet, so muss das Glycogen in andere Substanzen übergehen, und hierfür ist es von Bedeutung, dass Thiere, die mit Kohlenhydraten gefüttert werden, ausser einem starken Glycogengehalt der Leber (s. oben) zugleich einen starken Fettgehalt derselben zeigen (Tscherinoff); es wäre also möglich, dass das Glycogen zur Fettbildung verwandt wird; jedoch kann dieser Befund auch so gedeutet werden, dass Fett neben Glycogen aus Zucker entsteht, oder dass beide sich nur deshalb in der Leber anhäufen, weil der leicht oxydirbare Zucker die oxydirenden Einflüsse des Körpers von beiden ablenkt.

Unter gewissen Umständen kommt es zu einer reichlichen Ausscheidung von Zucker durch den Harn; dieser Zustand heisst Diabetes. Er kann herrühren 1) von einer vermehrten Zuckerbildung in der Leber, durch Vermehrung (oder nach der andern Ansicht: Entstehung) des zuckerbildenden Ferments; 2) von einer verminderten Zerstörung des in der Leber gebildeten Zuckers, 3) von einer Behinderung der Umwandlung des mit der Nahrung genossenen oder durch die Verdauung gebildeten Zuckers in Glycogen in der Leber. Alle drei Ansichten sind von verschiedenen Autoren ausgesprochen worden. — Diabetes entsteht: a. durch gewisse noch unbekannte pathologische Störungen (pathologischer Diabetes), b. durch Verletzung einer circumscripten Stelle in der Medulla oblongata, am Boden des 4. Ventrikels, den sog. „Zuckerstich" oder die „Piqûre" (Bernard), c. durch gewisse Gifte, z. B. Curare.

Die drei obengenannten Möglichkeiten schliessen sich nicht vollständig aus, da die verschiedenen Diabetes-Arten ganz verschiedener Natur sein können. Für die erstere Ansicht (Bernard, Schiff) spricht, dass nach Vergiftungen, welche den Glycogengehalt der Leber aufheben, z. B. Arsenvergiftungen, weder der Zuckerstich noch Curare Diabetes herbeiführt (Saikowsky); dass ferner jede Circulationsstörung in irgend einem grösseren Gefässgebiet, z. B. durch Unterbinden grösserer Gefässe, Lähmung vasomotorischer Nerven, Diabetes bewirkt; so soll auch der Zuckerstich durch vasomotorische Lähmung wirken, in dem stagnirenden oder langsam fliessenden Blute soll sich nämlich ein zuckerbildendes Ferment entwickeln (Schiff); Andere erklären den Zuckerstich durch Aufhebung der hemmenden Wirkung des Nervensystems auf die Wirkung des Leberferments (Pavy, vgl. p. 162). Für die zweite Ansicht (Winogradoff) wird angeführt, dass nach Curare-Vergiftung die Leber weder an Glycogen noch an Zucker reicher sei als sonst, der Diabetes müsse also von verhinderter Zerstörung des Zuckers (aus noch unbekannten Ursachen) herrühren. Für die dritte Ansicht (Tscherinoff) spricht endlich der Umstand, dass beim pathologischen Diabetes die Zuckerausscheidung wesentlich von der Aufnahme von Kohlenhydraten abhängt

Da nach dem Vorstehenden die Entstehungsgeschichte des Glycogens und des Zuckers noch im höchsten Grade dunkel ist, so können die bisherigen Angaben über den Nerveneinfluss auf diesen Vorgang hier keine Stelle finden; denn sie betreffen nur das Auftreten von Zucker im Harn, und sind sämmtlich vielfach bestritten.

Constanz der Blutmenge.

Die Erhaltung der Blutmenge ist natürlich das Resultat der Quantitätsconstanz der Blutbestandtheile. Da jedoch das Wasser bei weitem die Hauptmasse des Blutes ausmacht (80%), und dem Volumen nach das Wasser dem Blutvolumen fast gleichkommt, so kommt für die Erhaltung der Blutmenge vorzüglich die der Wassermenge in Betracht, deren Mechanismus bereits (p. 100) erörtert ist. In der That stellt sich nach grossen Blutverlusten sehr schnell das Blutvolum dadurch wieder her, dass unter dem verminderten Blutdruck weniger Wasser an die Parenchyme und Secrete abgegeben und mehr resorbirt wird, dass ferner starker Durst (p. 172) zu vermehrtem Flüssigkeitsgenuss auffordert.

SIEBENTES CAPITEL.

Stoffwechsel des Gesammt-Organismus.

I. DIE EINNAHMEN.

Wie bereits wiederholt angegeben, nimmt der Organismus regelmässig von aussen auf: 1. Ersatzmaterial für die theils nach ihrer Oxydation in Form von „Oxydationsproducten", theils unoxydirt, unverändert ausgeschiedenen Körperbestandtheile, — Nahrung. 2. Sauerstoff, zur Oxydation der oxydirbaren Körperbestandtheile. Was über die Aufnahme des letzteren zu sagen ist, findet sich im fünften Kapitel. Die Nahrung erfordert dagegen hier eine nähere Betrachtung.

Die Nahrung.

Die Elemente der Nahrung müssen im Allgemeinen dieselben sein wie die Körperelemente (p. 15), wenn sie den Verlust der letzteren ersetzen sollen. Indessen genügt die Zuführung dieser Elemente im isolirten Zustande nicht zur Ernährung, weil sie theils zur Aufnahme in das Blut untauglich sind, theils wenn sie auch aufgenommen sind, doch ihre Synthese zu den chemischen Verbindungen, welche sie ersetzen sollen, im Organismus nicht ausführbar ist. Es können daher im Allgemeinen nur chemische Verbindungen als Nahrungsstoffe benutzt werden, und zwar nur solche, die die folgenden Bedingungen erfüllen: 1. die Verbindung muss zur Aufnahme in das Blut oder den Chylus direct oder nach der Vorbereitung durch die Verdauungsvorgänge geeignet

(„verdaulich") sein; 2. sie muss entweder oxydirbar und den im Organismus vorhandenen oxydirenden Einwirkungen zugänglich sein, oder zum Ersatz eines unoxydirbaren Körperbestandtheils dienen können; ersterer Bedingung werden am sichersten diejenigen Verbindungen genügen, welche mit den gewöhnlichen organischen Blut- oder Gewebsbestandtheilen übereinstimmen; 3. weder sie selbst, noch eine ihrer etwaigen Oxydationsstufen darf Eigenschaften besitzen, welche den Bestand oder die Thätigkeit irgend eines Körperorganes beeinträchtigen (derartige Stoffe werden „Gifte" genannt).

Die ad 2 genannte Bedingung wird gewöhnlich so aufgefasst, dass nur die Stoffe Nahrungsstoffe sein können, welche mit Körperbestandtheilen übereinstimmen. Indessen wird die obige Fassung dadurch gerechtfertigt, dass auch andere, sonst dem Körper nicht angehörige organische Stoffe vielfach aufgenommen und verbrannt, also zu den Leistungen des Organismus verwandt werden, und dass es durchaus nicht unwahrscheinlich ist, dass sowohl organische als unorganische Körperbestandtheile durch andere ungewöhnliche ersetzt werden können (vgl. p. 38).

Kaum ein einziger der Nahrungsstoffe wird für sich allein, fast alle werden in gewissen natürlichen Gemengen genossen, welche man Nahrungsmittel nennt; es sind meist pflanzliche oder thierische Gewebe, oder Theile von solchen. Auch diese werden meist noch künstlich mit einander vermischt und, theils zur leichteren Verdauung, theils zur Erhöhung des Wohlgeschmacks auf mannigfache Weise zubereitet. Solche zubereitete Gemenge von Nahrungsmitteln nennt man Speisen.

Bei der Mischung von Nahrungsmitteln zu Speisen ist die Zufügung eines sog. „Gewürzes" das wesentlichste, d. h. eines Stoffes, der durch gewisse reizende Eigenschaften zur reflectorischen Anregung der Absonderung der Verdauungssäfte (Speichel, Magensaft, etc.) besonders geeignet ist; das gewöhnlichste Gewürz ist das Kochsalz. Die Zubereitungen der Speisen (Kochen, Braten, Bakken, etc.) haben besonders zum Zweck, der Verdauung durch Vorwegnahme einiger ihrer Verrichtungen, z. B. durch Lösen des Löslichen, Löslichmachen des Unlöslichen, Auflockern des Compacten, Zersprengen unverdaulicher Hüllen, Vorschub zu leisten.

Wie aus dem oben Gesagten hervorgeht, zerfallen die Nahrungsstoffe in zwei natürliche Gruppen, welche beide nothwendig in der Nahrung vertreten sein müssen. Die erste, welche zum Ersatz unoxydabler Körperbestandtheile dient, ist die unorganische Nahrung und besteht wesentlich aus Wasser und Salzen; die zweite, zum Ersatz der oxydirbaren Körperbestandtheile dienende, welche also oxydirbar sein muss, ist die organische Nahrung.

Diese stammt wie alle organischen Stoffe (abgesehen von den wenigen künstlich aus unorganischen dargestellten) unmittelbar oder mittelbar aus der Pflanze; denn auch die organischen Bestandtheile des Thierkörpers (welche die „thierische Nahrung“ bilden) sind auf pflanzliche zurückzuführen, weil auch das fleischfressende Thier sich direct oder jedenfalls in letzter Instanz von Pflanzenfressern nährt.

Die mannigfachen organischen Verbindungen von C̶, H, N, O̶, S, u. s. w., die in der Pflanze sich bilden (p. 5), sind nur zum geringsten Theile wirkliche Nahrungsstoffe, weil viele von ihnen die oben angegebenen Bedingungen nicht erfüllen. Die von den Nahrungsstoffen unter ihnen herstammenden thierischen Stoffe müssen, wie sich leicht ergiebt, zum grössten Theile wieder als Nahrungsstoffe dienen können; indessen sind diese wieder um so werthlosere Nahrungsstoffe, je höhere Oxydationsstufen sie sind. Der Werth eines Nahrungsstoffes richtet sich nämlich vorzugsweise nach der durch ihn repräsentirten Summe von Spannkraft (p. 3), d. h. nach dem Quantum von lebendiger Kraft oder Arbeit, das aus seiner Verbrennung hervorgeht. (Ueber directe Maassbestimmungen in dieser Beziehung s. das 8. Cap.) Je höher aber die Oxydationsproducte sind, um so weniger Sauerstoff sind sie noch zu binden im Stande, um so werthloser also sind sie für die Leistungen des Organismus. Daher ist Harnstoff kein Nahrungsstoff, Kreatin ein sehr werthloser, Eiweiss, Zucker dagegen sehr werthvolle.

Welche Substanzen *nothwendige organische Nahrungsstoffe* sind, ergiebt sich am besten, wenn man die regelmässigen Körperbestandtheile (Cap. I.) als unentbehrlich betrachtet, und sie in Rücksicht darauf durchmustert ob sie aus irgend einer andern Substanz im Thierkörper entstehen könnten; wenn nicht, so würden sie mit der Nahrung aufgenommen werden müssen.

Hierbei ist nur noch festzuhalten, dass nicht die Unentbehrlichkeit aller im Organismus vorkommenden Stoffe angenommen werden kann; es ist also Gefahr vorhanden, dass man auf dem eben angegebenen Wege zu viele nothwendige Nahrungsstoffe findet; in dieser Beziehung ist also ein Vorbehalt zu machen. — Ferner ist zu berücksichtigen, dass eine Anzahl von Köperbestandtheilen gar nicht dadurch ersetzt werden *kann*, dass wir sie selbst mit der Nahrung einführen; weil sie entweder unresorbirbar und unverdaulich sind (z. B. Mucin, Keratin, Cholalsäure), oder weil sie nach ihrer Resorption schnell verändert, oxydirt werden würden, ehe sie an den Ort ihrer Bestimmung gelangen; solche Substanzen müssen daher nothwendig erst innerhalb des Organismus producirt werden.

Die Durchmusterung der im 1. Capitel genannten organischen Köperbestandtheile im angeführten Sinne ergiebt nun folgendes:

1. Organische Säuren. Alle genannten Säuren entstehen soweit sie überhaupt regelmässig vorkommen, nachgewiesenermassen im Organismus, obwohl die Herkunft bei manchen, z. B. bei den Gallensäuren (vgl. 92), noch unbekannt ist.

2. Alkohole. a. Cholesterin. Die Entstehung desselben im Körper ist noch nicht ermittelt (vgl. p. 92); ob eine solche überhaupt angenommen werden muss, ist zweifelhaft, da neuerdings in einigen Nahrungsmitteln (Erbsen, Beneke; Weizen, Ritthausen) Cholesterin gefunden worden ist. Möglicherweise gehört also Cholesterin, oder eine nähere Muttersubstanz desselben (Protagon?) zu den nöthigen Nahrungsstoffen. — b. Zuckerarten, und deren Anhydride (stärkeartige Körper). Im Organismus können sowohl Zuckerarten aus Stärke u. dgl. (schon im Darm), als auch wahrscheinlich umgekehrt ein stärkeartiger Körper (Glycogen) aus Zucker entstehen (in der Leber, vgl. p. 162). Beide Arten von Kohlenhydraten können sich also in der Nahrung vertreten; es fragt sich nun aber, ob sie überhaupt in der Nahrung enthalten sein müssen. Eine Entstehung derselben wäre denkbar aus Eiweiskörpern und deren Verwandten (aus Chondrin läst sich Traubenzucker darstellen), und aus Protagon*). Wenn indessen an dem Hauptort, wo sich Kohlenhydrate finden, nämlich in der Leber, das Glycogen bei kohlenhydratfreier Kost gänzlich schwindet, wie neuerdings behauptet wird (p. 162), so liegt kein Grund vor, eine Bildung von Kohlenhydraten im Organismus anzunehmen, und man müsste dieselben dann zu den nothwendigen Nahrungsstoffen zählen, soweit sie überhaupt im Organismus unentbehrlich sind.

3. Aetherarten. Die hier allein zu betrachtenden neutralen Fette können, obwohl sie vielfach mit der Nahrung aufgenommen werden, auch im Organismus aus anderen Substanzen entstehen, und sind daher keine nothwendigen Nahrungsstoffe; der Thierkörper kann auch bei fettfreier Nahrung stark fetthaltig werden. Fette könnten im Organismus entstehen: 1) aus Eiweisskörpern; hierfür spricht: a. die Entstehung eines fettartigen Körpers (Leichenwachs, Adipocire) in eiweissreichen Geweben der Leiche; b. Fettbildung aus Casein in stehender Milch (p. 109); c.

---

*) Soeben haben die Herren Liebreich & Baeyer aus Protagon Zucker erhalten, wie ich aus mündlicher Mittheilung weiss.

ein ähnlicher Vorgang beim Reifen des Käses. Andere für Fettbildung aus Eiweisskörpern u. dgl. angeführte Erscheinungen, z. B. die „fettige Degeneration“ stickstoffreicher Organe haben keine volle Beweiskraft, weil sie nur zeigen, dass an einem Orte im Organismus, der also mit allen übrigen in stofflichem Verkehr steht, statt des einen ein anderer Körper auftritt; dies kann natürlich nicht sicherstellen, dass auch letzterer aus ersterem hervorgeht. So wurde z. B. eine Zeit lang unter den Beweisen für die Fettbildung aus Eiweisskörpern angeführt, dass fettlose Krystalllinsen und andre stickstoffhaltige Körper, in die Bauchhöhle lebender Säugethiere eingebracht, nach einiger Zeit sehr fettreich waren und an Stickstoff verloren hatten. Allein Controllversuche mit ganz indifferenten porösen Köpern, Holz, Hollundermark, etc. zeigten, dass auch diese sich in der Bauchhöhle lebender Thiere mit Fett imprägnirten. 2) aus Protagon; für diese Möglichkeit lässt sich anführen, dass das Protagon die Constituenten der Fette, nämlich Glycerin und €-reiche Fettsäuren unter seinen Zersetzungsproducten zeigt (p. 32). 3) aus Kohlenhydraten; obwohl die Umwandlung von Kohlenhydraten in Fette ein Reductionsprocess wäre, wenn nicht etwa die Kohlenhydrate nur das Glycerin liefern, so sprechen doch folgende Erfahrungen für diesen Vorgang: a. die Bienen liefern bei reiner Zuckerfütterung einen fettartigen Körper, das Wachs; b. eine an Kohlenhydraten reiche Nahrung macht den Körper fett („Mästung“, s. unten); besonders zeigt sich hierbei unmittelbar eine starke Fettanhäufung in der Leber (p. 163); diese Thatsachen lassen sich aber auch so erklären, dass die Oxydation der leichtverbrennlichen Kohlenhydrate die Verbrennung von Fett oder fettbildenden Körpern (z. B. Eiweisskörpern) beeinträchtigt (Näheres unten). Der Umstand endlich, dass in Früchten (Oliven) sich Fette aus Kohlenhydraten (Mannit) bilden, beweist nichts für einen ähnlichen Vorgang im Thiere.

Im Ganzen also ist die Möglichkeit der Fettbildung aus andern Stoffen im Thierkörper zwar sicher, welche Stoffe dies aber sind, ob Eiweisskörper, Protagon, oder Kohlenhydrate, oder mehrere von diesen, ist noch nicht festgestellt.

4. Amidsubstanzen. Alle p. 26 ff. genannten Amidsubstanzen sind theils künstlich aus Eiweisskörpern, Albuminoiden, Protagon, dargestellt worden, theils ist ihre Entstehung aus diesen und ähnlichen Stoffen im Organismus durch Oxydation aus physiologischen Gründen zweifellos. Sie sind daher weder nothwendige

Nahrungsstoffe, noch sind sie überhaupt den wirklichen Nahrungsstoffen beizuzählen, weil sie in der Oxydationsreihe sämmtlich schon sehr hoch stehen (p. 167).

5. Protagon. Die Entstehung des Protagons im Organismus ist zwar denkbar (durch Synthese unter Mitwirkung von Phosphaten und Eiweisskörpern), aber nicht nachgewiesen. Es ist daher nicht unmöglich, dass sämmtliches Protagon des Organismus aus der Nahrung stammt (viele Pflanzenstoffe und die meisten thierischen Nahrungsmittel enthalten Protagon) und dass also das Protagon ein nothwendiger Nahrungsbestandtheil ist.

6. Eiweisskörper. Eine Bildung von Eiweisskörpern im Organismus aus einfacheren Verbindungen findet nicht Statt; wohl aber wäre eine Entstehung aus complicirteren Körpern, nämlich Albuminoiden oder Hämoglobin denkbar, obwohl nicht direct nachgewiesen. Die Eiweisskörper könnten in der Nahrung daher höchstens durch Albuminoide (von denen nur Leim und Chondrin als die einzigen verdaulichen in Betracht kommen) oder Hämoglobin und ähnliche Stoffe ersetzt werden.

7. Albuminoide. Sie entstehen im Organismus sicher aus Eiweisskörpern, brauchen daher in der Nahrung nicht vertreten zu sein (vgl. oben).

8. Hämoglobin entsteht ebenfalls höchstwahrscheinlich aus Eiweisskörpern.

Diese Betrachtung hat also als unentbehrliche organische Nahrungsstoffe mit Sicherheit nur die Eiweisskörper ergeben, welche möglicherweise durch Albuminoide oder Hämoglobin ersetzt werden können. Möglicherweise muss die Nahrung ausserdem auch Kohlenhydrate und Protagon enthalten. Selbst wenn aber diese Stoffe, wie die Albuminoide und Fette in der Nahrung fehlen dürfen, so wäre eine rein eiweisshaltige Nahrung im höchsten Grade unzweckmässig, weil unverhältnissmässig grosse Mengen aufgenommen und verdaut werden müssten, um die nöthigen Mengen jener Substanzen zu produciren. A priori also lässt sich behaupten, und die Erfahrung bestätigt es, dass die beste Nahrung alle wesentlicheren organischen Nahrungsstoffe enthält, also Eiweisskörper, (Albuminoide), Protagon, Kohlenhydrate (oder Fette).

Einige der wichtigeren Nahrungsmittel und Speisen sind folgende:

1. **Fleisch** (Muskeln), enthält ausser Wasser und Salzen von wesentlicheren Nahrungsstoffen (vgl. Cap. X.) mehrere **Eiweisskörper** (Myosin, Al-

bumin), leimgebendes Gewebe, wenig Protagon (von den intramuscularen Nerven), Fette, ausserdem einige „Extractivstoffe", welche theils wohlschmeckend sind („Osmazom"), theils schwach aufregende Wirkungen zu haben scheinen (Kreatin etc.) -- Es wird genossen: 1) roh; 2) mit Wasser gekocht; — das Extract, die Suppe, enthält hauptsächlich Leim, die Extractivstoffe, und etwas oben schwimmendes Fett; die Eiweisskörper sind im heissen Wasser unlöslich und bleiben vollständig im Fleisch, wenn dies sofort mit heissem Wasser behandelt wird; wenn nicht, so geht das Albumin in das kalte Wasser über, gerinnt aber beim Erhitzen und wird mit dem „Schaum" entfernt; — das rückständige Fleisch enthält noch die meisten nahrhaften Bestandtheile (Myosin und das leimgebende Gewebe, im genannten Falle auch das Albumin), aber nicht mehr die wohlschmeckenden; 3) gebraten, d. h. ohne, oder mit möglichst wenig Flüssigkeit (Wasser oder Fett) stark erhitzt; so zubereitet, behält das Fleisch seine sämmtlichen Bestandtheile, und es entstehen, besonders an der Oberfläche einige braune empyreumatische, angenehm riechende und schmeckende Stoffe.

2. Milch (vgl. p. 107), enthält Eiweisskörper (Albumin, Casein), Fette (Butter), wahrscheinlich Protagon, ferner Kohlenhydrate (Milchzucker), Wasser und sehr viel Salze. Sie wird frisch, oder sauer (p. 109) genossen; ferner die für sich dargestellte Butter (p. 109); endlich der Käse, d. h. das durch (spontane) Säuerung der Milch, oder durch Magensaft (Laabmagen von Kälbern) ausgefällte Casein, welches einen grossen Theil der Fette in sich einschliesst; beim Aufbewahren verändert sich der Käse, indem er (durch Fettzersetzung) den Geruch flüchtiger Fettsäuren annimmt und ferner weich und durchscheinend wird („Reifen" des Käses, wobei eine Fettbildung aus Casein stattfinden soll und Leucin und Tyrosin entstehen). Ueber Molken und Kumiss s. p. 109.

3. Eier. Das Weisse enthält eine concentrirte Albuminlösung; der Dotter Eiweisskörper, viel Protagon, Cholesterin und Fette, ferner Zucker. Beim Erhitzen coagulirt das Weisse compact, das Gelbe krümlig.

4. Getreidekörner (Weizen, Roggen, Mais, Gerste, Reis, Hafer u. s. w.), enthalten einen Eiweissköper (Kleber, Pflanzenfibrin, in Wasser unlöslich), ein Albuminoid (Pflanzenleim), Protagon (Hoppe-Seyler), Spuren von Fett, in grosser Menge Stärke, daneben, besonders im Keimungszustand, ein zuckerbildendes Ferment (Diastase). Das zermahlene und von der Rinde (Kleie) befreite Getreide, das Mehl, wird hauptsächlich zur Bereitung des Brodes verwandt. Beim Anrühren des Mehls mit Wasser entsteht eine (durch den Kleber) zähe Masse, der Teig, welchen man auf irgend eine Weise lockert, und dann stark erhitzt; das Lockern geschieht durch Kohlensäureentwicklung, indem man im Teige erst einen Theil der Stärke (durch die Diastase) in Dextrin und Zucker übergehen lässt, und letzteren danach durch Zusatz von Hefe oder Sauerteig in alkoholische Gährung überführt; der gelockerte Teig wird dann (auf etwa 200°) erhitzt, wobei zugleich der Alkohol entweicht; neuerdings treibt man statt der Gährung auch künstlich Kohlensäure in den Teig ein. — Ein anderes Getreideproduct ist das Bier, ein wässriges Decoct gekeimten und erhitzten, daher sehr dextrin- und zuckerreichen Getreides (Malz); das Decoct wird durch Hefe in alkoholische Gährung übergeführt; das Bier enthält hauptsächlich Dextrin, Alkohol, zugesetzte Bitterstoffe (Hopfen) und absorbirte Kohlensäure; es ist das alkoholärmste der berauschenden Getränke (2--8 pCt.). Durch Destillation des Biers und ähnlicher

gegohrener Getreide- (oder Kartoffel-) Decocte („Schlempe") erhält man alkoholreichere Getränke (Branntwein).

5. Leguminosenfrüchte (Erbsen, Bohnen, Linsen u. s. w.), enthalten viel Eiweissstoffe (Legumin), ausserdem Protagon und Stärke. Sie werden meist gekocht genossen (wobei die Stärke zu Kleister aufquillt); zur Brodbereitung eignen sie sich nicht, weil sie (wegen des Mangels an Kleber) keinen zähen Teig geben.

6. Kartoffeln, enthalten neben sehr wenig Eiweiss, hauptsächlich Stärke.

7. Zuckerhaltige Früchte (Obst), enthalten Zuckerarten, Dextrin, Pflanzengallerte, sehr wenig Eiweiss, ferner organische Säuren (Weinsäure, Aepfelsäure, Citronensäure u. s. w.). Einige, besonders die Weintrauben, liefern durch Gährung des ausgepressten Saftes alkoholische Getränke, Weine.

8. Grüne Pflanzentheile (Blätter, Stengel u. s. w.) und Wurzeln enthalten hauptsächlich Stärke, Dextrin, Zucker, wenig Eiweissstoffe.

Alle pflanzlichen Nahrungsmittel enthalten der Hauptsache nach Cellulose, welche für Menschen und Fleischfresser völlig unverdaulich, für Pflanzenfresser aber möglicherweise ein sehr werthvoller Nahrungsstoff ist (vgl. p. 120).

Nahrungsaufnahme.

Die Aufnahme der Nahrung geschieht in willkürlichen Intervallen, die jedoch meist so klein sind, dass Verdauung und Aufsaugung, wenigstens bei Tage, kaum unterbrochen werden. Angeregt wird die Aufnahme durch gewisse, noch nicht hinreichend erklärte Empfindungen, Hunger und Durst, welche das Bedürfniss des Organismus nach Nahrung anzeigen. Die Organe, in denen sich dies Bedürfniss des Gesammtorganismus als Empfindung geltend macht, sind gewisse Theile des Verdauungsapparats. Eine directe örtliche Empfindung dieses Bedürfnisses ist aber wie es scheint nur der Durst, ein Gefühl von Trockenheit und Brennen im Schlunde, hervorgerufen durch Wassermangel der Gaumen- und Rachenschleimhaut. Dieser Wassermangel ist gewöhnlich eine Theilerscheinung allgemeinen Wassermangels im Organismus, kann aber auch örtlich durch Austrocknung (Durchstreichen trockner Luft) oder sonstige Wasserentziehung (Genuss hygroscopischer Salze) entstehen. Gestillt wird das Gefühl gewöhnlich durch örtliche Befeuchtung der genannten Theile, welche meist durch Trinken geschieht, so dass zugleich der Gesammtorganismus Wasser erhält; — aber auch anderweite Wasserzufuhr (z. B. durch Einspritzen von Wasser in die Venen) löscht den Durst, entsprechend seiner Entstehung durch allgemeinen Wassermangel. — Der Hunger dagegen, eine drückende, nagende Empfindung des Magens und bei höheren Graden auch des Darms, kann nicht als der Ausdruck örtlichen Substanzmangels, etwa der Magen- und Darmhäute, als Theilerscheinung allgemeinen Nahrungsbedürfnisses, betrachtet werden; sondern er ist, wie es scheint, eine Empfindung von Leere im Verdauungsapparate, deren Zustandekommen noch vollkommen dunkel ist; wenigstens wird er durch Anfüllung selbst mit unverdaulichen Dingen gestillt. Später tritt freilich in diesem Falle eine vom gewöhnlichen Hunger verschiedene, ganz räthselhafte Empfindung von allgemeinem Nahrungsbedürfniss ein. Ist die Leere des Verdauungsapparats wirklich die Ursache des Hungers, so muss man daraus schliessen, dass zur Erhaltung des Körpers eine im wachen Zustande fast ununterbrochene Verdauungs- und Resorptionsthätigkeit nöthig ist.

Die Nerven, welche das Durstgefühl vermitteln, sind wahrscheinlich die des Gaumens und Rachens (Trigeminus, Vagus, Glossopharyngeus) oder einzelne derselben; die für den Hunger sind noch gänzlich unbekannt. Durchschneidung der Vagi, der Splanchnici hebt die Fresslust bei Thieren nicht auf.

II. DIE AUSGABEN.

Die Stoffe, welche der Organismus beständig nach Aussen abgiebt, sind solche, welche für die Verwerthung in demselben nicht weiter tauglich sind, also: 1. Stoffe, welche gar nicht in den Stoffwechsel übergehen können, nämlich: der unverdauliche Theil der Nahrung; 2. die Endproducte der Oxydationsprocesse im Körper (die entweder überhaupt oder wenigstens im Körper nicht weiter oxydirt werden können), namentlich Kohlensäure, Wasser, Harnstoff, Harnsäure, 3. gewisse Secretionsstoffe, welche auf innere oder äussere Oberflächen des Körpers gebracht worden sind, um hier benutzt zu werden, und welche dann irgend welcher Eigenschaft halber nicht wieder resorbirt werden können, z. B. unlösliche Gallenbestandtheile, Schleim der Verdauungssecrete, Fette der Hautsalbe, Hornsubstanz u. s. w. — Endlich wird 4. ein Theil der unoxydirbaren Körperbestandtheile, Wasser und Salze, durch gewisse physicalische Verhältnisse fortwährend ausgeschieden, meist als Lösungsmittel für andere Auswurfsstoffe.

Die gasförmigen, flüssigen oder festen Ausscheidungen, in welchen diese Stoffe aus dem Körper entfernt werden, nennt man Excrete. Die wichtigsten sind: 1. die respiratorische Ausscheidung durch Lungen, Haut und Darm (Kohlensäure, Wasser); 2. der Harn (Wasser, Salze, Harnstoff, Harnsäure, u. s. w.); 3. die flüssigen Hautabsonderungen: Schweiss (Wasser, Salze, Harnstoff, Fettsäuren, etc.), Talg (Fette, Wasser, Salze, Eiweiss);

4. der Koth (unverdauliche Theile der Nahrung und der Secrete des Verdauungsapparats); 5. die Hornabstossung (Epidermis-, Haar- und Nägelverlust).

Ausser diesen beständigen Ausscheidungen, welche meist wahre Auswurfsstoffe enthalten, giebt der Organismus zeitweise gewisse Bestandtheile ab, welche in der Oxydationsreihe so tief stehen, dass sie noch sehr gut in andern Organismen verwerthet werden können, zu deren Aufbau oder Ernährung sie in der That dienen. Diese sind: 1. die Milch, 2. die Eier, 3. der Saamen, eiweiss-, kohlenhydrat- und fettreiche Ausscheidungen. — Auch kann man 4. das Menstrualblut (4. Abschn.) hierher rechnen.

Von den genannten Excreten sind die meisten directe Absonderungen aus dem Blute, und als solche bereits früher besprochen, nämlich der Harn, Schweiss, Hauttalg und die Milch (Cap. III.), die respiratorische Ausscheidung (Cap. V.). Der Koth, die im Darmkanal als Abfall beim Verdauungsprocess entstehende Mischung, ist bei der Besprechung der Verdauung im 4. Cap. erörtert. Die übrigen Excrete, die Horn-, Ei- und Saamenausscheidung sind im wesentlichen Ausscheidungen von Zellen oder Zellentheilen. Die beiden letzteren werden im 4. Abschnitt besprochen werden; die Hornabsonderung besteht in Folgendem: Diejenigen inneren und äusseren Oberflächen, welche mit geschichtetem Plattenepithel bedeckt sind, also die äussere Haut, die Mund- und Rachenschleimhaut, ein Theil der Harn- und Geschlechtsorgane und die Conjunctiva, verlieren fortwährend durch Abstossung ihre obersten Zellenlagen, nachdem diese einen eigenthümlichen Process der Schrumpfung, die sog. „Verhornung", durchgemacht haben. Die Verhornung ist Nichts als eine Vertrocknung der hauptsächlich aus Keratin (p. 35) bestehenden Zellen. — Die verhornten Zellen der äusseren Haut, nämlich die obersten Lagen der Epidermis, die ihnen entsprechenden der Nägel und die Deckschuppen der Haare werden einfach durch Abnutzung abgerieben („abgeschilfert"); die der Schleimhäute mischen sich den sie bespülenden Secreten (Speichel, Schleim, Urin, Thränen) bei, und werden auf den daraus sich ergebenden Wegen, also durch Koth und Urin, aus dem Körper ausgeschieden. — Die Hornabstossung entfernt nicht unbedeutende Mengen Stickstoff und Schwefel aus dem Organismus und kann als ein Oxydationsproduct der Eiweissreihe betrachtet werden.

III. QUANTITATIVE VERHÄLTNISSE zwischen Einnahme, Ausgabe und Bestand.

Im Beginn des Capitels wurde als Zweck der Nahrung bezeichnet: der Ersatz der Verluste, welche durch die Ausscheidung unorganischer und die Oxydation organischer Körperbestandtheile bedingt sind. Das einfachste Verhältniss der Nahrung zum Körper wäre also das, dass sie grade hinreicht, die Ausgaben des Körpers zu decken, also das Köpergewicht zu erhalten. In diesem Falle muss natürlich nicht nur das Gesammtgewicht der Einnahmen mit dem Gesammtgewicht der Ausgaben, sondern auch, wenn die chemische Zusammensetzung des Körpers sich nicht ändern soll, die Summen der einzelnen chemischen Elemente der Einnahme mit den entsprechenden der Ausgabe übereinstimmen. Ferner muss die Quantität der Einnahme und ihrer einzelnen Elemente sich auch allen Schwankungen der Ausgabe beständig anpassen, wie sie namentlich durch den wechselnden Umfang der Oxydationsprocesse des Organismus (durch die verschiedene Grösse seiner Leistungen) bedingt werden (s. hierüber das folgende Cap.).

Nun aber geschehen die Einnahmen zum grössten Theile durchaus willkürlich und ohne dass ihre Menge nach einer genauen Kenntniss der Bedürfnisse des Organismus bemessen würde; denn die Empfindungen, welche über diese Bedürfnisse Aufschluss geben könnten, Hunger und Durst, veranlassen nur im Allgemeinen zur Nahrungsaufnahme, nicht aber zur Aufnahme bestimmter Mengen, und sehr gewöhnlich geschieht die Nahrungsaufnahme ganz ohne ihre Veranlassung. Daher ist die Aufnahme überschüssiger, oder auch unzureichender Nahrung etwas sehr Gewöhnliches. Im ersteren Falle sind folgende Möglichkeiten denkbar: 1. die Ausgaben bleiben dieselben, das Körpergewicht nimmt zu; es werden in diesem Falle den schon vorhandenen Spannkräften des Organismus neue hinzugefügt und aufgespeichert; 2. die überschüssig aufgenommene Nahrung wird nicht resorbirt, sondern unverändert mit dem Kothe wieder ausgeschieden; — dieser Fall tritt nur bei sehr grossen Ueberschüssen ein; das Resorptionsmaximum wird, was die leichter resorbirbaren Nahrungsstoffe betrifft, am leichtesten bei den Salzen*), demnächst bei den Fetten, am schwersten beim Was-

*) Die sehr leicht erfolgende Resorption der leicht löslichen Salze, wird bei grösseren Mengen dadurch beschränkt, dass dieselben durch ihr Wasserattractionsvermögen den Darminhalt flüssig machen und daher schnell, noch vor der Resorption, entfernt werden (Durchfall).

ser erreicht; 3. die überschüssig aufgenommenen und resorbirten Nahrungsstoffe werden ohne Weiteres sofort wieder ausgeschieden; dies kommt nur bei Wasser und Salzen vor, welche allerdings so lange gleich wieder entleert werden, bis der Körper sein gehöriges Maass davon hat (p. 101); unoxydirte organische Stoffe finden sich aber unter normalen Verhältnissen in keinem Excret mit Ausnahme der Milch, der Eier und des Saamens (p. 174); 4. der überschüssigen Aufnahme folgt eine Vermehrung des Umsatzes, der Oxydationsprocesse und Leistungen, so dass die Ausgaben sich vermehren und das Körpergewicht unverändert bleibt; 5. wäre es denkbar, dass auch ohne erheblich vermehrte Oxydation das Körpergewicht durch Vermehrung der Ausgaben sich annähernd erhält; es könnten nämlich durch Spaltung des überschüssig Aufgenommenen sich sehr spannkraftreiche und spannkraftarme Spaltungsproducte bilden, von denen die ersteren im Körper zurückbleiben, die letzteren entleert werden. Es werden auf diese Weise die Spannkräfte des Aufgenommenen gleichsam auf eine geringere Substanzmasse concentrirt, so dass zwar die Spannkräfte des Organismus, sein Gewicht aber nur sehr wenig zunähme.

Im umgekehrten Falle der unzureichenden Nahrungsaufnahme kann 1. bei gleichbleibenden Leistungen und Ausgaben das Körpergewicht abnehmen, oder 2. bei abnehmenden Ausgaben das Körpergewicht sich erhalten. Da nun die zweite Möglichkeit stets dadurch beschränkt ist, dass eine gewisse Summe von Leistungen, somit von Verbrauch und Ausgaben zur Erhaltung des Körpers unumgänglich nothwendig ist, so muss bei anhaltend unzureichender Nahrung stets früher oder später ein Punct eintreten, von dem ab das Körpergewicht stetig abnimmt, bis das Leben unmöglich wird.

Ueber die hier erörterten, sich von selbst ergebenden Schlüsse und Möglichkeiten experimentell zu entscheiden, ist die Aufgabe der Ernährungs-Physiologie. Durch längere Versuchsreihen an Menschen und Thieren, bei denen die Bedingungen gerade hinreichender, überschüssiger oder mangelhafter Nahrung künstlich hergestellt und sowohl die Einnahmen wie die Ausgaben im Ganzen und in ihren Elementen quantitativ bestimmt werden, sucht sie zu ermitteln: 1. welche Elemente des Körpers bei normalen Verhältnissen, ohne Erhöhung des Verbrauchs durch besondere Leistungen (hierüber s. das folgende Cap.), ausgeschieden werden müssen; hieraus ergiebt sich die zum Ersatz dieses nothwendigen Verlustes erforderliche Menge und Zusammensetzung der Nahrung; — 2. wie sich der Stoffwechsel ändert bei mangelhaftem Ersatz, und 3. wie bei überschüssiger Nahrung.

I. Nothwendige Ausgaben des Organismus und Deckung derselben durch die Nahrung.

Zur Beantwortung der Frage, welche Ausgaben unumgänglich nothwendig, welche Nahrungsmengen demnach zum Ersatz erforderlich sind, stehen zwei Wege offen, von denen indess keiner ganz zum Ziele führt. Der erstere ist der, einem Menschen oder Thiere die geringste Nahrungsmenge zu reichen, welche eben noch zur Erhaltung des Körpergewichtes hinreicht, und die in diesem Zustande gemachten Ausgaben zu analysiren, deren Elemente dann mit denen der Nahrung quantitativ übereinstimmen müssen. Der zweite besteht darin, einem Thiere jede Nahrung zu entziehen; man ist dann sicher, dass keine unnütze Ausgabe gemacht wird, und kann aus der Analyse der während des Hungerns gemachten Ausgaben auf die nothwendigen Nahrungselemente schliessen.

Die erste Methode leidet hauptsächlich an folgenden Fehlern: 1. an dem Uebelstande des Herumprobirens (tâtonnement), welches schwer zu einem genauen Resultate führt; 2. an der Schwierigkeit, jeden nicht wesentlichen Verbrauch (durch Bewegung, u. s. w.) auszuschliessen; 3. an der Unsicherheit, ob die Nahrungsmenge, welche eben hinreicht das Körpergewicht zu erhalten, nicht bei einer anderen, zweckmässigeren Zusammensetzung der Nahrung noch geringer gefunden worden wäre, oder mit andern Worten, ob in den Ausgaben sich nicht noch solche befinden, die durch überschüssige Einnahme bedingt sind; 4. an der Schwierigkeit der Kothverrechnung; der Koth enthält (Cap. IV.) nicht nur wahre Ausgaben des Stoffwechsels (Darmsecrettheile), sondern auch, und zwar der Hauptmasse nach, die unverdaulichen Nahrungsbestandtheile, also Stoffe die gar nicht den zu ersetzenden Körperausgaben beigerechnet werden können, sondern ganz von der Beschaffenheit der Nahrung, also vom Zufall abhängen. So nimmt z. B. der Koth der Pflanzenfresser fast die Hälfte der Gesammtausgabe ein (Pferd: 40—50%, Valentin, Boussingault; Kuh: 34,4% Boussingault) wegen des bedeutenden Gehalts der pflanzlichen Nahrung an unverdaulichen Bestandtheilen; der der Fleischfresser ist dagegen sehr unbedeutend (Katze 1%, Bidder & Schmidt); der der Omnivoren steht in der Mitte (Mensch: 4—8%, Valentin, Barral, Hildesheim; Schwein: 19,9%, Boussingault) und schwankt je nach der augenblicklichen Ernährungsart. Man muss nun, um diesen höchst schwankenden und unwesentlichen Factor aus der Ausgabenberechnung zu eliminiren, entweder den Koth ganz unberücksichtigt lassen, wobei man aber den Fehler macht, die ihm beigemengten, freilich geringfügigen, wirklichen Ausgaben zu übersehen, — oder man müsste

Nahrungsmittel wählen, die gar keine unverdaulichen Bestandtheile enthalten, ein noch nicht gemachter Versuch. — Die zweite (Hunger-) Methode leidet an dem noch viel grösseren Fehler, dass im hungernden Thiere die Functionen bald sehr mangelhaft werden, so dass Verbrauch und Ausgaben geringer werden, als sie bei eben zureichender Nahrung sein würden.

Von den nach diesen Methoden gewonnenen Resultaten sind die über die relativen Mengen der Auswurfsstoffe die sichersten und auch die wichtigsten, weil sie zugleich darüber belehren, auf welchem Wege die verschiedenen Körperelemente ausgeschieden werden. Es vertheilt sich nämlich:

1. die Gesammtausgabe, nach Abzug der äusserst schwankenden Kothmenge (s. oben), etwa zu gleichen Theilen auf den Harn einerseits, auf Schweiss und respiratorische Ausscheidung andrerseits. Vernachlässigt sind hierbei: die im Kothe enthaltenen wahren Ausgaben (Gallenbestandtheile, etc.), die Talg- und die Hornabstossung, über welche keine Bestimmungen existiren. Bei den Fleischfressern ist die Harnausscheidung meist etwas grösser, als die übrigen incl. Koth zusammen; bei den Pflanzenfressern beträgt sie dagegen nur $^1/_8$ bis $^1/_3$ der übrigen. Die Ursache hiervon liegt besonders in den grösseren Kothmengen.

2. Die Elemente, welche die unorganischen Bestandtheile des Körpers (Wasser und Salze) zusammensetzen und welche in denselben Verbindungen sowohl ausgeschieden, als ersetzt werden, vertheilen sich folgendermassen:

a. das Wasser. Abgesehen von der meist geringen Ausgabe durch den Koth, hängt seine Vertheilung auf die übrigen Ausscheidungen hauptsächlich von der Temperatur und dem Wassergehalt der Atmosphäre ab: die Wasserabgabe durch die Lungen ist annähernd constant, weil hier eine stets gleich grosse und gleich feuchte Oberfläche durch Vermittlung einer stets bewegten Luftschicht, mit der Atmosphäre in Verkehr tritt; die respiratorische Wasserabgabe durch die Hautathmung lässt sich ferner nicht von der durch den Schweiss trennen; man kann also beide zusammenfassend sagen, dass sich die Hauptwasserausgabe auf Lungen, Haut und Nieren vertheilt. Aus leicht ersichtlichen Gründen überwiegt nun von den beiden letztgenannten bei trockner, warmer Luft die erstere, bei feuchter und kalter die letztere. (Dass die Gesammtmenge des ausgeschiedenen Wassers direct von der Aufnahme abhängt, ist bereits p. 101 angedeutet; ferner s. unten bei der überschüssigen Nahrung.) — Bei Fleischfressern wird fast alles Wasser bis (zu 90%) durch den Urin, bei Pflanzenfressern grosse Mengen (bis 60%) mit dem Koth entleert.

b. die Salze werden hauptsächlich durch den Urin, einige, besonders Chlornatrium, durch den Schweiss, die unverdaulichen durch den Koth entleert (ebenso die überschüssig genossenen, p. 175. Anm.).

3. Die Elemente der (oxydirten) organischen Körperverbindungen werden zum grössten Theil in unorganischen Oxydationsproducten, zum geringen noch in organischen Oxydations- oder Spaltungsproducten entleert, und zwar:

a. der Kohlenstoff zum bei weitem grössten Theile (über 90%) in Form von Kohlensäure durch die respiratorische Ausscheidung; ein geringer Theil in niedrigeren Oxydationsproducten durch die übrigen Ausscheidungen (im Harnstoff, Harnsäure, etc., in der Hornsubstanz, dem Hauttalg, in den Secretbestandtheilen des Kothes, u. s. w.).

b. der Wasserstoff der organischen Körperbestandtheile grösstentheils in Form von Wasser, zusammen mit dem als solches im Körper vorhanden gewesenen (s. 2.). Ein geringer Theil verlässt den Organismus in den ad a. genannten organischen Verbindungen.

c. der Sauerstoff der organischen Verbindungen des Körpers, zusammen mit dem als Oxydationsmaterial aufgenommenen (welcher etwa das 3 bis 10fache des auszuscheidenden Theils des ersteren beträgt), wird zum bei weitem grössten Theil in den höchsten Oxydationsproducten, Kohlensäure und Wasser (s. a. und b.), zum geringsten in den niederen (s. a.) ausgeschieden.

d. der Stickstoff wird sämmtlich in Spaltungsproducten entleert, und zwar zum allergrössten Theile als Harnstoff durch Harn und Schweiss, ausserdem als Harnsäure, Harnfarbstoff, Hornsubstanz, Gallenbestandtheile und möglicherweise geringe Mengen als Ammoniak und als reiner Stickstoff (durch respiratorische Ausscheidung, p. 130, 137 Anm.).

e. der Schwefel (namentlich von Albuminaten des Körpers herrührend) verlässt den Körper etwa zur Hälfte als Schwefelsäure, in schwefelsauren Salzen durch den Harn, zur andern in organischen Verbindungen durch die Hornabsonderung und den Koth (Keratin, Taurin).

Weit unsicherer noch sind die Angaben über die absolute Grösse der Minimalausgabe oder der zu ihrer Deckung nöthigen

Minimalnahrung, namentlich wegen der Unsicherheit der oben (p. 177) angeführten Ermittelungsmethoden. Es ergeben sich folgende allgemeine Gesichtspuncte:

1. Das Ausgabe- oder Nahrungs-Minimum ist um so grösser, je kleiner das Thier ist. Um von der absoluten Grösse unabhängig zu sein, bestimmt man die Stoffwechselgrössen pro Kilogramm Thier (auf 24 Stdn.); man findet nun, dass z. B. ein Kilogramm Taube weit mehr umsetzt als ein Kilogramm Hund, dies wieder mehr als ein Kilogramm Mensch. Es erklärt sich dies aus der grösseren Lebhaftigkeit der Lebensprocesse in kleineren Organismen; so muss z. B. wegen ihrer verhältnissmässig grossen Oberfläche zur Erhaltung der Temperatur weit mehr Wärme producirt werden, als in den grösseren (s. Cap. IX.).

2. Das Gesammtnahrungsminimum stellt sich bei einer bestimmten Mischung der Nahrung am niedrigsten; diese Mischung bezeichnet man als die „vollständige Nahrung"; sie enthält (vgl. p. 170) Eiweisskörper (oder Albuminoide), Fette oder Kohlenhydrate, vielleicht auch Protagon, Wasser und Salze in bestimmten Verhältnissen; letztere am wenigsten, Wasser am meisten.

3. Das günstigste Verhältniss dieser Factoren zu einander, d. h. das Verhältniss, bei welchem die geringsten Quantitäten zur Erhaltung des Körpergewichts hinreichen, ist für verschiedene Zustände (Alter, Geschlecht, Lebensweise) verschieden.

4. Bis zu einem gewissen Puncte kann durch Vermehrung der Fett- oder Kohlenhydrat-Nahrung die nöthige Eiweissnahrung bedeutend herabgesetzt werden; — vielleicht (Hoppe) weil jene leichter oxydirbaren Stoffe die Einwirkung des Sauerstoffs von den Eiweisskörpern abziehen (s. unten).

5. Das Gesammtnahrungsminimum ist um so grösser, je mehr der Organismus bereits durch überschüssige Nahrung (s. unten) „gemästet" ist.

Die absoluten Zahlen für das Minimum des Stoffwechsels, welche nach den oben angegebenen Methoden gefunden sind, haben wegen der ebendaselbst erörterten Mängel höchstens dann einigen Werth, wenn genau alle Versuchsbedingungen mit aufgeführt werden. Ihre Angabe muss daher hier unterbleiben.

2. Unzureichende Aufnahme.

Schon oben (p. 176) ist angedeutet worden, dass bei anhaltend unzureichender Nahrung nothwendig ein Zeitpunct eintreten muss, von dem ab das Körpergewicht stetig abnimmt. Bei vollständigem Mangel der Nahrung, beim Hungern, tritt dieser Punct natürlich gleich im Anfang ein, und früher oder später, je nach dem Zustande des Thieres vor dem Beginn des Hungerns, folgt ihm ein Zeitpunct, wo auch die Functionen, somit die Ausgaben, abzunehmen beginnen; diese Abnahme dauert bis zum Tode. Der Stoffwechsel des Hungernden beschränkt sich auf Verbrennung von Körperbestandtheilen durch den fortwährend eingeathmeten Sauerstoff und Ausscheidung der Oxydationsproducte nebst unverbrennlichen Körperbestandtheilen (Wasser und Salzen). Ein Ersatz findet für den Gesammtorganismus nicht statt, wohl aber möglicherweise für einzelne Theile desselben, indem durch Vermittlung des Blutes Theile, welche spannkraftreiche Materialien im Ueberschuss besitzen, dieselben anderen übergeben, welche bereits daran Mangel leiden.

Beobachtungen des Stoffwechsels Hungernder (sog. „Inanitionsversuche") existiren begreiflich für längere Beobachtungszeiten nur bei Thieren, hauptsächlich Tauben (Chossat), Hunden (Bischoff und Voit) und Katzen (Bidder und Schmidt).

Aus den Beobachtungen hungernder Thiere ergiebt sich Folgendes: 1. Mit dem Beginn des Hungerns nimmt das Körpergewicht, die Leistungen und die Ausgaben des Thieres ab; die Abnahme der letzteren bedingt natürlich eine von Tag zu Tag geringer werdende Verminderung des Körpergewichts, da die Grösse der Ausgaben nach Abzug des aufgenommenen Sauerstoffs zugleich die Grösse des Gewichtsverlustes ausdrückt. Die Abnahme der Leistungen, welche innig mit der Abnahme der Ausgaben zusammenhängt (s. d. folgende Cap.), zeigt sich besonders in einer Verminderung der Temperatur, der Puls- und Athemfrequenz, — die ihr zu Grunde liegende Verminderung der Oxydationsprocesse in der Verminderung der Sauerstoffaufnahme. — 2. Die Abnahme der Ausgaben trifft nicht alle Bestandtheile derselben gleichmässig. Die bedeutendste Aenderung erfährt die Zusammensetzung der Ausgaben bei den Pflanzenfressern; denn alle hungernden Thiere müssen sich wie die Fleischfresser verhalten, weil sie nur von (ihren eigenen) thierischen Bestandtheilen leben; — so nimmt bei hungernden Pflanzenfressern der Harnstoffgehalt der Ausscheidungen im Anfang zu (p. 98). Dagegen nimmt im Allgemeinen der Harnstoffgehalt der Ausscheidungen mit zunehmender Hungerzeit ab, ein Beweis, dass die Verminderung der Oxydationsprocesse im Organismus auch die Oxydation stickstoffhaltiger Körperbestandtheile (Eiweisskörper) betrifft. — 3. Nachdem das Thier einen gewissen Bruchtheil seines Körpergewichts verloren hat, tritt (nach verschieden langer Zeit) der Tod „durch Verhungern" ein. Zeit und Verlustgrösse richten sich nach dem Zustande des Thieres beim Beginn des Hungerns. Gemästete Thiere (s. unten) brauchen erst eine gewisse Zeit bis ihr Körpergewicht das des nur zureichend ernährten Thieres erreicht hat; diese Zeit haben sie vor letzterem voraus, da jetzt erst eine Abnahme der Ausgaben und Leistungen, also das eigentliche Hungern beginnt. So sterben junge, magere Tauben schon nach Verlust von $^1/_4$ ihres Gewichts (nach 3 Tagen), ältere, fette dagegen erst, wenn sie fast die Hälfte verloren haben (nach 13 Tagen) (Chossat). — 4. In der Leiche zeigt sich der Gewichtsverlust der einzelnen Körpertheile durchaus verschieden; am meisten geschwunden ist der Fettinhalt der fetthaltigen Bindegewebszellen, oder kurzweg „das Fett"; das ganze Gewebe hat 91—93 % verloren (d. h. es ist nur die Bindegewebssubstanz zurückgeblieben); fast ebenso viel verliert das Blut, dann die Baucheingeweide und die Muskeln; am wenigsten dagegen, nämlich fast Nichts, das Gehirn (etwas mehr das Rückenmark). Dieser ungleiche Verlust deutet auf das schon (p. 181) angedeutete Verhalten, dass durch Vermittelung des Blutes zwischen den verschiedenen Organen eine gewisse intermediäre Aushülfe mit Material stattfindet, dass die mehr verbrauchenden Organe auch reichlicher versorgt werden; letzteres ergiebt sich nicht nur aus dem geringen Gewichtsverlust des Gehirns, dessen Thätigkeit bis zum Tode unvermindert fortdauert, sondern auch aus dem geringeren Verluste der häufig gebrauchten Muskeln im Vergleich zu dem der unthätigen. Da unter den stark verminderten Bestandtheilen Fett und Muskeln die Hauptmasse ausmachen, so wird gewöhnlich angegeben, dass der hungernde Organismus auf Kosten seines Fettes und seiner Muskeln („seines Fleisches") lebt. Einige Forscher (Schmidt, Bischoff und Voit) haben sogar aus dem Stickstoffgehalt der Ausgaben auf die verbrauchte Muskelsubstanz zurückgerechnet und den Rest der aus organischen Körperbestandtheilen hervorgehenden Ausgaben (berechnet aus der Kohlensäure) für verbrauchtes Fett verrechnet.

Der Entziehung aller Nahrung steht die nur unvollständige Ernährung gegenüber; diese kann quantitativ oder qualitativ unvollständig sein, d. h. sie enthält entweder sämmtliche Bestandtheile der „vollständigen Nahrung" (p. 170), aber in ungenügender Menge, oder sie enthält nicht alle Bestandtheile derselben. Die quantitativ ungenügende Nahrung führt zu Erscheinungen, die denen des Hungerns völlig gleich sind, nur bei weitem langsamer ablaufen. — Die qualitativ ungenügende Nahrung führt bei den meisten Combinationen ebensoschnell zum Hungertode, wie vollständiges Hungern, nur unter geringerer Abnahme des Gesammtgewichts. Bei vollständiger Entziehung des Wassers*) (Schuchardt) nehmen die Thiere sehr bald auch nichts Festes, bei Entziehung aller festen Nahrung (Bischoff und Voit, Chossat) sehr bald auch kein Wasser mehr auf, so dass beides de facto dem vollständigen Hungern gleichkommt. — Bei manchen Combinationen scheitert die Beobachtung an dem geringen Resorptionsmaximum, so dass man die Wirkung grosser Mengen nicht studiren kann, — oder an eintretenden krankhaften Erscheinungen (z. B. Diarrhöe bei Fütterung mit Zucker und Wasser). Am wichtigsten sind die Versuche, bei denen einer der beiden organischen Hauptnahrungsstoffe, Eiweisskörper oder Fett (resp. Kohlenhydrate p. 169), dem Thiere vorenthalten wird. Hier ist der Gesammtverlust bedeutend geringer, als beim Hungern; beide Nahrungsstoffe können sich also bis zu einem gewissen Grade ersetzen. Bei der Entziehung der Eiweissnahrung (Nahrung aus Fett und Wasser, oder Fett, Kohlenhydraten und Wasser) ist bei geringerer Gewichtsabnahme die Harnstoffausscheidung bedeutend vermindert, also die Oxydation der N-haltigen Körperbestandtheile herabgesetzt. Bei der Entziehung des Fettes tritt, wenn die Nahrung dafür Kohlenhydrate enthält, keine bedeutende Veränderung des Stoffwechsels ein. Fehlen auch diese, so bemerkt man eine starke Vermehrung der Harnstoffausscheidung, also eine vermehrte Oxydation N-haltiger Bestandtheile, so dass zur Erhaltung des Lebens bedeutend mehr Eiweisskörper aufgenommen werden müssen (vgl. p. 170).

3. Ueberschüssige Aufnahme.

Wie bereits (p. 175) erwähnt, ist die Aufnahme sehr häufig grösser, als sie zur Deckung der nothwendigen (Minimal-) Ausgaben, also zur Erhaltung des Körpergewichts sein müsste; entweder in einzelnen, oder in allen ihren Bestandtheilen. Es ist nun zu entscheiden, welche der p. 175 f. angedeuteten Möglichkeiten bei

---

*) d. h. auch des in den organischen Nahrungsmitteln enthaltenen, denn das Wassertrinken entbehren viele Thiere sehr gut (z. B. Katze, Bidder und Schmidt; — Kaninchen saufen bei frischem Grünfutter nie).

überschüssiger Nahrungsaufnahme, „Luxusaufnahme," eintritt. Die Frage vereinfacht sich dadurch, dass man ausschliesst: 1. jede Aufnahme, die das Resorptionsmaximum überschreitet (p. 175), weil diese gar nicht in den Stoffwechsel übergeht; 2. jede Mehraufnahme, welche zur Deckung vermehrten Verbrauchs, d. h. durch vermehrte Leistungen (Wärmebildung, mechanische Arbeit, — s. d. folgende Cap.), erforderlich ist, — sog. „Arbeitsconsumption."

Es sind ferner sofort aus der Betrachtung fortzulassen die überschüssig aufgenommenen unorganischen Nährstoffe, Wasser und Salze; denn, wie bereits erwähnt (p. 164), entledigt sich der Körper sofort jedes Ueberschusses derselben durch directe Ausscheidung aus dem Blute, — des Wassers durch Haut und Nieren (über die Vertheilung zwischen beiden s. p. 178), — der Salze durch die Nieren.

Es bleiben demnach noch die überschüssig aufgenommenen organischen Nahrungsstoffe und für diese drei Möglichkeiten übrig: 1. sie werden einfach im Organismus zurückbehalten; 2. sie werden schnell oxydirt und ausgeschieden; 3. sie werden gespalten, zum Theil oxydirt und ausgeschieden, ein anderer, spannkraftreicher Theil zurückbehalten (p. 176); — im ersten Falle würde das Körpergewicht zunehmen, die Ausgaben constant bleiben, — im zweiten die Ausgaben zunehmen, das Körpergewicht constant bleiben, — im dritten beide zunehmen. Die Erfahrung hat nun gelehrt, dass bei überschüssiger Ernährung des Organismus derselbe an Gewicht zunimmt, dass aber ferner auch die Ausscheidung von Oxydationsproducten gesteigert ist, namentlich bei reichlicher stickstoffhaltiger Kost die Harnstoffausscheidung, dass endlich nie unoxydirte Stoffe in die Ausscheidungen übergehen. Die erste der oben angedeuteten Möglichkeiten ist also durch die Zunahme der Ausscheidungen ausgeschlossen. Die zweite, gegen welche bereits die Gewichtszunahme des überschüssig ernährten Körpers spricht, würde ferner eine den erhöhten Oxydationsprocessen entsprechende Erhöhung der Sauerstoffaufnahme und der Leistungen erfordern. Das Gesammtresultat der letzteren könnte bei ruhendem Zustande des Organismus nur in einer erhöhten Wärmebildung gesucht werden (s. Cap. VIII.). Dies beides ist in der That vorhanden (schon die erhöhte Verdauungsthätigkeit erfordert einen grösseren Aufwand und liefert mehr Wärme durch Secretionen und Bewegungen); aber offenbar in zu geringem Maasse, um der zweiten Annahme su genügen. Möglicherweise aber ist die sofortige Oxydation für einen Theil der

Luxusaufnahme, vielleicht für die stickstofflose, dennoch die Regel (vgl. unten).

Folgende Thatsachen sprechen für den dritten der denkbaren Vorgänge, nämlich für das Eintreten von Spaltungsprocessen, bei überschüssiger stickstoffhaltiger Nahrung: Bei reichlicher Zufuhr von Nahrungsstoffen innerhalb der Grenzen der Resorptionsfähigkeit nimmt der Organismus an Gewicht und in Bezug auf seine Bestandtheile hauptsächlich an Fett zu, er wird „gemästet," seien nun die stickstoffhaltigen oder die stickstofflosen Nahrungsstoffe über das Minimum erhöht; bei reichlicher Zufuhr der ersteren mehrt sich ausserdem die Harnstoffausscheidung. Wird bei gleichbleibender Stickstoffzufuhr, die Zufuhr der Fette oder Kohlenhydrate erhöht, so sinkt die Harnstoffausscheidung. Diese Thatsachen lassen sich durch folgende Annahmen erklären (F. Hoppe): 1) Die Aufnahme überschüssiger stickstoffloser Substanzen (Fette, Kohlenhydrate), welche leicht oxydirbar sind, nimmt einen Theil des im Körper vorräthigen Sauerstoffs in Beschlag, verhindert dadurch die Oxydation anderer schwerer oxydirbarer Körperbestandtheile, und begünstigt auch die Anhäufung von leicht oxydirbaren Körperbestandtheilen, da sich die oxydirenden Einflüsse jetzt auf eine grössere Masse leicht oxydirbaren Materials zu vertheilen haben; es tritt also namentlich eine Vermehrung des Fettes im Körper ein, wobei es unentschieden bleibt, ob dies Fett anderweit entstanden und nur vor der Oxydation durch die Luxusaufnahme bewahrt (s. unten), oder ob es aus den überschüssigen stickstofflosen Aufnahmen selbst gebildet ist. 2) Ueberschüssig aufgenommene stickstoffhaltige Nahrung (Albuminate, Albuminoide) wird im Organismus an gewissen, noch nicht sicher bekannten Stellen gespalten in stickstofflose (Fette, Glycogen, Zucker) und stickstoffhaltige Atomcomplexe, welche letztere schliesslich als Harnstoff, resp. Harnsäure und Hippursäure, in den Harn übergehen; es bleibt also ein sehr spannkraftreicher Bestandtheil im Körper zurück (p. 184). 3) Da die Spaltung mit einer Oxydation verbunden ist, so wird sie durch Einflüsse, welche den Sauerstoffvorrath des Organismus anderweitig in Beschlag nehmen, beeinträchtigt. Es wird daher (s. sub 1.) gleichzeitige überschüssige Aufnahme von stickstoffhaltigen und stickstofflosen Nahrungsstoffen: a. die Anhäufung stickstoffloser Producte, entweder aus der Spaltung der stickstoffhaltigen oder direct aus der stickstofflosen Nahrung entstanden, begünstigen, also den Körper fett machen; b. die Spaltung der stickstoffhaltigen

Stoffe beeinträchtigen, so dass sie sich ungespalten (als leimgebendes Gewebe, Muskelsubstanz, etc.) im Körper anhäufen und somit auch die Harnstoffausscheidung vermindert wird. Die gleichzeitige Mästung mit Eiweisskörpern und mit Kohlenhydraten oder Fetten ist daher die vortheilhafteste.

Die hier gegebenen Erörterungen sind vorläufig noch als unvollständig bewiesene Annahmen festzuhalten. Das höchst complicirte Untersuchungsmaterial, welches zu ihnen geführt hat (Boussingault, Bidder & Schmidt, Bischoff & Voit, F. Hoppe, u. A.), kann hier keine Darstellung finden. Es mag noch zur Vermeidung von Irrthümern bemerkt werden, dass das Wort „Luxusaufnahme", welches hier nur zur Bezeichnung überschüssiger Aufnahme gebraucht worden ist, wohl von der in einem Theile der hierhergehörigen Literatur so genannten „Luxusconsumption" zu unterscheiden ist, welche bedeutet: „Consumption (Oxydation) eines Gewebsbildners (z. B. Eiweiss, zu Harnstoff) im Darmcanal oder im Blute, also ohne dass er erst zum Gewebsbestandtheil geworden ist." Es war deshalb eine Streitfrage, ob eine „Luxusconsumption" existire oder nicht. Die neueren Erfahrungen (Kühne) über die Wirkung des pancreatischen Saftes auf Eiweisskörper (p. 94) scheinen auf eine Art Luxusconsumption zu deuten.

Dass überschüssige Aufnahme die Regel ist (p. 183), geht daraus hervor, dass das Gewicht (und die Dimensionen) des Organismus von der Entstehung an beständig bis zu einem gewissen Puncte zunehmen (Wachsthum), und dass von da ab beim Manne und Weibe gewisse regelmässige Ausgaben unoxydirten Materials erfolgen, beim Manne die Saamenentleerungen, beim Weibe die Menstrualblutungen und die Ausgaben für das sich entwickelnde Ei, später die Milchabsonderung zur Ernährung des Kindes. Vgl. hierüber den 4. Abschnitt.

ZWEITER ABSCHNITT.

Die Leistungen des Organismus.

ACHTES CAPITEL.

Kraftwechsel des Organismus im Allgemeinen und Beziehung desselben zum Stoffwechsel.

In der Einleitung ist auseinandergesetzt, dass in den thierischen Organismen eine beständige Umwandlung von Spannkräften in lebendige Kräfte stattfindet. Die Spannkräfte sind, wie sich für die überwiegende Mehrzahl der Fälle sagen lässt, in zwei von einander getrennten Stoffen repräsentirt, nämlich einerseits dem in den Körper eingeführten atmosphärischen Sauerstoff, andererseits den oxydirbaren Körperbestandtheilen, welche in Form von Nahrung in den Körper eingeführt sind. Es werden demnach fortwährend spannkraftführende Stoffe in den Körper eingeführt. Ferner ist bereits angegeben, dass die aus der Verbindung jener Stoffe hervorgehenden Producte, die Oxydationsproducte des Körpers, beständig aus dem Organismus herausgeschafft werden. Ebenso werden nun auch die im Körper frei gewordenen lebendigen Kräfte beständig an Körper der Aussenwelt übertragen welche nicht zum Organismus gehören, also gleichsam nach aussen abgegeben. Ebenso jedoch, wie die stoffliche Ausgabe des Körpers hinter der Einnahme immer um so viel zurückbleibt, dass ein bestimmter Körperbestand da ist, so bleibt auch die Kraftausgabe hinter der Krafteinnahme immer um so viel zurück, dass der Organismus einen bestimmten Kraftvorrath enthält, und zwar theils Spannkraft, in dem noch unoxydirten Körpermaterial, — theils schon lebendige Kraft, — in Form seiner Wärme. — Neben dem Stoffwechsel des Organismus zeigt also der Kraftwechsel völlig parallele Bilanceverhältnisse.

So wie im vorigen Capitel die Einnahmen und Ausgaben an Stoffen erörtert und mit einander verglichen wurden, so hat das jetzige dieselben Aufgaben für den Kraftwechsel zu erledigen, ferner das Verhältniss des letzteren zum Stoffwechsel soweit möglich festzustellen.

I. DIE EINFÜHRUNG VON SPANNKRÄFTEN.

Obwohl die hier in Betracht kommenden Spannkräfte das Vorhandensein sowohl des oxydirbaren Materials als des Sauerstoffs voraussetzen, so spricht man doch gewöhnlich kurzweg nur von Spannkräften der eingeführten Nahrungsstoffe, indem man das Vorhandensein der entsprechenden Sauerstoffmenge mit Recht stillschweigend annimmt. Die Spannkräfte der oxydirbaren (organischen) Nahrungsstoffe werden gewöhnlich als „latente Wärme" bezeichnet, d. h. man stellt sich sämmtliche lebendige Kraft, welche bei ihrer Oxydation aus den Spannkräften hervorgehen kann, in Form von Wärme vor, obwohl nachweislich auch andere Leistungsformen aus ihnen entstehen (s. unten); diese Vereinfachung bietet namentlich für die Messung grosse Vortheile.

Die Bestimmung der latenten Wärme der Nahrungsstoffe geschieht einfach dadurch, dass man sie verbrennt, und die dabei erzeugte Wärmemenge („Verbrennungswärme") misst. Diese Messung geschicht dadurch, das man die Verbrennung in einem rings von Flüssigkeit (Wasser) umgebenen Raume (in einem „Calorimeter") vornimmt und die Temperatur der Flüssigkeit, deren Menge bekannt ist, vor und nach der Verbrennung bestimmt. Das Resultat, also die Menge der entstandenen Wärme, drückt man in „Wärmeeinheiten" (Caloris) aus; gewöhnlich bezeichnet man als eine Wärmeeinheit die Menge Wärme, welche 1 grm. Wasser von 0° auf 1° C. zu erwärmen vermag. In Wärmeeinheiten drückt man nun nicht nur die wirklich erhaltene Wärmemenge aus, sondern auch die latente, aus der jene entstanden ist, man misst also die Spannkraft der Nahrungsstoffe nach Wärmeeinheiten.

Obwohl im Körper die Verbrennung der Nahrungsstoffe (oder der aus ihnen entstehenden Körperbestandtheile) nicht plötzlich, wie bei der künstlichen Verbrennung, sondern allmählich, unter Bildung zahlreicher Oxydationsstufen geschieht, so ist doch das erhaltene Resultat maassgebend; denn die *Summe aller Wärmemengen, welche bei den einzelnen stufenweisen Oxydationen oder beliebigen anderen Umsetzungen eines Stoffes bis zur vollständigen Verbrennung* (zu Kohlensäure, Wasser, Schwefelsäure, u. s. w.) *entstehen, ist dieselbe, als die bei directer vollständiger Verbrennung gebildete.* Dagegen ist eine andere Erleichterung bei der Bestimmung der Verbrennungswärme, welche sich einige Forscher erlaubt haben, nicht zulässig und führt zu falschen Resultaten. Diese haben nämlich die Verbrennungswärme eines zusammengesetzten Stoffes aus den bekannten Verbrennungswärmen seiner Elemente zu berechnen versucht, indem sie den in der Verbindung selbst enthaltenen Sauerstoff als bereits mit einem Theile des Wasserstoffs oder des Kohlenstoffs verbunden annahmen; jedoch leuchtet ein, dass erstens für diese Annahmen die Basis fehlt, und dass zweitens die anderen Elemente der Verbindung unter sich mit einer gewissen Kraft verbunden sind, so dass zu ihrer Trennung bei der Verbrennung ein Theil der entstehenden lebendigen Kraft aufgezehrt werden muss; dem entsprechend sind auch die erhaltenen Resultate von den directen Bestimmungen abweichend.

Die Schwierigkeiten der obigen Bestimmungsmethode sind jedoch so gross, dass kaum für einen einzigen Nahrungsstoff die Verbrennungswärme feststeht.

II. ENTSTEHUNG LEBENDIGER KRÄFTE
im Körper (Leistungen des Körpers).

Die bei weitem häufigste Gelegenheit, bei welcher die Ueberführung von Spannkräften in lebendige Kraft stattfindet, ist wie bereits vielfach erwähnt, die *Oxydation.* Es darf indess nicht übersehen werden, dass nicht die Oxydationsprocesse allein mit dem Freiwerden von Kräften verbunden sind, sondern diese nur einen einzelnen, freilich den bei weitem häufigsten Fall des allgemeineren Gesetzes darstellen (p. 3), dass *bei jedem chemischen Vorgange, durch welchen stärkere Affinitäten als vorher gesättigt waren, gesättigt werden,* Kraft frei wird.

Ein Beispiel für einen nicht oxydativen Vorgang, bei welchem dennoch Wärme gebildet wird, ist die alkoholische Gährung des Zuckers:

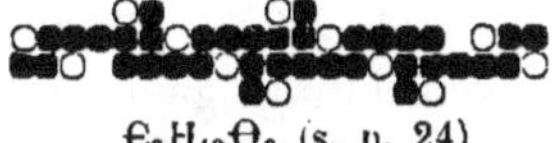

$C_6H_{12}O_6$ (s. p. 24)

zerfällt in:

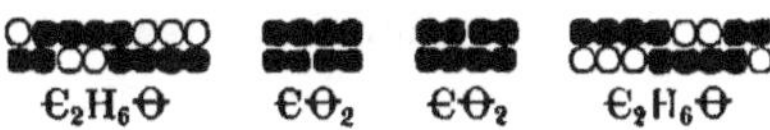

C_2H_6O CO_2 CO_2 C_2H_6O

Wie die Modelle zeigen, sind Affinitäten der Є-Atome, welche im Zuckermolecul nicht, oder durch Є-Affinitäten, oder durch H gesättigt waren, nach dem Zerfall durch Θ-Affinitäten gesättigt; da aber die Anziehung des Є zum Θ grösser ist, als die des Є zum Є oder zum H, so muss durch diese Atomumlagerung Kraft frei werden. — Da die bei einem solchen Zerfall entstehenden Zusammenlagerungen stärker sich anziehender Affinitäten fester sein müssen, als die früheren, so sind die neuen Verbindungen beständiger, und man kann also allgemein sagen, dass wo überhaupt Verbindungen oder beständigere Verbindungen entstehen, Kraft frei wird; unter diesen Satz fallen die gewöhnlichen oxydativen Processe, aber auch andere, welche sich der Zuckergährung vergleichen lassen. Da die letzteren im Körper bisher nur ausnahmsweise gefunden sind (vgl. Cap. X.), so ist in diesem Capitel der Kürze halber nur von Oxydation als Ursache des Kraftwechsels die Rede.

Die Leistungsformen, in welchen die lebendigen Kräfte, die im Körper aus den eingeführten Spannkräften hervorgehen, zur Erscheinung kommen, sind soweit bekannt, *Wärme*, *Electricität* und *mechanische Arbeit*. Für den *ruhenden*, d. h. alle nicht absolut zur Erhaltung des Lebens nöthigen Leistungen vermeidenden Körper lässt sich behaupten, dass alle diese Formen zum überwiegend grössten Theile schliesslich in eine einzige übergehen, nämlich in *Wärme*.

Die Form einer Leistung (s. d. Einleitung) ist bekanntlich etwas äusserst Wandelbares; leicht lässt sich Wärme in Bewegung (Dampfmaschine), Bewegung in Wärme (Reibung), beide in Electricität (Reibungs- und Thermoelectricität), und Electricität in Wärme und Bewegung (galvanisches Glühen, — Electromagnetismus, u. s. w.) umwandeln. Jedoch bleibt die *Quantität* der lebendigen Kraft bei jeder Umwandlung sich vollkommen gleich, da die Umwandlung stets nach bestimmten Verhältnissen (Aequivalenten) vor sich geht. Am wichtigsten für die Physiologie ist unter den letzteren das „mechanische Wärmeäquivalent," d. h. die mechanische Arbeit, in welche eine bestimmte Wärmemenge umgewandelt werden kann, oder umgekehrt. Das mechanische Aequivalent einer Wärmeeinheit (p. 190) ist gleich 430 Grammmetern (d. h. der Arbeit der Erhebung von 430 Gramm auf 1 Meter Höhe).

Die directe *Wärmebildung* erfolgt in allen Organen des Körpers, in welchen Oxydationsprocesse stattfinden, d. h. in sämmtlichen mit Ausnahme der Horngebilde. *Electricitätserregung* erfolgt, soweit bekannt, regelmässig nur in den Muskeln und im Nervensystem (Cap. X. und XI.). *Bewegungen* treten auf: a) mit einer für die Beobachtung genügenden Geschwindigkeit: 1. in den quergestreiften und glatten Muskelfasern; 2. in den contractilen Zellen; 3. an den Flimmerzellen; 4. an den Zoospermien; b) mit unmerklicher Geschwindigkeit an sämmtlichen organischen Formelementen, als Wachsthum, Theilung, etc.

Der Beweis, dass für den ruhenden Körper sämmtliche Leistungen in Wärme umgewandelt und in dieser Form an Körper der Aussenwelt übertragen werden, liegt einfach in Folgendem: 1. Alle Bewegungen im ruhenden Körper wirken als solche nicht auf die Aussenwelt, sondern werden im Körper selbst zum Verschwinden gebracht. Dies Verschwinden geschieht überall durch Reibung; so wird z. B. die ganze lebendige Kraft eines Herzimpulses der Blutmasse übertragen, und geht bei einem Umlaufe durch die innere Reibung des Blutes in den Gefässen, namentlich in den Capillaren, vollständig in ihrer bisherigen Form („Geschwindigkeit, mechanische Arbeit") zu Grunde (p. 57 ff.) ebenso die Bewegungen des Verdauungsapparates durch die Reibung an dem Inhalt und den Umgebungen. Da nun eine andere Bewegungsform (etwa Electricitätserregung) durch diese Reibung so weit bekannt nicht entsteht, so muss man annehmen, dass überall aus der verschwindenden mechanischen Arbeit eine äquivalente Menge von Wärme entsteht. — 2. Die Electricitätserregungen im Nerven- und Muskelsystem werden, wie es scheint, ebenfalls zum grössten Theil entweder direct in Wärme oder zunächst in Bewegung und so in Wärme umgesetzt (Cap. X.).

Eine freilich quantitativ verschwindend kleine Ausnahme machen hiervon: 1. die Bewegungen, welche in Form von Athembewegung, Herz- oder Pulsstoss Körpern der Aussenwelt mitgetheilt werden können; 2. Theilströme, welche bei Anlegung leitender Körper an die Körperoberfläche auf jene übergehen (Cap. X.).

In dem nicht ruhenden (arbeitenden) Körper entstehen ausser den lebendigen Kräften des ruhenden noch andere, und zwar in Form von Wärme und mechanischer Arbeit, beides in den Muskeln; auch von dieser mechanischen Arbeit wird ein grosser Theil im Organismus selbst in Wärme umgewandelt, und zwar durch die Reibung des Muskels selbst in seinen Hüllen, ferner der Sehnen in ihren Scheiden, endlich der bewegten Knochen in ihren Gelenkverbindungen. Der Rest wird theils zur Bewegung der Körpertheile gegen einander, theils zur Bewegung des Körpers im Ganzen gegen die Aussenwelt oder zur Bewegung von Körpern der Aussenwelt verwandt.

Da sich nun auch der letztgenannte Theil der Körperleistungen leicht in Wärme überführen oder in Wärmeeinheiten ausdrücken lässt, so ist es klar, dass das natürlichste Maass für sämmtliche Leistungen des Organismus das Wärmemaass ist.

Natürlich könnte man ebensogut sämmtliche Leistungen nach mechanischem Maasse (in Kilogrammmetern, Fusspfunden, etc.) ausdrücken. — Die Zahlen für die Wärmeeinheiten, durch welche die lebendigen Kräfte des Organismus gemessen werden, sind ausserordentlich gross (Millionen pro Tag). Einige benutzen daher zu diesen Angaben eine grössere Wärmeeinheit, die tausendfache der gewöhnlichen (welche also 1 Kilogramm Wasser von 0^0 auf 1^0 erwärmt; ihr mechanisches Aequivalent ist demnach = 430 Kilogrammmetern).

III. KRAFTAUSGABE.

Abgesehen von den geringen Spannkraftmengen, welche der Organismus in seinen noch nicht völlig oxydirten (organischen) Auswurfsstoffen, — Harnstoff, Harnsäure, u. s. w., — nach aussen abgiebt, werden sämmtliche mit der Nahrung eingeführten Spannkräfte als lebendige Kräfte der Aussenwelt übertragen, und zwar, wie sich aus dem Gesagten ergiebt, vom ruhenden Organismus nur in Form von Wärme, vom nicht ruhenden (arbeitenden) in Form von Wärme und mechanischer Arbeit. Die Wege, auf welchen die ausgegebenen Wärmemengen Körpern der Aussenwelt übergeben werden, werden im folgenden Capitel besprochen; die Uebertragung der mechanischen Arbeit bedarf keiner weiteren Besprechung.

Die directe Messung dieser Kraft- (Wärme-) Ausgabe geschieht für den ruhenden Organismus einfach dadurch, dass man den Menschen oder das Thier, gleich dem verbrennenden Körper p. 190, in einen dazu geeigneten calorimetrischen Kasten setzt. Für den arbeitenden Organismus wird in dem Kasten noch eine Vorrichtung angebracht, durch welche die Arbeit gemessen werden kann, z. B. ein Rad, das mit einer Dampfmaschine in Verbindung steht, in welchem der Beobachtete auf- oder absteigt, und dadurch eine bestimmbare (hemmende oder beschleunigende) Arbeit verrichtet (Hirn). Aus der erhaltenen Arbeitsmenge wird dann die äquivalente Zahl von Wärmeeinheiten berechnet und den direct aus der Wärmeausgabe gefundenen zugefügt.

Ueber die Grösse und Abhängigkeit der Wärme- und mechanischen Arbeitsausgabe s. d. beiden nächsten Capitel.

IV. VERGLEICHUNG
der Einnahme und Ausgabe von Kräften (Kraftbilance).

Eine solche Vergleichung dient hauptsächlich zur Bestätigung der theoretischen Anschauung und zur Controlle der beiderseitigen Bestimmungen.

Wie oben erwähnt (p. 190) liesse sich die Einnahme an Spannkräften dadurch quantitativ bestimmen, dass man die Menge und die Verbrennungswärme der organischen Nahrungsstoffe direct ermittelt. Ebendaselbst ist jedoch bereits erwähnt worden, dass es kaum für einen einzigen Nahrungsstoff eine genaue Bestimmung der latenten Wärme giebt. Man begnügt sich daher damit, nur die in einem gegebenen Zeitraum aus den Spannkräften entstandenen lebendigen Kräfte zu bestimmen und mit den Kraftausgaben zu vergleichen. Jene bestimmt man nach folgenden Principien: Jedes Freiwerden von Kraft muss mit einem entsprechenden Sauerstoffverbrauch verbunden sein, dem Sauerstoffverbrauch entspricht aber für grössere Zeiträume die Sauerstoffaufnahme (p. 135f.). Aus der Sauerstoffaufnahme könnte man demnach die freiwerdenden Kräfte berechnen, wenn der gesammte Sauerstoff nur zur Oxydation eines und desselben Körpers von bekannter Verbrennungswärme benutzt würde. Da aber verschiedene Verbindungen von ungleicher Verbrennungswärme oxydirt werden, so genügt die Kenntniss der Sauerstoffmenge nicht. Nun lassen sich aber aus den in derselben Zeit ausgeschiedenen Oxydationsproducten wenigstens die oxydirten Elemente annähernd bestimmen: aus der Kohlensäure der Kohlenstoff; aus dem (Oxydations-) Wasser der Wasserstoff; da aber das im Körper gebildete Wasser sich kaum bestimmen lässt, so zieht man die dem Kohlenstoff entsprechende Sauerstoffmenge von dem Gesammtsauerstoff ab, und nimmt an, dass aller übrige Sauerstoff zur Oxydation von Wasserstoff verwandt worden sei. Dieser Fehler verschwindet gegen den viel grösseren, dass man die Verbrennungswärme des so gefundenen Kohlenstoffs und Wasserstoffs als die bei der Verbrennung ihrer organischen Verbindungen gebildete Wärmemenge verrechnet hat (s. hierüber p. 191). Demgemäss hat sich bei diesen Versuchen (Dulong und Despretz) keine Uebereinstimmung zwischen der so berechneten und der (nach p. 194 direct gemessenen) ausgegebenen Wärme gezeigt.

Wie bei der stofflichen, so hat man auch bei der Kraftausgabe die Vertheilung derselben auf die verschiedenen Ausgabewege zu bestimmen gesucht. Indess sind die Zahlen durch Berechnungen gefunden, welche an zahlreichen zum Theil schon erörterten Fehlern leiden, auf die hier nicht weiter eingegangen werden kann; die Resultate haben daher nur den Werth eines ungefähren Ueberblicks. Von der Kraftausgabe kommen (nach Barral'schen Stoffwechselzahlen berechnet) etwa 1—2% auf Wärmeverlust (Cap. IX.)

durch Excretion (Harn und Koth), 4—8% auf Wärmeverlust durch die Athmung, 20—30% auf Wärmeverlust durch Wasserverdunstung, der grösste Theil (60—75%) auf Wärmeverlust durch Leitung und Strahlung von der Oberfläche und auf äussere mechanische Arbeit. Von letzterem Posten kommt auf die mechanische Arbeit nach Einigen (Ludwig) nur ein sehr geringfügiger, nach Anderen (M. Traube) ein bedeutender Antheil. Ueber die Bedeutung dieser Frage s. sub V.

V. EINFLUSS DES KRAFTWECHSELS auf den Stoffwechsel.

Im vorigen Capitel (p. 176) wurde kurz angegeben, dass eine gewisse Summe von Oxydationsvorgängen zur Erhaltung des Organismus unumgänglich nothwendig sei, und dass diese den „Minimal-Stoffwechsel" bedinge. Eine nähere Untersuchung der Ursachen jener Nothwendigkeit ergiebt sogleich, dass jene nothwendigen Oxydationsvorgänge eben zur Herstellung der nothwendigen Leistungen erforderlich seien, nämlich zur Wärmebildung, zu gewissen mechanischen Arbeiten (Herzbewegung, Athembewegung, Darmbewegung), u. s. w. — Der Minimal-Stoffwechsel ist also, so zu sagen, durch den „Minimal-Kraftwechsel" bedingt.

Eine scheinbare Ausnahme hiervon machen die nothwendigen Oxydationsprocesse in den Drüsen; hier scheint auf den ersten Blick (s. Einleitung p. 6) die Bildung der Oxydationsproducte (specifischen Secretbestandtheile) wesentlicher zu sein, als das damit verbundene Kraftfreiwerden (die Wärmebildung). Indessen fehlt für diese teleologische Anschauung jede Basis; es werden eben für die Zwecke des Organismus nicht bloss die freiwerdenden Kräfte, sondern auch die Producte des chemischen Vorganges benutzt. Dasselbe übrigens, was von den Drüsen gilt, kann auf alle Parenchyme angewendet werden; überall werden ausser den Leistungen auch die Oxydationsproducte (specifische Parenchymbestandtheile) verwerthet.

Die Erhöhung eines dieser beiden Vorgänge muss selbstverständlich auch eine Erhöhung des anderen zur Folge haben. Dass durch Erhöhung des Stoffwechsels bei der Luxusaufnahme auch der Kraftwechsel erhöht wird, ist bereits oben (p. 184) erwähnt. Es bleibt also hier noch der Fall zu betrachten, wo die Erhöhung des Kraftwechsels, der Leistungen, eine gesteigerte Stoffaufnahme erforderlich macht. Diese gesteigerte Stoffaufnahme nennt man: „Arbeits-Consumption."

Die Leistungen des Organismus, welche erfahrungsgemäss am

häufigsten und bedeutendsten gesteigert werden, sind: 1. die mechanische Arbeit der willkürlichen Muskeln (kurzweg „Arbeit" genannt), gewöhnlich gesteigert durch den Willen, pathologisch durch Krämpfe u. dgl.; 2. die Wärmebildung, erhöht durch vermehrte Wärmeausgabe bei niederer Temperatur der Umgebung (s. das nächste Cap.). Beide sind mit vermehrtem Stoffwechsel verbunden, erhöhen somit die Ausgabe, namentlich die Kohlensäure-Ausscheidung, und bedingen zur Erhaltung des Körpergewichts eine vermehrte Aufnahme, eine Arbeitsconsumption. Beide steigern auch das Gefühl des Nahrungsbedürfnisses, den Hunger.

Den verschiedenen Leistungen liegen Oxydationen verschiedener Körperbestandtheile zu Grunde, wie später genauer erörtert werden wird. Um zu beurtheilen, welche Nahrungsstoffe für die Arsbeitsconsumption bei einer bestimmten Leistung die zweckmässigsten sind, ist es nöthig zu wissen, welche Bestandtheile für dieselbe vorzugsweise oxydirt werden. Der directeste Weg hierzu wäre das Studium der Organe, in welchen die Leistungen und Oxydationen vor sich gehen, also der Muskeln etc. Da aber grade dieser Theil der Physiologie noch wenig entwickelt ist, so begnügt man sich mit der Untersuchung der Ausscheidungen, welche der vermehrten Leistung entsprechen. Besonders kommen hierbei der Harnstoff als Zeichen für die Oxydation stickstoffhaltiger Körper, und die Kohlensäure als Ausdruck der Oxydationsprocesse überhaupt, in Betracht.

In Folge zweifelhafter Angaben (besonders, dass die Muskelthätigkeit die Harnstoffausscheidung erhöhe), war nun lange Zeit die Ansicht verbreitet, dass nur die stickstoffhaltigen Körperbestandtheile, welche allein die geformten Theile des Organismus bilden, zur Erzeugung mechanischer Arbeit, und erst, nachdem bei diesem Vorgange stickstofflose Spaltungsproducte aus ihnen entstanden, zur Wärmebildung, die stickstofflosen aber nur zur Wärmebildung verwandt werden. Hierauf gründete sich eine teleologische Eintheilung der Nahrungsstoffe, welche die stickstoffhaltigen in Rücksicht auf ihre Verwendung zu geformten Körperelementen „plastische", die stickstofflosen dagegen „respiratorische" nannte (Liebig); oder jene als alleinige Bewegungserzeuger „dynamogene" oder „kinesogene", diese aber als alleinige Wärmeerzeuger „thermogene" (Bischoff und Voit). — Seitdem aber bewiesen ist, dass die Harnstoffausscheidung durch mechanische Arbeit nicht vermehrt wird (Voit; vgl. Cap. X.), hat diese Ansicht ihren Halt verloren, und die mannigfachen Bedenken, welche ihr entgegenstanden, sind zu ihrem Rechte gekommen. Unter diesen sind besonders zu erwähnen (M. Traube): 1. dass auch bei sehr stickstoffarmer (pflanzlicher) Kost bedeutende mechanische Arbeit geleistet werden kann, (die meisten Arbeitsthiere sind Pflanzenfresser, die Bienen sind bei blosser Honignahrung fortwährend in Bewegung). Diese Thatsache konnte nur unter der Voraussetzung mit jener Theorie im Einklange bleiben, dass die mechanische Arbeit des Körpers, auch wenn sie hohe Werthe erreicht, der Wärmebildung gegenüber nur geringfügig ist, eine jetzt bestrittene Anschauung (vgl. p. 196); 2. dass kaltblütige Thiere, und ebenso Thiere und Menschen in heissen Zonen, — deren Wärmebildung somit nur geringfügig sein kann, — dennoch zum grossen Theil von stickstoffarmer Pflanzenkost leben; 3. das Fleischfresser trotz ihrer geringen Aufnahme an stickstofflosen Stoffen, dennoch eine genügende Wärmeproduction haben, auch ohne etwa durch reichliche mechanische Arbeit sich die nöthigen stickstofflosen Spaltungsproducte zu verschaffen; 4. endlich hat sich direct ergeben, dass die in einer bestimmten Zeit verbrauchten Eiweisskörper (aus der Harnstoffausscheidung berechnet) auch nicht entfernt ausreichen um die in derselben Zeit geleistete Arbeit zu erklären, selbst wenn man ihre Verbrennungswärme übertrieben hoch annimmt (Fick & Wislicenus); hiermit steht in Einklang, dass in Gebirgsgegenden die Bewohner für anstrengende Touren als Proviant nur Speck und Zucker mitzunehmen pflegen.

Es lässt sich also vor der Hand keine Leistung bezeichnen, für welche der Genuss einer bestimmten Nahrungsart (etwa N-haltiger) direct erforderlich wäre.

NEUNTES CAPITEL.

Wärmebildung und Temperaturverhältnisse des Körpers.

I. WÄRMEBILDUNG.

Ueber die Entstehung der Wärme im Körper ist hier nur noch Weniges nachzuholen. Mehrfach bereits, speciell p. 192, ist erörtert worden, dass in allen Organen, in welchen Oxydationsprocesse stattfinden, entweder sämmtliche dabei freiwerdenden Kräfte, oder wenigstens ein beträchtlicher Theil derselben, die Form von Wärme annehmen. Die übrigen Formen der Leistung (Electricität, mechanische Arbeit) entstehen nur in gewissen Organen und auch hier stets neben der Wärme.

Die absolute Wärmemenge, welche die Masseneinheit eines bestimmten Organs in der Zeiteinheit producirt, ist noch nicht bestimmt; jedenfalls ist sie in den einzelnen äusserst verschieden. So produciren z. B. die Drüsen viel mehr Wärme, als die Parenchyme, weil die Oxydationsproducte der ersteren (die „specifischen Secretbestandtheile" p. 77) fortwährend abgeführt und durch neugebildete ersetzt werden müssen, während die der letzteren (die „specifischen Bestandtheile" der Parenchymsäfte) lange Zeit an Ort und Stelle verweilen; — in den Drüsen ist also die Oxydation bei weitem lebhafter. Auch in einem und demselben Organe schwankt die Wärmebildung der Zeit nach bedeutend, und zwar selbstverständlich mit der Energie der Oxydationsprocesse, oder, was dasselbe ist, mit der Menge des verbrauchten Sauerstoffs. Besonders eclatant ist diese Zunahme der Wärmebildung mit der Energie der Oxydationsprocesse in den Drüsen, deren Temperatur mit der Energie der Secretion, d. h. wahrscheinlich mit der Energie der Bildung ihrer specifischen Secretbestandtheile, bedeutend zunimmt (p. 78, 85). Auch in den Muskeln ist eine Temperaturzunahme bei der Thätigkeit beobachtet (s. das folgende Cap.); es ist also hier zu der schon in der Ruhe vermuthlich vorhandenen Wärmebildung nicht nur die Bildung mechanischer Arbeit, sondern auch noch ein Plus an Wärmebildung hinzugekommen.

Gar keine Wärme wird gebildet in den Horngeweben des Körpers, in welchen wie es scheint keine Oxydationen mehr existiren. Ob auch im Blute Wärme gebildet wird, hängt von der Entscheidung der Frage ab, ob in ihm selbst Oxydationen stattfinden (vgl. p. 158).

Ob die Wärmebildung in den Parenchymen (abgesehen von Drüsen und Muskeln) durch besondere Nerven direct beherrscht wird, ist eine noch unentschiedene Frage, welche im 3. Abschnitt erörtert wird.

Ausser diesen directen Wärmequellen giebt es noch andere, ebenfalls bereits besprochene. Es ist nämlich (p. 192 f.) nachgewiesen worden, dass im ruhenden Körper auch alle übrigen Formen lebendiger Kraft, namentlich die mechanische Arbeit, so gut wie vollständig in Wärme umgewandelt werden. Diese Umwandlung geschieht theils direct durch die Reibung der sich activ bewegenden Organe (Muskeln) an ihrer Umgebung, theils durch die Reibung der passiv durch jene in Bewegung gesetzten (Sehnen, Knochen, Blut in den Gefässen, u. s. w.). — Ebenso wird im arbeitenden Körper ein grosser Theil der mechanischen Arbeit durch Reibung in Wärme umgesetzt.

Muskelarbeit erhöht demnach die Wärmebildung im Körper auf doppelte Weise: 1. durch die mit der Muskelthätigkeit verbundene Erhöhung der Wärmebildung im Muskel selbst; 2. durch die Reibung des Muskels und der durch ihn bewegten Theile an ihrer Umgebung.

II. TEMPERATUREN DES KÖRPERS.

Die verschiedenen Organe des Körpers stehen untereinander theils in directer Verbindung durch Berührung, theils werden sie durch dass alle durchströmende Blut in wärmeleitende Verbindung gebracht. Dadurch vertheilen sich die in den einzelnen Körpertheilen gebildeten Wärmemengen ziemlich gleichmässig auf den ganzen Körper und auch auf diejenigen Körpertheile, welche für sich gar keine Wärme erzeugen. Das Resultat dieser Ausgleichung und der sogleich zu besprechenden Wärmeverluste ist eine annähernd constante Temperatur des ganzen Körpers, welche sich beim Menschen zwischen 36 und 38°C. hält. Ziemlich dieselbe Höhe hat sie bei den Säugethieren, eine etwas grössere bei den Vögeln; diese Organismen mit constanter Temperatur nennt man warmblütige oder auch homöotherme (constant temperirte). Bei den übrigen Thieren ist die Energie der Oxydationsprocesse und somit die Wärmeerzeugung so gering, dass keine constante Körpertemperatur entsteht, sondern nur eine um wenige Grade höhere, als die des umgebenden Mediums (Luft oder Wasser). Man nennt diese Thiere kaltblütige, besser pökilotherme (von variabler Temperatur).

Wärmeausgabe.

Da der menschliche Körper fast immer von Medien umgeben ist, welche kühler sind, als er, so findet regelmässig eine Wärmeabgabe an die Umgebung statt. Dieselbe geschieht auf folgenden Wegen: 1. durch Strahlung von der freien Oberfläche des Körpers; 2. durch Leitung: a) an die die Körperoberfläche berührenden Gegenstände, welche kälter als der Körper sind, also besonders Luft und Kleidung; b) an die in den Körper aufgenommenen Stoffe, welche kälter als der Körper sind, also inspirirte Luft und Nahrung. Letztere Wärmeausgabe wird auch häufig so ausgedrückt, dass der Körper mit seinen Auswurfsstoffen (exspirirte Luft, Schweiss, Harn, Koth), welche sämmtlich die Temperatur des Körpers haben, Wärme ausgiebt; selbstverständlich läuft beides auf dasselbe hinaus, vorausgesetzt, dass Einnahmen und Ausgaben an Quantität und specifischer Wärme gleich sind, — was im Allgemeinen zutrifft; c) an verdunstende Excretionsstoffe, welche während der Verdunstung mit der Körperoberfläche in Berührung sind, bes. Schweiss; die an sie übergehende Wärme wird sofort latent; gewöhnlich wird diese Ausgabe als eine besondere „durch Wasserverdunstung“ aufgeführt.

Da die Wärmeausgabe hauptsächlich von der Oberfläche aus geschieht, ihre Grösse demnach von der Grösse der Körperoberfläche abhängt, so ist es klar, dass kleinere Individuen, deren Oberfläche im Verhältniss zur Körpermasse grösser ist, relativ mehr Wärme ausgeben, als grössere.

Viele der hier genannten Wärmeausgaben sind sehr variabler Natur; und ihre Veränderlichkeit wird daher benutzt, um die Temperatur des Körpers constant zu erhalten (vgl. unten).

Locale Temperaturen.

Aus leicht ersichtlichen Gründen kann die oben erwähnte Ausgleichung zwischen den Temperaturen der verschiedenen Körpertheile nicht ganz vollkommen sein; gewisse Temperaturunterschiede bestehen fortwährend. Diese Unterschiede, welche sich ohne weiteres aus den angegebenen Verhältnissen ableiten lassen und durch die Erfahrung vollkommen bestätigt werden, sind hauptsächlich folgende: 1. Je mehr Wärme ein Körpertheil selbst producirt, um so ärmer ist er auch (unter sonst gleichen Verhältnissen). Am wärmsten sind hiernach die Drüsen während der Absonderung und die Muskeln während der Arbeit; am kühlsten die Horngewebe. 2. Je mehr ein Organ durch seine Lage oder sonstige Verhältnisse genöthigt ist, Wärme durch Strahlung oder Leitung abzugeben, um so kühler ist es; am kühlsten sind hiernach: die äussere Haut, besonders wenn sie mit verdunstendem Schweisse bedeckt ist, ferner die Lungen, die Anfänge des Verdauungscanals, u. s. w. Die frei liegenden unter diesen Körperstellen sind wieder kühler, als geschütztere (z. B. Achselgrube, Mundhöhle, etc.). 3. Da das Blut das wichtigste Ausgleichungsmedium für die Temperaturen der verschiedenen Körpertheile ist, so darf man seine Temperatur als die mittlere Körpertemperatur betrachten; in der That sind die p. 201 angegebenen Zahlen den Beobachtungen über Blutwärme entnommen. Hieraus lässt sich nun weiter folgern: a) bei Organen, welche viel Wärme produciren, deren Temperatur also die Blutwärme übersteigt (Drüsen, arbeitende Muskeln), ist das abfliessende Venenblut wärmer als das zufliessende Arterienblut; umgekehrt ist es bei wenig Wärme bildenden oder Wärme nach aussen abgebenden (so ist z. B. das Lungenvenenblut kühler als das Lungenarterienblut, p. 131); b) ein Organ, dessen Temperatur unter der Blutwärme liegt, wird um so wärmer, je mehr Blut ihm in der Zeiteinheit zufliesst. Daher nimmt die Temperatur solcher Organe (z. B. einer Hautstelle) zu: bei Erhöhung des allgemeinen Blutdrucks, bei Verstärkung der Herzthätigkeit, besonders aber bei Erweiterung der zuführenden Arterien (z. B. nach Durchschneidung der vasomotorischen Nerven, p. 70), während die umgekehrten Einflüsse die Temperatur herabsetzen; daher ist Röthe einer Hautstelle in der Regel mit Wärme, Blässe mit Kühle verbunden.

Diese Verhältnisse (die sog. „Temperaturtopographie") müssen bei Messungen der allgemeinen Körper-Temperatur stets berücksichtigt werden. Da man

nur ausnahmsweise die Blutwärme direct bestimmen kann, so wählt man solche Stellen, welche am wenigsten Wärmeverlusten ausgesetzt sind; man führt daher das Thermometer in die Mundhöhle, in den Mastdarm, die Vagina oder die Achselhöhle ein, wo man es möglichst lange verweilen lässt. — Absolute Temperaturbestimmungen macht man stets mit dem (Quecksilber-) Thermometer. Vergleichungen der Temperatur zweier Körperstellen oder der Temperatur einer und derselben zu verschiedenen Zeiten, unter verschiedenen Bedingungen, u. s. w. macht man entweder mit dem Thermometer oder besser auf thermoelectrischem Wege (Näheres Cap. X.).

Erhaltung der mittleren Temperatur bei Warmblütern.

Die angegebene mittlere Temperatur des Menschen und der Warmblüter scheint für das Zustandekommen der wichtigsten Lebensprocesse eine unerlässliche Bedingung zu sein. Man schliesst hierauf aus der Thatsache, dass selbst geringe Erhöhungen oder Erniedrigungen der Temperatur über die angegebenen Grenzen hinaus schon bedeutende Gefahren mit sich bringen. Die zahlreichen gährungsähnlichen Processe im Körper erklären diese Gefahren leicht; bei einer Temperatur von 42,6°C. soll ferner in den Gefässen Blutgerinnung eintreten (Weikart); bei 49° tritt Wärmestarre der Muskeln ein (s. d. folgende Cap.). — Dem entsprechend besitzt der Organismus mannigfache Vorrichtungen, um die Temperatur in ihren Grenzen zu halten. Die wichtigsten derselben sind folgende:

1. Solche, welche auf die Wärmeausgabe regulirend einwirken: a) Das Gefühl verminderter oder erhöhter Temperatur (Frost- und Hitzegefühl, s. d. 3. Abschn.) veranlasst den Menschen, sich im ersten Falle mit schlechten Wärmeleitern (dicke Kleidung Wolle, Seide), im zweiten mit guten (dünne Kleidung, Leinen) zu umgeben, oder gar sich künstlich (durch kalte Bäder) Wärme zu entziehen. — b) Erhöhte Temperatur vermehrt die Herzthätigkeit (72) und die Athmung (p. 145); ersteres bewirkt eine stärkere Füllung der Capillaren, unter anderen auch der Haut, dadurch erhöhte Temperatur derselben (p. 202), und vermehrte Wärmeausgabe durch Leitung und Strahlung (bei erhöhter Körperwärme ist daher die Haut strotzend, warm and feucht, bei erniedrigter eingefallen, kalt und trocken); die vermehrte Athmung erhöht die Wärmeausgabe durch die Lungen. Mit der erhöhten Blutfüllung der Haut ist ferner gewöhnlich eine Einleitung oder Erhöhung der Schweiss-Secretion verbunden (p. 105), und der schnell verdunstende Schweiss entzieht ausserordentlich viel Wärme (im Sommer,

wo die umgebende Luft fast die Temperatur des Körpers hat, ist dies fast die einzige Wärmeausgabe). — c) Kälte verengt, Wärme erweitert die kleinen Arterien (p. 70), besonders der Haut; dieser Einfluss muss dieselbe regulirende Wirkung haben, wie die ad b) genannten.

2. Regulirende Vorrichtungen, welche auf die Wärmeerzeugung einwirken: a) Erniedrigte Temperatur („Kälte") erhöht das Hungergefühl; vermehrte Nahrungsaufnahme erhöht aber die Wärmeerzeugung (p. 184). — b) In der Kälte fühlt man das Bedürfniss nach Muskelbewegungen (Umhergehen, Arbeiten), welche ja in doppelter Weise die Temperatur erhöhen (p. 200); ferner treten (vermuthlich reflectorisch) unwillkürliche Muskelbewegungen ein (Schaudern, Zähneklappern; beide werden auch willkürlich mit wohlthuendem Erfolge eingeleitet).

Kleinere Individuen, deren Wärmeausgabe constant grösser ist (p. 201), essen und bewegen sich daher mehr als grössere.

Es bleibt nun noch übrig, die Schwankungen der mittleren Körpertemperatur (Blutwärme) innerhalb ihrer Normalgrenzen (d. h. soweit sie nicht durch die Regulationsmittel ausgeglichen werden) und die Abhängigkeit derselben von den Körper- und Lebensverhältnissen zu erörtern. Da die wärmebildenden Processe sämmtlich in einem der Wärmebildung annähernd proportionalen Verhältnisse Kohlensäure erzeugen, so zeigen die Wärmeschwankungen eine grosse Uebereinstimmung mit denen der Kohlensäureausscheidung (p. 136). Erhöhend wirken auf die Temperatur: Muskelbewegungen, reichliche Drüsensecretionen (namentlich Gallensecretion; daher besonders die Verdauung), grössere Energie des gesammten Stoffwechsels (bei Männern, bei kräftigen Constitutionen, im mittleren Lebensalter, u. s. w.), krankhafte Erhöhungen des Stoffwechsels, wie sie vielleicht im Fieber existiren. — Erniedrigend wirken die entgegengesetzten Verhältnisse, ferner krankhafte Zustände, welche die Sauerstoffaufnahme hemmen (Lungenkrankheiten; — Ueberfirnissung der Haut, welche die Hautathmung hemmt, setzt die Temperatur enorm herab), Hungern (p. 181) u. s. w. Ferner findet sich eine tägliche Temperaturschwankung, welche von der Verdauung unabhängig, nur von der verschiedenen Energie der Oxydationsprocesse zu verschiedenen Tageszeiten herzurühren scheint.

Nicht bloss die wärmebildenden, sondern auch die wärmeausgebenden Processe können die mittlere Körpertemperatur dauernd verändern; so ist dieselbe z. B. von dem Contractionszustande der Hautgefässe (Reizung des vasomotorischen Centrum, p. 71) sehr abhängig, und da dieser im Fieber erhöht ist, so kann man vielleicht die hohen Fiebertemperaturen allein hierdurch erklären (L. Traube).

Einen ähnlichen Zustand kann man künstlich herstellen durch Rückenmarksreizung (Tscheschichin), während umgekehrt Rückenmarksdurchschneidung, eben so Lähmung der Gefässnerven durch Gifte (Nicotin, Curare) die Temperatur herabsetzt.

Eine anhaltend sehr niedrige Temperatur haben die Winterschläfer zur Zeit ihres Schlafes. Hier ist sowohl die Wärmebildung auf ein Minimum reducirt, als auch die Wärmeausgabe, durch enorme Verlangsamung des Kreislaufs sehr beschränkt.

Gewöhnliche Warmblüter sterben durch Abkühlung sobald ihre Temperatur auf eine gewisse Grenze gesunken ist. Erreicht die Abkühlung diese Grenze nicht, so kann man sie durch Wiedererwärmung aus dem soporösen (dem Winterschlaf entsprechenden) Zustand wieder erwecken. Erreicht die Abkühlung nicht 20—18°, so erwärmen sich die Thiere von selbst wieder, sobald sie aus der Kälte entfernt und in mittlere Temperatur gebracht werden. Auch unter dieser Grenze erfolgt die Erwärmung von selbst, wenn man künstliche Respiration einleitet (Walther).

ZEHNTES CAPITEL.

Leistung mechanischer Arbeit.

(Bewegungsvorgänge.)

Das Freiwerden von Kräften in Form von Bewegung ist im Organismus weit weniger verbreitet, als die Entstehung von Wärme, und nur an bestimmte Apparate geknüpft. Diese Apparate sind überall einfache oder metamorphosirte Zellen, oder Bestandtheile von Zellen. In folgenden Apparaten des menschlichen Organismus sind bis jetzt Bewegungserscheinungen nachgewiesen: 1. Muskelfasern (quergestreifte und glatte), 2. die Lymphkörperchen und deren Analoga (farblose Blutkörperchen, Bindegewebskörperchen, Schleimkörperchen, Eiterkörperchen u. s. w.), 3. die Flimmerzellen, 4. die Zoospermien, 5. die Zellen mit Molecularbewegungen. — An diese Apparate schliessen sich unmittelbar an: die contractilen Massen vieler einfacher Organismen. — Endlich sind noch sämmtliche Gestaltungsvorgänge, Wachsthum, Theilung etc. als Bewegungen aufzufassen. Jedoch unterscheiden sich die vorher angeführten Bewegungen von diesen durch eine viel grössere Geschwindigkeit, welche ihre directe Beobachtung möglich macht, während die Gestaltungsvorgänge so langsam geschehen, dass sie erst nach längeren Intervallen an ihren Erfolgen zu erkennen sind. Auch führen jene nur zu vorübergehenden Orts- und Formveränderungen, nach welchen die bewegten Theile annähernd wieder zu ihrem früheren Zustande zurückkehren, die Gestaltungsvorgänge aber zu bleibenden. Hinsichtlich der letzteren wird auf den 4. Abschnitt verwiesen.

Die oben genannten, theils im Ganzen, theils in einzelnen Theilen contractilen Organe haben sämmtlich, soweit sie untersucht sind, gewisse gemeinsame Eigenschaften (abgesehen von der Contractilität selbst), welche auf eine ihnen allen gemeinsame wesentliche Substanz deuten. Diese Substanz scheint in der ganzen Thierwelt und in vielen pflanzlichen Organismen verbreitet zu sein. Man nannte sie früher „Sarcode", jetzt allgemein „Protoplasma." Man kann daher den Satz aufstellen, dass Bewegungen (im Sinne der mechanischen Arbeit) überall nur da vorkommen, wo sich Protoplasma findet. Die Eigenschaften des Protoplasma werden zweckmässiger im Zusammenhange erst dann besprochen, wenn die Physiologie der wichtigsten Bewegungsapparate abgehandelt ist. Von diesen werden zunächst und vorwiegend die am besten studirten, die Muskeln, Gegenstand der Betrachtung sein.

I. DIE MUSKELN.

Die Muskeln unterscheiden sich von fast allen übrigen bewegungserzeugenden Gebilden wesentlich dadurch, dass die Bewegung in ihnen nur auf die Einwirkung einer nachweisbaren auslösenden Kraft erfolgt. In der Regel geht diese Auslösung vom Nervensystem aus.

Man unterscheidet, hauptsächlich nach dem Bau der histologischen Elemente, zwei Arten von Muskeln, die quergestreiften und die glatten. Die physiologischen Eigenschaften beider sind, wie die folgende Betrachtung zeigen wird, im Wesentlichen dieselben, wenn auch im Einzelnen mancherlei Abweichungen vorkommen.

A. Die quergestreiften Muskeln.

Die quergestreiften oder animalischen Muskeln sind überall da im Körper angebracht, wo energische Bewegungen vorkommen; mit wenigen Ausnahmen sind alle Bewegungen dieses Characters, somit die Thätigkeit der quergestreiften Muskeln, vom Willen abhängig. Man nennt daher die quergestreiften Muskeln auch willkürliche. Unter jenen Ausnahmen bildet die wichtigste das Herz, dessen quergestreifte Fasern auch in anderer Hinsicht sich von den gewöhnlichen unterscheiden (s. p. 53).

Die quergestreiften Muskeln bilden meist länglichrunde Stränge, zuweilen aber platte Ausbreitungen von rothbrauner Farbe, welche eine grobe Längsfaserung zeigen; sie sind an die zu bewegenden Theile (Knochen, Knorpel, etc.) entweder direct oder durch Vermittlung längsgefaserter Bindegewebsmassen (Sehnen) angeheftet. Umgeben sind sie von gröberen äusseren, und feineren unmittelbar anliegenden Bindegewebshäuten (Fascien, Perimysium); letztere setzen sich in das Innere, zwischen die Fasern fort, und theilen den Muskel in zahlreiche längsverlaufende Fächer. Die Muskeln lassen sich ohne Mühe in der Längsrichtung in immer feinere Faserbündel zerreissen, bis zu einer gewissen Grenze, den sog. „Primitivbündeln." Diese sind indess keine Bündel mehr, sondern Röhren, mit einer flüssigen Masse, der eigentlichen Muskelsubstanz, erfüllt. Die Wand dieser Röhren (Muskelfaser, Muskelrohr) besteht aus einer sehr elastischen, vollkommen geschlossenen Membran, dem Sarcolemm. Der Inhalt zeigt unter dem Microscop feine, regelmässige Querstreifung, welche von schichtweise angeordneten, stärker als die Grundsubstanz lichtbrechenden Körperchen herrühren; diese Körperchen sind zugleich doppeltbrechend (Brücke). Die meisten Muskelröhren verlaufen durch die ganze Länge des Muskels und setzten sich direct an die Sehne oder den Knochen etc. an; ein Theil indess endet zugespitzt frei im Innern des Muskels (Rollett).

Dass der Muskelinhalt flüssig ist, schliesst man aus den unter Umständen in ihr ablaufenden Wellenbewegungen, namentlich aus dem hier wie in anderen Flüssigkeiten sich zeigenden Porret'schen Phänomen (Kühne), d. h. der Fortführung des Muskelinhalts zum negativen Pol bei Durchleitung eines electrischen Stromes. — Ferner hat ein Beobachter (Kühne) in einer frisch herauspräparirten Froschmuskelfaser eine eingeschlossene Nematode sichtlich ohne mechanische Widerstände sich umherbewegen gesehen. — Durch die Einwirkung verschiedener Reagentien wird der Muskelinhalt fest (Näheres s. unten) und zerfällt nach verschiedenen Richtungen: a. nach der Richtung der Querstreifen, in runde dünne Scheiben („discs," Bowman); b. in feine Längsfasern, welche als Andeutung der früheren Querstreifung in den dieser entsprechenden Abständen leichte varicöse Anschwellungen zeigen („Muskelfibrillen," Kölliker); c. nach beiden Richtungen zugleich, in kleine prismatische Körperchen, welche man sich entstanden denken kann entweder durch Zerfall der Fibrillen in der Richtung der Querstreifung oder durch Zerfall der Discs in der Richtung der Fibrillen („sarcous elements" Bowman, „Fleischprismen" Kühne). Alle diese Zerfallproducte sind zu Zeiten als präformirte Muskelelemente angesehen worden. Neuerdings, wo es gelungen ist, die Fleischprismen im lebenden Muskel als in der Muskelflüssigkeit suspendirte Körper wahrzunehmen (besonders an Insectenmuskeln), muss man letztere als präformirte Gebilde, die Fibrillen als Längsreihen, und die Discs als Querschichten von solchen betrachten; in den meisten Muskeln haben die Fleischprismen beim Absterben die Neigung, in fibrillärer Anordnung aus einander zu fallen; manche Reagentien bewirken dagegen den Zerfall zu Discs. Die Fleischprismen haben meist im Querschnitt eine 3—5seitig polygonale Gestalt, und liegen so dicht aneinander, dass nur schmale Zwischenräume für die flüssige Grundsubstanz übrig bleiben (COHNHEIM).

Im polarisirten Lichte untersucht zeigen sich die Fleischprismen doppeltbrechend (bei gekrenzten Nicols farbig), die Grundsubstanz einfachbrechend. Da die Fleischprismen bei der Contraction ihre Gestalt ändern (kürzer und dicker werden), so sind sie keine einfachen doppeltbrechenden Gebilde, etwa wie Krystalle, sondern man muss annehmen, dass sie selbst Gruppen von zahlreichen kleinen doppeltbrechenden Elementen („Disdiaclasten") sind, welche im ruhenden und im contrahirten Fleischprisma verschieden angeordnet sind (BRÜCKE).

Ausserdem enthält die Muskelfaser noch folgende Formbestandtheile: 1. Kerne (bläschenförmig, mit Kernkörperchen und einer undeutlichen körnigen Umgebung, welche von einigen für Protoplasma gehalten wird); sie liegen in der Nähe des Sarcolemms, bei manchen Thieren gleichmässig durch den Muskelinhalt vertheilt; 2. Nervenendigungen (KÜHNE); die verzweigten Nervenprimitivfasern treten in das Muskelrohr ein, indem das Neurilemm continuirlich in das Sarcolemm übergeht, das Mark an der Eintrittsstelle aufhört und der Axencylinder in eine der quergestreiften Substanz unmittelbar aufliegende Masse übergeht: den Nervendhügel; das Sarcolemm ist dieser Auflagerung entsprechend etwas ausgebuchtet. Die Substanz des Endhügels ist eine homogene, feingranulirte, mit grossen Kernen versehene Masse, in welcher eine verästelte Platte (Nervenendplatte), die eigentliche Endigung des Axencylinders, liegt.

Der Muskel enthält ausser den Muskelröhren und dem vom Perimysium ausgehenden Scheidewandsystem noch reiches Bindegewebe, welches mit letzterem zusammenhängt, ferner Blut- und Lymphgefässe und verzweigte Nervenfasern.

Chemische Bestandtheile des Muskels.

Die Reaction des frischen ruhenden Muskels ist neutral, oder durch die Bespülung mit alkalischen Säften (Lymphe) schwachalkalisch (DU BOIS-REYMOND).

Da der Muskel eine chemisch sehr veränderliche Substanz ist, so erfordert die Feststellung einiger seiner Bestandtheile besondere Vorsichtsmassregeln und ist noch nicht endgültig durchgeführt. Diese Substanzen sind namentlich die eiweissartigen.

Möglichst unveränderten Inhalt der Muskelröhren, erhält man (KÜHNE): 1. durch Auspressen der Muskeln kaltblütiger Thiere, nach Entfernung des Blutes durch Ausspritzen der Gefässe mit indifferenten Flüssigkeiten ($^1/_2$—1procentige Kochsalzlösung); 2. durch Gefrierenlassen entbluteter Muskeln, Zerkleinerung mit abgekühlten Instrumenten und Filtration bei wenig über 0°, am besten nach Verdünnung mit abgekühlter Kochsalzlösung. — Die so erhaltene trübe, neutrale, oder schwach alkalische Flüssigkeit, das „Muskelplasma," verändert sich, um so schneller, je höher die Temperatur; sie gerinnt nämlich, zuerst gleichmässig gallertartig, so dass man die Gerinnung nur am Zäherwerden und am Nichtausfliessen beim Umkehren des Gefässes bemerkt; später zieht sich das Gerinnsel unter Bildung von Flocken und Fetzen zusammen, wobei die Masse sich stark trübt; hierbei wird eine saure Flüssigkeit frei („Muskelserum").

Die durch die Gerinnung ausgeschiedene Substanz ist ein Eiweisskörper: Myosin. Derselbe ist in concentrirteren Kochsalzlösungen löslich, und wird aus diesen Lösungen durch Verdünnen und umgekehrt durch Salzzusatz wieder ausgeschieden. Verdünnte Säuren lösen ebenfalls das Myosin leicht, wobei es sich aber in Syntonin (p. 33) umwandelt.

Die spontane Myosinausscheidung geschieht am schnellsten, nämlich momentan, bei 40° (für Kaltblüter; für Warmblüter bei 48—50°). Sie wird ferner augenblicklich bewirkt durch destillirtes Wasser und durch Säuren.

Das Muskelserum enthält die übrigen Muskelbestandtheile, nämlich 1. eine Anzahl von Eiweisskörpern, welche bei verschiedenen Temperaturen (45—70°) gerinnen; der bei 60—70° gerinnende ist gewöhnliches Albumin; 2. verschiedene Kohlenhydrate, nämlich Traubenzucker (Meissner) in sehr geringer Menge; Inosit (p. 25) in grösseren Mengen; beim Embryo und bei jungen Thieren kommt auch Glycogen und Dextrin (Limpricht; vielleicht nur postmortal umgewandeltes Glycogen) im Muskel vor; 3. wahrscheinlich Protagon (nicht direct nachgewiesen, aber jedenfalls wegen des Daseins von Nervenendigungen anzunehmen); 4. Fette, in geringen Mengen; 5. freie Säuren; hauptsächlich Fleischmilchsäure, ferner noch einige flüchtige Fettsäuren (Ameisensäure, Essigsäure); 6. verschiedene Amidsubstanzen: Kreatin (nach Einigen auch Kreatinin, welches aber nach Andern erst bei der Darstellung aus Kreatin sich gebildet hat), Hypoxanthin (Sarkin), Inosinsäure, zuweilen Harnsäure (?); 7. ein rother Farbstoff, in den meisten Muskeln Hämoglobin (Kühne); 8. Salze; 9. Wasser; 10. Gase, hauptsächlich Kohlensäure (s. unten).

Die genannten Bestandtheile sind die des schon geronnenen Muskelinhalts. Da der Gerinnungsvorgang, ebenso die Contraction (s. unten), mit chemischen Veränderungen im Muskel verbunden ist, die zum Theil noch in Dunkel gehüllt sind, der ungeronnene Muskel oder das Muskelplasma aber nicht mit Vermeidung jener Vorgänge untersucht werden können, so sind die hier genannten

Stoffe nicht als die Bestandtheile des unveränderten lebenden Muskels anzusehen. Was über diese ermittelt ist oder vermuthet werden kann, wird weiter unten im Zusammenhange erörtert werden.

Im Gesammtmuskel finden sich ausserdem die Bestandtheile der übrigen Formelemente (Bindegewebe, Gefässe, Blut, Nerven, etc.), also ausser den bereits genannten noch leimgebende Substanz, Fette u. s. w. Das Sarcolemm scheint aus elastischer Substanz (p. 35) zu bestehen.

Zustände des Muskels.

Den gewöhnlichen Zustand des lebenden Muskels nennt man den Ruhezustand; die Vorgänge in diesem Zustande sind ohne feinere Hülfsmittel unmerklich. Aus dem Ruhezustand kann der Muskel durch gewisse Bedingungen in andere überführt werden: 1. in den thätigen Zustand, bei welchem eine sichtbare Verkürzung eintritt, 2. in die Starre, ein Zustand, welcher von gewissen mit dem Aufhören des Lebens (Absterben) verbundenen chemischen Veränderungen herrührt.

A. Der ruhende Muskel.

Mechanische Eigenschaften des ruhenden Muskels.

Der Muskel (der Einfachheit wegen werden hier alle Muskeln als spindelförmig in die Länge gestreckt angesehen, eine Gestalt welche die meisten in der That haben) ist ein Gebilde von geringer, aber sehr vollkommener Elasticität, d. h. er besitzt eine grosse Dehnbarkeit (wird durch geringe Belastungen schon bedeutend verlängert), kehrt aber nach dem Aufhören der dehnenden Kraft sofort wieder zu seiner ursprünglichen Länge zurück. Mit der Verlängerung nimmt natürlich die Dicke (der „Querschnitt“) entsprechend ab, so dass das Volum dasselbe bleibt. Wie bei allen organisirten Körpern sind auch beim Muskel nicht, wie bei den unorganisirten, die Dehnungslängen den spannenden Gewichten proportional, sondern ein gleicher Spannungszuwachs bringt um so geringere Verlängerung hervor, je mehr der Muskel bereits gedehnt ist (Ed. Weber). Die Dehnungscurve, d. h. die Linie, welche man erhält wenn man die dehnenden Gewichte als Abscissen und die Dehnungslängen als Ordinaten aufträgt, ist daher nicht wie bei den unorganisirten Körpern eine gerade Linie, sondern nähert sich einer Hyperbel (Wertheim). — Im lebenden Körper sind die Muskeln beständig etwas über ihre natürliche Länge gedehnt, so dass sie bei Lostrennung von ihren Befestigungspuncten etwas zurückschnellen. Diese Anordnung hat den Vortheil, dass bei eintretender Contraction sofort die Befestigungspuncte einander genähert werden, ohne dass erst Zeit und Kraft zur Anspannung des schlaffen Muskels verloren wird. In den losgetrennten Muskeln findet man die Muskelröhren gewöhnlich nicht geradlinigt ausgestreckt, sondern wellenförmig oder im Zickzack gekrümmt.

Stoffwechsel des ruhenden Muskels.

Ueber die chemischen Vorgänge im ruhenden Muskel ist erst sehr wenig ermittelt. Da der Muskel beständig das ihm zuströmende arterielle Blut in venöses verwandelt, so müssen in ihm Vorgänge existiren, welche mit einem Sauerstoffverbrauch und einer Kohlensäurebildung verbunden sind. Es ist durch Erfahrungen, welche weiter unten mitgetheilt werden, wahrscheinlich, dass diese beiden Vorgänge nicht identisch sind, sondern nur neben einander herlaufen.

Auch an den ausgeschnittenen Muskeln (kaltblütiger Thiere, da bei diesen der ausgeschnittene Muskel noch lange Zeit die Eigenschaften des lebenden bewahrt) lässt sich eine Sauerstoffaufnahme und eine Kohlensäureausgabe nachweisen (du Bois-Reymond, G. Liebig); diese Processe finden auch in entbluteten Muskeln (p. 209) statt, sind also nicht dem Blute der Muskelgefässe, sondern der Muskelsubstanz selbst zuzuschreiben. Da jedoch starre Muskeln genau denselben Gaswechsel zeigen, wie lebende (L. Hermann), so ist derselbe jedenfalls zum überwiegend grössten Theil nicht einem functionellen Process, sondern einer fauligen Zersetzung zuzuschreiben, welche namentlich die Oberfläche des Muskels, und ganz besonders die freiliegender Querschnitte ergreift; die Grössen des Gaswechsels sind daher um so bedeutender, je grösser die Oberfläche, und jemehr sich der Muskel der eigentlichen Fäulniss nähert.

Da indess ausgeschnittene Muskeln in Sauerstoffgas oder Luft ihre Lebenseigenschaften unter gewissen Umständen etwas länger bewahren, als in Wasserstoffgas und andern Θ-freien indifferenten Gasen (v. Humboldt, G. Liebig, L. Hermann), so ist dennoch eine geringe functionelle Θ-Aufnahme anzunehmen, welche aber für den gasometrischen Nachweis zu klein ist. Dass im vom Blute durchströmten Muskel die physiologische Θ-Aufnahme viel grösser ist, als im ausgeschnittenen, kann in folgenden Umständen seinen Grund haben: 1) darin dass der ausgeschnittene Muskel nur an seiner Oberfläche, der vom Blute durchströmte dagegen in allen seinen Theilen mit dem Sauerstoffträger (bei ersterem die Luft, bei letzterem das Blut) in Berührung ist; 2) darin dass der Blutsauerstoff, welcher an Hämoglobin gebunden ist, möglicherweise besondere für den Uebergang an die Muskelsubstanz günstigere Eigenschaften hat, als der freie Sauerstoff der Luft (vgl. p. 48), 3) darin, dass der Process der Verbindung des Sauerstoffs mit der Muskelsubstanz noch anderer Stoffe bedarf, welche im Muskel nicht vorräthig sind, sondern durch das Blut zugeführt werden müssen (Näheres hierüber unten).

Weiteres über die chemischen Vorgänge im ruhenden Muskel ist nicht direct beobachtet, sondern kann nur aus den Erscheinungen bei der Contraction und beim Erstarren geschlossen werden; es wird daher weiter unten davon die Rede sein.

Leistungen des ruhenden Muskels.

Am ausgeschnittenen Muskel sowohl, als an dem im Organismus befindlichen lassen sich bei Anlegung stromableitender Vorrichtungen electromotorische Eigenschaften nachweisen (Nobili, Matteucci, du Bois-Reymond):

Trennt man aus einem frischen, parallelfasrigen Muskel ein beliebiges dickes oder dünnes Faserbündel (selbst ein einziges Primitivbündel) heraus und begrenzt es durch zwei Querschnitte, legt man dann die beiden Enden eines stromanzeigenden leitenden Bogens, zunächst eines solchen, in den ein empfindlicher Multiplicator eingeschaltet ist, so an das Muskelstück, dass das eine einen Punct der Längsoberfläche (des „künstlichen Längsschnitts"), das andere einen Punct eines der beiden („künstlichen") Querschnitte berührt, — so erfolgt eine Nadelablenkung, welche einen Strom anzeigt; derselbe geht in der Leitung vom Längsschnitt des Muskels zum Querschnitt, im Muskel selbst also vom Querschnitt zum Längsschnitt; es verhält sich also der Längsschnitt positiv gegen den Querschnitt. Dieser Strom, der sog. Muskelstrom, ist um so stärker, je näher der Mitte des Längsschnitts und des Querschnittes die Endpuncte des leitenden Bogens angelegt werden. — Denselben Strom erhält man, wenn man statt des künstlichen Längsschnitts den „natürlichen" anwendet, d. h. die natürliche Längsoberfläche des Muskels (man braucht dazu nur an einem sonst unversehrten Muskel einen Querschnitt anzulegen);

ebenso (in den meisten Fällen), wenn man für den künstlichen Querschnitt den natürlichen anwendet; als „natürlichen Querschnitt" bezeichnet man nämlich die Sehne des Muskel, weil dieselbe gleich einem indifferenten Leiter an die Enden (natürlichen Querschnitte) der Muskelröhren angelegt ist; es verhält sich also die rothe Oberfläche des unversehrten Muskels positiv gegen die Sehne.

Von den vielen zur Anstellung dieser Versuche nöthigen Vorkehrungen soll hier nur erwähnt werden, dass man die thierischen Theile nicht direct mit den metallischen Enden des Multiplicators oder seiner Verlängerungen (Leitungsdrähte) in Berührung bringen darf; denn bekanntlich bilden zwei scheinbar völlig gleiche Metallstücke (z. B. zwei Kupferdrähte) dennoch bei Berührung mit einem feuchten Leiter, — und als solche sind alle thierischen Stoffe zu betrachten, — eine galvanische Kette, deren Strom hier die Nadel ablenken müsste. Die einzige Ausnahme hiervon machen amalgamirte Zinkbleche, wenn als feuchter Leiter eine Lösung von Zinkvitriol angewandt wird; diese Anordnung giebt keinen Strom (die beiden Metallstücke verhalten sich „vollkommen gleichartig"). Man lässt deshalb die Multiplicatorenden in zwei amalgamirte Zinkstücke auslaufen; jedes derselben taucht in ein Gefäss mit Zinkvitriollösung, und aus jedem dieser Gefässe ragt ein mit derselben Lösung getränkter Bausch von Fliesspapier heraus. Die zu untersuchenden thierischen Theile werden nun so angebracht, dass sie zwischen den beiden Bäuschen den Kreis schliessen, sie brückenartig verbindend, und mit den Puncten, auf die es ankommt, berührend. Vor dem schädlichen Einfluss der Zinklösung werden sie durch einen untergelegten unschädlichen Leiter geschützt (mit 1 procentiger Kochsalzlösung angerührter Modellirthon). Die Anwendung der Zinkelectroden hat ausserdem den Vortheil, das sofortige Zurückgehen der Nadel nach dem ersten Ausschlag zu verhüten, welches bei jedem anderen Verfahren durch die sofort eintretende Polarisirung der Metallenden bewirkt wird, während amalgamirtes Zink in Zinklösung unpolarisirbar ist. — Auch auf andere Weise als durch den Multiplicator lässt sich der Muskelstrom nachweisen: 1. auf electrochemischem Wege, indem man Jodkalium in Kleister durch ihn zersetzen lässt, das an der positiven Electrode sich abscheidende Jod bläut den Kleister daselbst; 2. dadurch, dass man den Muskelstrom als Reiz auf einen Nerven, z. B. auf den eigenen des Muskels wirken lässt („physiologisches Rheoscop"). Dazu ist es, wie Cap. XI. erörtert werden wird, nöthig, den Strom plötzlich in den Nerven hereinbrechen zu lassen. Man erreicht dies dadurch, dass man einen leitenden Kreis, in welchen der Nerv eines präparirten Froschschenkels eingeschaltet ist, plötzlich durch Längs- und Querschnittsberührung eines Muskels schliesst; sofort erfolgt eine Zuckung des Schenkels; mit einem einzigen Muskel stellt man das Experiment so an, das man seinen eigenen Nerven (den man mit den natürlichen Längsschnitten sämmtlicher Muskelröhren in leitender Berührung stehend sich denken muss) plötzlich auf den natürlichen Querschnitt (die Sehne) des Muskels zurückfallen lässt; auch hier erfolgt eine Zuckung. (Diese „Zuckungen ohne Metalle" waren schon vor der Entdeckung des Muskelstroms bekannt.)

Nicht bloss bei Verbindung des (natürlichen oder künstlichen) Längs- und Querschnittes erhält man Ströme, sondern auch wenn man die Enden der Multiplicatorleitung mit zwei Puncten eines und desselben Schnittes in Berührung bringt. Es verhält sich nämlich von zwei Puncten des Längsschnittes jedesmal der dem Aequator (so nennt man den die Mitte des Muskelcylinders umgürtenden Kreis) näher liegende positiv gegen den entfernteren (also dem Querschnitt näheren), und von zwei Puncten des Querschnittes jedesmal der der Axe näherliegende negativ gegen den entfernteren (also dem Längsschnitt näheren). *Keine* Ströme erhält man demnach, wenn man zwei vom Aequator gleich weit entfernte Puncte des Längsschnittes, oder zwei von der Axe gleich weit entfernte Puncte des Querschnitts mit dem Multiplicator verbindet. Alle diese Gesetze gelten nicht bloss für Puncte desselben Querschnittes, sondern auch für zwei Puncte verschiedener Querschnitte; ebenso für Puncte verschiedener Längsschnitte (wenn man nicht einfach den ganzen Cylindermantel, also eine einzige Fläche, als Längsschnitt bezeichnen will); natürlich geben denn auch die beiden Endpuncte der Axe, und ebenso zwei Puncte des Aequators keine Ströme. — Die Ströme zwischen zwei Längsschnitts-, oder zwei Querschnittspuncten sind immer bei weitem schwächer, als die zwischen einem Längsschnitts- und einem Querschnittspuncte; und sie sind um so stärker, je bedeutender der Unterschied der Entfernungen vom Aequator, resp. der Axe, ist; man nennt sie meist kurz die „*schwachen Ströme*", im Gegensatz zu den „starken Strömen" zwischen Längs- und Querschnitt. — In Figur 4 bezeichne das Rechteck ein Muskelstück, L, L Längsschnitt, Q, Q Querschnitt, *ab* den Aequator; es sind dann die feinen Bogen Beispiele von Verbindungen, welche schwache Ströme geben, der starke Bogen eine Verbindung mit starkem Strom, die punctirten Bogen Verbindungen ohne Strom.

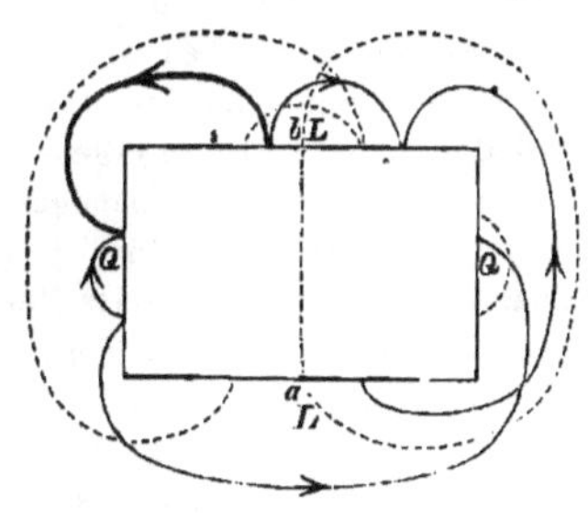

Fig. 4.

Legt man an einem Muskel einen *schrägen* Querschnitt an, oder stellt man einen solchen durch Verziehen eines verticalen Querschnittes her, so zeigt sich von dem bisher geschilderten Verhalten eine Abweichung, insofern als der negativste Punct des Querschnittes nicht in dessen Mitte liegt, sondern in die Nähe der spitzen Ecke gerückt ist; ebenso liegen die positivsten Puncte des Längschnittes nicht mehr im Aequator, sondern näher der stumpfen

Ecke; es verhält sich daher an einem solchen „Muskelrhombus“ ein in der Nähe der stumpfen Ecke liegender Punct positiv gegen einen der spitzen Ecke naheliegenden, trotz gleicher Entfernung von der Mitte. Es müssen also im Muskelrhombus Ströme, welche von den spitzen Ecken im Muskel zu den stumpfen gehen, sich zu dem gewöhnlichen Muskelstrom summiren. Diese Ströme heissen „Neigungsströme.“

Die hier angeführten electromotorischen Gesetze werden begreiflich, wenn man das Dasein regelmässig angeordneter electromotorischer Elemente (Molecule) im Muskel annimmt (du Bois-Reymond). Man kann sich dieselben als Cylinder vorstellen, deren Axen der Axe des Muskels parallel sind; den Mantel dieser Cylinder hat man sich mit positiver, die Grundflächen, welche den Querschnitten des Muskels zugekehrt sind, mit negativer Electricität beladen zu denken, alle Cylinder ferner schweben in einer indifferenten leitenden Flüssigkeit. An einem solchen Apparat heben sich die gleichnamigen Electricitäten je zweier einander zugekehrter Flächen gegenseitig auf, so dass nur die negative Electricität der am Querschnitt des Muskels freiliegenden Grundflächen, und die positive Electricität der am Längsschnitte frei liegenden Mäntel zur Wirkung kommt. So erklären sich also die „starken“ Ströme des Muskels im Ganzen, und jedes noch so kleinen Muskelstückes. Zur Erklärung der „schwachen Ströme“ muss man nun noch annehmen, dass das wirksame Muskelstück allseitig von einer Schicht eines unwirksamen Leiters umgeben sei; in diesem Falle nämlich gleichen sich die freien Electricitäten des Längs- und Querschnittes durch die Leitung dieser Schicht theilweise ab, und zwar lässt sich beweisen, dass hierdurch die Spannungen von Längs- und Querschnitt nicht mehr überall gleichmässig, sondern so vertheilt sind, dass die positive Spannung des Längsschnitts in dessen Mitte (am Aequator) am grössten ist und nach den Seiten hin abnimmt, ebenso ist die negative Spannung am Querschnitt am grössten in dessen Mitte. Durch Verbindung von zwei Puncten mit gleichnamiger aber ungleich starker Spannung ergeben sich nun die „schwachen Ströme“, da z. B. von zwei Puncten positiver Spannung der schwächer electrische sich negativ gegen den anderen verhalten muss. Ebenso ergeben sich hieraus die „unwirksamen Anordnungen“ (zwei Puncte von gleichnamiger und gleich starker Spannung), und die Verschiedenheit der „starken Ströme“ je nach dem Unterschied in der Stärke der (ungleichnamigen) Spannung beider Puncte. — Die unwirksame umgebende Schicht kann man sich gebildet denken: am Längsschnitt durch das Perimysium etc., am natürlichen Querschnitt durch die Sehne, am künstlichen Querschnitt durch das Absterben der oberflächlichen Schicht; auch genügt es für die Erklärung jener ungleichen Spannungsvertheilung, sich statt einer gänzlich unwirksamen nur eine schwächer wirksame Schicht an der Oberfläche des Muskels vorzustellen (Helmholtz) und diese kann man sich durch den schädlichen Einfluss der Blosslegung entstanden denken.

Die „Neigungsströme“ lassen sich ebenfalls aus dem oben angeführten Schema ableiten; an dem schrägen Querschnitte muss nämlich eine treppenförmige Lagerung der electromotorischen Elemente zu Tage treten, so dass nicht bloss negative Grundflächen, sondern auch positive Mantelflächen frei liegen; da aber letztere sämmtlich der stumpfen Ecke zugekehrt sind, so entsteht eine Art schrägliegender Säule am Querschnitt, deren positiver Pol an der stumpfen, und deren negativer an der spitzen Ecke liegt. Der Strom dieser Säule summirt sich algebraisch zu dem gewöhnlichen Muskelstrom, und bewirkt so die oben angegebenen Erscheinungen.

Die Ströme zwischen natürlichem Längs- und Querschnitt zeigen sich oft unverhältnissmässig schwach, oder gar nicht, oder selbst umgekehrt; erreichen jedoch sofort ihre normale Richtung und Stärke, sowie man den natürlichen Querschnitt (die Enden des Muskelfleisches) mit gewissen zerstörend wirkenden Agentien (Salzlösungen, Alkalien, Säuren, Hitze, etc.) berührt, und so gewissermaassen einen künstlichen Querschnitt herstellt. Diese Erscheinung lässt sich erklären durch die Annahme einer Schicht von Muskelsubstanz an den Enden der Muskelröhren, welche dem Gesammtmuskel entgegengesetzt electromotorisch wirkt und dessen Wirkungen daher zum Theil, oder ganz, compensirt, oder selbst übercompensirt (die „parelectronomische Schicht"). Um sie schematisch sich zu vergegenwärtigen, genügt es, am natürlichen Ende des Muskels sich ein abnormes Molecül zu denken, dessen äussere negative Grundfläche fehlt; in Fig. 5 stellt p das abnorme Molecül der parelectronomischen Schicht dar. Die Entwicklung des parelectronomischen Zustandes wird durch gewisse Einflüsse, besonders durch Kälte, begünstigt.

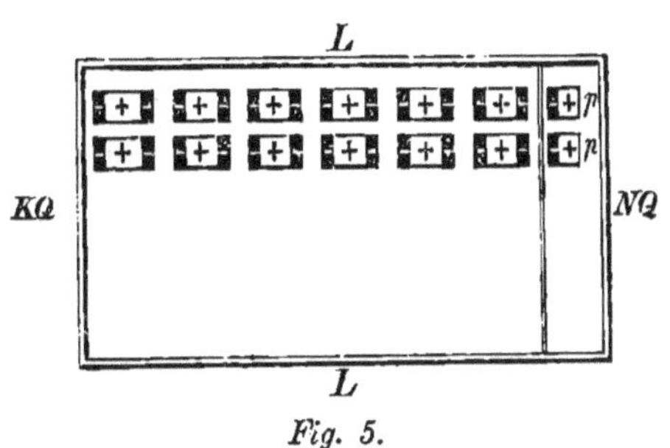

Fig. 5.

Die Bedeutung dieser Erscheinungen ist noch vollkommen Gegenstand der Hypothese; ebenso weiss man durchaus noch nichts darüber, oft vielleicht das angegebene Schema „peripolar electrischer Molekeln", welches die Erscheinungen des Muskelstroms erklären würde, in der Muskelstructur verwirklicht sei, ob etwa ein Zusammenhang desselben mit dem optischen (Disdiaclasten-) Schema bestehe, u. s. w. Zur Vermeidung von Missverständnissen ist noch zu bemerken, dass die Ströme der electromotorischen Elemente durch die leitende Muskelsubstanz selbst in sich geschlossen sind, wie im Schema die Ströme der Molekeln durch den feuchten Leiter. Jede Anlegung eines leitenden Bogens an zwei Puncte der Oberfläche kann daher von den Strömen nur einen Bruchtheil abzweigen, dessen Grösse von der Leitungsfähigkeit des Bogens abhängt, und dieser Bruchtheil allein ist es, der am Multiplicator oder sonstigen rheoscopischen Vorrichtungen sich kund giebt.

Da nun die Muskeln im Körper überall von feuchten Leitern umgeben sind, so gleichen sich die Muskelströme beständig durch den ganzen Körper ab, wo die Electricität vermuthlich zum Theil in Wärme umgewandelt wird (vgl. p. 193). Bei der Anlegung eines leitenden Bogens an zwei Stellen der Körperoberfläche kann man daher auch Ströme erhalten, die natürlich als Resultanten vieler und mannigfach gerichteter Ströme sehr unregelmässig sind. Beim Menschen sind solche Ströme wegen des Widerstandes der Haut noch nicht erhalten worden, wohl aber z. B. beim Frosch: der sog. „Froschstrom", dessen Dasein schon eher bekannt war (NOBILI), als das des Muskelstroms (MATTEUCCI, DU BOIS-REYMOND).

Ob alle im ruhenden Muskel freiwerdenden Kräfte als Electricität zu Tage treten, oder ob auch Wärme in ihm gebildet wird, ist nicht bekannt, da noch keine Untersuchungen darüber existiren, ob das aus dem Muskel kommende Blut wärmer ist, als das einströmende; wäre dies nicht der Fall, so müsste man annehmen, dass der ruhende Muskel nur durch das Blut erwärmt wird (p. 202) und dass seine Oxydationsprocesse nur zur Bildung von Electricität verwandt werden. Näheres hierüber unten.

B. Das Erstarren des Muskels.

Wird einem Muskel die Blutzufuhr abgeschnitten, oder wird er ganz aus dem Körper entfernt, so geht er bei Warmblütern in wenigen Minuten, bei Kaltblütern viel später in den Zustand der Todtenstarre über. Er hat in diesem Zustande seine physiologischen Eigenschaften, nämlich Muskelstrom und Erregbarkeit eingebüsst, ist stark in der Längsrichtung verkürzt, weniger elastisch, weisslich trübe und seine Reaction ist durchweg sauer (DU BOIS-REYMOND). Unter dem Microscop erscheinen die vorher durchscheinenden Muskelröhren undurchsichtig und trübe, und der vorher flüssige Inhalt fest (KÜHNE).

Der Eintritt der „spontanen" Starre wird beschleunigt durch vorhergegangene anhaltende Thätigkeit des Muskels; ferner durch Wärme, so dass er bei einer bestimmten Temperatur (40° für Kaltblüter, 48—50° für Warmblüter) augenblicklich erfolgt („Wärmestarre"); ebenso durch destillirtes Wasser („Wasserstarre"), durch Säuren, auch die schwächsten, wie Kohlensäure („Säurestarre"), und durch viele chemisch differente Substanzen.

Auch wenn die Circulation im Muskel noch besteht, kann er durch die zuletzt genannten Einflüsse zur Starre gebracht werden, jedoch ist eine viel längere und intensivere Einwirkung derselben erforderlich; die Circulation wirkt also der Entwickelung jeder Art von Starre entgegen (L. HERMANN).

Es wird gewöhnlich angegeben, dass die Aufhebung der Blutcirculation dadurch den Muskel zur Starre bringt, dass ihm die Sauerstoffzufuhr entzogen wird. Indessen kann dieser Einfluss nicht allein der wirksame sein, weil am ausgeschnittenen Muskel der Eintritt der Starre (das Aufhören der Erregbarkeit), wenn auch merklich (v. HUMBOLDT, G. LIEBIG), doch nur sehr wenig beschleunigt wird, wenn der Muskel in Θ-freien indifferenten Gasen sich befindet (vgl. p. 212).

Das Wesentliche der Starre ist eine Gerinnung im Muskelinhalt (p. 209), wodurch dieser fest wird (Brücke, Kühne). Der coagulirte Körper, dessen Ausscheidung auch im Muskelplasma (p. 209) von selbst, bei höheren Temperaturen augenblicklich, stattfindet, ist ein Eiweisskörper, das Myosin. Nach den Erfahrungen am Muskelplasma muss man annehmen (L. Hermann), dass zuerst der Muskelinhalt dickflüssiger, endlich gelatinös wird, und dass schliesslich das Gerinnsel, ähnlich dem Fibringerinnsel im Blutkuchen, sich fest zusammenzieht; erst jetzt verkürzt sich der Muskel, wird undurchsichtig, und presst eine Flüssigkeit (das Muskelserum, p. 210) aus sich aus. Hiernach hat man verschiedene Stadien der Starre zu unterscheiden, von denen nur das letzte durch die Undurchsichtigkeit und Verkürzung sich dem Auge kundgiebt.

Neben der Myosinausscheidung verlaufen noch andere Processe, nämlich: 1. die schon erwähnte Säurung, welche von der Bildung einer Säure oder eines sauren Salzes herrührt; als jene Säure wird die Fleischmilchsäure betrachtet. Die Säuremenge, welche ein Muskel beim Erstarren bildet, ist gleich gross, mag die Starre langsam (spontan) oder schnell (durch Wärme) sich entwickeln (J. Ranke); 2) eine Kohlensäureausgabe, welche von der Bildung freier (auspumpbarer) Kohlensäure herrührt; auch hier ist die Menge der gebildeten Kohlensäure unabhängig von dem Modus des Erstarrens; die beim Erstarren gebildeten Kohlensäuremengen sind ferner um so kleiner, je mehr Kohlensäure der Muskel vorher durch Contractionen (s. unten) gebildet hat (L. Hermann).

Von dem ersten, nicht sichtbaren Stadium der Myosinausscheidung ist es wahrscheinlich, dass es (bei Kaltblütern) sehr allmählich verläuft, da der Muskel vom Augenblick des Ausschneidens ab im Allgemeinen beständig an Erregbarkeit verliert; man kann also sagen, der ausgeschnittene Muskel sei in beständigem langsamem Erstarren begriffen (d. h. es bildet sich eine gallertige Myosinausscheidung aus, es wird Kohlensäure gebildet und es entsteht Säure, welche allmählich die Reaction des Muskels verändert). Aber erst nach längerer Zeit tritt das zweite Stadium (Zusammenziehung des Gerinnsels und Verkürzung des Muskels) ein, womit die Starre vollendet ist. Der vollkommen starre Muskel fällt nach einiger Zeit der Fäulniss anheim, wobei Vibrionen sich entwickeln, die saure Reaction durch Ammoniakbildung allmählich in die alkalische übergeht, und stinkende Gase auftreten; der faulende Muskel entwickelt (auch im Vacuum) hauptsächlich Kohlensäure, Stickstoff, etwas Schwefelwasserstoff (L. Hermann). Schon lange ehe der (ausgeschnittene) Muskel durch und durch starr ist, ist die Oberfläche desselben in einer ähnlichen, wenn auch schwachen fauligen Zersetzung begriffen.

Im ersten Stadium der Erstarrung kann der Muskel durch die Blutcirculation wieder hergestellt werden, nicht aber im zweiten Stadium, d. h. nach Contraction des Myosingerinnsels (Kühne, L. Hermann). Aber auch jetzt noch ist eine Restitution durch das Blut möglich, wenn man das Gerinnsel (durch 10procentige Kochsalzlösung, p. 210) wieder auflöst (Preyer). Ein Warmblütermuskel geht durch Unterbindung seiner Arterie (Stenson) sehr schnell in das zweite Stadium der Starre über, in welchem er nicht mehr durch blosse Wiederherstellung des Blutumlaufs restituirt werden kann. Ueber das Wesen des Restitutionsprocesses s. unten.

Durch plötzliche starke Erhitzung (Werfen in siedendes Wasser — „Brühung") verlieren die Muskeln die Fähigkeit zu erstarren; sie werden dann weder sauer, noch bilden sie Kohlensäure. Dieselbe Wirkung haben die Mineralsäuren, so dass die „Säurestarre" (p. 218) von der gewöhnlichen wesentlich verschieden ist.

Bleiben die Muskeln in der Leiche in ihrer natürlichen Lage, so bewirkt ihre Verkürzung bei der Starre eine Steifigkeit sämmtlicher Glieder, die „Todtenstarre", welche erst mit dem Eintritt der Fäulniss „sich löst", indem die Glieder wieder beweglich werden. Von dieser Starre der Leiche hat die Muskelstarre ihren Namen. — Der Umstand, dass bei der Todtenstarre eine Verkürzung der Muskeln eintritt, ebenso wie bei der Thätigkeit (s. unten), hat lange Zeit falsche Ansichten über das Wesen der Starre genährt; man hielt sie für eine active Contraction, für die „letzte Aeusserung der Lebensenergie." Erst seit der Vermuthung (Brücke) und dem Nachweis (Kühne) eines gerinnbaren Körpers im Muskel ist die hier angegbene Lehre allgemein verbreitet.

C. Die Thätigkeit des Muskels.

Die zweite, physiologisch wichtigere Zustandsänderung des Muskels ist der Uebergang in den „thätigen Zustand" d. h. in einen Zustand, wo unter Erhöhung des Stoffwechsels die Leistungen zunehmen und die freiwerdenden Kräfte in einer neuen Form, als mechanische Arbeit, auftreten.

Auslösung der Muskelbewegung.

Die Einflüsse, welche diesen Uebergang hervorrufen, nennt man Reize, die Ueberführung selbst: Erregung, und die Fähigkeit des Muskels, durch die Reize erregt zu werden, seine Erregbarkeit oder Irritabilität. Insofern die Reize neue Quantitäten von Spannkräften in lebendige überführen, verhalten sie sich diesen gegenüber wie auslösende Kräfte (p. 6), und man spricht daher von der Auslösung der Muskelarbeit durch die Reize. — Der normale Reiz für den Muskel geht stets von dem sich in ihm verbreitenden („motorischen") Nerven aus, und besteht in einem unverständlichen Vorgange, von dem im nächsten Capitel die Rede sein wird. Jedoch giebt es noch zahlreiche andere Muskelreize, welche theils in Folge krankhafter Verhältnisse, theils künstlich angewendet, auf den Muskel erregend wirken.

Lange Zeit war man der Ansicht, dass es keine directe Muskelirritabilität gebe, d. h. dass alle auf den Muskel direct und mit Erfolg angewandten Reize nur die im Muskel enthaltenen Nervenendigungen und erst durch deren Vermittlung indirect den Muskel erregen. Folgende Gründe haben jetzt zu Gunsten der directen Muskelerregbarkeit entschieden: 1. Auch nervenlose Muskelstücke (die Enden des Sartorius vom Frosche) können durch directe Reize in Thätigkeit versetzt werden (KÜHNE). 2. Es giebt Muskelreize, welche den Nerven nicht zu erregen im Stande sind (KÜHNE). 3. Stoffe, welche die Eigenschaft haben, die Nerven, bes. die intramusculären Nervenenden, leistungsunfähig zu machen, heben die directe Erregbarkeit des Muskels nicht auf (Vergiftung mit indianischem Pfeilgift [Curare] KÖLLIKER). 4. Unter gewissen Verhältnissen (Ermüdung des Muskels) ruft eine örtliche Reizung des Muskels nur eine örtlich beschränkte Zusammenziehung hervor, welche nur am Orte der Reizung auftritt, ohne Rücksicht auf den Verbreitungsbezirk der an dieser Stelle getroffenen Nervenfasern (SCHIFF, KÜHNE). 5. Die niedern contractilen Organe und Organismen, deren Substanz mit der Muskelsubstanz übereinstimmt (s. unten), entbehren der Nerven gänzlich.

Die bisher bekannten Reize für den Muskel sind: 1. der normale, vom Nerven ausgehende Reiz, der entweder vom nervösen Centralorgan (Wille, Automatie, Reflex) oder von einem gereizten Puncte der Nervenbahn aus zum Muskel geleitet ist; 2. electrische Reize; es ist zweckmässiger, das Nähere darüber bei den Nerven (Cap. XI.) anzuführen, auf welche sie nach denselben Gesetzen wirken; 3. chemische Reize; als solche sind im allgemeinen alle Substanzen zu betrachten, welche schnell Veränderungen in der chemischen Zusammensetzung des Muskelinhalts hervorbringen; ein Theil derselben bewirkt zugleich mit der Contraction den Eintritt der Starre. Unter den milder wirkenden sind bekannt (KÜHNE): verdünnte Mineralsäuren (Salzsäure schon in einer Lösung von 0,1%), verdünnte Lösungen von Metallsalzen, Lösungen von Chloralkalien, verdünnte Milchsäure, verdünntes Glycerin, Ammoniak selbst in spurweiser Verdünnung (Dämpfe, die den Muskel treffen); ferner (v. WITTICH) schon blosses destillirtes Wasser, bes. wenn es in die Gefässe des Muskels injicirt wird. Die meisten dieser Substanzen wirken auf den Nerven gar nicht erregend, z. B. Ammoniak, oder nur in grösserer Concentration (vgl. oben); 4. thermische Reize, d. h. Temperaturen über 40°, besonders leicht stark erhitzte Körper, welche den Muskel berühren; 5. mechanische Reize, jede plötzliche gewaltsame Gestaltveränderung, welche die Muskelfaser an irgend einer Stelle trifft (Druck, Quetschung, Zerrung, Dehnung, u. s. w.); 6. auch das Licht wird als Muskelreiz angegeben, da die (glatten) Muskelfasern der Iris auf direct auffallendes Licht sich contrahiren (BROWN-SÉQUARD). — Die Art der Einwirkung dieser Reize ist zur Zeit noch durchaus unverständlich.

Dieselbe Reizstärke hat bei einem und demselben Muskel nicht unter allen Umständen denselben Erfolg; sie löst bald mehr bald weniger Kräfte aus, d. h. die Erregbarkeit des Muskels ist nicht immer gleich gross. Sie hängt, soweit bisher ermittelt, von folgenden Momenten ab: 1. Sie ist um so grösser, je stärker der Muskelstrom (DU BOIS-REYMOND). 2. Sie ist für jeden Organismus bei einer gewissen mittleren Temperatur am grössten und nimmt mit dem Sinken oder Steigen derselben ab. 3. Durch vorangegangene angestrengte Thätigkeit wird sie auf einige Zeit herabgesetzt; diese Herabsetzung nennt man „Ermüdung". Folgende Umstände können ihr möglicherweise zu Grunde liegen: a) die Anhäufung von gewissen Producten im Muskel, welche bei der Thätigkeit in grosser Menge gebildet (s. unten) und vielleicht nicht schnell genug durch Resorption beseitigt werden; man müsste dann annehmen, dass dieselben irgendwelchen nachtheiligen Einfluss auf die Thätigkeit ausüben; diese Vermuthung hat sich neuerdings bestätigt (J. RANKE), die ermüdend wirkenden Stoffe sind: die Kohlensäure, und die freie oder als saures Salz vorhandene Säure des Muskels; b) der Mangel an den specifischen Bestandtheilen, auf deren Verbrauch die Thätigkeit beruht, und welche während derselben nicht schnell genug ersetzt werden können (s. unten). Vielleicht führen beide Ursachen zusammen, oder einzeln zu verschiedenen Arten von Ermüdung, obwohl meist nur die erste angeführt wird. 4. In den aus dem Körper entfernten Muskeln, sowie in den Muskeln des gestorbenen Körpers nimmt sie ab, bei Warmblütern sehr schnell, bei Kaltblütern langsam; die Abnahme der Erregbarkeit geht der Entwicklung der Starre vollkommen parallel, wird durch dieselben Umstände wie diese beschleunigt (p. 218) und mit der Vollendung der Starre ist die Erregbarkeit vernichtet. 5. Alle Einflüsse, welche im lebenden Organismus die normale Zusammensetzung des Muskelinhalts wesentlich ändern, vermindern die Erregbarkeit bis zum Erlöschen. 6. Ist die Erregbarkeit durch einen der genannten Einflüsse, mit Ausnahme des letzten, sehr herabgesetzt worden, die Starre aber noch nicht eingetreten, so lässt sie sich in gewissem Sinne wieder herstellen, wenn ein starker constanter galvanischer Strom den Muskel eine Zeit lang in der Längsrichtung durchfliesst (Heidenhain); eine wahrscheinliche Erklärung hierfür s. im 11. Capitel bei den Modificationen der Nervenerregbarkeit. Ein anderes Wiederherstellungsmittel für die Erregbarkeit ist die Circulation (wenn Unterbrechung derselben Ursache der Verminderung war), und selbst bei vollkommen starren Muskeln kann unter Zuhülfenahme des p. 220 genannten Mittels die Erregbarkeit durch die Circulation in gewissem Grade wiederhergestellt werden.

Vorgänge im thätigen Muskel.

Der thätige Zustand des Muskels unterscheidet sich vom Ruhezustande: 1. durch eine Erhöhung und vielleicht auch Veränderung des Stoffwechsels, 2. durch Erhöhung und Veränderung der Leistungen, nämlich: Abnahme der Electricitätserzeugung, ferner Wärmebildung, endlich Leistung mechanischer Arbeit.

1. Stoffwechsel des thätigen Muskels.

Folgende chemischen Processe sind für den thätigen Muskel erwiesen:

1. Er bildet Kohlensäure, welche an das Blut, oder beim ausgeschnittenen Muskel an die Luft, abgegeben wird; die Kohlensäureausgabe ist während der Thätigkeit bedeutend grösser als während der Ruhe. Dies ergiebt sich sowohl am ausgeschnittenen Muskel (Matteucci, Valentin), als auch am Muskel des Organismus, dessen Venenblut während der Thätigkeit kohlensäurereicher abfliesst als während der Ruhe (Ludwig & Sczelkow); endlich scheidet auch der Gesammtorganismus zur Zeit der Arbeit mehr Kohlensäure aus, als während der Ruhe (Regnault & Reiset, vgl. p. 136).

2. Der Muskel im Organismus verzehrt mehr Sauerstoff bei der Thätigkeit, als während der Ruhe, wie man aus dem Θ-ärmer abfliessenden Venenblut ersieht (Ludwig & Sczelkow); ebenso ver-

zehrt der Gesammtorganismus bei der Arbeit mehr Sauerstoff als in der Ruhe (Regnault & Reiset), aber der Unterschied ist viel kleiner als der der Kohlensäureausfuhr (Pettenkofer & Voit). Am ausgeschnittenen Muskel ist ein vermehrter Sauerstoffverbrauch bei der Thätigkeit nicht nachzuweisen (L. Hermann).

Die Sauerstoffaufnahme ist für die Thätigkeit nicht unmittelbar erforderlich, da der Muskel auch im Vacuum und in Θ-freien Gasen anhaltend arbeiten kann.

3. Der Muskel wird durch die Thätigkeit sauer (du Bois-Reymond), ebenso wie durch die Starre; die Säure ist vermuthlich dieselbe wie bei letzterer (vgl. p. 219).

Dies sind die einzigen sicher festgestellten Vorgänge im thätigen Muskel. Ausserdem sind noch andere Angaben gemacht worden, welche zum Theil auf fehlerhaften Methoden beruhen, zum Theil durch andere, entgegenstehende Resultate widerlegt, oder zweifelhaft gemacht werden. Die beiden Hauptmethoden zur Entscheidung der hier vorliegenden Fragen sind folgende: a. Vergleichung der Ausgaben des ruhenden und des arbeitenden Gesammtorganismus; aus der Categorie der bei der Arbeit in grösseren Mengen ausgeschiedenen Stoffe lassen sich Schlüsse auf die zum Verbrauch gekommenen Substanzen ziehen. b. Vergleichung der chemischen Zusammensetzung geruhter und anhaltend thätig gewesener Muskeln, am besten desselben Thieres. Bei diesen Versuchen kann man die Thätigkeit entweder α. am lebenden Thiere hervorrufen (z. B. in Form von Strychninkrämpfen; eine Extremität wird durch Durchschneidung ihrer Nerven in Ruhe erhalten), oder β. am ausgeschnittenen Muskel. Bei diesem Verfahren existirt eine Fehlerquelle, welche die meisten derartigen Versuche unbrauchbar macht. Es wird nämlich unten sich als höchstwahrscheinlich herausstellen, dass der chemische Vorgang bei der Thätigkeit und der beim Erstarren identisch sind, und zwar so, dass zwei ausgeschnittene Muskeln nach dem Erstarren genau gleich zusammengesetzt sind (abgesehen von entweichender $CΘ_2$), mag der eine nach dem Ausschneiden thätig gewesen sein oder nicht. Da nun bei der chemischen Behandlung der Versuchsmuskeln fast stets zunächst Starre eintritt (sie müssten denn sofort „gebrüht" werden, vgl. p. 220), so ist bei Vergleichung der Muskeln vom Verfahren b. β. kein Unterschied im chemischen Befunde zu erwarten, und die gefundenen Unterschiede lassen keine sichere Deutung zu. Beim Verfahren b. α. dagegen kann der Blutstrom während der Thätigkeit Stoffwechselproducte aus dem Muskel entfernen; der thätig gewesene Muskel wird also nach dem Erstarren weniger von diesen Producten enthalten als der geruhte; wenn man nun wie gewöhnlich die Stoffe, welche man im thätigen Muskel vermehrt findet, als Producte der Thätigkeit ansieht, so macht man, wenn (s. oben) der Eintritt der Starre nicht vermieden wurde, einen Fehler, der die Resultate in ihr Gegentheil umkehrt. — Die hauptsächlichsten Angaben über den Stoffwechsel im thätigen Muskel sind nun folgende:

1. Der Muskel verzehre (oxydire) bei seiner Thätigkeit Eiweisskörper. Man schloss hieraus: a. aus einer angeblichen Vermehrung der Harnstoffausscheidung bei der Thätigkeit; dieselbe existirt jedoch nicht (Voit); b. aus der

angeblichen Verminderung des Eiweissgehalts der Muskeln bei der Thätigkeit (J. Ranke); indess ist diese Verminderung nach Andern (Nawrocki) so gering, dass sie fast die Fehlergrenzen der Bestimmung erreicht, — abgesehen von dem oben erwähnten principiellen Fehler; c. aus einer angeblichen Anhäufung von N-haltigen Oxydationsproducten im thätigen Muskel, nämlich Kreatin (J. Liebig, Sorokin, Sczelkow — von Andern [Nawrocki] nicht bestätigt), Hypoxanthin, u. s. w. (Scherer); es scheint eine solche Anhäufung unter Umständen vorzukommen, aber nicht als unmittelbares Product der Arbeit (s. unten).

2. Der Muskel producire bei der Arbeit Traubenzucker (J. Ranke); indess ist die angebliche Vermehrung so spurweise (0,005 pCt.), dass sie, abgesehen von dem oben Gesagten, keine Schlüsse gestattet.

3. Der Muskel producire bei der Arbeit Fette (J. Ranke); dies Resultat ist unbrauchbar, so lange der Antheil der aetherextractreichen intramusculären Nerven nicht ausgeschlossen ist.

4. Der Muskel oxydire bei der Arbeit flüchtige Fettsäuren (Sczelkow); die Versuche sind aus den oben angegebenen Ursachen nicht beweiskräftig.

5. Der Muskel verändere sich bei der Thätigkeit so, dass das Wasserextract ab-, das Alkoholextract zunimmt (Helmholtz, J. Ranke). Diese älteste Angabe über den Stoffwechsel im thätigen Zustand leidet ebenfalls an dem Fehler der nicht vermiedenen Erstarrung; physiologische Schlüsse gestattet sie ausserdem nicht, da noch unermittelt ist, welche Stoffe der Extracte vermindert und vermehrt sind.

Die aus den angeführten Angaben abgeleiteten Theorien, z. B. dass der thätige Muskel Eiweisskörper verbrenne, unter Bildung von Kreatin, Zucker, (Milchsäure), Fetten und Kohlensäure (J. Ranke), sind daher zu verwerfen.

Dagegen lässt sich folgendes über die Natur des chemischen Processes bei der Muskelaction aussagen:

Der chemische Process bei der Thätigkeit und beim Erstarren des Muskels sind höchst wahrscheinlich identisch (L. Hermann); denn 1. ein ausgeschnittener Muskel producirt eine gleiche Gesammtmenge von Kohlensäure, mag er direct erstarren, oder vorher durch Contractionen Kohlensäure bilden; je mehr Kohlensäure also durch Contractionen gebildet wird, um so weniger producirt der Muskel (gleiche anfängliche Beschaffenheit vorausgesetzt) beim Erstarren (L. Hermann); 2. dieselben Verhältnisse scheinen für die Milchsäurebildung zu bestehen, wenigstens producirt ein im Körper thätig gewesener Muskel nach dem Ausschneiden beim Erstarren weniger Säure als ein unthätig gewesener (J. Ranke). 3. Beide Zustände sind von Sauerstoffaufnahme unabhängig; auch im Vacuum und in indifferenten Gasen kann der Muskel sich contrahiren und erstarren; es sind daher keine Oxydationsprocesse, sondern Spaltungsprocesse mit Sättigung stärkerer Affinitäten, wodurch Kraft frei wird, im Sinne des p. 191 Angeführten. 4. Eine Wiederherstellung sowohl des durch anhaltende Thätigkeit (Ermüdung) als des durch unvollkommene Erstarrung unerregbar gewordenen Muskels geschieht durch die Blutcirculation; 5. der Muskel kann aus dem Zustande der Thätigkeit unmittelbar in den der vollkommenen Starre (zweites Stadium, p. 219) übergehen.

Zur vollkommenen Uebereinstimmung beider Vorgänge müsste nur noch auch während der Thätigkeit eine Myosinausscheidung stattfinden, und zwar die (optisch nicht nachweisbare) gallertartige (p. 219); eine solche ist höchst wahrscheinlich wegen des oben sub 5. genannten Umstandes, denn da das zweite Stadium der Myosingerinnung das Vorausgehen der ersten voraussetzt, so kann dasselbe in diesem Falle nur während der Thätigkeit abgelaufen sein.

Der einfachste Ausdruck für die chemischen Processe während der Erstarrung und während des thätigen Zustandes ist daher höchstwahrscheinlich folgendes: Der Muskel enthält in jedem Augenblick einen Vorrath einer complicirten, N-haltigen, im Muskelinhalt (und Muskelplasma, p. 209) gelösten Substanz („Inogen"), welche einer Spaltung (mit Kraftentwicklung) fähig ist; die Spaltungsproducte sind unter andern: Kohlensäure, Fleischmilchsäure und ein gelatinös sich abscheidender, später (bei gewisser Concentration?) sich fest contrahirender Eiweisskörper (Myosin). Die Spaltung geschieht in der Ruhe langsam spontan (allmähliches Erstarren, p. 218), um so schneller, je höher die Temperatur; plötzlich, bei der Temperatur der Wärmestarre; sie wird ferner plötzlich verstärkt durch die „Reize"; diese plötzliche Verstärkung ist das Wesentliche des thätigen Zustandes. Ist die Substanz verbraucht, so ist keine Muskelthätigkeit mehr möglich.

Diese Substanz ist bisher noch nicht isolirt worden, weil sie bei jeder chemischen Behandlung sogleich sich in der bezeichneten Weise spaltet. Die Spaltung wird verhindert: durch plötzliche starke Erhitzung (Brühung) und durch Mineralsäuren (vgl. p. 220); beide Einwirkungen zerstören aber gleichzeitig die Substanz. — In Bezug auf ihre Zusammensetzung würde sie neben das Hämoglobin zu stellen sein (vgl. p. 37), da sie wie dieses erst bei der Zersetzung einen Eiweisskörper liefert.

Da die inogene Substanz bei der Muskelthätigkeit verbraucht wird, so ist für die Erhaltung eines leistungsfähigen Muskels fortwährende Zufuhr oder eine Neubildung derselben erforderlich; die Restitution des Muskels geschieht, wie bereits erwähnt, sowohl für den durch Erstarrung als für den durch Thätigkeit erschöpften Muskel durch das Blut. Das Blut wirkt aber nicht bloss restituirend durch Herbeischaffung oder Neubildung der inogenen Substanz, sondern auch durch Fortschaffung der Spaltungsproducte derselben, welche für den Muskel schädlich sind (p. 222). Das Blut schafft aus dem Muskel fort: Kohlensäure, und höchstwahrscheinlich (du Bois-Reymond) die Fleischmilchsäure, — beides schädliche Stoffe; — das Blut giebt an den Muskel ab: Sauerstoff; es ist aber klar, dass dieser allein den Verlust des Muskels nicht ersetzen kann, da ja fortwährend auch Kohlenstoff und Wasserstoff (in der Kohlensäure und Milchsäure) den Muskel verlassen; ausser dem Sauerstoff muss also das Blut dem Muskel noch kohlenstoff- und wasserstoffhaltiges („organisches") Material übergeben. — Da nun einerseits nicht sämmtliche Spaltungsproducte der inogenen Substanz den Muskel verlassen (das Myosin bleibt im Muskel, da die N-Ausscheidung durch die Thätigkeit nicht vermehrt wird, p. 224), andererseits nicht die fertige Substanz, sondern nur Ingredientien derselben dem Muskel zugeführt werden, so ist es höchstwahrscheinlich, dass die Restitution des Muskels, abgesehen von der Abfuhr der Muskelschlacken, in einer Synthese der inogenen Substanz besteht, an welcher sich das Myosin wieder betheiligt, und zu welcher das Blut Sauerstoff und eine noch nicht ermittelte, N-freie organische Substanz liefert (L. Hermann). Das Myosin würde also im Muskel eine Art chemischen Kreislaufs durchmachen.

Als Bedingungen für die Restitution des Muskels würden sich hieraus ergeben: 1. die Zufuhr von Sauerstoff; diese kann auch, in geringerem Umfange freilich, am ausgeschnittenen Muskel geschehen; 2. die Zufuhr der noch unermittelten organischen Substanz (s. oben); es wäre denkbar, dass der ausgeschnittene Muskel einen gewissen Vorrath davon enthält; es würde dann durch den Aufenthalt desselben in Luft eine gewisse Restitution möglich sein, und dadurch sich die etwas längere Dauer der Erregbarkeit in Θ-haltigen Gasen erklären (p. 219); 3. die Gegenwart verwendbaren Myosins; als verwendbar muss das Myosin gelten, so lange es noch nicht in den fest contrahirten Zustand übergegangen ist. Hierdurch erklären sich die p. 220 angeführten Beschränkungen der Restituirbarkeit mittels der Circulation. — Die oxydative Synthese der inogenen Substanz scheint ein Analogon zu haben in der Synthese des Hämoglobins, bei welchem ebenfalls der Sauerstoff wahrscheinlich eine Rolle spielt (vgl. p. 157).

Der Spaltungsprocess, welcher das Substrat des Muskelarbeit ist, und der synthetische Restitutionsprocess verlaufen vollkommen unabhängig von einander, ebenso daher die an ersteren gebundene Kohlensäureausscheidung und die an letzteren gebundene Sauerstoffaufnahme des Muskels und des Gesammtorganismus (vgl. p. 136). Jedoch findet sich zu den Zeiten, wo die Spaltung beschleunigt ist, also während der Muskelthätigkeit, auch der Restitutionsprocess erhöht, d. h. der Muskel nimmt während der Thätigkeit mehr Sauerstoff aus dem Blute auf, als während der Ruhe (p. 223); hierdurch ist die Gefahr der Erschöpfung vermindert. Diese Regulation erklärt sich: 1) dadurch dass während der Contraction die Circulation im Muskel beschleunigt ist (Ludwig & Sczelkow), 2) dadurch dass wahrscheinlich die die Verbindung eingehenden Stoffe (im Muskel das Myosin) eine gewisse Anziehung auf einander ausüben, so dass der an abgespaltenem Myosin reichere Muskel mehr Sauerstoff aufzunehmen strebt. Bei sehr heftiger Anstrengung kann indess die Restitution dem Verbrauch nicht folgen, so dass der Muskel vorübergehend sauer und schwer erregbar wird; dieser Zustand ist der der Ermüdung (p. 222); ein ähnlicher Zustand entsteht, wenn man, z. B. durch Einwirkung hoher Temperaturen, den Muskel dem Erstarren nahe bringt (vgl. p. 218).

Gewisse Umstände machen es wahrscheinlich, dass, namentlich bei sehr anhaltender Anstrengung, einzelne Fasern des Muskels in den Zustand der vollkommenen Starre gerathen. Das Myosin derselben ist in diesem Falle (vgl. p. 227) zur restitutiven Synthese nicht mehr brauchbar. Diese Verluste des Muskels müssen durch eine anderweite Bildung inogener Substanz ersetzt werden. Neben dem oben erörterten regelmässigen functionellen Stoffwechsel müsste hiernach noch ein anderer existiren, den man als „Abnutzungs-Stoffwechsel" bezeichnen kann. Es ist nun zu vermuthen, dass das Myosin der verbrauchten Fasern, unter Bildung von Kreatin und vielleicht von Fetten (fettig degenerirte Fasern finden sich in jedem Muskel) weiter zerfällt, wodurch es zu einer vermehrten Harnstoffausscheidung kommen kann (hierdurch würden sich eine Anzahl derartiger Angaben erklären); andererseits würden bei der „neoplastischen" Synthese inogener Substanz statt des Myosins andere, diesem nahestehende Eiweisskörper zur Verwendung kommen, welche der Muskel stets vorräthig enthält (nämlich die bei Temperaturen zwischen 40 und 60^0 coagulirenden, vgl. p. 210).

Aus der hier gegebenen Darstellung ergiebt sich, dass bei der Muskelthätigkeit nur N-freies Material zum eigentlichen Verbrauch kommt. Zu dieser Erkenntniss führte die Beobachtung, dass die Harnstoffausscheidung durch die Muskelarbeit nicht vermehrt wird (Voit); allerdings hat man diese Beobachtung mit einem Verbrauch N-haltiger Substanzen zu vereinigen gesucht: einmal durch die Annahme, dass der Stoffverbrauch des Muskels bei der Thätigkeit überhaupt nicht erhöht sei, also auch dasselbe Quantum von Kraft frei werde wie in der Ruhe, nur in anderer Form (Voit); zweitens durch die Annahme, dass der während der Arbeit erhöhte Stoffwechsel durch eine unmittelbar auf die Arbeitszeit folgende Herabsetzung ausgeglichen werde (J. Ranke). Dass aber beides nicht richtig ist, beweist die Vermehrung der CO_2-Ausscheidung, zur Zeit der Arbeit sowohl, als auch für längere Zeiträume, in welche eine Arbeitszeit gefallen ist. Seitdem zum ersten Male ausgesprochen ist, dass nur N-freies Material bei der Muskelarbeit verbraucht wird (M. Traube), hat man auch direct nachgewiesen, dass die während einer Arbeitszeit verbrauchte Quantität von Eiweisskörpern (berechnet aus dem ausgeschiedenen Harnstoff) selbst bei übertrieben hoher Annahme ihrer

Verbrennungswärme nicht im Stande ist, die geleistete Arbeit (in Wärmeeinheiten ausgedrückt, (p. 193) zu erklären (Fick & Wislicenus).

Den Umstand, dass der Muskel Sauerstoff aufnimmt, ohne ihn sogleich zur Kohlensäurebildung zu verbrauchen, hat man durch die Hypothese zu erklären versucht (M. Traube), dass zunächst ein Ferment den Θ aufnehme, und ihn erst im Augenblick der Thätigkeit des Muskels an das zu oxydirende (N-freie) Material abgebe. Diese Anschauung trifft im wesentlichen dasselbe wie die oben angegebene, nur in andrer Form; das Ferment würde das Myosin sein, das aber nicht den Θ aufnimmt und wieder abgiebt, sondern mit dem Θ und einem anderen N-freien Atomcomplex eine Verbindung eingeht, die bei der Action zerfällt und das Myosin zu neuer Verwendung wieder frei macht.

Ferner hat man zur Erklärung der Thatsache, dass während der Muskelarbeit das Mengenverhältniss des aufgenommenen Θ zur ausgeschiedenen $C\Theta_2$ ein andres ist, als während der Ruhe, angenommen, dass während der Thätigkeit andere Substanzen im Muskel verbrannt werden als im Ruhestande (Ludwig & Sczelkow); indessen ist diese Annahme durch die oben erörterte Unabhängigkeit des Θ verzehrenden (synthetischen) und des $C\Theta_2$ bildenden (Spaltungs-) Processes erledigt.

2. Die Leistungen des thätigen Muskels.

a. Negative Stromesschwankung.

Die *Electricitätserzeugung* nimmt beim Eintritt in den thätigen Zustand ab (du Bois-Reymond). Leitet man von zwei Puncten des Muskels einen (starken oder schwachen) Stromarm des Muskelstroms zum Multiplicator ab, und reizt den Muskel zu einer einzigen Thätigkeitsphase (einer Zuckung, s. unten), so hat dies auf die Stellung der Nadel keinen Einfluss, weil sie zu träge ist, der schnellen Schwankung des Stromes zu folgen. Lässt man aber die Reizung viele Male so schnell auf einander folgen, dass der Muskel in dauernde Thätigkeit geräth („Tetanus," s. u.) so weicht die Nadel aus ihrer dem ruhenden Muskelstrom entsprechenden Stellung zurück, dem Nullpuncte zu, und schlägt selbst über den Nullpunct hinaus in den negativen Quadranten über. Diese Abnahme des Muskelstromes heisst die „*negative Stromesschwankung*". Auch am Menschen lässt sie sich zeigen, indem man beide Hände in die Zuleitungsgefässe des Multiplicators taucht und, sobald die Nadel zur Ruhe gekommen ist, plötzlich die Muskeln eines Arms tetanisch contrahirt. — Auch auf einem anderen Wege ist die negative Stromesschwankung nachweisbar, und diese Methode genügt auch für eine einzige Contraction. Leitet man nämlich den Muskelstrom durch den Nerven eines zweiten Muskels, indem man den Nerven einfach über den ersten Muskel hinüberbrückt, so bleibt der zweite Muskel natürlich in Ruhe (nachdem die etwa beim Hinüberlegen des Nerven erfolgte Zuckung vorüber ist, s. p. 214). Sowie man aber den ersten Muskel in Thätigkeit versetzt, so muss die plötzliche Abnahme des Muskelstroms den Nerven erregen, wie jede plötzliche Ab- oder Zunahme eines den Nerven durchfliessenden electrischen Stromes; es tritt in Folge dessen eine Zuckung des zweiten Muskels ein, die sog. „secundäre Zuckung."

Wie weit die Abnahme des Muskelstroms gehe, ob selbst eine Umkehr eintreten kann, ist unbekannt; sehr wahrscheinlich hängt die Grösse der Abnahme mit der Energie der Thätigkeit zusammen. — Ueber das Zeitverhältniss der negativen Schwankung zur Entwicklung der mechanischen Arbeit s. unten. — Im Molecular-Schema (p. 216) muss man sich die negative Stromesschwankung als eine Abnahme des electrischen Gegensatzes in jedem einzelnen Molecul vergegenwärtigen.

b. Verkürzung.

Das wichtigste und ausgesprochenste Resultat der im thätigen Muskel freiwerdenden Kräfte, welches vorzugsweise als Muskelarbeit bezeichnet wird, ist mechanische Arbeit, Bewegung. Die Form dieser Bewegung ist eine Gestaltveränderung des Muskels, nämlich Verkürzung der Längsaxe (oder der Primitivröhren) und Verdickung im Querschnitt; die Gestaltveränderung geschieht mit solcher Energie, dass sie selbst bedeutende Widerstände, die sich ihr entgegenstellen, überwinden kann. Die Widerstände wirken fast immer der Verkürzung entgegen, und bestehen in Kräften, welche die beiden Endpuncte des Muskels auseinanderhalten; der häufigste Fall, auf den zugleich alle übrigen zurückzuführen sind, ist der, dass an dem aufgehängt gedachten Muskel eine Last hängt. Durch die Verkürzung des Muskels wird diese Last gehoben, und die dabei geleistete mechanische Arbeit wird ausgedrückt durch das Product der Last mit der Hubhöhe.

Mit der Verkürzung und Verdickung des Muskels ist zugleich eine Volumsverminderung, also eine Verdichtung verbunden. Bringt man nämlich Muskeln in ein geschlossenes, mit Flüssigkeit erfülltes und mit einer Steigröhre versehenes Gefäss, und veranlasst sie zur Contraction, so sinkt während derselben die Flüssigkeit in der Steigröhre (Erman).

Der verkürzte Muskel ist ferner weniger elastisch, also dehnbarer, als der ruhende (Ed. Weber).

Auf jeden einfachen den Muskel treffenden Reiz entwickelt sich die Bewegung in Form eines schnell ablaufenden Vorgangs, den man eine „Zuckung" nennt. Die Verkürzung beginnt nicht sofort im Momente der Reizung, sondern es vergeht erst eine kurze Zeit (bis zu $^1/_{100}$ Secunde), ehe die Contraction anfängt, während welcher also der Muskel äusserlich in Ruhe bleibt: die Zeit der „latenten Reizung" (Helmholtz). Dann beginnt die Verkürzung und steigt, zuerst mit zunehmender, dann mit abnehmender Geschwindigkeit, bis zu einem gewissen Maximum. Jetzt lassen die verkürzenden Kräfte allmählich nach und der Muskel wird durch die an ihm hängende Last zuerst schnell, dann langsamer wieder auf seine frühere Länge gedehnt. Ist der Muskel gar nicht belastet, auch nicht durch sein eigenes Gewicht (z. B. wenn er auf Quecksilber liegt), so behält er ungefähr die Form, die er im Moment der höchsten Verkürzung hatte (Kühne); ist er zu gering belastet, so erreicht er die ursprüngliche Länge nicht vollständig wieder (L. Hermann). — Denkt man sich hiernach den oberen Endpuuct eines vertical aufgehängten Muskels befestigt und vor dem unteren eine Fläche in horizontaler Richtung mit gleichmässiger Geschwindigkeit schnell vorübergeführt, so beschreibt der untere Endpunct auf dieser Fläche folgende Curve (deren Abscissen den Zeiten, deren Ordinaten den Verkürzungen entsprechen): Sie läuft vom Moment der Reizung ab zuerst eine Strecke auf der Abscissenaxe (latente Reizung), darauf erhebt sie sich und steigt, erst convex, dann concav gegen die Abscissenaxe, bis zum Maximum; darauf fällt sie (bei hinreichender Belastung des Muskels) allmählich wieder zur Abscissenaxe zurück (Helmholtz).

Dieser „zeitliche Verlauf der Muskelzuckung" ist nach folgenden Methoden ermittelt worden (Helmholtz): 1. Man lässt direct das untere Muskelende, wie eben angedeutet, mittels eines angehängten Hebelsystems, das einen Schreibstift trägt, auf einem sehr schnell rotirenden Cylinder die Curve aufzeichnen. Hierzu ist nöthig, dass die Rotation des Cylinders wenigstens für die Dauer der Zuckung mit gleichmässiger Geschwindigkeit geschehe; und ferner, dass der Schreibstift nicht früher und nicht später als genau im Momente der Reizung auf dem Cylinder zu schreiben anfange. Der Apparat, welcher auf das Genaueste beide Bedingungen erfüllt, heisst das „Myographion." — 2. Methode: Die Länge des Muskels ist in jedem Augenblicke das Resultat aus der verkürzenden Kraft und der dehnenden (Belastung). Da nun letztere während der ganzen Zuckung dieselbe bleibt, so kommt es darauf an zu ermitteln, in welcher Weise die verkürzende Kraft (oder die „Energie") des Muskels mit der Zeit zunimmt. Hierzu stellt man nacheinander eine Reihe von Versuchen an; bei jedem wird dem Muskel eine bestimmte Aufgabe gestellt, zu deren Erfüllung er eine bestimmte Energie erreichen muss, und jedesmal wird die Zeit gemessen, die von der Reizung ab bis zur Erfüllung der Aufgabe verfliesst. Es ist klar, dass, wenn man die gefundenen Zeiten als Abscissen, und die jeder Aufgabe entsprechende Energie als Ordinate aufträgt, man Puncte der gesuchten Curve erhalten muss. — Die Zeiten werden dadurch gemessen, dass man im Momente der Reizung zugleich eine Kette K (Figur 6) schliesst, in deren Kreis ein Galvanometer G und ein Metallcontact c eingeschaltet ist, und dass der Muskel im Moment der beginnenden Zuckung (sowie er sich um ein Minimum verkürzt) den Metallcontact und somit den „zeitmessenden" Strom von K öffnet. Aus dem durch die vorübergehende Schliessung erfolgten Nadelausschlag kann man nach einer Formel die Zeit der Schliessung, also die gesuchte Zeit, berechnen (POUILLET's Methode zur Messung kleiner Zeiträume). Das Zusammenfallen der Reizung mit der Schliessung des zeitmessenden Stromes geschieht durch die Wippe W: durch Aufstossen des Griffels auf die Platte e wird nämlich der zeitmessende Strom geschlossen, gleichzeitig aber durch Lösung des Contactes bei f der Kreis K'pf geöffnet, und der bei der Oeffnung in der secundären Inductionsrolle s entstehende Inductionsstrom erregt den Nerven bei a. — Die erste Aufgabe, die man dem Muskel zu stellen hat, ist die, überhaupt zu beginnen sich zu verkürzen, d. h. seine Belastung um ein Minimum zu heben; die hierzu nöthige Zeit bezeichnet die Länge der latenten Reizung. — Bei den folgenden Aufgaben sollen bestimmte Energien vom Muskel erreicht werden. Die verkürzenden Kräfte in jedem Augenblick der Zuckung lassen sich ausdrücken durch die dehnenden Kräfte, welche ihnen genau das Gleichgewicht zu halten vermögen, d. h. durch die Last, welche, in dem betr. Augenblick an den Muskel gehängt, weder gehoben werden würde, noch eine Verlängerung bewirken könnte. Um nun eine solche Last so anzubringen, dass sie wirklich erst in einem bestimmten Stadium der Thätigkeit an dem Muskel hängt, unterstützt man den (durch eine geringe Belastung gedehnten) Muskel an seinem unteren Ende so (durch die Contactplatte bei c), dass eine weiter zugefügte Last („Ueberlastung") ihn nicht weiter dehnen kann. Um jetzt sich um ein Minimum zu verkürzen, also bei der obigen Versuchsanordnung den zeitmessenden Strom zu öffnen, müssen offenbar die verkürzenden Kräfte des Muskels grade soweit gestiegen sein, dass sie den dehnenden der Ueberlastung das Gleichgewicht halten (genauer: sie um ein Minimum übertreffen, welches aber vernachlässigt werden kann); denn in diesem Augenblick wird ein Gewicht an den Muskel gehängt, welches (bis auf das Minimum) weder gehoben wird, noch eine Dehnung bewirkt. Indem man nun in einer Reihe von Versuchen immer grössere Ueberlastungen anwendet, und jedesmal die Zeit von

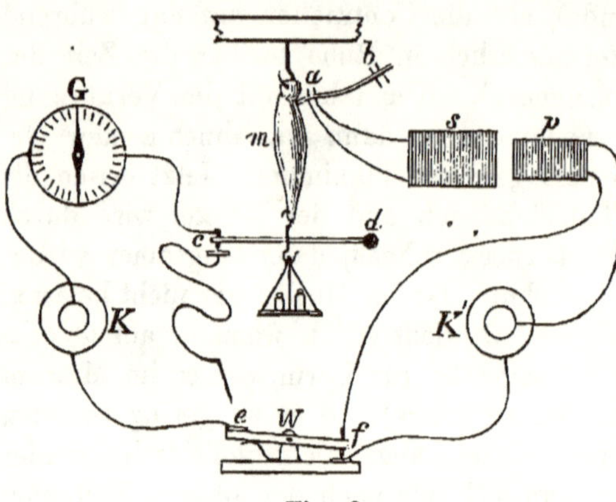

Fig. 6.

der Reizung bis zur Kettenöffnung misst, bestimmt man die Zeiten, nach welchen der Muskel bestimmte Energien erreicht hat, und kann so den ansteigenden Theil der gesuchten Curve sich construiren. — Beide Methoden geben übereinstimmende Resultate.

Statt die Verkürzung des Muskels auf den rotirenden Cylinder ihre Curve aufzeichnen zu lassen, kann man dasselbe auch mit der Verdickung des Muskels machen (AEBY, MAREY); dies ist auch am unverletzten Körper (bei lebenden Menschen) ausführbar. Die Dickencurve stimmt natürlich mit der Längencurve überein.

Gewisse Muskeln haben die Eigenthümlichkeit, dass ihre Zuckung sehr langsam abläuft (ihre Zuckungscurve sehr gedehnt ist), z. B. die Muskeln der Schildkröte, ferner der Herzmuskel (MAREY); letzterer bildet den Uebergang zu der ungemein langsamen Contraction der glatten Muskeln (s. unten).

Folgen zwei Reize so schnell aufeinander, dass die vom ersten ausgelöste Zuckung beim Eintreten des zweiten Reizes noch nicht das Maximum der Verkürzung erreicht, wohl aber das Stadium der latenten Reizung überschritten hat, so setzen sich die Erfolge beider derartig aufeinander, dass eine stärkere Zuckung resultirt. Die Wirkung des zweiten Reizes erfolgt nämlich so, als ob die verkürzte Form, welche der Muskel bei ihrem Eintritt bereits erreicht hat, seine natürliche wäre (HELMHOLTZ); wie sich von selbst ergiebt kann das Maximum der Verkürzung unter den günstigsten Umständen sich hierbei verdoppeln, nämlich, wenn der Zeitunterschied der beiden Reizungen gleich der Dauer der einfachen Zuckung bis zu ihrem Maximum ist.

Trifft ferner eine Reihe von Reizen in sehr kurzen Intervallen den Muskel, so hat derselbe zwischen je zweien nicht Zeit sich wieder auszudehnen, und behält seine verkürzte Gestalt während der Reizungsreihe bei; diesen Zustand nennt man „Tetanus.“ Alle andauernden Muskelcontractionen, wie sie so häufig im Körper vorkommen, sind als tetanische zu betrachten, d. h. sie werden durch eine Reihe schnell aufeinander folgender Reize hervorgebracht (ED. WEBER). Dass jede solche anhaltende Contraction als eine Reihe von Zuckungen anzusehen ist, ergiebt sich daraus, dass sie mit einer Reihe von negativen Stromesschwankungen verbunden ist; denn überbrückt man den Muskel mit dem Nerven eines zweiten Muskels, so erhält der Nerv eine Reihe von Reizen, und der zweite Muskel geräth in „secundären Tetanus“ (DU BOIS-REYMOND, vgl. p. 230); ferner aus den Erscheinungen des Muskelgeräuschs: An einem nicht zu kleinen, in Tetanus versetzten Muskel (z. B.

beim Menschen) hört man mit dem aufgelegten Ohr oder Stethoscop ein schwaches Geräusch, in welchem ein deutlicher Ton vorherrscht: das Muskelgeräusch oder der Muskelton (Wollaston). Die Schwingungszahl dieses Tones ist bei Anwendung tetanisirender Inductionsströme (s. unten) gleich der Zahl der Reizungen in der Secunde (Helmholtz). Da nun willkürlich tetanisirte Muskeln regelmässig einen bestimmten Ton (19,5 Schwingungen in der Secunde) geben, so muss die Zahl der Reizungen (von den motorischen Centralorganen ausgehend) bei willkürlichem Tetanus 19,5 in der Secunde sein (Helmholtz).

Zum „Tetanisiren" eines Muskels eignen sich am besten oft wiederholte electrische Reize; z. B. durch fortwährendes Oeffnen und Schliessen eines electrischen Stromes. Näheres im nächsten Cap. Zum Studium derjenigen Eigenschaften des thätigen Muskels, zu deren gehöriger Entwicklung eine einzelne Zuckung zu flüchtig ist, z. B. der chemischen Veränderungen bei der Thätigkeit (p. 224), der Wärmebildung (p. 235), der negativen Stromesschwankung am Multiplicator, dessen träge Nadel einem einzigen flüchtigen Impulse nicht folgt (p. 229), ist es am zweckmässigsten, den Muskel zu tetanisiren.

Ein Muskelgeräusch (von der gewöhnlichen Höhe) ist höchstwahrscheinlich auch der erste Herzton (Natanson, Haughton; vgl. p. 56); die Ventrikelsystole müsste dann eine tetanische Contraction sein. An sich selbst hört man das Muskelgeräusch am besten Nachts bei (mit Siegellack) verschlossenen Ohren indem man die Kaumuskeln contrahirt. Die Höhe des Muskeltons wurde früher (Natanson, Haughton, Helmholtz) zu 36—40 Schwingungen angegeben; nachdem es aber gelungen ist, ihn genau zu bestimmen (über die Methode s. unten), hat er sich zu 19 Schwingungen ergeben, so dass also der hörbare Ton der erste Oberton des eigentlichen Grundtons im Muskelgeräusch ist (Helmholtz). Die Abhängigkeit der Tonhöhe von der Anzahl der Reize ergiebt sich, wenn man seinen eigenen Masseter electrisch tetanisirt, mittels eines selbstthätigen Inductionsapparats, der in einem entfernten Zimmer steht; der Ton ist dann jedesmal gleich dem Ton der Feder des Apparats (Helmholtz). Die selbstständige Schwingungszahl eines von den Centralorganen aus tetanisirten Muskels wurde zum ersten Mal bemerkt an dem tiefen Geräusch, in welches ein durch electrische Reizung des Rückenmarks tetanisirtes Thier geräth (du Bois-Reymond); die Tonhöhe ist hier unabhängig von dem Ton der Feder des Apparats. — An Froschmuskeln gelingt es, das Muskelgeräusch zu hören, wenn man sie belastet am Ende eines im Ohr steckenden Stabes aufhängt und tetanisirt. Sichtbar werden die Schwingungen, sobald man sie durch Resonanz auf eine Feder oder einen Papierstreifen von gleicher Schwingungszahl überträgt (Helmholtz).

Wird nur eine beschränkte Stelle eines Muskels oder einer Muskelfaser durch einen Reiz in den thätigen Zustand versetzt, so pflanzt sich derselbe sogleich auf die ganze Länge der getroffenen Faser fort (Kühne). Die Geschwindigkeit dieser Fortpflanzung beträgt für Froschmuskeln etwa 800—1200^{mm} in der Secunde (Aeby, v. Bezold) und sinkt mit abnehmender Temperatur. Unter dem Microscop sieht man die Zusammenziehung in Form einer Welle über den flüssigen Inhalt der Muskelfaser ablaufen (Kühne). Dabei nähern sich die Querstreifen einander (Ed. Weber), welche zugleich schmaler werden, indem die doppeltbrechenden Gruppen sich in der Richtung der Längsaxe verkürzen (Brücke). Die Krümmungen der ruhenden Fasern (p. 212) verschwinden während der Thätigkeit (Ed. Weber). — Hat die Erregbarkeit der Muskelfaser abgenommen, z. B. durch Ermüdung (p. 222), so bleibt die Contraction auf die direct gereizte Stelle beschränkt, und es bildet sich hier, namentlich bei kräftiger mechanischer Reizung, durch die örtliche Verkürzung und Verdickung eine wulstige Hervorragung (Kühne), welche, schon früher bekannt, aus theoretischen nicht mehr gültigen Gründen den Namen „idiomusculäre Contraction" erhalten hat (Schiff).

Bei kräftiger localer (mechanischer) Reizung entsteht diese Wulstbildung auch in noch völlig erregbaren Muskeln, zugleich mit der allgemeinen, aber schwächeren Contraction der ganzen Faserlänge (z. B. bei einem kräftigen Schlage auf die Oberarmmuskeln).

c. Wärmebildung.

Während der Thätigkeit wird sowohl der ausgeschnittene als der im Organismus befindliche Muskel wärmer, als er während der Ruhe war (Helmholtz, Béclard). Es findet also während der Thätigkeit eine Wärmebildung statt, oder die in der Ruhe etwa bestehende (p. 218) wird vermehrt.

Der Nachweis der Erwärmung, welcher früher nur am tetanisirten Muskel gelang, ist neuerdings auch bei einzelnen Zuckungen geglückt (Heidenhain). Derselbe geschieht auf thermoelectrischem Wege, indem man eine Löthstelle oder Löthstellenreihe mit dem Muskel in Berührung bringt, die andre auf constanter Temperatur erhält (am einfachsten durch Berührung mit einem zweiten in Ruhe bleibenden Muskel). Früher wandte man nadelförmige Thermoelemente an, die man in den Muskel ein- oder hindurchstach, jenachdem die Löthstelle endständig oder in der Mitte war. Neuerdings benutzt man mehrgliedrige Thermosäulen (16 Wismuth-Antimonelemente), deren eine Löthstellenreihe an den Muskel angelegt wird (Heidenhain). Die Erwärmung beträgt bei Froschmuskeln für einzelne Zuckungen 0,001—0,005^{0} C., für Tetanus bis zu 0,15^{0}.

Ueber die Beziehungen der Wärmebildung zur mechanischen Arbeit und zum Stoffwechsel des Muskels s. unten.

d. Grösse der Leistungen des thätigen Muskels und Beziehungen derselben unter einander und zum Stoffwechsel.

1. Bei maximaler Leistung. Als einfachster Fall wird zunächst derjenige betrachtet, in welchem, durch möglichst starke Reizung, soviel Kräfte im Muskel frei werden, als überhaupt möglich.

Man kann sich die mechanischen Veränderungen im Muskel beim Uebergang in den thätigen Zustand so vorstellen (ED. WEBER), als wenn unter der Einwirkung des Reizes und der dadurch herbeigeführten chemischen Vorgänge dem Muskel AB (Fig. 7) plötzlich eine neue natürliche Form Ab zukäme, die sich von der des ruhenden AB durch geringere Länge, grössere Dicke und geringere Elasticität (p. 230) unterscheidet, und in welche er nun überzugehen strebt. Geht der Muskel aus der alten in die neue Form über, so verhält er sich gerade so, als ob er über die natürliche Länge der letzteren hinaus gedehnt gewesen wäre, und schnellt mit elastischen Kräften in die neue Form über. Dasselbe geschieht nun, wenn er in der Ruhe durch eine Belastung gedehnt war, nur schnellt er jetzt zu der Länge über, welche man erhält, wenn man die thätige Form durch die Belastung gedehnt sich denkt. Der Unterschied beider Längen ist jedesmal die Hubhöhe, und das Product derselben mit der gehobenen Last die Arbeit des Muskels. Eine einfache Ueberlegung, besonders ein Blick auf die Figur 7 zeigt nun, dass wenn die Dehnbarkeit des thätigen Muskels bedeutend grösser ist, als die des ruhenden, die Hubhöhe mit steigender Belastung abnehmen, bei einer gewissen Belastung $=0$, und endlich negativ werden muss, d. h. dass eine gewisse Belastung nicht mehr gehoben wird, und bei noch grösserer Belastung Verlängerung des Muskels statt der Verkürzung eintreten muss. Ist nämlich AB die natürliche Länge des ruhenden Muskels, — denkt man sich ferner gewisse Belastungen als Abcissen auf die Axe BD und die ihnen entsprechenden Dehnungen nach unten als Ordinaten aufgetragen, so ist BC die Dehnungscurve*) des ruhenden Muskels und A_1B_1, A_2B_2, A_3B_3, etc. die Muskel-

*) Diese Curve, welche in Wirklichkeit eine krumme Linie ist (etwa eine Hyperbel, s. p. 211), ist hier der Einfachheit halber als grade Linie dargestellt.

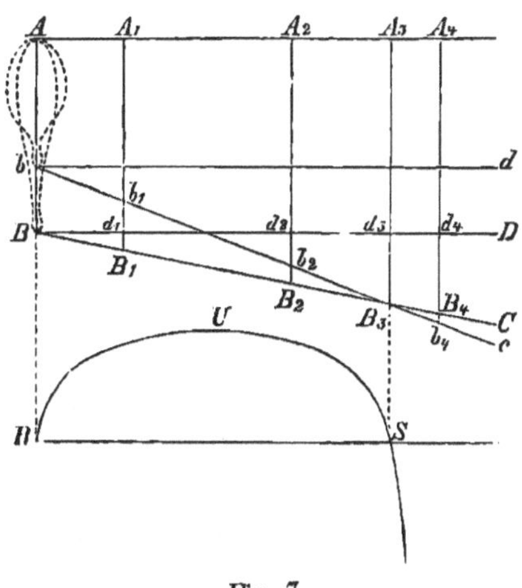

Fig. 7.

längen, welche den Belastungen Bd_1, Bd_2, Bd_3, etc. entsprechen. Ist ferner Ab die natürliche Länge des thätigen Muskels (für einen gewissen Reiz), und seine Elasticität um ein Gewisses geringer, als die des ruhenden, so wird seine Dehnungscurve bc steiler abfallen als BC, und diese in einem Puncte (B_3) schneiden. Da nun A_1b_1, A_2b_2, A_3B_3, A_4b_4, etc. die Längen des belasteten thätigen Muskels sind, so sind die Strecken B_1b_1, B_2b_2, u. s. w. zwischen BC und bc, die Hubhöhen. Man sieht sofort, dass sie immer kleiner, bei $B_3 = 0$, und darüber hinaus (B_4b_4) negativ werden; hier tritt eine Verlängerung statt der Verkürzung ein (A_4B_4 wird A_4b_4). — Die Arbeiten, welche der Muskel bei den verschiedenen Belastungen leistet, sind die Producte aus den Abcissen (Bd_1, Bd_2, etc.) und den Hubhöhen. Man findet leicht, dass diese Producte sowohl bei B als bei $B_3 = 0$, und in der Mitte (bei der Hälfte der nicht mehr hebbaren Belastung Bd_3) am grössten sind; jenseits B_3 werden sie negativ. Sie lassen sich durch die Curve RUS darstellen.*)

Mit dieser Anschauung stimmen nun zahlreiche Thatsachen überein, die leicht zu beobachtende Abnahme der Hubhöhe mit steigender Belastung, die negative Hubhöhe bei sehr hohen Belastungen (WEBER); ferner andere unten (p. 240) zu erörternde Erscheinungen.

Für verschieden grosse Muskeln derselben Beschaffenheit (desselben Thieres) gestalten sich die Verhältnisse sehr einfach. Beim Maximum der Thätigkeit kann ein Muskel eine um so grössere Last zu derselben Höhe heben, je grösser sein Querschnitt, und dieselbe Last um so höher, je länger er ist. Der Beweis ergiebt sich sehr leicht. Denkt man sich n gleiche Muskeln, deren

*) In der Wirklichkeit, wo die Dehnungscurven anders gestaltet sind, liegt das Maximum der Arbeit nicht in der Mitte, sondern weiter nach Vorn. — Auch ist die Arbeit des unbelasteten Muskels in der Wirklichkeit nicht $= 0$, weil er ja sein eigenes Gewicht hebt.

jeder eine einfache Last zu einer einfachen Höhe hebt, parallel dicht neben einander gehängt, so entsteht ein Muskel von n fachem Querschnitt, der die n fache Last zur einfachen Höhe hebt. Hängt man sie dagegen der Länge nach einen an den andern, und an den untersten die Last, so entsteht ein Muskel von n facher Länge, der die einfache Last zur n fachen Höhe hebt. Auch durch Zeichnungen von der Art der Figur 7 kann man sich diese Gesetze veranschaulichen, wenn man im Auge behält, dass die Dehnbarkeit eines Muskels (in gleichem Zustande) seiner Länge direct und seinem Querschnitt umgekehrt proportional ist.

Für das Maximum der lebendigen Kräfte, welche im Muskel bei der höchsten Erregbarkeit und den stärksten Reizen frei werden können, wäre das Arbeitsmaximum bei der stärksten Reizung das natürlichste Maass. Da indess das Arbeitsmaximum eine von der Belastung abhängige Grösse ist (s. oben), so zieht man es vor, statt dessen eine andere Grösse zu bestimmen, welche den Namen der „absoluten Muskelkraft“ führt. Man wählt dazu die Last, welche den zum Maximum gestiegenen verkürzenden Kräften des Muskels gerade das Gleichgewicht hält (vgl. p. 231), d. h. die Belastung, welche der Muskel bei den stärksten Reizen eben nicht mehr zu heben vermag (welche also der Abcisse Bd_3 in Figur 7 entspricht) (Ed. Weber). Diese „absolute Kraft“ ist natürlich, da sie durch ein Gewicht ausgedrückt wird, nur vom Querschnitt des Muskels abhängig und wird gewöhnlich für die Flächeneinheit des Querschnitts angegeben. Für den □ cm. Froschmuskel beträgt sie etwa 692 grm. (Weber), für den □ cm. menschl. Muskel etwa 6000—8000 grm. (Henke & Knorz).

Die Bestimmung beim Menschen geschieht unter anderen nach folgendem Verfahren (Weber): Beim Erheben auf die Zehen, oder richtiger die Metatarsusköpfchen, ziehen die Wadenmuskeln am Tuber calcanei an einem einarmigen Hebel, dessen Drehpunct in der Berührungsstelle zwischen Cap. metatarsi und Fussboden liegt; die Last (des Körpers) wirkt auf den Punct, in welchem die Schwerlinie des Körpers den Fuss trifft (vgl. den Anhang); beschwert man nun den Körper so lange mit Gewichten, bis das Erheben der Ferse vom Boden unmöglich ist, so ist die absolute Kraft der Wadenmuskeln gleich dem Moment der Last (Körper + Gewichte) dividirt durch die Länge des Hebelarms der Wadenmukeln; dies Gewicht braucht nur noch auf die Querschnittseinheit reducirt zu werden. — Den (mittleren) Querschnitt eines Muskels findet man, wenn man sein Volum (= absol. Gewicht dividirt durch spec. Gewicht) durch die Länge dividirt.

Während des Tetanus findet scheinbar keine mechanische Arbeit im Muskel Statt, da keine Last gehoben, sondern nur die bereits gehobene gehalten wird. Da indess der Zustand des Tetanus mit erhöhtem Stoffwechsel verbunden ist und die Wärmebildung die freiwerdenden Kräfte nicht allein repräsentiren kann, so muss man annehmen, dass der tetanisirte Muskel dennoch wirkliche mechanische Arbeit leistet, indem das Gewicht fortwährend etwas sinkt und wieder gehoben wird (vgl. p. 233). Da aber dieses Auf- und Absinken fast unmerklich ist (nur durch das Muskelgeräusch sich äussert), so würde auch diese mechanische Arbeit den Stoffverbrauch nicht befriedigend erklären, wenn man nicht annimmt, dass der Muskel in dem äusserst kurzen Zwischenraume zwischen zwei Contractionen seine ganze Spannung verliert, und diese ebensoschnell wiedergewinnt, wozu ein bedeutender Stoffverbrauch nöthig ist.

Die Wärmebildung im thätigen Muskel ist weder ganz von der mechanischen Arbeit unabhängig, noch in der Weise von ihr abhängig, dass beide Leistungsformen sich zu einer constanten Summe ergänzen (früher gemachte Annahmen), sondern steigt im Allgemeinen mit der mechanischen Arbeit, d. h. bis zu einer gewissen Grenze (p. 237) mit der Belastung (Heidenhain). Dies gilt ebenso für die einzelne Zuckung wie für den Tetanus.

Die Gesammtsumme der freiwerdenden Kräfte ist also lediglich von der Spannung des Muskels abhängig. Dem entsprechend muss auch der Stoffverbrauch im Muskel (bei gleicher Reizung) von der Spannung abhängig sein, und in der That zeigt sich dies bei der Untersuchung der producirten Säuremengen (Heidenhain).

Ueber eine Beziehung der negativen Stromesschwankung zur Wärmebildung und mechanischen Arbeit ist in quantitativer Beziehung noch Nichts ermittelt. Die Schwankung fällt in das Stadium der latenten Reizung (Helmholtz) und nimmt nur sehr kurze Zeit (etwa 0,001 Secunde, v. Bezold) in Anspruch.

2. Bei nicht maximaler Leistung. Für jeden constanten Reiz gestalten sich die Hubhöhen und Arbeiten gerade so wie für den bisher besprochenen übermässig starken. Variirt man aber die Stärke der Reize, so tritt ein verschieden hoher Grad der Muskelthätigkeit ein; d. h. die neue natürliche Form, der der Muskel zustrebt (p. 236), ist um so weniger in Länge und Elasticität von der Ruheform verschieden, je schwächer der Reiz ist. Nach welchem Gesetze die Stärke der Reize auf die Stärke des thätigen Zustandes einwirkt, ist noch nicht endgültig ermittelt; es wird angegeben, dass mit steigendem Reize der thätige Zustand mit abnehmender Ge-

schwindigkeit zunehme (L. Hermann), aber auch, dass er von 0 bis zu einer gewissen Grenze mit gleichbleibender Geschwindigkeit wachse und darüber hinaus constant bleibe (A. Fick).

Die Methoden für solche Bestimmungen sind folgende: Man misst die Reizstärke, welche nöthig ist, damit der Muskel eine bestimmte Energie (gemessen durch minimale Hebung einer Ueberlastung, vgl. p. 232) erreicht (L. Hermann); oder man misst die Hubhöhen bei einer gleichbleibenden Belastung und Variirung der Reize (Fick).

Wenn für jeden Grad der Formveränderung auch die zugehörige Elasticitätsveränderung bekannt wäre, so würde sich nach Analogie der Figur 7 in jedem Falle die Dehnungscurve des thätigen Muskels construiren und so die Hubhöhe für jede Last und jeden Grad der Thätigkeit bestimmen lassen. Jene Abhängigkeit ist aber unbekannt, und daher gestatten auch umgekehrt Bestimmungen der Hubhöhe bei bekannter Belastung keinen Schluss auf die dem betreffenden Thätigkeitszustande zukommende natürliche Form. — Wenn man auch die Dehnungscurven des thätigen Muskels nicht a priori construiren kann, so zeigt doch Fig. 7, dass die Linie bc um so näher an BC heranrücken und um so schwächer gegen BC geneigt sein muss, je geringer der thätige Zustand, je schwächer also der Reiz ist. Daher müssen die Unterschiede der Hubhöhen für verschiedene Lasten um so geringer werden, je schwächer der Reiz, und der schwächste Reiz, der überhaupt noch wirkt, muss also sowohl die kleinste als die grösste Last um ein Minimum heben, oder mit andern Worten, um 1 grm. und um 500 grm. um ein Minimum zu heben, ist dieselbe Reizstärke erforderlich; diese Ableitung bestätigt der Versuch (L. Hermann).

Aus dem Gesagten ergiebt sich, dass ein gleicher Reiz bei verschieden belasteten Muskeln sehr verschiedene Arbeiten auslöst (vgl. über die Auslösungsverhältnisse p. 6); und dies erklärt sich dadurch, dass der Muskel durch Belastung ein anderer Körper wird, der mit stärkeren Spannkräften begabt ist. Es muss aber ausserdem noch ein tiefer verändernder Einfluss der Belastung existiren, da dieselbe auch auf den Stoffverbrauch im Muskel von Einfluss ist (vgl. p. 239).

Ein tieferes Verständniss der Muskelthätigkeit, namentlich des Zusammenhanges der Formveränderung, Wärmebildung und Stromesschwankung unter einander und mit dem chemischen Spaltungsprocesse, fehlt noch vollkommen. Alle bisher aufgestellten Theorien sind fehlerhaft.

Die Wärmebildung steht vermuthlich nicht ganz und gar mit dem Spaltungsprocess in Zusammenhang, sondern ist zum Theil ein Resultat des synthetischen Oxydationsprocesses (p. 227). Dieser Process muss mit Freiwerden von Kräften verbunden sein, und da er auch im Ruhezustande vor sich geht, im thätigen aber gesteigert ist (p. 228), so spricht Alles dafür, dass er mit Wärmeentwicklung einhergeht (möglicherweise sind also die ruhenden Muskeln ein Hauptsitz der Wärmebildung). Dass übrigens nicht etwa die ganze Wärmebildung von diesem Processe herrührt, zeigt das Verhalten derselben in ausgeschnittenen Muskeln, in denen der synthetische Process nur spurweise entwickelt ist (p. 227).

Ueber die Anwendung der willkürlichen Muskeln im Organismus s. den Anhang zu diesem Capitel.

Ueber das Empfindungsvermögen der Muskeln s. d. 3. Abschn.

B. Die glatten Muskeln.

Die „glatten" oder „organischen" Muskeln vermitteln die weniger energischen, langsamen Bewegungen der dem Willen entzogenen Organe, bes. der Eingeweide. Sie bilden meist häutige Ausbreitungen von verschiedener Dicke (tunicae musculosae). Diese sind immer nach bestimmten, oft schichtenweise abwechselnden Richtungen fein gefasert. Sie bestehen aus spindelförmigen, langgestreckten Elementen, welche mit ihrer Längsaxe in der Richtung der Faserung liegen. Jedoch durchläuft nicht, wie bei den quergestreiften Muskeln, jedes einzelne die ganze Länge der Faserung, sondern sie sind vielfach mit ihren schmalen Enden an einander gereiht. Diese Elemente werden als langgestreckte Zellen angesehen; eine Membran (Sarcolemm) ist nicht sicher nachgewiesen; dagegen enthalten sie einen stabförmigen Kern. Von Querstreifen zeigen sie keine Spur, zuweilen aber eine Andeutung von Längsstreifung. Man nennt sie „glatte Muskelfasern" oder „contractile Faserzellen".

Die Untersuchung im polarisirten Lichte zeigt, dass auch sie doppeltbrechende Körper (Disdiaclasten) enthalten, aber nicht in der regelmässigen Anordnung der quergestreiften Muskeln, sondern in der ganzen Masse zerstreut; es erscheint deshalb die ganze Faser doppeltbrechend (Brücke).

Die chemischen Bestandtheile der glatten Muskelfasern sind anscheinend dieselben, wie die der quergestreiften. Auf spontan gerinnbare Substanzen darf man aus der auch hier auftretenden Todtenstarre schliessen. Die Reaction wird stets neutral oder alkalisch gefunden (du Bois-Reymond); es ist daher unentschieden, ob auch hier bei der Starre eine Säurebildung stattfindet, welche vielleicht nicht genügt, das Alkali zu besiegen. Am contrahirten Uterus reagiren die Muskeln sauer (Siegmund).

Die Eigenschaften beider Muskelarten stimmen ebenfalls, soweit sie untersucht sind, fast gänzlich überein, namentlich das electromotorische Verhalten; noch nicht untersucht ist die Respiration, die Veränderung der Zusammensetzung bei der Thätigkeit, die Elasticitätsverhältnisse, die Wärmebildung u. s. w. Die mechanische Thätigkeit der glatten Muskeln geschieht ebenfalls in Form einer Verkürzung; dieselbe läuft nach denselben Gesetzen ab, wie bei den quergestreiften (p. 231), nur in viel längerem Zeitraum, so dass die einzelnen Stadien (latente Reizung, allmähliches Ansteigen der Verkürzung und Wiedernachlassen) ohne Weiteres sichtbar sind. Es vergeht nämlich nach der Reizung geraume Zeit ehe die Verkürzung beginnt, dann tritt eine ganz langsame Zusammenziehung ein, die eine Zeit lang in maximo verharrt und dann allmählich nachlässt.

Die Untersuchung der glatten Muskeln ist deshalb sehr schwierig, weil man hinreichendes Material nur von Warmblütern bekommen kann, und dies sehr schnell seine Erregbarkeit verliert.

II. CONTRACTILE ZELLEN, PROTOPLASMA-BEWEGUNGEN.

Die contractile Substanz, das Protoplasma (p. 207) kommt ausser in röhrenförmige Hüllen eingeschlossen (Muskeln), auch in freien, membranlosen Conglomeraten vor, und bildet dann feinkörnige, meist microscopisch kleine Massen von sehr wechselnder Form, welche Kerne einschliessen. Solche contractile Massen sind: die ganze Leibessubstanz vieler niederer Thierformen (Amöben, Myxomyceten u. s. w.), oder wenigstens die Weichtheile derselben (Rhizopoden), die farblosen Blutkörperchen und die ihnen analogen Bindegewebs-, Lymph-, Milz-, Schleim-, Eiterkörperchen der höheren Thiere (vgl. p. 43, 84, 156); ferner der Inhalt vieler pflanzlicher Elementartheile (Zellkapseln).

Alle diese Protoplasmahaufen sind allgemeiner und partieller Contractionen fähig. Die ersteren entstehen durch Reizung mit Inductionsströmen; die Masse nimmt dabei die Kugelgestalt an; ist dies unmöglich, ist sie z. B. in ein Rohr eingeschlossen, so nähert sie sich soviel als möglich der Kugelgestalt, indem sie sich verkürzt und verdickt (Kühne).

Viel gewöhnlicher und vielleicht ausschliesslich im Naturzustande vorkommend sind partielle Contractionen; diese können die mannigfachsten Formveränderungen hervorbringen, z. B.: Aussenden und Wiedereinziehen von Fortsätzen*), wobei fremde Körnchen in die Substanz hineingezogen werden können; — Ortsveränderungen des ganzen Gebildes mittels der ausgesandten Fortsätze („Pseudopodien"); — Körnchenbewegungen im Innern der Masse, u. s. w.; darunter auch tanzende Bewegungen (Molecularbewegung); — Verlagerung von mit Flüssigkeit erfüllten Hohlräumen (Vacuolen) in der Masse. Alle diese Bewegungsformen werden häufig beobachtet (M. Schultze, Brücke, Häckel, Kühne, v. Recklinghausen).

Molecularbewegung ist bis jetzt an dem körnigen Inhalt folgender Zellen genauer beobachtet (Brücke): farblose Blutkörperchen, Eiterkörperchen, Schleim- und Speichelkörperchen, Knorpelzellen, Pigmentzellen der Frösche. Jedenfalls ist sie sehr allgemein verbreitet. Dass hier ein von den Molecularbewegungen unorganischer Niederschläge verschiedenes Phänomen vorliegt, geht daraus hervor, dass die Bewegung durch viele Einflüsse aufgehoben wird, welche das Leben der Zelle gefährden, und stets mit dem Tode derselben schwindet, dass ferner diese Zellen nicht von Membranen umschlossene und mit Flüssigkeit gefüllte Bläschen sind, sondern aus einer zähflüssigen Masse bestehen, in welcher man nach gewissen Erscheinungen das Dasein complicirter Höhlungen oder Canäle vermuthen muss. Die ruhenden Körperchen sind meist um die Kerne angehäuft, und bilden häufig strahlige Fortsätze nach dem Rande zu. Inductionsströme führen zum Aufhören der Bewegung und dann zu einer plötzlichen Verkleinerung der Zelle mit Austreibung der Körner. Die Molecularbewegung ist daher ein complicirtes, mit den übrigen Lebenserscheinungen der Zelle innig zusammenhängendes Phänomen.

Die Reize, durch welche diese Gebilde zur Thätigkeit gebracht werden können, sind dieselben wie für die Muskeln, ebenso die Bedingungen der Erregbarkeit und des Absterbens (Kühne). Bei 40° tritt eine Art Starre ein, bei 36° wirkt die Wärme als Reiz und bewirkt einen Tetanus (Kugelgestalt, s. oben). Mangel des Sauerstoffzutritts vernichtet die Erregbarkeit, was gegenüber dem geringen Einfluss des Sauerstoffs auf ausgeschnittene Muskeln (p. 212) sich leicht durch die verhältnissmässig grosse Oberfläche dieser kleinen Massen erklärt.

Alle Protoplasmagebilde scheinen also dieselbe wesentliche Substanz zu enthalten wie die Muskeln (p. 226); ihre Spaltung geschieht durch die Thätigkeit und langsam in der Ruhe bis zur Erstarrung; ihre Regeneration geschieht unter dem Sauerstoffzutritt von der Oberfläche her. — Einen sehr schädlichen Einfluss

*) Das Aussenden eines Fortsatzes ist nicht anders zu erklären, als durch Contraction in der Richtung einer Sehne, wodurch ein Segment hervorgedrängt wird; indem dieser Vorgang sich in diesem Segment immer vorrückend wiederholt, kann ein langer dünner Fortsatz entstehen.

auf alle Protoplasmabewegungen haben sämmtliche, auch die schwächsten Säuren (Kohlensäure).

Gewisse Protoplasmagebilde, welche nicht wandern, z. B. ein Theil der Bindegewebszellen in der Cornea, stehen mit Nervenfasern in Verbindung, auf deren Reizung Contraction eintritt (Kühne). Die grosse Mehrzahl aber ist vom Nervensystem völlig unabhängig und der Reiz welcher hier die Bewegungen veranlasst noch unbekannt.

III. FLIMMERZELLEN UND ZOOSPERMIEN.

Auf gewissen Körperflächen, welche mit einfachem oder geschichtetem Cylinderepithel bedeckt sind (namentlich: Respirationscanal vom Naseneingang bis zu den Alveolen der Lunge, p. 148; weibliche Geschlechtsorgane von den Tubenöffnungen bis zum äusseren Muttermund; Hirnventrikel mit ihren Communicationen) ist die oberflächliche, resp. die einzige Zellenlage auf ihrer freien Fläche mit feinen, structurlosen Härchen („Flimmercilien“) besetzt, welche in unaufhörlicher Bewegung begriffen sind. Eine Auslösung durch das Nervensystem findet nicht statt. Die Bewegungen bestehen meist in einem abwechselnden Umbiegen und Wiederaufrichten der Haare; es sollen auch pendelartige, kegelförmige und andere Bewegungen vorkommen.

Die Zoospermien (4. Abschn.) lassen sich als Flimmerapparate mit einer einzigen Cilie auffassen; der Kopf entspricht den Flimmerzellen, der Schwanz ist Cilie. Die Bewegung ist hin- und herpeitschend.

Befinden sich bewegliche Theilchen auf einer flimmernden Fläche, so werden sie in einer bestimmten Richtung allmählich fortgeschoben. Diese Richtung geht beim Respirations- und Genital-Apparat nach den Ausgängen zu. Zu ihrer Erklärung muss man annehmen, dass die Schwingung in einer Richtung geschwinder erfolgt als in der anderen, so dass ein Schleudern nach jener stattfindet; sonst müssten die Theilchen nach jeder Hin- und Herschwingung wieder ihre alte Stellung einnehmen. (Ueber den Nutzen der Flimmerbewegung s. p. 148 und die Eiwanderung im 4. Abschn.) — Kleine Körper, welche mit Flimmercilien versehen sind (zahlreiche Infusorien, die Zoospermien), können sich durch dieselben in der Flüssigkeit activ fortbewegen.

Die Einflüsse unter welchen die Flimmer- und Zoospermienbewegungen bestehen und aufhören, sind genau dieselben, wie für die Protoplasmabewegungen (Roth, Kühne). Bedingungen des Bestehens sind: Erhaltung der Concentration der Flüssigkeit, Sauerstoffzutritt (Kühne), mittlere Temperatur; Erhöhung der Temperatur wirkt beschleunigend (Calliburces); sehr niedrige und sehr hohe Temperaturen bewirken einen Stillstand, der bei normaler Temperatur wieder aufhört — Kälte- und Wärmetetanus, (Roth); bei 45° tritt bleibender Stillstand — „Starre" ein; sehr schädlich sind auch hier die Säuren (vgl. p. 244); der Einfluss der Alkalien, spontan erloschene Flimmer- und Zoospermienbewegung wieder zu erwecken (Virchow), beruht daher vermuthlich nur auf Neutralisation schädlicher Säuren (Roth).

Die Flimmer- und Zoospermienbewegungen sind daher höchstwahrscheinlich nur eine besondere Form der Protoplasmabewegungen, d. h. bewirkt durch eine (noch unverständliche) Einwirkung von Contractionen im Zellprotoplasma auf die Cilien.

Anhang.

Verwendung der Muskeln.

Die Verkürzungsfähigkeit der Muskeln wird auf die mannigfaltigste Art benutzt, um Körpertheile, welche gegen einander beweglich sind, aus ihrer Gleichgewichtslage zu bringen, und dadurch Formveränderungen am Körper hervorzubringen. Die Gleichgewichtslage der Körpertheile wird durch mannigfache mechanische Einflüsse bestimmt, hauptsächlich durch Schwere und Spannung (Elasticität). Die Formveränderungen geschehen theils zu bewussten Zwecken (willkürliche Bewegungen), theils sind sie durch gewisse Mechanismen, deren Sitz in den Centralorganen des Nervensystems zu suchen ist, bedingt (unwillkürliche Bewegungen).

Die Formveränderung, welche durch die Verkürzung eines Muskels (zunächst möge man sich statt des Gesammtmuskels eine einzelne Muskelfaser denken) bewirkt wird, lässt sich in jedem Falle berechnen, wenn die Gleichgewichtslage und die Beweglichkeit der zu bewegenden Objecte sowie die Situation des Muskels bekannt ist. Es kommen hauptsächlich zwei Fälle der Muskelwirkung in Betracht: 1. Die beiden Endpuncte des Muskels sind gegeneinander nicht verschiebbar, sondern unbeweglich mit einander verbunden. In diesem Falle kann eine Verkürzung des Muskels nur dann stattfinden, wenn der Muskel nicht gradlinigt ausgespannt, sondern gekrümmt angeordnet ist. Dies ist der Fall bei den musculösen Hohlorganen, bei welchen auf einer cylindrischen, kugeligen oder sonst gekrümmten Fläche Muskelfasern verlaufen, deren Enden entweder direct oder durch Aneinanderreihung vieler Fasern, in sich oder auf einem als unveränderlich anzusehenden Körper zusammenlaufen (Darm, Herz, Uterus, Blase, u. s. w.). Hier wird bei der Zusammenziehung der Fasern das Bestreben der geraden Linie sich zu nähern sich geltend machen und daher mit der Fläche ein Druck auf etwa im Hohlraum befindliche Flüssigkeiten ausgeübt werden. — 2. Die Endpuncte sind gegen einander verschiebbar, entweder beide oder nur der eine beweglich (der gewöhnliche Fall). In diesem Falle muss die Verkürzung des Muskels, vorausgesetzt, dass dieser bereits vorher zwischen seinen Endpuncten ausgespannt war (p. 211), die beiden Endpuncte, und somit die Theile, an welche die Muskelenden angeheftet sind, einander nähern. Ist einer derselben festgestellt, so verändert nur der andere seinen Ort; sind beide beweglich, so verhalten sich die Verschiebungen umgekehrt wie die der Verschiebung entgegenwirkenden Widerstände. Die Richtung der Verschiebung liegt durchaus nicht immer in der beide Puncte verbindenden Geraden. Abweichungen von dieser Richtung werden bewirkt: a. dadurch, dass der Verlauf des (ausgespannten) Muskels oder seiner Verlängerungen (Sehnen) nicht geradlinigt, sondern gekrümmt oder geknickt ist, z. B. dadurch, dass Muskel oder Sehne über einen rollenartigen Vorsprung läuft; — b. dadurch, dass die Anheftungspuncte sich nicht geradlinigt gegen einander bewegen können, weil ihre Beweglichkeit durch irgend welchen Mechanismus beschränkt ist. In diesem Falle wird nicht die ganze lebendige Kraft der Muskelthätigkeit (gegeben durch Länge, Querschnitt und Thätigkeitsgrad des Muskels) zur Formveränderung verwandt, sondern ein Theil derselben wird durch den Widerstand des Mechanismus aufgehoben, d. h. in Wärme umgewandelt. Man findet den zur Formveränderung verwendbaren Theil leicht nach dem Parallelogramm der Kräfte, indem man das Verkürzungsmoment des Muskels auf die Zugrichtung als Linie aufträgt und in zwei Componenten zerlegt, die eine in der Richtung des absoluten Widerstandes, die andre in der Richtung der absoluten Beweglichkeit; letztere Componente stellt die formverändernde Wirkung dar.

Sind z. B. ac und bc zwei durch ein Charniergelenk c verbundene Knochen, die durch den Muskel de gegeneinander bewegt werden können (ac fest gedacht), so kann der Punct d nur in der auf bc senkrechten Richtung dg

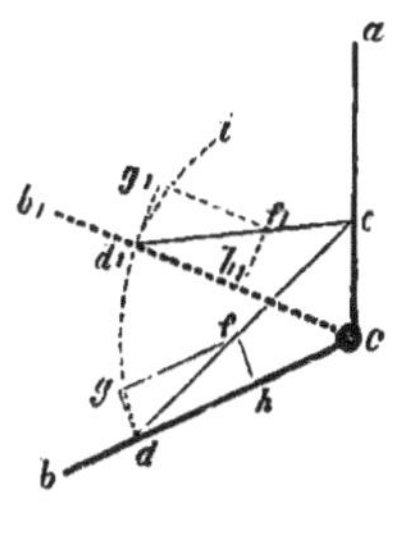

Fig. 8.

(Tangente an den Bogen di) bewegt werden. Das Moment der Muskelverkürzung df muss also zerlegt werden in die Componenten dg (bewegender, formverändernder Theil) und dh (Richtung des absoluten Widerstandes; — gelenkpressender Theil). — Man sieht leicht, dass bei fortschreitender Contraction der bewegende Antheil d_1g_1 immer grösser, der gelenkpressende d_1h_1 immer kleiner wird.

Die Umwandlung des „gelenkpressenden Theils" der Muskelarbeit in Wärme ist so zu verstehen, dass die Pressung des Gelenkes die Reibung in demselben vermehrt, wodurch die dieser zuzuschreibende Wärmebildung erhöht wird.

Die auf starre Körpertheile (Knochen oder Knorpel) einwirkenden Muskeln greifen, da jene fast alle um einen Punct drehbar befestigt sind, meist an Hebeln an, wodurch die Vertheilung ihres Bewegungsmomentes auf Last und Geschwindigkeit mannigfach modificirt ist. Die meisten dieser Hebel sind einarmig, d. h. der Angriffspunct des Muskels und die Last oder der Widerstand befinden sich auf derselben Seite des Drehpunctes; jedoch kommen auch zweiarmige Hebel vor (einen solchen bildet z. B. der Vorderarm für den am Olecranon angreifenden Triceps brachii). Der Angriffspunct des Muskels liegt meist dem Drehpunct sehr nahe, so dass der Hebelarm des Muskels bedeutend kleiner ist, als der der Last; es können daher nur verhältnissmässig geringe Lasten (an ihrem natürlichen Angriffspunct gedacht), aber mit desto grösserer Geschwindigkeit bewegt werden. Hierdurch ist eine sehr grosse Behendigkeit der Körperbewegungen möglich; eine einfache Ueberlegung zeigt ferner, dass eine entgegengesetzte Anordnung die Gestalt des Körpers, namentlich der Extremitäten, sehr unförmlich machen müsste.

Wo mehrere Muskeln in verschiedenen Richtungen auf denselben Körpertheil bewegend einwirken, lässt sich das Resultat jedesmal leicht mittels des Parallelogramms der Kräfte finden, ebenso die resultirende Zugrichtung Eines Muskels, dessen Fasern verschieden gerichtet sind. Sind verschiedene auf denselben Körpertheil wirkende Muskeln so angeordnet, dass bei gleichzeitiger Anstrengung aller die resultirende Bewegung = 0 werden, der Körpertheil also in Ruhe bleiben kann, so nennt man jeden derselben den Antagonisten der übrigen. Die Gleichgewichtsstellung eines Körpertheils, auf welchen antagonistische Muskeln wirken, ist, abgesehen von dem Einfluss der Schwere, diejenige, bei welcher sich die elastischen Kräfte sämmtlicher Muskeln das Gleichgewicht halten.

Von speciellen Muskelanwendungen ist bereits im 1. Abschnitt mehrfach die Rede gewesen, namentlich bei der Blutbewegung, Verdauung und Athmung. Hier sollen die Bewegungen der starren Theile des Körpers, welche beweglich mit einander verbunden sind, Knochen und Knorpel, im Allgemeinen betrachtet, und dann zwei wichtige Bewegungsgruppen speciell erörtert werden, nämlich: 1. die Locomotion des Gesammtkörpers, 2. die Bewegungen im Zuleitungsrohre der Athmungsapparats, welche zur Bildung der Stimme und Sprache dienen.

Mechanik des Skeletts.

Die Elemente des Skeletts, die Knochen, sind zum grössten Theile beweglich mit einander verbunden. Absolut unbeweglich für solche Kräfte, die nicht das Bestehen des Organismus gefährden, ist nur die Verbindung der Knochen durch Nähte, wie sie am Schädel vorkommt. Durch Naht verbundene Knochen hat daher die Mechanik als ein unveränderliches Ganzes zu betrachten. Unter den beweglichen Knochenverbindungen sind zwei Arten zu unterscheiden: Die erste gestattet nur eine sehr geringe, aber der Richtung nach ziemlich unbeschränkte Bewegung; der Complex der verbundenen Knochen besitzt eine durch die Verbindung gegebene stabile Form, aus welcher sie nur durch bedeutende Kräfte entfernt werden kann, und in die sie beim Nachlassen derselben mit elastischen Kräften zurückschnellt; diese Form bilden die Synchondrosen oder Symphysen. Die zweite Form gestattet eine ausgiebige, aber der Richtung nach beschränkte Bewegung, ohne wesentlichen Widerstand; sie bedingt also keine Gleichgewichtsstellung; diese Form bilden die Gelenke.

Synchondrosen.

Die Synchondrosen werden dadurch gebildet, dass zwei einander gegenüber stehende, meist congruente Knochenflächen durch ein festeres oder weicheres Bindemittel, meist hyaliner oder Faserknorpel, zusammengekittet sind. Das Ausweichen des Bindemittels nach den Seiten wird durch eine ligamentöse Umhüllung der Verbindungsstelle verhindert. Die Beweglichkeit dieser Knochenverbindungen hängt ab: 1. von der absoluten Festigkeit des

Bindemittels; 2. von den Dimensionen desselben: die Beweglichkeit ist nämlich (abgesehen von dem ad 3. genannten Einfluss) direct proportional der Länge der Verbindung, d. h. dem Abstande der beiden Knochenflächen, und umgekehrt proportional dem Querschnitt des Bindemittels, d. h. der Grösse der Knochenflächen; — 3. von der Straffheit des umhüllenden Bandes. — Immer ist die Beweglichkeit sehr gering, und Muskelzüge haben daher auf derartige Knochenverbindungen fast keinen Einfluss. Dagegen ist die Elasticität derselben von grosser Bedeutung, namentlich für die Wirbelsäule, in welcher eine ganze Reihe von Synchondrosen (die Intervertebralknorpel) auf einander folgen, und dadurch der mehrfach gekrümmten Säule eine gewisse Biegsamkeit und grosse Elasticität verleihen.

Gelenke.

In den absolut beweglichen Knochenverbindungen der Gelenke sind die der Bewegung entgegenwirkenden Widerstände auf ein Minimum reducirt. Dagegen ist die Richtung der Bewegungen schon durch die Form der Gelenkverbindung mannigfach beschränkt. — Die beiden mit einander in Gelenkverbindung tretenden Knochen kehren sich zwei glatte, überknorpelte Flächen (Gelenkflächen) zu, welche durch gewisse weiter unten zu besprechende Mittel beständig in möglichst ausgedehnter gegenseitiger Berührung gehalten werden. Die eine derselben ist stets grösser als die andre.

Am einfachsten sind diejenigen Gelenke, bei welchen die kleinere Gelenkfläche beständig mit allen ihren Puncten die grössere berührt. Soll diese Berührung bestehen bleiben, also keine andere Bewegung als ein Schleifen der kleineren auf der grösseren Gelenkfläche stattfinden, so hängt natürlich die Möglichkeit der gegenseitigen Verschiebung beider Knochen durchaus von der Form der Gelenkfläche (beide Flächen decken sich, die eine ist der Abguss der anderen) ab. — Ueberhaupt gestatten ein solches Schleifen nur bestimmte Flächen von regelmässiger Gestalt, und zwar: 1. Ebenen (Gelenke mit ebenen Flächen scheinen nicht vorzukommen; die Bewegungen, die sie gestatten würden, sind: a. Drehung jedes Knochens um Axen, die auf der Gelenkebene senkrecht sind; b. Verschiebung der Axe jedes Knochens parallel mit sich selbst). — 2. Oberflächenstücke von Rotationskörpern, d. h. Flächen, welche entstanden gedacht werden können durch

Rotation einer Graden oder einer beliebigen Linie von einfacher Krümmung, um eine in derselben Ebene liegende Axe. (Es entsteht auf diese Weise: wenn die rotirende Linie gerade und der Axe parallel ist, ein Cylinder; ist sie gerade, aber der Axe nicht parallel, ein Kegel; ist sie ein Halbkreis und die Axe sein Durchmesser, eine Kugel; ist sie ein Kreisbogen, und die Axe liegt auf seiner convexen Seite, eine sattelförmige Fläche; liegt die Axe auf seiner concaven Seite [bildet sie eine Sehne], ein Cycloïd; ist sie eine Ellipse und die Drehaxe eine ihrer geometrischen Axen, ein Ellipsoïd, u. s. w.; — ist sie endlich eine beliebige krumme Linie, so entsteht ein gekehlter drehrunder Körper, eine Rolle, etc.). — Alle Gelenke dieser Form gestatten eine Drehung beider Knochen um eine gemeinschaftliche Axe, und zwar um die Rotations-Axe der Gelenkfläche; man nennt sie einaxige oder Charnier-Gelenke (Ginglymi). — Nur die Gelenke mit Kugelflächen machen eine Ausnahme, indem sie eine Drehung um jeden beliebigen Durchmesser der Kugel, oder wie man auch sagt, um einen Punct, nämlich den Mittelpunct der Kugel, gestatten; man nennt sie vielaxige oder Nussgelenke (Arthrodieen). — Eine besondere Art von einaxigen Gelenken bilden die Schraubengelenke. Ihre Gelenkfläche kann so entstanden gedacht werden, dass die rotirende (hier krumme) Linie, während der Rotation, in der Richtung der Axe nach einem Endpunct derselben vorrückt, und zwar mit einer der Rotationsgeschwindigkeit proportionalen Geschwindigkeit. Gelenke dieser Art bedingen bei der Drehung um die Rotationsaxe zugleich eine gegenseitige Verschiebung der Gelenkflächen in der Richtung der Axe (analog der Verschiebung einer in ihrer Mutter sich drehenden Schraube).

Die bisher betrachteten Bedingungen sind nur bei einem Theile der im Körper vorhandenen Gelenke verwirklicht, und auch hier nirgends mit mathematischer Genauigkeit. Bei einer grossen Zahl von Gelenken sind die Gelenkflächen nicht congruent, so dass eine vollkommene Berührung mit allen Puncten der kleineren unmöglich ist. Auch für die bereits besprochenen Formen sind Stellungen möglich, in welchen eine nicht ganz vollkommene, sondern nur annähernde Deckung stattfindet; dadurch ist z. B. den Gelenken mit sattelförmigen und cycloïden Flächen ausser der Drehung um die Rotationsaxe noch eine zweite gestattet, um eine Axe, welche zu jener senkrecht gerichtet ist, nämlich um eine durch das geometrische Centrum des rotirenden Kreisbogens gehende, zur

Rotationsaxe senkrechte Axe, vorausgesetzt, dass die eine Gelenkfläche nur einen kleinen Theil der anderen bedeckt. Ueberall, wo keine unmittelbare Berührung der Gelenkflächen stattfinden kann, werden die Lücken durch gewisse im Gelenke befindliche Weichtheile und Flüssigkeiten ausgefüllt (s. unten).

Wenn eine vollkommne Deckung der Gelenkflächen nicht erforderlich ist, so wächst dadurch die Zahl der Gelenkformen und die Möglichkeit ihrer Bewegungen in's Unabsehbare. Auch wird es dann unmöglich, aus der blossen Form der beiden Gelenkflächen auf die Beweglichkeit zu schliessen, da die Beschränkungen derselben überwiegend von den übrigen Bestandtheilen des Gelenkes herrühren. Eine allgemeine Betrachtung dieser unregelmässigen Gelenke, deren Flächen nicht Rotationskörpern angehören, ist daher unmöglich; jedes einzelne aber durchzugehen, würde, selbst wenn die Forschung bereits alle behandelt hätte, hier zu weit führen.

Haftmechanismen.

Die beständige und möglichst innige Berührung der beiden Gelenkflächen wird durch folgende Mittel erhalten: 1. durch die Adhäsion der genau auf einander passenden Gelenkflächen, welche unterstützt wird durch eine geringe Menge einer zähen, schlüpfrigen Flüssigkeit zwischen beiden Flächen (Gelenkschmiere, Synovia). Die Kraft, mit welcher die Adhäsion das Gelenk zusammenhält, ist proportional dem Flächeninhalt der kleineren der beiden Gelenkflächen. Diese Befestigung ist deshalb namentlich für Gelenke mit grossen Flächen von Wichtigkeit, besonders für die Kugelgelenke, bei welchen jede andere Befestigungsweise die allseitige Beweglichkeit beschränken muss. Beim Hüftgelenk, dem grössten Kugelgelenk des Körpers, ist die kleinere Gelenkfläche (die des Acetabulum) so gross, dass die Adhäsion dem Gewicht des ganzen Beins das Gleichgewicht hält, so dass letzteres nicht herabfällt, nachdem man alle umgebenden Weichtheile und selbst die Gelenkkapsel durchschnitten hat (Gebr. Weber); die Fläche des Acetabulum wird noch vergrössert durch einen den freien Rand umgebenden zugeschärften elastischen Knorpelring (Labrum cartilagineum), der sich bei allen Bewegungen innig an den Schenkelkopf anschmiegt. — Wo eine mangelhafte Congruenz der Gelenkflächen einen grösseren Gelenkhohlraum nöthig macht, ist der grösste Theil desselben nicht durch flüssige Synovia, sondern durch verschiebbare Knorpel, Fettmassen oder Bänder, welche durch die Gelenkhöhle gehen, ausgefüllt; das ausgebildetste Gelenk dieser Art ist das Kniegelenk. — 2. Bei fast allen Gelenken dienen ausserdem noch ligamentöse Massen zur Befestigung; dieselben bestehen entweder in gespannten Bändern, welche von einem Knochen zum andern hinübergehen (meist mit der Kapsel verwachsen), oder in gespannten Theilen der Kapsel selbst. Da die Haftbänder eine beständige Spannung besitzen müssen, so können sie nur so liegen, dass sie die Bewegung nicht hindern, also bei Charniergelenken an beiden Enden der Drehaxe. Bei den meisten Gelenken mit nicht congruenten Flächen werden erst durch die Insertion der Haftbänder die Drehaxen bestimmt. 3. Einen wesentlichen Beitrag zur Aneinanderheftung der Gelenkenden liefert die Spannung der umgebenden Muskeln.

Bisher hat man statt der Adhäsion den Luftdruck als das wirksame Moment der Gelenkhaftung betrachtet (Gebr. Weber), auf welchen manche übrigens die Adhäsionserscheinungen überhaupt zurückzuführen versucht haben. Allein der Luftdruck kann zur Gelenkhaftung nichts beitragen (E. Rose), da keine Componente desselben normal zu den Gelenkflächen wirkt. Am einfachsten sieht man die Wirkungslosigkeit des Luftdrucks ein, wenn man bedenkt, dass das Auseinanderziehen der Gelenkflächen kein Vacuum erzeugen kann; dies würde nur dann der Fall sein, wenn die Gelenkfläche die Form eines geschlossenen cylindrischen Rohrs hätte; dann würde ein Auseinanderziehen, ohne dass ein Vacuum entstehe, unmöglich sein, also der Luftdruck das Gelenk zusammenhalten; solche Gelenke kommen aber im Körper nicht vor. — Dass ein Kugelgelenk unter der Luftpumpe auseinanderfällt (Weber), erklärt sich durch Gasentwicklung in der Synovia, welche die Flächen auseinanderdrängt und die Adhäsion aufhebt (E. Rose). Dass ein angebohrtes Gelenk auseinanderfällt, ist ebenfalls eine mechanische Wirkung des Bohrers.

Hemmungsmechanismen.

Die Vorrichtungen, welche nicht die Richtung, sondern die Ausgiebigkeit der Gelenkbewegungen bestimmen, sind folgende: 1. besondere Gestaltung des Knochens; so bildet z. B. beim Ellbogengelenk das Anstemmen des Olecranon ulnae gegen den Sinus maximus humeri eine absolute Grenze für die Extension des Vorderarms; 2. sog. Hemmungsbänder, d. h. Ligamente, welche bei mittleren Gelenkstellungen ungespannt sind, aber bei gewissen extremen Stellungen sich anspannen, dadurch dass ihre Ansatzpuncte sich bei Bewegungen des Gelenks von einander bis zum Maximum entfernen. Die Ansatzpuncte dieser Bänder liegen daher in der Regel nicht an den Enden der Drehaxe. Eine Ausnahme hiervon machen die Hemmungsbänder der sog. Spiralgelenke, von denen das Kniegelenk das auffallendste Beispiel bietet. Ein Sagittalschnitt durch das Gelenkende des Femur zeigt als Begrenzung eine Spirale, deren Mittelpunct nach hinten liegt und deren Vectoren von hinten nach vorn an Länge zunehmen. An den Endpuncten einer quer durch diesen Mittelpunct gelegten Axe (Tuberositas condyli interni und externi femoris) sind die oberen Enden der beiden Ligamenta lateralia befestigt (das untere Ende des inneren ist am Condylus internus tibiae, das des äusseren am Capitulum fibulae angeheftet). Durch diese beiden Bänder wird das Kniegelenk zu einem unvollkommenen Charniergelenk. Dadurch aber, dass bei flectirtem Knie die kleinsten Vectoren der Spirale, bei vorschreitender Extension immer grössere in die Richtung der Bänder einrücken, wird der Abstand ihrer Ansatzpuncte, mithin ihre Spannung, von der Flexions- zur Extensionsstellung stetig vergrössert, bis zu einem Maximum, über welches hinaus eine weitere Extension unmöglich ist. Hierdurch wird zugleich bewirkt, dass die Drehung des Unterschenkels um seine Längsaxe nur in der Flexion unabhängig vom Oberschenkel möglich ist, nicht aber bei gestrecktem Bein, wo Unter- und Oberschenkel durch jene Einkeilung ein einziges Stück bilden. 3. Auch die die Gelenke umgebenden Weichtheile (Muskeln, Sehnen, Haut) können ähnlich wie die Hemmungsbänder den Bewegungen durch ihre Anspannung Grenzen setzen.

Gleichgewichtsbedingungen und active Locomotion des Gesammtkörpers.

Für die hier zu besprechenden Verhältnisse kann man den Körper als eine vielfach gegliederte und mehrfach verzweigte Kette betrachten, deren Gliederabtheilungen überall da zu suchen sind, wo zwei Knochen mit einander beweglich verbunden sind. Eine solche Kette wird nur dann in stabilem Gleichgewicht sich befinden, wenn jedes einzelne Glied genügend unterstützt ist. Dies wird bei den verschiedenen Körpersituationen (Liegen, Sitzen, etc.) auf die mannigfachste Art erreicht. Die Stellungen, welche hier allein besprochen werden sollen, sind das aufrechte Stehen und das Sitzen.

Stehen.

Unter freiem Aufrechtstehen versteht man diejenige Gleichgewichtsstellung des Körpers, bei welcher der Gesammtkörper nur durch die beiden den Boden berührenden Fusssohlen gestützt ist. Wäre der ganze Körper eine starre, ungegliederte Säule, so wäre hierfür keine weitere Bedingung zu erfüllen, als dass der Schwerpunct derselben durch die Unterstützungsfläche (gegeben durch die Berührungspuncte zwischen Fusssohlen und Boden) gestützt wäre, d. h. dass die Schwerlinie (ein durch den Schwerpunct gehendes Loth) den Boden innerhalb der Unterstützungsfläche träfe. Zu einer solchen starren Säule kann aber der Körper nur dadurch werden, dass alle in Betracht kommenden beweglichen Knochenverbindungen unbeweglich festgestellt werden. Beim natürlichen Stehen geschieht diese Feststellung fast ohne Beihülfe von Muskelcontractionen, so dass die Muskeln beim Stehen nur für das allerdings etwas anstrengende Balancement des ziemlich labilen Gleichgewichts beschäftigt sind.

Die in Betracht kommenden Knochenverbindungen sind: die Tarsal- und Tarso-Metatarsal-Gelenke, das Fussgelenk, das Kniegelenk, das Hüftgelenk, die Wirbelverbindungen (die Beckensymphysen können als absolut fest gelten) und das Gelenk zwischen Kopf und obersten Halswirbeln. Die übrigen Knochenverbindungen (des Thorax, der oberen Extremität und der Kiefer) kommen nicht in Betracht, weil die betreffenden Knochen nicht anderen zur Unterstützung dienen, sondern an den übrigen aufgehängt sind.

Da die Wirbelverbindungen der Hauptsache nach Synchondrosen sind, so bildet die Wirbelsäule einen starren, aber etwas biegsamen und sehr elastischen Stab; derselbe ist mehrfach gekrümmt, nach vorn convex in der Hals- und Lendengegend, nach vorn concav im Brust- und Kreuzbeintheil. Für die Intervertebralgelenke ist deshalb keine besondere Steifung nöthig. Es bleiben somit nur folgende Gelenke übrig:

1. Das Gelenk zwischen Kopf und obersten Halswirbeln. Da der Kopf in beständiger Bewegung ist, so findet in diesem Gelenk keine Steifung im Sinne der folgenden Statt, sondern die Stellung des Kopfes wird durch den Contractionszustand der zahlreichen Muskeln bestimmt. Fehlt dieser (im Schlafe, etc.), so sinkt bei aufrechter Rumpfstellung der Kopf nach vorn über und stützt sich mit dem Kinn auf die Brust, da der Schwerpunct des Kopfes weiter nach vorn liegt, als sein Unterstützungspunct.

2. Das Hüftgelenk. a. Der Schwerpunct des hier zu unterstützenden Körperantheils, — Rumpf + Kopf, — liegt in einer durch den Proc. xiphoideus sterni gelegten Horizontalebene (Weber),

und zwar nahe der Wirbelsäule (vor dem 10. Brustwirbel, Horner); er schwankt begreiflich mit der Füllung des Digestionsapparats, u. s. w. Das durch ihn gelegte Loth (die „Schwerlinie“) fällt hinter die Verbindungslinie der Hüftgelenke. Der Rumpf müsste hiernach hinten überfallen, wäre er nicht vorn jederseits durch ein starkes, an die Spina ilium ant. inf. geheftetes Band, Lig. superius seu iliofemorale, am Oberschenkelknochen (Linea intertrochanterica ant.) befestigt. Der Rumpf wird also auf den Schenkelköpfen etwa so gehalten, wie ein schräg geschultertes Gewehr, dessen Hintenüberfallen man durch Festhalten des Kolbens mit der Hand verhindert. Ganz ähnlich wie das Lig. iliofemorale wirkt der vordere Theil der gespannten Fascia lata (Lig. iliotibiale) und die Spannung der grossen Unterschenkelstrecker (M. extensor quadriceps), mit dem Unterschied, dass der untere Ansatzpunct dieser Halter am Unterschenkel liegt. b. Eine Feststellung in frontaler Richtung (gegen das Ueberfallen nach rechts oder links) wäre durch die doppelte Unterstützung des Beckens unnöthig gemacht, wenn beide Beine am Boden befestigt wären. Da dies nicht der Fall ist, so wäre ein seitliches Ueberfallen, d. h. eine Drehung des Rumpfes um einen Schenkelkopf nach der Seite möglich, wenn nicht die damit nothwendig verbundene Adduction des Oberschenkels über die Mittellinie hinaus bei gestrecktem Oberschenkel durch das Lig. teres verhindert würde, namentlich wenn es durch Auswärtsrollen des Beines, wie es beim Stehen der Fall ist, gespannt wird; dies Auswärtsrollen besorgt der Glutaeus maximus; der Adduction wirkt ferner das gespannte äussere Blatt der Fascia lata entgegen. — c. Eine Feststellung gegen Rotation des Rumpfes auf dem Schenkelkopf ist beim Stehen auf zwei Beinen unwesentlich; sie kann durch die Glutaeen und die Bänder bewirkt werden.

3. Das Kniegelenk. a. Der gemeinsame Schwerpunct von Kopf + Rumpf + Oberschenkeln liegt zwar tiefer, aber nicht wesentlich weiter nach vorn, als der von Kopf und Rumpf allein. Auch für das Kniegelenk fällt also dis Schwerlinie hinter den Unterstützungspunct, freilich so wenig, dass geringe Kräfte genügen um das Hintenüberschlagen (Beugung) zu verhindern. Diese bestehen in der Spannung des Lig. iliotibiale (s. oben), in geringer Spannung und Contraction des Extensor quadriceps und endlich in dem Umstande, dass zur Beugung im Kniegelenk bei feststehendem Unterschenkel das Femur eine geringe Rotation nach aussen machen muss, welche durch das stark gespannte Lig. iliofemorale

(s. oben) verhindert wird. — b. Die Feststellung in frontaler Richtung ist schon durch die Charnierbewegung des Kniegelenks, nämlich durch die Ligg. lateralia unnöthig gemacht. — c. Die Rotation auf den Unterschenkeln ist in der Streckung durch den p. 253 erwähnten Mechanismus verhindert.

4. Das Sprunggelenk. Der Schwerpunct des Gesammtkörpers (die Füsse werden hier vernachlässigt) liegt ungefähr im Promontorium ossis sacri, die Schwerlinie trifft hiernach beim Stehen etwas vor die Verbindungslinie der beiden Fussgelenkaxen. Es muss also hier das Vornüberschlagen des Körpers verhindert werden. Dies kann geschehen: a. dadurch dass die Axen der beiden Sprunggelenke einen Winkel mit einander bilden, so dass eine gleichzeitige Rotation um beide ohne Stellungsveränderung (Entfernung) der Beine unmöglich ist*); b. durch Einklemmung des hinteren, schmaleren Theils der Astragalusrolle in die von den beiden Malleolen gebildete Gabel, welche in der Streckung des Unterschenkels so eng ist, dass sie den vorderen, breiteren Theil der Rolle nicht aufnehmen kann (wie es doch beim Vornüberbeugen nöthig wäre); die Einklemmung zwischen den Malleolen geschieht durch die mit der Streckung des Unterschenkels verbundene Rotation der Tibia um die Fibula, wodurch die Gabel so gedreht wird, dass sie die Rolle schräg umgreift. — c. durch die Spannung und Contraction der Fussbeuger (im anatomischen Sinne), Muskeln der Achillessehne, Tibialis post., Peronaei post., u. s. w.

5. Kleine Fussgelenke. Die Tarsal- und die Metatarsalknochen bilden ein Gewölbe, auf dessen höchstem Punct (Caput astragali) die Last des Körpers ruht und das sich mit drei Puncten auf den Boden stützt: mit dem Tuber calcanei (Ferse) und mit den Capitula metatarsi 1. und 5. (Ballen der grossen und kleinen Zehe). Die Wölbung, welche die Schwere des Körpers abzuplatten sucht, wird hauptsächlich durch die Spannung der Bänder an der Plantarseite des Fussskeletts erhalten; nur bei krankhafter Erschlaffung derselben giebt die Wölbung nach („Plattfuss"). — Die Zehen dienen beim Stehen nicht zur Unterstützung des Körpers, sind aber auch hier für die Balancirbewegungen, namentlich aber beim Gehen, von Wichtigkeit. Auch das „Stehen auf den Zehen" ist nur

---

*) Dies ist jedoch nur eine sehr schwache Hemmung; denn auch wenn man sich beide Knie zusammenschnürt, kann man aus der stehenden Stellung sich ohne Hinderniss mit steifen Beinen nach vorn überbeugen, ohne dass die Fersen den Boden verlassen.

ein Balanciren auf den Capitula metatarsi mit gestrecktem Fussgelenk (i. vulgären S.), wobei der Rumpf soweit vorgebeugt wird, dass seine Schwerlinie in die Unterstützungslinie fällt.

Sitzen.

Beim Sitzen ruht der Rumpf auf den beiden Tubera ischii, wie auf den Kufen eines Wiegepferdes (H. Meyer); er kann deshalb nach vorn und hinten schaukeln. Man unterscheidet eine vordere und eine hintere Sitzlage, je nachdem die Schwerlinie des Rumpfes vor oder hinter die Verbindungslinie des Ruhepuncts der Tubera ischii fällt. — In der vorderen Sitzlage wird das Vornüberfallen des Rumpfes verhindert: a. durch Anstemmen desselben (Aufsetzen der Ellbogen auf den Tisch, u. s. w.), b. durch Fixation gegen die unteren Extremitäten, welche durch Aufsetzen der Füsse auf den Boden, oder der Oberschenkel auf den vorderen Stuhlrand gestützt sind; die Fixation geschieht hauptsächlich durch die Oberschenkelstrecker. — In der hinteren Sitzlage muss sich der Rumpf gegen eine hintere Lehne stützen, entweder mit dem Rücken (Rückenlehne, hohe Stuhllehne), oder mit der concaven Lumbosacralgegend (Kreuzlehne, niedrige Stuhllehne). Auch ohne Lehne kann das Gleichgewicht erhalten werden dadurch dass die Spitze des Kreuzbeins den dritten Unterstützungspunct bildet. Endlich kann durch weites Vorstrecken der Beine und Fixation des Rumpfes gegen diese durch (anstrengende) Muskelwirkung eine Stellung erreicht werden, bei welcher der Gesammtschwerpunct so weit nach vorn verrückt wird, dass die Füsse den dritten Unterstützungspunct hergeben. Sowie in dieser Stellung der Rumpf ein wenig rückwärts neigt, verlassen die Füsse den Boden.

Gehen, Laufen u. s. w.

Das Vorwärtsgehen besteht darin, dass das Becken, und mit ihm der Rumpf, rhythmisch abwechselnd durch eins der beiden Beine (das „active") gestützt und eine Strecke weit (eine „Schrittlänge") vorwärts geschoben wird, während das andre („passive") Bein nur an ihm hängt. Im Beginne eines Schrittes ist das während desselben active Bein (meist leicht gebeugt, s. unten) senkrecht gestellt und bildet eine Cathete eines rechtwinkligen Dreiecks, dessen Hypothenuse von dem nach hinten vollkommen ausgestreckten und nur mit der Zehenspitze den Boden berührenden (s. unten) passiven Bein gebildet wird und dessen andre Cathete die

Verbindungslinie beider Füsse am Boden darstellt. Das active Bein geht nun, das Becken vorschiebend aus seiner senkrechten Cathetenstellung in eine schräg nach vorn gerichtete Hypothenusenstellung über, wobei es sich, da das Becken in horizontaler Richtung vorgeschoben werden soll, entsprechend verlängern muss. Dies geschieht dadurch dass sich das (im Anfang leicht gebeugte) Bein in allen seinen Gelenken vollkommen streckt; die Streckung im Fussgelenk (vulgär) bedingt eine Ablösung der Ferse vom Boden, wodurch der Stützpunct auf die Capitula metatarsi übergeht; auch diese aber werden zuletzt vom Boden erhoben, so dass das Bein nur noch mit der Spitze der grossen Zehe den Boden berührt; der Fuss wird also wie eine aufgehobene Kette vom Boden „abgewickelt." Jetzt hat das active Bein gegen den Rumpf dieselbe Stellung, welche im Anfang das passive hatte. — Dieses letztere, welches soeben beim vorgehenden Schritte als actives fungirt, also dieselbe Bewegung durchlaufen hatte, verlässt im Beginn des Schrittes den Boden und macht um seinen Aufhängepunct am Becken eine Pendelschwingung nach vorn, durch welche sein Fuss um ebensoweit vor den activen gebracht wird, als er im Beginn des Schrittes hinter demselben stand (d. h. eine Schrittlänge); er wird jetzt niedergesetzt, und steht nun, sobald die Vorschiebung des Beckens durch das active Bein vollendet ist, senkrecht unter diesem, wie im Anfange des Schritts der active Fuss. (Um bei der Pendelschwingung nicht den Boden zu berühren, muss das pendelnde Bein sich durch Beugung etwas verkürzen.) Es ist also während des Schrittes das active Bein aus seiner Cathetenstellung in eine Hypothenusenstellung, das passive aber aus seiner Hypothenusenstellung in eine Cathetenstellung übergegangen; das Dreieck ist um eine Schrittlänge vorgeschoben; der passive Fuss ist um zwei Schrittlängen vorgependelt, der active hat seinen Platz behalten; beide Beine wechseln jetzt ihre Rollen, das eben abgewickelte active Bein wird passiv und beginnt seine Pendelschwingung, das eben niedergesetzte passive Bein wird activ und beginnt seine Abwicklung; u. s. f.

Die Geschwindigkeit des Ganges muss hiernach abhängen: 1. von der Schrittlänge; 2. von der Schrittdauer, welche zusammengesetzt ist aus der Dauer der Pendelschwingung und dem Intervall von der Vollendung derselben bis zum Beginn der nächsten, d. h. dem Zeitraum, in welchem beide Füsse den Boden berühren. 1. Die Schrittlänge, als Cathete des erwähnten rechtwinkligen Dreiecks gedacht, ist um so grösser, je grösser der Unterschied zwischen Hypothenuse und der anderen Cathete, also: a. je kürzer, d. h. je stärker gebeugt das active Bein im Beginn des Schrittes ist, also je niedriger das Becken beim Gehen getragen wird; b. je grösser der Längenunterschied zwischen dem vollkommen abgewickelten (passiven) und dem senkrechten Bein ist, d. h. je länger der Fuss ist; lange Personen können daher grössere Schritte machen, als kurze. — 2. a. Die Pendelschwingung geschieht nach bekannten Gesetzen um so schneller, je kürzer das schwingende Bein ist, die Elongation (Schrittlänge) hat ebenfalls einen Einfluss, weil der Elongationswinkel hier ziemlich gross ist. b. Der Zeitraum, in welchem beide Füsse den Boden berühren, kann willkürlich verkürzt werden, und wird beim schnellsten Gehen $= 0$, so dass der abgewickelte Fuss in demselben Augenblicke den Boden verlässt, in welchem der andere nach seinem Pendeln niedergesetzt wird.

Eine noch grössere Geschwindigkeit kann durch das Laufen erreicht werden, bei welchem es in jeder Schrittperiode einen Zeitraum giebt, in welchem keiner der beiden Füsse den Boden berührt. Das abgelöste Bein hat schon seine Schwingung begonnen, ehe noch die des anderen vollendet ist. Hierzu ist erforderlich, dass dem Becken eine genügende Schwungkraft mitgetheilt wird, um während des Schwebens nicht zu fallen; dies geschieht dadurch, dass das active Bein im Beginn sehr stark gebeugt ist und die Streckung mit grosser, schnellender Geschwindigkeit erfolgt.

Auf die verschiedenen Abarten des Gehens und Laufen, sowie auf die Nebenerscheinungen, welche dabei beobachtet sind (W. und E. Weber, H. Meyer) und sich zum Theil schon aus dem Gesagten ableiten lassen, kann hier nicht eingegangen werden.

Stimme und Sprache.

Der durch den Kehlkopf und die Rachen-, Mund- und Nasenhöhle streichende Exspirationsluftstrom, ausnahmsweise auch der Inspirationsstrom, wird benutzt, um Theile dieser Organe in Schwingungen zu versetzen und dadurch Klänge und Geräusche hervorzubringen; erstere bezeichnet man mit dem Namen „Stimme,“ beide, sobald sie als Zeichen zum Zwecke der Verständigung benutzt werden, als „Sprache.“

I. Stimme.

Die Klänge der Stimme entstehen durch Schwingungen der unteren Stimmbänder des Kehlkopfes, welche nach Art einer membranösen Zunge in dem Kehlkopfrohr ausgespannt sind. Angesprochen werden sie von unten her durch den Strom der exspirirten Luft. Das Rohr, in welches die Stimmbänder eingesetzt sind, — unten („Windrohr“) Bronchialbaum, Trachea, Kehlkopf; oben („Ansatzrohr“) Kehlkopf, Pharynx, Mund- und Nasenhöhle, — dient wie die Röhren der Zungenpfeifen theils zur Beeinflussung des Klanges, theils als Resonator.

Als „Klang“ bezeichnet man neuerdings (Helmholtz) jede Gehörsempfindung, welche durch regelmässige (periodische) Luftschwingungen hervorgebracht wird. Sind die Luftschwingungen einfach pendelartig, so wird der Klang zum „Ton.“ Jede complicirtere regelmässige Schwingung lässt sich aber nach einem bekannten mathematischen Lehrsatz in eine Summe einfach pendelartiger Schwingungen zerlegen, deren Schwingungszahlen sich wie 1 : 2 : 3 u. s. w. verhalten (Fourier). Diese Zerlegung kann aber nicht bloss mathematisch, sondern auf leicht zu beschreibende Weise auch gewissermassen mechanisch geschehen. Es lässt sich also jeder Klang auffassen als eine Summe von Tönen, deren Schwingungszahlen sich wie 1 : 2 : 3 u. s. w. verhalten (Partialtöne des Klanges). Den tiefsten dieser Töne nennt man den Grundton des Klanges, die folgenden dessen harmonische Obertöne. Hat der Grundton die Schwingungszahl n, so sind die Schwingungszahlen der harm. Obertöne: 2n (Octave des Grundtons), 3n (Duodecime), 4n (2te Octave), 5n (grosse Terz davon), u. s. w. Die Anzahl der Partialtöne, die relative Stärke der einzelnen, ist bei verschiedenen Klängen, z. B. bei denen verschiedener Instrumente, äusserst verschieden; oft fehlen einzelne Partialtöne aus der Reihe ganz. Man benennt den Klang meist nach seinem stärksten Partialton (Hauptton, die andern: Nebentöne). Tritt ein Ton, z. B. a, in verschiedenen Klängen als Hauptton auf, so bezeichnet man dies im gewöhnlichen Leben dadurch, dass man a mit verschiedener „Klangfarbe (Timbre)“ gehört habe. Zeichnet man die Wellencurve eines Klanges, so weicht sie von der eines einfachen Tones in ihrer Gestalt mannigfach ab; häufig nähert sie sich deutlich der Wellenform eines bestimmten Tons: ihres診Hauptons; man sagte daher früher, zwei gleich hohe und starke „Töne verschiedenen Timbres“ differiren in dem Verlauf ihrer (gleich langen und hohen) Wellen.

Die Zerlegung eines Klangs in seine Partialtöne geschieht am einfachsten durch Mittönen (Helmholtz): Durch einen einfachen Ton werden fast ausschliesslich die Körper in Mitschwingung versetzt, welche dieselbe Schwingungszahl haben; durch einen Klang aber alle diejenigen, deren eigene Schwingungszahl mit der eines seiner Partialtöne übereinstimmt, und zwar genau in dem Intensitätsverhältniss, welches den einzelnen Partialtönen bei der Zerlegung des Klanges nach der Fourier'schen Reihe zukommt. Hat man also eine Reihe von leicht mittönenden Körpern (Resonatoren), deren Eigentöne den einzelnen harmonischen Obertönen eines Tones c entsprechen, so werden, beim Ertönen eines Klanges vom Grundton c, die einzelnen Resonatoren mit verschiedenen Intensitäten, einzelne gar nicht mittönen. Als Resonatoren benutzt man am einfachsten abgestimmte Glas- oder Blechkugeln mit zwei Oeffnungen, deren eine in den Gehörgang passt. Sowie in einem Klange der Eigenton des Resonators als Partialton vorkommt, so wird dieser laut gehört, während alle übrigen Töne unhörbar bleiben (das andre Ohr wird verstopft). Ebenso wie man auf diese Weise die Klänge analysiren kann, kann man sie auch umgekehrt durch Synthese aus einfachen Tönen zusammensetzen. Methoden völlig einfache Töne darzustellen und zu combiniren s. unter Sprache.

Auch der Schall des Kehlkopfes und der ihm analogen Zungenpfeifen sind Klänge, in denen der Grundton bedeutend überwiegt, aber die harmonischen Obertöne meist bis zum 6. oder 8. durch die Analyse nachweisbar sind. — Wenn nun im Folgenden von den Tönen des Kehlkopfes und ihrer Höhe die Rede ist, so ist darunter immer der Grundton der Klänge zu verstehen.

Töne der Zungen und Zungenpfeifen.

Eine „Zunge" im acustischen Sinne ist eine elastische Platte, welche in der Ruhe eine Oeffnung fast genau verschliesst, aber so angebracht ist, dass durch jede Excursion aus ihrer Gleichgewichtslage die Spalten zwischen ihren Rändern und den Rändern der Oeffnung vergrössert werden. Wird ein genügend starker Luftstrom gegen die Oeffnung geblasen, so muss dieser, wie sich leicht ergiebt, die Zunge in Schwingungen versetzen; die Spalten sind nämlich in der Ruhelage der Platte so eng, dass der Luftstrom nicht ohne weiteres hindurchgehen kann, sondern ein Hinderniss findet; es findet also vor der Zunge eine Stauung der Luft, eine Druckzunahme statt, welche sobald sie eine gewisse Höhe erreicht hat, die elastische Platte zum Ausweichen bringt; in diesem Augenblick strömt die Luft mit Gewalt aus und der Druck vor der Zunge nimmt so beträchtlich ab, dass diese wieder zurückschwingt; dasselbe Spiel wiederholt sich beständig. Es wird also durch diesen Mechanismus der continuirliche Luftstrom in einen intermittirenden oder wenigstens ab- und zunehmenden verwandelt, und zugleich die Zunge in tönende Schwingungen versetzt*). — Die Zunge kann entweder eine einseitig befestigte starre elastische Platte sein, wie bei vielen zungenführenden musicalischen Instrumenten, oder eine über die Oeffnung hinweg gespannte elastische Membran („membranöse Zunge"). Letztere kann wiederum entweder so über die Oeffnung gespannt sein, dass sie zu beiden Seiten Spalten lässt, oder sie kann die Oeffnung völlig ausfüllen, und nur in der Mitte eine Spalte lassen. Letzterer Art ist die durch die beiden Stimmbänder mit der Stimmritze gebildete membranöse Zunge des Kehlkopfs.

Die Höhe (d. h. die Schwingungszahl in der Zeiteinheit) des Tons, den eine angeblasene Zunge giebt, ist abhängig von der Schwingungszeit der Platte an sich; sie ist demnach umgekehrt proportional der Länge der Platte und direct

---

*) Ob der Ton einer Zunge von den Schwingungen der Zunge selbst (J. Müller) oder von den Schwingungen der intermittirend ausströmenden Luft, wie bei der Sirene (E. Weber) herrührt, ist streitig. Zu Gunsten der ersteren Ansicht spricht namentlich die Thatsache, dass, wenn die Zunge so gestellt ist, dass sie durch die Oeffnung durchschlägt, so dass also der Luftstrom bei einer Hinundherschwingung der Zunge zweimal statt einmal unterbrochen wird, dennoch nicht die Octave, sondern derselbe Ton gehört wird, wie bei einfachem Einschlagen der Zunge (J. Müller).

proportional der Quadratwurzel aus ihrer Elasticitätsgrösse, — bei gespannten Membranen also der Quadratwurzel aus den spannenden Gewichten, ganz wie bei einer gespannten Saite. Bei membranösen Zungen kommt hierzu noch ein dritter Einfluss, nämlich der der Stärke des Anblasens, welche für die Tonhöhe der gewöhnlichen starren Zungen gleichgültig ist. Dass stärkeres Anblasen den Ton hier nicht bloss verstärkt, sondern auch erhöht (J. Müller), erklärt sich daraus, dass dasselbe zugleich die Spannung der Membran vermehrt; denn die Mittelstellung, um welche die Zunge schwingt, weicht beim stärkeren Anblasen weiter von der Ruhelage ab, als bei schwächerem; diese grössere Abweichung vermehrt aber bei Membranen natürlich die Spannung, während sie bei starren Platten deren Elasticität, soweit sie bei den Schwingungen in Betracht kommt, nicht erhöht. Der erhöhende Einfluss des stärkeren Anblasens ist in seinen Gesetzen noch nicht festgestellt. — Die Form und Grösse der Spalte ist nur insofern von Einfluss auf den Ton, als eine engere Spalte bei gleicher lebendiger Kraft die Stauung, also den Druck vor der Zunge vergrössert, somit ein stärkeres Anblasen möglich macht.

Befindet sich die Zunge in einer Röhre („Zungenpfeife"), so nennt man den den Luftstrom zuführenden Theil derselben das Windrohr, den anderen das Ansatzrohr. Wird eine solche Zunge angeblasen, so hört man nicht den Eigenton derselben, sondern dessen Höhe wird durch den Einfluss des Rohres, namentlich des Ansatzrohrs, verändert (ausserdem seine Intensität durch Resonanz verstärkt). Bei nicht membranösen Zungen wird der Eigenton der Zunge durch Verlängerung des Ansatzrohrs vertieft und zwar bis zu einer Octave; dies Maximum tritt ein, wenn das Ansatzrohr die Länge erreicht hat, bei welcher sein Eigenton gleich dem Eigenton der Zunge geworden ist. Weitere Verlängerung führt den Ton wieder bis zur ursprünglichen Höhe hinauf, und dann ferner wieder um eine Quarte zurück (wenn die Länge doppelt so gross geworden ist, wie bei der Erreichung der Octave), dann wieder zur ursprünglichen Höhe, u. s. w. (Weber). Bei membranösen Zungenpfeifen treten dieselben Veränderungen, aber nur annähernd ein (J. Müller). Andre behaupten, dass bei membranösen Zungenpfeifen überhaupt kein Einfluss des Rohres auf die Höhe stattfinde, vorausgesetzt, dass beide Membranen gleiche Spannung*) besitzen (Rinne). In der That hat beim Kehlkopf das Ansatzrohr keinen Einfluss auf die Tonhöhe, was bei der zuerst genannten Anschauung nur dadurch erklärt werden kann, dass der Kehlkopf sich von künstlichen membranösen Zungenpfeifen in einem wesentlichen Puncte unterscheidet; bei diesen nämlich ist durch die Ueberspannung der Membran über die Wand des Rohres, letztere zum Mitschwingen sehr disponirt, während die Spannung der Stimmbänder von den Wänden des Rohrs fast unabhängig ist (J. Müller). Der Einfluss des Rohres vergrössert sich, wenn nicht die ganze Membran, sondern nur mehr oder minder breite Randstrecken derselben schwingen, mit der Breite dieser Strecken (Rinne). — Im Allgemeinen kann man den Einfluss des Ansatzrohres dahin definiren, dass seine Eigentöne sich dem Klange

*) Verschiedene Spannung beider Membranen hat natürlich auf den Eigenton der membranösen Zunge Einfluss, und zwar soll der Zungenton entweder in der Mitte liegen, oder nur der der einen, vorzugsweise angesprochenen Membran sein; sind beide Membranen gleich gespannt, so soll der Ton der Zunge etwa einen halben Ton tiefer liegen, als der der einzelnen Membranen (Rinne).

beimischen und event. gewisse Partialtöne desselben verstärken. Das Ansatzrohr des Stimmorgans hat diesen Einfluss nur in so geringem Grade, dass die Klangfarbe der Stimme nur wenig, wenn auch deutlich, durch dasselbe modificirt wird (vgl. unten: Vocale).

Einrichtung des Kehlkopfs.

Im Kehlkopf wird die membranöse Zunge gebildet durch zwei horizontale membranöse Platten, die unteren Stimmbänder, welche zwischen der inneren (hinteren) Fläche des Schildknorpels und den vorderen äusseren Flächen der Giessbeckenknorpel ausgespannt, und mit der Kehlkopfschleimhaut, die hier ausnahmsweise Pflasterepithel trägt (vgl. p. 148), bekleidet sind. Die Spalte zwischen beiden, die Stimmritze (Glottis vocalis), setzt sich nach hinten fort in den Zwischenraum zwischen beiden inneren Flächen der Giessbeckenknorpel, die Athemritze (Glottis respiratoria). Der Schildknorpel und die Giessbeckenknorpel sind drehbar auf dem Ringknorpel befestigt, ersterer dreht sich um eine horizontale Queraxe, so dass durch die Drehung sein vorderer Theil (die Schildplatte) dem vorderen Theil des Ringknorpels genähert oder von ihm entfernt werden kann; hierdurch wird die Neigung der Schildplatte gegen die Verticale vergrössert oder verkleinert, ihr oberer Theil also, an dem die Stimmbänder befestigt sind, nach vorn oder hinten bewegt. Die Giessbeckenknorpel drehen sich hauptsächlich um ihre (verticalen) Längsaxen, so dass sie, da sie dreiseitige Pyramiden bilden, mit ihren Kanten verschiedene Stellungen gegeneinander einnehmen und dadurch die Gestalt der Spalte verändern. Auf Länge und Spannung der Stimmbänder muss, wie sich hieraus ergiebt, hauptsächlich der Schildknorpel durch seine Stellung Einfluss haben. Sehr passend ist deshalb vorgeschlagen worden, den Ringknorpel „Grundknorpel“, den Schildknorpel „Spannknorpel“ und die Giessbeckenknorpel „Stellknorpel“ zu benennen (Ludwig).

Folgende Muskeln können nun Lageveränderungen der Kehlkopfknorpel bewirken, welche auf die Stimmbänder Einfluss haben: 1. Die Cricothyreoïdei ziehen den Spannknorpel vorn gegen den Grundknorpel, drehen also ersteren nach vorn und unten um seine Axe; sie ziehen demnach (s. oben) den oberen Theil des Knorpels nach vorn und spannen dadurch die Stimmbänder, wenn die Stellknorpel feststehen. 2. Die Thyreoarytaenoïdei, welche grossentheils in den Stimmbändern selbst verlaufen, drehen den Spannknorpel nach oben und hinten, gegen den Stellknorpel, spannen daher die Stimmbänder ab; ein Theil ihrer Fasern entspringt von Puncten der Stimmbänder selbst, muss daher bei seiner Contraction dem Stimmbande ungleiche Spannung geben (den gespannten Theil verkürzen), indem er nur den Theil abspannt, in welchem er selbst verläuft, den Rest aber anspannt. Da ferner ein Theil der Fasern um die äussere Kante der Stellknorpel herumgreift, muss er diese zugleich so drehen, dass sie mit ihren vorderen inneren Kanten (Proc. vocales) zusammenstossen, mit ihren hinteren inneren aber auseinanderweichen. Hierdurch wird die Glottis vocalis zu einer schmalen Spalte verengt, die Glottis respiratoria aber zu einem dreieckigen Raum erweitert. 3. Die Cricoarytaenoïdei postici ziehen die äussere Kante der Stellknorpel, an deren unterem Ende (Proc. muscularis) sie angreifen, nach hinten und unten, so dass die vorderen inneren (Proc. vocal.) nach aussen gedreht werden und zugleich etwas nach oben weichen, während die hinteren zusammenstossen. Hierdurch werden sowohl die Stimm- als die Athemritze zu dreieckigen Räumen erweitert, so dass beide zusammen eine weite, rautenförmige Oeffnung bilden. 4. Die Cricoarytaenoïdei laterales ziehen die Proc. musculares der Stellknorpel nach unten, vorn und aussen; hierdurch werden die Spitzen der beiden Pyramiden etwas von einander entfernt, und zugleich diese so gedreht, dass sie eine ähnliche Stellung wie bei Contraction der Thyreoarytaenoïdei einnehmen; nur berühren sich die Proc. vocales nicht so dicht. 5. Die Arytaenoïdei proprii (Interarytaenoïdei, transversus und obliqui) nähern die Spitzen der Pyramiden einander und ziehen zugleich deren hintere Kanten zusammen. Wirken sie daher mit den Thyreoarytaenoïdei zusammen, so ist sowohl die Glottis vocalis als die Glottis respiratoria geschlossen, das Athmen also unterbrochen, z. B. vor dem Husten (p. 148).

Die Ventriculi Morgagni geben den Stimmbändern freien Raum zum Schwingen, namentlich wenn sie durch starkes Anblasen in die Höhe gewölbt sind. Die oberen Stimmbänder haben wie es scheint gar keine Bedeutung für die Stimme; zwar ist beobachtet worden, dass eine Verengerung des Ansatzrohres über der Zunge den Ton erhöhen kann (J. Müller); aber der ausgeschnittene Kehlkopf giebt dieselben Töne, mögen die oberen Stimmbänder vorhanden oder entfernt sein. — Bei den Vögeln dienen die Stimmbänder überhaupt nicht zur Tongebung, sondern der „untere Kehlkopf", ein eigenthümliches, meist an der Theilungsstelle der Luftröhre angebrachtes Organ.

Töne des Stimmorgans.

Die allgemeinen Bedingungen der Tonerzeugung und des Tonwechsels im Kehlkopfe sind aus dem, was oben über Zungen und Zungenpfeifen gesagt worden, leicht ersichtlich. Zur Hervorbringung eines Tones überhaupt ist danach eine gewisse Spannung der Stimmbänder und eine gewisse Stärke des anblasenden Luftstroms erforderlich; letztere erfordert wiederum eine gewisse Enge der Stimmritze, wie sie durch Contraction der Cricoarytaenoïdei laterales oder der Thyreoarytaenoïdei bewirkt wird; bei Contraction der Cricoarytaenoïdei postici ist daher keine Stimmgebung möglich. — Die Höhe des Tones hängt ferner nach dem oben Erörterten ab von der Länge und der Spannung der Stimmbänder und von der Stärke des Anblasens; sie ist dagegen unabhängig von der Gestalt der Stimmritze; nur muss diese zur Ermöglichung stärkeren Anblasens stärker verengt werden; sie ist ferner unabhängig (beim Kehlkopf, p. 262) von der Gestalt und Länge des Wind- und Ansatzrohres. Hieraus ergiebt sich, dass die Tonhöhe wächst: 1. mit zunehmender Spannung der Stimmbänder, und zwar wird diese erhöht: a. durch Contraction der Cricothyreoïdei (von aussen fühlbar), welche die Stimmbänder anspannt; b. durch abnehmende Contraction der Thyreoarytaenoïdei im Ganzen, deren Contraction die Stimmbänder abspannt; c. durch stärkeres Anblasen (p. 262); dieser Einfluss wird hauptsächlich bei den höchsten Tönen benutzt, welche daher nur forte angegeben werden können. Um das stärkste Anblasen zu ermöglichen, muss die Stimmritze möglichst eng sein und auch die Athemritze möglichst verengt werden (durch die Arytaenoïdei proprii). Umgekehrt ist bei jeder starken Anspannung der Stimmbänder zum Ansprechen ein stärkeres Anblasen erforderlich; der Luftdruck in der Trachea, den man bei Trachealfisteln manometrisch bestimmen kann, nimmt daher mit der Tonhöhe zu (Cagniard-Latour). — 2. mit abnehmender Länge der schwingenden Theile der Stimmbänder; — verkürzt aber werden dieselben bei gleicher Spannung: a. durch gewisse partielle Contractionen der Thyreoarytaenoïdei (p. 264); b. durch innige Aneinanderlagerung der Processus vocales der Stellknorpel, wodurch die Theile der Stimmbänder, in welchen der Knorpel liegt, der Schwingung entzogen werden; c. Kehlköpfe von kleineren Dimensionen, namentlich die der Kinder und Frauen geben wegen Kürze der Stimmbänder im Ganzen höhere Töne. Alle diese Schlüsse hat die Beobachtung bestätigt, und ausserdem gelehrt (Garcia), dass mit zunehmender Tonhöhe sich die oberen Stimmbänder mehr und mehr nähern (aber nie bis zum völligen Verschluss), und der Kehldeckel sich mehr und mehr über den Kehlkopfeingang hinüberlegt. Mit den höheren Tönen steigt ferner der Kehlkopf in die Höhe, theils durch Contraction der kehlkopfhebenden Muskeln, theils vielleicht durch die Dehnbarkeit der Trachea bei zunehmender Spannung der eingeschlossenen Luft. — Trotz der scheinbar einfachen Verhältnisse muss der wirkliche Vorgang bei der Tongebung äusserst complicirt sein. So müsste z. B. bei einer gewissen Einstellung der Stimmbänder stärkeres Anblasen den Ton nicht bloss verstärken, sondern auch erhöhen; da wir nun aber denselben Ton mit wechselnder Stärke (piano und forte) anhalten können, so muss eine fortwährende Compensation der Muskelkräfte stattfinden.

Zur Beobachtung der Stimmbildung im Kehlkopf giebt es folgende Methoden: 1. Palpation und Auscultation des Kehlkopfs von aussen. 2. Besichtigung des Kehlkopfinneren mittels des Kehlkopfspiegels (Garcia, Czermak, Türck). Derselbe besteht in einem kleinen, erwärmt (zur Verhütung des Beschlagens) in den Mund einzuführenden Spiegel, der mittels eines Griffes über dem Kehlkopfeingang vor dem zurückgedrückten Gaumensegel unter einer Neigung von 45° festgehalten wird. Concentrirtes Licht wird durch einen vor dem Munde befindlichen, mit einer Oeffnung versehenen Spiegel, hinter dem das Auge des Beobachters sich befindet, auf jenen geworfen; der Mund wird weit geöffnet, die Zunge aus dem Munde hervorgestreckt; man sieht das Innere des Kehlkopfes stark beleuchtet. 3. Beobachtung des künstlich von oben her geöffneten Kehlkopfs lebender Thiere. 4. Versuche mit ausgeschnittenen Kehlköpfen menschlicher Leichen (J. Müller). Die Muskelwirkungen werden dadurch nachgeahmt, dass man an den Ansatzpuncten Fäden befestigt, diese in gehöriger Richtung über Rollen führt, und mit Gewichten beschwert. Kehlkopf und Rollen werden an demselben Stative befestigt. Das Anblasen geschieht durch ein in die Trachea gebundenes Rohr, mit dem Munde oder durch ein Blasewerk; zur Messung des Drucks bringt man seitlich an dem Rohre ein Manometer an. Um den Einfluss des Ansatzrohres zu studiren, lässt man den Kehlkopf oben mit den Kopftheilen in Verbindung. Die Versuche mit todten Kehlköpfen zeigen mannigfache, zum Theil noch unerklärte Abweichungen von dem Verhalten des lebenden, welche auf die Mangelhaftigkeit der Kenntnisse über den letzteren hindeuten. 5. Versuche mit künstlich nachgebildeten Kehlköpfen (J. Müller); im weitesten Sinne gehören hierher die Versuche mit Zungenpfeifen überhaupt.

Eine weitere Erhöhung der Töne, als sie durch die gewöhnliche Art des Stimmgebens erreicht werden kann, wird durch die sog. „Fistelstimme“ ermöglicht; es ist dies ein anderes „Register“, eine andere Art der Stimmerzeugung, welche namentlich für höhere Tonlagen geeignet ist, deren Unterschiede von der gewöhnlichen aber noch nicht sicher festgestellt sind. Auch die Klangfarbe (p. 260) der Fistelstimme ist von der der gewöhnlichen Stimme wesentlich verschieden. Beobachtet ist, dass die Stimmritze bei ihr weiter ist, als bei der gewöhnlichen (ebenso die Entfernung der oberen Stimmbänder); behauptet wird ferner, dass die Stimmbänder bei ihr in geringerer Breite, nur an den Rändern schwingen (J. Müller, Lehfeldt), von Anderen aber im Gegentheil, dass sie in grösserer Breite als gewöhnlich schwingen (Garcia); wahrscheinlich ist endlich, dass die Stimmbänder sehr stark gespannt sind, wofür das Gefühl der Anstrengung im Kehlkopfe spricht. Wegen der grösseren Weite der Stimmritze muss die Luft bei der Fistelstimme schneller entweichen; ein Fistelton kann daher nicht so lange angehalten werden, wie ein gewöhnlicher. Ein auf demselben Umstande beruhender Unterschied beider Stimmregister liegt in der Resonanz des Wind- und Ansatzrohres; hierüber s. unten.

Die beiden entgegenstehenden Behauptungen in Betreff der Schwingungsbreite fussen auf verschiedenen Beobachtungsmethoden; die erstgenannte auf Versuchen am ausgeschnittenen Kehlkopf, die zweite auf Beobachtung des lebenden mittels des Kehlkopfspiegels. Jedenfalls ist die physicalische Erklärung des Fistelregisters noch nicht gegeben.

Die Form und Länge des Ansatz- und Windrohrs ist, wie bereits mehrfach erwähnt, beim Kehlkopf ohne Bedeutung für die Höhe des Tones; dagegen wirkt das Rohr verstärkend durch Resonanz, und verändernd dadurch dass in demselben Nebentöne entstehen, welche gewisse Partialtöne des Stimmklanges verstärken und dadurch das Timbre desselben (p. 260) ändern; die Stimme der einzelnen Individuen unterscheidet sich dadurch wesentlich. Durch Veränderungen in der Form des Ansatzrohrs können in diesem noch besondere Nebentöne und Geräusche willkürlich erzeugt werden, welche für die Sprache (s. unten) wesentlich sind. Andre unwesentliche oder störende Geräusche entstehen durch Anhäufung von Schleim etc. in verschiedenen Theilen des Rohrs (oder an den Stimmbändern selbst). — Die Resonanz ist bei den gewöhnlichen Tönen im Windrohr am stärksten, weil dieses die durch die Enge der Stimmritze comprimirte Luft enthält; Luftröhre und Brustwandungen resoniren daher hier bedeutend und gerathen in zitternde Bewegung (Fremitus pectoralis); man nennt danach die gewöhnliche, volle und kräftige Stimme die Bruststimme. Bei den Fisteltönen findet wegen der Weite der Stimme keine Resonanz der Brust statt, sondern es überwiegt hier die Resonanz des Ansatzrohrs, der Mund- und Nasenhöhle, u. s. w.; die Fistelstimme heisst daher auch Kopfstimme.

Der Umfang der Bruststimme beträgt bei vollkommener Ausbildung des Stimmorgans zwei bis zwei und eine halbe Octaven.

Jedoch sind die Grenzen verschieden je nach der Grösse des Kehlkopfs. Den am tiefsten liegenden Stimmumfang haben die Männer: der Bass gewöhnlich von E (80 Schw. in der Sec.) bis f^{I} (342), der Tenor von c (128) bis c^{II} (512); den am höchsten liegenden die Kinder und Frauen: der Alt von f (171) bis f^{II} (684), der Sopran von c^{I} (256) bis c^{III} (1024). Der Gesammtumfang der menschlichen Bruststimme beträgt also (E 80 — c^{III} 1024) beinahe 4 Octaven. Die Strecke c^{I} (256) bis f^{I} (342) ist allen Stimmen gemeinsam, klingt jedoch wegen des eigenthümlichen Timbres der Kehlköpfe verschieden, je nachdem sie von einem Bassisten, einem Altisten, u. s. w. angegeben wird. In vielen Fällen werden die hier angegebenen Grenzen überschritten.

Die Ausbildung des Kehlkopfes steht in einer gewissen Beziehung zur geschlechtlichen Entwickelung. Mit dem Eintritt der Pubertät nehmen seine Dimensionen plötzlich zu und die Alt- oder Sopran- (Discant-) stimme des Knaben wandelt sich in eine Bass- oder Tenorstimme um („Stimmwechsel"). Bei Castraten, Hypospaden, u. s. w. bleibt die Stimme abnorm hoch, ja selbst höher als die Sopranstimme der Frauen.

2. Sprache.

Die Sprache wird zusammengesetzt durch gewisse Töne und Geräusche, welche die exspirirte Luft in den Hohlräumen oberhalb des Kehlkopfes hervorbringt und diese werden entweder für sich zur Sprache benutzt, — Flüstersprache, — oder in Verbindung mit den Klängen der Stimme, — laute Sprache.

Die Elemente, aus deren zeitlicher Aufeinanderfolge die Sprache gebildet wird, heissen Laute, und werden eingetheilt in Selbstlaute (Vocale) und Mitlaute (Consonanten). Erstere Benennungen sind unpassend, weil auch die „Mitlaute" für sich allein und ohne Stimme angegeben werden können (wenn auch einige derselben dadurch etwas von ihrer Eigenthümlichkeit einbüssen, s. unten). Der wahre Unterschied besteht darin, dass die Consonanten wahre undefinirbare Geräusche sind, während die Vocale den Character von Klängen (p. 260 f.) haben; letztere sind nämlich bei der Flüstersprache Geräusche mit einem überwiegenden, der Höhe nach bestimmbaren Ton, welche in der Mundhöhle producirt werden, — bei der lauten Sprache aber gewisse Modificationen des Stimmklanges, welche dadurch hervorgebracht werden, dass die Nebentöne der Mundhöhle einzelne Partialtöne des ersteren verstärken.

Vocale.

1. In der Flüstersprache entstehen die Vocale dadurch, dass die in verschiedene Gestalten gebrachte Mundhöhle durch den Exspirationsluftstrom angeblasen wird. Dadurch entstehen Geräusche, in denen man aber bei einiger Aufmerksamkeit, namentlich bei Vergleichung mehrerer Vocale, bestimmte Tonhöhen unterscheidet, die bei verschiedenen Personen (Alter, Geschlecht) für denselben Vocal auffallend übereinstimmen, und am Clavier bestimmt werden können (Donders, Willis). Es sind dies die Eigentöne der angeblasenen Mundhöhle. Noch besser kann man durch Mittönen (p. 260) diese Töne finden, indem man angeschlagene Stimmgabeln vor die für den Vocal eingestellte Mundhöhle bringt; trifft man gerade die Stimmgabel, deren Grundton mit dem Ton der Mundhöhle übereinstimmt, so wird die Stimmgabel sofort durch die resonatorische Verstärkung hörbar (Helmholtz). Die Gestalt der Mundhöhle (vgl. unten) ist bei **U** und **O** die einer runden Flasche mit kurzem Hals, bei **A** ein vorn weiter Trichter, bei **E** und **I** eine runde Flasche mit langem engem Hals, u. s. w. Entsprechend den Eigentönen solcher Flaschen sind nun die Töne der Mundhöhle für **U**: f, für **O**: b^{I}, für **A**: b^{II}; für **Ä**, **E**, **I** giebt es zwei Eigentöne (einer für den Bauch, einer für den Hals): für **Ä**: g^{II} und d^{III}, für **E**: f^{I} und b^{III}, für **I**: f (?) und d^{IV}; ferner für **Ö**: f^{I} und g^{III} bis as^{III}, für **Ü**: f und g^{III}—as^{III} (Helmholtz). Geringe Modificationen der Aussprache, namentlich die fremdländischen (**Oa**, u. s. w.) verändern den Ton bedeutend. Die Constanz des Eigentones für denselben Vocal bei verschieden grossen Mundhöhlen ist durch die proportionale Veränderung der Mundöffnung zu erklären.

Die verschiedenen Formationen der Mundhöhle kommen folgendermassen zu Stande: Zunächst muss bei allen Vocalen der Zugang des Luftstroms zu den Choanen durch Hebung des Gaumensegels abgesperrt werden, wenn die Mundhöhle allein angeblasen werden soll. Unterbleibt dies, so erhalten beim lauten Sprechen (s. unten) die Vocale den „nasalen" Character. Die Hebung des Segels ist am wenigsten vollständig bei **A**, dann folgen **E**, **O**, **U**, **I**. Die verschiedenen Flaschenformen (s. oben) entstehen folgendermassen: bei **A** ist die Mundhöhle durch Niederlegung der Zunge auf den Boden am weitesten, der Mund weit geöffnet (Trichterform); bei **O** und **U** entsteht die kugelige Flasche durch Hebung der Zungenwurzel und Verengerung des Mundes zu einer runden Oeffnung (bei U am engsten); bei Ä, E, I ensteht der lange Flaschenhals durch Näherung der Zunge an den harten Gaumen, u. s. w. Bei allen Vocalen ausser U rückt der Kehlkopf etwas nach oben, am wenigsten bei O, dann folgt A, E, I.

2. Die lauten Vocale entstehen dadurch dass der Eigenton der Mundhöhle den entsprechenden Partialton des Stimmklanges verstärkt (Helmholtz). Hieraus folgt, dass die Vocale am meisten characteristisch auf die Noten gesungen werden können, die einen mit dem Eigentone der Mundhöhle übereinstimmenden harmonischen Oberton haben; ferner dass die einzelnen Vocalklänge sich nicht durch die Ordnungszahlen der verstärkten Partialtöne sondern durch die absolute Höhe derselben unterscheiden.

Die Analyse der Vocalklänge kann leicht mittels der p. 260 f. erwähnten Resonatoren geschehen. — Um den Vocalklang synthetisch zu reproduciren, braucht man nur den Dämpfer eines Claviers aufzuheben und den Vocal kräftig und rein auf eine Claviernote gegen die Saiten zu singen. Es tönen dann (vgl. p. 260) alle Saiten mit, deren Töne als Partialtöne in dem Vocalklange enthalten sind, und in dem entsprechenden Intensitätsverhältnisse; man hört daher den gesungenen Vocal nicht bloss als Ton, sondern als Vocal aus dem Clavier resoniren (Helmholtz). — Instructiver ist die directe Synthese aus einfachen Tönen: Eine Anzahl Stimmgabeln, welche harmonischen Obertönen eines Grundtons entsprechen (z. B.: B, b, f^{I}, b^{I}, d^{II}, f^{II}, as^{II}, b^{II}, d^{III}, as^{III}, f^{III}, b^{III}) wird durch Electromagneten in Schwingungen versetzt (die Oeffnungen und Schliessungen des Stromes geschehen durch eine besondere Stimmgabel, welche durch eine Vorrichtung nach dem Princip des Neef'schen Hammers in Schwingung erhalten wird). Die Klänge der Stimmgabeln sind durch ihre Aufstellung (auf Gummi) unhörbar; vor jeder aber steht eine auf ihren Grundton abgestimmte Resonanzröhre; wird diese geöffnet, so macht sie den Grundton der Stimmgabel, also einen einfachen Ton, hörbar. Man kann nun beliebig die einzelnen Töne stark oder schwach, durch ergiebigeres oder geringeres Oeffnen der Resonanzröhren mittels einer Claviatur, ertönen lassen und combiniren. So lassen sich nicht nur die Vocale, sondern auch die characteristischen Klänge der verschiedenen Instrumente synthetisch darstellen (Helmholtz).

Die Diphthongen entstehen während des Ueberganges aus der Mundstellung für den einen Vocal in die für den zweiten, und bestehen aus zwei schnell auf einander folgenden Klängen.

Consonanten.

Die als Consonanten bezeichneten Laute entstehen sämmtlich dadurch, dass die durchstreichende Exspirationsluft gewisse leicht bewegliche Theile im Rachen- und Mundcanal in nichttönende

Schwingungen versetzt; dieselben klingen verschieden, je nachdem die Stimmbildung im Kehlkopf hinzukommt oder nicht. Besonders drei verengbare Stellen („Verschlüsse“) des Canals sind dazu geeignet: 1. der Lippenverschluss, gebildet entweder durch beide Lippen oder durch Unterlippe und obere Schneidezahnreihe, auch wohl durch Oberlippe und untere Schneidezahnreihe; 2. der Zungenverschluss, gebildet durch Zungenspitze und vorderen Theil des harten Gaumens oder Rückseite der oberen Schneidezähne; 3. der Gaumenverschluss, gebildet durch Zungenwurzel und weichen Gaumen. An jedem dieser Verschlüsse oder Thore kann eine Reihe von Geräuschen gebildet werden, wodurch drei Reihen von Consonanten entstehen: Lippen-, Zungen- und Gaumenbuchstaben.

Die Geräusche, welche an jeder der drei Verschlussstellen gebildet werden können, sind (Brücke):

1. Verschlusslaute (Explosivae). Sie entstehen durch plötzliche Sprengung des bisher geschlossenen oder durch plötzliche Schliessung des bisher offenen Thores: a) ohne Stimme: **P**, **T**, **K**; — b) mit Stimme: **B**, **D**, **G**.

Sprengung wird zur Bildung dieser Laute angewandt, wenn sie eine Sylbe beginnen, Schliessung, wenn sie am Ende einer Sylbe stehen (z. B. Pa, Ap). — Da P von B (ebenso T von D, K von G) sich nur durch Ab- oder Anwesenheit der Stimme unterscheiden, so ist beim Flüstern keine Unterscheidung möglich, B wird hier zum P.

2. Reibungsgeräusche (Aspiratae). Die Verschlussstelle wird geschlossen bis auf eine kleine Stelle durch welche der Exspirations- (oder Inspirations-) Luftstrom entweichen kann; es entsteht dadurch ein Geräusch: a) ohne Stimme: **F** (**V**), scharfes **S**, **Ch**; — b) mit Stimme: **W**, weiches **S**, **J**. — Am Zungenthor lässt sich ausser dem scharfen S noch ein zweites Reibungsgeräusch bilden, wenn der Verschluss vorn vollkommen ist und die Luft nur an den Seiten zwischen den Backzähnen entweichen kann: **L**. — Durch Aspiration zweier auf einander folgender enger Spalten, nämlich zwischen Zungenspitze und hartem Gaumen, und zwischen beiden Schneidezahnreihen entsteht: ohne Stimme: **Sch**, mit Stimme: das französische **J** (in joli). — Bildet man eine Spalte zwischen Zungenspitze und beiden Schneidezahnreihen, so entsteht durch Aspiration: ohne Stimme: das harte englische **Th** (in thing), mit Stimme: das weiche englische **Th** (in the).

— Das Ch kann mehr nach vorn (in „ich") und mehr nach hinten (in „ach") gebildet werden.

F und W etc. unterscheidet sich gerade so wie P und B etc. — In der Flüstersprache ist ein W unmöglich.

3. Resonanten. Das Thor wird vollkommen geschlossen und bei gesenktem Gaumensegel durch die Nase exspirirt, indem die Stimme mittönt: M, N, nasales N (im franz. „gens").

Diese Laute sind beim Flüstern nicht ausführbar.

4. Zitterlaute. Die Verschlussstelle wird lose geschlossen und durch den Exspirationsstrom wie eine Zunge angeblasen; es entstehen Schwingungen, die aber zu langsam sind, um einen Ton zu geben; so entstehen drei Arten von R, von denen das Lippen-R (der bekannte Kutscherlaut) in europäischen Sprachen nicht vorkommt, das Zungen- und Rachen-R nach Gewohnheit und Dialect verschieden verbreitet sind.

Hiernach lassen sich die Consonanten folgendermassen übersichtlich gruppiren:

	Lippen-buchstaben.	Zungenbuchstaben.	Gaumen-buchstaben.
1. Verschlusslaute			
ohne Stimme	P.	T.	K.
mit Stimme.	B.	D.	G.
2. Reibungsgeräusche.			
ohne Stimme	F (V).	scharfes S. L. Sch. hart. engl. Th.	Ch in „ich". Ch in „ach".
mit Stimme.	W.	weiches S. L. franz. J. weich. engl. Th.	J.
3. Resonanten.	M.	N.	nasales N.
4. Zitterlaute.	Lippen-R.	Zungen-R.	Rachen-R.

H ist ein im Kehlkopf selbst entstehendes Geräusch, hervorgebracht durch schnelles Durchstreichen der Luft durch die weit geöffnete Stimmritze.

Zusammengesetzte Consonanten entstehen namentlich dadurch, dass nach plötzlicher Oeffnung eines verschlossenen Thores (P, T, K) die herausfahrende Luft durch das verengte zweite Thor fährt (hartes S); so entstehen Zusammensetzungen aus P und S (ψ), T und S (Z), und K und S (X). Andre Zusammensetzungen entstehen durch schnellen Uebergang aus einer Mundstellung in die andre.

Es ist kaum nöthig darauf aufmerksam zu machen, dass die Consonanten der Reihe 3. (M, N, N nas.) keine Geräusche sind, sondern nur Modificationen des Stimmklanges durch die Eigentöne der angeblasenen Theile der Mundcanals und der Nasenhöhle.

Die Beobachtung der sprachbildenden Bewegungen geschieht theils durch Inspection der Mundhöhle, wenn der Mund offen ist, theils durch Palpation mittels des in den Mund eingeführten Fingers. Um über Offensein oder Verschluss des Naseneinganges zu entscheiden, bringt man vor die Nasenlöcher eine Kerzenflamme oder einen blanken Spiegel. Endlich sind viele Sprachverhältnisse durch Beobachtung der Sprache bei pathologischen Missbildungen (Mangel, Adhaesionen des Gaumensegels, etc.) aufgehellt worden.

DRITTER ABSCHNITT.

Die Auslösungsorgane.

Das Nervensystem.

In der Einleitung ist bereits (p. 5 ff.) in groben Zügen die Einrichtung des Auslösungsapparates (Nervensystems) und seine Beziehungen, einerseits zur Aussenwelt, andererseits zu den „Arbeitsorganen“ (p. 7), angedeutet worden. Aus jener Darstellung ergiebt sich sofort, dass man im Nervensystem folgende fünf Gruppen von Organen zu unterscheiden hat:

1. Organe, vermittelst welcher in den Arbeitsorganen Leistungen ausgelöst werden: — die Nervenendorgane in Parenchymen, Drüsen und Muskeln;

2. Organe, welche den Auslösungsvorgang (Auslösungskette) von nervösen Centralorganen aus auf die ad 1. genannten Organe fortpflanzen: — centrifugale Leitungsorgane;

3. nervöse Centralorgane, deren Bedeutung p. 7 angedeutet ist;

4. Organe, welche Auslösungsvorgänge, die von der Aussenwelt herrühren (s. sub. 5.), auf Centralorgane fortpflanzen: — centripetale Leitungsorgane;

5. Organe, in welchen eine Bewegung der Aussenwelt auf die ad 4. genannten Organe auslösend wirkt: — Sinnesorgane.

Indess geschieht die physiologische Darstellung des Nervensystems nicht in diesen fünf Abtheilungen. Die centrifugalen und die centripetalen Leitungsorgane unterscheiden sich nämlich in ihren Eigenschaften durchaus nicht von einander; nur die Organe, mit welchen sie peripherisch zusammenhängen, sind verschieden (s. oben 1. und 5.); man hat also zu unterscheiden: Leitungsorgane, Centralorgane, Sinnesorgane und Endapparate in Arbeitsorganen; die beiden letzteren kann man auch als peripherische Endorgane der Leitungsorgane zusammenfassen, wie es hier im Cap. XII. geschieht.

ELFTES CAPITEL.

Die Leitungsorgane (Nerven).

A. ALLGEMEINES.

Die Elemente der Nerven sind dünne langgestreckte Fasern, welche der Länge nach ähnlich den Muskelfasern durch Bindegewebe aneinandergeheftet und in einer festen fibrösen Hülle (Perineurium) zu einem runden oder platten Strange (Nerv) vereinigt sind. Jede Nervenfaser ist eine von zum Theil flüssigem Inhalt erfüllte Röhre; die dünne Scheide (Neurilemm) ist wie das Sarcolemm eine elastische Membran, und ist mit grossen Kernen versehen. Im Inhalt des Nervenrohrs unterscheidet man einen in der Axe liegenden dünnen Strang, den Axencylinder, und eine diesen umgebende glänzende Masse, welche leicht krümlig zerfällt, das Mark oder die Markscheide. Eine gewisse Art von meist dünneren Nervenfasern entbehrt der Markscheide, besteht daher nur aus Axencylinder und Neurilemm (marklose Fasern); eine dritte Art zeigt die Eigenthümlichkeit, dass der Axencylinder in gewissen Abständen varicös geschwollen ist und keine Hülle erkennen lässt (graue, varicöse, Remak'sche Fasern). Ueber das Vorkommen der verschiedenen Fasergattungen s. Cap. XIII.

Der Axencylinder tritt namentlich nach dem Absterben des Nerven deutlich hervor und ist deshalb von Vielen als ein postmortales (contrahirtes) Gerinnsel angesehen worden. Doch ist er unzweifelhaft ein vorgebildeter, und zwar der essentielle Bestandtheil des Nervenrohrs, da er direct mit den wesentlichen Theilen der centralen und peripherischen Nervenendorgane in Verbindung tritt. — Manche Axencylinder scheinen aus einem Bündel feinster „Nervenfibrillen“ zu bestehen (M. Schultze). — In den Centralorganen kommt eine besonders feine Art von Axencylindern vor, welche die (intercentralen) Verbindungen der Ganglienzellen bildet (Cap. XIII.) — Die Dicke der Nervenfasern hängt wesentlich von der An- oder Abwesenheit, resp. von der Dicke der Markscheide ab, welche zur Ernährung des Axencylinders zu dienen scheint. Näheres in den histologischen Lehrbüchern.

Chemische Bestandtheile des Nerven.

Die chemischen Bestandtheile des Nerven sind noch so gut wie unbekannt. Der Axencylinder scheint den Eiweisskörpern in den Eigenschaften nahe zu stehen. In der Markscheide, deren Aussehen und Verhalten gegen Lösungsmittel fettartig ist, kommt möglicherweise kein eigentliches Fett vor, sondern nur Protagon (p. 32), welches allerdings bisher nur aus Gehirn etc., nicht aus Nerven selbst dargestellt ist. Daneben enthalten die Nerven Cholesterin, ferner Kreatin.

Die Reaction des frischen ruhenden Nerven ist neutral (Funke).

Zustände des Nerven.

Wie beim Muskel, kann man auch beim Nerven unterscheiden: 1. den gewöhnlichen Ruhe-Zustand; 2. den Zustand des Absterbens, 3. den thätigen Zustand. Durch den blossen Anblick lassen sich aber hier die drei Zustände nicht unterscheiden, da die mechanischen Eigenschaften des Nerven keiner Veränderung unterliegen.

Die mechanischen Eigenschaften der Nerven sind überhaupt von keinem Interesse. Schlaff daliegende Nerven haben die Neigung in der Querrichtung feine Falten zu bilden (Fontana'sche Querstreifung).

Ruhender Nerv.

Wie im Muskel, so findet auch im Nerven schon während der Ruhe ein gewisser Stoffwechsel statt, obwohl man bisher weder eine Sauerstoffaufnahme noch eine Kohlensäurebildung constatirt hat. Man darf auf solche Vorgänge schliessen: 1. daraus, dass der Nerv specifische, von den Blutbestandtheilen verschiedene Gewebsbestandtheile enthält, 2. daraus, dass im ruhenden Nerven Kräfte frei werden.

Der Nerv zeigt nämlich, ganz ähnlich dem Muskel, in der Ruhe einen „Nervenstrom“, für den genau dieselben Gesetze wie für jenen gelten. Es verhält sich demnach (vgl. p. 213 ff.). 1. jeder Punct des natürlichen (oder künstlichen) Längsschnitts positiv gegen jeden Punct des künstlichen Querschnitts (der natürliche Querschnitt des Nerven ist begreiflicherweise nicht zugänglich); 2. jeder dem Aequator näherliegende Punct des Längsschnitts positiv gegen die entfernter liegenden. (Die schwachen Ströme des Querschnitts sind, obwohl sie unzweifelhaft existiren, wegen der Kleinheit desselben noch nicht nachgewiesen.)

Die electromotorischen Eigenschaften des Nerven können demnach ebenfalls vollständig durch das p. 216 besprochene Schema repräsentirt werden.

Der Stoffwechsel des Nerven ist jedenfalls von sehr geringem Umfange, wie sich daraus ergiebt, dass die Nerven der Blutgefässe so gut wie ganz entbehren. Näheres ist nicht bekannt.

Absterben des Nerven.

Das Absterben des Nerven ist nicht wie beim Muskel durch einen nachweisbaren Gerinnungsprocess markirt; es giebt sich nur zu erkennen durch das Aufhören des Nervenstromes, den Verlust der Erregbarkeit (s. unten), und das Auftreten saurer Reaction (Funke). Der abgestorbene Nerv geht wie der Muskel in Fäulniss über, wenn er nicht durch Vertrocknen davor geschützt wird.

Thätiger Zustand.

Der thätige Zustand des Nerven wird ganz wie der des Muskels hervorgerufen durch eine auslösende Kraft, einen Reiz; man nennt auch hier die Eigenschaft des Nerven, durch Reize in den thätigen Zustand übergeführt zu werden, seine Erregbarkeit.

Die Erregbarkeitsverhältnisse und die Reize sind für den Nerven in vielen Puncten mit denen des Muskels übereinstimmend.

Erregbarkeit.

Die Erregbarkeit ist an die normale Zusammensetzung des Nerven gebunden. Da indess diese nur sehr oberflächlich bekannt ist, so muss man sich damit begnügen, die Einflüsse festzustellen, welche erfahrungsgemäss die Erregbarkeit erhöhen, erniedrigen oder vernichten; ein Verständniss fehlt bei den meisten. Folgende Thatsachen sind in dieser Beziehung bekannt: 1. Ist ein Nerv nicht mehr mit einem lebenden Centralorgane verbunden (z. B. von ihm durch Schnitt getrennt, oder letzteres abgestorben), so nimmt seine Erregbarkeit zuerst beträchtlich zu, sinkt dann aber bis zum Erlöschen; Anlegen eines Querschnitts beschleunigt den Ablauf dieses Vorgangs (ROSENTHAL); ferner verläuft derselbe schneller in den dem Centrum näheren, als in den entfernteren Nervenstrecken (RITTER-VALLI'sches Gesetz). In einem vom Centrum getrennten, aber im Körper verbleibenden Nerven erfolgen später chemische und morphologische Veränderungen, die sog. „fettige Degeneration". (Sind die beiden Schnittenden in Berührung, so wachsen sie, wofern die Erregbarkeit des peripherischen nicht zu früh erloschen ist, wieder zusammen.) 2. Auch anhaltende Ruhe des Nerven vermindert und vernichtet die Erregbarkeit, und führt endlich zu fettiger Degeneration. (Durchschnittene sensible Nerven degeneriren daher sowohl im peripherischen als im centralen Stücke, — in jenem, weil es vom Centralorgan losgetrennt ist, im letzteren, weil es nicht mehr erregt wird.) 3. Anhaltende Thätigkeit vermindert ebenfalls zeitweise die Erregbarkeit und kann sie selbst für immer vernichten (Ermüdung, Erschöpfung). Im ersteren Falle wird durch Ruhe („Erholung") der ursprüngliche Zustand wiederhergestellt. Die bei der Ermüdung stattfindenden Veränderungen im Nerven sind noch nicht bekannt. 4. Grobe mechanische Veränderungen des Nerven (Zerren, Quetschen), ebenso 5. gröbere Veränderungen der chemischen Zusammensetzung (Wasserverlust durch Austrocknen, Aetzen u. s. w.) vernichten die Erregbarkeit. 6. Die Einflüsse der Temperatur, bisher nur an Fröschen studirt, sind folgende: Temperaturen über 45° C. vernichten die Erregbarkeit, und zwar um so schneller, je höher sie sind, — eine Temperatur von 70° augenblicklich; bis zu 50° ist durch Wiederabkühlung eine Wiederherstellung der Erregbarkeit möglich (ROSENTHAL); unterhalb 45° bewirkt Erwärmung eine anfängliche Steigerung, dann ein Sinken der Erregbarkeit; die Steigerung ist um so grösser, und das Sinken um so schneller, je höher die Temperatur, so dass also die Erhöhung der Temperatur die Dauer der Erregbarkeit vermindert, den Grad aber erhöht (AFANASIEFF); plötzliche Temperaturerhöhung auf 35—45° wirkt als Reiz (s. unten). 7. Besonders wichtig scheint der Einfluss der Electricität. Leitet man durch eine beliebige Strecke des Nerven einen constanten galvanischen Strom, so geräth der Nerv in seiner ganzen Länge in einen veränderten Zustand, in welchem sowohl seine electromotorischen Eigenschaften (DU BOIS-REYMOND), als auch seine Erregbarkeitsverhältnisse (ECKHARD, PFLÜGER) modificirt werden. Dieser Zustand heisst der „electrotonische" oder „Electrotonus" (DU

Bois-Reymond); ferner nennt man den Zustand im Bereiche der positiven Electrode (Anode) „Anelectrotonus", den im Bereiche der negativen (Cathode) „Catelectrotonus" (Pflüger), den constanten Strom selbst nennt man den „polarisirenden" oder „electrotonisirenden". — Leitet man von zwei beliebigen Puncten des Nerven den Nervenstrom ab, während man durch eine andre Strecke einen constanten Strom sendet, so zeigt sich der Nervenstrom verstärkt („positive Phase" des Electrotonus), wenn der polarisirende Strom ihm gleichgerichtet ist, geschwächt dagegen („negative Phase"), wenn er die entgegengesetzte Richtung hat. Der Einfluss des Electrotonus ist am stärksten in der Nähe der Pole. — Die Erregbarkeit ist bei mässiger Stärke des polarisirenden Stromes in der Strecke zwischen den Electroden („intrapolare Strecke") bedeutend erhöht, ebenso in der catelectrotonisirten Strecke, erniedrigt dagegen in der anelectrotonisirten. Auch diese Veränderungen sind in der Nähe der Pole am stärksten. Mit zunehmender Stärke des polarisirenden Stromes nehmen sie zu bis zu einem gewissen Maximum, nehmen dann ab, verschwinden endlich und gehen bei den stärksten Strömen in die entgegengesetzten Veränderungen über. — Nach dem Aufhören des polarisirenden Stromes kehrt die Erregbarkeit nach einem Umschlag in die entgegengesetzte Modification (positive nach An-, negative nach Catelectrotonus) allmählich zur Norm zurück. (Vgl. auch unten b. d. Reizen.) — Die plötzliche Stromesschwankung, welche beim Schliessen und Oeffnen des polarisirenden Stromes in jedem Theile des Nerven eintritt, (Eintritt und Aufhören des Electrotonus) kann durch das physiologische Rheoscop (vgl. p. 214) nachgewiesen werden. Legt man nämlich an irgend eine Stelle des Nerven den Nerven eines stromprüfenden Froschschenkels an, so geräth dieser bei Schliessung und bei Oeffnung des polarisirenden Stroms in Zuckung („secundäre Zuckung vom Nerven aus"), und bei sehr häufigem Oeffnen und Schliessen in „secundären Tetanus." Eine secundäre Zuckung ist auch die weiter unten zu erwähnende „paradoxe Zuckung".

Die electrotonischen Erscheinungen am Nervenstrom lassen sich auch so ausdrücken, dass derselbe einen Zuwachs (im algebraischen Sinne) erhält, welcher dem polarisirenden Strome gleichgerichtet ist. Im Molecularschema kann man sich diesen Zuwachs auf verschiedene Weise vergegenwärtigen, wenn man nur festhält dass jeder Strom auf die electromotorischen Molecule in der durchflossenen Strecke eine Richtkraft ausübt, vermöge welcher dieselben der positiven Electrode negative Zonen, der negativen positive zuzuwenden streben. Denkt man sich nun die peripolaren Molecule der Fig. 5 (p. 217) in zwei dipolare zerschnitten, so wird der Strom das eine derselben umdrehen müssen, so dass eine säulenartige Anordnung in der intrapolaren Strecke entsteht; diese Molecule üben nun aber wieder eine gleiche Richtkraft auf die Molecule der extrapolaren Strecke aus, welche an den Electroden am stärksten wirkt und weiterhin abnimmt; so erklärt sich der electrotonische Zuwachs (du Bois-Reymond).

Die Veränderungen der Erregbarkeit kann man sich unter dem Bilde vorstellen, dass die Theilchen des Nerven in der anelectrotonisirten Strecke eine verminderte, in der catelectrotonisirten eine vermehrte Beweglichkeit haben. Dieses Bild wird weiter unten (bei den Reizen) nochmals zur Verdeutlichung eines Gesetzes dienen.

Reize.

Die Reize, welche den Nerven in Thätigkeit versetzen, sind folgende:

1. Electrische Stromesschwankungen. Ein völlig constanter, den Nerven durchfliessender Strom wirkt währenddessen (vorausgesetzt dass er nicht durch electrolytische Producte chemisch reizt) nicht wesentlich, wenn auch nachweisbar, erregend (Näheres hierüber s. unten). Dagegen bringt eine jede Veränderung der Stromstärke [genauer: der Stromdichte*)] im Nerven eine Erregung hervor, und zwar ist die Erregung um so stärker, je schneller (plötzlicher) die Veränderung der Stromdichte (die „Stromesschwankung“) vor sich geht (du Bois-Reymond). Die am häufigsten angewandte Stromesschwankung ist die Schliessung oder Oeffnung eines Stromes, d. h. der Uebergang von der Stromstärke 0 zur vollen Stärke des Stromes, oder der umgekehrte Vorgang. Aber auch jede andere Stromesschwankung wirkt erregend, z. B. die plötzliche Verstärkung oder Schwächung eines bereits den Nerven durchfliessenden Stromes, oder eine blosse Veränderung der Stromdichte im Nerven, bei unveränderter Stromstärke.**)

Denkt man sich die Zeit der Stromesschwankung in viele kleine Theile zerlegt und diese als Abscissen aufgetragen, als Ordinaten dagegen die einem jeden Zeittheilchen entsprechende Stromstärke, so erhält man eine Curve, welche den zeitlichen Verlauf der Stromesschwankung darstellt. Aus dem angegebenen „Gesetze der Nervenerregung durch den Strom“ ergiebt sich nun, dass der erregende Werth der Stromesschwankung um so grösser ist, je steiler diese Curve

---

*) Unter Stromdichte versteht man die Stromstärke, dividirt durch den Querschnitt des durchflossenen Körpers (hier des Nerven). Offenbar ist nur diese Grösse maassgebend, denn dieselbe Stromstärke muss in einem dünneren Nerven stärkeren Effect haben.

**) Letzteres erhält man z. B., wenn man bei geschlossenem Strome den Nerven plötzlich durch einen anderen darübergelegten feuchten Leiter verdickt. Der Strom, der sich bisher durch den Nerven allein ergoss, ergiesst sich jetzt durch beide Leiter zugleich, die Dichte im Nerven nimmt also plötzlich ab.

an- oder absteigt. (Das genauere Gesetz dieser Abhängigkeit ist noch nicht bekannt.) — Aus demselben Gesetz ergiebt sich leicht, dass man schon mit einer sehr geringen Stromstärke einen Nerven stark erregen kann, wenn man sie nur sehr schnell in den Nerven hereinbrechen oder aus ihm herausgehen lässt. Daher wirken die Entladungen der Reibungselectricität sehr stark erregend, weil sie zwar sehr schwache, aber äusserst schnell entstehende und wieder vergehende Ströme sind. Aus demselben Grunde wendet man die sehr schnell entstehenden und wieder vergehenden Inductionsströme gern zur Reizung an. — Andrerseits ist es klar, dass man einen sehr starken Strom durch den Nerven schliessen kann, ohne dass die Schliessung erregend wirkt, wenn man sie nur durch gewisse Kunstgriffe äusserst allmählich bewerkstelligt („Hineinschleichen in die Kette").

Die oben erwähnte Erregung durch constante Ströme zeigt sich bei Muskelnerven in einem Tetanus, bei Empfindungsnerven als Empfindung (Schmerz etc.), welche während der Dauer des Stromes anhalten. Die Erscheinungen sind bei aufsteigendem (s. unten) Strome stärker als bei absteigendem, ferner um so stärker, je stärker die Ströme, bis zu einer gewissen Grenze, über welche hinaus die electrotonischen Modificationen der Erregbarkeit (p. 281) den Erfolg wieder mindern.

Die Stromesschwankungen erregen am stärksten, wenn der Strom den Nerven der Länge nach durchfliesst, — gar nicht dagegen, wenn der Quere nach. Bildet der Strom einen Winkel mit der Nervenaxe, so erhält man mittlere Werthe, deren Gesetz noch nicht festgestellt ist.

Die positiven und negativen Stromesschwankungen (zunächst also Schliessungen und Oeffnungen) haben nicht denselben erregenden Werth; ihr relativer Werth ist nach der Richtung des erregenden Stromes verschieden. Das Gesetz für die Abhängigkeit lautet: Eine gegebene Nervenstrecke wird erregt, wenn in ihr (durch den erregenden Strom) Catelectrotonus entsteht (resp. zunimmt), oder Anelectrotonus vergeht (resp. abnimmt) (PFLÜGER).

In der p. 282 eingeführten bildlichen Vorstellung ausgedrückt, lautet das PFLÜGER'sche Erregungsgesetz: der Uebergang der Molecule aus dem gewöhnlichen in den beweglichen (Catel.), oder aus dem schwer beweglichen (Anel.) in den gewöhnlichen Zustand wirkt erregend; dagegen der Uebergang aus dem gewöhnlichen Zustand in den schwer beweglichen (Anel.), oder aus dem leicht beweglichen (Catel.) in den gewöhnlichen wirkt nicht erregend. In dieser Form ist das Gesetz seiner Ursache nach leicht verständlich.

Die Erfahrungen, aus denen dies Gesetz abgeleitet wird, sind ziemlich complicirt. (Sie sind an motorischen Nerven gewonnen, daher heisst das Gesetz auch das „Zuckungs-Gesetz".) Durchfliesst nämlich der erregende Strom eine beliebige (mittlere) Nervenstrecke, so wird der ganze Nerv in zwei Theile zerlegt, in denen entgegengesetzte Zustände herrschen, in dem einen An-, im anderen Catelectrotonus. Das obige Gesetz sagt nun, dass bei der Schliessung des erregenden Stromes immer nur die catelectrotonisirte Strecke, bei der Oeffnung nur die anelectrotonisirte erregt wird. Hat der erregende Strom die aufsteigende Richtung (d. h. die positive Electrode dem Muskel zugekehrt), so wird offenbar bei der Schliessung die obere Nervenstrecke, bei der Oeffnung aber die untere erregt; — bei absteigenden Strömen umgekehrt. Es fragt sich nun, welche Strecke, wenn sie erregt wird, den Muskel in Thätigkeit versetzt (eine Zuckung bewirkt). Dies ist aber nach der Stärke des erregenden Stromes verschieden. Bei starken Strömen verliert nämlich die anelectrotonische Strecke ihr Leitungsvermögen (s. unten); es können also nur die Erregungen der unteren, dem Muskel zunächst gelegenen Strecke zur Geltung kommen; bei starken Strömen muss demnach der absteigende Strom bei der Schliessung, der aufsteigende bei der Oeffnung Zuckung bewirken. Bei mittelstarken Strömen kommen beide Strekken zur Geltung, weil die Leitung im ganzen Nerven nirgends unterbrochen wird; offenbar muss hier, wie der Strom auch gerichtet sei, sowohl Oeffnung als Schliessung Zuckung bewirken. Bei den schwächsten Strömen wird nur diejenige Strecke auf den Muskel wirken, deren Erregung den grösseren Effect hat: dies ist aber cet. par. die entferntere (s. unten); es müsste also bei sehr schwacher Stromstärke die Schliessung des aufsteigenden und die Oeffnung des absteigenden Stroms Zuckung bewirken. Dies letztere Verhältniss kehrt sich aber dadurch um, dass das Entstehen des Catelectrotonus ein stärkerer Reiz ist als das Vergehen des Anelectrotonus, so dass bei den schwächsten absteigenden Strömen nicht Oeffnungs-, sondern Schliessungs-Zuckung eintritt. Hiernach gestaltet sich das Zukkungsgesetz folgendermassen (Z = Zuckung, R = Ruhe, S = Schliessung, O = Oeffnung):

Stromstärke.	Aufsteigender Strom.		Absteigender Strom.	
Stark	S—R	O—Z	S—Z	O—R
Mittelstark	S—Z	O—Z	S—Z	O—Z
Schwach	S—Z	O—R	S—Z	O—R

An centripetalen Nerven untersucht man die Wirksamkeit der Reize bei Thieren, indem man sie durch Strychninvergiftung zu Reflexkrämpfen geneigt macht.

Ist der zur Reizung verwandte Strom sehr stark oder lange Zeit geschlossen gewesen, so tritt statt der Oeffnungszuckung ein Oeffnungstetanus (Ritter'scher Tetanus) ein, der sofort wieder verschwindet, sobald man in derselben Richtung wieder schliesst, dagegen verstärkt wird, wenn man in umgekehrter Richtung schliesst. Da dieser Tetanus von der starken Erregung durch das Verschwinden des Anelectrotonus herrührt, so hört er sofort auf, wenn man die anelectrotonisirte Nervenstrecke vom Muskel trennt. Dies kann natürlich nur beim absteigenden Strome geschehen und zwar durch einen Schnitt zwischen den Electroden, an der Grenze der Bereiche des positiven und negativen Pols („Indifferenzpunct", Pflüger). — Früher wurde jenes Verhalten als eine Modification der Erregbarkeit betrachtet, analog den p. 281 besprochenen und so ausgedrückt, dass der constante Strom die Erregbarkeit des Nerven für die Oeffnung des gleichgerichteten und für die Schliessung des entgegengesetzt gerichteten erhöhe, für die entgegengesetzten Vorgänge aber herabsetzte (Rosenthal). — Die geschilderten Vorgänge erklären sich aber einfach aus dem Pflüger'schen Erregungsgesetze, wie man leicht findet. — Ist der Strom schwächer oder kürzere Zeit geschlossen gewesen, oder die Erregbarkeit durch Absterben des Nerven herabgesetzt, so tritt statt des Oeffnungstetanus eine etwas gedehnte Zuckung und endlich die gewöhnliche Oeffnungszuckung ein.

Die p. 223 erwähnte „Wiederherstellung der Erregbarkeit von Muskeln durch constante Ströme" gehört ebenfalls in diese Categorie von Erscheinungen, wobei man sich erinnern muss (p. 221), dass alle Gesetze der electrischen Nervenerregung auch für den Muskel gelten. Auch dort nämlich wird der Muskel nur erregbar für Oeffnung des gleich und für Schliessung des entgegengesetzt gerichteten Stromes.

Da die Erregung des Nerven nach dem Pflüger'schen Gesetz von dem Eintritt oder Aufhören eines gewissen Zustandes (Electrotonus) herrührt, so ist es klar, dass die Erregung ausbleiben muss, wenn der Eintritt und das Aufhören so rapide auf einander folgen, dass dazwischen nicht Zeit zur Ausbildung jenes Zustandes bleibt. Dies ist aber leicht der Fall bei Inductionsschlägen (welche aus einer sehr rapiden positiven und negativen Stromesschwankung bestehen, die unmittelbar auf einander folgen). Daher sind zuweilen selbst die stärksten Inductionsschläge ohne Wirkung auf einen Nerven oder Muskel, während einfache Oeffnungen und Schliessungen constanter Ketten erregend wirken. Dies ist besonders der Fall bei gewissen Muskeln (namentlich glatten), ferner bei gesunkener Erregbarkeit z. B. bei gelähmten Gliedern (v. Bezold, Fick, Neumann).

2. Chemische Reize. Im Allgemeinen wirken alle Einflüsse erregend auf den Nerven, welche seine chemische Zusammensetzung in gewissem Maasse und mit einer gewissen Geschwindigkeit verändern. Fast alle chemischen Nervenreize tödten zugleich den Nerven (vernichten seine Erregbarkeit, p. 280), doch wirkt nicht umgekehrt jede tödtende Substanz erregend, denn es tödten einige, z. B. Ammoniak und Metallsalzlösungen, so schnell, dass gar keine Erregung vorhergeht. Da die Nervensubstanz nur langsam diffundiren lässt, namentlich von der Scheide aus, so müssen die chem. Nervenreize im Allgemeinen concentrirter sein, als die Muskelreize (p. 222). Demnach sind die hauptsächlichsten chemischen Nervenreize folgende (Eckhard, Kühne): Concentrirte Lösungen von Mineralsäuren, Alkalien, Alkalisalzen, concentrirte Milchsäure, concentr. Glycerin u. s. w. Auch Wasserentziehung (Austrocknen) wirkt erregend.

3. Thermische Reize. Eine Temperatur von 34—45° C. wirkt auf (motorische Frosch-) Nerven erregend, ohne sie zu tödten; bis 40° entstehen clonische, über 40° tetanische Erregungen. Höhere Temperaturen (vgl. p. 280) tödten ohne Erregung (ROSENTHAL, AFANASIEFF).

4. Mechanische Reize. Jeder mechanische Eindruck, der die Form des Nerven an irgend einer Stelle mit einer gewissen Geschwindigkeit verändert (Stoss, Druck, Unterbindung, Schnitt, u. s. w.) wirkt während der Formveränderung selbst erregend. Ist die Form bleibend verändert, so ist gewöhnlich die Erregbarkeit (und die Leitungsfähigkeit, s. unten), aufgehoben.

5. Die naturgemässen, von den Endorganen ausgehenden Reize, d. h. (s. die Einleitung zu diesem Abschnitt) in den Centralorganen die Vorgänge, welche man als Automatie, Wille und Reflex bezeichnet (s. Cap. XIII.), — in den Sinnesorganen die erregenden Eindrücke der Aussenwelt: Licht, Schall, Wärme, Stoss, u. s. w. (Cap. XII.).

Erscheinungen des thätigen Zustandes.

Ueber den thätigen Zustand des Nerven selbst ist erst sehr wenig ermittelt. Man kennt weder die Natur der Kräfte, welche bei der Thätigkeit im Nerven frei werden, noch die chemischen Processe, die ihnen zu Grunde liegen. Ein ohne Weiteres sich aufdrängendes Kennzeichen, welches eine thätige Nervenstelle von einer ruhenden unterscheidet, etwa wie die Verkürzung beim Muskel, — fehlt ganz. Ein chemischer Unterschied zwischen ruhenden und thätig gewesenen Nerven ist bisher nur darin constatirt worden, dass letztere eine saure Reaction zeigen (FUNKE). Der Sauerstoffverbrauch ist für den thätigen Nerven ebensowenig ermittelt wie für den ruhenden. In Bezug auf den Kraftwechsel ist nur festgestellt, dass keine Wärmebildung eintritt (HELMHOLTZ), und dass die Bildung der Electricität wie im Muskel bei der Thätigkeit abnimmt; wie der Muskelstrom zeigt nämlich auch der Nervenstrom während der Thätigkeit eine negative Schwankung (DU BOIS-REYMOND), welche im Ganzen durch dieselben Mittel wie beim Muskel nachzuweisen ist.

Auch den Nerven muss man (wie den Muskel, p. 229) tetanisiren um seine negative Stromesschwankung am Multiplicator nachzuweisen. Das physiologische Rheoscop vermag dieselbe überhaupt nicht anzuzeigen, — die „secundäre Zuckung und der secundäre Tetanus vom Nerven aus“ sind (vgl. oben p. 281) nicht durch die negative Stromesschwankung, sondern durch den Electrotonus bedingt: sie fehlen z. B. bei nicht electrischer Nervenreizung, ferner kann man mittels des Zuckungsgesetzes nachweisen, dass die Erregung des stromprüfenden Nerven bei der secundären Zuckung unter Umständen von einer positiven Schwankung herrührt, dann nämlich wenn der Eintritt oder das Aufhören des Electrotonus eine solche mit sich bringt (du Bois-Reymond).

Die negative Stromesschwankung ist so innig mit dem thätigen Zustande des Nerven verbunden, dass sie ein vorzügliches Mittel abgiebt um die Erregung einer beschränkten Nervenstelle, welche sonst sich durch nichts kundgiebt, festzustellen (vgl. unten). Ihr zeitlicher Verlauf giebt ferner das einzige Mittel den zeitlichen Verlauf der Nerventhätigkeit kennen zu lernen, welchen man durch Methoden ähnlich denen für den Muskel nicht ermitteln kann. Der zeitliche Verlauf der negativen Schwankung ist folgender: Im Moment der Reizung sinkt der Nervenstrom plötzlich sehr stark (kehrt sich bei starker Reizung um) und erhebt sich dann wieder, etwas langsamer als er gesunken war, zur Norm. Die ganze Dauer der negativen Schwankung beträgt für einen Punct des Nerven 0,0005—0,0006 Secunde (Bernstein).

Die Methode nach welcher dies Resultat gewonnen ist, wird weiter unten erörtert werden, da sie gleichzeitig zur Ermittlung der Fortpflanzungsgeschwindigkeit der negativen Schwankung gedient hat.

Die negative Stromesschwankung ist stets eine Abnahme des grade bestehenden Nervenstromes, mag derselbe der natürliche, oder der durch den Electrotonus (p. 281) veränderte sein (Bernstein).

Fortpflanzung des thätigen Zustandes durch das Nervenrohr (Leitung).

Die Thätigkeit des Nerven, welche sich, wie erwähnt, im Nerven selbst nicht äusserlich kund giebt, führt dagegen zu Veränderungen in einem der beiden Endorgane desselben, im peripherischen oder im centralen. Unter normalen Verhältnissen wirkt stets der Reiz, der den Nerven in den thätigen Zustand versetzt, auf eines seiner beiden Endorgane, und jedesmal tritt darauf eine gewisse Veränderung, die wir kurzweg den „Erfolg“ nennen wollen, in dem anderen Endorgane ein. Tritt in einem Nerven nach Erregung des peripherischen Endorgans der Erfolg im centralen ein, so nennt man den Vorgang einen centripetalen, im umgekehrten Falle einen centrifugalen. In jeder Nervenfaser kommt immer nur eine der beiden Richtungen zur Geltung, man unterscheidet daher centripetale und centrifugale Nervenfasern und Nerven. — Ausser diesen naturgemässen, auf eins der Endorgane wirkenden Reizen kann aber der Nerv auch an jedem Puncte seines Verlaufes durch künstliche Reizung (s. oben) erregt werden, auch dann tritt stets derselbe Erfolg ein und zwar im centralen Endorgan bei centripetalen, im peripherischen bei centrifugalen Nerven.

Die einfachste Erklärung für dies Verhalten ist die, dass bei der normalen Erregung des Endorgans nicht auf einmal der ganze Nerv in den thätigen Zustand geräth, sondern dass der Thätigkeitsvorgang von einem Querschnitt des Nerven auf den nächsten übertragen und so durch die ganze Länge des Nerven fortgeleitet wird; — dass ferner jeder Reiz, der auf einen beliebigen Punct des Nerven wirkt, zunächst diesen in den thätigen Zustand versetzt und dadurch dieselbe Kette von Uebertragungen veranlasst, wie die natürliche Erregung des Endorgans. Diese Eigenschaft des Nerven, den thätigen Zustand von jedem Puncte auf den nächsten und so bis zum Endorgan zu übertragen, nennt man das Leitungsvermögen. Ein strenger Beweis für die Richtigkeit dieser Anschauung findet sich weiter unten.

Bedingung für die Leitung ist, dass zwischen dem erregten Puncte und dem Endorgan, in dem der Erfolg auftreten soll, der Nerv überall völlig intact ist. Jede Verletzung an irgend einer Stelle dieses Verlaufs durch Zerschneiden, Quetschen (Unterbinden), Brennen, chemisches Zerstören (Aetzen), unterbricht die Leitung. Auch die übrigen Einflüsse, welche die Erregbarkeit herabsetzen, beeinträchtigen zugleich das Leitungsvermögen, z. B. der Anelectrotonus (p. 281). Ein Uebergang der Leitung von einer Faser auf die andere findet niemals statt.

Ein solcher Uebergang findet scheinbar statt, wenn bei isolirter Reizung eines Nervenzweiges ein anderer Zweig in einem Muskel Zuckung bewirkt. Diese sog. „paradoxe Zuckung" ist nichts als eine secundäre Zuckung (p. 281), da im gemeinsamen Stamme der Eintritt des Electrotonus in den erregten Fasern auf die anliegenden Fasern als Reiz wirkt (du Bois-Reymond).

Um den Unterschied zwischen centripetal- und centrifugalleitenden Nerven zu erklären, nahm man früher an, dass jeder Nerv überhaupt nur in Einer Richtung zu leiten im Stande sei, und zwar erstere nur in der Richtung zum centralen, letztere nur zum peripherischen Ende. Indessen ist diese Annahme unnöthig, weil jede Nervenfaser nur an einem ihrer beiden Enden mit Organen in Verbindung steht, in welchen ein Erfolg ihrer Thätigkeit zu Tage treten kann. (Es giebt z. B. keinen Nerven, der an dem einen Ende mit empfindungsfähigen Ganglien, am andern mit einem Muskel in Verbindung stände.) Man braucht daher keinen specifischen Unterschied zwischen centripetalen und centrifugalen Nerven aufzustellen, sondern kann annehmen, dass jeder Nerv in beiden Richtungen leiten könne, dass aber nur eines seiner Endorgane die Nerventhätigkeit mit einem Erfolge beantworte. — Dass nun in der That ein „doppelsinniges Leitungsvermögen" existirt, wird durch folgende Erfahrungen bewiesen: 1. Wird eine beliebige Stelle eines Nerven durch Reizung erregt, so treten die Veränderungen, welche die Nerventhätigkeit begleiten (besonders die negative Stromesschwankung, p. 287), nicht bloss an Einer, sondern zu beiden Seiten der gereizten Stelle ein (du Bois-Reymond). 2. Reizt man den einen Endzweig einer gespaltenen motorischen Nervenfaser, so geräth, wenn der gemeinsame Stamm unverletzt ist, auch der andere Endzweig in Thätigkeit; es muss also jener, seiner gewöhnlichen centrifugalen Leitungsrichtung entgegen, centripetal geleitet haben (Kühne) (dasselbe beweist auch die oben erwähnte paradoxe Zuckung). 3. Weder in anatomischer, noch in chemischer, noch in physiologischer Hinsicht ist bis jetzt ein Unterschied beider Nervengattungen nachgewiesen. 4. Der directeste Beweis für das doppelsinnige Leitungsvermögen der Nerven ist aber der Versuch, künstlich einen Nerven herzustellen, der am centralen Ende mit empfindenden Centralorganen, am peripherischen mit Muskeln in Verbindung steht, an dem sich also die Leitungsfähigkeit in beiden Richtungen durch Erfolge kundgeben kann; die Methode besteht darin, das centrale Ende eines durchschnittenen sensiblen und das peripherische eines motorischen Nerven zusammenzuheilen (Bidder). Dieser Versuch gelingt mit dem peripherischen Hypoglossus- und dem centralen Lingualis-Ende und giebt das erwartete Resultat (Philippeaux & Vulpian; Rosenthal).

Als physiologischer Unterschied zwischen den beiden Nervengattungen wird angeführt, dass gewisse Gifte nur eine derselben afficiren; so lähmt z. B. das „Pfeilgift" (Wurali, Curare) nur die motorischen Nerven. Indessen ist nachgewiesen, dass die Wirkung von den peripherischen Endorganen ausgeht; sie beweist also Nichts für eine Eigenthümlichkeit der Nerven selbst.

Der durch den Reiz zunächst an der erregten Stelle hervorgebrachte thätige Zustand wird also durch die Leitung nach beiden Seiten, oder wenn die Erregung von einem Endorgan ausgeht, nur nach Einer Seite fortgepflanzt. Hierdurch gerathen alle Theile des

Nerven successive in den Zustand der Thätigkeit. Der Thätigkeitsgrad ist nicht überall derselbe, sondern nimmt merkwürdigerweise mit der Entfernung von der zuerst erregten Stelle zu. Man hat nämlich gefunden (Pflüger), dass der Erfolg im Endorgan (z. B. im Muskel, bei Erregung eines motorischen Nerven) um so stärker sei, je weiter die gereizte Nervenstelle vom Endorgane entfernt ist. Man kann dies nicht anders erklären, als dadurch, dass der Thätigkeitszustand bei der Fortleitung sich nicht in derselben Grösse erhält, sondern „lavinenartig“ anschwillt.

Diese Thatsache ist zugleich ein Beweis, dass die in der Einleitung angedeutete Anschauung vom Leitungsvorgange die richtige ist. Wäre die Leitung nur eine einfache Fortpflanzung einer Bewegung, ähnlich etwa der Fortpflanzung einer Welle auf einem Seile, so müsste offenbar der fortgeleitete Vorgang mit zunehmender Entfernung vom Ausgangspunct in seiner Intensität abnehmen (wegen der Widerstände) oder könnte sich höchstens im günstigsten Falle auf seiner Höhe erhalten. Die Zunahme aber erfordert eine andere Anschauung. Man denkt sich daher (Pflüger), dass jedes Nervenmolecül eine gewisse Summe von Spannkräften enthalte, von denen ein Theil bei der Thätigkeit frei werde; die freiwerdenden Kräfte eines Molecüls wirken aber wiederum auslösend auf die Spannkräfte der Nachbarmolecüle, so dass die Leitung in einer Kette von Auslösungsvorgängen bestehe; die lavinenartige Anschwellung erklärt sich ferner durch die Annahme, dass durch den Auslösungsvorgang jedesmal im folgenden Molecül grössere Kraftmengen freigemacht werden, als die auslösend auf dasselbe wirkenden (im vorhergehenden Molecül ausgelösten).

Geschwindigkeit der Leitung.

Die Uebertragungsvorgänge, welche der Leitung zu Grunde liegen, erfordern eine gewisse Zeit, so dass die Leitung mit einer bestimmten, nicht allzugrossen Geschwindigkeit geschieht. Diese beträgt für motorische Froschnerven 26—27 Meter in der Secunde (Helmholtz); für menschliche Empfindungsnerven schwanken die Angaben: pro Secunde 94 Meter (Kohlrausch), 60 Meter (Helmholtz), 34 Meter (Hirsch), 30 Meter (Schelske), 26 Meter (de Jaager). Die Geschwindigkeit wird durch mancherlei Einflüsse modificirt; so z. B. verringert durch Kälte (Helmholtz), und ebenso durch den electrotonischen Zustand, gleichgültig von welcher Phase (v. Bezold). Wahrscheinlich ist es ferner, dass die Geschwindigkeit der Leitung nicht gleichmässig ist, sondern mit zunehmender Entfernung von der zuerst erregten Stelle abnimmt (H. MUNK).

Zur Ermittelung der Leitungsgeschwindigkeit im motorischen Froschnerven dienen dieselben beiden Methoden, wie zur Bestimmung des zeitlichen Verlaufs der Muskelzuckung (p. 231 f.). Es wird nämlich derselbe Nerv zweimal hintereinander an verschiedenen Puncten seines Verlaufs (a und b in Fig. 6) gereizt. Bei der Reizung der dem Muskel näheren Stelle ist die Zeit der latenten Reizung (welche man sowohl nach der POUILLET'schen als auch nach der Myographion-Methode bestimmen kann) kürzer, es tritt also die Zuckung früher ein, als bei Reizung der entfernteren. Der Unterschied in der Dauer der latenten Reizung beider Versuche, bezogen auf den gemessenen Abstand der beiden erregten Puncte, giebt offenbar die gesuchte Fortpflanzungsgeschwindigkeit im Nerven (HELMHOLTZ).

Auch die negative Stromesschwankung kann man zur Ermittlung der Leitungsgeschwindigkeit im Froschnerven benutzen und zwar auf folgende Weise (BERNSTEIN): Ein Rad bewirkt, bei jeder Umdrehung einmal, 1) electrische Reizung einer Nervenstelle α und gleich darauf 2) vorübergehende Schliessung eines Multiplicatorkreises, in welchen eine andere Nervenstelle β eingeschlossen ist. Die Zeit zwischen den beiden Vorgängen (1) und (2) kann man beliebig variiren; und indem man sie von 0 ab beständig vergrössert, kommt man endlich an einen Punct, wo die Schliessung des Multiplicatorkreises grade in dem Moment stattfindet, in welchem die Strecke β eben ihre negative Schwankung in Folge der Reizung bei α beginnt. Hat man diesen Punct erreicht, so kennt man offenbar die Zeit, welche die negative Stromesschwankung gebraucht hat, um von α nach β fortzuwandern. Man findet diese Zeit proportional der Länge der Strecke $\alpha\,\beta$ (woraus sich zugleich ergiebt, dass die Stromesschwankung im Momente der Reizung beginnt, vgl. p. 287), und zwar beträgt sie 1 Secunde auf etwa 28 Meter. — Variirt man die Zeit zwischen den Vorgängen (1) und (2) so, dass der Nervenstrom bei β im Moment des Vorgangs (2) nicht den Beginn, sondern eine andere Phase der negativen Schwankung zeigt, z. B. das Maximum, oder das Ende u. s. w., so kann man aus den Unterschieden der Zeiten 1—2 natürlich den zeitlichen Verlauf und die Dauer der negativen Stromesschwankung selbst bestimmen; dies ist die Methode nach welcher die p. 287 angeführten Resultate gewonnen sind. Da die Nervenstrecke β kein Punct ist, sondern eine gewisse Ausdehnung hat, und der Verlauf nur die Dauer der Schwankung in der ganzen Strecke ergiebt, so muss man, um die Dauer der Schwankung in einem einzelnen Querschnitt des Nerven zu finden, von der gefundenen Dauer noch die Zeit subtrahiren, welche die Schwankung gebraucht, um sich durch die Strecke β (deren Länge man misst) fortzupflanzen. So ergab sich die p. 287 genannte Zahl.

Multiplicirt man die in Secunden ausgedrückte Dauer der Schwankung in einem Nervenelement (0,0005—0,0006) mit dem Wege den die Schwankung in einer Secunde durchläuft (28 Meter), so erhält man offenbar die Länge der Nervenstrecke, welche, während die Erregung den Nerven durchläuft, in einem bestimmten Moment in negativer Schwankung begriffen ist; diese Strecke ist 0,0005 $\times$28 Meter oder etwa 15 mm. für motorische Froschnerven. Der Anfang dieser Strecke beginnt eben die Schwankung, während ein etwas vor der Mitte liegender Punct bereits das Maximum derselben erreicht, und das Ende die Schwankung eben vollendet hat. Wenn man negative Schwankung und Nerventhätigkeit identificirt, so kann man füglich diese Strecke als die Wellenlänge der Nerventhätigkeit bezeichnen. (BERNSTEIN.)

Beim Menschen ist man bisher auf die Messung der Leitungsgeschwindigkeit in sensiblen Nerven beschränkt; die Methode ist im Allgemeinen folgende: eine Person giebt auf eine gewisse Empfindung ein verabredetes Signal; der Zeitabstand zwischem diesem und einem anderen, mit der Reizung verbundenen, Signal wird nach beliebigen Methoden gemessen (POUILLET'sche Methode [p. 232]; HIPP'sches Chronoscop [s. Lehrbb. d. Physik]; KRILLE's Registrirapparat [die Zeichen werden auf einen rotirenden Cylinder übertragen, auf dem gleichzeitig ein Pendelapparat Secunden markirt]; HANKEL's Registrirapparat [die Zeichen werden auf eine Paraffinfläche, die sich auf der Peripherie eines sehr schnell rotirenden Rades befindet, durch Eindrücken eines Stiftes in das Paraffin, übertragen; die Rotationsgeschwindigkeit wird mittels des KRILLE'schen Apparats bestimmt]; KÖNIG's Phonautograph [im Principe ähnlich dem KRILLE'schen Apparat, mit dem Unterschiede jedoch, dass nicht ein Pendel, sondern eine schwingende Stimmgabel die Zeit markirt; die Zeit wird hier also viel feiner eingetheilt, was bei ungleichmässiger Rotationsgeschwindigkeit sehr wichtig ist]). Die so gemessene Zeit Z umfasst folgende Abtheilungen: a die Zeit für die sensible Leitung bis zum Gehirn, b die Zeit für den psychischen Vorgang bis zur Innervation des motorischen Nerven, c die Zeit von hier bis zum Erfolgen des Signals ($Z = a + b + c$). Wenn man nun den Versuch zweimal hintereinander anstellt, indem man einmal den Reiz an einer dem Gehirn näheren, das andere Mal an einer entfernteren Nervenstelle anbringt (am Halse und am Fusse), so ergiebt der Unterschied der Zeiten Z und Z', bezogen auf den Unterschied der Nervenlängen, die gesuchte Leitungsgeschwindigkeit; vorausgesetzt, dass der Unterschied zwischen Z und Z' nur auf dem zwischen a und a' beruht und b und c in beiden Versuchen gleich sind. Dies ist aber für b nicht immer sicher, da man gefunden hat, dass die Art der Empfindung, das vorherige Kennen oder Nichtkennen derselben, die Erwartung derselben zu einer bestimmten Zeit, die Art des verabredeten Signals etc. den grössten Einfluss auf die Zeit b haben (DONDERS & DE JAAGER). Die grossen Unterschiede in den von verschiedenen Beobachtern gefundenen Zeiten (s. oben) können nun entweder auf Fehlern durch die Inconstanz von b oder auf wirklichen individuellen Verschiedenheiten der Leitungsgeschwindigkeit beruhen.

Function und Eintheilung der Nervenfasern.

Trotzdem höchst wahrscheinlich sämmtliche Nervenfasern völlig gleichartig sind (p. 288), macht sich doch das Bedürfniss einer Eintheilung derselben geltend. Die gewöhnliche Eintheilung ist hergenommen von der zufälligen Function der Fasern, wie sie durch die Beschaffenheit ihrer beiden Endorgane gegeben ist; man bezeichnet die so bedingte Function eines Nerven als seine „specifische Energie." Hiernach theilt man die Nervenfasern (genauer: die „Systeme aus einer Nervenfaser und ihren beiden Endorganen") ein in:

A. Centrifugalleitende Fasern (p. 288): 1. Motorische Fasern; ihr peripherisches Endorgan (Erfolgsorgan) ist eine Muskelfaser oder ein anderes der im vorigen Capitel genannten contractilen Elemente; 2. Secretorische Fasern; ihr peripherisches Endorgan ist ein Drüsenelement und ihre specifische Energie besteht darin, auf eine vom Centrum ausgehende oder reflectirte Erregung den Secretionsvorgang in der Drüse direct (ohne vasomotorische Vermittlung) zu steigern (vgl. p. 79); 3. Trophische Fasern, d. h. solche, die die Ernährungs- (Oxydations-) processe in den Parenchymen beherrschen, also sich zu den Parenchymsäften (p. 75) verhalten, wie die secretorischen zu den freien Secreten. Ihr Dasein ist, obwohl nicht unwahrscheinlich, doch bisher noch nicht erwiesen; fast alle Erscheinungen, die man bisher dafür angeführt hat, lassen sich auf Wirkungen motorischer (namentlich vasomotorischer), secretorischer oder selbst sensibler Fasern zurückführen (s. unten beim Trigeminus). Der einzige unzweifelhafte Nerveneinfluss auf die Ernährung ist der auf die des Nerven selbst; es ist nämlich schon früher angeführt worden (p. 280), dass durchschnittene Nerven in dem peripherischen Abschnitt fettig degeneriren.

Die secretorischen und die fraglichen trophischen Nerven haben zugleich (p. 6, 78) Einfluss auf die Wärmebildung und könnten deshalb ebensogut als thermische, wie die Muskelnerven als motorische, bezeichnet werden. Indess scheinen die nervösen Einflüsse auf die locale Temperatur hauptsächlich sich auf die Blutvertheilung zu beziehen (vasomotorische Nerven; vgl. p. 70, 202).

B. Centripetalleitende Fasern: 1. Sensible Fasern; ihr centrales Endorgan (Erfolgsorgan) ist ein Seelenorgan, der Erfolg ihrer Erregung eine Seelenthätigkeit, nämlich Empfindung; das peripherische Endorgan ist ein Sinnesorgan (Cap. XII.); 2. Reflectorische oder excitomotorische Fasern; in ihrem centralen Endorgan wird die anlangende Erregung auf andre Fasern, und schliesslich auf centrifugale übertragen.

Die mit den sensiblen Fasern verbundenen Seelenorgane repräsentiren verschiedene Arten von Empfindungen, die einen Gesichtsempfindungen, andre Gehörsempfindungen, etc. Jede sensible Faser kann immer nur dasselbe Seelenorgan erregen, also immer nur dieselbe Empfindungsart hervorrufen, auf welche Weise sie selbst auch erregt sei; die „specifische Energie“ der Opticusfasern ist also Gesichtsempfindung, die der Acusticusfasern Schallempfindung u. s. w.

Die peripherischen Endorgane jeder sensiblen Faser (Sinnesorgane), aber nur diese, sind ausser durch die allgemeinen Nervenreize noch durch einen besonderen Reiz erregbar, und werden für gewöhnlich durch diesen erregt; so die Opticusendorgane in der Retina durch Lichtwellen, die Endorgane des Acusticus durch Schallwellen, die des Olfactorius durch den Einfluss von „Riechstoffen", etc.

Da die Seele nun kein Mittel hat, den Ursprung der anlangenden Erregung zu erkennen, so nimmt sie für jede Empfindung den gewöhnlichen Ursprung an, d. h. 1. sie verlegt die Ursache jeder Empfindung in das peripherische Endorgan der sensiblen Faser, auch wenn die Erregung ungewöhnlicherweise nicht dieses, sondern den Stamm des Nerven getroffen hat; Amputirte verlegen die Empfindungen, welche durch irgendwelche Reizung des Nervenstumpfes bedingt sind, in das amputirte Glied (excentrische Verlegung der Empfindungen); 2. sie nimmt als Ursache den specifischen Vorgang an, welcher gewöhnlich das Endorgan der Faser erregt (Licht, Schall etc.), auch wenn nicht dieser, sondern irgend ein allgemeiner Nervenreiz (mechanisch, electrisch, thermisch, chemisch) der Erreger gewesen ist; sie hält also jede Gesichtsempfindung für bedingt durch Lichtwellen, welche die Retina getroffen haben, auch wenn Zerrung der Retina, Quetschung des Opticus, etc. die Ursache war; u. dgl. m. — Die Schlüsse über den Ursprung der Erregung gehen in vielen Fällen noch weiter; nämlich da, wo der specifische erregende Vorgang stets einen bestimmten Weg durchlaufen muss, um zum peripherischen Endorgan der sensiblen Faser zu gelangen. So muss jede die Retina treffende Lichtwelle, jede den Acusticus erregende Schallwelle vorher die durchsichtigen Medien des Auges, die schallleitenden Körper des Ohres durchlaufen haben; demgemäss wird die Ursache der Licht- und Schallempfindungen nach Aussen verlegt. Bei den Lichtempfindungen macht die Seele sogar einen Schluss auf den Ort des leuchtenden Körpers, wenigstens der Richtung nach; jeder beleuchtete Retinapunct kann mit dem leuchtenden Punct durch den Hauptstrahl (die „Richtungslinie", s. Cap. XII.) verbunden werden, und in dieser Richtung wird daher die Ursache jeder Lichtempfindung, auch der subjectiven, nach Aussen verlegt.

Das Princip der specifischen Energieen lässt sich consequenterweise noch weiter durchführen. In derselben sensiblen Faser können nämlich nach der bis jetzt gebräuchlichen Vorstellung verschiedene Erregungszustände vorhanden sein, bedingt durch Verschiedenheit des specifischen Erregers oder selbst durch verschiedene der allgemeinen Nervenreize; die Folge dieser verschiedenen Erregungszustände sind verschiedene Empfindungen im Centralorgan, die aber sämmtlich in dieselbe Categorie (Gesichts-, Geschmacksempfindungen, u. s. w.) gehören. So kann eine Geschmacksnervenfaser in ihrem Endorgane durch Zucker, durch Aloë, in ihrem Stamme durch auf- oder absteigende Ströme erregt werden; der Erfolg ist stets eine Geschmacksempfindung, aber im ersten Falle ein süsser, im zweiten ein bitterer, im dritten ein saurer, im vierten ein brennender („alkalischer") Geschmack. Ueber das Wesen dieser Verschiedenheit in den Erregungszuständen hat man noch keine Vorstellung. Befriedigender würde eine strengere Durchführung des Princips der specifischen Energieen sein, nämlich die Annahme, dass es für jede Modification derselben Empfindungscategorie besondere Fasern gebe, welche allein durch eine bestimmte Form des Erregers angesprochen werden und deren Centralorgane die verschiedenen Modificationen der Empfindung repräsentiren. Demnach würde man die oben beispielsweise angeführten Erscheinungen so erklären, dass der süssschmeckende und der bitterschmeckende Stoff nicht dieselbe, sondern verschiedene Fasern des Geschmacksnerven erregen und dass der electrische Geschmack etwa eine Mischempfindung aus sämmtlichen einfachen Geschmackarten wäre. In der That ist eine solche Auffassung bei einigen sensiblen Nerven, nämlich beim Gesichts- und Gehörnerven, schon hypothetisch ausgesprochen worden, und wird durch eine grosse Anzahl von Erscheinungen und anatomischen Befunden begünstigt (Young, Helmholtz, M. Schultze). Näheres hierüber im folgenden Capitel beim Gesichts- und Gehörsinn.

Ohne hinreichenden Grund werden die empfindenden Fasern noch weiter eingetheilt in sensible (i. engeren S.) und sensuelle oder Sinnesnerven. Näheres hierüber s. Cap. XII. 5. —

C. Intercentrale Fasern, d. h. solche, welche zwei Centralorgane (Ganglienzellen) unter einander verbinden. Ihre Zahl ist ausserordentlich gross; über ihre Bedeutung existiren bis jetzt nur Hypothesen, von welchen erst im 13. Capitel die Rede sein wird. Es gehören hierher: der grösste Theil der Fasern des Gehirns und Rückenmarks, der Hauptheil der sympathischen Nerven, die sog. Hemmungsnerven, u. a. m.

B. SPECIELLE NERVENPHYSIOLOGIE.

Die verschiedenen (motorischen, sensiblen, etc.) Nervenfasern sind in der Regel so angeordnet, dass die für dieselbe Körpergegend bestimmten, welcher Art sie auch seien, eine Strecke weit in einem gemeinsamen („gemischten") Nervenstamme zusammenlaufen, und erst in der Nähe ihres Bestimmungsortes in Zweige auseinandergehen, die nur Fasern derselben Gattung enthalten („sensible, motorische Nerven"). Nur bei den Nerven des Kopfes, deren ganzer Verlauf kürzer ist, findet meist keine Vereinigung Statt, so dass die Kopfnerven vom Ursprung ab fast alle entweder rein motorisch oder rein sensibel sind.

Die Aufgabe der speciellen Nervenphysiologie ist es, für jede einzelne Nervenfaser ihre specifische Energie (kurzweg: „Function" genannt) festzustellen. Diese würde sich stets von selbst ergeben, wenn die beiden Endorgane jeder Faser durch die Anatomie genau ermittelt und in ihren Functionen bekannt wären. Beide Wissenschaften ergänzen sich hier gegenseitig.

Von der speciellen Function eines Nerven überzeugt man sich folgendermaassen: 1. Man durchschneidet ihn an irgend einer Stelle; es bleiben dann auf der Seite des Erfolgsorgans alle Erfolge aus, welche durch Erregung jenseits des Schnittes eintreten müssten; bei Durchschneidung eines Muskelnerven bleibt also der Muskel erschlafft, obgleich der Wille oder eine reflectorische oder automatische Erregung auf das centrale Ende des Nerven, oder irgend ein andrer Reiz auf dessen Verlauf oberhalb des Schnittes einwirkt: — der Muskel ist „gelähmt"; bei Durchschneidung eines centripetalen Nerven kommen Sinnesreize oder Erregungen des peripherischen Nervenabschnitts nicht mehr zur Empfindung, es tritt Blindheit, Taubheit, Fühllosigkeit u. s. w. ein. — 2. Man reizt die beiden durch den Schnitt von einander getrennten Nervenabschnitte (meist tetanisch) und beobachtet, auf welcher Seite, wo und welcher Erfolg eintritt.

Die Nervenstämme werden nach ihren centralen Enden (ihrem „Ursprung") eingetheilt in Hirn-, Rückenmarks- und sympathische Nerven.

I. Hirnnerven.

1. Olfactorius. Seine Fasern haben die Function, jede Erregung, welche sie an irgendwelcher Stelle trifft, den geruchsempfindenden Hirntheilen zuzuleiten und dadurch Geruchsempfindungen zu veranlassen; die Erregung geschieht physiologisch stets in den peripherischen Endorganen, auf der Riechhaut (Cap. XII.), und zwar durch gewisse specifische Reize, die „Riechstoffe".

Die Entstehung von Geruchsempfindung bei Erregung des Olfactorius durch gewöhnliche Nervenreize ist zwar nicht direct nachgewiesen (vgl. Cap. XII.), aber nach dem p. 294 Gesagten unzweifelhaft.

2. Opticus. Jede Erregung desselben erregt die lichtempfindenden Hirntheile, bringt daher Lichteindrücke hervor. Seine normale Erregung geht von seinen peripherischen Enden in der Retina des Auges aus, und bewirkt specifisch verschiedene (farbige) Lichteindrücke. Ausserdem enthält er Fasern, welche reflectorisch Fasern des Oculomotorius erregen, die zum Sphincter iridis gehen. (Näheres im 12. Cap.)

3. Oculomotorius, motorischer Nerv für die meisten Muskeln der Augenhöhle: Rectus superior, inferior, internus; Obliquus inferior, und Levator palpebrae superioris; ferner für den Circularmuskel der Pupille (Sphincter s. Circularis iridis) und den Tensor chorioïdeae. Seine Erregung im Gehirn geschicht theils durch den Willen, theils (die Fasern für die Iris) reflectorisch vom Opticus aus (Cap. XII.). Es wird behauptet, dass der Oculomotorius auch sensible Fasern enthält; jedoch ist es sicher, dass ihm diese nicht von Anfang an sondern erst nach seiner Communication mit dem Trigeminus beigemischt sind.

Durchschneidung oder Lähmung des Oculomotorius bewirkt daher: 1) Herabfallen des oberen Augenlids („Ptosis"); 2) Auswärtsschielen, weil jetzt dem Trochlearis und Abducens die andern Augenmuskeln nicht mehr das Gleichgewicht halten; 3) Erweiterung der Pupille und Unempfindlichkeit derselben gegen Licht; 4) beständige Accommodation für die Ferne.

4. Trochlearis, motorischer Nerv für den M. obliquus oculi superior (trochlearis). Auch ihm werden sensible Fasern zugeschrieben.

5. Trigeminus, ein gemischter Nerv, der aus zwei Wurzeln, einer sensiblen (Portio major) und einer motorischen (P. minor), nach Art der Rückenmarksnerven (s. unten) entsteht, und bald wieder in motorische und sensible Aeste zerfällt. Die sensible Wurzel enthält ähnlich den Rückenmarksnerven ein Ganglion (G. Gasseri s. semilunare).

Seine sensiblen Fasern vermitteln die Empfindung fast am ganzen Kopf. Ein Theil seiner Fasern scheint zu den Geschmacksnerven zu gehören (s. Cap. XII.). — Seine motorischen Fasern versorgen die Kaumuskeln (Temporalis, Masseter, Pterygoïdei), ferner den Tensor palati mollis, Digastricus anterior, Mylohyoideus,

Tensor tympani, wahrscheinlich auch (OEHL) den Dilatator iridis*); endlich die Gefässmuskeln der Arterien in der Conjunctiva und Iris („vasomotorische Fasern"; dieselben sind jedoch vermuthlich sympathischen Ursprungs). — Ferner enthält er secretorische Fasern für die Thränendrüse, die Parotis und Submaxillaris. Näheres über Ursprung und Verlauf der letzteren (welche zum Theil vom Facialis stammen) s. p. 85 f.

Dem Trigeminus werden auch „trophische Fasern" zugeschrieben, namentlich für den Augapfel, der nach Durchschneidung des Trigeminus (in der Schädelhöhle) entzündet und zerstört wird. Wahrscheinlich aber ist dieser Erfolg nur dem Verluste der Empfindung zuzuschreiben, der die Abhaltung äusserer Schädlichkeiten beeinträchtigt. Hierfür spricht, dass der Augapfel auch nach Durchschneidung des Trigeminus intact bleibt, wenn man eine empfindende, schützende Fläche vor ihm künstlich anbringt, bei Kaninchen z. B. das Ohr vornäht (SNELLEN). Neuerdings ist allerdings diese Erklärung wieder zweifelhaft geworden, da erstens nach Lähmung des Facialis, trotzdem das Thier jetzt sein Auge nicht mehr durch Lidschluss schützen kann, keine Entzündung eintritt (SAMUEL), und da man zweitens nach partieller Durchschneidung des Trigeminusstammes, sobald die innersten Fasern intact sind, trotz vollkommner Empfindungslähmung und ohne dass man das Auge künstlich schützt, keine Entzündung eintreten sieht, und umgekehrt das Auge sich sehr leicht entzündet (wenn es nicht geschützt wird), sobald nur die innersten Fasern verletzt, die übrigen erhalten, das Auge also sensibel geblieben ist (MEISSNER). Man würde also, wenn diese vorläufig vereinzelten Beobachtungen sich bestätigen, doch besondere „trophische" Fasern annehmen müssen, die im Stamm am innern Rande verlaufen; die Wirkung derselben ist noch ganz unverständlich. — Auch für die Mundhöhle sollte der Trigeminus trophische Fasern führen, da nach Durchschneidung desselben Geschwüre im Munde auftreten; dieselben rühren aber von der Schiefstellung des Unterkiefers (durch einseitige Lähmung der Kaumuskeln) her, wodurch die Zähne nicht mehr auf einander passen, sondern sich an die Schleimhaut andrücken (ROLLETT).

6. Abducens, motorischer Nerv für den M. rectus oculi externus (abducens).

7. Facialis, enthält fast nur centrifugalleitende (motorische und secretorische) Fasern. Wo er sensible Zweige besitzt, rühren diese von beigemischten Trigeminusfasern her; denn die Sensibilität schwindet nach Durchschneidung des Trigeminus. Jedoch führt die Chorda tympani nach neueren Angaben Geschmacksfasern (vgl. Cap. XII.).

Seine motorischen Fasern versorgen alle Hautmuskeln des Kopfes (sog. „Gesichtsmuskeln"; — er vermittelt daher die Mimik), die Muskeln des äusseren Ohrs, den Stylohyoïdeus, Levator palati

---

*) Von der Innervation der Iris wird im 12. Capitel im Zusammenhang die Rede sein.

mollis, hinteren Bauch des Digastricus, Stapedius, endlich das Platysma myoides. — Seine secretorischen Fasern wirken auf die Speicheldrüsen (Näheres p. 85 f.).

Bei Lähmung eines Facialis entsteht eine Verzerrung des Gesichts nach der gesunden Seite. — Dieselbe rührt daher, dass nach einer Contraction der letzteren, die Spannung der verzogenen Theile nicht hinreicht, die Muskeln wieder auf ihre frühere Länge auszudehnen (vgl. p. 231).

8. Acusticus, ist der alleinige Vermittler der Gehörswahrnehmungen. Jede Reizung desselben erzeugt Schallempfindungen, seine Durchschneidung Taubheit. (Näheres Cap. XII.).

9. Glossopharyngeus, ein gemischter Nerv, der indess nur wenige motorische Fasern für den M. levator palati mollis, azygos uvulae, constrictor faucium medius und stylopharyngeus enthält. Die übrigen Fasern sind centripetal und vermitteln theils die Tastempfindungen, zum grössten Theil aber die Geschmacksempfindungen, des weichen Gaumens und der Zungenwurzel (Cap. XII.).

10. und 11. Vagus und Accessorius. Beide zusammen bilden einen gemischten Nerven. Es ist sehr wahrscheinlich (Longet), dass beide Nerven als zwei Wurzeln zu betrachten sind, deren eine (Vagus) fast nur die centripetalen, die andre (Accessorius) die centrifugalen Fasern enthält; indess führt auch der Vagusursprung motorische Fasern, für den Larynx, Pharynx und Oesophagus (van Kempen).

Die centrifugalen Fasern sind, soweit bekannt, folgende: a. Motorische Fasern 1) für die Muskeln des weichen Gaumens und des Schlundkopfs; 2) für die des Kehlkopfs, grösstentheils enthalten im Laryngeus inferior s. Recurrens (jedoch enthält der Laryngeus superior einen Zweig für den Cricothyreoideus); 3) für die Muskeln der Bronchien (? s. unten); 4) für den Oesophagus; 5) für den Magen (vgl. p. 127); 6) nach Einigen auch für den Dünn- und Dickdarm, und für den Uterus; 7) für den Sternocleidomastoïdeus und Cucullaris (im Accessorius der descr. Anat.). — b. „Hemmungsnervenfasern“ für die Herzbewegung (Ed. Weber, Budge, s. p. 68). — c. Secretorische Fasern 1) für die Drüsen der Magenschleimhaut, etc., noch nicht erwiesen, neuerdings geleugnet (s. p. 89), 2) für die Nieren (Bernard): Reizung des Vagus an der Cardia soll die Harnsecretion vermehren, unter Röthung des Venenblutes (?); — d. Vasomotorische Fasern für die Lungengefässe (?).

Die centripetalen Fasern sind folgende: a. Empfindungsfasern, vermuthlich 1) für den ganzen Respirationsapparat, 2) für den Digestionsapparat vom Gaumensegel bis zum Pylorus, 3) für das Herz; — b. reflectorisch wirkende Fasern: 1) reflectorisch-motorische Fasern für die Nerven der Inspirationsmuskeln, d. h. Fasern, deren Erregung, centripetal bis zum Ursprunge in der Medulla oblongata fortgeleitet, dort reflectorisch eine Erregung der Inspirationsnerven hervorruft oder richtiger nur den Rhythmus dieser Erregung beschleunigt (L. Traube, Rosenthal, vgl. p. 145); dieselben haben ihren Ursprung höchstwahrscheinlich in der Lunge, und werden hier wie es scheint durch die mit der Inspiration verbundene Zerrung mechanisch erregt (Rosenthal); 2. reflectorisch-hemmende Fasern für dieselben Nerven, deren centripetal geleitete Erregung also reflectorisch die Frequenz der Inspirationsbewegungen herabsetzt (im Laryngeus superior liegend, — Rosenthal, s. p. 146); 3) reflectorisch-hemmende Fasern für das Centrum der vasomotorischen Nerven; dieselben liegen im Ramus depressor (p. 71); 4) reflectorisch-secretorische Fasern, für die Speichelsecretion (Oehl, vgl. p. 84); 5) angeblich reflectorisch-trophische (oder secretorische) Fasern für die Zuckerbildung in der Leber, d. h. solche, deren centripetal geleitete Erregung die Nerven reflectorisch anregen soll, welche die Zuckerbildung einleiten (vgl. jedoch p. 161ff.). Diese Fasern haben ihre peripherischen Enden in der Brusthöhle, vielleicht in der Lunge (Bernard).

Zur bessern Uebersicht sollen hier die Resultate der Durchschneidungs- und Reizungsversuche am Vagus und Accessorius resumirt werden, aus denen man das Vorhandensein dieser Fasergattungen erschlossen hat: 1. Durchschneidung des Accessorius oberhalb seiner Verbindung mit dem Vagus (statt derselben werden gewöhnlich die Accessorius-Wurzeln aus dem Marke „ausgezogen"); lähmt alle vom Vago-Accessorius abhängigen Muskeln (s. oben) und beschleunigt die Herzbewegungen, während Reizung sie verlangsamt (Heidenhain). Reizung des Vagus an dieser Stelle bewirkt unter anderm Contractionen im Larynx, Pharynx und Oesophagus. 2. Durchschneidung des Vagusstammes am Halse: a. lähmt die Muskeln des Kehlkopfes, wodurch die Stimmbänder nicht mehr functioniren, und Speisetheilchen in die Lungen gerathen können, hierdurch entsteht tödtliche Pneumonie (vgl. p. 148), b. beschleunigt die Herzbewegungen, c. verlangsamt die Inspirationsbewegungen, d. unterbricht die Zuckerbildung in der Leber (?). 3. Reizung des peripherischen Vagusendes am Halse: a. bringt die Muskeln des Kehlkopfs zur Contraction (Stimmritzenkrampf), ebenso die Reizung des peripherischen Endes vom Laryngeus inferior, b. verlangsamt die Herzbewegungen bis zum Stillstand in Diastole, c. soll die glatten Muskeln der Bronchien contrahiren, so dass das Lumen sich etwas verengt (wird vielfach bestritten: Donders, Wintrich, Rosenthal, Rügenberg), d. bringt Contractionen des Magens, des Darms (?), des Uterus (?) u. s. w. hervor, e. vermehrt die Nierensecretion (?). 4. Reizung des centralen Vagusendes am Halse: a. beschleunigt die Inspirationsbewegungen bis zur tetanischen Inspiration, b. vermehrt angeblich die Zuckerbildung in der Leber, c. vermehrt die Speichelsecretion, d. vermindert den Blutdruck, wenn die Reizung oberhalb der Einmündung des Depressor geschieht. 5. Durchschneidung oder Lähmung des Laryngeus inferior lähmt die Kehlkopfmuskeln, wodurch derselbe Effect entsteht wie bei Vagusdurchschneidung (vgl. sub. 2. a.); durch Aneurysmen des Arcus aortae wird zuweilen ein Lar. inf. comprimirt und gelähmt, wodurch ein Stimmband erschlafft. 6. Durchschneidung des Laryngeus superior hat eine geringe Verlangsamung der Inspiration zur Folge (Sklarek), wegen beigemischter motorischer Fasern für den Kehlkopf bes. für den M. cricothyreoideus. 7. Reizung des centralen Endes des Laryngeus superior verlangsamt die Inspirationen bis zum völligen Aufhören der Respiration (Rosenthal). 8. Reizung des centralen Endes des Depressor erweitert sämmtliche Arterien und vermindert dadurch den Blutdruck (Cyon & Ludwig)

12. Hypoglossus, der motorische Nerv für sämmtliche Zungenmuskeln, also auch für die Sprache.

II. Rückenmarksnerven.

Die vom Rückenmark entspringenden Nerven sind sämmtlich in einem grossen Theil ihres Verlaufes gemischt; jedoch sind sie es nicht von Anfang an, sondern ein jeder entspringt mit zwei Wurzeln, einer vorderen, welche die centrifugalen, und einer hinteren, welche die centripetalen Fasern enthält (Charles Bell); jene heisst daher auch die motorische, diese die sensible Wurzel; letztere besitzt ein Ganglion.

Durchschneidet man demnach sämmtliche vordere Wurzeln einer Seite, so sind die Muskeln der entsprechenden Körperhälfte vollständig gelähmt; durchschneidet man die hinteren, so ist die Körperhälfte unempfindlich. Durchschneidet man bei einem Thiere (Frosch) auf der einen Seite (z. B. rechts) die hinteren, auf der anderen (links) die vorderen Wurzeln der Schenkelnerven, so bleibt es, wenn man das rechte Bein insultirt, unbeweglich, weil es den Schmerz nicht fühlt; verletzt man dagegen das linke, so macht es mit dem rechten abwehrende Bewegungen, während das linke unbewegt bleibt, denn es fühlt den Schmerz im linken Bein, kann aber nur das rechte bewegen. Beim Hüpfen schleppt es auch das rechte Bein wie ein gelähmtes nach, weil es dasselbe nicht fühlt.

Auch die vorderen Wurzeln sollen zuweilen sensible Fasern enthalten (Longet). Dies sind aber nur solche, welche in der hinteren Wurzel aus dem Rückenmark herausgetreten und aus dem gemeinsamen Stamm rückwärts wieder in die vordere umgebogen sind; daher ist, wenn man die vordere Wurzel zerschnitten hat, auch nur das peripherische Ende empfindlich, und die Sensibilität erlischt ganz, sowie man die hintere Wurzel durchschneidet (Magendie).

Die centrifugalen Fasern der Rückenmarksnerven (in den vorderen Wurzeln enthalten) sind: 1. motorische für sämmtliche quergestreifte Muskeln des Rumpfes und der Extremitäten, und (wahrscheinlich durch Vermittlung des Sympathicus) für gewisse glatte Muskeln der Eingeweide, z. B. den Detrusor urinae; — 2. vasomotorische Fasern für den grössten Theil der Arterien des Körpers; diese mischen sich jedoch den Nervenstämmen erst nach der Vereinigung mit den Rr. communicantes des Sympathicus bei, stammen also von diesem her (BERNARD); — 3. möglicherweise auch secretorische und trophische Fasern. — Die centripetalen Fasern sind die sensiblen Nervenfasern für die Empfindung der ganzen Körperoberfläche mit Ausnahme des Gesichts und Vorderkopfes.

Die Vertheilung der verschiedenen motorischen und sensiblen Nerven (für die einzelnen Muskeln und Hautstellen) auf die 31 Wurzelpaare ist aus den Angaben der Anatomie zu entnehmen.

Durchschneidet man die hinteren Wurzeln der Rückenmarksnerven, so sinkt plötzlich die Erregbarkeit der vorderen (LUDWIG & CYON). Es müssen also die ersteren durch einen reflectorischen Vorgang beständig die Erregbarkeit der letzteren steigern, oder, was verständlicher wäre, sie beständig schwach erregen (vgl. Cap. XIII. unter Muskeltonus), so dass bei Reizung der vorderen Wurzeln sich der Reiz zu dieser beständigen Erregung addirt.

III. Sympathische Nerven.

Die Betrachtung derselben lässt sich nicht gut von der der sympathischen Centralorgane trennen, welche im 13. Capitel behandelt werden; ebendaselbst werden die Gründe dafür angegeben werden.

ZWÖLFTES CAPITEL.

Die peripherischen Endorgane der Nerven.

Die peripherischen Endorgane der centrifugalen Nerven sind erst zum geringsten Theile bekannt. Erst vor Kurzem sind die p. 209 erwähnten Endorgane der motorischen Nerven in den quergestreiften Muskelfasern anatomisch nachgewiesen worden; Physiologisches über dieselben ist noch durchaus nicht ermittelt. Ebensowenig kennt man die Enden der später zu erwähnenden sensiblen Fasern in den Muskeln. Sehr wenig bekannt sind die Nervenendorgane in den glatten Muskelfasern, in den Drüsen, die Endorgane der trophischen Nerven, u. s. w.

In den glatten Muskelfasern sollen die Nervenfasern in die Zelle eintreten und der Axencylinder sich an den länglichen Kern, und zwar zu einem in der Wand desselben liegenden Kernkörperchen begeben (Frankenhäuser). In den Protoplasmahaufen der Cornea tritt der Axencylinder in das Protoplasma ein, ohne sich mit dem Kern zu verbinden (Kühne). In den Speicheldrüsen existiren mehrere Arten von Nervenendigungen, vielleicht entsprechend den verschiedenen Nervengattungen der Drüse (p. 85). Gemeinsam ist diesen Endigungen, dass die Axencylinder die Membran der Acini durchbrechen und (auf verschiedene Weise) mit den Drüsenzellen in directe Verbindung treten (Pflüger).

Dagegen sind die peripherischen Endorgane der centripetalen Nerven grösstentheils ziemlich genau untersucht. Ein grosser Theil dieser Endorgane steht mit Vorrichtungen in Verbindung, welche dazu dienen, die zur Erregung der Nerven bestimmten Eindrücke der Aussenwelt (Licht, Schall, Wärme, Bewegung, u. s. w.)

in geeigneter Weise den Endorganen zuzuleiten. Dadurch werden Organe gebildet, welche aus den zuleitenden Vorrichtungen und den nervösen Endorganen bestehen, und welche man „Sinnesorgane“ nennt. Da die Physiologie der zuleitenden Vorrichtungen sich nicht von der der Endorgane trennen lässt, so wird hier die ganze Physiologie der Sinnesorgane abgehandelt.

I. DAS SEHORGAN.

Im Sehorgan, dem Auge, sind die Nervenendorgane auf einer sphärisch gekrümmten Haut (Retina) angebracht; auf diese Fläche fallen die zum Sehen bestimmten Lichteindrücke. Die in das Auge fallenden Lichtstrahlen werden durch ein System verschieden brechender Medien so auf die Retina projicirt, dass auf dieser ein verkleinertes, umgekehrtes, objectives Bild der gesehenen Gegenstände entsteht, ähnlich wie in der Camera obscura.

Schema des Auges.

Die brechenden Medien des Auges sind, der Reihe nach wie sie der einfallende Lichtstrahl durchläuft, folgende: 1. die Cornea, 2. der Humor aqueus, 3. die vordere Wand der Linsenkapsel, 4. die Linsensubstanz, 5. die hintere Kapselwand, 6. der Glaskörper. Diesen Medien entsprechen sechs trennende Flächen („brechende Flächen“): 1. zwischen Luft und Corneasubstanz (vordere Fläche der Cornea), 2. zwischen Cornea und Humor aqueus (hintere Fläche der Cornea), u. s. w. — Um nun den Gang eines einfallenden Strahles durch das Auge bis zur Retina zu verfolgen, müssen begreiflicherweise gegeben sein: 1. die Brechungsindices sämmtlicher Medien, 2. die Gestalten sämmtlicher brechenden Flächen, 3. die Entfernungen der letzteren von einander und von der Projectionsfläche (Retina).

Hier muss sogleich bemerkt werden, dass die Linse kein einfaches brechendes Medium ist; ihre Consistenz und ihr Brechungsvermögen nehmen von aussen nach innen zu, der feste „Linsenkern“ bricht am stärksten. Wenn sich nun auch die Brennweite (s. unten) ohne Weiteres bestimmen lässt, so ist doch das mittlere Brechungsvermögen für die Berechnung der Folgen von Gestaltveränderungen wichtig; dasselbe ist mit Zuhülfenahme einiger Annahmen berechnet worden (s. unten).

Indess vereinfacht sich das Problem dadurch bedeutend, dass man mehrere brechende Medien (und Flächen) unberücksichtigt lassen kann. Zunächst ist die Cornea eine parallelwandige Membran, welche vorn und hinten an Flüssigkeiten annähernd gleichen Brechungsvermögens grenzt (vorn die bespülende Thränenflüssigkeit, hinten der Humor aqueus); ein solcher Körper kann aber bekanntlich (wie z. B. eine planparallele, beiderseits von Luft bedeckte Glasplatte, eine Fensterscheibe) dem durchgehenden Lichtstrahl keine neue Richtung geben, sondern ihn nur parallel mit sich selbst ein wenig verschieben. Man kann daher die Cornea ganz vernachlässigen, und so thun als wenn der Humor aqueus bis zur vorderen Corneafläche reichte. — Ferner hat die Linsenkapsel fast genau das Brechungsvermögen der äusseren Linsenschichten, kann also als Verdickung der Linse zu dieser hinzuaddirt werden. Es bleiben demnach nur drei brechende Medien übrig, nämlich Humor aqueus, Linse und Glaskörper, somit drei brechende Flächen: vordere Corneafläche, vordere und hintere Linsenfläche.

Folgendes sind nun die für das „mittlere" Auge (s. unten) ermittelten Zahlen (Listing):

a. Die brechenden Flächen sind Kugelflächen von folgenden Radien:

1. Vordere Hornhautfläche ca. 8^{mm}
2. Vordere Linsenfläche - 10^{mm}
3. Hintere Linsenfläche - 6^{mm}

b. Die Entfernungen betragen:

1. zu 2.: ca. 4^{mm}
2. zu 3. („Linsenaxe"): ca. 4^{mm}
3. zu Retina: ca. 13^{mm}

c. Die Brechungsindices sind (der der Luft = 1 gesetzt):

für den Humor aqueus $^{103}/_{77}$
- die Linse (im Mittel, s. p. 304) = $^{16}/_{11}$
- den Glaskörper = $^{103}/_{77}$.

Humor aqueus und Glaskörper haben also (annähernd) gleiches Brechungsvermögen.

Die Resultate der genauesten Messungen dieser Grössen (Brewster, beide Krause, Helmholtz) können hier nicht Aufnahme finden; nur die Methoden mögen kurz angedeutet werden. Die Brechungsindices werden nach bekannten optischen Methoden an den Medien ausgeschnittener Augen bestimmt; ebenso können die Entfernungen der brechenden Flächen nur an der Leiche gemessen werden. Die Bestimmung der Krümmungsradien indess muss womöglich am lebenden Auge geschehen, weil die Formen sich mannigfach (s. unten) verändern. Dies geschieht nach folgender, sehr genauen Methode (Helmholtz): Nach einfachen geometrischen Principien lässt sich der Radius einer Kugelfläche berechnen, wenn man in gemessener Entfernung einen (linear gestalteten) Körper von bekannter Länge aufstellt, und nun dessen in der Kugelfläche gespiegeltes Bild misst. Letztere Messung geschieht folgendermassen: man betrachtet das z. B. in der Cornea gespiegelte Bild (das wir horizontal denken wollen) durch eine dicke Glasplatte; diese ist durch einen horizontalen Schnitt in zwei Hälften gespalten, welche um eine gemeinsame, verticale Axe drehbar sind. So lange die Platte senkrecht von den Strahlen getroffen wird, erscheint das Spiegelbild unverrückt; dreht man nun aber die beiden Plattenhälften um ihre Axe, nach entgegensetzten Seiten (so dass sie von oben gesehen, sich kreuzen), so wird eine jede schräg von den Strahlen getroffen, und dadurch das Bild in horizontaler Richtung verschoben; die beiden Platten verschieben das Bild nach entgegengesetzter Richtung, es entstehen also zwei Bilder. Hat man nun so lange die Platten gedreht, bis das Bild durch eine jede grade um die Hälfte seiner Länge verschoben ist, so dass die entgegengesetzten Endpuncte beider Bilder sich berühren (das eine Bild erscheint dann als Verlängerung des andern), so lässt sich die Länge des Bildes aus dem Winkel, den beide Platten mit einander machen, auf das Genaueste berechnen, wenn man die Dicke und den Brechungsindex der Platten kennt; der die Platten tragende Apparat, an welchem sich zugleich der Winkel ablesen lässt, heisst „Ophthalmometer."

Construction des Bildes.

Mit Hülfe dieser Angaben lässt sich nun nach bekannten Gesetzen der Optik der Gang jedes einfallenden Strahles durch das Auge construiren, und demnach auch für jeden Punct eines vor dem Auge befindlichen Objectes der „Bildpunct" bestimmen (d. h. der Punct, in welchem sich alle von einem Objectpunct ausgegangenen Strahlen nach der Brechung wieder schneiden. (Dass ein solches Schneiden in Einem Puncte wirklich stattfindet, wenn die Strahlen vor der Brechung von Einem Puncte ausgingen [„homocentrische Strahlen"], und wenn die brechenden Flächen eine gemeinsame Axe haben [„centrirt sind"], lehrt ein optisches Gesetz, dessen Beweis hier nicht gegeben werden kann.)

Zur Erleichterung des Verständnisses mögen hier die Regeln kurz recapitulirt werden, nach welchen man den Gang eines gebrochenen Strahles und den Bildpunct eines Objectpunctes construiren kann.

Das Brechungsgesetz lautet: „Wenn ein Lichtstrahl aus einem Medium in ein anderes übergeht, so ändert er in der Regel an der Uebergangsstelle seine Richtung und zwar verhalten sich die Sinus des Einfallswinkels*) und des Brechungswinkels umgekehrt wie zwei Constanten des 1. und 2. Mediums, die Brechungsindices. (Der Brechungsindex des dichteren Mediums ist grösser als der des dünneren; daher ist, wenn der Strahl aus einem dünneren in ein dichteres

*) Einfallswinkel und Brechungswinkel heissen die beiden Winkel, welche der einfallende und der gebrochene Strahl mit dem Einfallsloth machen, d. h. mit der Linie, welche im Einfallspunct senkrecht auf der Grenzfläche beider Medien („brechende Fläche") steht. Der gebrochene Strahl liegt mit dem einfallenden und dem Einfallsloth in Einer Ebene.

Medium übergeht, der Brechungswinkel kleiner als der Einfallswinkel, — der Strahl nähert sich also dem Einfallsloth).

Aus dem Brechungsgesetze ergeben sich, zum Theil unmittelbar, zum Theil durch Ableitungen, auf die hier nicht eingegangen werden kann, folgende Sätze: 1. Ein senkrecht zur brechenden Fläche auffallender Strahl wird nicht gebrochen, geht also gradlinigt hindurch; ist die brechende Fläche eine Kugelfläche, so ist das Loth für jeden Einfallspunct selbstverständlich der durch diesen Punct gehende Radius; ein Strahl also, dessen Verlängerung durch den Mittelpunct der sphärischen brechenden Fläche gehen würde, wird nicht gebrochen; den Mittelpunct nennt man Knotenpunct und jeden durch ihn gehenden, also ungebrochenen Strahl einen Hauptstrahl. — 2. (Die beiden folgenden Sätze gelten in aller Genauigkeit nur für Strahlen, welche sehr nahe der Axe*) auf die sphärische Fläche auffallen): Alle von einem Puncte ausgehenden („homocentrischen") Strahlen vereinigen sich nach der Brechung wiederum in einem Puncte (bereits oben erwähnt); der letztere heisst das „Bild" oder der „Bildpunct" des ersteren. Liegen mehrere Objectpuncte in Einer, zur Axe senkrechten Ebene, so liegen auch die Bildpuncte in Einer, zur Axe senkrechten Ebene. Liegt der Objectpunct in der Axe, so liegt auch sein Bildpunct in derselben. — 3. Liegt der Objectpunct in der Axe unendlich weit entfernt, sind also die einfallenden Strahlen unter sich und mit der Axe parallel, so nennt man den (in der Axe liegenden) Vereinigungspunct den Brennpunct. Anders gerichtete parallele Strahlen (deren Ausgangspunct also ebenfalls unendlich weit entfernt, aber nicht in der Axe liegt) müssen daher ihren Vereinigungspunct in einer zur Axe senkrechten Ebene haben, welche durch den Brennpunct geht, diese Ebene nennt man die Brennebene. — 4. Einfallender und gebrochener Strahl, und ebenso Object- und Bildpunct sind reciproke Begriffe, d. h. denkt man sich das Licht von dem zweiten Medium in das erste übergehend und in der Richtung des früheren gebrochenen Strahles einfallend, so hat jetzt der gebrochene Strahl die Richtung des früheren einfallenden; ebenso ist, wenn von der Stelle des Bildpunctes Strahlen ausgeben, ihr Vereinigungspunct der frühere Objectpunct.

Mit Hülfe dieser Sätze lassen sich nun leicht die vorliegenden Aufgaben lösen: 1. Construction des gebrochenen Strahls: Ist hh (Fig. 9) die (sphärische) brechende Fläche, ab die Axe, K der Knotenpunct, F der Brennpunct, ff die Brennebene, und mh der einfallende Strahl, so braucht man, um den gebrochenen Strahl zu construiren, nur noch einen Punct desselben aufzufinden, den man dann mit h zu verbinden hat. Man benutzt dazu einen mit mh parallelen Strahl, der

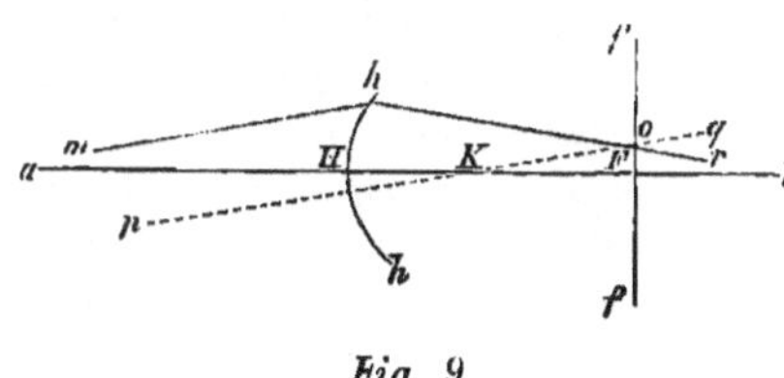

Fig. 9.

*) Als Axe bezeichnet man eine bestimmte durch den Knotenpunct und die brechende Fläche gehende Linie; von den unendlich vielen Linien, die bei einer sphärischen brechenden Fläche als Axe genommen werden können, wählt man die, welche durch die Mitte des Kugelabschnittes (z. B. H in Fig. 9) geht. Der Punct H, in welchem die Axe die brechende Fläche schneidet, heisst Hauptpunct.

zugleich ein Hauptstrahl ist, d. h. man zieht durch K zu mh eine Parallele pq. Nach Satz 1. geht pq als Hauptstrahl ungebrochen durch; ferner sagt Satz 3., dass zwei parallele Strahlen sich nach der Brechung in einem Puncte der Brennebene schneiden müssen; folglich ist der Schneidepunct o beiden durchgegangenen Strahlen gemeinschaftlich, also o ein Punct des gebrochenen Strahls zu mh, und hr der gesuchte gebrochene Strahl. — 2. Construction des Bildpuncts zu einem Objectpunct. Ist O (Fig. 10) der Objectpunct, so braucht man nur für zwei beliebige von O ausgehende Strahlen wie oben die gebrochnen Strahlen zu construiren: ihr Durchschnittspunct ist dann nach Satz 2. der Bildpunct. Am bequemsten jedoch sind folgende beide Strahlen: a) der Hauptstrahl Os, der ungebrochen hindurchgeht, b) der mit der Axe parallele Strahl Op, welcher (Satz 3.) nach der Brechung durch den Brennpunct F gehen muss, also die Richtung pt nimmt. Der Durchschnittspunct von Os und pt, der Punct B, ist der gesuchte Bildpunct.

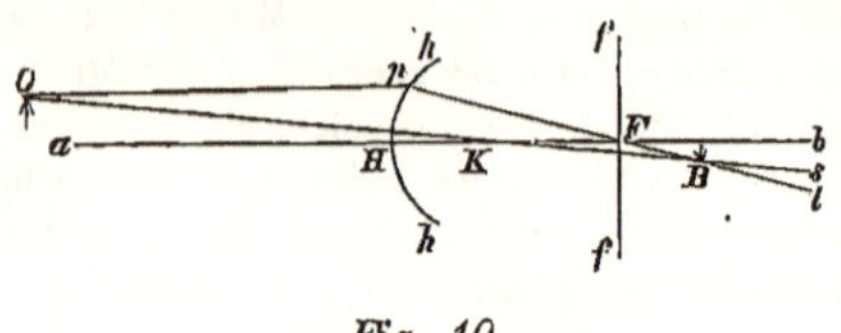

Fig. 10.

Hat man nun, wie im Auge, mehr als zwei brechende Medien hintereinander, also mehrere brechende Flächen, so könnte man einen gegebenen Strahl in der Weise durch das ganze System hindurch verfolgen, dass man bei jeder neuen brechenden Fläche die oben angegebene Construction wiederholt. Dies Verfahren ist aber äusserst complicirt, und lässt sich durch ein sehr einfaches ersetzen, wenn die brechenden Flächen, wie im Auge, eine gemeinsame Axe haben („centrirt" sind). Die brechenden Eigenschaften eines solchen centrirten Systems kann man sich nämlich jedesmal repräsentirt denken durch zwei brechende Flächen von einander durchaus gleichen Eigenschaften, die in einem gewissen Abstande von einander stehen, die aber so sich verhalten, dass die auf die erste auffallenden Strahlen nicht von dieser, sondern erst von der zweiten gebrochen werden; zwischen beiden werden die Strahlen nur parallel mit sich selbst verschoben, und zwar so, als ob sie auf die entsprechenden Puncte der zweiten Fläche auffielen. Hieraus ergiebt sich nun auf das einfachste die Construction.*) Es sei ab (Fig. 11) die Axe, hh die erste Fläche**) und K ihr Knotenpunct, h_1h_1 die zweite und K_1 ihr Knotenpunct („der zweite Knotenpunct"), F der Brennpunct für die zweite Fläche, also für das ganze System, ff die Brennebene; soll man nun für den einfallenden Strahl mn den gebrochenen construiren, so wird er zuerst parallel mit sich selbst

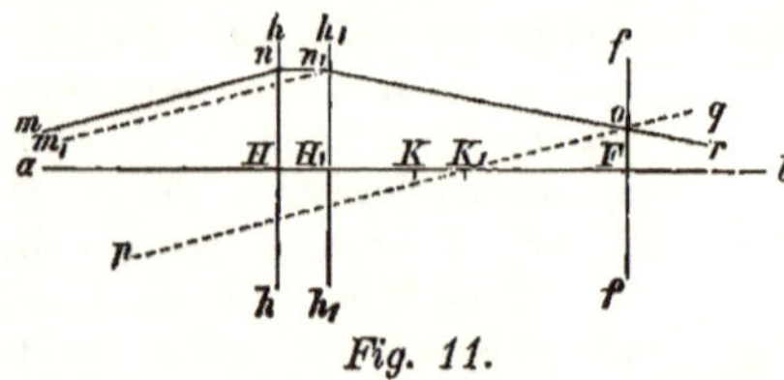

Fig. 11.

*) Der Beweis für die Richtigkeit der angegebenen Construction und die Art der Ableitung kann hier nicht gegeben werden. Man findet ihn bei Listing, R. Wagner's Handwörterb. d. Physiol. IV. 466—485.

**) Alles hier Angegebene gilt in aller Strenge nur von Strahlen, die sehr nahe der Axe die brechenden Flächen treffen, in einem Bereich, in welchem diese als Ebenen betrachtet werden können. Man nimmt daher auch die beiden supponirten brechenden Flächen als Ebenen an, und nennt sie, weil sie durch die Hauptpuncte H und H_1 gehen, Hauptebenen.

nach m_1n_1 verschoben, und nun wie oben construirt, als ob m_1n_1 der einfallende Strahl und h_1h_1 die brechende Fläche wäre: es ist also n_1r der das System verlassende gebrochene Strahl. Ist ferner O (Fig. 12) ein Objectpunct, zu dem der Bildpunct gefunden werden soll, so werden beide Constructionsstrahlen, der der Axe parallele Strahl Op und der Hauptstrahl OK, so parallel mit sich selbst verschoben, dass sie auf entsprechende Puncte des zweiten Systems auffallen, es fällt also Op in O_1p_1, und OK nach O_1K_1. Die weitere Construction ergiebt nun wie oben als Bildpunct den Punct B.

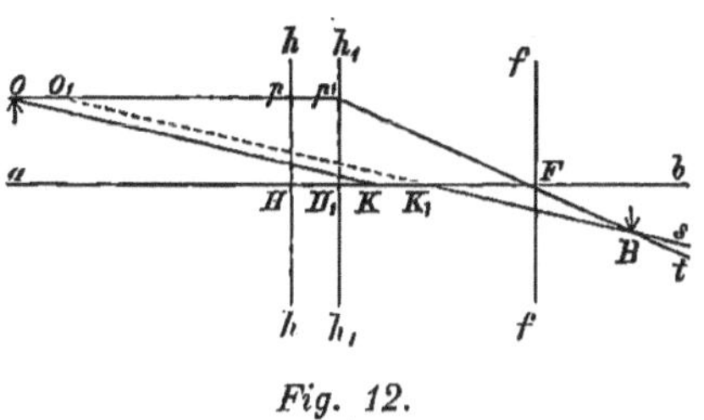

Fig. 12.

Für jedes System brechender Medien, also auch für das Auge, muss man nach der eben gegebenen Darstellung die Lage und optischen Constanten der beiden Flächen hh und h_1h_1 kennen, um jeden einfallenden Strahl hindurch verfolgen und zu jedem Objectpunct den Bildpunct finden zu können; mit anderen Worten: man muss die Lage der fünf „Cardinalpuncte" auf der Axe kennen, nämlich der beiden Hauptpuncte H und H_1, der beiden Knotenpuncte K und K_1, und des Brennpunctes F_1 zu H_1 und K_1. Diese Lagen lassen sich aus den p. 305 angedeuteten Zahlen (Form und Distanz der brechenden Flächen; Brechungsindices der Medien) berechnen. Die Berechnung ergiebt nun für das Auge (Listing, Helmholtz) folgende mittlere Lage der Cardinalpuncte (d. h. abgesehen von den Veränderungen durch die Accommodation, s. unten):

1. Hauptpunct 2,1746^{mm} hinter der vorderen Hornhautfläche
2. Hauptpunct 2,5724^{mm} „ „ „ „
1. Knotenpunct 0,7850^{mm} vor der hinteren Linsenfläche
2. Knotenpunct 0,3602^{mm} „ „ „ „
[2.] Brennpunct*) 14,6470^{mm} hinter „ „ „
[1. Brennpunct*) 12,8326^{mm} vor der vorderen Hornhautfläche].

Die beiden Hauptpuncte liegen also, 0,4^{mm} von einander entfernt, etwa in der Mitte der vorderen Augenkammer, die beiden Knoten-

*) Absichtlich ist bis hierher die Erwähnung des sog. „ersten" Brennpunctes vermieden worden, weil er für die obigen Constructionen entbehrlich ist. Man versteht darunter den Punct vor der brechenden Fläche (hh), dessen Strahlen durch die Brechung unter sich und der Axe parallel werden. Dieser Punct liegt ebensoweit vor H, als der andre (zweite) Brennpunct hinter K resp. K_1. — Es ergiebt sich leicht, dass man für die obigen Constructionen ebensogut diesen ersten Brennpunct zu Hülfe nehmen kann, wie oben den zweiten.

puncte ebenfalls 0,4^{mm} von einander, im hinteren Theile der Linse, der (2.) Brennpunct sehr nahe oder in der Retina (vgl. unten). Figur 13 stellt das schematische Auge mit seinen Cardinalpuncten dar.

Die Entfernung der beiden Knotenpuncte von einander ist so gering, dass man für Veranschaulichungszeichnungen sie ohne grossen Fehler in Einen (k) vereinigen, also die Hauptstrahlen einfach geradlinigt zeichnen kann. (Ebenso kann man die beiden Hauptflächen in die Kugelfläche hh vereinigt denken, welche also die brechende Fläche des Auges darstellt.) Man findet demnach, unter der Voraussetzung, dass alle Bildpuncte auf der Retina liegen (hierüber s. unten bei der Accommodation) für jeden Objectpunct einfach den Bildpunct, indem man von jenem aus eine gerade Linie durch den Knotenpunct auf die Retina zieht. Solche Linien (z. B. OB in der Fig.) nennt man Richtungslinien oder Sehstrahlen, und die vereinigten Knotenpuncte (k) den Kreuzungspunct der Richtungslinien; den Winkel, den zwei Sehstrahlen mit einander bilden, nennt man den Sehwinkel. — Will man ermitteln, in welcher Richtung der zu einem Bildpuncte gehörige Objectpunct liegt, so braucht man nur umgekehrt eine grade Linie (einen Sehstrahl) vom Bildpunct aus durch die vereinigten Knotenpuncte zu legen, und nach aussen zu verlängern.

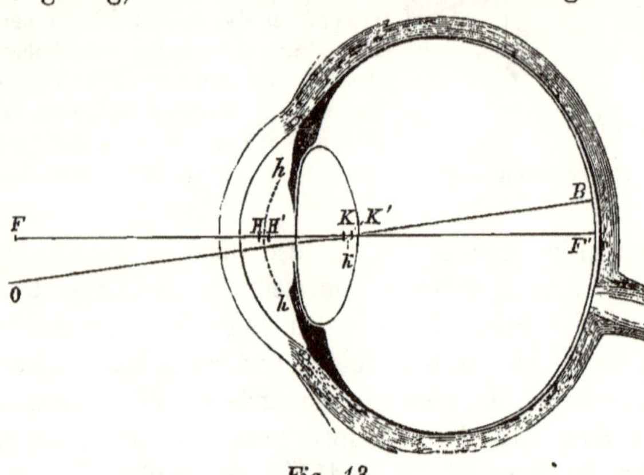

Fig. 13.

Netzhautbilder bei unveränderlichem Auge.

Fallen nun von einem Gegenstande (Object) Lichtstrahlen in das Auge, so entspricht jedem einzelnen Puncte des Objects ein bestimmter Bildpunct. Die Bildpuncte geben zusammen ein dem Object entsprechendes, natürlich umgekehrtes Bild. Dieses Bild muss, um deutlich wahrgenommen zu werden, genau in die Retinafläche fallen. Nun ist es aber klar, dass für ein bestimmtes, unveränderliches Auge es nur eine einzige Fläche geben kann, deren Bild genau in die Retina fällt; Gestalt und Entfernung dieser Fläche lassen sich aus den optischen Grössen des Auges berechnen. Jeder Objectpunct, der nicht in dieser Fläche liegt, hat seinen Bildpunct nicht in der Retina, sondern entweder vor oder hinter derselben. In beiden Fällen durchschneidet die Retina den Kegel der von dem Objectpuncte ausgegangenen, gebrochenen Strahlen, im ersten Falle nach, im zweiten vor ihrer Vereinigung zum Bildpuncte; in beiden Fällen entsteht also auf der Retina statt des Bildpunctes ein sog. „Zerstreuungskreis", d. h. eine kleine beleuchtete Kreisfläche, ein Durchschnitt des Strahlenkegels.

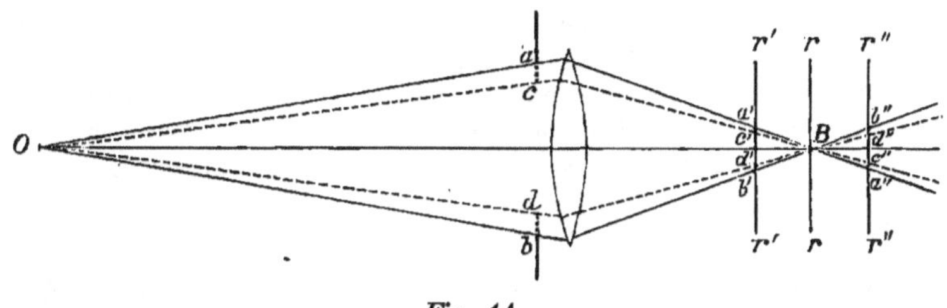

Fig. 14.

In Fig. 14 stellt B den Bildpunct des Objects O vor, welcher in die Retina rr fällt. Liegt aber die Retina vor dem Bildpunct (r'r') oder hinter derselben (r''r''), so entstehen Zerstreuungskreise vom Durchmesser a'b' und a''b''.

Hieraus ergiebt sich, dass strenggenommen ein unveränderliches Auge nur flächenhafte Objecte von ganz bestimmter Entfernung deutlich sehen kann; alle Objecte oder Theile von Objecten, welche ausserhalb dieser Fläche liegen, haben ein undeutliches, „verwaschenes" Bild („Zerstreuungsbild"), in welchem jedem Objectpuncte ein Zerstreuungskreis statt eines Bildpunctes entspricht.

Die Grösse des Zerstreuungskreises hängt ceteris paribus ab von dem Umfange des in das Auge gelangenden Strahlenkegels, dieser aber wiederum von der Weite der Pupille, deren Rand den Strahlenkegel begrenzt. Verengt sich daher die Pupille (s. unten), oder ersetzt man sie durch eine kleine vor das Auge gebrachte Oeffnung, z. B. durch ein Loch in einem Kartenblatt, so wird cet. par. der Zerstreuungskreis kleiner, das Zerstreuungsbild also schärfer. In Fig. 14 ist cd die Oeffnung der verengten Pupille; man sieht wie die Verengerung die Zerstreuungskreise auf die Grössen c'd', resp. c''d'' verkleinert. Ersetzt man die Pupille durch zwei kleine Oeffnungen, bringt man z. B. vor das Auge ein Kartenblatt mit zwei Nadelstichen, deren Abstand kleiner ist als der Durchmesser der Pupille, so werden aus dem grossen Strahlenkegel gleichsam zwei kleinere ausgeschnitten, und auf der Retina entstehen, statt Eines Zerstreuungskreises, zwei kleinere.

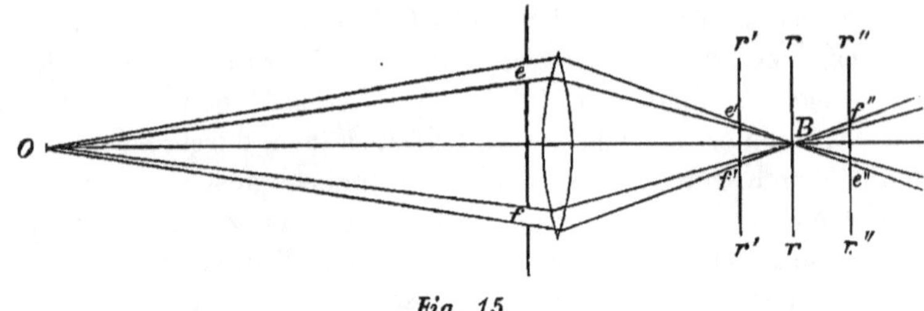

Fig. 15.

In Fig. 15 sind e und f die Löcher im Kartenblatt, welche die Pupille ersetzen; die beiden Strahlenkegel vereinigen sich in B; die Netzhaut erhält, wenn sie nicht in rr, sondern in r'r' oder r''r'' steht, statt des Bildpunctes zwei kleine Zerstreuungskreise e' und f', resp. e'' und f''.

Ein Object, das so zum Auge gestellt ist, dass es ein Zerstreuungsbild auf die Retina wirft, muss daher in diesem Falle zwei Zerstreuungsbilder geben, also doppelt gesehen werden (Versuch des Pater SCHEINER, vgl. unten).

Accommodation.

Die tägliche Erfahrung lehrt aber, dass ein normales Auge Gegenstände fast in jeder Entfernung deutlich sehen kann; es muss also nothwendig eine Vorrichtung gegeben sein, welche das Auge zu verändern vermag, und welche vom Willen abhängig ist. Die Veränderungen des Auges, welche sie hervorbringt, nennt man die „Accommodation“. — Für welche Entfernung das Auge eingerichtet ist, wenn jede active Accommodationsthätigkeit fehlt, weiss man nicht ganz sicher. Man glaubte früher, dass das ruhende Auge für eine mittlere Entfernung accommodirt sei und nahm daher zwei Richtungen der Accommodation, eine für die Nähe („positive“) und eine für die Ferne („negative Acc.“) an. Jetzt indess wird fast allgemein angenommen, dass das ruhende Auge normal für die unendliche Ferne accommodirt sei, dass also der Brennpunct des normalen ruhenden Auges in der Retina liege. Es giebt also hiernach nur Eine Richtung der Accommodation, nämlich für die Nähe.

Die Gründe, welche hauptsächlich hierfür sprechen, sind: 1. beim plötzlichen Oeffnen der lange geschlossen gewesenen Lider ist das Auge für die Ferne eingerichtet (VOLKMANN); 2. das Sehen in die Ferne ist nicht mit dem Gefühl der Anstrengung verbunden, wie das für die Nähe; 3. Atropin, welches den Accommodationsapparat lähmt, bewirkt eine unveränderliche Einstellung für die weiteste Ferne; gäbe es einen negativen Accommodationsapparat, so müsste man die unwahrscheinliche Annahme machen, dass dieser gleichzeitig mit der Lähmung des positiven in tetanische Anstrengung versetzt würde (DONDERS); 4. auch bei neurotischen Lähmungen des Accommodationsapparats (durch Oculomotoriuslähmung, s. unten) tritt stets Accommodation für die Ferne ein, dagegen kennt man keine Lähmungszustände mit Accommodation für die Nähe.

Folgende Veränderungen am Auge könnten zur Accommodation dienen: 1) Veränderungen der Brechungsexponenten der Augenmedien, 2) Verschiebung der Projectionsfläche (Retina), analog der künstlichen Accommodation in der Camera obscura, 3) Veränderungen der Gestalt der brechenden Flächen. — Die ad 1) genannten kommen selbstverständlich nicht vor. Verschiebung der Retina in der Richtung der Augenaxe wäre möglich durch seitliche Compression des Bulbus mittels der graden Augenmuskeln; dieser Einfluss, den man früher zur Erklärung der Accommodation annahm, kann jedoch nicht wesentlich sein, da auch im ausgeschnittenen Auge noch Accommodationsveränderungen hervorgerufen werden können. Es müssen daher Veränderungen in der Gestalt der brechenden Flächen möglich sein, und diese sind in der That nachgewiesen, und zwar an der Linse. Bei der Accommodation für die Nähe wird nämlich ihre vordere Fläche stärker gewölbt, und der Cornea genähert, besonders der von der Iris nicht bedeckte Theil, der sich durch die Pupille hervorwölbt (CRAMER).

Bewiesen werden diese Veränderungen namentlich durch folgenden Versuch: Stellt man seitlich vom Auge eine Lichtflamme auf, und blickt von der andern Seite her in das Auge hinein, so bemerkt man drei deutliche, durch Reflex von den brechenden Flächen des Auges entstehende Bildchen der Flamme: das erste aufrecht (virtuell), gebildet von der vorderen Corneafläche, das zweite ebenfalls aufrecht, aber viel schwächer, gebildet von der vorderen Linsenfläche, das dritte hell und verkehrt, gebildet von der hinteren Linsenfläche. Fixirt jetzt das Auge einen nahen Gegenstand, so wird das zweite Bildchen bedeutend kleiner und nähert sich etwas dem ersten, ein Zeichen, dass die vordere Linsenfläche stärker convex wird und nach vorn rückt. Die umgekehrten Veränderungen treten ein, wenn das Auge in die Ferne starrt. (PURKINJE-SANSON'scher Versuch, CRAMER.) Statt der Flamme wendet man zweckmässiger zwei leuchtende Puncte an (Löcher in einem Schirm), deren Abstand im Spiegelbilde, statt der Grösse des Flammenbildes, in Betracht kommt (HELMHOLTZ).

Die Accommodation geschicht hauptsächlich durch den M. tensor chorioideae (M. ciliaris, BRÜCKE'scher Muskel). Dieser besteht aus radiären und circulären Fasern. Die ersteren, welche die Hauptmasse bilden, entspringen vorn von der Umschlagsstelle der Membrana Descemetii, da wo sie von der Cornea auf die Iris übergeht (Lig. iridis pectinatum) und setzen sich an die Processus ciliares der Chorioidea an; die circulären Fasern, welche nach innen von den ersteren im vordersten Theile des Muskels liegen, umgeben den Rand der Linse. Die radiären Fasern ziehen für sich den vorderen Rand der Chorioidea nach vorn, dadurch ziehen sie die Chorioidea wie einen Beutel um den Glaskörper zusammen, so dass dieser die Linse nach vorn drängt. Diese kann aber nicht frei ausweichen, denn ihr Rand wird durch die vordere Ursprungsstelle der radiären Fasern festgehalten, oder selbst nach hinten gezogen (der äussere Rand der Iris ist nämlich mit der Ursprungsstelle verwachsen und liegt gerade vor dem Linsenrande). Hierdurch muss nothwendig die vordere Linsenfläche convexer werden, die hintere aber sich abflachen. Diese Wirkung wird noch verstärkt durch die Zusammenziehung der circulären Fasern, welche die Linse vom Rande her zusammenpressen, also die Convexität ihrer beiden Flächen vermehren, so dass sie dicker wird. Da durch die Wirkung der Radialfasern zugleich die Zonula Zinnii erschlafft werden muss, deren Spannung in der Ruhe den Linsenrand nach hinten und aussen zieht, also die Linse abflacht (Helmholtz), so wird auch dadurch ein Dickerwerden der Linse bewirkt.

Auch die Iris ist bei der positiven Accommodation betheiligt: passiv dadurch, dass sie durch die stärkere Wölbung der vorderen Linsenfläche ebenfalls stärker gewölbt wird, denn der Pupillarrand der Iris liegt der Linsenkapsel unmittelbar auf (Beweis: das Fehlen seines Schlagschattens auf der Linse); — activ dadurch, dass sich die Pupille verengt (über die Bewegungen der Iris s. unten). Letztere Bewegung scheint nicht zur Accommodation nothwendig zu sein; denn diese ist auch bei fehlender oder gespaltener Iris möglich. Ihr Sinn ist vielleicht darin zu suchen, dass bei einer stärker gewölbten Linse die sphärische Abweichung grösser wird und daher eine umfangreichere Abblendung der Randstrahlen erforderlich ist. Die Unabhängigkeit der Pupillenverengerung von der Accommodation ergiebt sich daraus, dass diese früher eintritt als jene (Donders).

Die Nervenfasern für den Accommodationsapparat liegen in den Nervi ciliares, deren Reizung Accommodation für die Nähe hervorbringt (Völckers & Hensen). Sie stammen höchst wahrscheinlich aus dem Oculomotorius.

Die Figur 16 stellt einen Durchschnitt des vorderen Augenabschnitts, links mit Accommodation für die Ferne, rechts für die Nähe dar (nach Helmholtz).

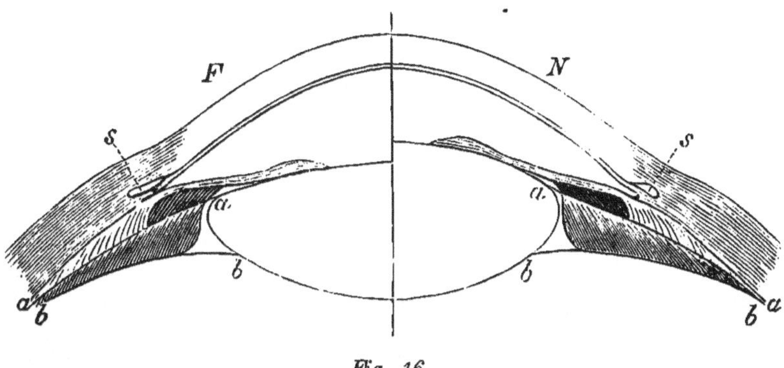

Fig. 16.

s s Canalis Schlemmii. a a b b die Falten der Zonula Zinnii, welche zwischen die Processus ciliares eingeschoben sind; letztere sind dunkel gehalten und zum Theil durch erstere verdeckt (der Schnitt ist so gelegt, dass eine Falte der Zonula vor der des Proc. ciliaris liegt). Man erkennt ferner die radiären, von s entspringenden Fasern des Tensor chorioideae.

Ueber die ziemlich geringe Geschwindigkeit der Accommodation fehlt es an übereinstimmenden Angaben.

Zwischen den Nerven für die Accommodation, die Iris und die äusseren Augenmuskeln scheint ein noch wenig erforschter centraler Connex zu bestehen. Hierfür spricht: 1. das Verhalten der Pupille bei der Accommodation (s. oben); 2. mit Rotation der Bulbi nach innen ist Verengerung der Pupillen (s. u.) und unwillkürliche Accommodation für die Nähe verbunden (Czermak); 3. das Atropin, welches die Pupille erweitert (s. unten), lähmt zugleich wie schon erwähnt die Accommodationsfähigkeit; umgekehrt bewirkt die Calabar-Bohne Verengerung der Pupille und krampfhafte Accommodation für die Nähe.

Für jedes Auge giebt es gewisse Grenzen des deutlichen Sehens; der fernste Punct von dem das Bild genau in die Netzhaut fallen kann, heisst der F e r n p u n c t, der nächste der N a h e p u n c t; die Strecke zwischen beiden die W e i t e d e s d e u t l i c h e n S e h e n s. Für normale Augen liegt der Fernpunct unendlich weit entfernt, (s. oben), der Nahepunct, der um so näher heranrückt, je leistungsfähiger der Accommodationsapparat ist, etwa 8—10″ vom Auge.

In vielen, sonst normalen Augen liegt der Brennpunct in der Ruhe nicht, wie gewöhnlich, in der Netzhaut (Emmetropie), sondern durch zu starke oder zu schwache Krümmung der Linse v o r der Retina (Myopie) oder h i n t e r derselben (Hypermetropie). Der Fernpunct myopischer Augen liegt daher abnorm nahe, der Fernpunct hypermetropischer Augen dagegen noch weiter als unendlich entfernt (d. h. um selbst unendlich entfernte Gegenstände deutlich zu sehen muss das hypermetropische Auge eine Accommodationsbewegung machen). Bei gleicher Leistungsfähigkeit des Accommodationsapparats muss nun offenbar auch der Nahepunct bei Myopischen abnorm nahe, bei Hypermetropischen abnorm entfernt sein. Daher sind myopische Augen „kurzsichtig“, hypermetropische „weitsichtig“. Andre Abweichungen vom Normalen entstehen durch zu geringe Leistungsfähigkeit des Accommodationsapparats; diese influiren aber natürlich nur auf die Lage des Nahepuncts, nicht auf die des Fernpuncts.

Abnorme Augen müssen ihren zu starken oder zu schwachen Brechzustand, d. h. die zu grosse oder zu geringe Krümmung ihrer Linse durch ein vor das Auge gesetztes Glas („Brillenglas“) corrigiren; dasselbe muss natürlich im ersten Falle (bei Myopen) concav, im zweiten (bei Hypermetropen) convex sein. Auch Mängel im Accommodationsvermögen lassen sich durch künstliche Accommodationen mittels der Brillengläser corrigiren.

Die einfachste Art die Lage des Nahe- und Fernpuncts zu bestimmen ist die Prüfung, in welchen Entfernungen das Auge einen Gegenstand, den man nähert und entfernt, deutlich erkennen, eine Schrift z. B. lesen kann. Diese Methode ist jedoch deshalb ungenau, weil in der Ferne das Kleinerwerden des Sehwinkels (s. unten) die Gegenstände schwerer erkennbar macht. Viel besser ist es, direct zu bestimmen, in welchen Entfernungen ein Gegenstand ein deutliches und in welchen er ein Zerstreuungsbild auf die Retina wirft. Hierzu bietet der SCHEINER'sche Versuch (p. 312) das einfachste Mittel. Betrachtet man einen Gegenstand (z. B. einen Stecknadelknopf) durch zwei nahe bei einander befindliche Löcher in einem Kartenblatt, so erscheint er nach dem dort Gesagten e i n f a c h, sobald das Auge genau für ihn accommodirt ist, sonst dagegen d o p p e l t. Nähert und entfernt man also den Gegenstand, so ist die Strecke, in welcher er einfach gesehen wird, die Weite des deutlichen Sehens. Hierauf gründen sich verschiedene, namentlich zur Auswahl von Brillengläsern dienende Apparate, die sog. „O p t o m e t e r“. Das verbreitetste (STAMPFER'sche) benutzt als Object einen beleuchteten Spalt, dessen Entfernung vom Auge geändert und zugleich gemessen werden kann. — Mit zunehmendem Alter, schon vom 15. Jahre an (MAC-GILLAVRY), nimmt das Accommodationsvermögen für die Nähe ab, vermuthlich durch Härterwerden der Linse (DONDERS).

Iris und Pupille.

Als Diaphragma zur Abblendung der Randstrahlen (analog den Diaphragmen optischer Linseninstrumente), sowie zur Regulirung der ins Auge dringenden Lichtmenge, endlich als Beihülfe zur Accommodation, dient die I r i s mit ihrer centralen Oeffnung, der Pupille. Die Weite der letzteren wird bestimmt durch den Contractionszustand der beiden antagonistischen Irismuskeln, des Sphincter und Dilatator pupillae. Ersterer bildet eine Ringfaserschicht um die Pupille, letzterer hat radial gerichtete Fasern; jener ist vom Oculomotorius, dieser vom Sympathicus abhängig. Werden beide oder ihre Nerven gleich stark gereizt, so überwiegt der Sphincter, so dass sich die Pupille verengt. Für gewöhnlich sind beide Nerven in einem gewissen Erregungszustande (Tonus), denn wenn einer derselben durchschnitten wird, so erhält der vom andern beherrschte Muskel das Uebergewicht. Durchschneidet man den Sympathicus (am Halse), so verengt sich die Pupille, wenn man den Oculomotorius durchschneidet, so erweitert sie sich.

Neuerdings ist das Vorkommen eines Dilatator bei Säugethieren bestritten worden (GRÜNHAGEN); indess streitet hiergegen die Angabe fast sämmtlicher Anatomen, ferner die Erweiterung der Pupille bei Sympathicusreizung, endlich der Umstand, dass directe Reizung am Rande der Iris local beschränkte Erweiterung bewirken kann (BERNSTEIN & DOGIEL).

Die pupillenerweiternden Fasern des Sympathicus haben ihren Ursprung im Rückenmark, in der Gegend der unteren Hals- und der oberen Brustwirbel (Centrum ciliospinale, BUDGE). Bei pathologischen Reizungszuständen dieser Gegend ist die Pupille erweitert.

Am Kopfe verlaufen die pupillenerweiternden Fasern in der Bahn des Trigeminus, dessen Reizung Erweiterung bewirkt, und dessen Durchschneidung die Wirkung der Sympathicusreizung aufhebt. Da aber nach Sympathicusdurchschneidung die Pupille sich nicht so stark verengt wie nach Trigeminusdurchschneidung, so muss der Trigeminus noch besondere pupillenerweiternde Fasern führen. Der Ursprung derselben liegt beim Frosch im Ganglion Gasseri. (OEHL, ROSENTHAL, HIRSCHMANN, S. GUTTMANN.)

Bewegungen der Iris treten hauptsächlich unter folgenden Umständen ein:

1. Reizung des Opticus verengt die Pupille durch reflectorische Reizung des Oculomotorius. Die Pupille verengt sich daher wenn Licht in das Auge fällt, und um so stärker, je intensiver das Licht ist. Hierdurch wird die Beleuchtung der Retina einigermassen regulirt. Die Verengerung tritt aber auch ein bei Reizung des Opticusstammes (MAYO), und bleibt aus nach Durchschneidung des Oculomotorius. Reizung Eines Opticus genügt, um beide Pupillen zu verengen. Ueberhaupt sind beide Pupillen im normalen Zustande stets genau gleich weit (DONDERS).

Auch am ausgeschnittenen Auge tritt eine geringe Pupillenverengerung durch Beleuchtung ein, und zwar schon dann, wenn das Licht nur die Iris trifft (BROWN-SÉQUARD). Diese Thatsache ist nicht ganz verständlich, möglicherweise liegt eine directe Muskelreizung durch das Licht vor (p. 222).

2. Bei der Accommodation für die Nähe verengt sich die Pupille (p. 314), ebenso durch Gifte, welche krampfhafte Accommodation für die Nähe bewirken (Calabarbohne). Diese Verengerung geschieht durch Reizung der pupillenverengenden

Nerven und ist als eine Art „Mitbewegung" zu betrachten (Cap. XIII.). Die Verengerung tritt später ein, und geht (bei der toxischen Form) schneller vorüber, als die Accommodation, ist daher von dieser nur in gewissem Grade abhängig.

3. Drehung des Bulbus nach innen bewirkt, ebenfalls durch eine Art Mitbewegung, Pupillenverengerung, durch Erregung des Oculomotorius. Da die Augen im Schlafe nach innen und oben gedreht sind, so erklärt sich hieraus die Pupillenverengerung im Schlafe.

4. Während der Dyspnoe (p. 149) ist eine Pupillenerweiterung vorhanden, die mit dem Eintritt der Asphyxie vorübergeht. Dieselbe beruht auf Reizung des pupillenerweiternden Centrum im Rückenmark, denn sie bleibt aus, wenn vorher der Sympathicus durchschnitten worden.

5. Starke Erregung sensibler Nerven bewirkt reflectorisch eine Pupillenerweiterung (Bernard, Westphal).

6. Starke Muskelanstrengungen (namentlich starke In- und Exspirationen) sind mit Pupillenerweiterung verbunden (Romain-Vigouroux).

7. Zahlreiche Gifte bewirken, sowohl bei Einführung in das Blut als bei örtlicher Application, Veränderungen der Pupille. Erweiternd wirkt namentlich Atropin, und zwar durch Lähmung der Endigungen des Oculomotorius im Sphincter iridis. — Verengend wirken: Nicotin, Calabar, Morphium etc., und zwar nach den Einen (Hirschmann, Rosenthal) durch Lähmung der Sympathicusendigungen im Dilatator, nach Andern (Grünhagen) durch Reizung des Oculomotorius. — Die anästhesirenden Gifte (Chloroform, Alkohol etc.) bewirken zuerst Verengerung, dann Erweiterung.

Die Art der Einwirkung der Gifte ist streitig. Indessen ist die Angabe, dass sie alle auf das System des Sphincter wirken (d. h. die erweiternden lähmend, die verengenden reizend), deshalb die wahrscheinlichste, weil die streitigen Gifte gleichzeitig und in gleichem Sinne auf den Accommodationsapparat wirken (vgl. oben). Hauptsächlich ist es zweifelhaft ob die verengenden Gifte (Calabar etc.) nicht durch Lähmung des Sympathicus wirken; für das letztere wird angeführt, dass Reizung des Sympathicus während der Giftwirkung keinen erweiternden Effect habe; dies kann aber in der Heftigkeit des Krampfes des Sphincter seine Ursache haben.

Ist die eine Pupille durch Atropin erweitert, so ist die andre während dieser Zeit verengt, wegen der grossen Lichtmenge, welche in das erstere fällt (vgl. sub 1.).

Abweichungen und Eigenthümlichkeiten des Auges.

Aus dem bisher Gesagten ergiebt sich, wie von jedem vor dem Auge innerhalb der Weite des deutlichen Sehens befindlichen Gegenstande ein scharfes, verkleinertes, umgekehrtes Bild auf der Retina erzeugt werden kann. Indessen wird die vollkommen fehlerlose Ausführung desselben durch gewisse Eigenschaften des Auges verhindert, die es mit den meisten optischen Instrumenten theilt, nämlich:

1. Die chromatische Abweichung. Weisses Licht wird bekanntlich durch die Brechung in seine farbigen Componenten zerlegt, weil diese verschiedene Brechbarkeit besitzen. Geht daher von einem Objectpuncte weisses Licht aus, so muss derselbe im Auge statt eines einzigen eine Reihe von hinter einander liegenden Bildpuncten haben, der vorderste für die brechbarsten (violetten), der hinterste für die am wenigsten brechbaren (rothen) Strahlen. Das Auge kann daher für einen weissen Punct nie vollkommen accommodiren; accommodirt es z. B. so, dass der Bildpunct der violetten Strahlen in die Retina fällt, so erscheinen nun die übrigen Farben in concentrischen Zerstreuungskreisen, die um so grösser sind, je weiter die Farbe vom Violett entfernt ist; da sich nun in der Mitte alle Zerstreuungskreise und der violette Punct decken, so entsteht ein weisser Fleck mit farbigen Rändern. Ebenso muss ein jeder weisse Gegenstand weiss mit farbigen Rändern erscheinen. da die farbigen Zerstreuungsbilder sich bis auf die Ränder sämmtlich decken. Accommodirt man für eine mittlere Farbe, etwa Grün, so entstehen offenbar zwei Reihen von farbigen Zerstreuungskreisen; diese decken sich auch an den Rändern zum Theil so, dass complementäre Farben (s. unten) auf einander fallen, so dass auch die Ränder grösstentheils weiss erscheinen. Letzterer Umstand trägt dazu bei, dass wir die farbigen Ränder beim gewöhnlichen Sehen nicht wahrnehmen: dieselben sind überhaupt wegen des geringen Dispersionsvermögens der Augenmedien (etwa gleich dem des destillirten Wassers, Helmholtz) nur unbedeutend und verschwinden vollends gegenüber dem stärkeren weissen Lichteindruck der Mitte; möglicherweise wirkt auch die Zusammenstellung der verschiedenen Augenmedien etwas achromatisirend (analog den Flint- und Crownglas-Linsen der optischen Instrumente). — Um die farbigen Ränder deutlich wahrzunehmen, muss man, wie aus Obigem hervorgeht, nicht für eine mittlere, sondern für eine extreme Farbe (Roth oder Violett) accommodiren; dies erreicht man selbstverständlich am sichersten, wenn man gar nicht für den Gegenstand selbst accommodirt. Um einen hellen Gegenstand zu beobachten, ohne für ihn zu accommodiren, giebt es verschiedene hier nicht näher zu erörternde Methoden. — Aus dem oben Gesagten ergiebt sich auch, dass die Weite des deutlichen Sehens für verschiedene Farben verschieden ist. Offenbar muss Nahe- und Fernpunct für violettes Licht bedeutend näher liegen, als für rothes.

2. Sphärische (monochromatische) Abweichung. Die von einem Objectpunct ausgehenden Strahlen können sich nur dann wieder zu einem wahren Bildpunct vereinigen, wenn sie in sehr geringer Entfernung von der Axe auf die sphärischen brechenden Flächen auffallen, wie bereits oben mehrfach erwähnt ist (p. 307, 308). Dieser Bedingung ist theilweise dadurch genügt, dass die Iris die Randstrahlen in bedeutendem Umfange abblendet. Eine fernere Correction wird dadurch bewirkt, dass einige brechende Flächen Ellipsoide sind, dergestalt, dass die Krümmung nach den Rändern zu bedeutend abnimmt; ferner dadurch, dass in der

Linse die Randstrahlen nur die äusseren Schichten durchwandern, welche (p. 304) geringeres Brechungsvermögen besitzen, als die inneren. Diese Correction ist aber nie genau, sondern bald nicht ausreichend, bald übermässig, so dass fast stets, namentlich bei weiter Pupille, eine gewisse Abweichung übrig bleibt, die sich durch Zerstreuungskreise, also undeutliche Bilder kundgeben muss; sie ist aber selten merklich. — Einige andere Formen monochromatischer Abweichung umfasst der sog.

Astigmatismus (Helmholtz, Knapp, Donders). a. Der sog. „unregelmässige" Astigmatismus besteht in mannigfachen Krümmungsabweichungen der brechenden Flächen, wodurch die Vereinigung eines homocentrischen Strahlenbündels in Einen Punct (p. 306) verhindert wird; jeder kleine Abschnitt der Fläche hat seinen besonderen Bildpunct, so dass ein punctförmiges Object ein sternförmiges Bild giebt (Fixsterne). Die Cornea zeigt ausserdem vorübergehende Unebenheiten (Thränen etc.). — b. Der „regelmässige" Astigmatismus besteht in einer Verschiedenheit der Krümmung der brechenden Flächen in verschiedenen Meridianen. Die beiden am meisten von einander abweichenden heissen die Hauptmeridiane. Meist ist beim Auge der eine, am stärksten gekrümmte, der verticale, — der andre, am schwächsten gekrümmte, der horizontale. Beide Meridiane haben also verschiedene Brennweiten, ja das Auge kann sogar im verticalen Meridian kurzsichtig, im horizontalen weitsichtig sein. Meist ist freilich der Unterschied so gering, dass er sich nur zu erkennen giebt, wenn man feine parallele Striche in der Ferne betrachtet; man kann sie, wenn sie vertical stehen, weiter entfernt erkennen, als horizontal. — Bei hochgradigem Astigmatismus muss man eine Correction anbringen durch ein Glas, das in einer Richtung stärker als in der andern, einfacher: überhaupt nur in einer Richtung, gekrümmt ist, d. h. Gläser mit cylindrischer Fläche.

3. Fluorescenz. Sämmtliche Augenmedien fluoresciren, am wenigsten der Glaskörper, am meisten die Linse (Helmholtz, Setschenow, Regnauld). Wenn daher die Erregbarkeit der Netzhaut auf Aetherwellen bestimmter Längen beschränkt ist (s. unten), so wird unser Wahrnehmungsvermögen durch die Fluorescenz nach der Seite der kleinsten Wellen hin (ultraviolette Strahlen) erweitert. Ueber die factischen Grenzen s. unten.

4. Polarisation. Fällt polarisirtes blaues oder Blau enthaltendes Licht in's Auge (sieht man z. B. durch einen Nicol gegen den Himmel, oder auch mit blossem Auge, da die blauen Strahlen des Himmels schon polarisirt sind, so bemerkt man eine büschelförmige Figur (Haidinger), welche sich mit dem Auge bewegt. Die doppeltbrechenden Eigenschaften der Augenmedien, welche nachgewiesen sind (Jamin, Valentin), genügen zur Erklärung dieser Erscheinung nicht. Die Ursache liegt in den (ebenfalls vermuthlich doppeltbrechenden) Fasern des gelben Flecks (s. unten), welche, von dem polarisirten Lichte in verschiedenen Winkeln getroffen, hier mehr dort weniger davon absorbiren und so die erwähnte Erscheinung bewirken (Helmholtz); es kann indess auf diesen Gegenstand nicht näher eingegangen werden.

Verbleib des ins Auge gedrungenen Lichtes.

Die in das Auge gedrungenen Lichtstrahlen werden hier zum Theil absorbirt, zum Theil aber reflectirt, und zwar so, dass sie auf demselben Wege wieder aus dem Auge zurückkehren, auf welchem sie hineingelangt sind. Jedes in's Auge fallende homocentrische Strahlenbündel vereinigt sich, bei vollkommner Accommodation, nach der Brechung in einem Puncte der durchsichtigen Retina, und zwar vermuthlich in der äusseren (Stäbchen-) Schicht. Ein jedes Stäbchen*) ist aber zu betrachten als ein radial gestelltes Prisma von sehr starkem Brechungsvermögen, das mit der Basis an die Chorioïdea grenzt und längs seiner Flächen mit einer schwach lichtbrechenden Zwischensubstanz in Berührung ist (Brücke). Die nach der Vereinigung im Bildpuncte wieder divergirenden Strahlen treffen nun theils direct die Chorioidea (axiale Strahlen), theils zunächst die Seitenwand des Stäbchens, letztere aber unter so stumpfen Winkeln, dass nicht eine Brechung in die Zwischensubstanz, sondern eine totale Reflexion stattfindet; hierdurch müssen auch diese Strahlen schliesslich auf die Chorioidea geworfen werden. Von dem schwarzen Pigment derselben werden hier die Strahlen fast ganz absorbirt; der Rest des Lichts aber wird reflectirt und muss nun, wie sich leicht ergiebt, wiederum theils direct (die axialen Strahlen), theils nach Reflexion an den Stäbchenwänden sich wieder im Bildpunct vereinigen. Von hier aber muss das Licht nach bekannten optischen Gesetzen, wieder zu dem Objectpuncte aus dem Auge heraus zurückkehren (p. 307). Durch diese Einrichtung wird der Uebergang von Strahlen von einem Theile der Netzhaut auf den andern, Interferenzen u. s. w. verhütet, und ein deutliches Sehen ermöglicht. Zugleich ist dies der Grund, weshalb beim Hineinblicken in ein Auge der Augengrund immer dunkel erscheint.

Um ihn leuchten zu sehen, müsste der Beobachter seine eigene Netzhaut zum Ausgangspunct von Strahlen machen, die dann auf dem Rückwege, nach der Reflexion im beobachteten Auge, zur Wahrnehmung kommen würden. Man erreicht dies künstlich durch die „Augenspiegel." Ihr Wesen besteht darin, dass das Licht einer Flamme so in das beobachtete Auge hineingeworfen wird, als ob es von dem Beobachtenden käme. Einer der einfachsten (Helmholtz) besteht aus einem Satz von Glasplatten, welcher zugleich als Spiegel und als durchsichtiges Medium dient. Man wirft durch ihn das Licht einer seitlich vom beobachteten Auge befindlichen Lichtquelle in dasselbe. Die zurückkehrenden Strahlen werden von den Platten nur zum Theil zur Lichtquelle zurückgeworfen; zum Theil gehen sie durch die Platten hindurch und gelangen in das beobachtende Auge, welches sich hinter den Platten befindet. Das beobachtete Auge erscheint auf diese Weise diffus leuchtend. Um aber ein deutliches Bild der Retina zu gewinnen, bringt man zwischen Spiegel und beobachtendem Auge eine Concavlinse an, welche

*) Nach den neueren Untersuchungen spielen diese Rolle nur die sog. „Aussenglieder" der Stäbchen und die ihnen ganz ähnlichen der Zapfen (vgl. unten, p. 328).

dem Auge ein deutliches (virtuelles) Bild der beleuchteten Netzhaut verschafft. Den Plattensatz kann man natürlich durch einen Hohl- oder Planspiegel ersetzen, der durch eine centrale Oeffnung einen Theil der rückkehrenden Strahlen hindurch lässt. So entstehen andre Formen des Augenspiegels (von Ruete und Coccius). Zwischen Lichtquelle und (Plan-) Spiegel stellt man eine Convexlinse auf, um das Licht zu concentriren. — Kommt es nicht darauf an, ein scharfes Bild der Retina eines Auges zu gewinnen, sondern, nur dieselbe diffus beleuchtet zu sehen, so genügt statt des oben erwähnten folgendes Verfahren (Brücke): Das zu beobachtende Auge blickt auf einen nahen leuchtenden Punct, accommodirt aber für die Ferne. Statt des Vereinigungspunctes entsteht jetzt ein Zerstreuungskreis auf der Retina. Die reflectirten Strahlen werden jetzt nicht in ihrem Ausgangspuncte sich wieder vereinigen, sondern entweder weit hinter demselben oder gar nicht (parallel oder divergirend). Befindet sich nun das beobachtende Auge innerhalb des Kegels der rückkehrenden Strahlen (vor dem Eindruck der Flamme nöthigenfalls durch einen Schirm geschützt), so sieht es den Augengrund erleuchtet. Der beleuchtete Augengrund erscheint in rothem Lichte. Albinotische Menschen und Thiere zeigen ohne Weiteres einen leuchtenden Augenhintergrund, weil Licht durch Sclerotica und Chorioidea in das Auge fällt. — Das Leuchten des Auges erscheint besonders stark bei den Thieren, bei welchen in einem Theile der Chorioidea das schwarze Pigment durch eine helle, glänzende stark reflectirende Membran ersetzt ist, das sog. Tapetum (bei vielen Säugethieren, namentlich Raubthieren und Cetaceen, bei Fischen u. s. w.).

Sehen.

Ort der Erregung des Opticus.

Die auf die Netzhaut fallenden Strahlen kommen dadurch zur Wahrnehmung, dass die in ihr befindlichen Nervenendigungen des Opticus von den Aetherschwingungen in einer uns unbekannten Weise erregt werden. Als lichtempfindende Nervenendigungen sind nur die Stäbchen und Zapfen zu betrachten. Die Beweise hierfür sind folgende:

1. Die Eintrittsstelle des Sehnerven, an welcher die Netzhaut nur aus Opticusfasern ohne Stäbchen und Zapfen besteht, ist zur Lichtwahrnehmung unfähig; sie heisst daher „der blinde Fleck“ (auch Mariotte'scher Fleck). Fixirt man den Punct A mit dem

A ● B ●

rechten Auge (bei zugehaltenem linken) aus einer Entfernung, die etwa 4mal so gross ist als der Abstand AB, so wird der Punct B völlig unsichtbar. Beim Fixiren von A fällt nämlich sein Bild auf den Endpunct der Augenaxe und das Bild von B auf die Eintrittsstelle des Sehnerven, welche etwa $3\frac{1}{2}^{mm}$ von jenem nach innen entfernt ist. Ebenso verschwindet A, wenn man B mit dem linken Auge aus derselben Entfernung fixirt. Ueber die Rolle des blinden Fleckes im Gesichtsfelde s. unten.

2. Die Fovea centralis retinae und die sie umgebende Macula lutea, welche nur Zapfen und Stäbchen, aber keine Opticusfasern enthalten, sind zum schärfsten Sehen geeignet (die Fovea centralis liegt fast genau am Endpunct der Augenaxe [s. u.], so dass das Bild eines fixirten Gegenstandes auf diese Stelle fällt). Da die Fovea centralis nur Zapfen, die Macula lutea Zapfen in grosser Menge (ein Zapfen von einem Kreise von Stäbchen umgeben), die übrige Netzhaut aber nur wenig Zapfen (1 Zapfen von mehreren Stäbchenkreisen umgeben) enthält, so ist man zu dem Schlusse berechtigt, dass die Zapfen zur Lichtempfindung noch geeigneter sind, als die Stäbchen (näheres über beider Function s. unten, p. 327).

3. Die Netzhautgefässe, welche hinter der Faserschicht, aber vor der Stäbchen- und Zapfenschicht liegen, werfen, wenn das Auge von aussen beleuchtet wird, auf letztere einen Schatten; da dieser unter gewissen, unten zu erörternden Bedingungen entoptisch wahrnehmbar ist, so ist dies ein sicherer Beweis, dass die Stäbchen und Zapfen die lichtempfindenden Elemente sind. Dass die wahrgenommenen Schatten wirklich von den Netzhautgefässen, und nicht etwa von anderen vor der Netzhaut liegenden herrühren, ist durch genaue Messungen constatirt. Durch Bewegen der Lichtquelle verändert nämlich der Schatten seinen Ort; und da man diese Ortsveränderung entoptisch messen kann, so kann man daraus die Entfernung der schattenwerfenden Körper von der wahrnehmenden Fläche leicht berechnen. Diese Entfernung stimmt aber genau überein mit der direct gemessenen Entfernung der Netzhautgefässe von den Stäbchen (H. Müller).

Nur die Endorgane also (Stäbchen und Zapfen) sind durch Aetherschwingungen direct erregbar, nicht die Opticusfasern selbst, weder innerhalb der Retina noch im Stamme der Nervus opticus. Dagegen bewirkt jede Erregung des Opticus an irgendeiner Stelle seines Verlaufs oder seiner Endigungen, durch einen der gewöhnlichen Nervenreize (mechanische, electrische, u. s. w.), die Empfindung des Lichtes. Lichtempfindung ist also die „specifische Energie“ des Opticus (s. p. 294).

Mechanische Reizungen im Bereiche des Opticus sind: Quetschung oder Durchschneidung des Stammes (Erfolg: eine blitzartige Erleuchtung des ganzen Gesichtsfeldes), Druck auf das Auge, also auf einen Theil der Retina (Erfolg: eine kreisförmige leuchtende „Druckfigur“ auf der entsprechenden [gegenüberliegenden] Seite des Gesichtsfeldes); bei krankhaft erregbaren Augen genügt sogar die Berührung des die Retina durchfliessenden Blutes um Lichterscheinungen

(Funken, Gefässbilder) hervorzurufen; endlich bewirkt eine plötzliche Accommodationsveränderung im Dunkeln durch die damit verbundene Zerrung des vorderen Netzhautrandes die Erscheinung eines leuchtenden Saumes am Rande des Gesichtsfeldes (Purkinje, Czermak). — Electrische Reizung (Durchleiten eines constanten Stromes durch das Auge oder Stromesschwankungen) bewirkt ebenfalls eigenthümliche Lichterscheinungen, bei denen die verschiedenen Theile der Netzhaut zur Wahrnehmung kommen (Ritter, Purkinje). Ueber den Einfluss der electrischen Reizung auf die Farbenempfindung s. unten.

Das Zustandekommen einer Netzhauterregung setzt nur eine äusserst kurze Zeit der Beleuchtung voraus (die Dauer des electrischen Funkens genügt). Bei längerer Dauer, namentlich intensiver Erregungen tritt eine Ermüdung der Netzhaut ein. Hieraus erklärt sich: 1. die Erscheinung der „negativen Nachbilder“ (s. unten); 2. die bedeutend grössere Empfindlichkeit der Netzhaut bei längerem Aufenthalt im Dunkeln; 3. die grössere Wirksamkeit intermittirender Lichtreize, in Vergleich zu anhaltenden; der Effect der Intermittenz ist am grössten, wenn dieselbe 17—18 mal in der Secunde erfolgt (Brücke), vermuthlich weil dann die neue Reizung grade eintritt, wenn das Sehorgan sich von der vorhergehenden eben erholt hat.

Qualitäten der Lichtempfindung.

Nicht alle Aetherschwingungen vermögen die Endorgane des Opticus zu erregen. Diejenigen, deren Wellenlänge grösser ist, als die der Fraunhofer'schen Linie A entsprechenden („ultrarothe, thermische Strahlen“), sind zur Erregung unfähig, daher unsichtbar; diejenigen, deren Wellenlänge kleiner ist, als die der Linie H entsprechenden („ultraviolette, chemische Strahlen“) erregen so schwach, dass es besonderer Vorrichtungen bedarf, um sie sichtbar zu machen.

Die Unsichtbarkeit der ultrarothen Strahlen hat zur Untersuchung der Diathermansie der Augenmedien geführt, wobei sich ergeben hat, dass dieselben über 90% der Wärmestrahlen absorbiren (Brücke, Janssen). In Bezug auf die einzelnen Spectraltheile verhält sich die Diathermansie der Augenmedien etwa wie die des Wassers (Franz); es wird sonach von den ultrarothen Strahlen noch so viel durchgelassen, dass man ihre Unsichtbarkeit nur durch ihre Unfähigkeit die Retina zu erregen erklären kann. — Die schwer sichtbaren ultravioletten Strahlen erscheinen, wenn sie (natürlich ohne Zuhülfenahme fluorescirender Körper, ausser den eigenen Augenmedien, s. p. 320) künstlich durch Abblendung des übrigen Spectrums sichtbar gemacht werden, mit bläulich-weiss-grauer („lavendelgrauer“) Farbe (Helmholtz).

Die erregungsfähigen Aetherschwingungen verursachen durch Fortleitung der Erregung von den Endorganen in der Netzhaut zu den Centralorganen des Opticus im Bewusstsein den Eindruck der Lichtempfindung. Die Intensität (Elongation, Wellenhöhe) der Schwingungen bedingt die Stärke des Lichteindrucks, die Länge der Wellen dagegen bedingt specifische Verschiedenheiten des Lichteindrucks, die man als Farben bezeichnet. Das Sonnenspectrum, welches Strahlen aller erregungsfähigen Wellenlängen nebeneinander in das Auge gelangen lässt, zeigt daher nebeneinander sämmtliche Farben. Ausser diesen Farben, welche man „einfache“ nennt, giebt es noch sogenannte „Mischfarben“. Den Eindruck einer Mischfarbe erhält dass Bewusstsein entweder dadurch, dass Strahlen von verschiedener Wellenlänge (verschiedene einfache Farben) sich zu einem resultirenden Wellensystem vereinigen, welches die Retina trifft, oder dadurch dass dieselben oder zusammengehörige (identische, s. unten) Opticusfasern gleichzeitig durch mehrere verschiedenfarbige Strahlen erregt werden. In beiden Fällen geben dieselben einfachen Farben dieselbe Mischfarbe. — Die complicirteste Mischfarbe ist das Weiss, die Farbe des unzerlegten Sonnenlichtes. Es entsteht entweder durch Mischung sämmtlicher einfachen Farben des Sonnenspectrums (welche eben aus der Zerlegung des Sonnenlichtes hervorgegangen sind), oder durch Mischung einzelner derselben. Geben zwei einfache Farben als Mischfarbe Weiss, so nennt man die eine die „Complementärfarbe“ der anderen. Auch die Mischfarben geben mit gewissen anderen einfachen oder Mischfarben Weiss.

Die Empfindung der Abwesenheit eines Lichteindrucks auf einer lichtempfindenden Netzhautstelle nennen wir „Schwarz“.

Die beiden oben angedeuteten Arten der Farbenmischung werden in folgender Weise verwirklicht: 1. Bildung resultirender Aetherwellensysteme: a. die Lichtquelle selbst entsendet ein solches, dasselbe ist dann durch ein Prisma in die einfachen Farben zerlegbar; b. man leitet mehrere von verschiedenen Quellen ausgehende Farbenstrahlen so in das Auge, dass sie auf dieselbe Stelle der Netzhaut fallen. Einfache Mittel hierzu sind folgende: Man betrachtet eine Farbe durch eine schräggestellte Glasplatte, welche zugleich durch Reflex eine andere Farbe in das Auge wirft (Helmholtz), — oder man stellt den Scheiner'schen Versuch (p. 312) so an, dass man in die beiden kleinen Oeffnungen zwei verschieden gefärbte Gläser bringt; die beiden Strahlenkegel sind jetzt verschieden gefärbt. Accommodirt man nun so, dass die beiden Zerstreuungskreise sich theilweise decken, so wird die gemeinschaftliche Stelle der Retina von gemischtem Licht beschienen (Czermak). 2. Erregung derselben oder correspondirender Retinaelemente durch verschiedene Farben: a. Man benutzt das Beharrungsvermögen der Netzhaut (s. unten), und lässt schnell hintereinander (mittels des „Farbenkreisels“) verschiedene Farben ins Auge fallen, sodass die durch die erste bewirkte Erregung noch vorhanden ist, wenn die zweite einwirkt; b. man lässt auf zwei „identische Puncte" beider Augen (s. unten) verschiedene Farben wirken.

Folgendes sind die Mischfarben, welche aus je zwei einfachen Farben hervorgehen (Helmholtz):

Roth	und	Violett	giebt	Purpur
Roth	„	Blau	„	Rosa
Roth	„	Grün	„	Mattgelb
Roth	„	Gelb	„	Orange
Grün	„	Blau	„	Blaugrün
Gelb	„	Violett	„	Rosa
Gelb	„	Grün	„	Gelbgrün
Grün	„	Violett	„	Blassblau
Blau	„	Violett	„	Indigblau

und folgendes Complementärfarben einfacher Farben (Helmholtz) (die Wellenlängen bedeuten Hundertmilliontel von Pariser Zollen*):

Farbe.	Wellenlänge.	Complementärfarbe.	Wellenlänge.
Roth	2425	Grünblau	1818
Orange	2244	Blau	1809
Goldgelb	2162	Blau	1793
Gelb	2095	Indigblau	1716
Grüngelb	2082	Violett	1600

Die merkwürdige Thatsache, dass der Erfolg einer Farbenmischung derselbe ist, mag die Combination bereits in den Aetherschwingungen oder erst in den erregten nervösen Apparaten geschehen (vgl. oben), wird erst verständlich, wenn man folgende, schon früher (Young) ausgesprochene, neuerdings wieder (Helmholtz) aufgenommene, und endlich auch durch anatomische Ermittelungen (M. Schultze) gestützte Theorie der Farbenwahrnehmung annimmt:

Die Vorstellung, dass die Wahrnehmung jeder einfachen oder gemischten Farbe auf einer besonderen Erregungsform desselben nervösen Elementes beruht, widerspricht in hohem Grade dem p. 294 f. erörterten Princip der „specifischen Energien." Diesem Princip gemäss muss man annehmen, dass auf jedem Netzhautpunct, welcher überhaupt zum Farbensehen geeignet ist (vgl. unten), nicht ein einziges, sondern mehrere verschiedene Nervenfasern endigen, deren jede durch eine besondere Farbe erregt wird, und im Sensorium den Eindruck dieser Farbe hervorbringt. Eine gemischte Farbe würde dann (wie ein Klang durch Resonatoren, vgl. Gehörorgan, — oder wie durch ein Prisma) in ihre Componenten zerlegt werden,

---

*) In Helmholtz's physiologischer Optik steht (wohl nur durch einen Druckfehler) Milliontel, eine Angabe, die in sämmtliche mir bekannte Lehrbücher der Physiologie übergegangen ist.

und diese die betreffenden Fasern erregen. Es ist dann natürlich für die Empfindung gleichgültig, ob eine Mischfarbe als solche, oder ob die Componenten jede für sich die Netzhautstelle treffen, oder ob endlich letztere schnell nach einander anlangen, oder gar auf die correspondirenden Puncte beider Netzhäute vertheilt sind.

Wie viele solcher farbenpercipirenden Elemente man an jedem Netzhautpuncte anzunehmen hat, ist a priori nicht zu bestimmen; die geringste denkbare Zahl wäre vermuthlich (Young) drei, nämlich eine für jede der drei Hauptfarben: Roth, Gelb und Blau. In Wahrheit aber scheint die Anzahl weit grösser zu sein.

Die neuesten anatomischen Untersuchungen haben nämlich als fast sicher erwiesen, dass die Zapfen die farbenpercipirenden Elemente der Netzhaut sind (M. Schultze). Dieselben sind aber als Multipla von Nervenendigungen zu betrachten, sie haben ein längsgestreiftes Aussehen und gehen in eine dicke Faser (Zapfenfaser) über, welche aus einem Bündel von feinsten Axencylindern besteht, die in der Zwischenkörnerschicht aus einander fallen. Das Farbenperceptionsvermögen der Netzhaut variirt demgemäss mit der Verbreitung der Zapfen in derselben (vgl. p. 321). Die Stäbchen sind höchstwahrscheinlich bloss mit quantitativem Lichtunterscheidungsvermögen begabt. Sie gehen in einen einzelnen Axencylinder über.

Die Young-Helmholtz-Schultze'sche Theorie wird ausser den schon genannten Umständen (Resultate der Farbenmischungen; Form der Zapfen- und Stäbchenfasern) noch durch Folgendes gestützt: 1. Den Nachtthieren (Eule, Fledermaus) fehlen die Zapfen gänzlich, sie haben nur Stäbchen (M. Schultze); dies stimmt zu ihrer Aufgabe nur quantitative Lichtverschiedenheiten (Hell und Dunkel) zu unterscheiden. 2. Das Farbenunterscheidungsvermögen des Menschen ist am schärfsten in der Fovea centralis, wo nur Zapfen sind, nimmt nach der Peripherie ab, parallel mit der Einstreuung von Stäbchen, und fehlt endlich ganz an der Peripherie, wo die Zapfen nur vereinzelt vorkommen (Aubert, M. Schultze). Hier findet sich auch eine qualitative Abweichung der Farbenwahrnehmung (s. unten). 3. Sehr häufig kommt ein Fehler des Auges vor, die sog. Farbenblindheit, namentlich die Rothblindheit (Daltonismus). Letztere besteht darin, dass Roth schwarz erscheint, und dass Mischfarben, welche Roth enthalten, so erscheinen, als ob das Roth fehlte (Weiss z. B. Grünblau). Dieser Zustand ist nicht anders zu erklären, als durch einen Mangel oder eine Functionsunfähigkeit der rothempfindenden Elemente; da es Rothblinde giebt, die durch starkes Roth erregt werden, so ist wohl kein Mangel, sondern eine Unvollkommenheit, welche graduell variiren kann, anzunehmen. Die peripherischen Theile der Netzhaut sind normal in gewissem Grade rothblind: weiss erscheint hier grünlich, und da ferner an den Grenzen der Farbenwahrnehmung (bei Kleinheit des farbigen Bildes), ebenfalls das Roth am leichtesten unempfindlich wird

(Aubert), so scheint es, dass die rothempfindenden Zapfenelemente eines stärkeren Reizes bedürfen als die übrigen, und dass ferner eine gewisse Anzahl von Zapfen erregt werden müssen, damit überhaupt eine Farbenwahrnehmung zu Stande komme; diese beiden Sätze erklären alle genannten Erscheinungen. — Electrische Ströme geben, wenn sie den Opticus durchfliessen, schwache Farbenempfindungen, und zwar erscheint das Gesichtsfeld violett bei aufsteigendem, röthlichgelb bei absteigendem Strom (Ritter); dieselbe Wirkung äussert sich beim Farbensehen als ein Zuwachs (Beimischung) im violetten resp. gelben Sinne (Schelske). Es scheint also bei aufsteigendem Strom die Erregung der blauempfindenden, bei absteigendem die der gelbempfindenden Fasern stärker zu sein, während die der rothempfindenden wenig beeinflusst wird. 4. Eine bedeutende Stütze für die Young'sche Theorie gewähren die vollkommen analogen Verhältnisse beim Gehörorgan (s. d.).

Die Art, wie das gemischte Licht in den Zapfen zerlegt wird, ist noch ganz unverständlich. Dagegen kommt bei den Vögeln eine Einrichtung vor, welche Aufschluss über deren Farbenperception giebt. Die Zapfen der Vogelretina sind nämlich einfache Elemente, indem sie nur mit einem einzelnen Axencylinder verbunden sind, sie sind also im Sinne der Schultze'schen Theorie Stäbchen, dieselben enthalten aber an der Grenze zwischen Innen- und Aussenglied (s. unten) eine fettartige Kugel, welche bei den einen roth, bei den andern gelb, bei noch anderen farblos ist. Es wäre nun denkbar, dass die Stäbchen der ersten Art nur rothes Licht zu den empfindenden Elementen zulassen, die der zweiten gelbes, die der dritten vielleicht weisses. Die Farbenwahrnehmung scheint also hier auf mehrere Stäbchen vertheilt, von denen einige nur durch Licht von besonderer Farbe erregt werden; diese Vielheit von Stäbchen entspricht einem Zapfen des Menschen (M. Schultze). Der Eule fehlen die pigmentirten Stäbchen, es bleiben nur die farblosen übrig (s. oben).

An den Stäbchen und Zapfen unterscheidet man leicht zwei Theile, ein inneres und ein äusseres (M. Schultze). Das Aussenglied ist bei Stäbchen und Zapfen gleich, regelmässig stabförmig, stark lichtbrechend und schwärzt sich meist durch Ueberosmiumsäure; es ist offenbar ein Reflexionsapparat im Sinne des p. 321 Gesagten. Das Innenglied ist bei Stäbchen und Zapfen verschieden, bei ersteren von gleicher Dünne mit dem Aussenglied, bei letzteren spindelförmig und längsgestrichelt (s. oben): es ist offenbar nervöser Natur. Die Demarcationslinie zwischen beiden Gliedern ist scharf und muss von innen kommende Strahlen grösstentheils total reflectiren; das ins Aussenglied eindringende Licht wird von der Chorioidea absorbirt oder ebenfalls wieder in das Innenglied reflectirt. Da nun ausserdem in der Vogelretina an der Grenze zwischen Innen- und Aussenglied sich die farbensondernde Pigmentkugel befindet, so ist es denkbar, wenn auch noch unverständlich, dass die Innenglieder, die eigentlichen percipirenden Elemente, nicht durch direct einfallendes, sondern nur durch das von den Aussengliedern reflectirte Licht erregt werden (M. Schultze).

Bilder.

Schon oben (p. 310) ist gesagt, dass man von jedem auf der Retina befindlichen Bildpunct zum Objectpunct gelangt, wenn man den zugehörigen Sehstrahl zieht. In dieser Richtung verlegt nun auch das Bewusstsein die Ursache jedes Lichteindrucks, welcher durch Erregung eines Retinaelements entstanden ist, nach Aussen (p. 294). In welche Entfernung auf dieser Linie der Bildpunct verlegt wird, soll später erörtert werden; vorläufig nehmen wir an, die Verlegung geschehe so, dass sämmtliche Objectpuncte in einer vor dem Auge schwebenden Fläche zu liegen scheinen. Diese Fläche heisst das „Gesichtsfeld." Das Bewusstsein hat nun fortwährend eine Vorstellung von dem Erregungszustande sämmtlicher Netzhautelemente in ihrer gegebenen räumlichen Anordnung, es wird also fortwährend ein Gesichtsfeld gesehen; dieses erscheint „schwarz" (p. 325), wenn jede Erregung fehlt; jedem erregten Retinaelement entspricht ein leuchtender, jedem unerregten ein schwarzer Punct an den diametral gegenüberliegenden Stellen des Gesichtsfeldes. Letzteres ist also mit genau denselben, nur umgekehrten, Bildern erfüllt, welche objectiv auf der Retina vorhanden sind. Da nun diese im Verhältniss zu den gesehenen Gegenständen verkehrt sind, so erscheinen letztere im Gesichtsfelde aufrecht.

Der blinde Fleck verursacht keine bemerkbare Lücke im Gesichtsfelde. Der Mangel der optischen Erregung, dessen Empfindung wir als „Schwarz" bezeichnen (p. 325), kann nämlich nur empfunden werden, wo lichtempfindende Nervenendorgane vorhanden sind. Diese fehlen aber im blinden Fleck. Letzterer verhält sich also zum Licht wie irgend eine Hautstelle: wir empfinden mit der Hand nicht Schwarz, obgleich wir keinen Lichteindruck von ihr erhalten. Da nun aber die Gesichtseindrücke der Umgebung des blinden Flecks mittels der Sehstrahlen im Gesichtsfelde localisirt werden, so muss dass Bewusstsein das Bedürfniss zwischenliegender leuchtender Puncte logisch wahrnehmen und scheint diese nach Anleitung der Wahrscheinlichkeit sich vorzustellen (E. H. Weber). Daher erscheint bei dem p. 322 angeführten Versuch an Stelle des verschwindenden Objects nicht ein schwarzer Fleck, sondern die Farbe des Grundes (das Weiss des Papiers) setzt sich als wahrscheinlichste Ergänzung über die Lücke fort.

Da jede Netzhautstelle nur eine bestimmte Anzahl von Opticusendorganen (Stäbchen oder Zapfen) enthält, so kann jedes Bild nur aus einer beschränkten Anzahl räumlich getrennter Lichteindrücke bestehen, welche mosaik- oder stickmusterartig zusammengesetzt sind. Indessen ist die Mosaik so fein, dass der Eindruck einer continuirlichen Zeichnung entsteht. Derselbe Gegenstand wird um so schärfer erscheinen müssen, auf je mehr percipirende

Elemente der Retina sein Bild vertheilt wird. Daher hängt die Schärfe der Wahrnehmung eines bestimmten Gegenstandes ab: 1) von der Grösse seines Netzhautbildes; derselbe Gegenstand erscheint demnach in der Nähe schärfer als in der Ferne; 2) von der Lage der Netzhautstelle, welche sein Bild trifft; die percipirenden Elemente sind nämlich am dichtesten gedrängt in der Fovea centralis und der Macula lutea, und stehen am spärlichsten am Rande der Retina; ein Gegenstand erscheint daher bei gleicher Entfernung am schärfsten, wenn sein Bild auf die Mitte der Retina fällt; daher wird beim scharfen Betrachten („Fixiren") eines Gegenstandes das Auge so gedreht, dass derselbe sein Bild auf den gelben Fleck wirft. — Es wird ferner ein Gegenstand überhaupt nur dann erkennbar sein, wenn sein Netzhautbild eine genügende Anzahl von percipirenden Elementen einnimmt, so dass das Bewusstsein eine genügende Zahl räumlich getrennter Eindrücke erhält, um die Gestalt des Gegenstandes zu characterisiren. Man hat gefunden, dass zwei Bildpuncte auf der Fovea centralis der Retina mindestens 0,002^{mm} von einander abstehen müssen, um noch getrennt wahrgenommen zu werden, — auf den übrigen Retinatheilen aber noch viel weiter. Daher sind sehr kleine oder sehr weit entfernte Gegenstände nicht erkennbar.

Die Grösse (der Durchmesser) des Netzhautbildes wird offenbar immer durch die Grösse des Sehwinkels bestimmt, welchen die beiden äussersten Richtungslinien eines Gegenstandes mit einander bilden (p. 310); man drückt sich daher gewöhnlich so aus, dass Gegenstände unter einem sehr kleinen Sehwinkel nicht mehr erkennbar sind. — Um auch solche Gegenstände noch zu erkennen, muss der Sehwinkel künstlich vergrössert werden; und hierzu dienen bekanntlich die Fernröhre und Microscope, erstere für sehr entfernte, letztere für sehr kleine Objecte.

Der kleinste Abstand in welchem zwei Netzhautbildpuncte noch getrennt wahrgenommen werden können, kann unter andern auf folgende Arten gefunden werden (Volkmann): 1. Zwei feine Drähte oder Linien werden in gleichbleibender Entfernung vom Auge einander so lange genähert, bis sie nicht mehr unterschieden werden können, und dann der Zwischenraum ihrer Netzhautbilder berechnet. Statt die Objecte einander zu nähern, kann man sie auch durch einen verschiebbaren Verkleinerungsapparat („Macroscop") betrachten. 2. Man betrachtet einen dem Drehpunct sehr nahen Punct eines schwingenden Pendels aus verschiedenen Entfernungen, bis seine Bewegung nicht mehr wahrzunehmen ist. Bei diesen Versuchen muss stets die Irradiation (s. unten) berücksichtigt werden. In den älteren Messungen stimmte die kleinste wahrnehmbare Netzhautdistanz mit der damals angegebenen Grösse der Zapfendurchmesser (0,004^{mm}) überein. Beide Grössen haben sich in neueren Messungen kleiner erwiesen, als sie früher angenommen wurden, und noch jetzt kann man eine Uebereinstimmung beider behaupten. Die Zapfen der Fovea centralis haben etwa $0{,}002^{mm}$ im Durchmesser; es scheint aber nur die Grenzfläche zwischen Aussen- und Innenglied (s. oben) in Betracht zu kommen, welche etwa $0{,}001^{mm}$ im Durchmesser hat (M. Schultze).

Für die Erkennbarkeit kleiner Netzhautbilder ist es nicht gleichgültig, welche Anordnung die Mosaik der Netzhautelemente hat; dieselbe ist für den gelben Fleck regelmässig so, dass in den rhombischen Durchschnitten guillochenartig sich schneidender Kreise die Zapfen liegen (M. Schultze).

Die Details eines Bildes werden theils durch den Unterschied in der Helligkeit, theils durch den Unterschied in der Farbe unterschieden. Für letztere hängt die Feinheit des Perceptionsvermögens von der Anzahl nicht der Netzhautelemente überhaupt, sondern speciell der Farbenwahrnehmungselemente (Zapfen, s. oben) ab, welche das Bild bedeckt. Für die Mitte des Sehfeldes kommt beides auf dasselbe hinaus, da hier nur Zapfen existiren, nach der Peripherie hin aber nimmt das Farbenunterscheidungsvermögen viel schneller ab als das Intensitätsunterscheidungsvermögen.

Subjective Bilder und optische Täuschungen.

Da bei der Lichtempfindung, wie bei allen übrigen Empfindungen, nervöse Apparate betheiligt sind, so müssen alle Eigenthümlichkeiten der Nervenerregbarkeit sich dabei geltend machen, und zum Theil zu Störungen oder Täuschungen Anlass geben. Es wird z. B. dieselbe Aetherschwingung einen stärkeren oder schwächeren Eindruck im Bewusstsein hervorrufen, je nach dem Erregbarkeitsgrade der Endorgane des Opticus, oder seiner Fasern, oder endlich der Centralorgane. Andere Umstände bewirken wirkliche Fehler, Lichtperceptionen ohne erregende Lichtstrahlen, oder Wahrnehmungen anderer Strahlen als wirklich dasind (Farbentäuschungen). Solche Wahrnehmungen nennt man „subjective". Die gewöhnlichsten derselben sind folgende:

1. Nachbilder. Eine erregte Opticusfaser beharrt noch eine Zeit lang im erregten Zustande, nachdem der erregende Lichtstrahl aufgehört hat, und zwar um so länger und intensiver, je anhaltender und intensiver die „primäre" Erregung war. Nach jedem Gesichtseindrucke bleibt daher der gesehene Gegenstand noch eine kurze Zeit sichtbar, er erscheint ein Nachbild. Hierauf beruht z. B. das Erscheinen eines feurigen Kreises, wenn man eine glühende Kohle vor dem Auge im Kreise herumführt. Apparate, die auf diesem Phänomen beruhen, sind: das Thaumatrop, eine vor dem Auge rotirende Scheibe, auf deren Umfang ein sich continuirlich bewegender Körper in verschiedenen auf einander folgenden Phasen seiner Bewegung abgebildet ist, so dass jedes Bild einen Moment sichtbar ist; jeder Eindruck bleibt dann so lange bestehen, bis das folgende Bild heranrückt, und so entsteht der Anschein, als ob die Bewegung continuirlich geschehe. Ferner der Farbenkreisel, eine schnell rotirende Scheibe, die in Sectoren von verschiedener Farbe getheilt ist; die Farbe eines jeden Sectors bleibt während einer ganzen Umdrehung sichtbar, so dass eine Mischung sämmtlicher Farben zum Bewusstsein kommt (vgl. p. 325). — War der Lichteindruck stark, so ist das

Nachbild zuweilen dunkel, d. h. die Erregbarkeit der getroffenen Fasern ist durch die Ermüdung (p. 324) momentan aufgehoben, so dass eine dunkle Stelle, von derselben Gestalt wie der helle primär gesehene Gegenstand, als Nachbild erscheint, — **negatives Nachbild**. Zuweilen wechseln positive und negative Nachbilder eine Zeit lang ab, d. h. die momentan aufgehobene Erregbarkeit kehrt momentan wieder, so dass das (positive) Nachbild wiedererscheint, verschwindet dann wieder, u. s. w. — Eigenthümlich gestalten sich die Nachbilder, wenn der primäre Eindruck durch intensives oder lange einwirkendes **farbiges** Licht hervorgebracht wurde. Das Nachbild erscheint hier nicht immer gleichfarbig („positiv"), sondern häufig in einer andern, sog. „**Contrast-Farbe**", zuweilen abwechselnd positiv und contrastirend. Die Contrastfarbe ist: Grün, wenn die primäre roth war, — Gelb, wenn jene violett, — Orange, wenn sie blau war, — und umgekehrt. — Auch weisses Licht erscheint nach einem farbigen Eindrucke in der Contrastfarbe; — legt man z. B. auf eine weisse Fläche ein gefärbtes Papierstück, starrt dies eine Zeit lang an, und blickt dann auf die weisse Fläche, so erscheint hier ein Nachbild von der Gestalt des gefärbten Stücks, in der Contrastfarbe. Da die Contrastfarben sehr nahe mit den Complementärfarben übereinstimmen, so kann man die Contrasterscheinungen durch Ermüdung der der primären Farbe entsprechenden Netzhautelemente erklären; das Weiss muss dann, da in der Erregung eine Componente unwirksam ist, in der Complementärfarbe erscheinen. Farbige Nachbilder erscheinen auch nach weissen Lichteindrücken, wenn diese sehr intensiv sind (z. B. nach einem Blick in die Sonne); gewöhnlich erscheinen hinter einander verschiedene Farben in regelmässiger Folge, zuweilen abwechselnd positiv und negativ. Diese Erscheinung, das sog. „**Abklingen der Farben**", findet ihre Erklärung vermuthlich darin, dass die Erregung der einzelnen Farbenwahrnehmungselemente verschieden lange den Lichteindruck überdauert.

2. **Irradiation und Induction.** Wenn ein Theil der Retina durch Licht beleuchtet wird, so werden unter gewissen Umständen auch andere nicht direct beleuchtete Netzhautstellen mit erregt, oder in ihrem sonstigen Erregungszustande modificirt, und zwar entweder nur die unmittelbar an die direct erregte Stelle grenzenden („Irradiation") oder die ganze übrige Netzhaut („Induction"). Beide Erscheinungen gehören in das Gebiet der Mitempfindungen (s. d. 13. Cap.); für keine giebt es eine ausreichende Erklärung. — Die **Irradiation** macht sich besonders geltend, wenn ein heller Gegenstand auf dunklem Grunde betrachtet wird: er erscheint dann grösser als er ist, — umgekehrt ein dunkler Gegenstand auf hellem Grunde verkleinert. Diese Erscheinung kann aber auch objectiv hervorgebracht werden, nämlich durch fehlerhafte Accommodation. Die hellen Gegenstände erscheinen dann in Zerstreuungsbildern. Das Bewusstsein hat nun die Neigung, den halbbeleuchteten Saum (welcher die Breite des Radius der Zerstreuungskreise hat) dem prädominirenden Theile des Bildes hinzuzufügen; nun prädominirt einerseits das Helle vor dem Dunkeln; andererseits aber das Object vor dem Grunde. Ist der Grund schwarz, das Object weiss, so vereinigt sich beides um das Object auf Kosten des Grundes vergrössert erscheinen zu lassen; ist aber das Object schwarz, der Grund weiss, so kann der zweite Einfluss den ersten so übertreffen, dass auch schwarze Linien auf Kosten des weissen Grundes verbreitert erscheinen (Volkmann). — Die **Induction** erscheint, wenn ein Theil der Retina von einfach gefärbtem Lichte erregt wird, der Rest aber entweder gar nicht, oder durch weisses Licht, oder durch die gleiche aber

weniger intensive Farbe. Im ersten Falle erscheint auch der dunkle Theil des Gesichtsfeldes gefärbt, und zwar grün, wenn die inducirende Farbe grün oder roth ist, — blauviolett, wenn sie violett ist, — schwachblau, gelbgrün oder grün, wenn sie blau oder gelb ist (Brücke); im zweiten Falle erscheint statt des weissen Lichtes die Contrastfarbe der inducirenden (s. oben); im dritten erscheint die schwächere Nuance ebenfalls in der Contrastfarbe.

3. Unter den subjectiven Erscheinungen sind ferner noch die Farbentäuschungen, die durch die peripherische Farbenblindheit, und durch die ungleiche Erregbarkeit der Farbenwahrnehmungsorgane (p. 327 f.) entstehen, anzuführen; z. B. erscheint sehr schnell intermittirendes weisses Licht, weil die Lichtdauer zur Erregung der rothempfindenden Elemente nicht genügt, grünlich (Brücke).

4. Erregungen der lichtempfindenden Elemente durch rein innere Ursachen, ohne äussere Veranlassung. Hierher gehören: a. mechanische Erregung durch die Blutcirculation, nur bei krankhaft gesteigerter Erregbarkeit vorkommend; sie zeigen sich als Funken, Blitze u. s. w.; zuweilen erscheint, namentlich vor dem Einschlafen, ein vollständiges Bild der Netzhautgefässe mit Blutkörperchen u. s. w.; b. centrale Erregungen unbekannten Ursprungs in den verschiedensten Formen („Hallucinationen, Phantasmen"); sie erscheinen namentlich im Traume, im halbwachen Zustande, vor dem Einschlafen, bei krankhaften Zuständen auch im Wachen.

Entoptische Wahrnehmungen.

Von den subjectiven Lichterscheinungen wohl zu trennen sind die „entoptischen", d. h. objective Gesichtswahrnehmungen von im Auge selbst befindlichen Gegenständen. Die wichtigsten derselben sind: 1. Wahrnehmung von Trübungen und Verdunkelungen der brechenden Medien des Auges. Dieselben kommen zur Anschauung, wenn durch Beleuchtung des Auges ihre Schatten auf die Netzhaut fallen, am besten, wenn parallelstrahliges Licht in das Auge fällt. Sie erscheinen in Form von dunklen Flecken, Kugeln, Streifen, Perlschnüren u. s. w.; zum Theil sind sie fest, zum Theil (die des Glaskörpers) verändern sie, namentlich bei plötzlichen Bewegungen des Auges oder des Kopfes, ihre Stelle (mouches volantes). — 2. Wahrnehmung der Retinagefässe (s. p. 321), ebenfalls durch ihren auf die Stäbchenschicht fallenden Schatten. Hierzu wirft man ihren Schatten entweder auf seitliche, seltener beschienene Netzhauttheile (indem man ein intensives Licht seitlich auf die durchscheinende Sclerotica fallen lässt), oder man bewegt den Schatten dadurch, dass man einen leuchtenden Punct vor dem Auge hin- und herführt. Es erscheint dann eine dunkle Gefässzeichnung, im erleuchteten Gesichtsfelde, auch der Rand der Fovea centralis ist durch einen Schatten erkennbar (Purkinje'sche Aderfigur). — 3. Wahrnehmung der Blutkörperchen in den Netzhautcapillaren, bei sehr greller Beleuchtung des Auges (durch eine Schneefläche, eine Lampenglocke, u. s. w.); noch nicht völlig erklärbar.

Bewegungen des Auges.

Das Auge besitzt eine sehr grosse Beweglichkeit in der Augenhöhle, und die absolute Beweglichkeit des Sehorgans wird noch durch die des ganzen Kopfes bedeutend vermehrt. Hierdurch wird es möglich, bei Einer Körperstellung fast in allen Richtungen des

Raumes Gegenstände zu fixiren, d. h. das Auge so für sie einzustellen, dass ihr Retinabild in die Fovea centralis retinae fällt (p. 321). Die grosse Beweglichkeit des Bulbus beruht auf der Art seiner Befestigung in der Orbita. Er ruht nämlich in dem Fettpolster derselben wie der Gelenkkopf eines Kugelgelenks in der Pfanne, ist daher um unzählige Axen drehbar. Gehemmt werden diese Drehungen, welche durch die Augenmuskeln bewirkt werden, erstens durch die Anheftung der Antagonisten, zweitens durch den Widerstand des Opticusstammes. Ausser den Drehbewegungen können noch Ortsveränderungen des Bulbus im Ganzen stattfinden, weil die Umgebung nachgiebig, also „die Gelenkpfanne verschiebbar ist“ (Ludwig).

Der Drehpunct des Bulbus (im Sinne des p. 250 Gesagten) liegt nicht wie man a priori vermuthete und auch nach Versuchen behauptete (Volkmann), in der Mitte der Sehaxe, sondern (Donders und Doijer) bei normalem Auge etwa $1{,}77^{mm}$ hinter derselben.

Um die Lageveränderungen des Bulbus und die Anordnung und Wirkung der Augenmuskeln zu verstehen, muss man gewisse feste Puncte und Linien in der Augenkugel annehmen, deren Lageveränderungen einen Maassstab für die Bewegungen des Auges abgeben. Eine Linie im Auge ist durch den anatomischen Bau desselben gegeben, nämlich die Sehaxe, eine Linie, welche von der Fovea centralis aus durch den Kreuzungspunct gelegt ist, — der Hauptstrahl eines fixirten Punctes. Diese Linie fällt nicht genau mit der Hornhautaxe zusammen, d. h. mit der gemeinsamen optischen Axe der centrirten Augenmedien; die letztere schneidet nämlich die Retina etwas nach oben und innen von der Fovea centralis, so dass beide Axen einen kleinen Winkel (3,5—7°) mit einander bilden). Von der Fovea centralis aus, welche man als Pol der Augenkugel bezeichnen darf, zieht man nun zwei zu einander senkrechte Meridiane über die Retina. Die Lage derselben wird durch gewisse physiologische Eigenschaften des Auges bestimmt; sie theilen nämlich die Netzhaut in vier Quadranten, welche in beiden Augen gewisse gegenseitige Beziehungen haben (s. unten). Man nennt sie daher Trennungslinien (eine verticale und eine horizontale). — Denkt man sich ferner im Mittelpunct der Sehaxe eine zu ihr senkrechte Ebene durch das Auge gelegt, so schneidet diese die Kugeloberfläche in einem zu den Meridianen senkrechten grössten Kreise, den wir als Aequator des Auges bezeichnen wollen (die Ebene also als „Aequatorial-Ebene“). Man hat jetzt drei auf einander senkrechte grösste Kreise (Aequator und zwei Meridiane); die ihnen entsprechenden Ebenen schneiden sich gegenseitig in drei zu einander senkrechten Durchmessern, Axen, nämlich eine sagittale (Sehaxe), eine verticale („Höhenaxe") und eine horizontale („Queraxe"). Diese können als ein körperliches Coordinatensystem benutzt werden, welches, mit dem Auge beweglich, dessen Drehungen anzeigt. Hierzu muss man noch ein zweites im Raume absolut feststehendes Coordinatensystem annehmen, das in der Ruhelage des Auges mit dem beweglichen zusammenfällt. In jeder anderen Stellung des Auges werden dann eine oder zwei oder alle drei entsprechenden Axen beider Systeme Winkel mit einander bilden.

Die Bewegungen des Auges sind namentlich für die gegenseitigen Stellungen beider Augen von Wichtigkeit, und durch diese beschränkt (s. unten). Man nimmt daher als Ruhelage, von welcher alle Bewegungen ausgehend gedacht werden können („Primärstellung"), eine Stellung an, in welcher alle drei Axen des einen Auges denen des andern parallel und die Queraxen in Einer graden Linie liegen, die Sehaxen also sagittal nach vorn gerichtet sind. Offenbar kann diese Stellung verbunden sein mit einer beliebigen Neigung der Sehaxen gegen den Horizont. Unter allen hier möglichen Stellungen ist aber wieder eine als eigentliche Primärstellung herauszuheben, nämlich die Neigung, von welcher aus Convergenz-Bewegungen der Sehaxen stattfinden können, ohne dass die Augen sich scheinbar um ihre Sehaxen drehen müssen, was bei allen andern Neigungen der Fall ist (s. unten). Die Bestimmung dieser Neigung wird unten erörtert werden. Es ist nun ermittelt worden (LISTING, MEISSNER, HELMHOLTZ), dass alle Drehungen des Auges aus der Primärstellung heraus um solche Axen geschehen, welche in der Aequatorialebene liegen (so dass also die Sehaxe stets senkrecht auf der Drehungsaxe steht). Unter den in der Aequatorialebene gelegenen unzähligen denkbaren Axen sind zunächst zwei hervorzuheben, nämlich diejenigen, welche zugleich Coordinatenaxen sind, also die Queraxe und die Höhenaxe. Drehungen um diese beiden Axen führen zu den sog. „Secundärstellungen" des Auges. Die Drehung um die erstere bewirkt nur Veränderung der Neigung gegen den Horizont (unter Beibehaltung des Parallelismus der Sehaxen), die um die Höhenaxe bewirkt Drehung nach innen oder aussen, also Convergenz oder Divergenz der Sehaxen (unter Beibehaltung der Neigung gegen den Horizont). Bei ersterer also fällt zwar noch die verticale Trennungsebene, aber nicht mehr die horizontale, mit den entsprechenden des festen Coordinatensystems zusammen, bei letzterer umgekehrt. — Drehungen um andre in der Aequatorialebene des Bulbus gelegene Axen führen zu den „Tertiärstellungen" des Auges. Da sich jede solche Drehung nach einfachen Regeln zerlegen lässt in eine Drehung um die Höhen-, und eine Drehung um die Queraxe, so ist erstens mit den Tertiärstellungen sowohl Convergenz der Sehaxen als veränderte Neigung derselben gegen den Horizont verbunden; zweitens aber fällt jetzt weder die verticale noch die horizontale Trennungsebene mit den entsprechenden des festen Coordinatensystems zusammen; beide sind gegeneinander geneigt; die Augen haben also bei den Tertiärstellungen eine scheinbare Drehung um die Sehaxen, sog. Raddrehung erlitten, und zwar (von vorn gesehen) im Sinne eines Uhrzeigers bei Wendung des Blicks nach links oben oder rechts unten, im entgegengesetzten Sinne beim Blick nach rechts oben oder links unten. Es ist also mit jeder Stellung der Sehaxe eine bestimmte Raddrehung des Auges verbunden, welche sich aus dem LISTING-schen Gesetze ableiten lässt.

Nennt man die durch beide (stets in Einer Ebene liegende) Sehaxen gelegte Ebene die Visirebene, so fällt also in der Primär- und in den Secundärstellungen der horizontale Netzhautmeridian in die Visirebene, und weicht in den Tertiärstellungen von ihr ab. Mittels der Visirebene lassen sich die Augenstellungen auch folgendermassen definiren. In der Primärstellung hat die Visirebene eine bestimmte Neigung, die Sehaxen sind parallel und senkrecht zur Verbindungslinie der beiden Augendrehpuncte. Secundärstellungen entstehen, wenn entweder die Visirebene ihre Neigung ändert, die Sehaxen in ihr aber fest liegen, oder wenn die Visirebene fest bleibt, die Sehaxen aber in ihr ihre Lage ändern. Alle anderen Stellungen sind Tertiärstellungen.

Die Nothwendigkeit des LISTING'schen Gesetzes, wonach mit jeder Abweichung der Sehaxe aus der Primärstellung zugleich die Raddrehung (Neigung der Netzhautmeridiane zur Visirebene) und somit die Stellung des ganzen Auges gegeben ist, lässt sich herleiten aus dem „Princip der leichtesten Orientirung" (HELMHOLTZ). Da nämlich die Orientirung beim Sehen abhängt von der uns bewussten Stellung der Sehaxe zum Kopf, und der Grösse der Raddrehung*), so ist es zweckmässig, wenn wir die Beurtheilung der letzteren dadurch ersparen dass sie direct von der ersteren abhängt; wir lernen also durch Uebung, oder vielleicht durch einen von Uebung entsprungenen vererbten Mechanismus (vgl. das DARWIN'sche Princip, Cap. XIV.), mit jeder Sehaxenstellung eine bestimmte

*) Wir halten z. B. eine in einem Punct fixirte Linie für vertical, wenn sie sich bei einer bestimmten Kopfstellung in einem bestimmten Netzhautmeridian abbildet.

Raddrehung zu verbinden. Weitere (mathematische) Verfolgung des Princips der leichtesten Orientirung ergiebt ferner dass die zweckmässigste Ausgangsstellung (Primärstellung) die ist, bei welcher die Sehaxe grade in der Mitte ihres Bewegungsfeldes steht (d. h. in der Mitte des Orbitakegels), und dass sie aus dieser Lage nur abweicht durch Drehungen des Bulbus um Durchmesser der Aequatorialebene (LISTING'sches Gesetz). Die Primärstellung ist in der That die Mittelstellung des Auges.

Zur Verdeutlichung der Augenstellungen diene Fig. 17. Für eine bestimmte Kopfstellung seien A und B die beiden etwa kreisförmigen Felder innerhalb welcher sich das vordere Ende der Sehaxe (Mitte der Cornea) bewegen kann. (Man muss sich diese eigentlich gewölbten Felder in eine Ebene projicirt

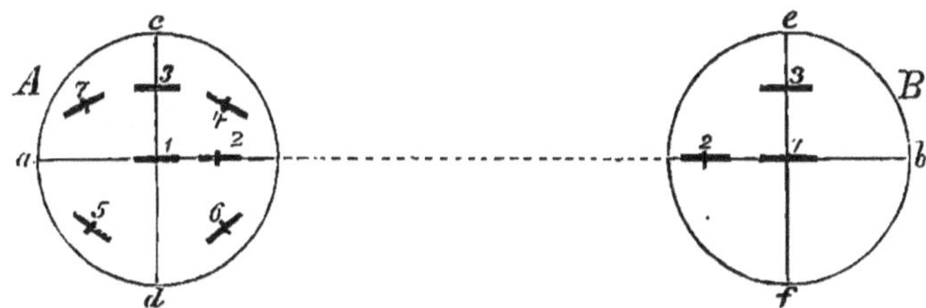

Fig. 17.

denken.) In der Primärstellung steht dann die Corneamitte bei 1; Secundärstellungen entstehen, wenn sie entweder in der Linie ab bleibt, z. B. in 2, oder in der Linie cd (ef), z. B. 3. Alle übrigen Stellungen, z. B. 4, 5, 6, 7 sind Tertiärstellungen. Die kurzen starken Linien deuten die Richtung der Ebene des horizontalen Netzhautmeridians an; man sieht, dass nur bei den Tertiärstellungen Raddrehungen vorhanden sind, bei 4, 5 in der Richtung des Uhrzeigers, bei 6, 7 in entgegengesetzter.

Die Erkennung der Raddrehungen des Bulbus geschieht auf folgende Arten: 1) Man fixirt ein horizontales lineares Object; dasselbe zeigt dann in Primär- und Secundärstellung die dem blinden Fleck entsprechende Lücke, nicht aber in Tertiärstellung, wo dasselbe nicht mehr auf dem horizontalen Netzhautmeridian sich abbildet (MEISSNER). 2) Man imprägnirt einem Netzhautmeridiane ein Nachbild (durch Anstarren eines linearen Gegenstandes) und blickt dann auf eine mit verticalen und horizontalen Linien versehene Wand. Bei verschiedener Bulbusstellung wird die auf der Wand ablesbare Neigung des Nachbildes sich mit den Stellungen der Sehaxe ändern (HELMHOLTZ). 3) Man benutzt die Doppelbilder (vgl. unten).

Augenmuskeln.

Die Wirkungsweise jedes einzelnen Augenmuskels, d. h. die Lage der Axe, um welche er für sich allein das Auge zu drehen vermag, lässt sich berechnen, wenn man vorher den Ort seines Ursprungs in der Orbita*) und seines Ansatzes am Bulbus kennt

*) Für den Obliquus superior muss begreiflicherweise statt des Ursprungsortes der Ort der Trochlea in Frage kommen.

(die Lage dieser Puncte wird ausgedrückt durch die Abscissenlängen, welche die von ihnen auf die drei festen Coordinatenaxen gefällten Lothe auf diesen abschneiden). Die Lage der Axe wird bestimmt durch die drei Winkel, welche sie mit den drei Coordinatenaxen des Auges in der Ausgangsstellung bildet. In dieser Weise sind die hier folgenden Lagen der Axen für die sechs Augenmuskeln bestimmt (Fick); die Ausgangsstellung ist ungefähr die Primärstellung.

Muskel.	Winkel, den die Drehaxe bildet mit der		
	Sehaxe.	Höhenaxe.	Queraxe.
Rectus superior	111° 21′.	108° 22′.	151° 10′.
„ inferior	63° 37′.	114° 28′.	37° 49′.
„ externus	96° 15′.	9° 15′.	95° 27′.
„ internus	85° 1′.	173° 13′.	94° 28′.
Obliquus sup.	150° 16′.	90° 0′.	60° 16′.
„ inf.	29° 44′.	90° 0′.	119° 44′.

Für die gewählte Ausgangsstellung liegt wie man sieht, keine Drehaxe in der Aequatorialebene des Auges (sonst müsste sie mit der Sehaxe einen rechten Winkel bilden). Sehr nahe derselben, nur wenig von der Höhenaxe entfernt liegen die Drehaxen des Rectus internus und externus, die also in der That die Pupille fast rein nach innen und aussen drehen. Die der beiden Obliqui dagegen liegen genau in der Horizontalebene, zu beiden Seiten der Sehaxe, jede etwa 30° von dieser entfernt, so dass der superior die Pupille nach innen und unten, der inferior dagegen nach aussen und oben dreht. Die Drehaxen des Rectus superior und inferior weichen von der Queraxe ziemlich bedeutend ab, so dass jener die Pupille nach oben und etwas nach innen, dieser nach unten und ebenfalls etwas nach innen dreht.

Da nun die wirklichen Augendrehungen um Durchmesser der Aequatorialebene geschehen (vgl. oben), so ergiebt sich leicht, dass fast zu jeder Bewegung mehrere Muskeln zusammenwirken müssen. Dies ist in der That namentlich durch Beobachtungen an Augen, deren Muskeln zum Theil gelähmt waren, bestätigt worden. Die Betrachtung und Berechnung der zu einer bestimmten Bewegung erforderlichen Muskelwirkung ist indess so ausserordentlich verwickelt, namentlich dadurch, dass bei der geringsten begonnenen Lageveränderung auch die Drehaxe eines Muskels eine andere wird, — dass hier nicht weiter darauf eingegangen werden kann.

Die Nerven, welche die Bewegungen des Augapfels beherrschen, sind: der Oculomotorius, Abducens und Trochlearis, letztere beide für die gleichnamigen Muskeln, ersterer für die vier übrigen. Diese sehr faserreichen Nerven, deren Wirkungen mit sehr grosser Geschwindigkeit abwechseln, stehen beiderseits im Gehirn in einer gewissen Verknüpfung, so dass ihre Bewegungen sich gegenseitig beschränken. Diese Verknüpfung bewirkt erstens, dass immer nur solche Bewegungen geschehen, dass beide Sehaxen in derselben Ebene („Visirebene") liegen, also verlängert sich in einem Puncte schneiden (wenn sie nicht parallel sind); sie haben daher, so lange der Kopf gerade steht, dieselbe Neigung gegen den Horizont (da man die beiden Drehpuncte sich fest denken kann). Ferner ist ihre gegenseitige Neigung in so fern beschränkt, als sie nur in geringem Maasse nach vorn divergiren, dagegen in jedem durch die Lage erlaubten Maasse convergiren können. Der Mechanismus dieses Zusammenhangs, der in die Categorie der Mitbewegungen gehört, ist völlig räthselhaft. Störungen desselben bezeichnet man als „Schielen (Strabismus)".

Sehen mit beiden Augen.

Beim gewöhnlichen Sehen wirken beide Augen zusammen; die Vortheile, welche dadurch geboten werden, sind: 1. Correctionen von Fehlern etc. eines Auges durch das andere, 2. eine vollkommenere Raumanschauung, da das Betrachten eines Gegenstandes von zwei verschiedenen Standpuncten aus statt einer blossen Flächenprojection auch die Ausdehnung in der dritten Dimension zur Anschauung bringt, 3. genaue Schätzung der Grösse und Entfernung der Gegenstände.

Einfachsehen.

Trotz des Sehens mit zwei Augen erscheinen die Gegenstände im Allgemeinen nur einfach; dies kann nur dadurch geschehen, dass die Erregung gewisser zusammengehöriger Puncte beider Netzhäute im Bewusstsein an dieselbe Stelle des Raumes verlegt wird, — mit andern Worten: dass beide Augen nur Ein gemeinschaftliches Gesichtsfeld haben (p. 329), und dass die durch Erregung zweier zusammengehöriger Puncte entstehenden Lichteindrücke an Einer Stelle jenes Gesichtsfeldes erscheinen. Solche zusammengehörige Netzhautpuncte nennt man „zugeordnete" oder

„identische". Ein mit beiden Augen bei irgendeiner Stellung derselben einfach gesehener Gegenstand muss also auf die beiden Netzhäute so seine Bilder werfen, dass die beiden Bildpuncte jedes Objectpunctes auf zwei identische Netzhautpuncte fallen. Wird ein oder werden beide Augen etwas gedreht, so muss sofort ein Doppelbild erscheinen. Näheres über das Wesen der „Identität" weiter unten.

Lage der identischen Puncte. Horopter.

Ueber das Lageverhältniss der identischen Puncte ergeben sich sofort folgende Gesetze: 1. Da ein mit beiden Augen fixirter Punct C (Fig. 18), dessen Bilder also auf die Endpuncte der Sehaxen c und c_1 fallen, einfach erscheint, so müssen die beiden Endpuncte der Sehaxen c und c_1 identische Puncte sein. 2. Fixirt man nun die Mitte C eines Gegenstandes, welcher einfach erscheint, so müssen, wie die einfache Construction der Figur ergiebt, für alle Puncte der rechten Hälfte einer Netzhaut die identischen Puncte in der rechten Hälfte der anderen liegen, und umgekehrt; ferner für die der oberen Netzhauthälfte eines Auges in der oberen des anderen, für die der unteren in der unteren des andern. Sind die Kreise L und R (Fig. 19) Projectionen der beiden Netzhäute, so sind die gleichbezeichneten Quadranten (a, a_1 u. s. w.) identisch. Die beiden Meridiane, welche diese identischen Quadranten trennen, heissen „Trennungslinien" (verticale und horizontale, vgl. p. 334). 3. Hieraus folgt weiter, dass entsprechende Puncte der beiden verticalen Trennungslinien identisch sein müssen, und ebenso die der horizontalen.

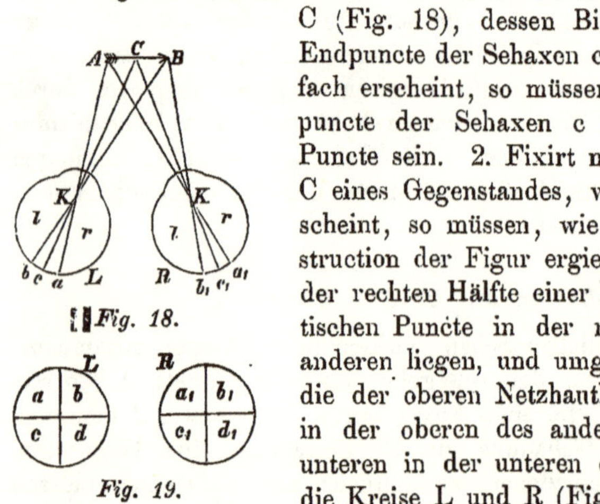

Fig. 18.

Fig. 19.

Zieht man bei einer gewissen Augenstellung für je zwei identische Puncte die zugehörigen Sehstrahlen, und verlängert sie über das Auge hinaus bis sie sich schneiden, so sind die Durchschnittspuncte offenbar Puncte, welche bei dieser Augenstellung einfach erscheinen. Den Inbegriff aller derjenigen Puncte im Raum, welche bei einer bestimmten Augenstellung einfach erscheinen, nennt man den „Horopter" für diese Stellung. Hätte man für eine Augenstellung den Horopter auf irgend eine Weise vollständig ermittelt, so wäre dadurch offenbar das Lageverhältniss der identischen Puncte bestimmt, und für jede andere Augenstellung der Horopter zu construiren. Umgekehrt kann man, wenn man das Lageverhältniss jener kennt, für jede Augenstellung den Horopter ableiten. In Bezug auf dies Lageverhältniss ist nun die einfachste Annahme die, dass wenn man beide Netzhäute sich mit den entsprechenden Trennungslinien aufeinander gelegt denkt, alle sich deckenden Retinapuncte identische seien.

Dies ist jedoch, auch abgesehen von der nicht genauen sphärischen Gestalt der Netzhaut, von welcher man sich unabhängig machen kann (p. 342 Anm.) nicht in aller Strenge der Fall. Namentlich sind nicht genau die verticalen Meridiane identisch, sondern die wahren verticalen Trennungslinien weichen etwas von ihnen ab und zwar nach oben aussen und unten innen. Die physiologische Höhenaxe des Auges ist daher auch etwas zu der geometrischen (p. 335) geneigt.

Mit Hülfe der obigen Annahme und der eben erwähnten Abweichung lässt sich durch mathematische oder geometrische Ableitung der Horopter feststellen. Die Resultate der Rechnung werden durch Versuche bestätigt, woraus sich umgekehrt die Richtigkeit des angegebenen Lageverhältnisses der identischen Puncte ergiebt.

Eine allgemeine Ableitung des Horopters kann auf folgendem Wege geschehen (Helmholtz): Jeder Netzhautpunct kann als Durchschnittspunct eines Meridians und eines „Parallelkreises" (Kreise welche concentrisch um die Fovea centralis, gleichsam den Pol der Netzhautkugel, verlaufen) betrachtet werden. Man kann nun berechnen: 1. den „Meridianhoropter", d. h. den Inbegriff der Durchschnittslinien von je zwei durch identische Meridiane und die Knotenpuncte gelegten Flächen, nahezu Ebenen; 2. den „Circularhoropter", d. h. den Inbegriff der Durchschnitte von je zwei durch identische Parallelkreise und die Knotenpuncte gelegten Kegelflächen; es ist dann 3. der „Puncthoropter", d. h. der gesuchte Horopter der identischen Puncte, offenbar der Durchschnitt des Meridianhoropters und des Circularhoropters.

Eine zweite Ableitungsmethode (Hering, Helmholtz) betrachtet jeden Netzhautpunct als gegeben durch seinen „Höhenwinkel", d. h. seinen Winkelabstand von der horizontalen Trennungslinie, und durch seinen „Breitenwinkel", d. h. seinen Winkelabstand von der verticalen Trennungslinie. Legt man nun durch alle Puncte von gleichem Winkelabstande von dem horizontalen Meridian eine Ebene in beiden Augen, und sucht die Durchschnittslinie beider Ebenen, so ist der Inbegriff aller dieser Durchschnittslinien der „Horizontalhoropter" oder „Horopter der Querschnitte"; analog erhält man den „Verticalhoropter" oder „Horopter der Längsschnitte", und der Durchschnitt beider Horopter ist der gesuchte „Puncthoropter."

Beide Methoden müssen natürlich bei richtiger Ausführung gleiche Resultate geben. Indessen hat jede derselben ihr besonderes Interesse, weil nicht bloss der „Puncthoropter", sondern auch die „Linienhoropter", die zu dessen Ermittelung führen, von Bedeutung sind. Dies gilt namentlich von dem oben erwähnten

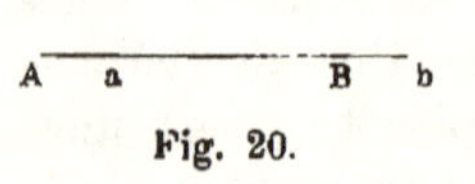

Fig. 20.

„Meridianhoropter.“ Eine grade Linie, welche in einem Puncte fixirt wird, bildet sich nämlich offenbar in einem Netzhautmeridian ab. Wenn nun eine Linie auf zwei identischen Meridianen sich abbildet, so muss sie einfach erscheinen, auch wenn die einzelnen Puncte derselben nicht auf identische Puncte fallen. Denn die Doppelbilder werden sich dann im gemeinsamen Sehfelde so decken, wie die Linien AB und ab in Fig. 20. Der „Meridianhoropter“ oder die Normalfläche (v. Recklinghausen) hat also die Eigenschaft, dass zwar nicht alle in ihm liegenden Puncte, aber wohl alle in ihm liegenden graden Linien einfach erscheinen.

Für die practische Ausführung der Berechnung ist die zweite der oben genannten Methoden vortheilhafter, namentlich weil sie eine Berücksichtigung der p. 341 erwähnten Abweichung der physiologischen Verticalmeridiane gestattet. Auf die Resultate dieser Berechnung kann hier nicht eingegangen werden, weil eine erschöpfende Behandlung des schwierigen Horopter-Problems die Grenzen dieses Grundrisses überschreiten würde. Statt dessen werden im Folgenden diejenigen Horopterbestimmungen behandelt werden, welche sich durch einfache geometrische Betrachtung ergeben.

1. In der Primärstellung und bei den Secundärstellungen mit parallelen und gradeaus gerichteten Sehaxen ist der Horopter eine der Visirebene parallele Ebene, welche durch den Schneidepunct der beiden Höhenaxen geht. Da es aber hier sich um die physiologischen Höhenaxen handelt, deren Schneidepunct etwa 5 Fuss unter der Visirlinie liegt (vgl. p. 341), so liegt die Horopterebene, welche sonst unendlich weit nach unten entfernt sein müsste, nur etwa 5 Fuss unter der Visirebene. Ist also der Blick horizontal gradeaus in die unendliche Ferne gerichtet, so ist der Fussboden die Horopterfläche, was für das Sehen in dieser Stellung von Wichtigkeit ist (Helmholtz).

2. Bei symmetrischen Secundärstellungen mit Convergenz der Sehaxen verhält sich der Horopter folgendermaassen: Es sind zunächst zwei Linien desselben zu bestimmen, nämlich diejenige, welche den identischen Puncten der horizontalen und die, welche denen der verticalen Trennungslinien (s. oben) entspricht (ein transversaler, durch die Visirebene gebildeter, und ein medianer Horopter-Durchschnitt). a. Der transversale Horopterdurchschnitt muss, vorausgesetzt, dass die Retinae kuglig gekrümmt sind*), offenbar ein Kreis sein (J. Müller): In Fig. 21 sind die beiden Augenquerschnitte durch die horizontalen Trennungslinien gelegt, der transversale

*) Von der Gestalt der Retina ist man unabhängig, wenn man statt identischer Netzhautpuncte identische Richtungslinien annimmt und für die Congruenz der identischen Puncte die ebenso zulässige Annahme macht, dass die identischen Richtungslinien beider Augen eine congruente Lage haben. Man erhält dann ebenfalls die im Text angegebenen Resultate.

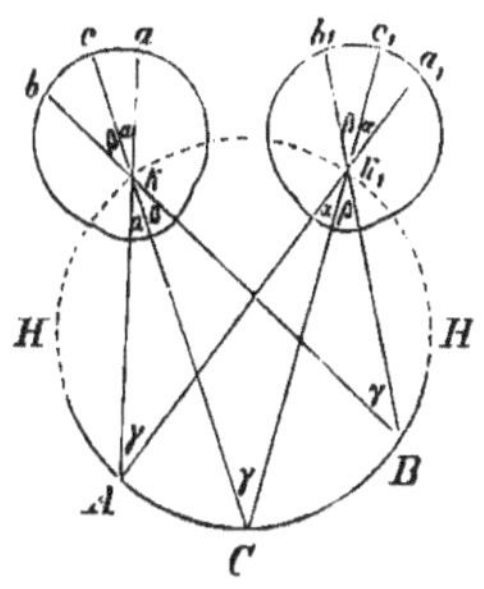

Fig. 21.

Horopterdurchschnitt muss also in der Ebene des Papiers (Visirebene) liegen, c und c_1 sind die Endpuncte der Sehaxen, C der fixirte Punct. Sucht man nun zu zwei Puncten der horizontalen Trennungslinie, z. B. a und b, die identischen Puncte auf der andern Seite, so müssen diese offenbar 1. im gleichnamigen Quadranten liegen, also auf derselben Seite vom Endpuncte der Sehaxen, 2. gleichweit von diesem entfernt sein (s. die Annahme oben); sie liegen also in a_1 und b_1. Die zugehörigen Sehstrahlen schneiden sich in den Puncten A und B, welche also Puncte der gesuchten Horopterlinie sind. Man sieht nun sofort, schon aus der Winkelbezeichnung an den Knotenpuncten k und k_1, dass die Winkel bei A, B, C (γ) sämmtlich einander gleich sind. Sie müssen also, da sie die gemeinschaftlichen Fusspuncte k und k_1 haben, sämmtlich Peripheriewinkel eines zugleich durch k und k_1 gehenden Kreises HH sein. Dies ist die gesuchte transversale Horopterlinie, denn auch die Sehstrahlen aller übrigen identischen Puncte der horizontalen Trennungslinien müssen sich in ihr schneiden. — b. Der **mediane** Horopterdurchschnitt dagegen ist eine auf der Visirebene senkrechte, also gegen den Horizont geneigte, grade Linie, nämlich diejenige, in welcher sich die beiden durch die verticalen Trennungslinien gelegten Ebenen schneiden. Dies sieht man am leichtesten ein, wenn man die Figur 22 auf ein Stück Papier zeichnet und dieses längs der Linie HH so bricht, dass die beiden Seiten nach vorn convergiren. Es sind nämlich die beiden Augendurchschnitte durch die verticalen Trennungslinien gelegt, so dass die beiden convergirenden und sich in HH schneidenden Ebenen die der verticalen Meridiane sind; man sieht nun sofort, dass die Sehstrahlen aller Puncte der Tren-

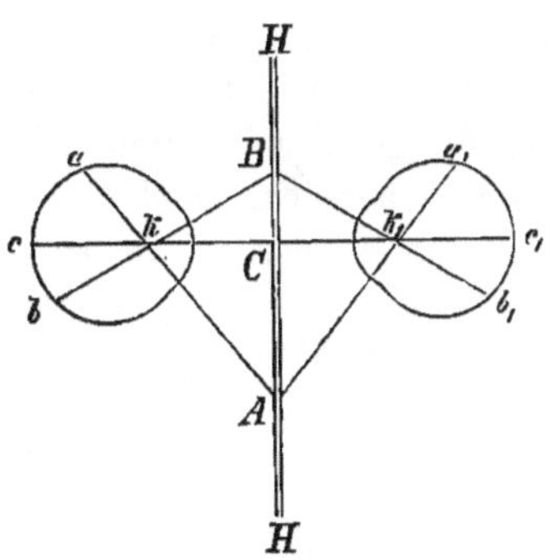

Fig. 22.

nungslinien, welche gleichweit vom Endpunct c, c_1 der Sehaxe, entfernt sind also z. B. a und a_1, b und b_1 sich in Puncten der Durchschnittslinie HH treffen, dass diese also die mediane Horopterlinie darstellt.*) — Auf die genannten beiden Linien beschränkt sich der Horopter für convergente Secundärstellungen.

3. Bei (symmetrischen) Tertiärstellungen bilden, wie p. 336 erwähnt, sowohl die verticalen, als die horizontalen Trennungslinien beider Augen mit einander Winkel. Legt man nun zunächst a) durch jede verticale Trennungslinie eine Ebene, so schneiden sich diese beiden in einer zur Visirebene geneigten graden Linie (den Augen oben näher bei Tertiärstellung mit Neigung nach oben, — von der Primärstellung aus gerechnet, — unten dagegen bei Tertiärstellungen nach unten). Diese geneigte Linie, sowie die geneigte Stellung der verticalen Trennungslinien verdeutlicht die nebenstehende Figur 23, welche ebenso wie die Figur 22, abzuzeichnen und in HH zu brechen ist. In dem geknifften Modell ist cCc_1 die Visirebene und HH die zu ihr geneigte Durchschnittslinie der beiden Trennungsebenen, wie in Fig. 22. Man sieht nun, dass auch die Sehstrahlen aller in den verticalen Trennungslinien gelegenen identischen Puncte, z. B. a und a_1, b und b_1, sich in HH schneiden, dass diese Linie also den Horopter der vert. Trennungslinien darstellt. — b) Legt man auch durch die horizontalen Trennungslinien Ebenen, so schneiden sich auch diese in einer Linie. Die Sehstrahlen identischer Puncte der horizontalen Trennungslinien könnten sich also, wenn überhaupt, nur in dieser Linie schneiden. Zieht man aber von irgend einem Puncte der letzteren zwei Sehstrahlen, so treffen diese, wie man leicht einsieht, auf symmetrische, also nicht auf identische Quadranten der verticalen Trennungskreise. Hier-

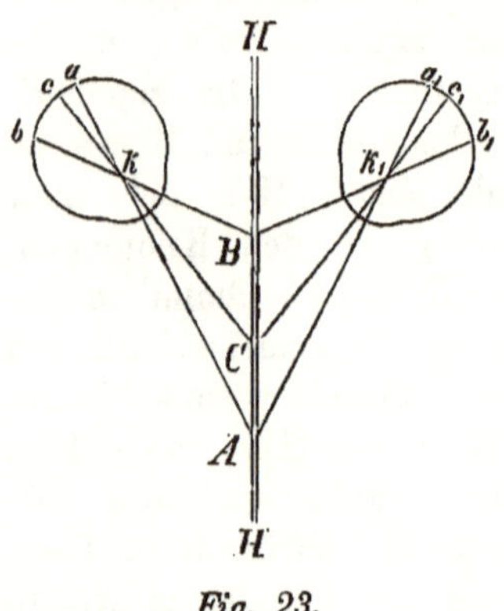

Fig. 23.

*) Ein sehr instructives Modell erhält man, wenn man die beiden Figuren 21 und 22 in gleichen Dimensionen (Augenradius und Abstand des Fixationspuncts C in beiden gleich) auf Kartenpapier entwirft und durch Schlitze die geknifte zweite Zeichnung in die erste einbringt. Man hat dann die beiden Trennungslinien und die ihnen entsprechenden Theile des Horopters. — In Wirklichkeit ist die mediane Horopterlinie nicht genau senkrecht zur Visirebene, weil die wahren verticalen Trennungslinien nicht vertical zu derselben stehen (p. 341).

aus folgt umgekehrt, dass die Sehstrahlen der identischen Puncte der horizontalen Trennungslinien sich bei Tertiärstellungen überhaupt nicht schneiden, dass es für sie also keinen Horopter giebt. Ueberhaupt begreift der Horopter für Tertiärstellungen ausser der medianen Linie nur noch eine durch den Fixationspunct gehende Curve doppelter Krümmung, deren Ableitung hier nicht gegeben werden kann.

Bisher war nur von symmetrischen Augenstellungen die Rede; auf die unsymmetrischen, bei welchen der fixirte Punct ungleich weit von den beiden Knotenpuncten entfernt ist, kann hier nicht eingegangen werden. Zu erwähnen ist, dass es hier Stellungen giebt, wo nur der fixirte Punct den Horopter bildet.

Zu erwähnen ist noch ausser dem bisher betrachteten Punctboropter, der Meridianhoropter oder die Normalfläche, deren Eigenschaften schon p. 342 angegeben sind. Dieselbe ist (v. Recklinghausen) bei convergenten Secundärstellungen eine auf der Visirebene im Fixationspuncte senkrechte Ebene; bei symmetrischen Tertiärstellungen ein schiefer Doppelkegel, dessen Spitze im fixirten Puncte liegt. — Aus ersterem ergiebt sich die wichtige Folgerung, dass in einer vor dem Auge befindlichen Ebene, vorausgesetzt dass sie, wie wohl meistens, in Secundärstellung betrachtet wird, jede grade Linie einfach erscheinen muss, sobald ein Punct derselben ins Auge gefasst wird. — Versuche haben aber ausserdem ergeben, dass alle in der Normalfläche liegenden Graden, und nur diese, senkrecht zur Medianebene erscheinen, auch bei Tertiärstellungen, wo ihre wirkliche Richtung eine andere ist. Betrachtet man nämlich einen Drathstern, dessen Strahlen in einer Ebene liegen, mit Fixation seines Mittelpuncts, so erscheint er nur in Secundärstellungen eben, verkrümmt dagegen in Tertiärstellungen und zwar weichen die Strahlen scheinbar in entgegengesetzter Richtung als die Normalfläche von der Ebene ab; erst dann erscheint der Stern in der Tertiärstellung eben, wenn man ihm künstlich die der Normalfläche entsprechende Krümmung giebt. — Andre Versuche zeigen, dass jeder leuchtende Punct, für dessen Entfernungsschätzung die anderen Mittel (vgl. p. 351) fehlen, auf der Richtungslinie in die Normalfläche projicirt wird. Wie es scheint, ist also diese Fläche unsern Augen sehr geläufig und höchst wahrscheinlich spielt sie auch beim körperlichen Sehen (s. unten) eine grosse Rolle, indem die Lage jedes nicht in ihr liegenden Punctes nach ihr bemessen wird.

Zur Erklärung des Verhaltens der identischen Puncte könnte man annehmen, dass die ihnen zugehörigen Opticusfasern im Centralorgane in besonderer Weise verknüpft sind, so dass ihre Erregung nur einen einzigen Eindruck zum Bewusstsein bringt oder wenigstens beide Eindrücke an eine und dieselbe Stelle des Raumes, nämlich in den Schneidepunct ihrer beiden Sehstrahlen, verlegt werden. Man deutet in diesem Sinne das Verhalten der Opticusfasern im Chiasma nervorum opticorum. Es ist sehr wahrscheinlich, dass hier ein Uebergang der Hälfte der Fasern einer Seite auf die andere stattfindet, so dass jeder Opticusstamm zur Hälfte aus Fasern des Tractus opticus derselben, zur Hälfte aus solchen der andern Seite besteht, und zwar soll jeder Tractus opticus zwei gleichnamige, also identische Netzhauthälften, begrenzt durch die verticale Trennungslinie, mit Fasern versorgen. Hierfür spricht besonders das Vorkommen „gleichnamiger Hemiopie", wobei auf beiden Augen die gleichnamigen Netzhauthälften erblindet sind: es ist anzunehmen, dass hier die Fasern oder die Centralorgane des einen Tractus opticus functionsunfähig sind (v. GRÄFE). Doch ist die Berechtigung der Annahme einer anatomischen Verbindung der identischen Puncte deshalb noch zweifelhaft, weil die „Identität" nicht absolut zu nehmen ist (vgl. unten bei der Stereoscopie) und möglicherweise daher ganz als etwas durch Gewohnheit Erworbenes angesehen werden muss. Auf keinen Fall ferner kann die anatomische Verbindung zweier identischer Puncte so beschaffen sein, dass die Erregung beider nur eine einzige Empfindung verursacht, denn die Erscheinungen des stereoscopischen Sehens bei Momentanbeleuchtung und des stereoscopischen Glanzes (s. unten) zeigen, dass es sich nur um Verschmelzung zweier gesonderter Empfindungen handeln kann.

Vernachlässigung der Doppelbilder.

Aus dem oben Gesagten geht hervor, dass wegen der Beschränktheit des Horopters bei allen Augenstellungen die meisten vor dem Auge befindlichen Gegenstände doppelt erscheinen, und dass ausserdem, dadurch dass von zwei verschiedenen Objectpuncten Strahlen auf identische Puncte fallen, Verschiebungen und Verwirrungen der Gesichtsfelder beider Augen entstehen müssten. Dass trotzdem im Allgemeinen nur einfache Bilder zum Bewusstsein kommen und von Verwirrung im Sehfelde nichts bemerkt wird, hat seinen Grund wahrscheinlich in folgenden Umständen: 1. erscheinen die auf der Mitte der Retina (Fovea centralis und Macula lutea) sich abbildenden Gegenstände fast unter allen Umständen einfach, weil die Endpuncte der Sehaxen identische Puncte sind (p. 340), und die Sehaxen sich stets verlängert in einem Puncte schneiden (p. 339). Da diese Orte aber die des schärfsten Sehens sind und auf sie die Aufmerksamkeit fast ausschliesslich gerichtet ist, so überstrahlt der Eindruck des hier einfallenden Lichtes das ganze übrige Gesichtsfeld. 2. Die einfach erscheinenden (im Horopter liegenden) Gegenstände könnten desshalb am intensivsten zum Bewusstsein kommen, weil sie denselben Theil des Seelenorgans mit doppelter Energie erregen. 3. Die Augen accommodiren immer zugleich für diejenigen Gegenstände, für welche ihre Axen eingestellt sind („auf welche visirt ist"), so dass diese schärfer erscheinen, als die vor oder hinter dem Schneidepuncte der Axen, also nicht im Horopter, gelegenen. Jene Uebereinstimmung zwischen Augenbewegung und Accommodation wird einmal durch den Willen, dann aber auch durch einen nervösen Mechanismus (CZERMAK) bewirkt; denn bei blosser Drehung Eines Auges treten zugleich Accommodationsveränderungen ein, z. B. Accommodation für die Nähe bei Drehung nach innen (p. 315). 4. Das Bewusstsein bringt unter Umständen auch Bilder nicht identischer Puncte zur Deckung (vgl. unten bei der Stereoscopie).

Gegenseitige Unterstützung beider Augen.

Der nächstliegende Nutzen des Sehens mit zwei Augen ist die Ausgleichung functionsunfähiger Stellen der einen Netzhaut (z. B. pathologischer Defecte, v. Gräfe) oder solcher Stellen, welche durch fixe Trübungen der brechenden Medien nie Bilder erhalten können, durch die identischen Stellen der andern, — wie dies häufig beobachtet wird. Hierher gehört auch der gegenseitige Ersatz der durch die beiden blinden Flecke bedingten Lücken des Gesichtsfeldes; denn die identischen Puncte der blinden Flecke sind empfindungsfähige Netzhautstellen (die blinden Flecke liegen in ungleichnamigen, symmetrischen Quadranten).

Körperliches Sehen. Stereoscop.

Auf dem eben erwähnten Umstande, dass die beiden Bilder eines körperlichen Gegenstandes oder einer Fläche, die nicht mit dem Horopter zusammenfällt, sich nach der Lehre von den identischen Puncten strenggenommen nie vollständig zu Einem Gesichtseindrucke vereinigen können, beruht das körperliche Sehen, die Wahrnehmung der dritten Dimension. Da die beiden Augen den Körper von verschiedenen Standpuncten aus betrachten, so fallen auf die beiden Netzhäute zwei verschiedene perspectivische Bilder desselben. Nur gleiche Netzhautbilder jedoch können durchweg auf identische Puncte fallen; bei unveränderlicher Augenstellung kann deshalb nur ein Theil des Körpers einfach erscheinen, das übrige erscheint doppelt. Sind z. B. L und R (Fig. 24) die beiden perspectivischen Netzhautbilder einer vor dem Gesicht befindlichen abgestumpften Pyramide, die ihre Spitze den Augen zukehrt, so können nur entweder allein die Bilder der Grundfläche abcd, $a_1b_1c_1d_1$, oder allein die der Abstumpfungsfläche efgh, $e_1f_1g_1h_1$ auf identische Puncte fallen; im ersteren Falle erscheint

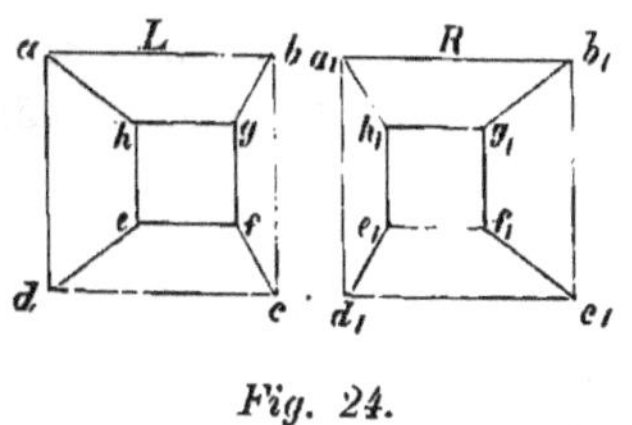

Fig. 24.

die kleine Fläche doppelt, im zweiten die grosse. Dennoch werden beide Bilder zu Einem, und zwar körperlichen Gesammteindruck vereinigt. Eine einfache Erklärung hierfür wäre folgende (Brücke): Die beiden Augen sind in fortwährender Bewegung, ihre Convergenz schwankt so hin und her, dass nach einander die Bilder aller Querschnitte der Pyramide auf identische Puncte der Netzhäute fallen. In Figur 25 sind aus der hierbei entstehenden

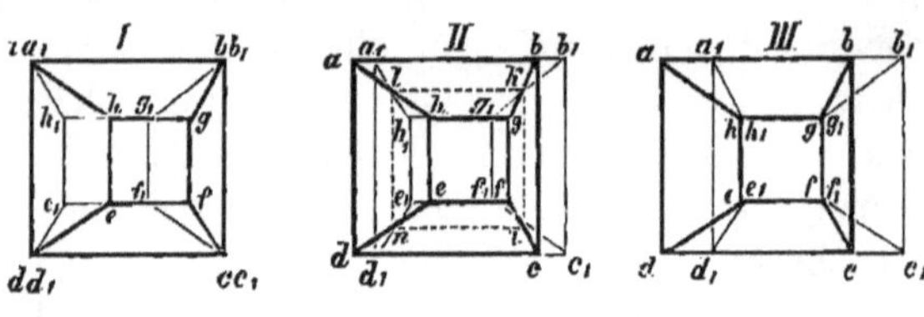

Fig. 25.

Reihe von Vereinigungseindrücken drei ausgewählt. Bei dem ersten fallen die Bilder der Grundfläche, beim dritten die der Abstumpfungsfläche auf identische Puncte, beim mittleren wird ein zwischen beiden liegender Querschnitt der Pyramide (iklu) einfach gesehen. Da nun zum Zustandekommen des Eindrucks III die Augen stärker convergiren müssen als für I, und die Convergenz ein Mittel zur Schätzung der Entfernung ist (s. unten), so zieht das Bewusstsein den Schluss, dass die Flächen efgh, iklm und abcd hintereinander liegen, und gewinnt so die Anschauung des Körperlichen, indem sämmtliche schnell aufeinander folgenden Eindrücke sich zu einem einzigen vermischen.

Gegen diese Anschauung spricht aber die Erfahrung, dass die verschwindend kleine Zeit der Beleuchtung durch den electrischen Funken genügt um zwei einfache stereoscopische Bilder zu einem körperlichen Eindruck zu verschmelzen (Dove); in diesem Moment können keine Augenbewegungen stattgefunden haben.

Dieser Versuch zwingt die Lehre von dem binocularen Sehen etwas zu modificiren. Die Identität zweier Netzhautpuncte ist nämlich nicht absolut zu nehmen, und beruht vermuthlich nicht auf directer anatomischer Communication, sondern sie ist etwas Erworbenes. Identische Puncte sind also diejenigen, deren Bilder wir, durch Erfahrung belehrt, gewöhnlich verschmelzen. Wenn es aber zur Hervorbringung eines vernünftigen Eindrucks nothwendig scheint, so verschmelzen wir auch die Bilder zweier nicht genau identischer Puncte, die wir unter gewöhnlichen Umständen als Doppelbilder wahrnehmen würden; es lässt sich leicht zeigen, dass gleichzeitig Bilder, welche auf identische Puncte fallen, nicht vereinigt werden, ohne freilich als Doppelbilder deutlich wahrgenommen zu werden. Muss aber die Seele Bilder vereinigen, die nicht auf Deckpuncte fallen, so muss dies mit der Vorstellung verbunden sein, dass die entsprechenden Objectpuncte in dem Orte liegen, für welche die Augen eingestellt werden müssten, damit die Bilder auf Deckpuncte fallen. — Auf die vielen anderen zur Erledigung der vorliegenden Frage aufgestellten Theorien kann hier nicht eingegangen werden. Uebrigens wird die Brücke-sche Erklärung der stereoscopischen Vereinigung durch die Momentanbeleuchtungsversuche nicht gänzlich zurückgewiesen, denn für complicirte Gegenstände ist ein solches „Herumführen des Blickes" jedenfalls sehr nützlich; auch genügt hier die Momentanbeleuchtung nicht.

Künstlich lässt sich das körperliche Sehen nachahmen, wenn man jedem Auge eine von seinem Standpuncte aus entworfene Zeichnung eines Körpers darbietet, nach Art der Fig. 24. Die Augen bringen auch hier successive oder momentan die verschiedenen Theile der Zeichnung zur Deckung und so entsteht der Eindruck des Körpers. Hierauf beruht die Anwendung der Stereoscope. Ohne weiteren Apparat lassen sich die nebeneinander liegenden Bilder R und L zur Deckung bringen, wenn man jede der beiden Augenaxen auf das entsprechende Bild richtet

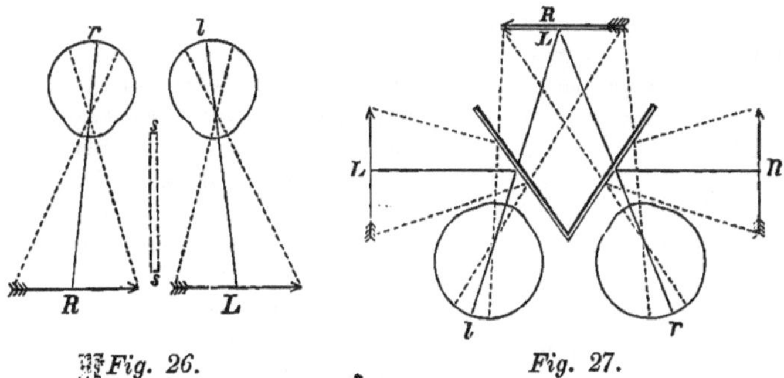

Fig. 26. *Fig. 27.*

(Figur 26). Da indess nur Wenige ihre Augen hinlänglich in ihrer Gewalt haben um zwei verschiedene Puncte einer Fläche zu fixiren, anstatt wie gewöhnlich die Axen in der betrachteten Fläche sich schneiden zu lassen, so sind Vorrichtungen angegeben, um diese Anstrengung zu ersparen*) und auch bei gewöhnlicher Augenstellung die Bilder auf identische Puncte zu werfen. Die beiden bekanntesten Stereoscope sind das Wheatstone'sche (Fig. 27) und das Brew-

*) Eine Erleichterung für Ungeübte bietet eine zur Ebene der Bilder verticale Scheidewand s s (Fig. 26).

STER'sche (Fig. 28), beide aus den Figuren einleuchtend. Bei ersterem werden durch zwei convergente Spiegel, bei letzterem durch zwei prismatische Gläser (Linsenhälften) g, g, beide Bilder auf Einen Ort $\frac{R}{L}$ verlegt, auf den die Augenaxen gerichtet sind.

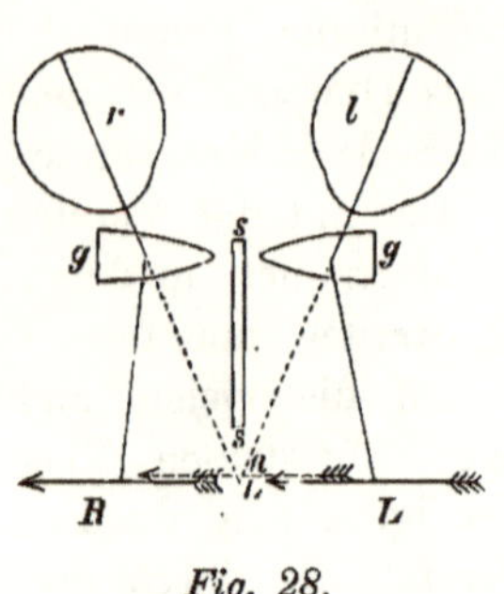

Fig. 28.

Bringt man zwei völlig gleiche Bilder in das Stereoscop, so erscheinen sie natürlich ganz wie einfaches. Sind sie aber in einer Kleinigkeit verschieden, die sich nur auf die Stellung gewisser Theile beschränkt, so müssen die Augen Bewegungen machen, um auch diese Theile zu vereinigen, und sie erscheinen daher nach dem oben Erörterten ausserhalb der Fläche, vor oder hinter derselben. Daher kann man das Stereoscop benutzen, um zwei gleiche, aber in kleinen versteckten Puncten verschiedene Bilder von einander zu unterscheiden, z. B. eine ächte und eine nachgemachte Kassenanweisung, zwei (immer etwas verschiedene) Abgüsse derselben Form u. s. w. (DOVE).

Verwechselt man die beiden stereoscopischen Bilder eines Körpers, z. B. die beiden Bilder der Figur 24, so dass das für das rechte Auge bestimmte vor das linke gebracht wird, und umgekehrt, so erscheint der Körper hohl und von innen gesehen, die kleine Fläche efgh also hinter der grossen. In der That unterscheiden sich bei einem hohlen und von innen betrachteten Körper die von beiden Augen gewonnenen perspectivischen Ansichten nur insofern von denen, die vom massiven und von aussen betrachteten Körper herrühren, dass im ersten Falle das rechte Auge dieselbe Ansicht gewinnt, wie im zweiten das linke. Beim Betrachten eines Gegenstandes von aussen sieht das rechte Auge mehr von der rechten Seite als von der linken (die Fläche $b_1c_1f_1g_1$ [Figur 24] ist daher grösser als $a_1d_1e_1h_1$); beim Hineinsehen in einen hohlen Körper umgekehrt (das rechte Auge gewinnt dann die Ansicht L, wo bcfg kleiner ist als adeh). Ein solcher durch Verwechseln zweier stereoscopischer Bilder entstandener täuschender Eindruck heisst ein „pseudoscopischer". Das Pseudoscop (Fig. 29) ist ein Apparat, durch welchen die beiden einen Körper betrachtenden Augen einen pseudoscopischen Eindruck erhalten; jedes Auge erhält nämlich durch Totalreflexion von der Hypothenusenfläche eines rechtwinkligen Prismas den ihm zugehörigen Eindruck in verkehrter Anordnung, so dass er dieselbe Gestalt annimmt, wie sonst der dem andern Auge zugehörige. Dadurch erscheint der Körper hohl und von innen gesehen, während er seine Aussenfläche den Augen zuwendet, und umgekehrt; begreiflicherweise ist der Apparat nur bei symmetrisch geformten Körpern anwendbar.

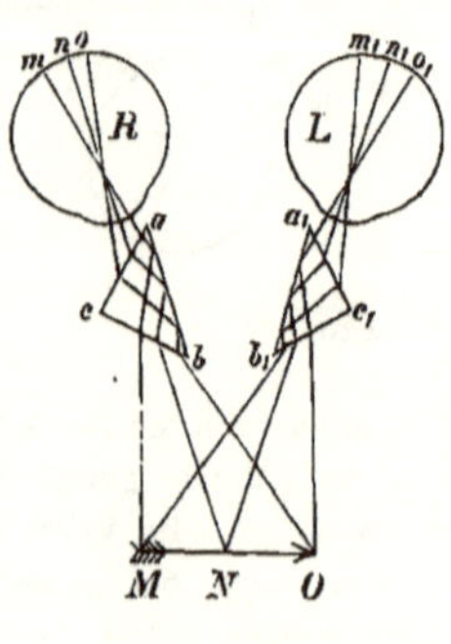

Fig. 29.

Sehr ferne Gegenstände, z. B. die am Horizont liegenden Landschaftstheile, erscheinen gewöhnlich flächenhaft ausgebreitet, wie auf einem Gemälde, weil die beiden Augen einander zu nahe stehen, um wesentlich verschiedene Ansichten der fernen Körper zu gewinnen. Zur künstlichen Vergrösserung des Abstandes beider Augenstandpuncte dient das Telestereoscop (HELMHOLTZ), ein WHEATSTONE'sches Stereoscop, dessen beide Bilder L und R durch zwei den inneren Spiegeln parallele, gegen den Horizont gewendete Spiegel ersetzt sind; die beiden Augen gewinnen hier Ansichten, als wenn sie den Ort der äusseren Spiegel einnähmen, und der Horizont erscheint daher verkörpert; gewöhnlich blickt man in die beiden inneren Spiegel durch zwei Fernröhre.

Giebt man den beiden stereoscopischen Bildern eines Körpers verschiedene Helligkeit (ist z. B. das eine schwarz, das andere weiss oder farbig) oder verschiedene Farbe, — oder bringt man vor beide Augen verschieden helle oder verschieden gefärbte Flächen, so erscheint der Körper, resp. die Fläche glänzend. — Die wahrscheinlichste Erklärung hierfür ist folgende: Eine mit Einem Auge betrachtete Fläche erscheint glänzend, wenn sie das Licht sehr regelmässig reflectirt; jede vollkommen ebene oder vollkommen regelmässig gekrümmte Fläche (ohne Unebenheiten) zeigt daher Glanz. Wird dieselbe Fläche mit beiden Augen betrachtet, so erscheint sie beiden mit verschieden starkem Glanze und in verschiedener Helligkeit, weil das reflectirte Licht unter verschiedenen Winkeln in beide Augen einfällt. Erhalten nun umgekehrt beide Augen zwei an sich matte, aber verschieden helle Eindrücke, so schliesst das Bewusstsein auf eine regelmässig reflectirende (also beide Augen verschieden beleuchtende), mithin glänzende Fläche (HELMHOLTZ). Die beiden stereoscopischen Bilder einer glatten Kugel, welche den Lichtreflex an verschiedenen Stellen zeigen, geben aus demselben Grunde den Eindruck einer glänzenden Kugel. Nicht so leicht ist die Erklärung des Farbenglanzes; die einfachste scheint folgende: Ausser durch einfache regelmässige Reflexion können noch gewisse Arten von Glanz entstehen durch Reflexion von mehreren dicht hintereinander befindlichen Flächen, auch wenn diese an sich matt sind. So beruht z. B. der Metallglanz darauf, dass das ein wenig durchsichtige Metall nicht bloss von seiner Oberfläche, sondern auch aus tieferen Schichten Licht reflectirt (BRÜCKE). Da nun für zwei verschiedene Farben von gleicher Entfernung eine etwas verschiedene accommodative Einstellung nothwendig ist (p. 319 f.), so erscheint (s. unten) die eine Farbe etwas hinter der anderen liegend, und so entsteht der Glanz (DOVE). Uebrigens entgeht Vielen das in Rede stehende Phänomen, indem beide Farben sich nicht zu einem Bilde vereinigen, sondern abwechselnd die eine und die andere zum Vorschein kommt, oder beide im Gesichtsfeld nebeneinander auftauchen („Wettstreit der Sehfelder").

Schätzung der Grösse und Entfernung.

Ein dritter bemerkenswerther Nutzen des Sehens mit beiden Augen ist die Beihülfe desselben zur Schätzung der Grösse und Entfernung gesehener Gegenstände. Der Ausgangspunct der Grössenschätzung ist die Grösse des Netzhautbildes. Je grösser dieses ist, um so grösser erscheint ceteris paribus der Gegenstand. Da aber die Grösse des Netzhautbildes, oder was dasselbe ist die Grösse des Sehwinkels (s. p. 330), nicht bloss von der Grösse, sondern auch von der Entfernung des Gegenstandes abhängt (denn der Sehwinkel ist der Entfernung umgekehrt proportional), so ist mit jeder Grössenschätzung auch eine Schätzung der Entfernung verbunden. Für letztere hat schon das einzelne Auge ein Mittel in der Accommodationsanstrengung, deren Grösse und Richtung durch das Muskelgefühl der dabei betheiligten Muskeln zum Bewusstsein kommt. Beim Sehen mit zwei Augen kommt nun hierzu noch als wichtige Beihülfe das Muskelgefühl der Augendrehmuskeln, welches uns über den Convergenzgrad der Augenaxen belehrt. Es erscheint also ein Gegenstand, bei gleicher scheinbarer Grösse, um so näher, 1. je grösser sein Netzhautbild, 2. je stärker die positive Accommodation, 3. je stärker die Convergenz der Augenaxen ist. — Weitere Beihülfen für die Schätzung der Entfernung sind: die Lichtstärke, welche im Allgemeinen mit der Entfernung abnimmt; — ferner die Verschiebung des Gegenstandes gegen andere zugleich gesehene, welche eintritt, wenn entweder der Gegenstand selbst, oder jene anderen, oder das Sehorgan (bei Bewegungen des Kopfes oder des ganzen Körpers) seinen Ort verändert.

Die directesten Beweise für jene drei Hauptmittel zur Schätzung der Entfernung oder Grösse sind: 1. der Einfluss des Netzhautbildes bedarf kaum eines Beweises; als ein solcher kann gelten, dass ein bei mangelhafter Accommodation (in Zerstreuungskreisen) gesehener Gegenstand grösser erscheint als ein scharf gesehener (p. 332); 2. der Einfluss der Accommodationsempfindung tritt am deutlichsten dadurch hervor, dass ein auf irgend eine Weise gewonnenes Nachbild bei wechselnder Accommodation scheinbar seine Grösse ändert; 3. ein auffallender Beweis für den Einfluss der Axenconvergenz ist das sog. „Tapetenphänomen". Visirt man, während man ein aus kleinen gleichen Feldern bestehendes Muster (eine Tapete, ein Stuhlgeflecht, etc.) betrachtet, auf einen vor oder hinter demselben liegenden Punct, so rückt sehr bald das Muster scheinbar in die Ebene des Convergenzpuncts der Sehaxen, erscheint daher näher oder ferner, und wie aus dem oben Gesagten hervorgeht, in demselben Maasse kleiner, resp. grösser. Die Erklärung ist einfach: Ein unregelmässiges Muster würde offenbar unter diesen Umständen doppelt erscheinen; auch das regelmässige wird doppelt gesehen, da sich aber in den übereinander hingeschobenen Doppelbildern gleiche Felder genau oder nahezu decken, so entsteht die Täuschung, dass beide Bilder mit entsprechenden Theilen auf identische Puncte fallen, dass also der Gegenstand in der Entfernung des Schneidepuncts der Sehaxen liege (H. Meyer). — Wie die Bilder der Netzhautmitten in den Schnittpunct der Sehaxen verlegt werden, so die übrigen Bilder in die Fläche, in der sich die identischen Meridiane schneiden, d. h. in die Normalfläche (vgl. p. 345).

Schutzorgane des Auges.

1. Das in der knöchernen Augenhöhle fast allseitig geschützte Auge kann auch nach vorn durch den Schluss der knorp-

ligen Augendeckel (Augenlider) vollkommen abgesperrt werden. Der Schluss geschieht durch die Contraction des M. orbicularis palpebrarum (abhängig vom Facialis), beim oberen Augenlid auch durch die Schwere. Die Oeffnung geschieht beim unteren durch die Schwere, beim oberen durch den Levator palpebrae superioris (abhängig vom Oculomotorius), ausserdem bei beiden durch glatte, vom Sympathicus abhängige Retractoren (H. Müller). Schluss und Oeffnung wechseln häufig ab (Lidschlag, Blinzeln). Der Schluss geschieht: 1) willkürlich; 2) unwillkürlich und automatisch, im Schlafe; 3) reflectorisch auf Berührung des Augapfels oder der als Tasthaare dienenden Augenwimpern, oder auf Reizung des Opticus durch intensives Licht. Die Verengerung der Lidspalte und die Beschattung derselben durch die Augenwimpern unterstützt bei intensivem Licht die schützende Wirkung der Pupillenverengerung.

2. Die vordere Augenfläche wird beständig von der Thränenflüssigkeit (p. 110) bespült, und dadurch rein erhalten und vor Eintrocknung geschützt. Die Thränen gelangen durch die feinen Ausführungsgänge der Drüse in den oberen äusseren Theil des Conjunctivalsackes. (Der Conjunctivalsack ist bekanntlich ein Schleimhautsack, der mit seinem freien Rande längs des Randes der Lidspalte angeheftet, und in den von hinten der Augapfel zum Theil hineingestülpt ist; er überzieht daher die Hinterfläche der Lider, schlägt sich dann auf den Bulbus um und überkleidet dessen vorderes Drittheil. Da die Lider dicht auf dem Bulbus aufliegen, so hat der Conjunctivalsack nur ein capillares Lumen. Nur nahe der Berührungslinie der geschlossenen Lider erweitert er sich zu einem flachen dreiseitigen Canal, da die geringere Krümmung der Lider hier sich der des Bulbus nicht anschliesst.) In den capillaren Conjunctivalraum werden nun die Thränen durch Capillarität eingesogen und gegen den inneren Augenwinkel hinbefördert. Diese Bewegung wird durch den Lidschlag unterstützt, da beim Schlusse der Lider zugleich ein Fortrücken derselben gegen den inneren Winkel, den Ansatzpunct des Orbicularis palpebrarum, stattfindet. Das Ueberfliessen der Thränen über den freien Rand der Lider wird, wenn die Secretion nicht übermässig stark ist (wie beim Weinen), durch das fettige Secret der Meibom'schen Drüsen (p. 107) verhindert. Im inneren Augenwinkel sammeln sich die Thränen in dem sog. „Thränensee", in welchen die beiden capillaren, steifen Thränenröhrchen mit ihren Mündungen, den „Thränenpuncten", eintauchen. Der Thränencanal, in welchen die Thränenröhrchen

führen, und der unten gegen die Nasenhöhle durch eine nach unten sich öffnende Klappe verschlossen ist, erweitert sich oben (Sack) beim Schliessen der Augenlider (weil seine hintere Wand mit dem Knochen, seine vordere aber mit dem Lig. palpebrale internum, welches sich beim Lidschluss anspannt, verwachsen ist); hierdurch saugt er die Thränen aus dem Thränensee ein, und diese gelangen in die Nasenhöhle; dasselbe bewirkt die Contraction des sog. Horner'schen Muskels, welcher ebenfalls den Thränensack erweitert.

Der Lidschluss könnte auch bei vollkommenem Schluss der Lidspalte die Thränen in den Sack hineinpressen. Dies wird in der That von Einigen (Ross, Stellwag v. Carion) behauptet. Die Experimente mit gefärbten Flüssigkeiten, welche zur Entscheidung der Frage angestellt wurden, haben nicht übereinstimmende Resultate gegeben (Stellwag, Arlt).

3. Den Augenbrauen wird der Schutz des Auges vor herabfliessendem Stirnschweiss zugeschrieben.

II. DAS GEHÖRORGAN.

Schema desselben.

Die Endorgane des Hörnerven sind ähnlich denen des Sehnerven auf membranartigen Flächen, jedoch von unregelmässiger Gestalt, ausgebreitet (Ampullen, Vorhofssäckchen, häutige Schneckenplatte). Die zur Erregung des Hörnerven bestimmten Schallschwingungen werden diesen Endorganen durch ein System von sich berührenden, schwingungsfähigen Körpern mitgetheilt, deren erster, nach aussen gelegener, durch die Schwingungen des tönenden Körpers in Mitschwingung versetzt wird, direct, oder nachdem die Schallschwingungen durch einen intermediären Körper (Luft, Wasser) bis zu ihm fortgepflanzt worden.

Solcher Systeme giebt es zwei, welche einen, nämlich den unmittelbar an die Endorgane grenzenden Theil gemeinsam haben; dieser letztere ist das Labyrinthwasser, welches die Endorgane umspült. Das Labyrinthwasser kann auf zwei Wegen in Schwingung versetzt werden: 1. durch die es umgebenden Knochen, zunächst das Felsenbein, weiterhin sämmtliche Schädelknochen. Diese Leitung wird vorzugsweise benutzt, wenn der schallerzeugende (feste) Körper unmittelbar oder nur durch Vermittlung fester oder flüssiger Körper mit dem Schädel in Verbindung steht, oder wenigstens das unmittelbar an den Kopf grenzende Medium nicht gasförmig ist, z. B. wenn der schallerzeugende Körper an die Zähne gehalten, oder wenn der Kopf unter Wasser getaucht ist; — 2. durch die Membran des ovalen Fensters, welche das Labyrinthwasser von der lufthaltigen Paukenhöhle absperrt. Diese Membran wird durch folgende Kette von Körpern in Schwingung versetzt (von der Membran ab gezählt): Steigbügel, Amboss, Hammer, Trommelfell, Luft und Wände des äusseren Gehörganges und der Ohrmuschel. Die letztere Leitung ist zum Hören der Schallschwingungen bestimmt, welche durch die Luft dem Ohre zugeleitet werden, ist also für den Menschen die gewöhnliche, und fehlt bei den nur im Wasser lebenden Thieren.

Von den beiden Leitungswegen erfordert nur der zuletzt genannte eine besondere Betrachtung; der erste, der beim Menschen eine durchaus untergeordnete Bedeutung hat, bedarf keiner Erläuterung.

Leitung bis zur Paukenhöhle.

Der Uebergang der Luftleitung in die Leitung durch feste Körper geschicht hauptsächlich an der Oberfläche des Trommelfells, ausserdem aber auch an den Wänden der Ohrmuschel und des äusseren Gehörgangs. Die an letztere übertragenen Schwingungen werden grösstentheils ebenfalls dem Trommelfell, von dessen Anheftungsringe aus übertragen; ein Theil jedoch gelangt durch Knochenleitung an das Labyrinth, ebenso wie alle an die gesammte Kopfoberfläche von der Luft übertragenen Schwingungen. Einen weit wichtigeren Dienst aber, als die der Aufnahme von Luftschwingungen und Leitung derselben zum Trommelfell, leisten die Wände des Gehörgangs und vielleicht auch der Ohrmuschel durch Reflexion der sie treffenden Luftwellen, durch welche diese von der Ohrmuschel in den Gehörgang, vom Gehörgang aber gegen das Trommelfell geworfen werden. Für die Ohrmuschel ist diese Function nicht sicher erwiesen, und durch Experimente sogar unwahrscheinlich gemacht.

Keine Form eines festen Körpers ist für die Aufnahme und weitere Fortpflanzung senkrecht oder schräg auffallender Luftwellen geeigneter als die gespannter Membranen oder starrer, elastischer, dünner Platten. Letztere Form hat die knorplige Ohrmuschel, erstere das Trommelfell. In beiden Fällen ist der Körper so dünn, dass die ihn treffenden Verdichtungs- und Verdünnungs-Kugelschaalen der Luftwelle seine ganze Masse in der Richtung des Dickendurchmessers in Schwingungen („Transversal-Schwingungen") versetzen können, während sonst die einzelnen Molecülschichten successive in Schwingungen gerathen und so

Verdichtungs- und Verdünnungswellen in dem Körper („Longitudinalschwingungen") entstehen; bei ersteren, wo nur die Elasticität zu überwinden ist, ist der Widerstand also viel geringer, die Schwingungselongationen also viel grösser, als bei letzteren, wo der grosse Widerstand der gegenseitigen Molecülverschiebung entgegensteht. Natürlich können auch solche Körper longitudinal schwingen, nämlich, wenn ihnen vom Rande her Schwingungen mitgetheilt werden, z. B. dem Trommelfell von der Wand des äusseren Gehörgangs.

Die Reflexion von den Wänden des äusseren Gehörgangs bedarf keiner Erläuterung; denn alle Schwingungen, welche die Wand einer cylindrischen Röhre treffen, müssen nach ein- oder mehrmaliger Reflexion an die Verschlussfläche derselben (hier das Trommelfell) gelangen; dieselbe hat hier eine schräge Stellung gegen die Axe der Röhre (von unten und innen nach oben und aussen). — Eine Reflexion von den Flächen und Vorsprüngen der Ohrmuschel gegen die Mündung des Gehörganges wäre sehr gut denkbar, namentlich da dieselbe sowohl im Ganzen als in ihren einzelnen Theilen durch Muskeln (die freilich meist ungeübt, oft verkümmert sind) verstellbar ist. Versuche indess, bei welchen die ganze Ohrmuschel bis auf den durch eine Röhre verlängerten Gehörgang mit einer weichen Masse ausgefüllt war, haben keine merkliche Schwächung des Gehörs ergeben, also die reflectorische Function der Ohrmuschel unwahrscheinlich gemacht (Harless); andere freilich kamen zu entgegengesetzten Resultaten (Schneider). Fehlen der Ohrmuschel bedingt keine Schwächung des Gehörs. — Künstliche Reflectoren von bedeutender Wirkung (für Schwerhörige) sind die Hörrohre, röhrenförmige, mit einem Trichter endende Verlängerungen des Gehörgangs. Die Stethoscope sind ebenfalls röhrenförmige Verlängerungen des Gehörgangs, welche mit dem anderen Ende den tönenden Körper berühren; bei ihnen ist indess ein grosser, vielleicht der grösste Theil der Wirkung auf die Leitung der Wände zu beziehen.

Obgleich gespannte Membranen, ebenso wie gespannte Saiten, durch Luftschwingungen im Allgemeinen nur dann angesprochen werden, wenn ihre Schwingungszahl mit der des erregenden Tones übereinstimmt, oder ein Vielfaches derselben ist (also z. B. im Octavenverhältniss zu ihr steht), und dann immer nur in ihrem eigenen Tone mitschwingen, wird das Trommelfell durch jeden Ton von beliebiger Höhe (innerhalb gewisser Grenzen) in Schwingungen versetzt, und schwingt immer genau in der Schwingungszahl des Tones, und in einer der des Tones proportionalen Intensität. Ja sogar complicirtere Schallwellen, Klänge (p. 260 f.), setzen das Trommelfell in vollkommen übereinstimmende Schwingungen. Der Beweis hierfür liegt darin, dass wir (innerhalb der erwähnten Grenzen) jeden beliebig hohen Ton in specifischem Timbre hören und seine Stärke beurtheilen können. Letzteres Urtheil ist allerdings insofern etwas mangelhaft, als wir bei gleicher objectiver Intensität sehr tiefe Töne sehr viel schwächer hören, als sehr hohe, ein Beweis, dass das Trommelfell wirklich durch tiefe Töne schwerer angesprochen wird, als durch hohe. Die erörterte

Eigenthümlichkeit des Trommelfells erklärt sich: 1. hauptsächlich dadurch, dass den Schwingungen desselben durch seine Verbindung mit den Gehörknöchelchen und der Membran des ovalen Fensters ein sehr bedeutender Widerstand gesetzt ist (SEEBECK). Hierdurch wird zwar die Intensität der Trommelfellschwingungen sehr bedeutend herabgesetzt (die Gehörnervenendigungen müssen daher sehr empfindlich sein, LUDWIG); aber die eigene Schwingungszahl des Trommelfells verliert dadurch, da zugleich die Masse (also das Trägheitsmoment) des Trommelfells sehr klein ist, fast ganz ihren bestimmenden Einfluss.*) Derselbe Umstand verhindert auch das selbstständige Nachschwingen (Nachtönen) des Trommelfells, so dass wir den Ton nicht länger hören als er dauert; 2. zum Theil dadurch, dass die Spannung des Trommelfells durch den M. tensor tympani verändert werden kann; dieser Einfluss kann natürlich nur dazu dienen, das Trommelfell für gewisse Tonlagen, z. B. sehr hohe oder sehr tiefe, im Allgemeinen etwas schwingungsfähiger zu machen. Durch stärkere Anspannung wird es für hohe, durch Abspannung für tiefe etwas accommodirt. Stärkere Anspannung des Trommelfells schwächt ausserdem etwas die Intensität der Schwingungen, macht also schwerhörig (J. MÜLLER), weil die Widerstände dadurch vermehrt werden.

Die Anspannung des Trommelfells durch den Tensor tympani geschieht auf folgende Weise: Zwischen die Lamellen des Trommelfells ist von oben her in radialer Richtung der lange Griff des Hammers bis etwas unter das Centrum eingeschoben. Der Hammer ist nun (mit dem Amboss) um eine von vorn nach hinten durch seinen Hals gehende Axe drehbar (s. unten). Durch seine Verbindung mit den übrigen Gehörknöchelchen, sowie durch die Elasticität einer an einem Axenendpunct befindlichen Bandmasse ist seine Gleichgewichtslage so, dass sein Griff schräg mit dem unteren Ende nach innen ragt. Hierdurch wird das Trommelfell in Form eines flachen Kegels oder Trichters nach innen etwas in die Paukenhöhle hineingezogen. Die Sehne des Tensor tympani, welche, nachdem sie über ihre Rolle gegangen, einen rechten Winkel mit dem Griff bildend sich dicht unter dem Drehpunct des Hammers ansetzt, muss bei der Contraction des Muskels den Griff noch weiter nach innen ziehen, das Trommelfell also stärker anspannen. Die

*) Nach demselben Principe, nach welchem man die Eigenschwingungen eines auf und ab gehenden Hebelsystems dadurch eliminirt, dass man ihm geringe Masse und bedeutende Widerstände giebt, — wie beim Sphygmographen (s. p. 62).

Contraction (abhängig von N. trigeminus) kann von Manchen willkürlich hervorgerufen werden (J. Müller); bei Allen erfolgt sie als „Mitbewegung" bei kräftiger Contraction der Kaumuskeln (Fick). Sie ist mit einem eigenthümlichen knackenden Geräusch verbunden, welches Einige als Muskelgeräusch deuten, Andere von der plötzlichen Anspannung des Trommelfells herleiten. Ob die Contraction für gewöhnlich willkürlich oder reflectorisch (zur Dämpfung bei starken Schalleindrücken) vom Acusticus oder den sensiblen Nerven des äusseren Gehörgangs aus (Harless) eingeleitet wird, ist unentschieden. Beim Nachlassen der Contraction kehrt der Hammerhandgriff und das Trommelfell durch die Elasticität des letzteren, ferner der oben erwähnten Bandmasse und der Gelenke zwischen den Hörknöchelchen wieder in die Gleichgewichtslage zurück. Der Tensor tympani hat also keinen Antagonisten; was früher als solcher (Laxator tympani) beschrieben wurde, ist nur ein Band.

Das oben erwähnte Knacken wird von Einigen (Politzer, Löwenberg) nicht der Contraction des Tensor tympani zugeschrieben, weil es nicht mit Einziehung des Trommelfells (nachweisbar an einem in den Gehörgang eingepassten Manometer) verbunden ist. Diese leiten es von plötzlicher Oeffnung der Tuba Eustachii ab, welche in der Ruhe nach Einigen ganz geschlossen ist, nach Anderen nur einen engen Canal (Rüdinger) als Lumen hat

Auch auf andere Weise kann das Trommelfell stärker angespannt werden, nämlich wenn zu den bestehenden Verhältnissen noch eine Verschiedenheit des Luftdruckes auf beiden Seiten des Trommelfells (in der Paukenhöhle und im äusseren Gehörgang) hinzukommt. Gewöhnlich ist der Luftdruck beiderseits gleich, weil auch in der Paukenhöhle, welche durch die Tuba Eustachii mit der Rachenhöhle in Verbindung steht, der Druck der Atmosphäre herrscht. Durch eine kräftige Exspiration bei geschlossener Mund- und Nasenhöhle (Ausschnauben) kann aber in die Paukenhöhle Luft eingepresst, durch eine kräftige Inspiration unter gleichen Umständen Luft herausgesogen werden. Im ersten Falle wird das Trommelfell nach aussen, im letzteren nach innen getrieben, in beiden also stärker gespannt. Die Folge ist ausser der Accommodation für höhere Töne augenblickliche Schwerhörigkeit. Dauernde Schwerhörigkeit entsteht, wenn durch Versperrung der Tuba der Luftdruck der Paukenhöhle sich abnorm erhält; dieselbe kann nur durch Wegsammachen der Tuba (Einführen eines Catheters vom unteren Nasengang aus) gehoben werden.

Die tiefsten Töne, welche noch wahrnehmbar sind, werden zu 40, die höchsten etwa zu 16000 Schwingungen in der Secunde angegeben; jedoch ist es zweifelhaft, ob diese Begrenzung dem Trommelfell oder dem Empfindungsvermögen des Hörnerven zuzuschreiben ist. Die Grenzen sind für verschiedene Menschen verschieden; so können Manche sehr hohe, aber Anderen noch hörbare Töne, z. Z. das Zirpen der Heimchen, nicht mehr wahrnehmen. Ueber die Schwingungsformen des Trommelfells vgl. auch unten.

Leitung durch die Paukenhöhle.

Die weitere Fortleitung der Trommelfellschwingungen geschieht durch die Kette der Gehörknöchelchen, welche nur dazu zu dienen scheinen, die Trommelfellschwingungen auf die Membran des ovalen Fensters zu übertragen. Bei den Vögeln und beschuppten Amphibien sind sie daher durch ein einziges stabförmiges Gehörknöchelchen (columella) vertreten. Beim Menschen sind nun die beiden gegenüberliegenden Membranen nicht durch einen einfachen Stab, sondern durch einen aus drei Knochen bestehenden Winkelhebel verbunden, dessen Drehaxe die Hammer-Amboss-Axe (a in Figur 30) ist. Die Pfeile in der Figur verdeutlichen wie die Membran der Fenestra ovalis mit dem Trommelfell in gleichem Sinne mitschwingen muss. Die Verbindung des Winkelhebels mit der Membran des ovalen Fensters geschieht nicht, wie mit dem Trommelfell, durch einen radial eingeschobenen Arm, sondern durch eine central eingesetzte Platte, die Fussplatte des Steigbügels: dieselbe ist so gross, dass am Rande nur ein ringförmiges Stück der Membran frei bleibt; genauer ausgedrückt besteht also die in Schwingung zu versetzende Scheidewand des Labyrinthwassers aus einer knöchernen Platte, die mittels einer ringförmigen Membran beweglich in die starre Fassung der Fenestra ovalis eingesetzt ist. — Die Gelenke zwischen den einzelnen Knöchelchen, namentlich das sehr bewegliche zwischen Amboss und Steigbügel, dienen wahrscheinlich dazu, die gegenseitige Verschiebung derselben bei den Schwingungen und Stellungsänderungen des Trommelfells möglich zu machen, welche dadurch geboten sind, dass der Steigbügel vermöge der Anheftung seiner Fussplatte nur in der Richtung seiner wenig verrückbaren Längsaxe schwingen kann.

Fig. 30.

Zum Verständniss des Gesagten dienen die hier folgenden schematisch gehaltenen Angaben über Gestalt und Stellung der Gehörknöchelchen. Hammer und Amboss kann man sich vorstellen als zwei ungefähr rechtwinklige Winkelhebel, welche durch zwei an die Scheitel der Winkel angefügte dicke Fortsätze (Hals und Kopf des Hammers, Körper des Amboss) mit einander in etwas beweglicher Verbindung stehen. (Das Gelenk ist sattelförmig; der Körper des Amboss umfasst die convex-concave Gelenkfläche am Halse des Hammers.) Alle vier Schenkel liegen fast in Einer Ebene; zwei derselben liegen parallel dicht nebeneinander, nämlich der im Trommelfell steckende Griff des Hammers und der nach innen von ihm schwebende lange Fortsatz des Amboss, welcher letztere etwas aus der Ebene der drei andern herausgerückt ist; die beiden übrigen Schenkel, welche demnach in Eine grade Linie fallen müssen, gehen nach entgegengesetzten Seiten ab und bilden die Axe, um welche beide Knochen gemeinsam drehbar sind. Es ist der lange Fortsatz (Proc. Folii) des Hammers und der kurze Fortsatz des Amboss; jener ist in der Fissura Glaseri durch eine elastische, federnde Bandmasse, dieser an der gegenüberliegenden (hinteren) Wand der Paukenhöhle ebenfalls durch ein Bändchen drehbar befestigt. Die Axe geht also ungefähr horizontal von vorn nach hinten und liegt natürlich etwa in gleicher Höhe mit dem oberen Rande des Trommelfells, da ja der Griff des Hammers von oben her in das Trommelfell eingeschoben ist. Jede Drehung um diese Axe muss das Trommelfell nach innen oder aussen bewegen; umgekehrt muss jede Bewegung des Trommelfells nach innen oder aussen, also jede Transversalschwingung desselben, beide Knochen um ihre Axe bewegen und somit auch den langen Ambossfortsatz stets mit dem Trommelfellradius parallel verstellen. Der lange Ambossfortsatz trägt nun an seinem Ende, d. h. etwas nach innen von der Mitte des Trommelfells, mittels seiner Apophyse (ossiculum lenticulare Sylvii) den Steigbügel, welcher nach oben und innen gegen die Fenestra ovalis gerichtet ist. Hieraus ergeben sich einfach die oben geschilderten Gesammtbewegungen. — Der von hinten her an das Köpfchen des Steigbügels, rechtwinklig gegen dessen Ebene sich ansetzende kleine Muskel (Stapedius) dient wahrscheinlich dazu die Stellung der Steigbügelplatte in der Fenestra zu verändern, und sie entweder mit dem hinteren Rande mehr hinein- oder mit dem vorderen herauszuhebeln; vermuthlich beschränkt beides die Excursionsfähigkeit des Steigbügels, so dass der Muskel dämpfend zu wirken scheint. Ueber seine Innervation (durch den Facialis) weiss man nichts Genaueres.

Leitung durch das Labyrinth.

Im Labyrinthwasser erzeugen die Stösse der Steigbügelplatte Beugungswellen, d. h. das Labyrinthwasser weicht bei jedem Stosse in seiner ganzen Masse aus, indem es die nachgiebige Stelle der Labyrinthwand, die Membran der Fenestra rotunda, nach aussen in die Paukenhöhle hervorwölbt. (Wäre das Labyrinthwasser überall von starren Wänden umgeben, so würde jeder Stoss der Steigbügelplatte zum grössten Theil reflectirt werden; nur ein verschwindend kleiner Theil der lebendigen Kraft würde sich in Form von Verdichtungs- und Verdünnungswellen durch das fast incompressible Labyrinthwasser fortpflanzen.) Welchen Weg indess die Beugungswelle oder der durch jeden Steigbügelstoss im Labyrinthwasser erzeugte kleine Strom nimmt, ob er alle Theile desselben gleichmässig in Bewegung setzt, u. s. w., lässt sich bei der complicirten Gestalt des Labyrinthes nur vermuthen. Am sichersten kennt man den letzten Theil des Weges, nämlich den durch die Schnecke. Die Welle tritt in diese vom Vorhof durch die Apertura scalae vestibuli ein, durchläuft den oberen Schneckengang (Scala vestibuli) bis zur Kuppel, tritt von hier aus in den unteren Spiralgang (Scala tympani) und durchläuft diesen bis zum Ende, nämlich zur Fenestra rotunda; schon auf dem Wege durch die Scala vestibula findet indess höchstwahrscheinlich ein theilweiser Uebergang in die Scala tympani durch den häutigen Theil der Wendeltreppe (Lamina spiralis membranacea) hindurch statt. — Viel schwieriger verständlich ist der Weg im Vorhof und in den halbcirkelförmigen Canälen. Am natürlichsten scheint die Annahme, dass die Welle im Vorhofe sich theilt, und durch jeden halbcirkelförmigen Canal einen Zweig sendet, alle Theilwellen vereinigen sich dann wieder im Vorhof, um in die Schnecke überzugehen. Auf dem Wege durch den Vorhof würde die Welle die Säckchen, auf dem Wege durch die Canäle die Leisten der Ampullen bewegen. Der Sinn der Canäle wäre dann darin zu suchen, dass sie überhaupt die Bewegung der Ampullenleisten möglich machen; denn in eine blind geschlossene Höhle würde die Welle gar nicht eindringen, sondern reflectirt werden. Jedoch ist diese Erklärung durchaus noch ungenügend.

Nach dem bis jetzt Gesagten ergiebt sich von selbst die Bedeutung der lufthaltigen Paukenhöhle, nämlich den Schwingungen des Trommelfells und der Gehörknöchelchen, sowie dem Ausweichen der Membran des runden Fensters freien Spielraum zu gewähren; — ebenso die Bedeutung der Tuba Eustachii zur Ausgleichung des Luftdrucks in der Paukenhöhle mit dem der Atmosphäre (s. p. 358). Die Vermuthung, dass die Tuba hauptsächlich zum Hören der eigenen Stimme diene, ist nicht haltbar.

Wie normal die Luftschwingungen durch das Trommelfell auf die schwingenden Theile des Gehörorgans übertragen werden, so geschieht auch das Umgekehrte, wenn das Gehörorgan primär (durch Knochenleitung, z. B. die eigene Stimme) in Schwingungen versetzt wird. Diese Ableitung schwächt die Schwingungen des Ohres (Mach). Verhindert man sie (durch Schliessen des Gehörorgans), so hört man daher den durch Knochenleitung zugeführten Schall und die eigene Stimme stärker (Weber).

Hören.

Erregung der Acusticus-Endorgane.

Die dem häutigen Labyrinth und der häutigen Spiralplatte übertragenen Bewegungen des Labyrinthwassers erregen die hier befindlichen Endigungen des Hörnerven, und bringen dadurch Gehörempfindungen hervon. Während bei den meisten anderen Sinnesorganen, z. B. beim Sehorgan, die Erregung der nervösen Endorgane ganz unverständlich ist, glaubt man die der Hörnervenenden, analog der der Tastorgane, auf eine mechanische Erregung zurückführen zu können. Namentlich wird diese Vorstellung begünstigt durch die Gegenwart der Otolithen, sehr kleiner Krystalle von kohlensaurem Kalk (Arragonitform) an den Endigungen des Hörnerven in den Vorhofssäckchen, welche man geradezu als „mechanische Tetanisationsapparate" bezeichnet hat; die wesentliche Betheiligung der Otolithen an der Erregung des Gehörnerven schliesst man aus ihrem sehr constanten Vorkommen in den Gehörorganen der ganzen Thierreihe, selbst in den niederen Klassen, bald in der Form feiner Krystalle wie beim Menschen, bald als ein einziger grösserer Körper.

Ueber die Endorgane des Hörnerven ist Folgendes bekannt:

1. Endigungen in den Ampullen und Vorhofssäckchen. In den Ampullen befinden sich die Nervenendigungen in einer gelblichen halbkreisförmigen äquatorialen Leiste, einer Verdickung des häutigen Labyrinths (Scarpa, Steifensand, M. Schultze). Die Structur dieser Leiste ist nach Untersuchungen am Rochen (M. Schultze) folgende: Das einfache Epithel der Ampulle erhebt sich auf dem leistenförmig angeschwollenen harten Bindegewebe zu einer dicken, wulstigen, vielschichtigen Masse, auf welcher palisadenförmig feine steife Borsten stehen, die fast die entgegengesetzte Wand der Ampulle erreichen. In der Epithelialmasse verzweigen sich die Nervenfasern, nachdem sie an der Grenze des Bindegewebes plötzlich ihre Scheide verloren haben, als nackte Axencylinder auf das Feinste. In den Zellen der Epithelschicht unterscheidet man: a. cylindrische, kernhaltige Epithelzellen in mehreren Schichten, in der untersten („Basalzellen") mehr pyramidal und zugespitzt; b. spindelförmige Zellen mit zwei feinen Ausläufern, deren einer der Oberfläche zustrebt und hier zu endigen scheint, deren anderer, häufig varicös (die Varicositäten sind Kunstproducte, Schultze) nach der Basis gerichtet ist, ohne dass seine Endigung zu verfolgen wäre; diese Fasern und Zellen sollen nervös sein und die Endigungen der verzweigten Axencylinder darstellen; c. rundliche Blasen in der obersten Schicht, oder auch gestielt hervorragend, deren jede eine der bereits erwähnten, das Epithel überragenden Borsten aussendet. — In den Vorhofssäckchen (untersucht bei Fischen) sind die Nervenendigungen ebenfalls in einer halbkreisförmigen, aber niedrigeren Leiste enthalten; in dieser finden sich dieselben Elemente wie in den Leisten der Ampullen bis auf die Borsten und die sie tragenden Blasen. Statt ihrer befindet sich hier der Otolith, welcher der Innenwand des Sackes an der die Leiste tragenden Fläche genau anliegt, und für die Leiste eine entsprechende Rinne zeigt; er besteht aus einem harten oder breiigen Conglomerat von prismatischen Stäbchen (Krieger) und schwebt ohne Anheftung in der zähen, glaskörperähnlichen Flüssigkeit (Endolympha), welche das Säckchen erfüllt (M. Schultze). Stellenweise finden sich zuweilen kurze Borsten, und zwar da, wo der Otolith nicht genau anschliesst.

2. Endigungen in der Lamina spiralis membranacea der Schnecke (CORTI'sches Organ). Die Fasern des Schneckennerven treten in die knöcherne Spindel ein, und treten aus dieser in die radial gestellten Kanälchen, welche die knöcherne Spiralplatte durchbohren, so dass sie sich in Form eines spiralig gewundenen Fächers von dem Stamme in der Spindel abwickeln. Aus den Kanälchen treten sie in den spiraligen Kanal (Canalis cochlearis) c (Fig. 31), welcher unten von der Lamina membranacea oder besser Membrana basilaris laminae membranaceae ab (Fortsetzung des Periosts der Lamina ossea bis zur gegenüberliegenden Schneckenwand), und oben von der mit jener parallelen Deckmembran cd (REISSNER'sche Membran) begrenzt wird; er ist von einem Epithel ausgekleidet (REICHERT). In diesem Raume befinden sich sowohl die Nervenendigungen, wie auch gewisse mit ihnen in Verbindung stehende Vorrichtungen. Letztere, die CORTI'schen „Zähne zweiter Reihe"*) haben nach der jetzt verbreitetsten Angabe (M. SCHULTZE) folgenden Bau: Von dem Uebergange der unteren Knochenlefze in die Membrana basilaris ab entspringen dicht nebeneinander schmale Plättchen ef (je zwei in einem Zwischenraum zwischen zwei Kanälchenmündungen), welche Sförmig gekrümmt sich aus der Ebene der Basilarmembran aufrichten, und oben in ein kurzes horizontales Stück fg übergehen; an diese setzen sich in ihrer Verlängerung ähnliche horizontale Stückchen gh an, die ähnlich gekrümmten entgegenstrebenden Plättchen hi angehören; letztere sind auf der Membrana basilaris befestigt; je zwei der letzteren kommen auf drei der ersteren. Die ersteren senden von ihren Gelenkstücken ausserdem nach unten gegen die Membrana basilaris kurze Plättchen k, die letzteren ebenfalls von ihren Gelenkstückchen horizontal nach aussen kleine löffelförmige Fortsätze l. — Die Nervenfasern n verlieren bei ihrem Austritt aus den Kanälchen wie die der Ampullen (s. oben) ihre Scheiden, verlaufen als nackte (oft varicöse) Axencylinder senkrecht gegen die Richtung der Plättchen, parallel dem Rande der Lamina ossea, und endigen in Zellen, von denen wie es scheint stets eine in dem Winkel feb zwischen einem Plättchen und der Membrana basilaris, und eine andere in dem Winkel bfk zwischen den Gelenkstücken und den nach unten strebenden Plättchen eingeklemmt ist.

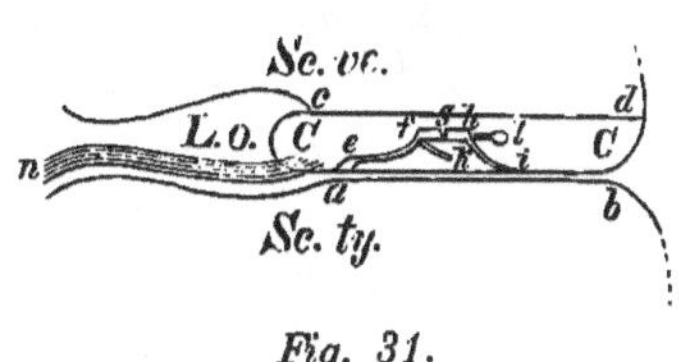

Fig. 31.

In allen Organen des inneren Ohrs sind also Vorrichtungen an den Nervenendigungen angebracht, welche die mechanische Erregung derselben zu begünstigen scheinen: in den Ampullen die Borsten, welche, durch die durchziehende Wasserwelle in Bewegung gesetzt, mit ihren Basalblasen die Nervenendigungen erschüttern können; in den Vorhofssäckchen die Otolithen, welche den Nervenendigungen aufs Genauste anliegend, bei der gering-

*) Als „Zähne erster Reihe" bezeichnet Corti die dichtgedrängten länglichen Vorsprünge der oberen Knochenlefze c der Lamina ossea, von welcher das Deckblatt der Lamina spiralis entspringt.

sten Erschütterung jene percutiren müssen; endlich in der Schnecke die Zahnreihen, deren federförmige Auf- oder Abbewegung jedesmal auf die eingeklemmten Nervenzellen einen Druck ausüben muss. Jedoch sind alle Untersuchungen noch zu mangelhaft und unsicher, als dass derartige Vorstellungen grosses Vertrauen verdienen könnten.

Noch mangelhafter sind die Kenntnisse über die besondere Function der verschiedenen Endorgane, also der verschiedenen Labyrinththeile. Eine frühere Ansicht (E. H. WEBER), dass die Schnecke vorzugsweise zur Wahrnehmung der durch Knochenleitung vermittelten Gehöreindrücke diene, stützte sich auf die irrthümliche Angabe, dass die Nervenenden der Schnecke auf der Lamina ossea angebracht wären. Sie wird zur Genüge wiederlegt durch den Nachweis des CORTI'schen Organs und durch das Fehlen der Schnecke bei Thieren, die nur durch Knochenleitung hören können, z. B. bei den Fischen. Die regelmässige Anordnung der CORTI'schen Zähne, welche die Wasserwelle wie die Tasten einer Claviatur durchläuft, macht die Vorstellung sehr verlockend, dass jede Taste, jeder Zahn gewissermaassen für einen Ton von bestimmter Höhe gestimmt sei, und durch die ihm entsprechende Welle daher allein angesprochen werde (HELMHOLTZ), so dass die Schnecke zur Wahrnehmung der Tonhöhe, die übrigen Labyrinthorgane dagegen nur zur Wahrnehmung von Schall überhaupt, namentlich von Geräuschen bestimmt seien. Die Wahrscheinlichkeit dieser Hypothese, welche ganz analog ist der beim Sehorgan besprochenen (p. 326 f.), wird weiter unten gezeigt werden.

Qualitäten der Gehörempfindung.

Die Erregung der Endorgane des Acusticus durch die Wellenbewegungen des Labyrinthwassers, sowie jede beliebige andere Erregung von Acusticusfasern, bewirkt eine Gehörempfindung. Die Höhe (Elongation) der Wellen bedingt die Intensität des Hörens, die Länge der Wellen, oder die Zahl der Schwingungen in der Zeiteinheit bedingt die Höhe des gehörten Tones. Der Umfang des Gehörvermögens in Bezug auf die Höhe ist sehr bedeutend, und die p. 358 angegebenen Grenzen sind wahrscheinlich gar nicht durch die Erregbarkeit des Hörnerven, sondern durch die Schwingungsfähigkeit der zuleitenden Organe, z. B. des Trommelfells bedingt. Indess selbst das Intervall zwischen dem dort angegebenen tiefsten (40 Schw.) und höchsten (16000 Schw.) Tone beträgt ungefähr 7 Octaven, während das Intervall zwischen den äussersten sichtbaren rothen und violetten Strahlen, in analoger Weise berechnet, noch nicht eine Octave beträgt.

Gegenstand der Gehörempfindungen sind aber für gewöhnlich keine einfachen Töne, ebenso wie wir für gewöhnlich keine einfachen Spectralfarben, sondern Mischfarben sehen. Die gewöhnlichen Schalle sind Klänge oder Geräusche.

Das Wesen der Klänge, ihre Zerlegbarkeit in einfache Töne, ist bereits früher (p. 260 f.) erörtert worden. Einfache Töne kann man nur künstlich hervorbringen, und zwar dadurch, dass man einen auf einen Partialton eines Klanges abgestimmten Resonator durch den Klang zum Mittönen bringt, z. B. einen der p. 261 erwähnten Resonatoren, oder die Resonanzröhren p. 270, oder eine Monochordsaite, auf der man eine klingende Stimmgabel so lange verschiebt, bis eine Saitenlänge getroffen ist, deren Eigenton (Schwingen der Saite in Knoten vorausgesetzt) mit einem Partialton des Stimmgabel-Klanges übereinstimmt (Helmholtz).

Werden zwei verschiedene einfache Töne gleichzeitig angegeben, so machen sich, bei einer gewissen Stärke derselben, gegenseitige Störungen ihrer Wellensysteme bemerkbar, durch welche in den schallleitenden Medien, z. B. in der Luft, neue Schwingungen entstehen, und zwar solche deren Schwingungszahl der Differenz, und andre, deren Schwingungszahl der Summe beider primären Schwingungszahlen gleich ist. Obgleich nun in diesem Falle nur Ein resultirendes Wellensystem das Ohr trifft, und unverändert durch die schallleitenden Medien den Nervenendapparaten zugeführt wird, werden doch bei genügender Stärke vier einzelne Töne gleichzeitig gehört, die beiden primären und zwei Combinationstöne: ein Differenz- und ein Summationston.

Wird ferner ein Klang angegeben, so wird dieser in seiner specifischen Zusammensetzung erkannt (was dadurch bezeichnet wird, dass man den Hauptton in specifischer Klangfarbe, Timbre höre, s. p. 260). Ausserdem aber kann man sogar jeden einzelnen Partialton des Klanges heraushören, auch ohne besondere Uebung, wenn man ihn nur unmittelbar vor Ertönen des Klanges einzeln angegeben hat (Helmholtz).

Endlich hört man bei gleichzeitigem Ertönen vieler Klänge nicht ein Geräusch, wie man nach dem complicirten das Ohr durchlaufenden resultirenden Wellensystem erwarten müsste, sondern man unterscheidet deutlich jeden einzelnen Klang; ja man kann sogar aus einem Orchester ein einzelnes Instrument heraushören und für sich verfolgen.

Alle diese Erfahrungen deuten nun darauf hin, dass es im Gehörorgan eine Vorrichtung giebt, welche jedes auch noch so complicirte Wellensystem in einfach pendelartige Schwingungen zerlegt, die nun einzeln als Töne wahrgenommen werden, etwa wie jeder Klang durch Resonatoren in seine Bestandtheile zerlegt werden kann. Diese Vermuthung wird aber zur Gewissheit erhoben durch folgende Erfahrung (Helmholtz): combinirt man mehrere einfache Töne zu einem Klange, und lässt die einzelnen zu beliebigen Zeiten anfangen, so dass sie mit verschiedenen Phasen ihrer Schwingungen in einander greifen, so entstehen die mannigfaltigsten Verschiedenheiten des combinirten Wellensystems. Erregte nun das Wellensystem als solches den Gehörnerven zu verschiedenen Formen der Thätigkeit, so müssten offenbar bei diesen Versuchen stets verschiedene Klangeindrücke wahrgenommen werden. Der Versuch, angestellt mit dem p. 270 erwähnten Vocalapparat, lehrt aber, dass in allen Fällen derselbe Klang gehört wird; die geringste Verschiedenheit würde sich als ein Unterschied im Vocalklange markiren.

Eine Vorrichtung jener Art muss man nun, wie bereits p. 364 erwähnt, in der Schnecke vermuthen: nimmt man an, dass jeder Bogen derselben eine besondere Schwingungszahl hat, und dass die Intervalle der einzelnen sehr gering sind, so wird ein einfach pendelartiges Wellensystem (eines einfachen Tons), welches die Schnecke durchläuft, vorzugsweise Einen Bogen, schwach die benachbarten in Mitschwingung versetzen; ein combinirtes System (eines Klanges) aber wird ebenso die den Partialtönen entsprechenden Bögen bewegen, wie ein in ein Klavier hineingesungener Vocal die entsprechenden Saiten (p. 270). Man braucht nun nur noch, entsprechend dem Princip der specifischen Energieen (p. 294) anzunehmen, dass jeder Bogen (resp. die durch denselben erregte Ganglienzelle p. 364) durch eine besondere Nervenfaser mit einem besonderen Centralorgan in Verbindung steht, dessen Erregung mit der Vorstellung eines einfachen Tons verbunden ist, und dass die Aufmerksamkeit, abweichend vom Gesichtsorgan, auf jede einzelne Nervenfaser concentrirt werden kann. (Vgl. die analoge Hypothese beim Sehorgan, p. 326 f.).

Auch folgende Betrachtung (Helmholtz) spricht zu Gunsten dieser Hypothese: Ein Triller mit der Geschwindigkeit von 10 Tonschlägen in der Secunde kann in allen Tonlagen bis zum A (110 Schwingungen) herab mit vollkommner Schärfe gehört werden, ohne dass der Eindruck des Abwechselns zweier Töne sich durch Nachtönen der schwingenden Theile im Ohre verwischt; letzteres geschieht erst unterhalb A. Nimmt man nun an, dass die Schwingung bis auf $^1/_{10}$ ihrer Intensität herabgesunken sein muss, um bei der Wiederkehr desselben Tones, also nach $^1/_5$ Secunde, nicht mehr gehört zu werden, so ergiebt sich dass die durch A in Schwingung versetzten Theile im Gehörorgan nach $^1/_5$ Secunde, also nach 22 Schwingungen, nur noch mit $^1/_{10}$ ihrer ursprünglichen Intensität nachschwingen. Hieraus aber lässt sich nach theoretischen Sätzen berechnen, dass Töne, welche um einen halben Ton von A verschieden sind (also Ais und As) die durch A in Schwingung versetzten Theile höchstens mit $^1/_{10}$ der Intensität in Schwingung versetzen können, als A selbst, so dass also nach der obigen Annahme die durch A in Schwingung versetzten Theile nicht zugleich zum Hören von Ais und von As benutzt werden können; für diese Töne müssen also andre schwingende Theile im Ohre vorhanden sein.

Die zuweilen beobachtete, mitunter plötzlich entstehende Taubheit für eine Reihe von Tönen, z. B. für die tiefsten (Basstaubheit), spricht ebenfalls sehr dafür dass an der Wahrnehmung verschieden hoher Töne räumlich getrennte Apparate im Ohr betheiligt sind (MOOS).

Die Schnecke soll etwa 3000 CORTI'sche Bogen enthalten (KÖLLIKER). Rechnet man hiervon 200 für nicht musicalisch brauchbare Töne ab, so bleiben 2800 für die hörbaren ungefähr 7 Octaven (von C_{II} bis h^{VI}); es kommen also 400 auf jede Octave und 12 : 400 = $33^1/_3$ auf jedes halbe Tonintervall. Da nun geübte Musiker noch $^1/_{64}$ einer halben Tonstufe unterscheiden sollen (E. H. WEBER), so kann man annehmen, dass ein zwischen zwei CORTI'sche Fasern treffender Ton beide mit ungleicher Intensität anspricht, und dass nach dieser Verschiedenheit die Tonhöhe beurtheilt wird (HELMHOLTZ).

Zur Hervorbringung einer Tonempfindung sind mindestens zwei mit genügender Geschwindigkeit auf einander folgende Schwingungen erforderlich; eine einzelne kann nur als Stoss empfunden werden. Hält man z. B. gegen die Zähne eines sich drehenden (SAVART'schen) Zahnrades ein Kartenblatt, so dass ein Ton entsteht, so bleibt derselbe Ton hörbar, wenn bei bleibender Umdrehungsgeschwindigkeit die Zähne allmählich bis auf zwei entfernt werden; nur wird er immer dumpfer, wie eine Farbe matter wird, wenn sie mit viel „Schwarz" gemischt ist. Wird auch der vorletzte Zahn entfernt, so verschwindet der Ton und es bleibt nur ein „Stoss" übrig (vermuthlich ein sehr schnell abnehmendes Wellensystem).

Combiniren sich sehr viele verschiedene einfache Töne, so dass das Gehörorgan sie nicht zerlegen kann, oder folgen sie so schnell auf einander, dass die Nachtöne (s. unten) der vorhergehenden sich mit den folgenden combiniren, so dass ein unzerlegbares Gewirr entsteht, in welchem nichts Periodisches mehr erkannt wird, so pflegt man die resultirende Empfindung ein „Geräusch" zu nennen. Viele Geräusche sind daher nur sehr complicirte

Klänge, welche deutlich einen Hauptton, oft in der Klangfarbe eines Vocales, erkennen lassen; nach diesem Vocal werden sie onomatopoëtisch benannt („Klirren, Donnern, Knattern, Schmettern," u. s. w.) — Ausser diesen scheinbar unperiodischen Schwingungen, welche aber doch immer periodisch sein müssen, weil sie aus Tönen zusammengesetzt sind, giebt es nun auch wirklich unperiodische Schallschwingungen, deren Eindrücke auf das Ohr ausschliesslich als Geräusche bezeichnet werden sollten (Helmholtz). Durch welche Theile des Gehörorgans die Wahrnehmung der Stösse und Geräusche vermittelt werde, darüber giebt es nur unbewiesene Hypothesen (Ampullen und Otolithensäckchen?).

Harmonie der Klänge.

Treffen mehrere Töne oder (nach ihrem Grundton benannte) Klänge gleichzeitig das Ohr, so entsteht bekanntlich ein angenehmeres oder unangenehmeres Gefühl unter Bedingungen, welche mit dem Verhältniss der Schwingungszahlen jener im engsten Zusammenhange stehen. Man unterscheidet hiernach consonante (wohlgefällige und dissonante Zusammenklänge. Das Octavenverhältniss (1 : 2) und die Duodecime (1 : 3) bilden die vollkommenste Consonanz: dann folgen in der Richtung zur Dissonanz: Quinte (2 : 3), Quarte (3 : 4), grosse Sexte (3 : 5), grosse Terz (4 : 5), kleine Sexte (5 : 8), kleine Terz (5 : 6), u. s. w. — Diese Erscheinung lässt sich vollkommen dadurch erklären (Helmholtz), dass das Unangenehme der Dissonanz in den durch sie bedingten Schwebungen beruhe, d. h. in Schwankungen der Intensität durch Interferenz zweier in ihrer Wellenlänge etwas verschiedenen Wellensysteme. Zwei gleichzeitige, verschieden hohe Töne müssen sich nämlich verstärken, so oft zwei Wellenberge oder zwei Thäler zusammentreffen, schwächen dagegen oder selbst aufheben, so oft Berg auf Thal fällt. Die Periode der Schwebung muss offenbar der Differenz der Schwingungszahlen beider Töne gleich sein. Die Schwebungen sind daher um so seltener, je kleiner das Intervall beider Töne ist und je tiefer sie liegen. Sind sie zu häufig, um einzeln (als „Stösse") wahrgenommen zu werden, so geben sie dem Eindruck eine peinliche Discontinuität (vergleichbar dem Flackern eines Lichts). Das Maximum der Wirre und Rauhigkeit liegt bei 33 Schwebungen i. d. Sec. Zwei gleichzeitige Klänge wirken nun um so dissonanter, je mehr durch nahes Zusammentreffen von Partialtönen, unter sich oder mit Combinationstönen (p. 365), Anlass zu Schwebungen mässiger Frequenz gegeben ist.

Klänge.		Schwingungszahlen der Partialtöne und Schwebungszahlen.										Kleinste Schwebungszahl.	Grad der Consonanz.
Grundklang	c^{I} 256	256	512	768	1024	1280	1536	1792	2048	2304	2560		
Octave	c^{II} 512		512		1024		1536		2048		2560	Keine Schwebungen.	Absolute.
Duodecime	g^{II} 768			768			1536			2304			
Quinte	g^{I} 384	384 128 128		768	1152 128 128		1536	1920 128 128		2304		$128 = \frac{256}{2}$	Vollkommene.
Quarte	f^{I} 341	341 85 171	683 171 85		1024	1365 85 171	1707 171 85		2048	2389 85 171		$85,\ldots = \frac{256}{3}$	Mittlere.
Gr. Sexte	a^{I} 427	427 171 85		853 85 171		1280	1707 171 85		2133 85 171		2560		
Gr. Terz	e^{I} 320	320 64 192	640 128 128	960 192 64		1280	1600 64 192	1920 128 128	2240 192 64		2560	$64 = \frac{256}{4}$	
Kl. Sexte	gis^{I} 410	410 154 102		819 51 205	1229 205 51		1638 102 154		2048	2458 154 102		$51,\ldots = \frac{256}{5}$	Unvollkommene.
Kl. Terz	dis^{I} 307	307 51 205	614 102 154	922 154 102	1229 205 51		1536	1843 51 205	2150 102 154	2458 154 102			
Gr. Septime	h^{I} 480	480 224 32		960 192 64		1440 160 96		1920 128 128		2400 96 160		$32 = \frac{256}{8}$	Dissonanz.

Um das Gesagte zu erläutern, stellt die vorstehende Tabelle, vom Grundklang c^{I} (256) ausgehend, die Schwingungszahlen der Partialtöne (bis zum 10ten) für ihn und einige abgeleitete Klänge dar; sollten sich alle Bedingungen der Dissonanz ergeben, so müsste die Tabelle auch die Combinationstöne darstellen, welche hier nicht berücksichtigt sind. Die kleingedruckten Zahlen bedeuten die Anzahl der Schwebungen, welche ein Partialton mit den beiden ihm nächststehenden Partialtönen des Grundklangs macht.

Aus der Tabelle ersieht man, dass in dem Klange der Octave und der Duodecime keine Partialtöne vorkommen, die nicht schon im Grundklang vorhanden sind; es ist also hier nirgends Schwebung möglich: die Octave und die Duodecime sind „absolute" Consonanzen. In dem Klange der Quinte kommen dagegen Partialtöne vor, die nicht im Grundklang enthalten sind, aber diese collidiren nicht so nahe mit den zunächstliegenden des Grundklangs, dass Schwebungen entstehen könnten: die Quinte bildet eine „vollkommene" Consonanz. Bei der Quarte, grossen Sexte und grossen Terz („mittlere" Consonanzen), noch viel mehr aber bei der kleinen Sexte und kleinen Terz („unvollkommene" Consonanzen), und dann bei den Septimen, Secunden, etc. (Dissonanzen) ist dagegen vielfach Gelegenheit zu Schwebungen der Partialtöne gegeben; und man sieht dass die Schwebungszahlen der Zahl 33 immer näher kommen. Natürlich wird dasselbe Intervall um so leichter zur Dissonanz Anlass geben, je tiefer es angegeben wird (vgl. oben). Auf diesen Principien beruhen die Lehren der Harmonie, der Accordarten, u. s. w., auf welche hier nicht eingegangen werden kann. Auch für die Aufeinanderfolge der Klänge (Melodie) ist das Verhältniss ihrer Partialtöne (ihre „Verwandtschaft") von Bedeutung; folgt auf einen Klang seine Octave, so werden keine neuen Töne gehört, die Aufmerksamkeit also nicht durch einen neuen Eindruck gefesselt; wohl dagegen wenn die Quinte oder Quarte folgt, u. s. w.

Macht der Grundton eines Klanges n Schwingungen in der Secunde, so beträgt die kleinste Anzahl der Schwebungen in der Secunde: beim Zusammenklang mit dem Klang der Quinte $\frac{1}{2}$n, mit der Quarte und grossen Sext $\frac{1}{3}$n, mit der grossen Terz $\frac{1}{4}$n, mit der kleinen Sexte und kleinen Terz $\frac{1}{5}$n, mit der grossen Septime und grossen Secunde (1 ganzer Ton) $\frac{1}{8}$n, mit der kleinen Secunde ($\frac{1}{2}$ Ton) $\frac{1}{15}$n, u. s. w. — Allgemeiner: Ist n die Schwingungszahl des tieferen und m die des höheren Grundtons, und reducirt man den unächten Bruch $\frac{m}{n}$ auf die kleinsten ganzen Zahlen $(\frac{m_1}{n_1})$ so ist die kleinste Schwebungszahl $= \frac{n_1}{n}$, also um so kleiner, je kleiner n (je tiefer das Intervall) und je grösser n_1 (je incommensurabler das Intervallverhältniss). (Der Bruch $\frac{m_1}{n_1}$ ist bekanntlich für die Quinte $\frac{3}{2}$, für die Quarte $\frac{4}{3}$, grosse Sexte $\frac{5}{3}$, grosse Terz $\frac{5}{4}$, kleine Sexte $\frac{8}{5}$, kleine Terz $\frac{6}{5}$, gr. Septime $\frac{15}{8}$, grosse Secunde $\frac{9}{8}$, kl. Secunde $\frac{16}{15}$).

Ein einfacher Versuch zeigt überzeugend, dass wirklich das Wesen der Dissonanz in den Schwebungen liegt. Wenn man nämlich von 2 gleichen, auf Resonanzkästen stehenden Stimmgabeln die eine mit Wachs immer mehr verstimmt, so entstehen beim Anstreichen immer schnellere Schwebungen, und wenn diese eine gewisse Frequenz erreichen, hat man das characteristische Gefühl der Dissonanz.

Aeusseres Hören.

Die Ursache jeder Tonempfindung, deren zu Stande Kommen durch das Trommelfell vermittelt ist, verlegt die Seele nach aussen, während ihr die durch Knochenleitung vermittelten im Kopfe selbst entstanden scheinen. Taucht man z. B. mit dem Kopfe unter Wasser, so werden die Gehöreindrücke nur dann nach aussen verlegt, wenn der äussere Gehörgang mit Luft gefüllt ist (Weber). Da indess auch in diesem Falle die Hauptleitung durch die Kopfknochen geschieht, so scheint die Sensibilität des Trommelfells, nicht etwa eine besondere Form derjenigen Labyrinthwellen, welche vom Steigbügel ausgehen, die Empfindung des äusseren Ursprungs zu bewirken. Wenn das ist, so kann man sich auch vorstellen, dass die Empfindung des Trommelfells über die Richtung der anlangenden Schallwellen belehrt und ebenso vielleicht die der Ohrmuschel, die durch ihre zahlreichen Vorsprünge besonders geeignet ist, über den Winkel, unter dem die Schallstrahlen auffallen, zu urtheilen (Weber), namentlich wenn etwa Bewegungen derselben zu Hülfe genommen werden. (Vgl. auch unten.)

Subjective Gehörempfindungen.

Wie beim Sehorgan, so giebt es auch hier gewisse auf den Eigenthümlichkeiten der Nervenerregung oder auf Nervenschwächen beruhende „subjective Gehörempfindungen". Diese scheinen jedoch nur sehr beschränkt vorzukommen, und sind erst zum geringsten Theil erforscht. Nachtöne, analog den Nachbildern, können deshalb nicht so leicht wie diese beobachtet werden, weil dazu eine directe Bestimmung der Dauer des Tones und der Dauer der Empfindung nöthig wäre, und doch nur die Empfindung auch über jene Aufschluss geben kann (während beim Auge die Bestimmung der Zeit nicht dem empfindenden Organ selbst zufällt). Dennoch kann man auf das Vorhandensein von Nachtönen mit Wahrscheinlichkeit daraus schliessen, dass bei einer Reihe schnell aufeinander folgender Töne (wie sie entseht, wenn man den Abstand der Zähne am Savart'schen Rade von Strecke zu Strecke wechseln lässt) eine Mischung derselben in Form eines Geräusches entsteht, analog der Farbenmischung auf dem Farbenkreisel (p. 331). Sehr lang anhaltende Nachtöne, z. B. das „in den Ohren Klingen" eines Tones oder gar eines Musikstücks lange nach dem Aufhören gehören zu den psychischen Erscheinungen; ebenso andere Gehörhallucinationen. — Zu den subjectiven Gehörempfindungen wird ferner das Ohrenklingen und Ohrensausen gerechnet, Töne und Geräusche, die von Erregungen des Hörnerven durch unbekannte Einflüsse, namentlich bei krankhaft erhöhter Erregbarkeit, herrühren sollen. — Das bei geschlossenen Gehörgängen entstehende Sausen rührt unzweifelhaft davon her, dass man jetzt besser durch Knochenleitung hört (p. 361) und daher die Muskelgeräusche (p. 234), namentlich des Kopfes, die Reibungsgeräusche des Blutes in den Kopfgefässen etc. wahrnimmt.

Entotische Wahrnehmungen.

Von den subjectiven Gehörempfindungen sind auch hier die entotischen zu unterscheiden, objective Wahrnehmungen, deren Ursache jedoch im Gehörorgan selbst liegt. Hierher gehören: 1. Brausende Geräusche, hervorgebracht durch Schwingungen der Luft im äusseren Gehörgang oder in der Paukenhöhle, wenn diese von der äusseren Atmosphäre abgesperrt sind (ersterer durch vorgehaltene oder eingesteckte verschliessende Körper, durch Ohrenschmalz, u. s. w., letztere durch Verschliessung der Tuba Eustachii); jene erscheinen besonders stark, wenn die Luft in einem an den Gehörgang als dessen Verlängerung angesetzten hohlen Körper, z. B. einer Röhre, mitschwingt. 2. Das p. 358 erwähnte knackende Geräusch bei Contraction des Tensor tympani; über dessen Deutung s. daselbst. 3. Klopfende Geräusche, hervorgebracht durch das Pulsiren der Arterien im Gehörorgan, oder das fortgeleitete fernerliegender Arterien bes. wenn man mit dem Ohre auf einem harten Körper liegt. 4. Reibungsgeräusche, durch die Blutcirculation. 5. Muskelgeräusche etc. (s. oben).

Hören mit beiden Ohren.

Das Hören mit beiden Ohren gewährt, analog dem Sehen mit beiden Augen, 1. eine gegenseitige Unterstützung und Ausgleichung von einseitigen Fehlern, 2. eine Beihülfe zur Schätzung des Ortes des schallerzeugenden Körpers. Ob wie bei den Augen eine Art „Identität“ beider Gehörnervenenden vorhanden ist, ob z. B. die Erregung zweier correspondirender Fasern beider Schnecken als eine einzige Empfindung wahrgenommen wird, lässt sich nicht entscheiden; wir hören zwar einen einzigen Ton, von dem man also annehmen darf, dass er correspondirende Schneckenelemente erregt, mit beiden Ohren nur einfach; wir unterscheiden aber zwei Töne, wenn wir jedes Ohr besonders durch gleich hohe Töne gleichzeitig erregen lassen, vorausgesetzt, dass ihre Intensität verschieden ist, oder dass die Erregbarkeit beider correspondirenden Gehörelemente nicht gleich ist. Letzteres wird durch folgenden Versuch bewiesen: Hält man vor beide Ohren zwei gleiche tönende Stimmgabeln, und dreht die eine so um ihre Axe, dass der Ton abwechselnd (viermal während einer Umdrehung) verschwindet und wieder auftritt, so hört man nicht etwa die andere continuirlich, sondern beide tönen abwechselnd, die nicht gedrehte nur, während die andere nicht gehört werden kann (Dove). Die Erregbarkeit nimmt nämlich während des Tönens ab, auf der Seite der gedrehten Stimmgabel natürlich weniger als auf der andern, und bei gleich starker Erregung wird nur auf der Seite der grösseren Erregbarkeit ein Ton wahrgenommen. (Der Erfolg tritt natürlich nicht ein, wenn beide Töne verschieden sind.) Man kann aus diesem Versuche schliessen: entweder dass die Erregung zweier correspondirender Elemente beider Ohren unterschieden wird, oder dass sie als eine einzige wahrgenommen, und nur auf die Seite der stärkeren Erregung verlegt wird; beides spricht gegen die Analogie mit dem Gesichtsorgan. Jedoch ist der Versuch desshalb wenig beweisend, weil höchst wahrscheinlich die Klänge beider Stimmgabeln nicht absolut gleich sind. Eine andere Thatsache, welche gegen das Vorhandensein einer gemeinsamen Empfindung zu sprechen scheint, ist die, dass bei den meisten Personen (Fessel, Fechner), besonders aber bei pathologischen Zuständen (v. Wittich), das eine Ohr denselben Ton höher empfindet, als das andre. Jedoch lässt sich dieselbe auch dadurch erklären, dass die derselben Empfindungshöhe entsprechenden Corti'schen Bogen ungleiche Schwingungszahlen haben, so dass derselbe Ton in beiden Ohren verschiedene, nicht zusammengehörige Fasern anspricht.

Beurtheilung der Richtung.

Ueber die Richtung des Schalles müssen natürlich zwei gegenüberliegende Trommelfelle und Ohrmuscheln viel sicherer belehren, als eine einzige, zumal wenn Drehungen des Kopfes ihre Standpuncte gegen den tönenden Körper verändern; ja es wäre denkbar, dass der verschiedene Standpunct beider Ohren auch ein Urtheil über Entfernung gestattete.*) Was die Richtung betrifft, so wird die Stellung beider Ohren am besten zur Entscheidung über seitlich erzeugte Töne geeignet sein. Ueber Vorn und Hinten aber kann nur entschieden werden entweder durch Drehungen des Kopfes, oder durch die Stellung der Ohrmuscheln, welche für die von vorn her kommenden Wellen entschieden günstiger ist; diese werden daher stärker erscheinen als die hinteren. Macht man künstlich letztere dadurch intensiver, dass man die Ohrmuscheln an den Kopf andrückt, und dafür die Hände vor dem Gehörgang nach Art der Ohrmuscheln anlegt, so entsteht eine Art Täuschung.

Schutzorgane des Ohres.

In gewissem Sinne kann die Ohrmuschel, namentlich bei Thieren, wo sie äusserlich beweglich ist, als Schutzorgan für das Ohr betrachtet werden, da sie durch Vorlagerung von Vorsprüngen (z. B. des Tragus beim Menschen) das Eindringen von Staub und kalter Luft in das Ohr erschwert. Fernere Schutzorgane des

*) Gewöhnlich schätzen wir die Entfernung des Schalls nur nach der Intensität; daher die bekannte im Theater benutzte acustische Täuschung.

Ohres sind die steifen borstenähnlichen Haare (Vibrissae) des äusseren Gehörgangs und die Ohrenschmalzdrüsen, deren Secret die Wand des Gehörgangs schlüpfrig erhält. Die Bedeutung des Ohrenschmalzes ist unklar; bei Mangel desselben tritt Schwerhörigkeit und Brausen auf, ohne bekannte Ursache. — Das innere Ohr ist durch seine Lage im Innern des Felsenbeins vollkommen vor jedem Eingriff geschützt.

III. DAS GERUCHSORGAN.

Die peripherischen Endorgane der Geruchsnerven, welche als zahlreiche Zweige von den Bulbi olfactorii durch die Löcher der Siebbeinplatte ins Labyrinth eindringen, sind auf einer Membran ausgebreitet, welche schleimhautähnlich den oberen Theil der Nasenhöhle überzieht und sich durch eine hellere Färbung und den Mangel des Flimmerepithels von der übrigen Nasenschleimhaut (Schneider'schen Haut) unterscheidet. Erregt werden diese Endigungen auf völlig unbekannte Weise durch gewisse gasförmige Körper; die Eigenschaften, denen dieselben ihre Erregungsfähigkeit verdanken, sind ebenfalls unbekannt. Zugeleitet werden sie der Riechhaut mittels der Inspiration durch die Nase. Der eingezogene Strom bricht sich an dem vorderen Vorsprung der unteren Muschel dergestalt, dass ein Theil desselben nicht den directen Weg durch den unteren Nasengang zu den Choanen, sondern den Umweg durch die oberen Theile der Nasenhöhle nimmt (Bidder). Die Erregung geschieht, wie es scheint, nur im ersten Augenblick der Berührung; denn zur dauernden Unterhaltung der Empfindung ist es nöthig, dass immer neue Theilchen des erregenden Körpers mit den Endorganen in Berührung kommen, dass also der erstere in einem Strome durch das Geruchsorgan geführt werde; und der Erfolg ist um so grösser, je schneller der Wechsel der Theilchen geschieht, d. h. je schneller der Strom ist.

Die Bulbi olfactorii, welche man früher als die Riechnervenstämme beschrieb, werden jetzt richtiger als Hirntheile betrachtet. Die wirklichen Olfactorii unterscheiden sich von anderen Nerven dadurch, dass zahlreiche, äusserst feine, Primitivröhren in einer gemeinsamen Bindegewebshülle zu einem Bündelchen, und diese Bündelchen erst zu Stämmen vereinigt sind. Die Riechhaut, welche die beiden oberen Muscheln und den oberen Theil der Nasenscheidewand („Regio olfactoria") überzieht, hat folgenden Bau (M. Schultze): Zwischen den cylindrischen, nach der Basis zugespitzt auslaufenden Epithelzellen finden sich bipolare spindelförmige Zellen, welche einen Fortsatz nach der Oberfläche, und einen in die Tiefe senden; letzterer soll identisch sein mit den feinen Primitivfasern des

Olfactorius, ersterer ist mit einem Bündel äusserst zarter langer Härchen besetzt, welche über die Oberfläche hinausragen; die Spindelzellen werden demnach als Nervenzellen betrachtet.

Dass nur gasförmige Körper erregungsfähig sind, ersieht man daraus, dass die Anfüllung der Nasenhöhle mit einer starkriechenden (flüchtigen) Flüssigkeit, z. B. Eau de Cologne, keine Geruchsempfindung verursacht (WEBER). Dass ferner der riechende Stoff in einem Strome über die Regio olfactoria geführt werden muss ist bekannt; denn durch Anhalten des Athems oder durch ausschliessliche Mundathmung kann man sofort jede Geruchsempfindung aufheben, selbst wenn die Atmosphäre, also auch die Luft der Nasenhöhle, mit riechenden Stoffen gefüllt ist. Umgekehrt sucht man durch schnelle und häufige Inspirationen durch die Nase („Schnüffeln") den Geruchseindruck zu verstärken. — Die Nothwendigkeit der Hinleitung des Luftstroms zur Regio olfactoria mittels des vorderen Vorsprungs der unteren Muscheln ergiebt sich daraus, dass der riechende Stoff nicht gerochen wird, wenn er erst in den Mund und dann durch die Choanen von hinten in die Nase gebracht wird (BIDDER). — Die meisten riechenden Stoffe wirken schon in ausserordentlich grosser Verdünnung, so dass eine verschwindend kleine Menge zu der Atmosphäre eines ganzen Zimmers gemischt, dieselbe schon riechbar macht.

Geruchsempfindungen.

Die Erregung der Geruchsnervenendigungen, ebenso wahrscheinlich jede beliebige Erregung der Stämme, verursacht gewisse Empfindungen, die wir Gerüche nennen. Dieselben unterscheiden sich von einander ihrer Intensität und ihrem Character nach. Die Intensität scheint abzuhängen: 1. von dem Gehalte des Gasgemisches an dem riechenden Stoffe, 2. von der Geschwindigkeit des Durchströmens, 3. von der Anzahl der getroffenen Riechelemente; wenigstens haben die Thiere, deren Geruchsorgan eine sehr grosse Oberfläche hat, das feinste Geruchsvermögen. — Die Ursache des besonderen Characters eines Geruches ist ebenso unbekannt, wie die der Riechbarkeit überhaupt; auch giebt es keinerlei Eintheilung oder Scala, ja nicht einmal Namen für die verschiedenen Gerüche, sondern wir bezeichnen sie nur nach irgend einem Körper, dem sie eigenthümlich sind, und dessen wir uns bei der Empfindung des gleichen oder ähnlichen Geruchscharacters erinnern.

Dass auch mechanische, electrische, u. s. w. Erregung der Olfactorii Geruchsempfindungen veranlasst, ist nach der Analogie aller übrigen Sinnesnerven kaum zweifelhaft, aber noch nicht sicher experimentell erwiesen; der fast einzig sichere Weg den Olfactoriis electrische Stromzweige zuzusenden, ist der, die Nasenhöhle mit Wasser zu füllen, und in dieses die eine Electrode zu tauchen; hier aber verursacht die gleichzeitige Erregung der sensiblen Trigeminuszweige so heftige Schmerzen, dass über Geruchsempfindungen nicht zu entscheiden ist (ROSENTHAL). — Bei der Erregung der Olfactoriusenden durch Riechstoffe scheinen die oben erwähnten Härchen bedeutend betheiligt zu sein; man glaubt dies daraus schliessen zu können, dass die Erfüllung der Nasenhöhle mit Wasser*) das Riechvermögen auf einige Zeit aufhebt (E. H. Weber), und dass nach anderen Erfahrungen die Härchen bei Berührung mit Wasser durch starkes Aufquellen für einige Zeit unsichtbar werden (Schultze). — Das Princip der specifischen Energie (p. 293) dürfte auch hier wie beim Gesichts- und Gehörorgan (p. 326 und 360) die Annahme verschiedener Arten von Geruchsfasern rechtfertigen, deren jede durch eine besondere Art von Riecheinflüssen erregt wird und eine besondere Empfindung verursacht; wie viele solcher Arten man anzunehmen habe, dazu fehlt jeder Anhaltspunct.

Von den Geruchseindrücken sind diejenigen wohl zu unterscheiden, welche durch Erregung der sensiblen Trigeminusfasern in der Nasenschleimhaut erzeugt werden; Ammoniakdämpfe z. B. wirken vorzugsweise auf diese letzteren, und werden daher auch nach Zerstörung der Olfactorii durch Empfindung wahrgenommen, oder erregen Reflexbewegungen (Niesen).

Ueber subjective Geruchsempfindungen ist nicht viel ermittelt, gewisse krankhafte Zustände der Nase (Schnupfen, etc.) heben das Geruchsvermögen zeitweise auf, und bringen selbst abnorme Geruchseindrücke hervor. Ueber „Nachgerüche" ist so gut wie Nichts bekannt. Verf. bemerkt nach gewissen lebhaften Gerüchen, z. B. nach cadaverösen, dass jede innerhalb einiger Stunden folgende unangenehme Geruchsempfindung auf das deutlichste den Character der ersten hat. — Ueber die Beziehungen beider Nasenhöhlen zu einander weiss man nur, dass die Erregung beider durch verschiedene Gerüche gewöhnlich nicht zu einem einzigen Eindrucke verschmolzen wird, sondern einen gewissen Wettstreit der beiden Wahrnehmungen verursacht (Valentin).

Als Schutzorgan für die eigentliche Riechhaut kann die Nasenschleimhaut angesehen werden, welche die eindringende Luft von gröberen schädlichen Beimengungen befreit (p. 148). Andrerseits wird das Geruchsorgan gewöhnlich als Wächter für die Respiration angesehen, da zahlreiche schädliche Verunreinigungen der Atmosphäre riechbar sind, und daher durch das Geruchsorgan angezeigt werden.

IV. DAS GESCHMACKSORGAN.

Ueber den Geschmackssinn sind die Kenntnisse mangelhafter als über irgend ein anderes Sinnesorgan. Nicht einmal der Ort des Geschmacksorgans ist genau bestimmt, 1. weil nur äusserst schwer die Geschmacksempfindungen von anderen Empfindungen genügend zu sondern sind, die meist bei der Application schmekkender Körper auftreten, nämlich Geruchs- und Tasteindrücke, —

*) Die mehrfach erwähnte Anfüllung der Nasenhöhle mit Flüssigkeiten geschieht von den Nasenlöchern aus, während man auf dem Rücken liegt. Der Abfluss durch die Choanen in den Pharynx wird durch das an die Pharynxwand sich anlegende Gaumensegel verhindert (Weber).

2. weil die schmeckenden Flüssigkeiten sich sehr leicht von jeder beliebigen, also auch von einer nicht geschmacksfähigen Applicationsstelle in der Mundhöhle zu den eigentlichen Geschmacksorganen verbreiten. Daher wird der Ort des Geschmacksorganes sehr verschieden angegeben. Unzweifelhaft ist die Zungenwurzel beim Geschmack betheiligt; streitig dagegen ist, ob nur diese (Bidder, Wagner), oder auch die Zungenspitze und die Zungenränder (Schirmer, Klaatsch und Stich), der weiche Gaumen (J. Müller, Drielsma), oder wenigstens ein Theil desselben (Schirmer, Klaatsch und Stich), selbst der harte Gaumen (Drielsma) Geschmacksorgan sei. Untersuchungen mit beschränkter electrischer Reizung zeigen (Neumann), dass Spitze und Ränder der Zunge in einer Breite von mehreren Linien geschmacksfähig sind; der vordere Theil der oberen, die ganze untere Fläche und das Frenulum schmecken nicht. Demgemäss werden auch die Geschmacksnerven verschieden angenommen, von den Einen nur der Glossopharyngeus, von andern auch der Trigeminus (R. lingualis und Rr. palatini); endlich führt auch der Facialis in der Chorda tympani Geschmacksfasern, von denen möglicherweise die Geschmacksfunction des Lingualis abhängt (Bernard, Stich, Neumann). Ueber die Endigungsweise der Geschmacksnerven ist ebensowenig etwas Sicheres bekannt.

Als Endorgane der Geschmacksnerven werden allgemein die Papillen des Zungenrückens, und zwar vorzugsweise die Papillae circumvallatae der Zungenwurzel angesehen; sie sind sehr reich an eintretenden Nervenfasern und nur mit dünnem Epithel bedeckt. Ihr feinerer Bau ist noch durchaus streitig: für die flimmernde Froschzunge ist behauptet worden (Billroth), dass die Nervenfasern mit den in die Tiefe dringenden Ausläufern gewisser nicht flimmernder Epithelzellen in Verbindung stehen, während die flimmernden Zellen durch ihre Ausläufer mit den anastomosirenden Bindegewebszellen und ausserdem direct oder durch die Vermittelung der letzteren mit den verzweigten Muskelfasern der Froschzunge communiciren. Andre wollen freie Nervenendigungen in den Papillen gesehen haben (Fixsen).

Die Erregung der Geschmacksnerven geschieht durch gewisse flüssige oder wenigstens in der Mundflüssigkeit lösbare Substanzen; zu diesen gehören vermuthlich auch die grossentheils (Stich) schmeckbaren Gase. Der Erregungsvorgang ist völlig unbekannt. Der Erfolg der Erregung der Endorgane, ebenso jeder beliebigen (electrischen, u. s. w.) Erregung der Geschmacksnerven sind die „Geschmacksempfindungen", die sich der Intensität und dem Character nach unterscheiden. Die Intensität hängt ab von der Stärke, der Dauer der Erregung und von der Zahl der erregten Fasern. Geschieht die Erregung durch eine schmeckende Substanz, so muss demnach der Geschmack um so intensiver sein, 1. je erregungsfähiger die Substanz ist, 2. je concentrirter sie einwirkt, 3. je länger sie einwirkt, 4. je grössere Flächen des Geschmacksorgans sie berührt, 5. je erregbarer die Nervenenden sind. Die Schmeckbarkeit scheint durch Reiben erhöht zu werden. Durch welche Eigenschaften der schmeckenden Körper die verschiedenen empirisch bekannten, undefinirbaren Charactere des Geschmacks, der süsse, bittre, saure, alkalische, salzige, faulige, bedingt sind, weiss man nicht; die verschiedenen süss schmeckenden Stoffe z. B. (Zuckerarten, Glycerin, Glycin, Bleisalze, Beryllsalze, u. s. w.) gehören den verschiedensten Körpergruppen an, und zeigen in keiner anderen Eigenschaft Uebereinstimmung.

In Bezug auf den Geschmack von Substanzen chemischer Gruppen lässt sich anführen: der saure Geschmack der löslichen Säuren; der süsse Geschmack aller Alkohole, welche soviel ϴH-Gruppen als Ͼ-Atome enthalten (hierzu gehören: $ϾH_3(ϴH)$ Holzgeist; $Ͼ_2H_4(ϴH)_2$ Glycol; $Ͼ_3H_5(ϴH)_3$ Glycerin; $Ͼ_4H_6(ϴH)_4$ Flechtenzucker; $Ͼ_6H_8(ϴH)_6$ Mannit [2 H weniger: Traubenzucker]); der bittre Geschmack der complicirteren Zuckerverbindungen (Glucoside), u. s. w.

Erregungen der Geschmacksnervenstämme beim Menschen sind nur auf electrischem Wege zu bewerkstelligen. Sendet man einen aufsteigenden Strom durch die Geschmacksnerven (z. B. indem man die positive Electrode einer Kette an die Zungenspitze, die negative aber an irgend einen andern Körpertheil, etwa an die Hand anlegt), so empfindet man einen deutlich sauren Geschmack; ist der Strom absteigend gerichtet, so ist der Geschmack brennend und wird als laugenhaft („alkalisch") bezeichnet. Der Einwand, dass der verschiedene Geschmack von electrischer Zersetzung der Zungenflüssigkeiten herrühre, wird dadurch widerlegt, dass der Geschmack ebenso eintritt, wenn man die metallische Electrode nicht direct, sondern durch Vermittlung eines feuchten Leiters mit der Zungenspitze in Verbindung bringt (J. Rosenthal). Ueber das Verhältniss dieser Thatsache zu der Lehre von der specifischen Energie der Sinnesnerven s. in der Nervenphysiologie (p. 295).

Ausser der Geschmacksempfindung bewirkt die Erregung der Geschmacksnerven reflectorisch die Secretion der Speicheldrüsen (Näheres hierüber s. p. 84 f.).

Ueber subjective Geschmacksempfindungen ist nichts Näheres bekannt, obwohl ihr Vorkommen festgestellt ist (Nachgeschmack, etc.). Auch hier sind von den subjectiven Empfindungen die durch gewisse Zustände der Mundschleimhaut bewirkten Geschmackserregungen zu sondern („perverse" Geschmacksempfindungen bei Catarrhen, etc.).

V. DIE ÜBRIGEN SINNESORGANE.

Die durch die übrigen centripetalen Nerven (ausser den Gesichts-, Gehörs-, Geruchs- und Geschmacksnerven) vermittelten Wahrnehmungen werden als „Gefühle“ bezeichnet. Sensible Nerven (p. 295) verbreiten sich fast in jedem Körpertheil, jedoch in sehr ungleichem Maasse: wahrscheinlich am wenigsten in den Eingeweiden, ebenfalls wenig in den Muskeln, Knochen, Sehnen u. s. w., sehr zahlreich dagegen in der Haut und den ihr benachbarten Schleimhäuten (Schleimhaut der Mundhöhle, Nasenhöhle, Conjunctiva, u. s. w.).

Die Endorgane der sensiblen Nerven sind erst an wenigen Stellen bekannt, und ihr feinster Bau noch vielfach streitig. Man kennt bisher folgende Formen: 1. „Tastkörperchen“ (Wagner und Meissner), in einem Theil der Papillen der Cutis (die übrigen Papillen tragen Capillarschlingen), am zahlreichsten in der Hohlhand und Fusssohle; länglich ovale, grob und unregelmässig quergestreifte Kölbchen, welche fast den ganzen Raum der Papille einnehmen, und in welche eine oder mehrere Nervenfasern, oder Zweige von solchen eintreten; die Endigungsweise der letzteren ist zweifelhaft; behauptet wird, dass sie sich im Inneren des Bläschens verästeln und dass jeder Ast sich in eine Anzahl kurzer, quergerichteter Zweigchen auflöst, welche die Querstreifung bewirken; neuerdings dagegen ist es wahrscheinlich geworden, dass das Tastkörperchen nur aus einer knäuelförmig aufgewickelten Nervenfaser besteht; solche „Nervenendknäuel“ kommen besonders entwikkelt und deutlich in der Glans penis vor (Tomsa). — 2. Vater'sche (Pacini'sche) Körperchen, viel grösser als jene (1—4^{mm}), im subcutanen Zellgewebe, ebenfalls namentlich der Hohlhand und Fusssohle liegend, ausserdem aber in den sympathischen Plexus der Bauchhöhle (z. B. im Mesenterium der Katze). Sie sind ebenfalls eiförmig und bestehen aus vielfachen concentrischen Bindegewebsschichten, die einen cylindrischen centralen Hohlraum umschliessen; in letzterem verläuft die eintretende Nervenfaser, ohne Markscheide und endigt spitz oder in mehrere kurze Endzweige gespalten. Auch vor dem Eintritt ist die Nervenfaser von geschichtetem Neurilem umgeben. — 3. „Nervenendkolben“ (W. Krause), ebenfalls ovale oder mehr kugelige Bläschen von nur 0,03—0,06^{mm}, bestehend aus einer bindegewebigen Hülle mit Kernen und einem weichen homogenen Inhalt, in den die Nervenfaser eintritt, um zugespitzt zu endigen; sie finden sich in vielen Organen, namentlich Schleimhäuten, und liegen hier in der bindegewebigen Mucosa. Vermuthlich sind die Organe ad 2. u. 3. Modificationen einer einzigen Grundform, als welche vielleicht die letztgenannte zu betrachten ist. — 4. „Nervenendknöpfchen“ (COHNHEIM), die Endigungen der sensiblen Nerven der Cornea; die letzteren verzweigen sich zu feinen Fasern, welche in der subepithelialen Schicht ein gitterförmiges Netzwerk bilden, von diesem treten feine, zuweilen verzweigte Fasern in das Epithel aus, und endigen auf der freien Oberfläche, in der Thränenflüssigkeit flottirend, mit einem kleinen Knöpfchen. — An sehr vielen Orten, z. B. in den Eingeweiden, den Muskeln, sind die Endorgane der sensiblen (oder reflectorischen) Nerven noch durchaus unbekannt. In der Haut kommen auch ganglienartige Bildungen vor, welche vielleicht als sensible Endorgane zu betrachten sind (TOMSA).

Qualitäten der hierhergehörigen Empfindungen.

Jede intensive Erregung der hierhergehörigen Nerven, die man von den vorhergenannten („sensuellen“) als „sensible im engeren Sinne“ unterscheidet, mag sie nun die Endorgane oder die Stämme treffen, macht sich als eine unangenehme Empfindung, als Schmerz geltend. Ein grosser Theil derselben, nämlich die die Eingeweide, die Knochen, die Gefässe, u. s. w. versorgenden, scheint überhaupt nur durch intensive (pathologische) Einwirkungen erregt zu werden und dann immer Schmerz zu bewirken, wofern nicht als ihre Function die Erregung von Reflexen anzusehen ist. Die übrigen aber verursachen bei der normalen, mässig starken Erregung ihrer Endorgane andre, sehr verschiedenartige Empfindungen. Die Erregung der Endorgane kann durch sehr verschiedene Vorgänge geschehen, durch mechanische, chemische, thermische Einwirkungen, aber nicht durch Licht- und Schallschwingungen. Diese Uebereinstimmung der specifischen Erreger (p. 294) mit den allgemeinen Nervenreizen begünstigt die Vorstellung, dass die Endorgane der sensiblen Nerven sehr einfach und nicht wesentlich verschieden von den Stämmen eingerichtet, vielleicht nur durch günstige Lagerung den erregungsfähigen Vorgängen der Aussenwelt zugänglicher sind. — Die Empfindungen, welche aus mechanischer Erregung der Endorgane hervorgehen, nennt man Tastempfindungen, die durch thermische bewirkten Temperaturempfindungen.

Ob die schmerzhaften Hautreizungen wirklich nur in starker Reizung der gewöhnlichen Nervenendigungen, und nicht vielmehr in der Reizung besonderer Nervenendorgane bestehen, ist neuerdings zweifelhaft geworden. Es existiren nämlich für die Tastempfindungen nach Einigen andere Leitungsbahnen im Centralorgan als für die schmerzhaften, z. B. durch chemische Hautreizung hervorgebrachten Erregungen (tactile und pathische Bahnen, vgl. Cap. XIII.); möglicherweise also sind bei beiden verschiedene peripherische Apparate betheiligt; dass die Nervenendigungen in der Haut sehr mannigfach sind, ist bereits oben gesagt.

Neuerdings ist versucht worden zu veranschaulichen, wie eine in der Längsrichtung auf ein Vater'sches Körperchen wirkende dehnende Kraft besonders stark auf die in ihm liegende Faser comprimirend wirken müsse (Krause). Dehnt man nämlich ein mit Wasser gefülltes Darmstück stark, so verkleinert sich sein Lumen (weil die Elasticität in der Richtung des Radius grösser ist, als in der Längsrichtung); es wird also ein Druck auf den Inhalt ausgeübt. Hat man nun mehrere mit Flüssigkeit gefüllte Därme in einander, analog den Neurilemschichten der Vater'schen Körperchen, und dehnt sie alle, so summiren sich für den innersten alle Drücke der äusseren. Demgemäss sollen diese Organe auch hauptsächlich über Dehnungen in ihrer Längsrichtung Aufschluss geben.

Den Beweis, dass Temperaturempfindungen nur durch thermische Erregung der Endorgane entstehen können, liefert folgender Versuch (E. H. Weber): Taucht man den Ellbogen in eine sehr kalte Flüssigkeit, so fühlt man Kälte höchstens an der eingetauchten Stelle (durch die hier endigenden Fasern), Schmerz dagegen in den Endorganen des Ulnaris, nämlich in den Fingerspitzen; dieser Schmerz übertäubt zugleich die locale Kälteempfindung. Der Versuch ist zugleich ein trefflicher Beweis für die Verlegung der Empfindungsursache in das Endorgan (p. 294).

Tastempfindungen.

Tastempfindungen werden hervorgebracht durch mechanische Einwirkungen verschiedenen Grades, durch Berührung oder Druck. Die Grenze, bei welcher die Intensität der Einwirkung schmerzhaft wird, ist an verschiedenen Körperstellen verschieden. Durch die Tastempfindungen sind wir zu folgenden Schlüssen fähig: 1. Wir schliessen auf das Dasein eines den Körper berührenden Gegenstandes. 2. Aus der Intensität der Empfindung schliessen wir auf die Stärke des ausgeübten Drucks und dadurch unter Umständen auf Gewicht, Spannung, u. s. w. des berührenden Gegenstandes. Zu diesen Schätzungen ist für gewöhnlich das Muskelgefühl ein sehr wichtiges Mittel, d. h. das Gefühl des Anstrengungsgrades in den beim Tragen, Heben, Ziehen, Drücken, u. s. w. betheiligten Muskeln (vgl. unten). 3. Wir haben fortwährend eine Vorstellung von dem Erregungszustande aller unsrer sensiblen Fasern und empfinden daher unsre Körperoberfläche als „Tastfeld" analog dem Gesichtsfelde (vgl. p. 329). Hierdurch sind wir im Stande den Ort jeder berührten Körperstelle und dadurch den Ort jedes berührenden Körpers unmittelbar zu bestimmen. 4. Wenn ein Körper eine Hautfläche oder mehrere Hautpuncte gleichzeitig berührt, so vermögen wir aus der Lage der verschiedenen Berührungspuncte, aus dem verschiedenen Druck und aus den nicht berührten Lücken einen Schluss auf die Gestalt des berührenden Gegenstandes zu ziehen. Dieser Schluss wird noch sicherer, wenn wir mit der Haut über den Gegenstand hinüberfahren und uns so gleichsam eine Reihe von Tastbildern verschaffen. Am geeignetsten hierzu sind Hautflächen mit sehr zahlreichen sensiblen Endorganen, die zugleich sehr beweglich sind, z. B. Fingerspitzen, Zungenspitze (s. unten). Berühren mehrere verschiedene Hautstellen denselben Gegenstand, so gehört zur Beurtheilung der Gestalt desselben auch die Kenntniss des relativen Orts der verschiedenen Hautstellen. Diese erhalten wir durch das Muskelgefühl (s. unten), weil fast zu jeder Veränderung des relativen Orts Muskelbewegungen geführt haben. Fehlt diese Kenntniss, z. B. bei abnorm verzerrten Ortsverlagerungen, so entstehen Täuschungen über die Gestalt des Gegenstandes. Hierher gehört der „Versuch des Aristoteles“: Schlägt man den Mittelfinger so über den Zeigefinger, dass man einen kleinen runden Gegenstand (Erbse, Federhalter) zwischen die Daumenseite des ersteren und die Kleinfingerseite des letzteren bringen und hin- und herrollen kann, so fühlt man stets zwei runde Körper, weil eine Berührung dieser beiden Flächen durch Einen runden Körper ohne Verzerrung nicht vorkommen kann. — Aus sehr gleichmässiger Berührung einer Hautfläche schliessen wir ferner auf das Dasein einer Flüssigkeit, aus dem wenig oder stark zunehmenden Druck beim Vorschieben der Tastfläche auf weichere oder härtere Consistenz, etc. — Diese verschiedenen Schlüsse werden häufig als besondere „Sinne“ aufgezählt (Drucksinn, Ortsinn, u. s. w.).

Die Feinheit des Erkennungsvermögens durch die sensiblen Nerven hängt für jede Körperstelle ab: 1. von der reicheren oder spärlicheren Verbreitung ihrer Endorgane, 2. von der absoluten Empfindlichkeit derselben.

Die Anzahl der in verschiedenen Hautstellen vorhandenen Endorgane würde sich nur auf anatomischem Wege ermitteln lassen. Experimentell aber lassen sich wenigstens vergleichende Angaben über ihre Verbreitung gewinnen, und zwar nach folgenden Methoden (E. H. Weber, Czermak): 1. Man sucht den kleinsten Abstand, welchen zwei gleichzeitig oder schnell nach einander die Haut berührende Körper haben dürfen, um noch gesondert wahrgenommen zu werden; hierzu dient ein Stangenzirkel mit abgestumpften Spitzen, welche in verschiedenen, direct ablesbaren Abständen auf die Haut gesetzt werden (bei geschlossenen Augen). Der Abstand ist am kleinsten auf der Zungenspitze (1,1^{mm}), auf der Volarseite der dritten Phalanx (2,2^{mm}) und auf den rothen Lippen (4,4^{mm}); am grössten an Rücken, Brust, Hals und Extremitätenstämmen (35—66^{mm}). — Der geringste erforderliche Abstand ist an manchen Stellen, z. B. an den Extremitätenstämmen, in der Querrichtung kleiner als in der Längsrichtung; er ist ferner kleiner, wenn die Spitzen nach einander aufgesetzt werden; er ist kleiner, wenn man von grossem Abstande ausgeht, und den Abstand aufsucht, bei welchem die vorher gesonderten Empfindungen verschmelzen, als wenn man umgekehrt von einem kleinen Abstande ausgehend die Entfernung aufsucht, bei welcher zuerst zwei gesonderte Eindrücke auftreten; er ist endlich kleiner bei grösserer Aufmerksamkeit und grösserer Uebung (daher im Allgemeinen kleiner bei Blinden, Goltz); auch soll er kleiner sein, wenn man die Haut mit indifferenten Flüssigkeiten (Oel, Wasser) von der Körpertemperatur umgiebt (Suslowa). — Zwei eben noch gesondert empfundene Eindrücke vereinigen sich zu Einem, wenn man die Haut zwischen beiden erregten Puncten durch Kitzeln oder Inductionsströme mit erregt (Suslowa); über die Deutung hiervon s. unten. — 2. Man bewegt die beiden gesondert wahrnehmbaren Spitzen bei gleichbleibendem Abstande in zwei parallelen Linien über die Haut hin, und lässt die Veränderungen im scheinbaren Abstand, sowie den Punct der Verschmelzung beider Empfindungslinien angeben. — 3. Man berührt bei geschlossenen Augen einen Hautpunct und lässt den scheinbaren Ort der Berührung genau angeben.

Die absolute Empfindlichkeit einer Hautstelle bestimmt man folgendermaassen: 1. Man belastet eine Hautstelle mit zwei verschiedenen Gewichten schnell hintereinander und ermittelt den kleinsten Gewichtsunterschied, der noch wahrnehmbar ist. Die Belastung geschieht entweder durch frei aufgelegte Gewichte (Weber), oder beschwerte Plättchen (Aubert und Kammler), oder durch eine an einem Wagebalken hängende stumpfe Spitze, deren Gewicht durch Belastung des anderen in verschiedenem Grade äquilibrirt wird (Dohrn). Auch hier zeigt sich das Gefühl feiner beim Aufsteigen als beim Absteigen mit dem Gewichtsunterschied, ebenso bei kleinerem absoluten Druck feiner als bei grösserem. 2. Man ermittelt die kleinste Druckschwankung, welche eine Hautstelle wahrzunehmen vermag (GOLTZ); hierzu dient ein mit Wasser gefülltes Kautschukrohr, welches an einer zur Herstellung einer constanten Berührungsfläche über einen Kork gebogenen Stelle mit der zu prüfenden Hautstelle berührt wird, und in welchem durch rhythmisches Pressen Wellen, analog dem Arterienpuls, erzeugt werden. Nach dieser Methode ergiebt sich dieselbe Scala der Empfindlichkeit, wie bei dem WEBER'schen Zirkelversuch; nur die Zungenspitze macht eine bemerkenswerthe Ausnahme, da ihre Druckempfindlichkeit auf einer viel niedrigeren Stufe steht, als in jener Scala ihr Ortssinn. — 3. Man ermittelt den leisesten Reiz der überhaupt noch empfunden wird; in dieser Beziehung ist ermittelt worden, dass eine eben noch merkliche Berührung nicht mehr empfunden wird, wenn schwache unfühlbare Inductionsströme die Hautstelle durchlaufen (SUSLOWA).

Von den zuletzt genannten drei Methoden ist die zweite deshalb allein maassgebend, weil wir überhaupt fast nur Druckschwankungen empfinden, und diese hier in viel schnellerer und präciserer Weise erfolgen, als bei der ersten. Zu bemerken ist übrigens, dass bei diesem Verfahren die räumliche Empfindung nicht ganz ausgeschlossen ist, weil mit der positiven Druckschwankung wahrscheinlich auch eine geringe Vergrösserung der Berührungsfläche verbunden ist, da Schlauch und Hautstelle sich gegenseitig etwas abplatten. Das Verfahren ist hergeleitet von der Erfahrung, dass man mit dem Finger an vielen Körperstellen den Arterienpuls fühlt, ohne dass die berührte Hautstelle, auf welche doch dieselbe Druckschwankung wirkt, dieselbe wahrnimmt. Schon Vergleichungen dieser Art können zur Aufstellung einer Scala benutzt werden (GOLTZ). — Die dritte Methode wird am zuverlässigsten, wenn man zur Reizung die Ströme eines Magnetelectromotors benutzt (LEYDEN); ihre Resultate aber sind wegen des verschiedenen Leitungswiderstandes der Schleimhäute und der Epidermis verschiedener Hautstellen auch dann nur mit Vorsicht zu benutzen.

Endlich giebt es noch Methoden, die Empfindlichkeit der Hautstellen nach beiden Richtungen gleichzeitig zu prüfen, indem man die Vollkommenheit des Schlusses auf die Gestalt oder den Weg berührender Körper ermittelt: 1. Man berührt die Haut mit bestimmt gestalteten Körpern, 2. man zeichnet mit einer Spitze verschiedene Figuren (Buchstaben) auf die Haut, und lässt im ersten Falle die scheinbare Gestalt des Körpers, im zweiten die der Zeichnung angeben. —

Zur Erklärung der oben angeführten Erfahrungen über die räumliche Sonderung von Tasteindrücken muss man folgende Annahmen machen (LOTZE, E. H. WEBER, MEISSNER, CZERMAK): Das Bewusstsein hat fortwährend eine Vorstellung von dem Erregungszustande sämmtlicher Hautpuncte in ihrer gegebenen räumlichen Anordnung (es fühlt ein „Tastfeld", wie bereits oben ausgedrückt). Jede Erregung eines sensiblen Endorgans wird an eine bestimmte Stelle des Tastfeldes, der Körperoberfläche, verlegt. Diese Stelle ist aber nicht der erregte Punct, sondern eine kreisförmige oder (an den Extremitäten, p. 383) längliche Fläche, deren Mittelpunct der erregte Punct ist, der sog. Empfindungskreis (über die Deutung s. unten). Zwei sich berührende oder theilweise deckende Empfindungskreise können aber in der Vorstellung nicht räumlich gesondert werden; die Sonderung geschieht erst, wenn zwischen beiden ein unerregtes sensibles Element vorhanden ist, und die scheinbare Entfernung der beiden Erregungen ist um so grösser, je mehr unerregte Elemente zwischen beiden Empfindungskreisen übrig bleiben. Hieraus ergiebt sich, dass zwei benachbarte Eindrücke auf der Haut erst dann gesondert wahrgenommen werden können, wenn ihr Abstand grösser ist, als zwei halbe, also ein ganzer Durchmesser eines Empfindungskreises; die p. 383 angegebenen Zahlen sind also die Durchmesser der Empfindungskreise an den betreffenden Hautstellen. Ferner ergiebt sich, dass zwei distincte Eindrücke sich vermischen, bei Erregung der zwischenliegenden empfindenden Elemente (vgl. die Beobachtung p. 383, ad 1. extr.).

Es ist nun noch zu erklären, wie es kommt, dass die Empfindungskreise an verschiedenen Körperstellen verschiedene Grösse haben. Offenbar ist ein Empfindungskreis nicht eine anatomische Grösse, etwa der Verbreitungsbezirk einer Nervenfaser; denn einmal ist er veränderlich durch Aufmerksamkeit, Uebung und andere Einflüsse (p. 383), zweitens müsste ein Zirkelabstand, der geringer ist als der Durchmesser eines Empfindungskreises, bald mit beiden Füssen in Einen, bald in zwei benachbarte (fest gedachte) Empfindungskreise fallen können; — vielmehr ist ein Empfindungskreis um jeden einzelnen Hautpunct anzunehmen. Ferner ist zur Erklärung hinzuzuziehen, dass die Empfindungskreise um so kleiner sind, je dichter gedrängt die sensiblen Organe stehen (vgl. p. 379 und 383). Hieraus folgt, dass die Annahme nicht ausreicht, der Empfindungskreis entstehe durch mechanische Einwirkung des Reizes auf eine Hautfläche statt auf einen blossen Punct („Zerstreuungskreis"); denn dann müsste offenbar die Grösse der Kreise unabhängig von der relativen Anzahl der Endorgane, und im Allgemeinen überall dieselbe sein. Man muss vielmehr annehmen, die Uebertragung der Erregung von Einer auf benachbarte sensible Fasern sei ein centraler Vorgang (Mitempfindung, Irradiation), erstrecke sich immer, und von jedem Punct nach allen Richtungen, auf eine gleiche Anzahl sensibler Fasern (der Abstand der Zirkelspitzen umfasst im Mittel etwa 12 Tastkörperchen, KRAUSE), welche indess durch Uebung, Aufmerksamkeit, Schärfe der Erregung, u. s. w. zu immer vollkommnerer Isolirung verkleinert werden könne. Diese Anschauung scheint am meisten den Erscheinungen zu entsprechen.

Veränderungen des normalen Blutgehaltes der Haut (Hyperämie, Anämie) vermindern das Tastvermögen (ALSBERG).

Temperaturempfindungen.

Temperaturempfindungen entstehen auf Erregung sensibler Nervenendorgane (vgl. p. 381) durch T e m p e r a t u r s c h w a n k u n g e n innerhalb der Grenzen von etwa + 10 bis + 47° C., namentlich bei Erwärmung oder Abkühlung der Haut durch berührende Gegenstände; die Empfindung durch positive Schwankung nennt man Wärme-, die durch negative Kältegefühl; erstreckt sich die Temperaturschwankung auf eine grosse Fläche oder auf die ganze Körperoberfläche, so geht das Kältegefühl in „Frostgefühl", das Wärmegefühl in „Hitzegefühl" über. Beide sind mit den p. 203 erwähnten Erscheinungen verbunden. (Der „Fieberfrost" entsteht durch plötzliche Abkühlung der Haut in Folge des [durch Krampf der Hautarterien] verminderten Blutzuflusses, die „Fieberhitze" durch den umgekehrten Vorgang; bei beiden ist übrigens die mittlere Körpertemperatur über die Norm erhöht.) Zwischen 27—33° werden Temperaturschwankungen am feinsten unterschieden, demnächst zwischen 33—39° und zwischen 14—27° (NOTHNAGEL). Die Körpergegenden gruppiren sich in Bezug auf die Empfindlichkeit gegen Temperaturschwankungen (gemessen durch die kleinste noch wahrnehmbare), mit Hinweglassung der sehr regellosen Extremitäten, folgendermaassen (E. H. WEBER): Zungenspitze, Augenlider, Wangen, Lippen, Hals, Rumpf. Die der Mittellinie näheren Theile empfinden weniger fein. Je schneller die Temperaturschwankung geschieht, ferner je grösser die betroffenen Hautflächen sind, um so intensiver wird die Schwankung empfunden. Die absolute Höhe der Temperatur (welche n i c h t empfunden wird) ist für die Empfindung von Schwankungen gleichgültig. Höhere und niedrigere Temperaturen als die oben genannten Grenzen, wirken schmerzerregend (p. 380); Schwankungen werden hier nicht mehr specifisch empfunden.

Anämie der Haut steigert, Hyperämie vermindert die Temperaturempfindlichkeit (ALSBERG).

Die Durchführung des Princips der specifischen Energieen (vgl. p. 293 f., 326, 366) würde auch hier das Dasein verschiedener Fasern und Centralorgane für die Tast- und für die Temperaturempfindungen voraussetzen; Näheres ist hierüber nicht bekannt; zu erwähnen ist nur, dass die Abstände bei dem p. 383 erörterten Zirkelversuch kleiner ausfallen, wenn die Temperatur beider Spitzen verschieden ist (CZERMAK), und dass bei den p. 383 unten angeführten Versuchen ein kälteres Gewicht schwerer geschätzt wird, so dass der scheinbare Druckunterschied grösser ist, wenn das schwerere Gewicht zugleich kälter ist, kleiner wenn das leichtere kälter ist, und ein Druckunterschied bei gleichen Gewichten angegeben wird, wenn sie ungleiche Temperatur haben (WEBER).

Andere specifische Empfindungen.

Die sensiblen Nerven gewisser Haut- und Schleimhautpartieen der Geschlechtsorgane erzeugen auf gewisse Erregungen (4. Abschn.) eigenthümliche von den Tast- und Temperaturempfindungen verschiedene Empfindungen, die man als „Wollust“ bezeichnet.

Von den specifischen Empfindungen durch Nervenfasern, welche nicht in der Haut endigen, ist noch sehr wenig bekannt. Einige dieser Empfindungen, Hunger und Durst, sind bereits früher erwähnt (p. 172 f.). Besonders zu besprechen ist noch das

Muskelgefühl (WEBER). Die Anwesenheit sensibler Fasern in den Muskeln ist, wenn auch nicht sicher anatomisch, so doch physiologisch festgestellt durch die unter Umständen auftretenden Muskelschmerzen, ferner durch das unzweifelhaft vorhandene Gefühl der Ermüdung. Es frägt sich aber, ob diese oder andre Nervenfasern uns über den Thätigkeitszustand der Muskeln Aufschluss geben. Dass viele Erscheinungen, z. B. die Coordination complicirter Muskelbewegungen, auf einer Vermittlung durch centripetal leitende Fasern beruhen, geht daraus hervor, dass solche Bewegungen höchst mangelhaft werden, wenn die hinteren Wurzeln der Rückenmarksnerven (p. 301) durchschnitten sind (BERNARD), oder wenn die centripetal leitenden Rückenmarkstheile (s. Cap. XIII.) verletzt oder entartet sind (z. B. bei der grauen Degeneration der Hinterstränge — Tabes dorsalis, Ataxie locomotrice). Dass diese Mangelhaftigkeit nur von Unempfindlichkeit der Haut herzuleiten sei, ist unwahrscheinlich, weil blösse Enthäutung

25*

die Bewegungen nicht oder wenig beeinträchtigt (Bernard). Es scheint daher das Bewusstsein von dem Zustande der Muskeln etc. selbst unterrichtet zu sein. Dies ist auf folgende Arten denkbar: 1) sensible Nerven der Muskeln unterrichten über Veränderungen der Spannung, des Drucks, möglicherweise auch des Contractionszustandes; 2) das Bewusstsein beurtheilt den willkürlichen Impuls, der den motorischen Nerven ertheilt ist, und den dazu nothwendig gehörigen Erfolg; 3) durch die sensiblen Nerven der umgebenden Theile (Knochen, Bindegewebe, etc.) wird das Bewusstsein von den Erfolgen der Muskelthätigkeit unterrichtet. Ob alle diese Beziehungen oder einzelne derselben verwirklicht sind, weiss man nicht. — Die mannigfachen Anwendungen eines solchen Muskelgefühls ergeben sich theils aus dem hier Gesagten (coordinirte Bewegungen, Erhaltung des Gleichgewichts beim Stehen, u. s. w.), theils sind sie schon früher erwähnt (Schätzung gehobener Gewichte, Beurtheilung der Gestalt der Körperoberfläche und Rückschlüsse auf die Gestalt berührender Gegenstände, s. p. 382).

In den Gelenken, dem Periost, seltener in den Muskeln, sind Väter'sche Körperchen (p. 379) gefunden worden, welche vielleicht zum Muskelgefühl im Sinne von 3) in Beziehung stehen (Rauber).

—

DREIZEHNTES CAPITEL.

Die centralen Endorgane der Nerven. (Nervöse Centralorgane.)

A. ALLGEMEINES.

Die centralen Endapparate der Nervenfasern sind in gewissen Organen enthalten, welche man „nervöse Centralorgane“ nennt. Dieselben enthalten ausser den centralen Endapparaten der Nervenfasern auch zahlreiche Fasern selbst. Ihre Function ist also schon desshalb sehr complicirt, weil sie zugleich als Leitungsorgane wirken können. Eine Physiologie der centralen Nervenendapparate lässt sich bei dem heutigen Standpuncte der Wissenschaft nicht geben, namentlich weil sie nirgends getrennt von beigemischten Nervenfasern untersucht werden können. Es können daher nur die Ermittelungen über die Function jener gemischten Organe, — Hirn, Rückenmark, Ganglien, — als Material für eine künftige Physiologie der nicht isolirbaren Nervenendorgane aufgeführt werden.

Maassgebende Eigenschaften, welche dazu berechtigen, ein Organ als nervöses Centralorgan zu bezeichnen, sind nach dem in der Einleitung Gesagten folgende: 1. Die Auslösung des thätigen Zustandes einer („centrifugalen“) Nervenfaser anscheinend ohne Betheiligung eines äusseren Einflusses — Automatie. 2. Die Auslösung des thätigen Zustandes einer („centrifugalen“) Nervenfaser, veranlasst durch eine andere („centripetale“) — Reflex. 3. Die als Vorstellungen oder Seelenthätigkeiten zusammengefassten

Erscheinungen, welche mit der Erregung gewisser Centralorgane verbunden sind (p. 8).

Alle Körperorgane, an welchen man solche Eigenschaften nachweisen kann, enthalten als integrirende Bestandtheile Ganglienzellen, welche mit Nervenfasern in unmittelbarer Verbindung stehen, und da man ausser den früher als peripherische Endorgane aufgeführten keine anderen Formelemente in sicher continuirlichem Zusammenhange mit Nervenfasern findet, so werden allgemein die Ganglienzellen als die centralen Endorgane der Nervenfasern bezeichnet. Zweifelhaft aber ist es: 1. ob alle Ganglienzellen als Centralorgane zu betrachten, 2. ob nicht ausser den Ganglienzellen noch andere centrale Apparate vorhanden sind.

Gegen die erste Annahme spricht scheinbar bereits der allgemein gebräuchliche Ausdruck „peripherische Ganglienzellen". In vielen Organen nämlich, deren Functionen durchaus nicht die nervöser Centralorgane sind, findet man die Nervenfaser mit Ganglienzellen oder sehr ähnlichen zelligen Apparaten versehen (so in den Sinnesorganen, in den Drüsen, u. s. w.). Lässt man indess die Function, die Erregung von einer Nervenfaser auf eine andere zu übertragen, allgemein als eine centrale gelten, so steht Nichts im Wege, auch die „peripherischen Ganglienzellen", deren wirkliche Bedeutung noch völlig unbekannt ist, als Centralorgane zu betrachten. Man muss dann jede durch eine Ganglienzelle unterbrochene Faser als ein System von zweien ansehen; die eine hat ein peripherisches Endorgan, die andre verbindet zwei Centralorgane, wie die zahlreichen intercentralen Fasern (p. 295) des Hirns, des Rückenmarks und des Sympathicus. — Was die zweite Frage nach der Ausschliesslichkeit der Ganglienzellen als Centralorgane betrifft, so sind bis jetzt noch folgenden Bestandtheilen der Centralorgane, die in continuirlichem Zusammenhang mit Nervenfasern und Ganglienzellen stehen sollen, centrale Eigenschaften zugesprochen worden: 1. In gewissen Hirntheilen sollen (Henle, R. Wagner) die Ganglienzellen continuirlich in eine nicht differenzirte graue Masse übergehen, welche als zusammengeflossene Gangliensubstanz zu deuten wäre; diese Masse wird jedoch von Anderen als Bindesubstanz (Neuroglia) mit einem Netz feiner Nervenfasern gedeutet; ganz ähnlich verhält sich der grösste Theil der grauen Substanz des Rückenmarks. 2. In gewissen Hirntheilen finden sich Ausläufer von Ganglienzellen, die in runde Körner, ähnlich den Körnern der Retina, übergehen (Gerlach, Berlin); dieselben werden von Einigen als kleine (bipolare) Zellen betrachtet, welche ein grosser Kern ganz ausfüllt.

Eigenschaften der Ganglienzellen.

Ueber die Eigenschaften der Ganglienzellen ist so gut wie Nichts bekannt. Ihre chemische Zusammensetzung ist vermuthlich nicht wesentlich von der der Nervenfasern verschieden; denn man findet in den ganglienhaltigen Organen (Hirn, etc.) ziemlich dieselben Bestandtheile, wie in den Nerven, soweit sich nach der höchst unvollkommenen Kenntniss dieser Bestandtheile (p. 278) urtheilen lässt. Dass Oxydationsprocesse auch in diesen, wie in allen übrigen Organen vor sich gehen, ist zwar höchst wahrscheinlich, aber vorläufig durch Nichts bewiesen, als vielleicht dadurch, dass das Venenblut des Gehirns, des Rückenmarks, etc. ebensogut arm an Sauerstoff und reich an Kohlensäure (dunkelgefärbt) ist, wie das andrer Körpertheile; ebensowenig lässt sich bis jetzt absehen, ob und in wiefern die Oxydationsprocesse mit der Thätigkeit der Ganglienzellen zusammenhängen, ob nicht Spaltungsprocesse, ähnlich wie in den Muskeln und Nerven, der letzteren zu Grunde liegen und welches die Oxydations-, resp. Spaltungsproducte sind.

Noch weniger bekannt ist der Kraftwechsel der Ganglienzellen. Die in der Ganglienzelle frei werdenden Kräfte gehören, soweit man von ihnen weiss, nicht zu den durch äussere Mittel erkennbaren. Weder Wärmebildung noch Electricitätserregung ist bis jetzt in ihnen nachgewiesen*). Man muss hier im Allgemeinen ähnliche Molecularbewegungen vermuthen, wie sie in den Nervenfasern hypothetisch angenommen sind (p. 290), und in continuirlichem Zusammenhange mit den letzteren stehend. Denkt man sich den thätigen Zustand einer Nervenfaser als eine Kette von Auslösungen, so würde das Freiwerden der Kräfte in der Ganglienzelle als Ausgangspunct oder als Endpunct jener Auslösungen zu betrachten sein. Es entsteht nun die Frage: welches ist im ersten Falle die auslösende Kraft für die Spannkräfte der Ganglienzelle, und was wird im zweiten aus den in der Ganglienzelle freigewordenen Kräften?

Am einfachsten wie es scheint gestaltet sich die Antwort auf diese Fragen in dem Falle, wo die Zelle nur den Vermittler zwischen zwei Nervenfasern spielt, d. h. beim Reflexe (im weitesten Sinne). Hier werden die Spannkräfte der Ganglienzelle ausgelöst durch die freigewordenen Kräfte der einen erregten Faser, und machen selbst wiederum die Spannkräfte der andern frei. In diesem Falle ist also nur eine einzige Auslösungskette anzunehmen; ihr Ausgangspunct (die erste auslösende Kraft) ist ein Einfluss der Aussenwelt, der auf ein peripherisches Nervenendorgan (Sinnesorgan) einwirkt, ihr Endpunct die Auslösung der Spannkräfte eines Arbeitsorgans (Muskel, Drüse, Parenchym). Die Ganglienzelle

---

*) Zwar ist auch im Rückenmark das Dasein electrischer Ströme constatirt (du Bois-Reymond); dieselben verhalten sich aber ganz, als wenn das Mark ein Nervenstrang wäre, so dass die Annahme naheliegt, dass sie den Längsnervenfasern des Markes zuzuschreiben seien.

würde hier zunächst keine wesentlich andere Rolle spielen als irgend ein Stück der einfach leitenden Nervenfaser.

Viel unverständlicher bereits ist der Vorgang bei den Erregungen, welche als automatische bezeichnet werden. Man fasst unter diesem Namen alle von einer Ganglienzelle ausgehenden Erregungen zusammen, bei denen die auslösende Kraft in der Ganglienzelle unbekannt ist. Hier sind zwei Möglichkeiten zu berücksichtigen. Entweder geschieht das Freiwerden der Spannkräfte in der Zelle ohne auslösende Kraft; in diesem Falle muss man ein continuirliches Freiwerden von Kräften annehmen.*) Die dadurch bewirkte Erregung der Nervenfaser braucht indess desshalb nicht continuirlich zu sein; denkt man sich nämlich, dass die freigewordenen Kräfte einen gewissen Widerstand zu überwinden haben, ehe sie auslösend auf die Nervenfaser wirken können, so ist die Folge, dass sie sich jedesmal vorher bis zu einer gewissen Spannung aufspeichern müssen, ähnlich wie ein continuirlich durch eine Röhre unter Wasser geleitetes Gas in diesem nicht continuirlich, sondern intermittirend in Blasen von einer gewissen Grösse aufsteigt, indem es sich in der Röhre jedesmal bis zu einem Drucke ansammelt, welcher hinreicht, den Widerstand der Cohäsion des Wassers zu überwinden. Hierdurch wird also eine rhythmische Erregung zu Stande kommen. In der That sind alle bis jetzt nachgewiesenen automatischen Erregungen entweder continuirlich („tonisch") oder rhythmisch, wobei man aber sich erinnern muss, dass vermuthlich auch alle tonischen Erregungen in Wahrheit als rhythmische (tetanische, p. 233) aufzufassen sind. Jede Kraft, welche den hypothetischen Widerstand vergrössern oder verkleinern kann, würde die Frequenz des Rhythmus und die Stärke der jedesmaligen Erregung in ähnlicher Weise beeinflussen, wie im obigen Beispiel Vermehrung der Cohäsion des Wassers (durch Gummi, etc.) die Blasen seltener aber grösser, Verminderung der Cohäsion (Aether statt des Wassers) die Blasen häufiger und kleiner macht. Wird der Widerstand unüberwindlich gross gemacht, so wird jede Erregung lange Zeit ausbleiben, wird er sehr erniedrigt, so wird eine tonische (tetanische) Erregung eintreten. Ein solcher Einfluss scheint nun

*) Man kann sich einen solchen Vorgang entweder so vorstellen, dass die spannkraftführenden Stoffe durch äussere Vorgänge (z. B. durch die Blutzufuhr) beständig gerade in dem Maasse mit einander in Berührung gebracht werden, in welchem sie sich verbinden, — oder so, dass die in jedem Moment freiwerdenden Kräfte selbst zum Theil auf die im Vorrath aufgespeicherten Spannkräfte für den nächsten Moment auslösend wirken, etwa wie beim glimmenden Zunder die gebildete Wärme zugleich dazu dient, die Verbrennung zu unterhalten.

wirklich bei gewissen rhythmisch-automatisch wirkenden Ganglienzellen zu existiren, ausgeübt durch die sog. „regulatorischen" Nerven, von denen die „Hemmungsnerven" eine Abtheilung bilden. Gewisse Erscheinungen, namentlich die p. 68 und 145 erörterten Einwirkungen des Vagus auf das Herz und andrer Fasern desselben auf die Medulla oblongata, lassen sich nur äusserst gezwungen durch andere Annahmen erklären. Bestätigt sich das Ergebniss, dass die Einflüsse jener Fasern auf die Centralorgane nur in einer Modification der zeitlichen Vertheilung ihrer Thätigkeit bestehe, dass also die jedesmalige Entladung der Frequenz umgekehrt proportional anzusehen sei (vgl. p. 146), so bleibt nur die Deutung übrig, dass jener hypothetische Widerstand durch die Thätigkeit gewisser Fasern erhöht (Hemmungsfasern), durch andere herabgesetzt wird (beschleunigende Fasern). Ebensogut aber kann man sich die Einwirkung der Beschleunigungs- und Hemmungsnerven so vorstellen, dass (bei gleichbleibendem Widerstand) die einen den continuirlichen chemischen Process im Centralorgan beschleunigen, die andern ihn verzögern; diese Vorstellung würde erfordern, dass die Gesammtsumme der Entladungsgrössen nicht constant bleibt, sondern variirt wird. — Die zweite Möglichkeit, durch welche man der Annahme unbekannter auslösender Kräfte bei den automatischen Erregungen entgehen kann, wäre die, dass die Automatie nur scheinbar ist, und in Wahrheit ein Reflexvorgang zu Grunde liegt; vielleicht lassen sich viele, namentlich tonische, automatische Erregungen auf diese Weise erklären, wie es bei manchen derselben (s. die Auslösung der Athembewegungen, p. 147; ferner unten die Lehre vom Muskeltonus etc.) bereits versucht worden ist.

Jedem Verständniss entzogen sind aber die Erregungsvorgänge der Ganglienzellen, bei welchen anscheinend der Ausgangspunct oder der Endpunct einer Auslösungskette eine Vorstellung ist (Wille, Empfindung), und ebenso die Vorstellungen, welche scheinbar in keinem directen Zusammenhange mit Erregungen der Leitungsorgane stehen (Denkprocesse). Ob es wirklich Vorstellungen giebt, die in gar keinem Zusammenhange mit Nervenerregungen, also mit Empfindung oder Willen stehen, ist durchaus zweifelhaft. Nicht unwahrscheinlich ist die freilich unerweisbare, aber bereits von andrer Seite modificirt ausgesprochene Annahme, dass alle Vorstellungen ununterbrochene Reihen („Gedankenketten") bilden, deren Ausgangspunct stets an eine anlangende Nervenerregung anknüpft (Empfindung), deren Endpunct stets wiederum eine mit einer Nervenerregung verbundene Vorstellung (Wille) ist. Sehr verlockend scheint nun die Annahme, dass ebenso zwischen den beiden Auslösungsprocessen der anlangenden und der schliesslich abgehenden Erregung eine ununterbrochene Kette von Auslösungsprocessen im Centralorgan vorhanden ist, welche mit der Kette der Vorstellungen parallel und auf unbekannte Weise mit dieser verknüpft ist. Mit dieser Hypothese wäre die Schwierigkeit beseitigt, Anfang oder Ende eines nicht rhythmischen und nicht continuirlichen Auslösungsprocesses im Centralorgan zu suchen; denn es würden sich hiernach die materiellen Vorgänge im Centralorgan bei Betheiligung der Seele, von den blossen Reflexvorgängen (s. oben) nur durch grössere zeitliche und räumliche Ausdehnung (auf zahlreiche Centralorgane, deren Erregung mit Vorstellungen verbunden ist, — Seelenorgane) unterscheiden, und consequenterweise wäre der Ursprung jeder nicht automatischen Nervenerregung unmittelbar oder mittelbar in der Erregung eines peripherischen Nervenendorgans zu suchen.

Die mannigfaltigen philosophischen Anschauungen über den Zusammenhang der Seelenfunctionen mit den materiellen Vorgängen, oder wie es hier dargestellt ist, mit den freiwerdenden Kräften des Centralorgans, zu erwähnen, ist hier nicht der Ort. Es muss hervorgehoben werden, dass die soeben angedeutete Hypothese mit diesen Fragen Nichts zu thun hat, sondern dass sie nur aus dem Bedürfniss hervorgegangen ist, zwischen dem unbekannten Ende einer Auslösungskette und dem unbekannten Anfang einer anderen die einfachstmögliche hypothetische Vermittlung zu suchen, welche ausserdem (in den Reflexvorgängen) eine gewisse Analogie hat.

Die Eigenschaften, welche man nach dem Erörterten theils einzelnen, theils allen Ganglienzellen hypothetisch vindiciren kann, sind also folgende: 1. continuirliches Freiwerden von Kräften, welche auslösend auf die Spannkräfte der abgehenden Nervenfasern wirken, entweder ohne Weiteres (wahre tonische Automatie, die indess nicht nachgewiesen ist), oder nach Ueberwindung eines gewissen hypothetischen Widerstandes (rhythmische und tetanische [scheinbar tonische] Automatie); die Geschwindigkeit der Kraftentwicklung, oder nach andrer Anschauung die Grösse des Widerstandes hängen wiederum von dem Erregungszustande gewisser eintretender Nervenfasern („regulatorische“) ab; 2. Leitungsvermögen von einer eintretenden Nervenfaser auf eine andere; die Leitung geschieht von einer centripetalen Faser durch eine oder viele Ganglienzellen schliesslich zu einer centrifugalen; ist die Veränderung der Ganglienzellen während der Leitung nicht mit Vorstellungen verbunden, so heisst der Vorgang Reflex; ist er dagegen mit Vorstellungen verbunden, so zerfallen diese in Empfindung (Vorstellung bei Erregung des Centralorgans durch die centripetale Faser), Gedankenbildung (Vorstellungen während der Leitung), Wille (Vorstellung bei Erregung der centrifugalen Faser).

Ob zu den allgemeinen Eigenschaften der Ganglienzellen auch die Erregbarkeit durch die allgemeinen Nervenreize gehört, ist noch nicht festgestellt. Gewisse Erfahrungen über Unerregbarkeit des Rückenmarks bei mechanischer Reizung, welche unten zur Sprache kommen werden, deuten darauf hin, dass jedenfalls beträchtliche Abweichungen vom Verhalten der Nerven vorhanden sind.

Endlich sind noch zu den allgemeinen Eigenschaften der Ganglienzellen höchst wahrscheinlich gewisse zeitliche Verhältnisse ihrer Thätigkeit zu rechnen. Die hierhergehörigen, schon in früheren Capiteln berührten Erfahrungen sind: 1. Die Periode des Muskelgeräusches bei vom Centrum aus erregtem Tetanus (p. 234); dieselbe beträgt 19,5 in der Secunde. Da der Muskel bei künstlicher directer oder indirecter Reizung einer viel schnelleren Aufeinanderfolge der Schwingungen fähig ist, so kann diese Zahl nicht von einer Eigenschaft der Muskeln oder Nerven abhängen, sondern ist höchstwahrscheinlich so zu erklären, dass die motorischen Ganglienzellen, von welchen unmittelbar die motorischen Nerven entspringen, bei jeder (auch künstlicher, vgl. p. 234) Erregung 19,5 Impulse in der Secunde dem Nerven ertheilen. 2. Die Erregung des Opticus wirkt am intensivsten, wenn sie 17—18 mal in der Secunde erfolgt (p. 324), ebenso 3. die Erregung einer Acusticusfaser am intensivsten, wenn sie 33 mal in der Secunde an- und abschwillt (p. 368). Diese beiden Erfahrungen sind möglicherweise dadurch erklärlich, dass in den sensiblen Ganglienzellen, welche zunächst durch centripetale Fasern erregt werden, jede Erregung mit der darauf folgenden Ermüdung etwa $^1/_{17}$, resp. $^1/_{33}$ Secunde andauert und die neue Erregung daher nach Ablauf dieser Zeit intensiver wirkt, als wenn sie schon früher eintritt. Der Gesammteffect muss dann bei der genannten Frequenz am grössten sein.

Ebensowenig als über die Eigenschaften der Ganglienzellen ist über die der p. 390 genannten Körner, und über die des grauen Fasernetzes bekannt; Vermuthungen über das letztere, zu welchen physiologische Erfahrungen nöthigen, werden im speciellen Theile zur Erörterung kommen.

Die Zeit, welche die Leitung durch das Centralorgan (Ganglienzellen, graues Netz) erfordert, lässt sich für Reflexvorgänge bestimmen, indem man das Zeitintervall zwischen Reiz und Reflexbewegung misst und davon die (nach p. 290 bekannte) Dauer der Leitung im sensiblen und im motorischen Nerven subtrahirt (Helmholtz). Es ergiebt sich so die Zeit von $^1/_{30}$—$^1/_{10}$ Secunde, von welcher aber unbekannt ist auf eine wie grosse und auf welche Leitungsbahn im Centralorgan sie zu beziehen ist.

B. SPECIELLES.

Es folgt jetzt dasjenige, was über die centralen und Leitungsfunctionen der einzelnen Centralorgane (Hirn, Rückenmark, sympathische Ganglien) bisher ermittelt ist, wozu ausdrücklich bemerkt werden muss, dass hier nur die wirklich mit annähernder Sicherheit ermittelten Ergebnisse in diesem dunkelsten Gebiete der Physiologie berücksichtigt werden sollen.

I. Rückenmark.

Anatomisches. Das physiologisch Wichtigste des Rückenmarksbaues ist folgendes: Auf Querschnitten unterscheidet man am Rückenmark 1) den von einem Epithel ausgekleideten engen Centralcanal, 2) die graue Substanz, welche den ersteren umgiebt und in Form von hornartigen Fortsätzen in die weisse Substanz hineinragt (Vorder- und Hinterhörner), 3) die weisse Substanz, in welcher man jederseits von den medianen Incisuren drei Stränge unterscheiden kann: den Vorder-, Seiten- und Hinterstrang; zwischen Vorder- und Seitenstrang liegt das Vorderhorn der grauen Substanz, und die in dasselbe eintretenden Fasern der vorderen Spinalwurzeln, zwischen Hinter- und Seitenstrang ebenso das Hinterhorn und die hinteren Wurzelfasern.

Die weisse Substanz besteht, abgesehen von den horizontalgerichteten durchtretenden Wurzelfasern, aus vertical (längs) gerichteten Fasern und einer verkittenden Bindesubstanz (Neuroglia). Die graue Substanz besteht aus Ganglienzellen (s. unten) und aus einer homogenen grauen Masse, in welcher die Mehrzahl der Beobachter ein Gewirr von feinen, in allen Richtungen verlaufenden Axencylindern annehmen.

Die Ganglienzellen liegen hauptsächlich in den Vorder- und Hinterhörnern. Man unterscheidet an jeder Ganglienzelle (Deiters): eine körnige Masse (Protoplasma), einen grossen Kern mit Kernkörperchen, und Fortsätze. Unter den Fortsätzen zeichnet sich durch sein Aussehen sogleich aus: der Axencylinder, welcher wie es scheint mit dem Kern in Verbindung steht; die übrigen Fortsätze sind feine vielfach verzweigte spitz endigende Fasern (Protoplasmafortsätze), an welche sich homogene feine sich nicht verjüngende Fasern, Axencylinder zweiter Art, inseriren. Die letzteren begeben sich in das feine Fasernetz, aus welchem die Hauptmasse der grauen Substanz besteht (Gerlach) und aus welchem Fasern, zu dickeren vereinigt, in die weisse Substanz austreten.

Die grossen Axencylinder (erste Art) der Zellen sind die Enden der spinalen Wurzelfasern. Die Zellen, in welche die vorderen Wurzelfasern eintreten

(„motorische Ganglienzellen"), sind grösser und haben zahlreichere Protoplasmafortsätze, als die mehr spindelförmigen Zellen in welche die hinteren Wurzelfasern übergehen („sensible Ganglienzellen").

Schon die Anatomie ergiebt, dass das Rückenmark (abgesehen von den dünnen sympathischen Communicationen) die einzige Verbindung ist zwischen dem Gehirn und den Nerven des Rumpfes und der Extremitäten. Das Rückenmark muss also die Leitungsbahnen für alle willkürlichen Bewegungen des Rumpfes und der Extremitäten, für alle Empfindungen in diesen Theilen, und für die Einwirkung andrer Hirncentra ausser den psychischen (z. B. Athmungscentrum) auf die genannten Theile enthalten.

Es ist aber anatomisch festgestellt, dass die Rumpfnerven im Rückenmark nicht einfach zum Gehirn verlaufen, sondern sämmtlich zunächst mit Ganglienzellen in Verbindung treten (p. 396). Auch physiologische Gründe sprechen gegen eine directe Einmündung von Rumpfnerven in das Gehirn (s. unten die Reflexbewegungen).

Ueber die Leitung von den motorischen und sensiblen Ganglienzellen zum Gehirn ist noch nichts Sicheres anatomisch ermittelt. Am wahrscheinlichsten ist, dass diese Zellen zunächst mit einem complicirten Fasernetz in leitende Verbindung treten, welches sich ununterbrochen bis zum Gehirn hinauf fortsetzt, aus welchem aber fortwährend Fasern auftauchen, welche in der weissen Substanz isolirt zum Gehirn verlaufen. Für das Verständniss ist nun die Annahme durchaus nothwendig, dass die Leitung von Erregungen nur in den morphologisch vorgebildeten Bahnen verlaufe, in diesen aber überall vordringen könne, soweit es die Continuität der leitenden Bahn gestattet. In einem wirklichen anastomotischen Netzwerk von Fasern muss hiernach die einmal eingedrungene Erregung in alle Fasern übergehen können.

Der Erfolg der Erregung von sensiblen Fasern des Rumpfes oder der Extremitäten ist nun entweder eine Empfindung, welche mehr oder weniger genau an den Ort der Endigung dieser Faser verlegt wird (p. 385), oder ein Reflex, d. h. eine Erregung motorischer Fasern ohne Vermittlung des Bewusstseins (unwillkürlich).

Das Zustandekommen einer localisirten Empfindung setzt voraus, dass die Erregung isolirt bis zu den Seelenorganen im Gehirn fortgeleitet sei. Da nun die sensiblen Fasern sämmtlich, soweit nachweisbar, zunächst in sensible Ganglienzellen übergehen, von denen aus die Leitung in das mehrfach erwähnte Fasernetz übergeht, so ist jene isolirte Leitung zunächst unverständlich. — Ebenso unverständlich ist der der bewussten Empfindung gewissermassen gegenüberstehende Vorgang der willkürlichen isolirten Bewegung; denn da die Erregung einer motorischen Ganglienzelle anscheinend nur durch Vermittlung des grauen Fasernetzes erfolgen kann, welches doch ebenso mit allen übrigen motorischen Zellen in Berührung steht, so ist nicht einzusehen, wie gerade nur die eine Zelle in Erregung gerathen kann. — Ueber die mögliche Erklärung dieser Erscheinungen s. unten (p. 400f.)

Die Reflexe nach Erregung derselben sensiblen Faser können der verschiedensten Art sein: es können einzelne Muskeln sich contrahiren, und dadurch geordnete, in gewissem Sinne (s. unten) zweckmässige Bewegungen erfolgen, es können aber auch anscheinend ungeordnete Muskelcontractionen in mehr oder weniger beschränkten Muskelgebieten oder auch in sämmtlichen Muskeln des Körpers auftreten.

Geordnete Reflexbewegungen beobachtet man am reinsten an Thieren, deren Seelenorgane, durch Abtrennung des Gehirns, vom Rückenmark getrennt sind; am besten ist diese Operation an Fröschen ausführbar. Geköpfte Frösche machen auf Reizungen regelmässige und zweckmässige Abwehrbewegungen, welche von willkürlichen Abwehrbewegungen sich so wenig unterscheiden, dass man sie als die Wirkungen von im Rückenmark vorhandenen Seelenorganen betrachtet hat (Pflüger). Ganz ähnliche Reflexbewegungen treten auf, wenn die Seelenorgane im Gehirn durch den Schlaf (s. unten) in Unthätigkeit versetzt sind. Aber auch im wachen Zustand kommen fortwährend unwillkürliche geordnete Abwehrbewegungen gegen Reize, welche den Körper treffen, vor.

Ein geköpfter oder enthirnter Frosch nimmt eine sitzende Stellung ein, wie ein unverletzter; kneipt man ihn mit einer Pincette, so stemmt er sich mit den Füssen gegen dieselbe um sich zu befreien, betupft man eine Hautstelle mit Säure, so wischt er die Säure augenblicklich mit den Pfoten ab, u. s. w. Diese Abwehrbewegungen sind sehr regelmässig, jedoch ist eine Abwechselung derselben möglich; schneidet man z. B. das Glied ab, welches bei Reizung einer Hautstelle gewöhnlich zum Abwischen benutzt wird, so wird, nach vergeblichen Bewegungen des Stumpfes, ein anderes Glied zu dem genannten Zwecke verwendet; freilich ist in diesem Falle die Reizung nicht die gewöhnliche, sondern sie hat durch längere Dauer (während der vergeblichen Stumpfbewegungen) eine grössere Intensität erreicht, so dass eine rein mechanische Erklärung dieser Erscheinung wohl möglich ist. — An Schlafenden bemerkt man auf Kitzeln u. dgl. bewusstlose, aber regelmässige und zweckmässige Bewegungen. — Ueber die versuchte Erklärung dieser Erscheinungen durch Seelenorgane im Rückenmark s. unten.

Die geordneten Reflexbewegungen haben nicht sämmtlich den Character der Abwehr, sondern es kommen auch andere zweckmässige Reflexerfolge vor. So beobachtet man (Goltz) an Fröschen, deren Grosshirn vom Rückenmark getrennt ist: 1) regelmässig ein Quarren, sobald man die Haut der Rückengegend sanft streicht; 2) zur Zeit der Begattung, bei Männchen, ein festes und dauerndes Umarmen des Weibchens wenn man dasselbe mit dem Rücken gegen die Brust des Männchens legt; auch andere ähnlich geformte Gegenstände (Männchen, der Finger des Untersuchenden) werden in gleicher Weise umklammert; — der unversehrte Frosch quarrt dagegen nicht regelmässig beim Streicheln des Rückens, und umarmt andre Gegenstände als das Weibchen nur dann, wenn man ihn unmittelbar vorher aus der Umarmung des Weibchens gerissen hat (Goltz); Näheres über diesen Unterschied im Verhalten s. unten.

Zu den regelmässigen Reflexen genügt das Stück Rückenmark mit welchem die bei denselben betheiligten sensiblen und motorischen Nerven direct in Verbindung stehen. Zu dem eben beschriebenen Umklammerungsversuch genügt z. B. der Rumpftheil, welcher die vorderen Extremitäten trägt (Rücken zwischen Schädel und viertem Wirbel, Brustgürtel und Vorderbeine).

Ausser den geordneten Reflexbewegungen können nun auch ungeordnete, nicht deutlich zweckmässige auftreten, welche man als Reflexkrämpfe bezeichnet. Sie treten nur unter abnormen Bedingungen auf, nämlich bei sehr heftiger Reizung, oder nach Einwirkung gewisser Gifte (Strychnin) und gewisser pathologischer Processe (traumatischer und rheumatischer Tetanus, Hydrophobie). Sie bestehen in vorübergehenden tetanischen Contractionen einzelner Muskelgruppen oder sämmtlicher Körpermuskeln, auf die Einwirkung sensibler Reize. Je geringer der abnorme Zustand des Rückenmarks entwickelt ist, um so beschränkter bleiben die Krämpfe, und um so stärkerer Reize bedarf es um sie auszulösen. Wenn durch Zunahme des abnormen Zustandes oder der Reizstärke die Reflexkrämpfe (Reizung einer beschränkten Hautstelle vorausgesetzt) sich immer weiter ausbreiten, so nehmen sie folgenden Verlauf (Pflüger): Zunächst ergreifen sie Muskeln, deren motorische Fasern im Rückenmark auf derselben Seite und in gleichem Niveau entspringen; erst bei weiterer Ausbreitung werden auch Fasern der anderen Seite ergriffen, aber stets nur solche, die symmetrisch sind mit ergriffenen Fasern der primären Seite, und nie stärker als die der letzteren; weiterhin werden auch Fasern anderer Niveau's betheiligt und zwar nach der Medulla oblongata hin fortschreitend; endlich können auch sämmtliche Fasern ergriffen werden, wodurch allgemeine tetanische Krämpfe entstehen (dieselben sind, wegen des Uebergewichts der Streckmuskeln, Streckkrämpfe). Auch ohne grosse Ausbreitung des Reflexvorganges im Rückenmark können sich Fasern, die von der Medulla oblongata ausgehen, bei den Reflexkrämpfen betheiligen (s. unten).

Bei Strychninvergiftung genügt die geringste Berührung des Vergifteten, ein Luftzug, eine Erschütterung des Lagers, um einen Krampfanfall auszulösen.

Das Verständniss der Reflexvorgänge erfordert das Vorhandensein von Verbindungen der motorischen und sensiblen Ganglienzellen, und zwar in der mannigfachsten Weise. Da nun directe Anastomosen dieser Zellen nicht vorkommen (Deiters), so kann die Verbindung nur durch das oben erwähnte graue Fasernetz zu Stande kommen. Da aber dies Netz anscheinend sämmtliche Ganglienzellen des Rückenmarks unter einander verbindet, so ist zwar die Ausbreitung von Reflexen auf sämmtliche Körpermuskeln, etwa wie sie bei den allgemeinen Strychninkrämpfen vorkommt, verständlich; aber die Beschränkung des Reflexes oder gar die Entstehung geordneter Reflexe, ist zunächst ebenso wenig verständlich, wie (p. 398) die isolirte Leitung der Empfindungen zum Gehirn, oder die ihr entsprechende, isolirte Innervation einzelner Rumpfmuskeln durch den Willen.

Um nun die anatomischen Ermittelungen mit den physiologischen Postulaten zu vereinigen, muss man die Annahme machen, dass im normalen Zustande der Leitung in dem grauen Fasernetz ein sehr grosser Widerstand entgegensteht, so dass die Erregung schon in geringer Entfernung von der direct erregten sensiblen Zelle auf eine unmerkliche Grösse sich vermindert; die Erregung wird sich hiernach nur ausbreiten können: a. in der Nachbarschaft der erregten Zelle, wodurch beschränkte Reflexe entstehen; b. in gut leitende Bahnen, welche schon in der Nähe der erregten Stelle aus dem Fasernetz entspringen; als solche sind aber anscheinend zu betrachten die aus dem Netze auftauchenden, in die weisse Substanz übergehenden, zum Gehirn verlaufenden Fasern; hierdurch würde sich die isolirte Leitung der Empfindung, und ebenso die isolirte Leitung für willkürliche Bewegungen erklären (letztere würde auf einer Faser der weissen Stränge herabkommen, in das Netz übergehen und nur in die der Uebergangsstelle zunächst gelegenen motorischen Zellen eintreten können).

Das Zustandekommen geordneter, zweckmässiger Reflexbewegungen ist jedoch hierdurch noch nicht erklärt, da es sich bei denselben nicht sicher um Uebergang der Leitung auf zunächst gelegene motorische Zellen handelt; wenigstens müsste erst nachgewiesen sein, was freilich nicht undenkbar ist, dass die Lage der Zellen so ist, dass stets die motorischen die zweckmässigste Abwehrbewegung liefern für Reizung der zunächst gelegenen sensiblen. Aber ebensogut ist es denkbar, dass durch eine angeborene Vollkommenheit der Organisation die Leitung von jeder sensiblen Zelle aus in dem Netzwerk zweckmässigerweise in gewissen Richtungen besonders begünstigt (d. h. der Widerstand am geringsten) ist, oder dass gutleitende Verbindungen durch Fasern der weissen Substanz hergestellt sind.

Die abnorme Ausbreitung der Reflexe auf benachbarte und immer weiter entfernte, endlich auf alle motorischen Zellen würde ferner erklärt werden durch eine Verminderung des oben erwähnten Leitungswiderstandes, und Strychnin, ebenso die pathologische Ursache der Tetanuskrankheit müssten diese Wirkung in besonders hohem Grade besitzen. Wenn dies sich so verhält, so müsste gleichzeitig die Localisation der Empfindungen und willkürlichen Bewegungen durch diese Schädlichkeiten beeinträchtigt werden, worüber keine genauen Ermittelungen existiren.

Umgekehrt ist es nun hiernach denkbar dass es Einwirkungen giebt, welche den Widerstand vermehren, und also einerseits das Zustandekommen von Reflexbewegungen erschweren, andrerseits die Localisation von Empfindungen und willkürlichen Bewegungen verschärfen. Solche Einflüsse sind in der That nachgewiesen.

Nachdem bereits früher bemerkt worden war, dass nach Abtrennung des Gehirns die Reflexe im Bereich des Rückenmarks regelmässiger und stärker werden, gelang es bei Fröschen im Gehirn Organe nachzuweisen, welche beständig die Reflexe im Rückenmark beeinträchtigen („Reflexhemmungscentra," Setschenow). Misst man (mittels eines Metronoms) die Zeit zwischen der Application eines fortdauernd wirkenden (chemischen) Reizes und dem Auftreten der Reflexbewegung, so findet man dieselbe bei gleichem Reizmittel um so grösser, je geringer das Reflexvermögen des Centralorgans ist, weil der Reiz erst durch fortgesetzte Einwirkung eine genügende Stärke erlangen muss um den Reflex auslösen zu können. Man findet nun die Zeit zwischen Reizung und Reflex vermindert (d. h. die Reflexfähigkeit erhöht) nach Abtrennung des Gehirns unterhalb der Lobi optici, dagegen jene Zeit vergrössert (die Reflexfähigkeit vermindert) bei Reizung des Gehirns, speciell der Lobi optici, durch Kochsalz oder Blut (welches für die Centralorgane ein Reizmittel ist, SETSCHENOW). Die Lobi optici üben also beim Frosch eine beständige reflexhemmende Wirkung auf das Rückenmark aus, welche nach Obigem in einer Vergrösserung des Widerstandes in dem grauen Fasernetz bestehen müsste. Auch bei Säugethieren lassen sich ähnliche Reflexhemmungscentra nachweisen (SIMONOFF).

Die Wirkung gewisser reflexdeprimirender Gifte (Morphium, etc.) beruht vermuthlich auf einer Reizung dieser Centra (SETSCHENOW). —

Die nach Durchschneidung des Rückenmarks auftretende Erhöhung der Reflexneigung unterhalb des Schnittes (früher als „Hyperästhesie“ und „Hyperkinesie“ bezeichnet), welche namentlich nach halbseitigen Durchschneidungen bei Vergleichnng beider Seiten hervortritt, kann nicht allein von der Abtrennung der reflexhemmenden Centra abhängen, weil der Schnitt, bei welchem eine Reizung der hemmenden Leitungsbahnen unvermeidlich ist, nicht zuerst die Reflexe deprimirt und dann steigert, sondern umgekehrt zuerst steigert und später deprimirt; man muss also annehmen, dass der Schnitt und die ihm folgende Benetzung der Schnittfläche mit Blut u. dgl. zum Theil unbekannte Reizungen die Reflexapparate selbst reizen und später überreizen (HERZEN, SETSCHENOW & PASCHUTIN). — Diese Wirkung besteht in einem Einfluss auf die graue Substanz, während die Leitungsbahnen, die von den Hemmungsorganen herabkommen, in den weissen Vordersträngen verlaufen.

Hiernach ist man nicht sicher berechtigt, den Reflexhemmungsapparaten eine beständige (tonische) Einwirkung auf die Reflexapparate zuzuschreiben. Dass aber das Gehirn noch in einer anderen Weise hemmend auf die Reflexapparate einwirkt, ergiebt sich aus dem p. 398 Angeführten. Während das geköpfte Thier gewisse geordnete Bewegungen auf bestimmte Reizungen ganz regelmässig ausführt, können diese Reflexe bei Anwesenheit des Hirnes beliebig unterdrückt werden, und zwar offenbar durch den Willen. Grade wie der unversehrte Frosch nicht zu quarren braucht, obgleich seine Rückenhaut gestreichelt wird, u. s. w. (s. p. 399), so kann auch der Mensch im wachen Zustande willkürlich Reflexe unterdrücken, die er im Schlafe sicher ausführt, und zu denen ihn auch im Wachen ein „fast unwiderstehlicher

Trieb" hinzieht, z. B. Kratzen auf Jucken, Lidschluss bei Berührung der Conjunctiva (im Bereiche des Hirns existiren ganz ähnliche Verhältnisse). Jedoch giebt es auch Reflexe auf deren Verhinderung der Wille keinen Einfluss hat (z. B. die Ejaculatio seminis auf Reizung des Penis), und zwar sind dies stets solche Bewegungen, welche auch nicht durch blossen Willen (ohne Reflex) hervorgerufen werden können.

Man hat also vor der Hand zwei Arten von Reflexhemmung zu unterscheiden: erstens die durch die SETSCHENOW'schen Centra, zweitens die durch die Seelenorgane. Beide Vorgänge für identisch zu halten (DANILEWSKY) liegt kein Grund vor, denn erstens liegen beim Frosch die SETSCHENOW'schen Centra nicht im Grosshirn, welches unzweifelhaft der Sitz des Bewusstseins ist; zweitens sind beide Arten der Reflexhemmung dem Wesen nach verschieden; während der Wille das Zustandekommen geordneter Reflexe entweder zulässt oder verhindert, scheinen die SETSCHENOW'schen Centra mehr auf die ungeordneten Reflexe zu wirken, und diese nur in Grad und Ausbreitung zu beeinflussen.

Man hat neuerdings den Versuch gemacht, die Reflexe nach der Art der Auslösung einzutheilen (SETSCHENOW, DANILEWSKY). Die durch Tasteindrücke ausgelösten sind als „tactile Reflexe" unterschieden worden von den durch chemische oder überhaupt durch zerstörend wirkende, schmerzhafte Hautreizung ausgelösten: „pathische Reflexe". Man hat ferner beiden Reizungsarten verschiedene centripetale Bahnen zugeschrieben, weil die Reflexe verschiedener Natur sind. Eine solche Sonderung, welche möglicherweise anatomisch begründet ist (vgl. p. 381), würde zugleich den Unterschied in der bewussten Localisation beider Eindrucksarten erklären können; die Tasteindrücke werden nämlich ungleich genauer localisirt, als die weithin „ausstrahlenden" schmerzhaften Eindrücke. Es scheinen nun ferner nur die „pathischen" Reflexe durch das SETSCHENOW'sche Centrum gehemmt zu werden, die „tactilen" aber nur durch den Willen. Weiter unten wird nochmals von diesen Unterschieden die Rede sein.

Ueber die Bahnen, in welchen die bis jetzt betrachteten Vorgänge im Rückenmark geleitet werden, ist nur wenig theils durch Versuche, theils durch pathologische Beobachtungen, theils endlich durch Betrachtung der anatomischen Verhältnisse ermittelt. Die Versuche bestanden meist in partiellen Durchschneidungen des Rückenmarks (halbseitige; Durchschneidung einzelner weisser oder grauer Stränge; Durchschneidungen in verschiedenen Niveau's, gleichseitig oder gekreuzt, u. s. w.). Die andre Art der Leitungsermittelung (p. 296), nämlich durch Reizungsversuche, scheitert an der Unerregbarkeit des Rückenmarks gegen directe mechanische und electrische Reizung (BROWN-SÉQUARD, SCHIFF, VAN DEEN);

abgesehen von chemischen Reizen (welche zum Theil wirksam zu sein scheinen) ist nämlich jede Rückenmarksreizung erfolglos,*) wenn sie nicht grade die durchtretenden queren Spinalwurzelfasern trifft.

Nur die Axencylinder der ersten Art (p. 396) theilen also die allgemeinen Eigenschaften der extracentralen Nervenfasern, die übrigen, specifisch centralen, sind gegen die hauptsächlichsten Nervenreize unerregbar. Man hat daher die leitende Substanz, um auszudrücken, dass sie nur leitungs-, nicht erregungsfähig ist, als „ästhesodisch" (sensibel leitend), resp. „kinesodisch" (motorisch leitend) bezeichnet.

Die Durchschneidungsversuche (Brown-Séquard, Schiff, Setschenow u. A.) ergeben nun Folgendes: 1. Die Leitung localisirter Empfindungen und willkürlich beschränkter Bewegungen geschieht durch die weisse Substanz. Partielle Durchschneidungen derselben entziehen einzelne Hautregionen und Muskelgruppen dem Einfluss der Seele (Unempfindlichkeit gegen Tasteindrücke — Anästhesie; Unfähigkeit zu willkürlichen Bewegungen). Die betreffenden Bahnen bleiben bis zum Gehirn auf derselben Seite (keine Kreuzung). Die sensible Leitung geschieht durch die weissen Hinterstränge, die motorische durch die weissen Vorder- und Seitenstränge. 2. Die Leitung von Schmerzempfindungen und unwillkürlichen (namentlich reflectorischen) Bewegungen geschieht durch die graue Substanz in ihrer ganzen Ausdehnung, ohne Trennung zwischen sensiblen und motorischen Bahnen. Durchschneidungen der grauen Substanz bringen daher unter andern einen Zustand hervor, in welchem schmerzhafte Eingriffe zwar Tastempfindungen, aber keine Schmerzempfindungen bewirken („Analgesie"); ein ähnlicher Zustand existirt häufig in der Chloroformnarcose, in welcher das Messer zwar gefühlt aber nicht schmerzhaft empfunden wird. Diese Folge des Schnittes tritt nicht in scharf begränzten Körperregionen (wie bei Schnitten in die weisse Substanz) auf, sondern ziemlich gleichmässig in allen Theilen, deren Nerven unterhalb des Schnittes ins Rückenmark münden, — um so vollständiger, je vollständiger die Trennung der grauen Substanz.

Diese Erfahrungen stimmen mit den auf die Reflexe bezüglichen, und mit den anatomischen Ermittelungen gut überein. Eine normale sensible Erregung („tactiler Reiz") würde nach allem Ge-

*) Eine Ausnahme machen die vom vasomotorischen Centrum durch das Rückenmark verlaufenden Fasern, da jede Rückenmarksreizung unterhalb der Reizstelle alle Arterien verengt (s. unten p. 412).

sagten von den sensiblen Ganglienzellen aus nur in geringem Umfange in dem grauen Fasernetz vorschreiten, und bald von hier aus in abtretende Fasern der weissen Hinterstränge übergehen, die, zu den Seelenorganen führend, eine localisirte Empfindung hervorrufen. Die Leitung in dem Fasernetz wird ausserdem eine Anzahl motorischer Zellen und demnächst Fasern erregen, durch welche ein geordneter Reflex zu Stande kommt; dieser Reflex kann durch eine in den weissen Vordersträngen vom Gehirn herabkommende Erregung (durch den Willen) auf unbekannte Weise verhindert werden. Ebenso kann der Wille durch die Leitung in den weissen Vorder- oder Seitensträngen eine beschränkte Erregung in dem grauen Fasernetz bewirken, durch welche gewisse motorische Zellen und Fasern erregt werden, und so eine willkürliche beschränkte Bewegung zu Stande kommt.

Heftige („pathische") Reizungen dagegen werden eine stärkere Erregung der sensiblen Ganglienzellen bewirken, welche in der grauen Substanz viel weiter geleitet wird als mässige Erregungen, vielleicht sogar durch die ganze graue Substanz hindurch. Hierdurch wird erstens eine viel grössere Anzahl von abtretenden Fasern der Hinterstränge in Erregung versetzt werden müssen, wenn auch in ungleich starke (die Fasern die der erregten Zelle zunächst abtreten, werden wegen des grossen Widerstandes in der grauen Substanz stärker erregt werden als die anderen); hierdurch entsteht eine weniger genaue Localisation der bewussten Empfindung („Ausstrahlung in die Umgebung"). Zweitens muss durch eine weitere Ausbreitung der Leitung in dem Fasernetz eine grössere Anzahl von motorischen Apparaten in Erregung versetzt, und dadurch ausgebreitetere, ungeordnete Reflexe zu Stande kommen; diese Wirkung kann vermindert werden durch eine in der weissen Substanz herabkommende Wirkung der Setschenow'schen Reflexhemmungscentra. Endlich scheint eine Leitung der Erregung durch die ganze graue Substanz bis zum Gehirn die specifische Schmerzempfindung zu verursachen.

Zur Erklärung der geordneten Reflexe ist es nothwendig (p. 401) gewisse Verbindungen zwischen Ganglienzellen anzunehmen, in welchen die Leitung mit besonders geringem Widerstande erfolgt. Auf diese Weise entstehen gewisse Zusammengehörigkeiten motorischer Elemente, Coordinationen, welche wie es scheint nicht bloss reflectorisch, sondern auch durch den Willen in Action versetzt werden können, so dass also der Willen bei beabsichtigten zweckmässig geordneten Bewegungen nicht nöthig hat jede einzelne Muskelfaser für sich zu innerviren, sondern nur denselben Apparat in Action zu versetzen hat, der auch reflectorisch in toto zur Action gebracht wird; im andern Falle würde die Seele bei der unendlichen Menge von Muskelbewegungen, welche zu scheinbar einfachen Handlungen, z. B. zum Gehen erforderlich sind, mit Beschäftigung überladen sein.

Ob das Rückenmark ausser den bisher genannten auch automatische Apparate besitzt, ist noch nicht endgültig entschieden. Folgende automatischen Functionen sind ihm zugeschrieben worden:

1. Tonus animalischer Muskeln. Unter „Muskeltonus" versteht man eine beständige schwache unwillkürliche, aber vom Nervensystem abhängige Contraction sämmtlicher Muskeln, zunächst der animalischen. Alle gewöhnlich als Beweise für dieses Verhalten angeführten Erscheinungen sind indess auf andere Weise zu erklären; z. B. die Retraction durchschnittener oder tenotomirter Muskeln (sie tritt auch ein, nachdem vorher der Nerv durchschnitten ist, und beruht einfach auf der Ausspannung der Muskeln über ihre natürliche Länge, p. 212); ferner die Gesichtsverzerrung nach einseitiger Facialislähmung (erklärt sich ohne Annahme eines Muskeltonus aus dem p. 299 Gesagten). Dass ferner ein wirklicher automatischer Muskeltonus nicht existirt, wird dadurch bewiesen, dass an einem aus Centralnervensystem, motorischem Nerven und gespanntem Muskel bestehenden Präparate der Muskel sich nicht im geringsten dadurch verlängert, dass man den Nerven durchschneidet (Auerbach, Heidenhain).

Dagegen lässt sich unter gewissen Bedingungen für einzelne willkürliche Muskeln in der That eine unwillkürliche schwache Contraction darthun, die aber nicht automatischer, sondern reflectorischer Natur ist. Ein senkrecht aufgehängter Frosch, dessen Gehirn vom Rückenmark getrennt ist, zeigt nämlich, wenn die Nerven des einen Hinterbeins durchschnitten sind, ein schlafferes Herabhängen desselben im Vergleich mit dem unverletzten; dieselbe Erscheinung tritt auch ein, wenn statt des ganzen Plexus ischiadicus nur die hinteren Wurzeln desselben durchschnitten sind; dies beweist, dass die schwache Beugung des (unverletzten) Beins nicht automatischer sondern reflectorischer Natur ist, und dass die sensiblen Fasern des Beins den Reflex auslösen (Brondgeest). Die Erregung der letzteren scheint von der Haut auszugehen (Cohnstein). — Diese Contraction ist jedoch weder allen Muskeln des Beines gemeinsam, noch ist ihr Vorhandensein für gewöhnliche Körperstellung nachgewiesen. Denn erstens nehmen nachweislich nur die Flexoren an der Contraction Theil; zweitens ist die ganze Erscheinung nur eine andere Form der bekannteren, dass ein hirnloser Frosch in allen Stellungen die Beine anzuziehen strebt; es ist nicht nachgewiesen, dass wenn das Anziehen der Beine (im Sitzen) erfolgt ist, die Contraction der Flexoren fortdauert, wie im Hängen, wo die Anziehung der Schwere wegen nur in geringem Grade dauernd eingehalten werden kann (L. Hermann). Das Brondgeest'sche Phänomen ist also nur eine besondere in abnormer Lage dauernd zu beobachtende Erscheinung eines in gewöhnlicher Lage nur vorübergehend auftretenden geordneten Reflexes (p. 398). Ein „Muskeltonus" ist dadurch nicht erwiesen.

2. Tonus glatter Muskeln. a. Die tonische Contraction des Dilatator pupillae (p. 316) und des glatten (Müller'schen) Bulbus-Retractor (p. 353), welche nach Durchschneidung des Sympathicus am Halse aufhört, soll vom Rückenmark aus innervirt werden, und zwar soll das automatische Centrum in der Gegend der unteren Hals- und oberen Brustwirbel liegen („Centrum ciliospinale" Budge; „oculospinale" Bernard), weil erstens die vorderen Spinalwurzeln dieser Gegend dem Sympathicus die betr. Fasern nachweisbar zuführen, und weil zweitens Lähmungs- und Reizungszustände des Marks in dieser Gegend von den entsprechenden Erscheinungen am Auge (Pupillenverengerung bei Lähmung, u. s. f.) begleitet sind. Dies beweist aber, wie man leicht einsieht, nur, dass die genannte Rückenmarksgegend bei der Zuleitung der Erregung betheiligt ist, nicht dass sie den centralen Ursprung derselben enthalte; neuerdings ist in der That aus Versuchen geschlossen worden, dass das Centrum dieser Erregung höher hinauf, in der Medulla oblongata liegt, und dass von ihm aus Fasern im Mark herabsteigen und in der genannten Gegend in den Sympathicus austreten (Salkowski). — b. Tonus der Arterien (p. 70); auch dieser ist bekanntlich von der Integrität sympathischer Nerven abhängig, welche ihre Fasern grossentheils aus dem Rückenmark beziehen (halbseitige Rückenmarkdurchschneidungen lähmen halbseitig die Arterien); man hat daher die Centra dieses Tonus früher in das Rückenmark verlegt, bis, wie oben, weitere Ermittelungen dessen Sitz im Gehirn dargethan haben (p. 71). — c. Tonus von Sphincteren. Der Sphincter ani ist beständig contrahirt, da bei Anfüllung des Rectum mit Flüssigkeit der Sphincter bei unversehr-

ten Nerven erst bei höherem Druck überwunden wird, als nach Durchschneidung der Nerven (Giannuzzi & Nawrocki). Das Centralorgan für diese Contraction scheint im Rückenmark zu liegen, sein Ort ist aber nicht bekannt, und vor Allem ist es viel wahrscheinlicher, dass die Contraction reflectorischer, als dass sie automatischer Natur sei. Was den Sphincter vesicae und dessen Tonus betrifft, so ist schon p. 104 gesagt, dass weder der letztere noch überhaupt das Dasein des Muskels zweifellos feststeht; das Hauptmoment des Blasenschlusses, die Contraction der Harnröhrenmusculatur (Budge) ist höchstwahrscheinlich reflectorischer Natur, das Centrum dieses Reflexes scheint in der Lendengegend des Rückenmarks zu liegen (Budge).

Es ist also im Rückenmark kein einziges automatisches Centrum mit Sicherheit oder auch nur mit Wahrscheinlichkeit anzunehmen, sondern alle Erscheinungen erklären sich durch Vorgänge von der Natur der „geordneten Reflexe" (p. 398 f.).

2. Verlängertes Mark, Mittel- und Kleinhirn.

Anatomisches. Die Medulla oblongata bildet die Verbindung zwischen Rückenmark und Gehirn, in welcher sich jedoch die Fortsetzungen der Rückenmarksstränge nicht mehr vollkommen verfolgen lassen. Der Centralcanal des Rückenmarks nähert sich in der Med. oblongata der hinteren (zugleich oberen, wegen des Winkels, den die Med. oblongata mit dem Rückenmark bildet) Oberfläche, und bricht endlich auf diese im Calamus scriptorius durch, indem er sich zu einer flachen Grube, der Rautengrube, erweitert. Mit ihm gelangt die ihn umgebende graue Substanz ebenfalls zur hinteren Oberfläche, und liegt endlich bis auf ein schmales in der Medianlinie liegendes Septum ganz und gar am Boden der Rautengrube, und zwar die Fortsetzung der früheren Vorderhörner nach aussen von der der Hinterhörner. Die Fortsetzung der weissen Hinterstränge bilden die Corpora restiformia*), die der Seitenstränge sind hauptsächlich die Pyramiden, die der Vorderstränge theils die Pyramiden (und zwar die „inneren Hülsenstränge" [Burdach] derselben), theils die „Seiten- oder Zwischenstränge" der Med. oblongata (zwischen Oliven und Corp. restiformia vergraben). Indessen sind fast alle diese Angaben streitig. Von der Kreuzung im verlängerten Mark wird weiter unten die Rede sein.

Ausser den Fortsetzungen der Rückenmarksstränge enthält die Med. oblong. neue, paarige, theils graue, theils wie die Grosshirnhemisphären aussen graue, innen weisse Massen, welche durch Commissuren unter einander verbunden sind, namentlich die Oliven, Nebenoliven, Hypoglossuskerne.

Die weitere Verfolgung der Längsstränge zunächst in den Pons Varolii, und die Pedunculi cerebri, ferner in das Cerebellum ist bis jetzt nicht mit Sicherheit möglich gewesen. Die Faserverläufe werden um so complicirter, je weiter

---

*) Jedoch ergab ein Fall mit Zerreissung der Corpora restiformia keine Anästhesie (Waters).

aufwärts, weil die neu hinzukommenden paarigen hemisphärenartigen Apparate, mit ihren Quercommissuren und anderen Verbindungszügen ein fast unentwirrbares Gemisch liefern.

Demgemäss sind auch die physiologischen Ermittelungen, welche sich beim Rückenmark auf verhältnissmässig einfache Durchschneidungsversuche stützen konnten, hier äusserst dürftig. An Stelle der Trennung tritt hier das viel robere Experiment der Verletzung, deren Folgen abgesehen von der höchst mangelhaften Localisationsfähigkeit bestehen können in Reizung von Centren, Lähmung von Centren, Reizung von leitenden Apparaten, und Trennung leitender Apparate. Selbst constante Erfolge einer derartigen Operation können daher fast nie mit Sicherheit gedeutet werden.

Endlich ist zu erwähnen, dass der beim Rückenmark ziemlich gut bekannte Modus des Eintritts der Nerven hier so gut wie unbekannt ist.

Den genannten Theilen werden eine Anzahl anscheinend automatischer, grossentheils aber in Wahrheit reflectorischer Functionen zugeschrieben, nämlich:

1. Die Innervation der unwillkürlichen Athembewegungen und der Erstickungskrämpfe. Das Centrum der Athembewegungen ist eine beschränkte Stelle an der Spitze des Calamus scriptorius, deren Zerstörung sofort die Athmung unterbricht und daher bei Warmblütern augenblicklichen Tod herbeiführt (Noeud vital, Point vital, Flourens). Es ist noch nicht ganz festgestellt, ob dies Centrum automatisch die rhythmischen Athembewegungen auslöst, oder ob seine Thätigkeit nur durch Erregung centripetaler Nerven hervorgebracht wird, also nur reflectorischer Natur ist (vgl. p. 146 f.). Das Athmungscentrum ist fast das einzige, bei welchem über die Bedingungen der Automatie (oder im andern Falle: des reflectorischen Vorganges) Näheres bekannt ist. Die Thätigkeit bedarf nämlich (vgl. p. 147 ff.) 1. der Gegenwart sauerstoffhaltigen Blutes, ohne welches die Erregbarkeit schwindet, 2. der Gegenwart eines gewissen Kohlensäuregehalts im Blute, welcher als Reiz wirkt; je grösser der Kohlensäuregehalt des Blutes ist, um so intensiver wird die Thätigkeit und um so mehr Muskeln werden in Action versetzt (Dyspnoe); sinkt derselbe unter eine gewisse Grenze, so hört die Thätigkeit auf (Apnoe). — Genauer besteht das Athmungscentrum aus zwei Centren, deren rhythmische Thätigkeit, obwohl in der Stärke keine gegenseitige Abhängigkeit zu bestehen scheint, doch zeitlich abwechselt, nämlich das der Inspirations- und das der Exspirationsmuskeln. Beide innerviren eine gewisse Gruppe von Muskeln, die aber nicht alle Theil nehmen, sondern deren Ergreifung in ähnlicher Weise von der Stärke des Reizes abhängt, wie die Ausbreitung

der Reflexe im Rückenmark (p. 399, 405). Ferner besitzt dieses Centrum Beschleunigungs- und Hemmungsnerven im Sinne des p. 393 Gesagten. Reizung dieser Nerven scheint im Allgemeinen die Thätigkeit des Centrums nicht vermehren oder vermindern, sondern nur deren zeitliche Vertheilung modificiren zu können. Der Vagus enthält beschleunigende Fasern für das Inspirations- und gleichzeitig verlangsamende für das Exspirationscentrum, umgekehrt verhält sich der R. laryngeus superior (vagi). Man kann sich mit Zuhülfenahme der p. 392 erörterten Vorstellung das Verhältniss so denken (Rosenthal): Sowohl für die Innervation der Inspiratoren als für die der Exspiratoren ist ein Widerstand der p. 392 bezeichneten Art zu supponiren, welcher den Rhythmus bewirkt. Nimmt man noch an, dass die Vergrösserung des einen Widerstands den Andrang der Reizung gegen den anderen verstärkt, dass ferner Reizung der Vagusfasern den inspiratorischen Widerstand schwächt, Reizung der Laryngeusfasern ihn verstärkt, so kann man alle im 5. Capitel angeführten Erscheinungen ableiten. Für gewöhnlich muss der inspiratorische Widerstand so klein angenommen werden, dass gar kein Andrang des Reizes gegen den exspiratorischen erfolgt, also keine active Exspiration stattfindet. Wird der inspiratorische Widerstand verstärkt, durch Durchschneidung der (beständig erregten) Vagi oder Reizung der Laryngei, so werden erstens die Inspirationen seltener und tiefer, zweitens aber treten durch den Andrang des Reizes gegen den exspiratorischen Widerstand und Ueberwindung desselben Exspirationsmuskeln in Thätigkeit, und in um so grösserer Zahl und Stärke, je stärker der Andrang ist. Wird umgekehrt jener geschwächt (durch Vagusreizung), so werden erstens die Inspirationen immer schneller und kleiner, zuletzt tetanisch, zweitens verschwinden alle activen Exspirationen, wenn solche überhaupt vorhanden waren. Wird endlich der Reiz verstärkt, d. h. wird das Blut kohlensäurereicher, so müssen offenbar sowohl Inspiration als Exspiration an Frequenz, Stärke und Zahl der betheiligten Muskeln zunehmen (resp. active Exspirationen eintreten, die vorher nicht vorhanden waren), — Dyspnoe (p. 149).

Diese wenn auch hypothetischen, doch als Anfang eines Verständnisses centraler Vorgänge höchst wichtigen Verhältnisse kann man sich am besten mit Hülfe des bereits p. 392 gebrauchten Beispiels klar machen; nur mit der Modification dass man den Gasstrom durch ein getheiltes Rohr in zwei Flüssigkeiten strömen lässt; die eine, die man sich für den Normalzustand sehr dünn im Vergleich zur zweiten denken muss, stellt den Inspirations-, die zweite den Exspirationswiderstand dar. Der Reizung des Vagus entspricht Verdünnung, der des

Laryngeus Verdickung der ersten Flüssigkeit. Der Dyspnoe entspricht Vermehrung des Drucks des einströmenden Gases. Die in der ersten Flüssigkeit aufsteigenden Blasen entsprechen den Inspirationsinnervationen, die in der zweiten den Exspirationsanregungen. Zugleich zeigt das Beispiel, dass aus einfachem Grunde für die Fälle, wo in beiden Gefässen Blasen aufsteigen (active In- und Exspiration), ein alternirendes Aufsteigen sich herstellen muss.

Erreicht der Reiz für das Centrum der Athembewegungen eine abnorme Stärke, so werden ausser den normalen und accessorischen Respirationsmuskeln immer mehr Muskeln ergriffen, zunächst die Kiefermuskeln (Kopf-Dyspnoe), dann fast sämmtliche Körpermuskeln (allgemeine epileptiforme Convulsionen). Offenbar liegt hier nur eine weitere Ausbreitung der Erregung in der grauen Substanz der Medulla oblongata und vielleicht des Rückenmarks vor, und in der That nehmen auch andre Centra derselben (Pupillendilatationscentrum, s. u.; vasomotorisches Centrum, s. u.; Herzhemmungscentrum, s. u.) an der Erregung Theil. Einige bezeichnen dies dadurch, dass sie ein besonderes Krampfcentrum in der Med. obl. annehmen, wozu aber die Berechtigung fehlt.

Ausser bei gehemmtem Gaswechsel des Blutes treten diese Convulsionen auch auf, wenn nur das Blut oder die Substanz des Gehirns mit Kohlensäure überladen wird, z. B. bei Stagnation des Blutes in den Gehirngefässen (durch Verschluss sämmtlicher zuführenden Arterien), oder bei Verblutung. Diese Beobachtungen (Kussmaul & Tenner) haben zu der Bezeichnung „anämische Krämpfe" geführt, welche aber nicht mehr zulässig ist, seit die wahre Natur des Vorganges erkannt ist (Rosenthal).

Es darf nicht unerwähnt bleiben, dass es noch nicht gelungen ist, durch Einblasung kohlensäurereicher (zugleich sauerstoffhaltiger) Gasmischungen in die Lungen ausser den Erscheinungen der Dyspnoe auch die Krämpfe hervorzurufen, so dass möglicherweise der Reiz hierfür ein anderer ist, als für die wirklichen Athembewegungen (vgl. p. 150).

2. Die Regulirung der Herzbewegungen. Die (möglicherweise rhythmische, p. 69) Innervation der herzhemmenden Vagusfasern hat ihr Centrum in der Medulla oblongata, an einer nicht näher bekannten Stelle. Bei Warmblütern ist dies Centrum beständig thätig (p. 69), aber, nicht wie man bisher angenommen hat, automatisch, sondern reflectorisch, da der „Tonus" des Vagus nach Durchschneidung gewisser centripetaler Nerven aufhört (vgl. p. 69). Reizung dieser Nerven vermehrt die hemmende Action (Goltz, Bernstein). — Ob auch das Centrum der beschleunigenden Herznerven (s. unten beim Sympathicus) in der Med. obl. seinen Sitz hat, ist noch unentschieden.

3. Die Contraction der Arterienmuskeln. Das vasomotorische Centrum liegt sicher höher als der Anfang des Rückenmarks (Durchschneidung des Halsmarkes lähmt sämmtliche Arterien, LUDWIG & THIRY) und zwar allem Anschein nach in der Medulla oblongata, da deren Reizung bei Erhaltung der Leitungsbahnen Verengung aller Arterien mit ihren p. 71 erörterten Folgen hervorbringt (LUDWIG & THIRY); natürlich ist dies kein vollkommener Beweis, da er nicht ausschliesst, dass das verlängerte Mark nur bei der Leitung vom Centrum zum Rückenmark betheiligt ist. Das Centrum ist in beständiger, entweder automatischer oder möglicherweise reflectorischer Action begriffen. Erregt wird es, wie das Athmungscentrum, durch Kohlensäure (THIRY), und zuweilen ist eine Rhythmik seiner Erregung angedeutet (L. TRAUBE) (vgl. p. 71). Ferner wird seine Thätigkeit von centripetalen Nerven beeinflusst (p. 71), und zwar herabgesetzt durch Reizung des R. depressor n. vagi (CYON & LUDWIG); direct erhöhende Einflüsse kennt man noch nicht. Reizung sensibler Nerven vermindert reflectorisch local den Arterientonus (LOVÉN), der Reflex hat entweder im Centrum selbst, oder vielleicht tiefer im Rückenmark seinen Sitz. Vom vasomotorischen Centrum gehen Fasern durch das Rückenmark und treten von diesem allmählich ab, um meist durch sympathische Vermittlung zu den Arterien zu treten. Daher bewirkt Rückenmarksdurchschneidung Erweiterung aller Arterien im Bereich unterhalb des Schnittes, Reizung dagegen Verengerung (LUDWIG & THIRY); erstere vermindert, letztere erhöht den Blutdruck mit der entsprechenden Wirkung auf das Herz (p. 71); ferner wirkt erstere abkühlend, letztere temperatursteigernd auf den Organismus (p. 205).

In einer noch nicht ausführlich veröffentlichten Mittheilung (BUDGE) findet sich die Angabe, dass Reizung der Pedunculi cerebri Verengerung sämmtlicher Gefässe bewirkt; dies schliesst nicht aus, dass das eigentliche Centrum in der Med. obl. liege (der Versuch scheint anzudeuten, dass das Grosshirn einen Einfluss auf das Centrum ausüben kann — Erröthen und Erblassen bei psychischen Erregungen — BUDGE).

4. Die Innervation des Dilatator pupillae und anderer glatter Augenmuskeln. Der Sitz des betr. Centrums (Centrum oculopupillare), früher in das Rückenmark verlegt (p. 407), scheint in der Med. obl. zu liegen (SALKOWSKI). Auch dies Centrum ist beständig thätig, möglicherweise reflectorisch. Beeinflusst wird es in sehr ähnlicher Weise wie das Athmungs- und vasomotorische Centrum, so dass z. B. bei Dyspnoe sich die Pupille erweitert, und die Augengefässe erblassen, u. s. w.

5. Die Innervation des Schlingactes. Der Beweis, dass das Schlingcentrum in der Med. obl. liegt, ist hauptsächlich hergenommen von dem Auftreten von Schlingkrämpfen bei Reizzuständen der Med. obl. Der genauere Sitz (Nebenoliven, SCHRÖDER V. D. KOLK) ist nicht sicher festgestellt. Dies Centrum wird nur reflectorisch in Action versetzt (p. 126), steht also ganz in gleicher Linie mit den zahllosen Apparaten des Rückenmarks für geordnete Reflexbewegungen (p. 398 ff.).

6. Die Innervation der Kaubewegungen. Aus ähnlichen Gründen wie beim Schlingcentrum (Kaumuskelkrämpfe — Trismus), wird ein Centrum für Kaubewegungen in der Med. obl. angenommen. Auch dies würde aber nur eine Fortsetzung der Rückenmarksapparate für geordnete Reflexe sein, welche auch für geordnete willkürliche Bewegungen benutzt werden (p. 406).

7. Die Innervation der Gehbewegungen u. s. w. Coordinationscentra, wie die eben genannten, scheinen auch für die geordneten Locomotionsbewegungen des Gesammtkörpers zu existiren. Dieselben liegen wie es scheint in allen Theilen des Mittelhirns (Pons, Pedunculi, Corp. quadrigemina), im Kleinhirn und in der Med. obl. Verletzung aller dieser Theile bewirkt sog. „Zwangsbewegungen", d. h. krampfhafte Locomotionen der Thiere in abnormen Richtungen; namentlich a. Reitbahn- oder Manége-Bewegung, d. h. unausgesetzte Bewegung in der Peripherie eines Kreises; b. Zeigerbewegung, wobei das Thier sich als Radius eines Kreises bewegt, in dessen Centrum die Hinterbeine bleiben; c. Wälz- oder Rollbewegung, Drehung um die Längsaxe des Thieres; d. krampfhaftes Vorwärts- oder Rückwärtseilen. Diese Bewegungen lassen nun die verschiedensten Deutungen zu: vor allen Dingen ist es zweifelhaft, ob sie die Folge der Reizung oder der Lähmung eines (etwa coordinirenden) Centralorgans sind, oder ob nur durch Verletzung eines leitenden Theiles willkürliche Fluchtbewegungen des geängstigten Thieres eine abnorme Richtung annehmen. (Sind z. B. die Halsmuskeln einer Seite gelähmt oder krampfhaft contrahirt, so wird das Vorwärtseilen leicht in ein Kreisen nach der Seite übergehen, auf welche der Kopf gerichtet ist). Nimmt man die letztere Deutung als die wahrscheinlichere an (SCHIFF), so ist es wiederum zweifelhaft ob der leitende Theil gereizt oder gelähmt ist; jede dieser beiden Möglichkeiten involvirt, wie leicht einzusehen ist, eine besondere Annahme über gekreuzten oder nicht gekreuzten Verlauf der leitenden Theile, denn wenn z. B. nach rechtsseitiger Verletzung

Zwangsbewegung nach rechts eintritt, so kann man annehmen dass diese durch linksseitige Lähmung oder rechtsseitige Reizung erfolgt; im ersteren Falle verlaufen die verletzten Fasern gekreuzt, im zweiten nicht. — Da nun Art und Richtung der Zwangsbewegungen, welche fast bei allen Verletzungen eines Hirntheils (Pons, Pedunculi cerebri, Corpp. striata, etc.) eintreten, nicht einmal hinreichend constant festgestellt ist, so müssen hier alle auf ihrer Deutung beruhenden Angaben unterbleiben. — Ausserdem wird angegeben, dass Abtragung des Kleinhirns Störungen in der Erhaltung des Gleichgewichts, in den Gangbewegungen u. s. w. verursache (R. Wagner).

8. Die Innervation der Zuckerbildung in der Leber u. s. w. Verletzungen gewisser Stellen am Boden der Rautengrube bewirken vermehrte Harnabsonderung allein oder zugleich mit reichlichem Zuckergehalt des Harnes (vgl. p. 102, 163). Man schloss hieraus früher auf ein Centrum für die Zuckerbildung der Leber im verlängerten Mark, dasselbe sollte reflectorisch durch den Vagus in Action versetzt werden. Seitdem aber die Zuckerbildung in der Leber zweifelhaft geworden ist, hat man den Diabetes nach dem „Zuckerstich" auf verschiedene andere Arten zu erklären versucht (vgl. p. 163), ohne dass man zu einer endgültigen Entscheidung gelangt ist.

9. Die Setschenow'schen Reflexhemmungscentra. Ihre Lage bei höheren Thieren, wo man erst neuerdings ihr Vorhandensein constatirt hat (Simonoff), ist noch unbekannt; über ihre Function ist das Nöthige bereits p. 401 ff. gesagt.

10. Die zahlreichen geordneten Reflexe im Bereich der Hirnnerven, z. B. Lidschluss auf Conjunctiva-Reizung, Pupillenverengerung auf Opticus-Reizung, Niesen auf Reizung der Nasenschleimhaut, Husten auf Reizung des Kehlkopfs und des äusseren Gehörgangs, Speichelsecretion auf Reizung der Geschmacksnerven etc., haben ebenfalls in den genannten Theilen ihre Centra.

Im Wesentlichen also sind in den genannten Theile gegenüber dem Rückenmark keine wesentlich neuen Functionen bisher ermittelt worden; sie enthalten hauptsächlich wie es scheint, Apparate für geordnete Reflexe, welche allerdings zum Theil wesentliche vegetative Lebensprocesse betreffen. Auch sie scheinen wie das Rückenmark gegen viele Reize unerregbar zu sein. Ueber die Kreuzung der Leitungsbahnen, welche in ihnen stattfindet, s. unter Grosshirn.

3. Grosshirn.

Das Grosshirn ist der Sitz der psychischen Thätigkeiten. Beweise, dass den Grosshirnhemisphären seelische Thätigkeiten zugeschrieben werden müssen, liegen in folgendem: 1. In der Thierreihe findet man eine um so grössere Entwicklung des Grosshirns im Vergleich zur Körpermasse und zum Gesammthirn, je mehr sich die geistigen Fähigkeiten denen des Menschen nähern. Ueber den Grad der Entwicklung giebt das Gewicht Aufschluss und ausserdem die Zahl der Gyri, weil eine Vermehrung der letzteren die verhältnissmässige Grösse der Oberfläche und somit die Menge der allein in Betracht kommenden grauen Substanz vermehrt. Doch sind die vergleichend anatomischen Schlüsse deshalb unsicher, weil die Bedeutung der verschiedenen Hirntheile bei vielen Thieren noch nicht erkannt ist. 2. Bei angeborener Kleinheit der Grosshirnhemisphären (Microcephalie, Cretinismus), bei Entartung derselben (Hydrocephalus, etc.) findet sich eine entsprechende Verminderung der höheren Seelenthätigkeiten (Blödsinn). 3. Verletzungen, Compressionen, Erkrankungen des Grosshirns sind fast immer mit Bewusstlosigkeit, Benommenheit, Schlafsucht oder psychischer Aufregung verbunden. 4. Abtragung der Grosshirnhemisphären (bei Vögeln und Säugethieren) bringt einen schlafähnlichen Zustand hervor, in welchem alle willkürlichen Bewegungen fehlen. Jedoch bestehen noch Reactionen gegen gröbere Eindrucke (s. unten). Bei schichtweiser Abtragung soll eine allmähliche Abnahme aller Seelenfunctionen eintreten (Flourens), eine Andeutung, dass dieselben nicht an besondere Orte des Hirns gebunden, sondern gleichmässig vertheilt sind. Frühere Angaben über das Gebundensein bestimmter (übrigens willkürlich abgezweigter) Geistesgebiete an besondere Hirnbezirke, vor Allem die phrenologischen, beruhen sämmtlich auf Täuschung. Neuerdings ist auf Grund pathologischer Beobachtungen behauptet worden, dass das Sprachcentrum (oder das Wortgedächtniss?) in der 3. Stirnwindung seinen Sitz habe, und zwar merkwürdiger Weise nur in der linken Hemisphäre (Broca u. A.); Sprachunfähigkeit (Aphasie) trifft nämlich häufig zusammen mit Erkrankungen dieser Hirnstelle (und mit rechtsseitiger Rumpflähmung). Andere behaupten dagegen, dass auch rechtsseitige Läsion derselben Stelle Aphasie bewirken kann (Bouillaud).

Man behauptet ausserdem, dass den verschiedenen Graden geistiger Begabung beim Menschen verschiedene Grösse, Ausbildung und Gewicht des Grosshirns zu Grunde liege, indessen weichen die Resultate der Wägungen häufig hiervon ab. Abhängig von der Ausbildung des Grosshirns ist die Höhe, Breite und Vorwölbung der Stirn; ein Maass für die letztere bietet der Gesichtswinkel, gebildet von einer durch den hervorragendsten Punct der Stirn und die Oberkieferfuge und einer andren durch die Schädelbasis gezogenen Linie. Je spitzer dieser Winkel, um so thierähnlicher ist das menschliche Gesicht.

Verfolgt man nun weiter in's Specielle den Ort der Seelenthätigkeiten, so ergiebt sich nur noch die bereits vielfach erwähnte Wahrscheinlichkeit, dass besondere empfindende Seelenorgane existiren für jede sensible Nervenfaser, dass man also z. B. Seelenorgane annehmen muss, deren Erregung nicht nur die Vorstellung des Lichtes, sondern die einer bestimmten Farbe und eines bestimmten Ortes hervorruft. Viel weniger sicher ist es, ob auch die Willensorgane so angeordnet sind, dass jedes einzelne mit einer einzelnen motorischen Faser zusammenhängt, seine Erregung also etwa die Vorstellung bewirkt, dass diese Faser zu verkürzen sei. Vielmehr ist aus mehreren Gründen zu vermuthen, dass hier complicirtere Zwischenvorrichtungen existiren. Es ist bereits (p. 406) erwähnt worden, dass die Seele, wenn sie jede einzelne Faser zu innerviren hätte, von verwirrender Beschäftigung erdrückt werden müsste, ja selbst, wenn nur jeder einzelne Muskel für sich willkürlich contrahirt werden sollte. Auch können wir im Allgemeinen nicht einmal einzelne Muskeln willkürlich contrahiren. Viele Einrichtungen des Centralnervensystems scheinen nun darauf hinauszulaufen, der Seele diese Arbeit durch Mechanismen zu ersparen. Hierher gehören (ausser den Automatien) vor Allem die Reflexapparate, welche auf centripetale Impulse geordnete Bewegungen aufführen. Da nun diese Apparate mit den Seelenorganen zusammenhängen, so ist die bereits (p. 405 f.) besprochene Annahme gerechtfertigt, dass die Einwirkung der Seele auf die peripherischen Organe sich darauf beschränkt, dass sie erstens den Reflex verhindern kann, und zweitens den vorhandenen Apparat für die geordnete Bewegung zu jeder beliebigen Zeit in toto zur Action bringen kann, auch ohne die zum Reflexe nöthige centripetale Erregung. Nennt man die Apparate, durch welche die Erregungen einer Gruppe von motorischen Zellen zu einem gemeinsamen Zwecke untereinander verbunden sind (vgl. p. 405), Coordinationscentra, so würde also ein Coordinationscentrum in Thätigkeit versetzt werden können: a. durch centripetal anlangende Erregung (Reflex), b. durch vom Willensorgan ausgehende Fasern. Solche Coordinationsapparate würden also anzunehmen sein im ganzen Rückenmark, in der Med. oblongata, im Mittel- und Kleinhirn.

Etwas ähnliches scheint auf dem Gebiete der Empfindungen vorzukommen; auch hier wird schwerlich die Seele von der Erregung jeder einzelnen centripetalen Faser benachrichtigt, sondern sie scheint mehr summarische Berichte von ganzen Gruppen sensibler Fasern zu erhalten; hierauf deutet namentlich die Mangelhaftigkeit der Localisation („Irradiation"), wie sie sich aus der Lehre von den Empfindungskreisen der Haut (p. 385 f.) ergiebt. Die Apparate welche solche Zusammenordnungen von Empfindungen bewirken, sind noch viel unverständlicher, als die ihnen entsprechenden motorischen Coordinationsorgane; sie scheinen in gleicher Weise wie diese vertheilt zu sein.

Neben den bisher angeführten zweckmässigen Zusammenordnungen von Bewegungen und von Empfindungen giebt es auch solche, welche als Mängel oder Schwächen bezeichnet werden können; man nennt sie im Gegensatz zu den Coordinationen „associirte Bewegungen und Empfindungen", oder auch „Mitbewegungen und Mitempfindungen" (im engeren Sinne). Hierher gehören z. B. das Runzeln der Stirn bei einer starken körperlichen (oder geistigen) Anstrengung, die Empfindung eines Kitzels im Kehlkopf bei Berührung des äusseren Gehörgangs nahe dem Trommelfell. Von den Bewegungsassociationen kann man sich durch den Willen jedesmal, und durch häufige Wiederholung dieses Wollens (Uebung) dauernd frei machen; ebenso wie auch in den wahren Coordinationen und Irradiationen die Uebung zu immer vollkommener Isolation führen kann (vgl. die Unabhängigkeit beider Hände von einander beim Klavierspieler, die Verkleinerung der Empfindungskreise beim Blinden, p. 383, 386).

Die Verbindung der Grosshirnhemisphären mit diesen Apparaten scheint durchgängig gekreuzt stattzufinden, so dass die rechte Hemisphäre mit der ganzen linken Körperhälfte in Verbindung steht, und umgekehrt. Der Ort dieser Kreuzung, welche sich namentlich aus den bekannten Folgen der apoplectischen Ergüsse und Hirngeschwülste ergiebt, lässt sich weder anatomisch noch physiologisch sicher ermitteln; sie scheint im Rückenmark noch nicht stattzufinden, sondern in der Medulla oblongata und im Pons; in den Pedunculi cerebri ist sie bereits vollendet.

Das Wesen der psychischen Processe kann nur nach einer Richtung hin Gegenstand der Erörterung an dieser Stelle sein. Völlig undefinirbar ist nämlich, wie bereits in der Einleitung angeführt, die Vorstellung, der seelische Vorgang, welcher auf unbegreifliche Weise mit der materiellen Thätigkeit der Seelenorgane verknüpft ist. Eine andre Frage aber ist, ob der materielle Vorgang eine von den Vorstellungen unabhängige Kette ist zwischen centripetalen und centrifugalen Erregungen, eine Art complicirten

Reflexes, an den die Vorstellung als wirkungsloses Wesen geknüpft ist, oder ob die Vorstellung activ eingreifen kann in den materiellen Process, also selbstständig zur Erregung einzelner Apparate führt. Die erstere Anschauung leugnet das Vorhandensein des freien Willens, indem sie davon ausgeht, dass es nicht festgestellt ist, ob nicht genau dieselbe Verkettung von centripetalen Eindrücken in demselben Organismus stets genau denselben Effect (dieselbe scheinbar willkürliche Bewegung) haben würde. Der zweiten steht die Schwierigkeit entgegen, einem naturwissenschaftlich undefinirbaren Vorgange einen Eingriff in die den physicalischen Gesetzen folgenden materiellen Theilchen zuzuschreiben. Ueber diese Ansichten zu discutiren ist hier nicht der Ort.

Ein wesentlicher Unterschied zwischen dem psychischen Vorgange und dem geordneten Reflexe liegt jedenfalls darin, dass für den letzteren nur die augenblicklich einwirkenden centripetalen Erregungen, für den psychischen Vorgang aber auch längst vergangene centripetale Erregungen von Einfluss sind. Den Seelenorganen müssen also von Seiten der materialistischen Anschauung Apparate zugeschrieben werden, in welchen die centripetalen Erregungen eine dauernde Veränderung hinterlassen. Welcher Art diese Veränderungen seien, dafür fehlt jeder Anhaltspunct zu Vermuthungen. — Umgekehrt ist man nur da zur Annahme psychischer Functionen berechtigt, wo die motorische Reaction auf sensible Erregung eine Miteinwirkung vergangener Erregungen erkennen lässt (denn das andere Criterium zur Entscheidung der Frage, ob nämlich Vorstellungen vorhanden sind oder nicht, ist absolut unanwendbar, da man an keinem fremden Organismus das Dasein von Vorstellungen erkennen kann). Es ist daher unstatthaft, dem Rückenmark wegen der p. 398 angeführten zweckmässigen Reactionen geköpfter Thiere oder Schlafender, Seelenorgane zuzuschreiben, denn diese Reactionen sind offenbar nur der Ausfluss der momentan einwirkenden Erregungen, wie ihre Regelmässigkeit zeigt, sie sind daher als reine Reflexe aufzufassen (über die scheinbaren Schwierigkeiten dieser Auffassung s. p. 398).

Ein Rückblick auf die cerebrospinalen Apparate zeigt daher folgendes: 1) Ueberall sind Einrichtungen vorhanden, vermöge deren auf eine centripetale Einwirkung augenblicklich die zweckentsprechende geordnete Reaction (Reflex) erfolgt. 2) Ausserdem aber existiren Apparate, welchen ebenfalls die centripetale Einwirkung zugeleitet wird, in welchen aber die Mannigfaltigkeit des Erfolges dadurch grösser wird, dass nicht nur diese, sondern auch frühere Einwirkungen dazu mitwirken; der Erfolg kann nun bestehen in einer Hemmung des Reflexes, und in der Auslösung beliebiger motorischer Gruppen. Wird dieser Apparat ausser Thätigkeit gesetzt (z. B. im Schlafe, s. unten), so arbeiten die ad 1) genannten Einrichtungen ungestört.

Das geköpfte Thier zeigt natürlich viel grössere Abweichungen von dem unversehrten, als ein solches, welchem nur die Grosshirnhemisphären exstirpirt sind, weil dieses auch von den höheren Sinnesorganen noch Eindrücke empfängt. Die Exstirpation des Grosshirns gelingt von höheren Thieren am besten an Vögeln (Tauben überleben sie zuweilen lange Zeit). Solche Thiere zeigen in ihrem Verhalten nur äusserst geringe Unterschiede von unverletzten; sie reagiren auf Gesichtseindrücke als ob sie sähen, u. s. w. Jedoch ist eine vorauszuberechnende Regelmässigkeit in ihren Reactionen, welche am besten erklärlich wird durch die Annahme, dass dieselben nur von den augenblicklichen Eindrücken abhängen, während beim unversehrten Thier auch die längst vergangenen Eindrücke (Erinnerungen) auf das Verhalten influiren.

Psychophysische Beziehungen.

Da man das Wesen der Vorstellung nicht definiren kann, so existirt begreiflicherweise auch kein directes Maass für dieselbe. Trotzdem hat man in neuerer Zeit in den exacter Betrachtung zugänglichsten Theil der Vorstellungen, nämlich die Empfindungen, durch einen Kunstgriff eine Art Messung eingeführt, durch welche eine bestimmte Beziehung zwischen dem Wachsthum des Erregungszustandes im Sinnesorgane und dem Wachsthum des dadurch bedingten Vorstellungs- (Empfindungs-) Zuwachses constatirt zu sein scheint. Es ist aber nicht zu übersehen, dass zwischen dem materiellen Processe im Sinnesorgan und dem im Seelenorgan eine ganze Reihe von Auslösungen existirt, über deren Verhältniss noch nichts bekannt ist, so dass man durchaus noch nicht weiss, wohin die ermittelte Beziehung zu verlegen ist. Man nennt sie die „psychophysische" (Fechner).

Die psychophysischen Ermittlungen wurden dadurch gewonnen, dass man den kleinsten noch durch Empfindungen wahrnehmbaren Erregungszuwachs aufsuchte, d. h. den Erregungszuwachs, der den kleinsten noch sich geltend machenden Empfindungszuwachs bewirkt. Dieser Reizzuwachs ist innerhalb gewisser Grenzen stets der schon vorhandenen Reizgrösse proportional (E. H. Weber), d. h. je stärker ein Reiz (etwa ein Druck) bereits ist, um so mehr muss er verstärkt werden, wenn eine Verstärkung wahrgenommen werden soll; dies Gesetz gilt für alle Sinnesorgane (Fechner, Volkmann). Nennt man also einen Reiz B, die zugehörige Empfindung C, den kleinsten noch merkbaren

Reizzuwachs dB, und den dadurch bedingten kleinsten Empfindungszuwachs dC, so ist der Quotient $\frac{dB}{B}$ constant; da man ferner die Empfindungszuwüchse dC den Quotienten $\frac{dB}{B}$ proportional setzen kann, so ist (K eine Constante):

$$dC = \frac{K \cdot dB}{B}.$$

Integrirt man nun diese Gleichung, indem man die Empfindung C als eine Summe vieler kleiner Empfindungszuwüchse betrachtet, so ist

$$C = \int \frac{K}{B} \cdot dB = K \cdot \log \text{nat} B.$$

Da ferner eine Reizstärke, um überhaupt wahrgenommen zu werden, schon einen bestimmten Werth b haben muss (den „Schwellenwerth", Fechner), so muss man in die letzte Formel statt B setzen $\frac{B}{b}$, also (um ein beliebiges Logarithmensystem wählen zu können, tritt für K der mit dem System variirende Factor k ein):

$$C = k \cdot \log \frac{B}{b},$$

womit ausgedrückt ist, dass C erst dann anfängt positiv zu werden, wenn $B > b$ [denn $C = k\,(\log B - \log b)$]. Die Formel für C („Maassformel", Fechner) zeigt also, dass die Empfindungen wachsen wie die Logarithmen des auf den Schwellenwerth bezogenen Reizes, und deutet im Allgemeinen an, dass mit steigenden Reizen die Empfindungen (entspr. den Logarithmen) zuerst schnell, dann immer langsamer wachsen.

Auf die weitere Vereinfachung und Anwendung dieser Maassformel kann hier nicht eingegangen werden, zumal da die Tragweite dieser Ableitung noch nicht genügend zu beurtheilen ist. In Bezug auf den „Schwellenwerth" des Reizes sei noch bemerkt, dass, da die Wirkung eines Reizes von vielen Umständen abhängt (Intensität, Dauer, Vertheilung auf viele oder wenige empfindende Elemente, Geschwindigkeit des Auftretens, etc.), auch die Reizschwelle auf verschiedene Arten repräsentirt sein kann. Der Reiz eines Tones kann z. B. betrachtet werden als das Product aus der Anzahl der ihn zusammensetzenden Schwingungsreize und der Stärke derselben; die Reizschwelle eines höheren Tones wird daher bei geringerer Intensität liegen, als die eines tieferen.

Schlaf.

In den Seelenorganen wechseln zwei verschiedene Zustände, deren wesentlicher Unterschied unbekannt ist, mit einer gewissen

Regelmässigkeit ab, der des Wachens und der des Schlafens. Es scheint eine Art des Schlafes zu geben, in welchem gar keine Seelenactionen stattfinden, so dass nur die automatischen und reflectorischen Centralorgane thätig sind. Die auf deren Thätigkeit beruhenden Functionen, Circulation, Athmung, Secretionen, Verdauung, u. s. w. gehen ihren regelmässigen Gang, und die sonst noch vorhandenen Reactionen gegen äussere Reize, die sich ganz ähnlich verhalten wie die geköpfter Thiere (p. 398), müssen ganz wie diese als ungestört verlaufende geordnete Reflexbewegungen (p. 399) betrachtet werden. Sie als Erfolge eines noch vorhandenen Restes von Seelenfunctionen, sei es nun im Grosshirn, oder vielleicht in besonderen, nicht am Schlafe theilnehmenden Seelenorganen (des Rückenmarks, etc.) aufzufassen, liegt kein Grund vor (p. 418).

Ob Vorstellungen während des Schlafes existiren, kann nur durch Ein Mittel entschieden werden, nämlich durch die Erinnerung. Diese lehrt nun, dass sehr häufig unvollkommne Seelenthätigkeiten während des Schlafes stattfinden, die Träume. Sie sind mit Empfindungsvorstellungen ohne objective Ursache (Hallucinationen), Willensvorstellungen ohne Effect (Täuschung intendirter, aber unmöglicher Bewegungen) und Denkprocessen ohne die gewöhnliche Logik des wachen Zustandes (scheinbare Lösung von Aufgaben, die sich in der Erinnerung als unsinnig erweist) verbunden. Ueber die Zeit des Traumes zu entscheiden giebt es kein Mittel. Eine sehr häufige Beobachtung scheint anzudeuten, dass vielleicht die meisten Träume erst im Augenblick des Erwachens oder wenigstens einer plötzlichen Verflachung des Schlafes spielen; denn häufig endet ein Traum mit einer Empfindung, zu der eine objective Ursache vorhanden ist, welche zugleich das Erwachen bedingt; gleichzeitig ergiebt sich hieraus, dass mit den Träumen ausserordentliche Zeittäuschungen verbunden sind.

Das Erwachen aus dem Schlafe scheint meist durch eine Empfindung bewirkt zu werden, welche um so stärker sein muss, je tiefer der Schlaf ist. Die Schlaftiefe lässt sich dadurch ausdrücken, dass man in der p. 420 abgeleiteten Formel den Schwellenwerth b, d. h. die Stärke die ein Reiz haben muss, um zu einer Vorstellung zu führen, so gross annimmt, dass bei gewöhnlichen Reizungen C negativ wird. Directe Messungen haben ergeben (Kohlschütter), dass b, mithin die Schlaftiefe, vom Beginn des Schlafes zuerst sehr schnell, dann langsamer zunimmt, bis etwa zum Ende der ersten Stunde, dann wieder abnimmt, zuerst schnell, dann sehr langsam, um beim Erwachen den gewöhnlichen Werth zu erreichen. Häufig treten ohne bekannte Ursachen Verflachungen ein, denen dann wieder Vertiefungen folgen. Je tiefer der Schlaf überhaupt wird, um so länger dauert er. Je tiefer der Schlaf, je grösser also b ist, um so stärker muss natürlich der Reiz B sein, welcher eine Empfindung, also Wachen hervorruft.

Die für das Einschlafen geeignetste Bedingung ist die möglichste Entfernung aller Reize, daher die Stille und Dunkelheit der Nacht. Der Schlaf scheint ferner um so leichter einzutreten, und um so tiefer zu sein, je grösser die vorhergegangenen Anstrengungen der Seelenorgane waren. Während des Schlafes findet eine Restitution derselben und ferner eine Herstellung der ermüdeten, jetzt grösstentheils erschlafften Muskeln statt. Die vielen sonst noch bekannten Einzelnheiten über Schlaf und Traum können hier übergangen werden.

4. Sympathische Centra und Nerven.

Im allgemeinen werden diejenigen Nerven als sympathische bezeichnet, welche die Eingeweide und die Gefässe versorgen, gleichgültig welches ihr Ursprung sei; auch werden die marklosen Nervenfasern, welche überwiegend in den sympathischen Nerven enthalten sind, als „sympathische Fasern“ bezeichnet. Der Ursprung der sympathischen Nerven ist nicht hinreichend constatirt. Die zahlreichen Ganglienzellen, welche haufenweise in den grossen Körperhöhlen und einzeln in den Parenchymen vieler Eingeweide zerstreut sind, sind jedenfalls als Hauptcentralorgane des Sympathicus zu betrachten; aber es ist anatomisch und physiologisch nachgewiesen, dass viele sympathische Fasern theils durch die Rami communicantes der Spinalnerven, theils durch Communicationen mit den Hirnnerven, mit dem Cerebrospinalorgan in Verbindung stehen. Auch sind bereits physiologische Thatsachen dieser Art erwähnt, das Centrum oculospinale (p. 407, 412), ferner der Ursprung der Gefässnerven (p. 412). Jedoch scheint kein einziger sympathischer Nerv mit Willensorganen in Verbindung zu stehen, denn alle Bewegungen der Eingeweide sind völlig unwillkürlich. Ebenso ist die Empfindlichkeit der Eingeweide äusserst gering, so dass man sie den wenigen markhaltigen („cerebrospinalen“) Fasern zuschreibt, welche die sympathischen Nerven enthalten. Fast nur glatte Muskeln, und diese wie es scheint sämmtlich, werden vom Sympathicus beherrscht.

Die Ganglienzellen des Sympathicus und der Spinalganglien sind von einer mit Plattenepithel ausgekleideten Kapsel umgeben (Fräntzel); sie senden gewöhnlich eine grade und eine diese umwindende spiralige Faser aus (Arnold, Beale), so dass sie als bipolar betrachtet werden müssen.

Die Functionen der sympathischen Centralorgane sind, soweit bekannt: 1. Reflexe, und zwar soweit sie Muskelbewegungen betreffen von der Natur der geordneten (p. 398); es müssen daher auch Coordinationseinrichtungen existiren; ausser den motorischen Reflexen existiren auch secretorische. 2. Automatie (motorische und secretorische); möglicherweise sind manche anscheinend automatische Erregungen auch hier reflectorischer Natur, jedoch kann das Cerebrospinalorgan bei diesen Reflexen nicht betheiligt sein, da nach Zerstörung desselben die vom Sympathicus abhängigen („vegetativen") Functionen noch lange Zeit fortdauern können (Bidder); auch bei den automatischen Bewegungen sind Coordinationseinrichtungen erkennbar. Die rhythmische Automatie wird auch hier durch regulatorische Neren, und zwar hemmende und beschleunigende, beeinflusst (vgl. p. 393).

Im Speciellen ist Folgendes über die Leistungen der sympathischen Organe anzuführen:

1. Parenchymganglien. Manche Organe enthalten in ihrer Substanz Ganglienzellen, von denen ihre Function zum Theil beherrscht wird, namentlich das Herz, nach den meisten Autoren auch der Magen und Darm etc. Am besten studirt sind die Herzganglien; dieselben besitzen eine rhythmische Automatie, vermöge deren einzelne isolirte Herzstücke rhythmisch pulsiren. Ausserdem existiren Coordinationseinrichtungen, vermöge deren am unverletzten isolirten Herzen die einzelnen Abschnitte in regelmässiger Aufeinanderfolge sich contrahiren. Ferner unterliegt der Rhythmus dem Einfluss beschleunigender und verlangsamender Fasern, beide vom Cerebrospinalorgan entspringend, aber erstere in sympathischen Bahnen (durch das unterste Hals- und oberste Brustganglion), letztere im Vagus verlaufend. Die gewöhnliche Angabe dass das Herz (in den Vorhöfen) auch hemmende Centralorgane enthalte, ist zweifelhaft (vgl. p. 68).

Der die automatische Erregung der Herzganglien bewirkende Reiz ist unbekannt. Am Froschherzen scheint es der Sauerstoff der Luft oder des Blutes zu sein, da bei Abschluss des Sauerstoffs die regelmässigen Pulsationen aufhören (Goltz, Cyon), obgleich directe Reizung Contractionen bewirkt, die Muskeln also erregbar sind; dagegen scheint die Kohlensäure das hemmende System zu erregen (L. TRAUBE, CYON). Bei Säugethieren sind die Verhältnisse schwerer zu übersehen, da man nicht am isolirten Herzen operiren kann.

Automatische coordinirte Bewegungen durch Parenchymganglien zeigt ferner der Darm in seiner Peristaltik. Auch hier existirt ein Hemmungsnerv (für den Dünndarm) im Splanchnicus (vgl. p. 127). Beschleunigungsnerven scheinen von den sympathischen Plexus des Abdomen zum Darm zu treten (s. unten). Auch für diese Automatie ist der Reiz unbekannt.

Luftzutritt vermehrt die Bewegungen, ebenso Entziehung der Blutzufuhr und zwar durch Wassermangel (vgl. p. 127).

2. Ganglien, Plexus und Grenzstrang. Ueber die Wirkung der zahlreichen in diesen Organen befindlichen Ganglienzellen ist durchaus Nichts ermittelt; Durchschneidungs- und Reizungsversuche haben nur den Durchtritt von Fasern ergeben, welche anscheinend vom Cerebrospinalorgan entspringen. Die einzige anscheinend sichere Thatsache, welche einen Reflex in einem Ganglion zu erweisen schien, nämlich die durch das Gangl. submaxillare reflectorisch vermittelte Speichelsecretion (p. 86) ist neuerdings angezweifelt worden (ECKHARD), weil der Erfolg nur bei electrischer Reizung zuweilen eintrete, und zwar durch Stromschleifen, welche die Secretionsnerven selbst treffen.

Im Halstheil des Sympathicus sind folgende Fasern nachgewiesen:

1. Vasomotorische Fasern für die entsprechende Kopfhälfte (p. 70); Ursprung im Cerebrospinalorgan (p. 412).

2. Fasern für den Dilatator pupillae; Ursprung im Cerebrospinalorgan (p. 412).

3. Secretorische Fasern für die Speicheldrüsen (p. 85) und die Thränendrüse; Ursprung unbekannt.

4. Beschleunigende Fasern für das Herz (v. BEZOLD).

5. Das unterste Halsganglion leitet (nebst dem obersten Brustganglion [G. stellatum], mit dem es häufig vereinigt ist) beschleunigende Fasern zum Herzen, und zwar durch den dritten Ast des Ganglion (E. & M. CYON). — der erste und zweite Ast sind die Wurzeln des N. depressor (p. 71).

6. Zum Cerebrospinalorgan gehende Fasern, welche reflectorisch das Herzhemmungssystem erregen (p. 69).

Am Brusttheil sind nur wenig sichere Versuchsergebnisse gewonnen worden. Das oberste Brustganglion (Gangl. stellatum) leitet beschleunigende Fasern zum Herzen, welche durch den Hals-Grenzstrang (v. Bezold, vgl. p. 69) und durch die die Art. vertebralis begleitende Wurzel (v. Bezold & Bever) zum Ganglion treten. — Der zum Brusttheil gehörige Plexus cardiacus wird von den zum Herzen tretenden und von ihm kommenden Vagus-, Depressor- und Sympathicus-Fasern zusammengesetzt. Vom Brusttheil entspringen ferner die Splanchnici (major und minor), welchen folgende Fasern zugeschrieben werden (Spl. major): 1) Hemmungsfasern für den Darm (p. 127); 2) Beschleunigungsfasern für den Darm (wegen der Wirkung der Reizung nach dem Tode, p. 128); 3) secretorische Fasern für die Nieren (p. 103); 4) vasomotorische Fasern für das grosse Gefässgebiet des Abdomen (p. 71); 3) centripetale Fasern, welche reflectorisch das Herz hemmen (beim Frosche im Grenzstrang liegend, Bernstein); 6) Fasern, deren Reizung meist einen Zuckergehalt des Harns bewirkt (v. Gräfe, Eckhard, Ploch).

Für den Bauchtheil existiren nur sehr wenige zuverlässige Angaben. Reizung des Grenzstrangs und der Plexus (coeliacus, mesenterici, renalis, suprarenalis, spermaticus, hypogastrici) bewirken meist Bewegungen oder verstärkte Bewegungen der benachbarten Organe: Darm, Blase, Ureteren, Uterus, Samenblasen, Milz (Reizung des Plexus lienalis, Zweig des coeliacus — Jaschkowitz); Durchschneidungen und Exstirpationen bewirken meist Circulations- und Ernährungsstörungen. Im Speciellen ist zu erwähnen, dass Exstirpation der Ganglia coeliaca in einem gut constatirten Falle eine vorübergehende Verdauungsstörung bewirkte, bei welcher unverdaute Nahrung per anum entleert wurde (Lamansky). Von den Uterusbewegungen ist Folgendes ermittelt (Frankenhäuser, Kehrer, Körner, Obernier): Reizung der Plexus hypogastrici bewirkt Contractionen; ebenso Reizung des Rückenmarks bis hinauf zum Kleinhirn (hier das Centrum?); die vom Rückenmark zum Uterus tretenden Fasern entspringen hauptsächlich aus der Gegend des letzten Brust- und des 3. und 4. Lendenwirbels. — Die Nebennieren sind nervenreiche, im Innern ganglienähnliche Zellen enthaltende Organe, deren Function räthselhaft ist; während Einige ihnen eine wesentlich nervöse Function zuschreiben, bringen sie Andere mit dem chemischen Vorgange der Pigmentbildung in Zusammenhang, einmal weil bei Erkrankungen derselben sich häufig eine eigenthümliche dunkle Pigmentirung der Haut findet („Bronzed skin“ Addison), zweitens weil sie Substanzen enthalten, welche (an der Luft) leicht in Farbstoffe übergehen (Arnold, Holm).

Anhang. Circulations- und Ernährungsverhältnisse der Centralorgane. Die Thätigkeit der Centralorgane ist von der Circulation in denselben in hohem Grade abhängig, wie die Folgen der Anämie, Hyperämie etc. zeigen (p. 411). Es scheinen besondere Vorrichtungen vorhanden zu sein, welche den Blutdruck regeln. Als solche sind zu erwähnen: 1. Hirn und Rückenmark sind in eine knöcherne Kapsel eingeschlossen, die sie, nebst dem Liquor cerebrospinalis, ganz erfüllen. Wegen der Incompressibilität dieser Theile und der Unnachgiebigkeit der Kapsel scheinen nun cardiale und respiratorische Schwankungen der Gefässlumina in diesen Theilen nicht möglich zu sein; damit dieselben zu Stande kommen, muss entweder die Kapsel geöffnet sein (bei eröffnetem Schädel macht das Gehirn Respirationsbewegungen), oder der Liquor cerebrospinalis muss abgeflossen sein (ist dies z. B. bei Verletzung des Rückgrates geschehen, so macht das Gehirn Respirationsbewegungen, die wie es scheint durch Reibung eine Meningitis basilaris hervorbringen — Rosenthal). — 2. Gegen plötzliche Circulationsunterbrechung durch Verschluss einer Arterie ist das Gehirn durch die Communication seiner vier zuführenden Gefässe mittels des Circulus Willisii gesichert. — 3. Die Blutdruckveränderungen im Gehirn, welche plötzliche Veränderung der Körperstellung (Aufrichten aus horizontaler Lage) hervorbringen könnte, sollen dadurch verhindert sein, dass die Schilddrüse ein collaterales Blutreservoir darstelle (Liebermeister); geschehe die Stellungsänderung zu plötzlich, so trete vorübergehende Ohnmacht ein.

VIERTER ABSCHNITT.

Entstehung, Entwicklung und Ende des Organismus.

VIERZEHNTES CAPITEL.

A. ALLGEMEINES.

Die Entstehung neuer Organismen ist stets an das Vorhandensein von alten geknüpft. Seitdem die freie Zellbildung fast allgemein verworfen ist, darf man überhaupt aussprechen, dass kein organisches Formgebilde aus formlosem Material, sondern jede Form aus einer bereits bestehenden hervorgeht. Das allgemeine Schema der Neubildung ist entweder das Zerfallen des bestehenden Organismus in Theile, die sich von nun ab selbstständig entwickeln, oder die Abspaltung eines sich selbstständig entwickelnden Theiles von dem weiter bestehenden alten Gebilde, welcher entweder mit diesem in Zusammenhang bleibt oder sich von ihm trennt.

Dem eben Gesagten steht gegenüber die noch immer vertheidigte Lehre von der Urzeugung (Generatio spontanea, aequivoca), d. h. der Entstehung von organisirten Wesen aus formlosem Material, z. B. in Gährung oder Fäulniss begriffenen flüssigen Massen. Scheinbare Beweise dafür sind: 1. das Entstehen von pflanzlichen und thierischen Organismen (Pilze, Infusorien) in Aufgüssen organischer Substanzen; 2. das Entstehen von Organismen in völlig abgeschlossenen Höhlen (Entozoen). Jene aber entstehen nachgewiesenermaassen durch die zahlreichen der Luft beigemengten Keime, denn die Infusion bleibt unbelebt, wenn die Luft ohne ihre Beimengungen (durch Ueberbinden des Gefässes mit Filtrirpapier) hinzutritt, oder wenn diese vorher zerstört worden sind (Leitung der Luft durch glühende Röhren). Die Entozoen aber entstehen sicher durch genossene Keime und können in gewissen Stadien ihrer Entwicklung selbst in geschlossene Höhlen einwandern. Trotzdem deutet die Lehre, dass die Erdtemperatur einst so hoch war, dass kein organisirtes Wesen bestehen konnte, darauf hin, dass zu irgend einer Zeit eine wahre Urzeugung stattgefunden haben muss.

Die Aehnlichkeit der erzeugten mit den erzeugenden Organismen erstreckt sich nicht bloss auf die allgemeine Form, sondern auch auf besondere Bildungen, welche nicht die Gattung (Genus) oder Art (Species), sondern die Abart (Varietät, Race) characterisiren, so dass selbst zufällig entstandene formelle Eigenthümlichkeiten sich leicht „vererben". Hierauf gründet sich der Versuch, auch die Entstehung der Arten und Gattungen durch vererbte und immer weiter ausgebildete Formabarten zu erklären (DARWIN). Zur Erklärung der Thatsache, dass eine einmal vorhandene Formabart sich immer weiter ausbildet, genügt eine Annahme, auf welcher das DARWIN'sche System basirt, nämlich die, dass von den entstehenden Organismen nur ein Bruchtheil die zum Fortbestehen erforderlichen Bedingungen genügend vorfindet, dass demnach unter den entstehenden ein Kampf um das Dasein vorhanden ist. In diesem werden immer diejenigen siegen, deren Eigenschaften für die localen Verhältnisse am günstigsten sind. Ist also in einer Thierart auf irgend eine Weise eine gewisse Formvariation entstanden, welche die betreffenden Individuen für die bestehenden Verhältnisse geeigneter macht (z. B. zur Herbeischaffung der Nahrung, zum Ertragen der Temperatur, zum Kampf gegen Feinde, zur Anlockung des andern Geschlechts zur Begattung), so werden diese bei dem Kampfe um das Dasein unter den gegebenen Umständen die Oberhand behalten, ihre Eigenthümlichkeit wird durch Vererbung sich erhalten und durch weitere Variation in derselben Richtung sich immer mehr von der ursprünglichen Form entfernen. So können von derselben Abstammung in verschiedenen Localitäten so verschiedene Abarten sich ausbilden, dass aus den Varietäten neue Species, aus den Species Genera werden. Dass die Uebergangsformen von einer Species zur anderen sich nicht vorfinden können, findet man sofort, wenn man erwägt, dass unter allen von einer Stammform herrührenden grade die extremen Formen am wenigsten bei dem Kampfe ums Dasein collidiren, die mittleren also am leichtesten zu Grunde gehen. — Eine weitere Durchführung dieses Princips in umgekehrter Richtung gestattet die Anschauung, dass alle thierischen (und pflanzlichen) Formen von nur wenigen, vielleicht einer einzigen Stammform herrühren. — Die DARWIN'sche Anschauung hat noch eine andere fruchtbare Seite; sie ersetzt nämlich auch im Speciellen alle teleologischen Anschauungen dadurch dass sie zeigt, wie von allen zufällig entstandenen Bildungen immer nur die zweckmässigsten sich erhalten können, die übrigen aber zu Grunde gehen müssen. — Da die künstliche Thierzüchtung ebenfalls die Erblichkeit gewisser Eigenthümlichkeiten benutzt, und dieselben dadurch weiter ausbildet, dass sie die am meisten damit begabten Individuen vorzugsweise pflegt und zur Fortpflanzung zulässt, so ist das angedeutete Princip von dem Urheber als „natürliche Züchtung" (natural selection) bezeichnet worden.

Zeugungsformen.

Die Grundformen der Zeugung sind folgende:

1. Spaltung des bestehenden Organismus in mehrere gleichwerthige Stücke, welche selbstständig, vereinigt oder getrennt, weiter leben und zur Grösse des alten anwachsen, — Zeugung durch Theilung. Hieran schliesst sich das gesonderte Fortle-

ben der Stücke künstlich getheilter Thiere, welches vielfach beobachtet ist.

2. Abspaltung eines Bestandtheils des alten Organismus, welcher vereinigt mit jenem oder getrennt von ihm sich selbstständig entwickelt, während der erstere weiter besteht. Ist der sich abspaltende Theil ein wesentlicher, mehrzelliger Bestandtheil des alten, der eine Zeit lang oder für immer mit ihm vereinigt bleibt, so nennt man den Vorgang „Zeugung durch Knospenbildung". Ist der sich abspaltende Theil jedoch nur eine einzige Zelle, welche ohne organische Verbindung mit dem Mutterorganismus sich entwickelt, so entsteht eine Zeugung durch Eibildung" und die sich entwickelnde Zelle heisst „Keimzelle" oder „Ei".

Die Zeugung durch Theilung und durch Knospung kommt nur bei niederen Thierformen vor; dagegen ist die Zeugung durch Eibildung in der ganzen übrigen Thierreihe bis zum Menschen, und auch bei vielen niederen Thieren neben den erstgenannten Zeugungsformen, vorhanden.

Die Eizelle ist das Product eines besonderen Organs, des Eierstocks. Nur bei wenigen Thieren geht die Entwicklung des Eies ohne Weiteres bis zu Ende vor sich (Parthenogenesis). Die Regel ist, dass zur Entwicklung überhaupt, oder wenigstens über eine gewisse niedere Grenze hinaus der Zutritt eines besonderen Elementes zum Ei erforderlich ist. Dies Element ist der Saamen, das Product eines anderen Organs, des Hodens. Eierstock und Hoden sind entweder (bei den höheren Thierformen) auf verschiedene Individuen vertheilt, und dann heisst das eierstocktragende „weiblich", das hodentragende „männlich", — oder sie sind beide in einem einzigen Individuum vorhanden, welches dann „hermaphroditisch" genannt wird (bei vielen niederen Thierformen). Der Zutritt des Saamens zum Ei heisst „Befruchtung" und die Zeugung durch zu befruchtende Eier „geschlechtliche Zeugung". Die Zeugung durch Theilung, Knospung oder unbefruchtete Eier (Parthenogenesis) heisst im Gegensatze dazu „ungeschlechtliche Zeugung".

Unzweifelhaft ist eine Parthenogenesis bis jetzt nur bei wenigen Arten festgestellt; sie kommt hier überall nur neben geschlechtlicher Zeugung vor, und liefert stets nur Individuen eines einzigen Geschlechtes (z. B. bei den Bienen männliche, bei den Psychiden weibliche). Das bekannteste Beispiel, das der Bienen, möge hier etwas nähere Betrachtung finden: Im Bienenstocke finden sich drei Arten von Individuen: Männchen (Drohnen), zeugungsunfähige Weibchen

(Arbeiter) und ein zeugungsfähiges Weibchen (die Königin). Die Königin wird einmal im Jahre bei dem sog. „Hochzeitsfluge" von einem der sie umschwärmenden Männchen befruchtet und kehrt mit gefülltem Receptaculum seminis zurück. Sie ist jetzt im Stande, beim Legen die Eier zu befruchten oder unbefruchtet zu lassen; beides geschieht und zwar je nach der Zelle, in welche das Ei gelegt wird; in die Drohnenzellen gelangen unbefruchtete, in die Arbeiterzellen befruchtete Eier. Der Zutritt oder Nichtzutritt des Saamens hängt entweder vom Willen (Instinct) der Königin, oder von den mechanischen Verhältnissen der Zelle, in welche sie den Hinterleib eindrängt, ab. Ob die befruchteten Eier sich zum verkümmerten Weibchen (Arbeiter), oder zum ausgebildeten Weibchen (Königin) entwickeln, hängt von der Fütterung der Larve durch die Arbeiter, vielleicht auch von der Form und Grösse der Zelle ab.

Geschlechtsreife. Fruchtbarkeit.

Die Bedingungen zur Fortpflanzung treten in allen Organismen erst auf einer gewissen Stufe ihrer Entwicklung auf, meist erst, wenn das Grössenwachsthum vollendet ist, so dass der bis dahin zur Vergrösserung verwandte Ueberschuss der Einnahmen über die Ausgaben von da ab zur Production der Keimstoffe oder selbst (bei Lebendiggebärenden) zur Ernährung des sich entwikkelnden Eies verwandt wird Bei den geschlechtlich zeugenden Thieren tritt erst um diese Zeit (Zeit der Reife, Pubertät) die vollständige Entwicklung der keimbereitenden Organe (Eierstock, Hoden) ein. Die Fortpflanzung geschieht von hier ab längere Zeit hindurch, oft bis zum Tode, meist in regelmässigen Intervallen. Sehr verschieden in der Thierreihe ist die Zahl der von einem Individuum oder einem Paare gelieferten Nachkommenschaft, — die Fruchtbarkeit. Man kann bei der quantitativen Bestimmung derselben von zwei Gesichtspuncten ausgehen. Betrachtet man die Fortpflanzung als Function des Mutterorganismus im Zusammenhang mit den übrigen, also als Ausgabe im Verhältniss zu den übrigen Ausgaben und den Einnahmen des Stoffwechsels, so kommt es darauf an, das Verhältniss zwischen dem Gewichte des Thieres und dem Gewichte des von ihm gelieferten Zeugungsmaterials in dem Zustande, in welchem es den Körper verlässt (also Eier bei eigebärenden, Jungen bei lebendiggebärenden, Saamen bei männlichen Thieren), festzustellen. Solche Bestimmungen (Leuckart) zeigen eine enorme Verschiedenheit der Zeugungsausgaben; so beträgt z. B. die jährliche Zeugungsausgabe des weiblichen Organismus beim Menschen etwa $^1/_{14}$, beim Schwein $^1/_2$, bei der Maus fast das 3fache, beim Huhn das 5fache, bei der Bienenkönigin das 110fache des Körpergewichts. Betrachtet man dagegen die Zeugung in ihrer Beziehung zur Erhaltung der Thierart, so muss man statt der Gewichtsvergleichung die Zahl der wirklich entstehenden Nachkommenschaft bestimmen. Die Bestimmungen der ersten Art sind hierfür nicht zu verwenden, weil einmal dasselbe Gewicht an Zeugungsmaterial eine äusserst verschiedene Anzahl von Individuenanlagen bei verschiedenen Thierarten repräsentirt, und weil zweitens für die Befruchtung und Entwickelung eine grosse Anzahl von Umständen zusammentreffen muss, die nur verhältnissmässig selten vorhanden sind, so dass im Allgemeinen nur ein kleiner Bruchtheil des Zeugungsmaterials wirklich seine Bestimmung erfüllt. Die Anzahl der Nachkommenschaft lässt sich aber nur in den wenigsten Fällen direct bestimmen; da man indess annehmen darf, dass das Resultat der Fortpflanzung die Erhaltung der Thierart in einer annähernd constanten Individuenzahl ist, so folgt daraus, dass die Anzahl der Nachkommenschaft in bestimmtem Verhältnisse zur mittleren Lebensdauer der Thierart steht. Bezeichnet man letztere in Jahren mit n, die constante Individuenzahl mit a, so werden innerhalb eines Jahres $\frac{a}{n}$ neue Individuen entstehen. Auf jedes einzelne Individuum kommen also jährlich im Durchschnitt $\frac{1}{n}$ Junge. Wieviel von dieser Production auf jedes zeugende Individuum kommt, hängt hauptsächlich ab: 1. davon, ob ungeschlechtlich oder geschlechtlich, d. h. durch Concurrenz von zweien gezeugt wird, 2. von der Zahl der Zeugenden im Verhältniss zur Gesammtzahl, also von der Dauer des Zeugestadiums im Verhältniss zur Lebensdauer. Die Anzahl der producirten Keime wird nun die hieraus sich ergebenden Zahlen um so mehr im Allgemeinen übertreffen, je seltener die Bedingungen zur Befruchtung oder Entwicklung verwirklicht werden.

Geschlechtliche Zeugung.

Das Ei (Ovum, Ovulum) stellt in seiner einfachsten Gestalt eine kugelige Zelle dar, deren meist fetthaltiges körniges Protoplasma Dotter (Vitellus) genannt wird. Der blasenförmige Kern der Zelle heisst Keimbläschen (Vesicula germinativa) und das Kernkörperchen Keimfleck (Macula germinativa). An vielen Eiern ist eine Zellmembran nicht bestimmt nachzuweisen, und in den meisten Fällen findet man die Zelle mit einer ihr nicht angehörigen mannigfach gestalteten Hülle umgeben, welche, wo eine

Eimembran („Dotterhaut") vorhanden ist, als Auflagerung auf diese betrachtet wird. Diese Hülle ist in der einfachsten Form eine structurlose, ziemlich dicke Membran, so dass sie im optischen Querschnitt als heller Ring erscheint (Zona pellucida der Säugethiere und des Menschen). Bei Fischeiern ist sie von zahllosen Porencanälchen durchbohrt, bei einigen mit zottigen Auswüchsen besetzt, die mannigfachsten Formen endlich finden sich bei wirbellosen Thieren. Bei vielen Thieren besitzt die Hülle eine grössere, für die Befruchtung wesentliche Oeffnung, die Micropyle; namentlich bei zahlreichen Wirbellosen und bei Fischen, vielleicht auch bei höheren Wirbelthieren.

In vielen Fällen besitzt das Ei noch accessorische Umhüllungen, die es theils von seiner Bildungsstätte im Ovarium mitnimmt (so der Discus proligerus s. unten; ferner ist das Gelbe des Vogeleies nach Einigen als der ganze Eierstockfollikel, und als Ovulum nur die sog. „Keimscheibe" oder der „Hahnentritt" anzusehen), theils auf seinem Wege durch die Ausführungsgänge erhält (so wird das Weisse und die Schaalen des Vogeleies dem Ei erst auf seinem durch peristaltische Bewegung erfolgenden Wege durch die Tuba umgossen, daher die spiralige Windung der „Hagelschnüre" [Chalazen]; ähnlich erhält das Kaninchenei eine Eiweissumhüllung in der Tuba).

Der Saamen besteht aus mannigfach, für jede Thierart characteristisch gestalteten Körperchen, welche in einer eiweissreichen Flüssigkeit suspendirt und meist in eigenthümlicher Bewegung begriffen sind. Die Form dieser Saamenkörperchen (Zoospermien, Spermatozoen) ist bei allen Wirbelthieren und vielen Wirbellosen ähnlich, sie bestehen aus einem kugligen, ovalen oder cylindrischen (zuweilen korkzieherartig gewundenen) Körper oder Kopf und einem feinen bedeutend längeren Faden oder Schwanz, der fortwährend in peitschender Bewegung begriffen ist. Bei den Wirbellosen zeigen sich mannigfache andre, zum Theil bewegungslose Formen.

Die Befruchtung besteht in einer Berührung des Saamens mit dem Ei. Diese geschieht entweder bereits innerhalb der weiblichen Geschlechtsorgane, indem der Saamen in dieselben eingeführt wird, oder ausserhalb derselben, indem der Saamen über die bereits entleerten Eier ergossen, oder zufällig (z. B. durch das sie umspülende Wasser) ihnen zugeführt wird. Auch künstliche Befruchtung ist möglich; selbst sehr kleine Mengen Saamen scheinen zur Befruchtung zu genügen, sobald sie noch Saamenkörperchen enthalten (Spallanzani). Die in den erstgenannten Fällen erforderliche Vereinigung des männlichen und weiblichen Körpers heisst Begattung. Sie geschieht bei der Mehrzahl der Thiere zu gewissen regelmässigen Zeiten, in welchen beiderseits das Zeugungsmaterial vollständig vorbereitet ist. Wie es scheint im Zusammenhang mit den Zuständen der keimbereitenden Organe erwacht zu dieser Zeit (Brunstzeit) in beiden Geschlechtern der Trieb zur Begattung, der „Geschlechtstrieb". Wahrscheinlich ist bei allen Thieren der Act der Begattung mit wollüstigen Empfindungen verbunden.

Das Wesen der Befruchtung ist noch nicht aufgeklärt. Höchst wahrscheinlich ist überall zur Befruchtung das Eindringen eines oder mehrerer Zoospermien in das Innere des Eies erforderlich. Wenigstens hat man an den befruchteten Eiern der verschiedensten Thierarten Zoospermien im Eiinhalt bemerkt. Das Eindringen geschieht, wo eine Micropyle vorhanden ist, vermuthlich durch diese, sonst vielleicht durch actives Einbohren in die Eikapsel; von Beidem sind Andeutungen beobachtet worden. Bald nach der Berührung oder dem Eindringen des Saamens beginnt auf unerklärliche Weise veranlasst oder wenigstens gefördert, die Entwicklung des Eies zum Embryo. Die eingedrungenen Saamenfäden verschwinden nach kurzer Zeit; über ihre Veränderungen ist nichts Sicheres beobachtet.

Entwicklung des befruchteten Eies.

Die Entwicklung des Eies beginnt in allen Fällen mit einer Bildung zahlreicher Zellen, durch fortschreitende Theilung der Eizelle, oder wenigstens (s. unten) einer im Ei auftretenden Zelle, — dem sog. „Furchungsprocess". Aus den gebildeten Zellen entstehen die Organe des Embryo in so mannigfacher Weise, dass allgemein für alle Thiere geltende Principien sich nicht aufstellen lassen. In gewissen Thierclassen nimmt nicht der ganze Dotter an der Furchung Theil, sondern nur eine kleine, das Keimbläschen enthaltende Partie desselben (partielle Furchung); man unterscheidet in diesen Fällen den sich furchenden Dottertheil als „Bildungsdotter" von dem Reste, welcher wie es scheint nur chemisch durch seinen Gehalt an Ernährungsmaterial, das allmählich in den Embryo hinüberwandert, bei der Embryobildung betheiligt ist, dem „Nahrungsdotter"; eine solche Trennung ist z. B. vorhanden bei den Eiern der Fische. Auch bei den Eiern der Vögel und beschuppten Amphibien wird ein nicht an der Furchung theilnehmender, hier aber zelliger, Nahrungsdotter von Einigen angenommen; Andre betrachten die so bezeichnete Substanz (beim Vogelei das ganze Eigelb bis auf die Keimscheibe) gar nicht als zum Ei gehörig, sondern als den Inhalt des Ovarialfollikels (s. p. 434).

Die Entwicklung des Eies geschieht in den meisten Fällen ausserhalb des mütterlichen Organismus, in den verschiedensten dazu geeigneten Localitäten. In den meisten Fällen ist eine gewisse Temperatur für die Entwicklung erforderlich, welche theils durch die zum Legen gewählte Localität gegeben ist, theils durch Benutzung der Sonnenwärme erreicht wird, theils endlich von den elterlichen Organismen von ihrer Körpertemperatur abgegeben wird, indem sie mit ihrem Körper die Eier bedecken („Brütung"); sie kann auch künstlich ersetzt werden („künstliche Brütung"). Die zweite Bedingung der Entwicklung ist der Zutritt von Sauerstoff. In dem sich entwickelnden Ei finden ebenso wie im entwickelten Organismus Oxydationsprocesse Statt, welche Sauerstoff verzehren und Kohlensäure liefern. Der Verkehr der Gase mit der Atmosphäre oder dem gashaltigen Wasser geschieht durch die porösen Eihüllen hindurch. — In vielen Fällen (innerer Befruchtung) geschieht die Eientwicklung innerhalb des mütterlichen Organismus, in einer Erweiterung der ausführenden Geschlechtsorgane, dem Uterus (z. B. bei den Säugethieren und beim Menschen). Die beiden Bedingungen der Entwicklung sind hier in sehr vollkommener Weise verwirklicht; die Temperatur wird durch den Aufenthalt in dem constant temperirten mütterlichen Körper erhalten; die Athmung geschieht durch das sehr früh entwickelte Gefässsystem des Embryo, welches an einer der Uteruswand anliegenden Stelle des Eies ein Capillarsystem bildet, dessen Wände mit denen der ebendaselbst stark entwickelten mütterlichen Capillaren in unmittelbarer Berührung sind. Es geschieht also hier, in der „Placenta", ein Uebertritt von Sauerstoff aus dem Blute der Mutter in das des Embryo, und von Kohlensäure auf umgekehrtem Wege. Dasselbe Organ vermittelt auch den Uebertritt von Nahrungsstoffen aus dem mütterlichen in den embryonalen Organismus. Ist die Entwicklung bis zu einem gewissen Grade gediehen, so wird das Ei durch die äussere Geschlechtsöffnung entleert; dieser Vorgang heisst die Geburt.

Modificationen der Entwicklung.

Die Ausbildung des Eies zum vollkommenen, dem erzeugenden ähnlichen Organismus geschieht nicht immer in ununterbrochener Entwicklung. In gewissen Thierclassen bleibt die Entwicklung auf bestimmten Stufen längere Zeit stehen; auf diesen Entwicklungsstufen zeigt der Organismus häufig ganz ähnliche Functionen wie der entwickelte, willkürliche Bewegung, Nahrungsaufnahme und Verdauung etc.; man nennt diesen Zustand den „Larvenzustand“; das bekannteste Beispiel bieten die Larvenzustände bei der Entwicklung („Metamorphose“) der Insecten. Selbst Zeugung kommt in solchen Larvenzuständen vor, und zwar Theilung oder Knospung; in diesem Falle nennt man den Vorgang „Generationswechsel“. Da die Larven meist eine von dem fertigen Organismus völlig verschiedene Form haben und ihr Leben sich von dem eines ausgebildeten Thieres nicht unterscheidet, so sind zahlreiche Larven als besondere Thierarten beschrieben worden, ehe man ihre Entstehung und weitere Entwicklung kannte. Namentlich in den Fällen des Generationswechsels sind die Larven (hier auch „Ammen“ genannt), da die Functionen eines fertigen Thieres selbst mit Einschluss der Vermehrung bei ihnen vorkommen, und ihre Form meist ausserordentlich von der Endform abweicht, lange Zeit für besondere Thierformen, ja für Thiere ganz verschiedener Klassen oder Ordnungen gehalten worden.

Als Beispiele der einfachsten Form des Generationswechsels können die Blattläuse angeführt werden; bei ihnen gehen im Frühjahr aus befruchteten Eiern ungeschlechtliche Junge hervor, welche gleichbeschaffene Jungen lebendig gebären; dies wird mehrere Generationen hindurch fortgesetzt, bis endlich im Spätherbst die Jungen theils männlich theils weiblich geboren werden, sich begatten und überwinternde befruchtete Eier produciren; im Frühjahr beginnt wieder derselbe Cyclus. Die lebendiggebärenden Generationen können nicht etwa als parthenogenetische Weibchen (p. 431) betrachtet werden, weil sie nie sich in die eierlegenden Weibchen der Endgeneration umwandeln können (Leuckart). — Ein complicirteres Beispiel bilden die Eingeweidewürmer aus der Abtheilung der Cestoden, z. B. der Bandwurm, Taenia solium. Der im Darme des Menschen lebende Bandwurm besteht aus einem Kopf mit Saugnäpfen und Hakenkränzen und einer Kette von Gliedern, welche zunächst dem Kopfe am kleinsten sind, und von hier aus an Länge und Breite zunehmen. Die kleinsten sind die jüngsten, sie entstehen fortwährend neu durch Abschnürung vom sogenannten Halse (Knospung). Jedes Glied ist als Individuum zu betrachten und enthält männliche und weibliche Geschlechtsorgane, von den jüngsten an in fortschreitender Ausbildung. Zwischen den einzelnen Gliedern finden nun Begattungen statt, so dass die ältesten (letzten) stets befruchtete und schon in Entwicklung begriffene Eier enthalten. Diese Glieder („Proglottiden“) werden von Zeit zu Zeit abgestossen und mit dem Kothe entleert. Vermuthlich können nun die Eier, wenn sie direct wieder in einen menschlichen Darm gelangen, sich wieder zu Bandwurmköpfen entwickeln und neue Glieder bilden; dies wäre ein Wechsel zwischen zwei Generationen, eine durch Knospung und eine geschlechtlich (hermaphroditisch) sich vermehrend. Der gewöhnliche Vorgang ist aber der, dass die Eier in einem der zahlreichen Thiere, in welche sie mit der Nahrung hineingelangen, und zwar stets vorzugsweise in einer bestimmten Thierart, die Taenia solium z. B. im Schwein, sich entwickeln. Hier bohrt sich der mit Haken versehene Embryo einen Weg in bestimmte zu seinem Aufenthalt geeignete Theile (Leber, Gehirn, Muskeln, etc., die Taenia solium z. B. beim Schwein in das Unterhautzellgewebe; — möglicherweise wird ein Theil des Weges durch Eindringen in das Blut, Embolie und Wiederfreiwerden zurückgelegt), und entwickelt dort einen blasenförmigen Anhang (Cyste), in den er sich hineinstülpen kann. So entsteht aus der Taenia solium der Cysticercus cellulosae („Finne") des Schweins, welcher mit dem Schweinefleisch wieder in den Menschendarm gelangt, seine Blase (durch Verdauung) verliert und Glieder ansetzt. Bei andern, z. B. beim Echinococcus des Menschen etc. (in Leber, Nieren, etc., herstammend von der Taenia Echinococcus des Hundedarms) entstehen in einer aus dem Embryo sich entwickelnden kopflosen Blase („Acephalocyst") viele kleine Cysten mit Taenienköpfen, und häufig in diesen wieder neue Generationen. Hier wechseln also mit der geschlechtlichen Zeugung zwei verschiedene Arten ungeschlechtlicher Zeugung ab, die eine, welche durch mehrere Generationen hindurchgehen kann, durch Knospung von der Embryoblase, die zweite durch Knospung vom Taenienkopfe.

B. ZEUGUNG BEIM MENSCHEN.

Die Fortpflanzung des Menschen geschieht durch geschlechtliche Zeugung mit innerer Befruchtung und intrauteriner Entwicklung. Die Geburt tritt etwa 280 Tage nach der Befruchtung ein. Gewöhnlich wird nur ein Ei, selten zwei, noch seltener drei und mehr auf einmal entwickelt.

Die Geschlechtsreife („Pubertät") tritt beim Menschen etwa im 14.—18. Jahre allmählich ein, beim Weibe etwas früher als beim Manne, ferner früher in heissen Klimaten, als in kalten. Ausser der Entwicklung der Geschlechtsorgane (und ihrer Umgebung, z. B. der Schaamhaare) und den damit zusammenhängenden Functionen (Menstruation beim Weibe, Saamenergiessungen beim Manne) zeigen sich in dieser Zeit auch mannigfache andre körperliche Veränderungen, so die Entwicklung der Brustdrüsen, des Panniculus adiposus beim Weibe, Stimmwechsel (p. 268), Bartentwicklung beim Manne. Zugleich treten auch gewisse psychische Veränderungen ein und es entwickelt sich der Geschlechtstrieb.

Die Zeugungsfähigkeit dauert beim Weibe etwa bis zum 45.—50. Lebensjahre; beim Manne ist noch keine bestimmte Grenze nachgewiesen. Beim Weibe ist auch das Aufhören der Zeugungsfähigkeit (und der Menstruation, — die „Involution") mit gewissen Körperveränderungen, namentlich der Geschlechtstheile verbunden, bei denen aber das Krankhafte vom Normalen noch nicht genügend gesondert ist.

Bereitung der Eier.

Das menschliche Ovulum ist eine Kugel von 0,18—0,2^{mm} Durchmesser. Die äussere Hülle ist eine ziemlich dicke, helle, structurlose Membran, welche als heller Ring („Zona pellucida") erscheint. Eine unter ihr liegende Dottermembran (s. p. 433 f.) ist nicht nachgewiesen. Der Dotter ist ein zähes und körniges Protoplasma, wahrscheinlich contractil; in ihm, meist excentrisch, zeigt sich das Keimbläschen als helle Blase mit dem dunklen Keimfleck. Eine „Micropyle" (p. 434) ist nicht nachweisbar.

Die Bildung des Eis geschieht in den („Graaf'schen") Follikeln des Eierstocks, kugligen Blasen, welche im reifen Zustande etwa die Grösse einer Erbse haben, und in das Stroma des Ovariums eingebettet sind. Ihre Hülle besteht in einer gefässhaltigen, bindegewebigen, geschichteten Kapsel, welche innen von einem mehrschichtigen Epithel (Membrana granulosa s. germinativa) ausgekleidet ist. Letzteres ist an einer Stelle zu einem Zellenhaufen (Cumulus s. discus proligerus) gewuchert, in welchen das Ovulum eingebettet ist. Der Hohlraum des Follikels ist von einer gelblichen eiweisshaltigen Flüssigkeit erfüllt.

Die Entwicklung der Ovula und der Follikel geschieht bei den Säugethieren (und beim Menschen) nach neueren Untersuchungen (Pflüger) höchst wahrscheinlich folgendermaassen: Das den Eierstock überziehende Peritonealepithel sendet stellenweise Fortsätze in das Ovarium hinein, welche später hohl werden und dann cylindrische, im Ovarium verästelte, blind endigende Schläuche (neuerdings auch beim Menschen an embryonalen Ovarien gefunden, Spiegelberg, His, Letzerich) darstellen; man kann diese als Drüsenschläuche betrachten, ebenso wie das Peritoneum und die serösen Häute überhaupt die einfachste Form einer Drüse darstellen (s. p. 78). Während nun die Epithelzellen die Wand des Schlauches auskleiden, bleibt in dem peripherischen Ende desselben, dem sog. „Keimfach", ein Theil der Zellen im Lumen liegen, welche sich durch schnelles Wachsthum ihres Kerns (Keimbläschen) bedeutend vergrössern, die sog. „Ureier". Unter eigenthümlichen Bewegungen des Protoplasma erfolgt dann in den Ureiern eine Theilung des Keimbläschens, wobei sich in der einen Hälfte ein neuer Keimfleck bildet. Diese Theilungen schreiten immer weiter vor, so dass schliesslich eine Reihe von Keimbläschen in einer gemeinsamen lang ausgezogenen Zelle liegen (Eikette); endlich erfolgt zwischen je zwei Bläschen eine Abschnürung des Zelleninhalts, so dass eine Reihe von Eiern, die stellenweise noch durch gemeinsame Membran zusammenhängen, die Axe des Schlauches bilden. Schliesslich entsteht dann an jeder Schlauchstelle, in welcher ein Ei liegt, eine Erweiterung, die Anlage des Follikels, und endlich wird die „Follikelkette" durch Abschnürung der bis dahin gemeinsamen Schlauchmembran zu einer Reihe getrennter GRAAF'scher Follikel, deren jeder ein Ei, zuweilen mehrere, enthält. — Endlich entsteht (SCHRÖN) an einer Stelle in dem Zellenlager des Follikels eine mit Flüssigkeit erfüllte Höhle, welche ringsum vorschreitet und das Zellenlager in eine der Follikelwand anliegende und eine das Ei umgebende Schicht theilt; nur an einer Stelle bleiben beide im Zusammenhang. Durch Vermehrung der Flüssigkeit wird nunmehr das Ei wandständig, seine Zellenumgebung bildet den Cumulus proligerus, und die der Follikelwand anliegende Zellenlage die Membrana granulosa. — Die Epithelzellen des Follikels, welche sich leicht vom Ei trennen lassen, hängen häufig an einer Stelle fest mit diesem zusammen; hier findet man dann eine Zelle mit einer andern innerhalb der Zona oder in dieser selbst liegenden verbunden, durch einen Fortsatz, welcher die Zona durchbohrt. Dies Verhalten kann zur Erklärung des Entstehens einer Micropyle dienen (PFLÜGER). — Aus dem hier Gesagten ergiebt sich, dass die Follikel nichts sind als abgeschnürte Fortsätze des Peritonealsacks, ihr Epithel ein Fortsatz des Peritonealepithels, und das Ei eine umgewandelte Peritonealzelle, — endlich dass der Eierstock in seiner Anlage eine tubulöse Drüse ist, ganz wie sein Analogon, der Hoden. — Nach neueren Untersuchungen indessen (HIS) gehen die Zellen des Ovarium aus dem äusseren Keimblatte hervor (s. unten), so dass die Ovula im Wesentlichen umgewandelte Hautzellen wären.

Von den Follikeln des Ovariums gelangen in bestimmten Intervallen einer oder mehrere „zur Reife"; d. h. ihre Grösse und Wandspannung nimmt durch Vermehrung des flüssigen Inhalts so bedeutend zu, dass sie platzen; da die reifenden Follikel jedesmal sich der Oberfläche des Ovariums nähern, und vor dem Bersten unmittelbar unter der Bindegewebshülle desselben liegen, so gelangt der ausfliessende Inhalt sammt dem in die Zellen des Cumulus proligerus gehüllten Ei unmittelbar in die Bauchhöhle. Dadurch aber dass sich vor dem Bersten die ausgefranzte Mündung der Tuba an die Ovarialoberfläche so anlegt, dass sie kelchartig die Stelle des Follikels umfasst, gelangt das Ei (mit seltenen Ausnahmen, die dann zur Bauchschwangerschaft führen können) in den Canal der Tuba, und wird durch dessen nach aussen gerichtete Flimmerbewegung in den Uterus getrieben. Der Vorgang der Eilösung ist mit einer capillaren Blutung der Uterinschleimhaut verbunden, welche als Menstruation (Regel, monatliche Reinigung) bekannt ist. Die Eilösung geschieht beim Weibe während des Geschlechtslebens, mit Ausnahme der Schwangerschaft und Säugezeit, alle 28 Tage; fast stets wird Ein Ovulum, selten zwei oder mehr auf einmal entleert; — die Blutung hält meist mehrere Tage an. Bei Säugethieren geschieht die Eilösung (Brunst) seltener (1 oder mehreremal jährlich), und hier werden gewöhnlicher mehrere Ovula in kurzer Zeit entleert; auch hier ist ein Blutabgang aus den Genitalien vorhanden. Die Bedeutung dieser Blutung scheint eine „Anfrischung“ (im chirurgischen Sinne) der Uterinschleimhaut zu sein, behufs Aufnahme des Eies, falls dasselbe befruchtet wird (PFLÜGER); hierfür spricht, dass Thiere, welche mehrere Placentarstellen haben (s. unten), nur aus diesen Placentarstellen zur Brunstzeit bluten. — Die geplatzte und entleerte Follikelwand, welche meist einen bei der Zerreissung hineingelangten Bluttropfen einschliesst, verändert sich in eigenthümlicher Weise. Die Zellen der Membrana germinativa wuchern zuerst und füllen sich mit einem gelben Fette an, während die Kapsel selbst immer weniger von dem Stroma des Ovarium zu unterscheiden ist. So entsteht das sog. „Corpus luteum“, welches wiederum immer mehr in das Innere des Ovariums hineinrückt. Nachdem es eine gewisse Grösse erreicht hat (meist schon vor dem Eintritt der nächsten Menstruation; denn man findet meist nur Einen gelben Körper im Ovarium), schrumpft es zu einer bald unkenntlichen, zuweilen Pigmentkrystalle (Hämatoidin, von dem Bluttropfen herrührend) enthaltenden Narbe zusammen. Auch an der Rissstelle der Ovarialhülle bleibt eine Narbe zurück, so dass die ursprünglich glatte Oberfläche mehr und mehr uneben wird. — Während der Schwangerschaft wird das zuletzt entstandene Corpus luteum zu einer viel bedeutenderen Grösse entwickelt, so dass man vor der Erkenntniss der periodischen Eilösung (BISCHOFF) jene allein als „corpora lutea vera“ bezeichnete. — Das bei der Menstruation entleerte Blut ist mit Uterinschleim, besonders mit Epithelzellen und Schleimkörperchen vermengt; wahrscheinlich rührt daher seine grössere Alkalescenz und seine Unfähigkeit zu gerinnen.

Die Vorgänge bei der Menstruation sind noch in vieler Beziehung dunkel; namentlich ist die Ursache der periodischen Follikelreifung, ihr Zusammenhang mit der Uterinblutung, der eigenthümliche Weg der Follikel im Ovarium vor und nach der Berstung, besonders aber die Anlegung des Tubenendes noch nicht hinreichend aufgeklärt. — Die Entdeckung von eigenthümlich gelagerten glatten Muskelfasern in der den Uterus, die Tuben und die Ovarien tragenden Peritonealfalte (ROUGET) scheint die Erklärung für die Mehrzahl dieser Erscheinungen anzudeuten. Es sollen dieselben erstens die Anlegung der Tubenmündung an das Ovarium, und zweitens durch Compression der Venenstämme eine Blutstauung in den Geschlechtsorganen bewirken; die Folge derselben soll eine Art Erection in den den Corpora cavernosa (s. unten) ähnlich gebauten Gefässen sein, welche im Uterus zur Hämorrhagie, im Ovarium aber zur Vermehrung des Inhalts eines Follikels durch Transsudation und schliesslich zum Bersten desselben führt.

Von den weiteren Veränderungen der gelösten Ovula wird erst weiter unten, bei der Befruchtung die Rede sein.

Bereitung des Saamens.

Der menschliche Saamen, in dem Zustande in welchem er entleert wird, ist eine sehr zähe, klebrige, weissliche, alkalische Flüssigkeit von eigenthümlichem Geruche, welche an der Luft dünnflüssiger wird. Sie ist ein Gemisch aus den Secreten der in die ausführenden Wege mündenden Drüsen mit dem ursprünglichen Hodensecret, welches alkalisch oder neutral und geruchlos ist und leichter eintrocknet. — Der Saamen enthält in grosser Zahl die etwa $0{,}05^{mm}$ langen Zoospermien mit mandelförmigem Körper und nach dem Ende zu immer feiner werdenden Schwanze. Die Bewegungen derselben sind pendelnde oder wellenförmige Schwingungen des Schwanzes, durch welche der Körper mit einer Geschwindigkeit von etwa $0{,}05$—$0{,}15^{mm}$ in der Secunde in grader Richtung vorwärts getrieben wird, bis ein Widerstand die Richtung ändert. Die Bewegung ist am schnellsten im eben entleerten Saamen, sehr langsam oder auch ganz fehlend im Saamen des Hodens. Ihre Dauer hängt von sehr vielen Umständen ab; im Allgemeinen von ähnlichen wie die Flimmerbewegung (p. 244). Am längsten erhält sie sich in Flüssigkeiten, deren Concentration der des Saamens gleich ist oder nahesteht, namentlich lebhaft in den Secreten der Saamenausführungswege (Prostatasaft, Cowper-sches Secret, etc.), wahrscheinlich auch in denen der weiblichen Genitalien; in sehr verdünnten Flüssigkeiten hört sie bald auf, in Wasser, Speichel sogleich. Unabhängig vom Concentrationsgrade heben sie auf: viele Metallsalze, Mineralsäuren, alkoholische und ätherische Substanzen, u. s. w. Dagegen wirken die caustischen Alkalien unter Umständen wieder belebend (p. 245). Die Ursache der Bewegung ist gänzlich unbekannt; die Einen halten den Kopf für das active Bewegungsorgan (Grohe), die andern den Schwanz (Schweigger-Seidel, v. la Valette St. George); über die Beziehungen zu den Protoplasma- und Flimmerbewegungen ist schon im 10. Capitel gesprochen worden.

Die hauptsächlichen chemischen Bestandtheile des Saamens sind: Eiweisskörper, Protagon, Fette (?), Wasser und Salze (Kalisalze, Phosphate).

Die Bildung des Saamens geschieht in den Hoden so, dass die Zellen der Hodenkanälchen die Saamenfäden liefern. Die Angaben über die Bildung der letzteren beim Menschen sind noch nicht sicher. Höchst wahrscheinlich entstehen mehrere oder viele Saamenfäden in Einer Zelle, und zwar aus kernartigen (von dem eigentlichen Zellkern aber beim Frosche wohl zu unterscheidenden) ovalen Bläschen, deren jedes an einem Ende zum Schwanze des Saamenfadens auswächst;

zuletzt zerfällt die Zelle, wobei die Saamenfäden frei werden; zuweilen sind an ihnen Fragmente der Zelle zu erkennen (Kölliker). Die saamenbildenden Zellen aber entstehen durch Theilung aus den in der Axe der Hodenkanälchen liegenden Drüsenzellen. Die Flüssigkeit des Saamens entsteht durch unbekannte Secretionsvorgänge der Hodenkanälchen: möglicherweise entstehen die specifischen Bestandtheile aus denselben Zellen, welche die Saamenfäden liefern. Die Saamenfäden der Hodenkanälchen zeigen keine oder nur schwache Bewegungen. Die Saamenbildung geschieht wie es scheint continuirlich.

Der gebildete Saamen gelangt, nachdem er das schwammige Höhlensystem des Corpus Highmori und die Kanäle des Nebenhodens passirt hat, durch das Vas deferens in die Saamenblasen, in welchen er sich ansammelt. Auf diesem Wege mischt er sich mit dem Secret der namentlich am unteren Ende zu traubigen Drüsen ausgestülpten Schleimhaut des Vas deferens und mit dem der Saamenblasen.

Die Entleerung des Saamens geschieht entweder spontan, in Verbindung mit wollüstiger psychischer Aufregung („Pollutiones nocturnae"), oder reflectorisch durch Reizungen des Penis, bei der Begattung. Stets muss im normalen Zustande eine Erection des Penis vorangehen, d. h. eine strotzende Blutanfüllung der drei Corpora cavernosa, wodurch der Penis verlängert und zu einer abgerundet prismatischen Form gesteift wird; zugleich richtet er sich in die Höhe (wegen der Kürze des Aufhängebandes) und nimmt eine leichte nach der Bauchseite concave Krümmung an. Das Wesen der Erection ist noch nicht hinreichend aufgeklärt. Die Corpora cavernosa bilden ein communicirendes Höhlensystem, in welches die feinsten Verzweigungen der in den Septis verlaufenden Arterien einmünden, und aus welchem die Venen hervorgehen. Da die Septa glatte Muskelfasern enthalten, also das Lumen der Corpora cavernosa activ verändern können, so sind zwei Erklärungen für die Erection möglich, nämlich: 1. eine Hemmung des Blutabflusses aus den Schwellkörpern durch Compression der abführenden Venen; 2. ein vermehrter Zufluss durch Nachlass einer im Ruhezustande vorhandenen tonischen Contraction (Kölliker). — Beides scheint in der That stattzufinden, wie folgende Erfahrungen zeigen: 1. Nachlass einer tonischen Gefässverengerung. Beim Hunde giebt Reizung der Nn. erigentes (Fäden die vom Plexus ischiadicus zum Plexus hypogastricus gehen) Erection (Eckhardt); bei dieser Reizung bluten zugleich angeschnittene Arterien des Penis stärker (Lovén); die Erection kann daher nicht bloss von verhindertem Abfluss herrühren, sondern es muss eine Erschlaffung einer Gefässcontraction vorliegen, deren Modus noch unbekannt ist; der Druck in den Penisgefässen erreicht auch bei stärkster Erection nur $^1/_6$ des Drucks in der Carotis (Lovén). Die vasomotorischen Fasern des Penis gehen durch den N. pudendus und die Nn. dorsales penis; Durchschneidung derselben bewirkt für sich keine Erection, verhindert aber die Erection für die Zukunft (Hausmann & Günther). — 2. Eine Compression der abführenden Venen scheint stattzufinden, namentlich beim Maximum der Erection: a. durch den M. transversus perinaei, durch den die Vv. profundae hindurchtreten (Henle), b. durch trabeculare, aus glatten Muskelfasern bestehende Vorsprünge in den Venen des Plex. Santorini (Langer), c. dadurch dass die Vv. profundae durch die Corpora cavernosa selbst hindurchtreten (Langer).

Die zu den Corpora cavernosa führenden Arterien (Arteriae helicinae) haben einen stark gewundenen Verlauf, wodurch eine starke Volumszunahme des Penis ohne Zerrung der Arterien möglich wird.

Begattung.

Die Erection tritt bei jeder Aufregung des Geschlechtstriebes ein, und ist die Einleitung zur Saamenentleerung. Letztere geschieht indess erst nach einer mechanischen Reizung des erigirten Penis, wie sie bei der Begattung durch die Reibung desselben an den unebenen Wandungen der Scheide bewerkstelligt wird. Sie tritt also als Reflexbewegung ein.

Die Entleerung des Saamens aus den Saamenbehältern in die Harnröhre geschieht wahrscheinlich durch peristaltische Contractionen der Saamenleiter und Saamenblasen, die Entleerung aus der Harnröhre aber durch rhythmische Contractionen der Mm. bulbo- und ischiocavernosi. Der Weg zur Blase ist durch die Erection des Caput gallinaginis abgeschnitten, welche zugleich die Harnentleerung während der Erection verhindert. Dem sich entleerenden Saamen mischt sich das Secret der Prostata und der Cowper'schen Drüsen bei (s. oben). Auch in den weiblichen Geschlechtsorganen treten durch die sensiblen Reize beim Coitus gewisse Reflexbewegungen ein, welche wahrscheinlich hauptsächlich die Aufnahme des Saamens in die inneren Genitalien befördern. Als solche werden angegeben: eine senkrechtere Aufstellung des Uterus (vielleicht durch Erection desselben, — Rouget) und vermuthungsweise peristaltische Bewegungen des Uterus und der Tuben, nach dem Ovarium gerichtet, welche bei Thieren wenigstens beobachtet sind. Diese würden erklären, wie ein Theil des Saamens trotz der entgegengesetzt gerichteten Flimmerbewegung zum Ovarium geleitet wird, ein Vorgang, für welchen die regellose Bewegung der Zoospermien nicht verwerthet werden kann. Nach der Ejaculation hört die Erection und die psychische und physische Aufregung sehr schnell auf, beim Manne früher als beim Weibe; bei beiden Geschlechtern folgt eine andauernde Ermattung nach.

Befruchtung.

Der Ort der Berührung zwischen Ovulum und Saamen ist noch nicht sicher festgestellt, höchst wahrscheinlich geschieht sie meist auf dem Ovarium selbst oder in der Nähe desselben in den Tuben; denn man findet häufig bei Säugethieren nach der Begattung die Oberfläche der Ovarien mit Saamenfäden bedeckt (Bischoff); hierdurch sind auch die zuweilen vorkommenden Ovarial- und Abdominalschwangerschaften zu erklären. Eng hängt hiermit die Frage zusammen, ob mit der Begattung eine Eilösung ähnlich der menstrualen verbunden ist, oder ob bei fruchtbaren Begattungen nur die durch die Menstruation vorher oder später gelösten Ovula befruchtet werden. Für das letztere spricht die Analogie mit den Säugethieren, die nur zur Brunstzeit befruchtet werden können. Da nun das menschliche Weib zu jeder Zeit befruchtet werden kann, so muss man, wenn die Begattung nicht direct eine Eilösung bewirken kann, annehmen, dass entweder das noch vorhandene und befruchtungsfähige Ovulum der letzten Menstruation befruchtet wird, oder dass der Saamen sich bis zur nächsten Eilösung befruchtungsfähig in den weiblichen Genitalien, vielleicht auf dem Ovarium erhält. Eine Entscheidung ist noch nicht möglich.

Ueber den Vorgang der Befruchtung und ebenso über die ersten Stadien der Entwicklung existiren beim Menschen keine directen Beobachtungen. Man ist daher hier auf die Analogie der Säugethiere angewiesen, welche bei der folgenden Darstellung der Entwicklungsvorgänge fast durchweg benutzt ist. Die jüngsten durch Fehlgeburten oder durch den Tod der Mutter erhaltenen befruchteten menschlichen Eier sind aus ziemlich späten Stadien der Entwicklung.

Das befruchtete Ei gelangt höchstwahrscheinlich durch die Flimmerbewegung der Tubenschleimhaut in den Uterus, an dessen Schleimhaut es sich festsetzt. Man findet es regelmässig von der Uterusschleimhaut überwachsen. Vermuthlich geschieht dieser Vorgang so, dass die umgebenden Partien der Schleimhaut durch starke Wucherung über das Ei hinüberwachsen und dieser hinübergewachsene Theil (Decidua reflexa) sich mit dem Ei vergrössert. Nach einer anderen Ansicht gelangt das Ei hinter die Uterinschleimhaut (Decidua vera), (nach FUNKE, indem es in eine Uterindrüse, wie es beim Meerschweinchen wirklich nachgewiesen ist, sich einsenkt, und deren Grund durchbohrt), und stülpt diese als Decidua reflexa vor sich her. Später, nach der Ausbildung der embryonalen Gefässe findet eine innige Verbindung derselben mit den mütterlichen der Uterinschleimhaut statt (Placenta). — Die starke Entwicklung eines Corpus luteum (verum, s. p. 441) während der Schwangerschaft spricht dafür, dass die periodische Eilösung während derselben unterbrochen ist. Die Unterbrechung dauert während der Säugezeit fort, wie das Fehlen der Menstruation, und noch sicherer der Mangel frischer Corpora lutea während des Säugens beweist.

Eine beginnende Deciduabildung durch Wulstung der Schleimhaut scheint bei jeder Eilösung zu geschehen und die Ursache zur menstrualen Blutung zu sein (PFLÜGER, vgl. p. 441).

C. EIENTWICKLUNG BEIM MENSCHEN.

Furchung.

Der erste Vorgang der Eientwicklung ist die Furchung (p. 435). Sie beginnt bei Säugethieren schon wenige Stunden nach dem Contact des Saamens mit dem Ei (resp. dem Eindringen der Saamenfäden in den Dotter), so dass das Ei erst auf einer späteren Entwicklungsstufe in den Uterus gelangt. So zweifellos das Wesen der Furchung ist, so verschieden sind die Ansichten über den specielleren Vorgang. Unzweifelhaft besteht die Furchung in einer fortschreitenden Zelltheilung, bei welcher jede kuglige Zelle in zwei Halbkugeln zerfällt. Zweifelhaft ist jedoch erstens die Entstehung der ersten Zelle und zweitens der Modus der Zelltheilung. Die Furchung beginnt nämlich mit einem Zurückweichen des Dotters von der Zona pellucida und dem Verschwinden des Keimbläschens, statt dessen sehr bald ein ebenfalls bläschenförmiger, neuer Zellkern auftritt. Diejenigen, welche das Dasein einer Dottermembran annehmen, behaupten, dass diese sich mit von der Zona abhebe, so dass die erste Furchungszelle, und mit ihr alle folgenden, von einer Zellmembran umgeben ist. Andre dagegen, welche die Dotterhaut leugnen, erklären die erste und alle folgenden Furchungszellen für membranlos. Die Furchung selbst erklären die letzteren für einen Zerfall der membranlosen Dotterkugeln, in welchen vorher eine Kerntheilung oder ein Verschwinden des alten Kerns und Auftreten zweier neuen erfolgt ist. Die Theilung der membranhaltigen Zellen wird verschieden angegeben: in der Zelle zerfällt der Inhalt in zwei Portionen, um welche sich neue Membranen bilden; die so vorgebildeten Tochterzellen werden durch Schwinden der Mutterzellenmembran frei und erhalten erst dann ihren Kern (Reichert); — oder: die Membran der Mutterzelle furcht sich längs des Aequators ein und indem die Einfurchung zur Durchfurchung führt, zerfällt die Zelle (Remak). — Die Furchung schreitet sehr schnell vorwärts (Dauer beim Menschen unbekannt, beim Kaninchen einige Tage, beim Hunde über 8 Tage), und liefert zuletzt eine grosse Menge kleiner, kugeliger, stark lichtbrechender Zellen, welche zusammen ein maulbeerförmiges Aussehen haben.

Während der Furchung verliert das Ei in der Tuba den Discus proligerus (p. 440) und umgiebt sich entweder wie das Kaninchenei (p. 434) mit accessorischen Hüllen, oder die Zona erhält später im Uterus (z. B. beim Menschen) die erste Anlage feiner radial gestellter Zotten, welche sich verzweigen und eine dichte zottige Hülle um das Ei bilden; die Zona erhält dann den Namen Chorion (frondosum).

Anlage des Embryo.

Die Verwendung der durch die Furchung entstandenen Zellen zum Aufbau des Embryo beginnt mit einer Anlagerung des grössten Theils derselben an die Zona zur Bildung einer geschlossenen Membran, Keimblase (Umhüllungshaut, Reichert). An einer Stelle derselben bildet sich eine grössere Anhäufung von Zellen, welche direct zur Bildung des Embryo bestimmt ist, der Fruchthof. Die durch jene Anlagerung sowie durch die Vergrösserung des Eies gebildete Höhle ist mit Flüssigkeit gefüllt, oder enthält bei den Eiern mit Nahrungsdotter (p. 435 f.) den letzteren.

Zum Verständniss der Embryonalentwicklung ist eine von der gewöhnlichen descriptiv-anatomischen etwas abweichende Betrachtung des ausgebildeten Körpers erforderlich. Denkt man sich ein Säugethier mit kurzem, gradgestreckten Darm, und sieht man zunächst von allen drüsigen Eingeweiden gänzlich ab, so lässt sich der Körper als ein Rohr betrachten, dessen Lumen das Darmlumen ist, und dessen Wand aus vielen concentrischen Schichten zusammengesetzt ist, nämlich von innen nach aussen: Darmschleimhaut, Darmmuskelhaut, Darmserosa, Rumpfserosa (parietales Blatt des

Peritoneum), Rumpfmuskel- und -Knochenschicht, Rumpfhaut. Alle diese Schichten sind mit einander verwachsen; nur zwischen Darm- und Rumpfserosa (visceralem und parietalem Peritonealblatt) existirt, bis auf das in der hinteren Medianlinie befindliche Mesenterium, keine Verwachsung, sondern eine Höhle, die Pleuroperitonealhöhle, welche aber leer ist, deren Wände also stets sich vollständig berühren. Das Rohr besitzt eine vollkommne bilaterale Symmetrie. Die Extremitäten, welche kein Lumen haben, können als massive Auswüchse der äusseren Rohrwandung betrachtet werden.

Die embryonale Entstehung dieses Rohrs ist nun im Ganzen folgende: Die Wand entsteht als eine anfangs platte Verdickung der zuerst gebildeten, das ganze Ei umfassenden Keimblase, — der Fruchthof; diese verdickte Stelle spaltet sich nach und nach in die verschiedenen, den Wandschichten entsprechenden Blätter. Das Lumen aber (Darmlumen, s. oben) ist ein Theil des Lumens der Keimblase, welcher sich dadurch von dem Reste absondert, dass der verdickte, zur Embryonalwand werdende Theil der Keimblase von dem Reste („dem peripherischen Theile") derselben in Form eines länglichen Rohres sich abschnürt. Der abgeschnürte Rest der Keimblase heisst dann Nabelblase (bei den Eiern mit Nahrungsdotter [vgl. oben]: Dottersack) und die durch die fortschreitende Abschnürung immer enger werdende und zuletzt sich kanalförmig ausziehende Communicationsöffnung zwischen dem Lumen des Embryo (Darmlumen) und dem der Nabelblase heisst Nabelgang oder Ductus vitello-intestinalis s. omphalo-entericus. Die zuletzt ringförmig werdende Abschnürungsfalte selbst aber ist der Nabel; da die Verdickung und selbst die Schichtspaltung der Keimblase sich nicht auf das sich abschnürende Stück beschränkt, sondern über die Abschnürungsfalte fort sich eine Strecke weit in den peripherischen Theil der Keimblase fortsetzt, so besteht auch die Nabelwand aus mehreren den Embryonalschichten entsprechenden Schichten.

Die Schichtbildungen in dem Fruchthof oder der Embryonalwand, welche zum grössten Theil schon vor dem Beginn der Abschnürung erfolgen, werden verschieden angegeben. Es soll hier nur Eine Ansicht (der Hauptsache nach die Remak'sche) durchgeführt, die übrigen aber nachträglich berücksichtigt werden. Es bilden sich drei Schichten, sog. Keimblätter, in der flachen, zuerst ovalen, später biscuitförmig werdenden Verdickung der Keimblase. Die äusserste oder oberste, das sensorielle oder Sinnesblatt, ist die

Anlage des Hautepithels mit seinen Anhängen, den Hautdrüsen, und des Centralnervensystems (Hirn und Rückenmark) mit seinen Fortsätzen, den höheren Sinnesorganen. Nach neueren Untersuchungen gehören der Anlage nach zu den Hautdrüsen auch die Harn- und Geschlechtsorgane. Das Centralnervensystem entsteht aus dem mittleren (Achsen-) Theil des Blattes, welcher für sich Medullarplatte heisst, das Hautepithel aus dem peripherischen Theil, dem Hornblatt. — Das innerste (unterste) Keimblatt ist das Darmdrüsenblatt, die Anlage des Darmepithels mit seinen Fortsetzungen, dem Epithel und den Drüsenzellen der in das Darmrohr mündenden Drüsen. — Zwischen beiden liegt das mittlere Keimblatt, aus welchem sämmtliche übrigen, aus Bindesubstanzen, Muskeln, Gefässen und Nerven bestehenden Körpertheile sich bilden, die Hauptmasse des Organismus. (Dieses Blatt, welches Remak als motorisch-germinatives Blatt bezeichnet hatte, wird besser mit Reichert Stratum intermedium genannt, weil die wesentlichen Theile der Geschlechtsorgane nach neueren Forschungen nicht aus ihm, sondern aus dem äusseren Keimblatt hervorgehen.) Dieses Blatt spaltet sich schon sehr früh in zwei Platten; die äussere bildet die Rumpfwand, die innere (Darmfaserplatte) die Darmwand mit Ausnahme des Epithels; das Lumen der Spalte bildet die schon erwähnte Pleuroperitonealhöhle. Dadurch dass die Spaltung in der Medianlinie ausbleibt, erhält sich hier eine Verwachsung zwischen Rumpf- und Darmwand, die Anlage des Mesenterium. (Vgl. unten Fig. 32, II., III., IV.)

Entwicklungsvorgänge im Fruchthofe.

In jeder der drei Schichten erfolgen neben dem bereits besprochenen Abschnürungsprocesse gewisse Entwicklungsvorgänge, durch welche sie sich zu ihrem späteren Zustande umgestalten. Die hauptsächlichsten derselben sind: 1. im äusseren Keimblatte die Abschnürung der Medullarplatte von dem Hornblatte und Umwandlung der ersteren in eine Röhre; ferner die Bildung der Urnierenfalte, der ersten Anlage des Harn- und Geschlechtsapparat; — 2. im mittleren die mit der Wirbelanlage beginnende Skelettentwickelung, ferner die bereits erwähnte Spaltung, und die Bildung des Gefässsystems; — 3. im äusseren und im innersten Blatt das Hineinwachsen von Ausstülpungen des Epithels in die unterliegenden vom mittleren Blatt gebildeten Gewebe, wodurch diese zu hohlen theilweise in die Rumpfhöhle hineinragenden Fortsätzen, — Drüsenanlagen, — ausgestülpt werden.

Aeusseres Keimblatt.

1. Am frühesten erfolgt der erstgenannte Vorgang. Die zuerst frei liegende Medullarplatte erhält in der Medianlinie eine Längsfurche, und die dadurch gebildeten beiden symmetrischen Seitenhälften wölben sich gegeneinander zusammen, indem sie die seitlich angehefteten Hornplatten über sich hinüberziehen. Die Ursache dieses Vorganges ist das Hervorwachsen von Fortsätzen des mittleren Blattes, welche sich zwischen die sich gegeneinander wölbenden Medullarplatten und das Hornblatt einzudrängen streben. Endlich sind die Medullarplatten zum Medullarrohr geschlossen und die an der Schlussfuge noch angehefteten Hornblätter werden zuletzt durch die Vereinigung der beiderseitigen Fortsätze des mittleren Blattes hier von dem Medullarrohr völlig abgetrennt, so dass dies jetzt vollkommen von einer Fortsetzung des mittleren Blattes umwachsen ist. Diese Umwachsung bildet den Spinalbogen sammt Muskeln, Bändern und Rückenhaut, welche letztere von dem Hornblatt (Epidermis) überkleidet wird, — am Vorderende (Kopfe) aber die Schädelkapsel. Das Medullarrohr wird zum Rückenmark und Hirn, sein Lumen zum Centralcanal des Rückenmarks mit seiner Hirnfortsetzung, den Hirnventrikeln. (Vgl. u. Fig. 32, II., III., IV.)

Zu beiden Seiten der Medullarplatte entsteht schon sehr frühzeitig eine Längsfalte des Hornblattes, welche sich immer tiefer in die Substanz des mittleren Keimblattes einsenkt und endlich abschnürt; so entsteht jederseits ein von Hautepithel ausgekleideter, im Stratum intermedium liegender Canal, der Wolff'sche Canal, aus welchem Urniere, Geschlechtsdrüse und bleibende Niere hervorgeht. Die zelligen Auskleidungen dieser Organe sind also Abkömmlinge des Hornblattes*), das gefäss- und nervenhaltige Stroma aber gehört dem mittleren Keimblatt an (His). Aehnliche, aber kleinere Einstülpungen des oberen in das mittlere Keimblatt bilden die eigentlichen Hautdrüsen.

Mittleres Keimblatt.

2. Die gleichzeitig beginnenden Entwicklungsvorgänge im mittleren Keimblatte betreffen zunächst die Anlage des Wirbelsystems. Das Centrum derselben ist ein in der Medianlinie verlaufender, sehr früh sichtbarer Streifen, die Chorda dorsalis.

*) Hierdurch erklärt sich das häufige Vorkommen hautartiger Neubildungen (Dermoidcysten mit Haaren etc.) im Ovarium (His).

Zu beiden Seiten derselben zeigen sich zwei längsverlaufende Platten, die Urwirbelplatten, welche sich durch Querlinien in eine Anzahl von Urwirbeln theilen. Der Rest des mittleren Keimblatts, soweit er dem Fruchthof angehört, bildet die Seitenplatten. Die Bestimmung der Urwirbel ist folgende: Sie senden nach der Rückenseite die „Spinalfortsätze" empor, deren Einfluss auf die Rohrbildung des Cerebrospinalorgans und schliessliche Vereinigung zwischen diesem und dem abgetrennten Hornblatt bereits erwähnt ist. Nach innen dagegen umwachsen sie die Chorda (s. u. Fig. II. u. fgde.). Ihre Substanz wandelt sich in mannigfache Gebilde um, nämlich in die Wirbelsäule mit ihren Fortsetzungen, den Rippen, ferner die zugehörigen Muskeln, die Spinalnerven und die Rückenhaut. Die Wirbelkörper entstehen aus dem die Chorda umwachsenden Theil, jedoch so, dass in dem mittleren Querschnitt jedes Urwirbels ein Intervertebralknorpel, und aus je zwei an einander grenzenden Hälften zweier Urwirbel ein bleibender Wirbelkörper entsteht.

In den Seitenplatten geschieht ferner die bereits oben erwähnte Spaltung der Embryonalwand in die beiden Platten, die innere, Darmfaserplatte, und die äussere, Hautplatte oder Visceralplatte. Die Spalte bildet die Pleuroperitonealhöhle, die inneren, ungespaltenen, allmählich in der Medianlinie auf der Bauchseite der Wirbelsäule zusammenrückenden Ränder der Seitenplatten bilden die Mittelplatten, die Anlage des Mesenterium (nach Remak zugleich die der foetalen Harn- und der Geschlechtsorgane).

Der dritte Vorgang in dem mittleren Keimblatte ist die Entstehung des Gefässsystems. Die erste Entwicklung desselben erfolgt in dem gespaltenen Theil des mittleren Keimblatts in der Darmfaserplatte, und setzt sich nach aussen in den noch ungespaltenen peripherischen Theil des mittleren Keimblatts fort. Der noch nicht sicher festgestellte Modus der Gefäss- und Blutbildung ist nach den meisten Angaben der, dass sich netzförmig anastomosirende Zellbalken sondern, deren peripherische Zellenschicht zur Gefässwand, deren centrale Zellen zu den, zuerst farblosen und kernhaltigen, Blutkörperchen werden. Die Grenze der Gefässbildung überschreitet sehr bedeutend (s. oben) die Abschnürungsfalte; die Gefässbildung nimmt einen beträchtlichen, kreisförmig begrenzten Theil der Keimblase ein, welcher Area vasculosa genannt wird. Das erste Gefäss, welches kurz vor der allgemeinen Gefässbildung angelegt wird, liegt in der Darmfaserplatte, und zwar in dem vordersten, bereits durch die Abschnürung zum Rohre geschlossenen Theil derselben, — es ist das Herz.

Zur Veranschaulichung der Lage des Herzens diene Folgendes: Die Abschnürungsfalte schreitet am Kopfe und am Schwanze schneller vor, als längs der Seiten. Auf einer gewissen Stufe der Entwicklung gleicht daher die sich abschnürende Embryonalwand einem hinten etwas niedergetretenen Schuh (s. unten Fig. 32, I.), dessen freie Ränder sich in den Rest der Keimblase umschlagen. Die Oeffnung des Schuhes ist der noch sehr weite Nabel, der Hohlraum wird zum Darmlumen, längs der Medianlinie der Sohle (Rücken des Embryo) verläuft das Cerebrospinalrohr. Die Wände des Schuhes sind durchweg doppelt, bis auf einen in der Medianlinie der Sohle verlaufenden Streifen (Mesenterium); oben an der Schuhspitze und dem obersten Theil des Vorderblatts ist ebenfalls die Wand einfach, Körper- und Darmwand gemeinsam; der ungespaltene obere Theil des Vorderblatts heisst Schlundplatte. Von der Keimblase aus kann man durch den Nabel in den vorderen, bereits zum Rohre abgeschlossenen Theil des Embryonallumens hineingreifen, — dieser Theil, der zum Vorderdarm wird, heisst „Fovea cardiaca", — ebenso in den hinteren, noch nicht so tiefen, die „Foveola posterior". Die der Keimblase zugekehrte Wand der Fovea cardiaca (das Vorderblatt des Schuhes) ist unterhalb der Schlundplatte ebensowohl doppelt, wie die Sohlenwand. Von den beiden Blättern derselben bildet das innere die vordere Wand des Vorderdarms, das äussere aber den über dem Nabel befindlichen Theil der vorderen Wand des Embryo. Die Höhle zwischen beiden ist der vor dem Darm befindliche Theil der Pleuroperitonealhöhle. (S. unten Fig. 32, I., V., VIII.)

Das Herz entsteht in der vorderen Medianlinie oberhalb des Nabels als eine cylindrische Verdickung der vorderen Wand des Vorderdarms (s. u. Fig. 32, V., VI.), welche bald hohl wird und mit den übrigen Gefässen im Zusammenhange erscheint. Die Verdickung wächst nicht nach rückwärts (in die Darmhöhle), sondern nach vorwärts, in die Wandhöhle hinein. Die mit dem Herzen verbundenen Gefässe sind nach zwei Richtungen hin zu verfolgen. Die arteriellen beginnen mit zwei aus dem vorderen Herzende entspringenden Aortenbogen, welche längs der Schlundplatten innen nach hinten umbiegen und nun längs der Chorda zuerst getrennt, in späteren Stadien vereinigt als Aorta herablaufen, und sich in die Endäste, die Iliacae communes vertheilen. Meist sind statt Eines Aortenbogens auf jeder Seite mehrere (drei) vorhanden, die sich aber jederseits wieder zur Aorta oder Aortenwurzel vereinigen. Seitlich entspringt von den Aorten eine Reihe von vertical abtretenden Arterien, welche auf der Darmfaserplatte nach den Seiten verlaufen, endlich die Abschnürungsfalte überschreiten und auf die Area vasculosa übergehen, um sich hier zu verzweigen; diese Arterien heissen Arteriae omphalo-mesentericae. Aus dem hinteren Herzende entspringen mit einem kurzen gemeinsamen

Stamm zwei Venenstämme, welche die nahe Abschnürungsfalte überschreitend sich ebenfalls auf der Area vasculosa verzweigen, — die Vv. omphalo-mesentericae. Beide Verzweigungen communiciren durch ein kreisförmig die Area vasculosa begrenzendes Gefäss, den Sinus terminalis (s. unten Fig. 32, I.). Diese Gefässausbreitung dient höchst wahrscheinlich zur ersten Athmung sowie zur Ernährung des Embryo mittels der in der Keimblase befindlichen Stoffe; sie schwindet um so früher, je weniger bedeutend der Inhalt der Keimblase für die Ernährung ist (p. 447), und wird später durch die ähnlichen Zwecken dienende Allantois ersetzt. Das Herz beginnt sofort mit seinem Entstehen rhythmisch zu pulsiren, so dass in den neuentstandenen Gefässen die Blutkörperchen sofort eine freilich unregelmässige Wanderung antreten.

Inneres Keimblatt.

3. Von dem inneren Keimblatt, dessen Entwicklungsvorgänge am spätesten beginnen, werden durch Ausstülpung von Fortsätzen, welche in die Darmfaserplatte des mittleren Keimblatts hineinwachsen, sowohl die kleinen Drüschen des Digestionscanals*) als auch die Leber, das Pancreas, und ausserdem Lungen und (bleibende) Nieren (?) gebildet. Man sieht leicht wie die Ausstülpung des inneren Keimblatts das Epithel, resp. die Drüsenzellen eines Drüsencanals bilden muss, die eingestülpte Darmfaserplatte aber die bindegewebige, gefäss-, nerven- und muskelhaltige Umhüllung (Drüsengrundlage). Geht die Ausstülpung so weit, dass auch die Darmfaserplatte selbst vorgestülpt wird, wie bei allen grösseren Drüsen, so muss die ausgestülpte Darmwand offenbar in die Pleuroperitonealhöhle hineinwuchern, in welcher in der That alle in den Darm mündenden Drüsen (vom Peritoneum überzogen) liegen.

Die Leber entsteht durch Ausstülpung zweier hohler Fortsätze („primitive Lebergänge") von der vorderen Darmwand, dicht am Nabel (oberhalb desselben); die feinsten Zweigchen bilden das vielfach verschlungene Netzwerk der Lebercanälchen (p. 90), deren innige Verflechtung mit den Gefässen das Parenchym der Leberinseln darstellt; die gröberen Canäle sind die Gallencanäle; eine Ausstülpung des einen primitiven Ganges bildet die Gallenblase. Die Leber umwächst den Stamm der V. omphalo-mesenterica (s. oben), welche mit ihren Gefässen Verbindungen eingeht; eine in sie mündende Darmvene, welche bestehen bleibt, bildet mit jenen Verbindungen später die Pfortader. — Der Leber gegenüber, von der hinteren Darmwand aus, entsteht durch Verzweigung und spätere Aushöhlung einer zuerst soliden Ausstülpung das Pancreas. — Eine fernere Ausbuchtung der vorderen Darmwand, aber oberhalb des Herzens, welche in die

*) Die Magendrüsen sollen jedoch nicht durch Ausstülpung entstehen, sondern dadurch dass auf einer gewissen Stufe der Entwicklung jede Cylinderepithelzelle zu einem Zellenhaufen wuchert, der dann hohl wird (Remak).

Pleuroperitonealhöhle paarig hineinwuchert, bildet die Lungen mit ihrem Bronchialsystem: der Eingang zur Lunge liegt also im Vorderdarm (später Pharynx). — Ueber die Entstehung der Nieren s. unten p. 459. — Endlich sind noch die sog. „Abschnürungsdrüsen" zu erwähnen, die Schilddrüse und Thymusdrüse; erstere entsteht als blasige Ausstülpung der vorderen Wand des Vorderdarms, welche sich abschnürt, dann durch weitere Ein- und Abschnürung in zwei symmetrische Höhlen theilt, die nun ihrerseits neue sich abschnürende Höhlchen bilden; die Thymusdrüse auf analoge Weise (Näheres unten). — Milz, Lymphdrüsen, Follikel und Nebennieren entstehen aus dem mittleren Keimblatt, die erstere aus den Mittelplatten.

Peripherische Entwicklungsvorgänge.

Neben diesen Entwicklungen im Fruchthof verlaufen gewisse andere im peripherischen Theile der Keimblase, deren Bedeutung darin zu liegen scheint, dass sie dem Embryo eine allseitige Entwicklung gestatten, indem sie ihn in eine Flüssigkeit einbetten (Amnion), und dass sie sein Blut in Diffusionsverkehr mit dem mütterlichen bringen, wodurch Athmung und Ernährung möglich wird (Allantois).

1. Entstehung des Amnion. Schon oben ist erwähnt, dass sich die Spaltung des Fruchthofes in Keimblätter über die Abschnürungsfalte hinaus auf den peripherischen Theil der Keimblase fortsetzt, und ebenso die Spaltung des mittleren Keimblatts in Haut- und Darmfaserplatte. Letztere aber erstreckt sich nicht über die ganze Keimblase, sondern nur etwa so weit, wie die Area vasculosa (p. 451). Hier hört das oberflächliche Blatt auf, so dass man von aussen an dieser Stelle, nachdem man das Hornblatt durchbrochen, zwischen beide Blätter des mittleren Keimblatts und schliesslich in die Pleuroperitonealhöhle gelangen kann. Jene Fortsetzung der Hautplatte nun erhebt sich an ihrer Peripherie allmählich aus der Keimblase, und wölbt sich, das obere Keimblatt vor sich hertreibend, über den Embryo von allen Seiten zusammen, bis sie endlich sich über ihm zu einem Sacke, dem Amnion, schliesst, ein Stück des oberen Keimblatts abschnürend, welches nun die Innenfläche des Sackes auskleidet (s. unten Fig. IV., VII., VIII.). Das Amnion ist mit einer serösen Flüssigkeit erfüllt, von welcher der Embryo demnach allseitig umgeben ist; sie enthält ausser den gewöhnlichen Transsudatbestandtheilen Hautsecrete und ferner stickstoffhaltige Oxydationsproducte, vermuthlich durch Diffusion von der Allantois.

2. Entstehung der Allantois. In der Gegend der Ab-

schnürungsfalte entstehen am Schwanzende des Embryo zwei solide Zellenhaufen, welche aus dem äusseren Blatt des mittleren Keimblatts (Hautplatte, p. 451) hervorwachsen und sich bald vereinigen. In diesen Auswuchs, welcher der Darmfaserplatte hart anliegt, wächst eine Ausstülpung des Hinterdarms (der Foveola posterior, p. 452) hinein, so dass er zu einer Blase ausgehöhlt wird; die Blase, die Allantois, wächst zwischen Haut- und Darmfaserplatte (durch den „Hautnabel", s. unten) aus dem Embryo heraus und gelangt so zwischen Amnion und Keimblase; immer weiter wuchernd (s. unten Fig. VIII.) umwächst sie das Amnion und gelangt an die Innenwand des Chorion, dem sie sich in mehr oder weniger grosser Ausdehnung anschmiegt. Die Communication zwischen Hinterdarm und Allantois bildet die Cloake, in sie münden die Urnieren- und die Müller'schen Gänge (p. 459); der sich verschmälernde Theil der Allantois, welcher durch den Hautnabel hindurchgeht, heisst Urachus. Die Allantois ist stark gefässhaltig. Ihre Arterien, die Artt. umbilicales, stammen aus den Iliacae communes; sie führen zu einem stark entwickelten Capillarsystem, dessen Schlingen in die Chorionzotten (p. 447) hineinwuchern; die Venen vereinigen sich zu der unpaarigen V. umbilicalis, welche wieder in den Embryo eintretend, in die V. omphalo-mesenterica mündet, und somit (wie die Pfortader, p. 453) mit den Lebergefässen communicirt; einen Ast sendet sie direct zur Vena cava inf. (Ductus venosus Arrantii). Die stark entwickelten, die Gefässe der Allantois tragenden Chorionzotten wachsen innig in die Uterinschleimhaut hinein, in welcher sich an der entsprechenden Stelle ganz ähnliche colossale Capillarschlingen entwickeln. Beide zusammen bilden die Placenta, in welcher ein Diffusionsverkehr zwischen foetalem und mütterlichem Blute behufs der Athmung und Ernährung stattfindet; das Blut der Nabelvene muss daher heller sein, als das der Nabelarterien, ganz wie später sich Lungenarterien- und Lungenvenenblut verhalten. Die Nabelblase mit der Area vasculosa verliert jetzt ihre Bedeutung und schrumpft sammt ihren Gefässen und dem Ductus vitello-intestinalis zum dünnen Strange zusammen. — Die Flüssigkeit, welche die Allantois enthält, ist ein Transsudat, welchem das Secret der Urnieren, somit stickstoffhaltige Oxydationsproducte beigemischt sind.

Während beim Menschen nur Eine Placenta sich entwickelt, haben manche Thiere (z. B. Wiederkäuer) mehrere Placentarstellen (Placentarcarunkeln), indem an mehreren kleineren Stellen die Chorionzotten in die Deciduazotten hineinwachsen.

Abschluss der embryonalen Entwicklung.*)

Denkt man sich die Abschnürung des Embryo von der Keimblase fast vollendet, so besteht der **Nabel** aus zwei concentrischen Röhren; die innere, der **Darmnabel** (Ductus omphalomesentericus), verbindet die Darmwand mit der Nabelblase; die äussere, kürzere, der **Hautnabel**, verbindet die Bauchwand des Embryo mit dem Amnion (p. 454). Zwischen beiden bleibt ein ringförmiger Raum, durch welchen man in die Pleuroperitonealhöhle gelangt, und durch welchen der Urachus herauskommt (p. 455).

Durch den blossen Abschnürungsprocess wird ein allseitig geschlossenes Darmrohr gebildet, welches mit dem Leibesrohr in der hinteren Medianlinie (Mesenterium) und am ganzen oberen Ende (Schlundplatte) verwachsen ist (s. p. 452). Folgendermassen entsteht nun eine **vordere** und eine **hintere Darmöffnung**: In der Schlundplatte entsteht vorn in der Mitte, dicht unter dem Vorderhirn eine Einstülpung, in welche sich das Hornblatt fortsetzt; diese wird immer tiefer und bricht endlich mit einem Spalt in das obere Ende des Vorderdarms (Pharynx) durch; sie ist die Anlage der **Mund- und Nasenhöhle**. Ferner bilden sich an den Seitentheilen der Schlundplatte je drei von vorn nach hinten gehende rinnenförmige Ausbuchtungen des inneren Blatts, welche schliesslich die Schlundplatte durchbrechen, und so jederseits drei **Schlundspalten** und später noch eine vierte bilden, indem das innere Blatt sich wie die Schleimhaut an den Lippen nach aussen umsäumt; zwischen je zwei Schlundplatten bleibt ein **Schlundbogen** (auch Visceralbogen, Kiemenbogen), und zwar liegen diese so, dass an ihrer Innenseite je ein Aortenbogen von vorn nach hinten läuft (p. 452). Längs der Schlundbogen wachsen Verdickungen von hinten nach vorn und vereinigen sich endlich. Der Raum zwischen Schädel und erstem Schlundbogenpaar wird durch die Mund- und Nasenhöhle eingenommen, das erste Bogenpaar wird zum Unterkiefer nebst den angrenzenden Schädeltheilen; dadurch dass es ferner in den Raum der Mund- und Nasenhöhle zwei einander entgegenwachsende Aeste sendet, welche sich zum Oberkiefer und Gaumen entwickeln, wird eine Trennung der Mund- und Nasenhöhle bewerkstelligt (geschieht das Zusammenwachsen dieser Fortsätze nicht vollkommen, so entsteht Hasenscharte, Wolfsrachen etc.). Die

*) Die Entwicklungsvorgänge sind hier **nicht** in **chronologischer** Reihefolge aufgeführt, hauptsächlich der leichteren Uebersicht wegen. Auch ist eine genaue Chronologie für das menschliche Ei in den ersten Stadien noch unbekannt.

übrigen Schlundspalten verwachsen wieder, die Schlundbogen liefern das Zungenbein, einen Theil der Kehlkopfknorpel, die Halshaut, etc. in einer hier nicht näher zu erörternden Weise. Die Zunge entsteht als Auswuchs an der Innenseite des Unterkiefers. Die hintere Darmöffnung kommt dadurch zu Stande, dass die Cloake (p. 455), das gemeinsame Darm- und Allantoisende, in eine von aussen gebildete Grube durchbricht. Diese gemeinsame Oeffnung wird später durch eine Brücke, das Perinaeum (gebildet durch Hervorwachsen der Scheidewand zwischen Darm und Allantois) in eine besondere für den Darm (After) und eine für die Allantois getheilt. Ueber die weitere Bestimmung der letzteren s. unten.

Von den Schlundspalten verwächst die erste bis auf eine Oeffnung, die Anlage des äusseren Gehörganges. Die zweite, dritte und vierte verwachsen vollständig; indem die Aortenbogen sich von der Innenseite der Schlundbogen zurückziehen und dadurch das Darmdrüsenblatt nach innen mitnehmen, vertiefen sie die dritte und vierte Spalte; durch den aussen erfolgenden Schluss und durch die innen erfolgende Abschnürung vom Darmrohr bildet nun das Drüsenblatt jederseits zwei geschlossene Säckchen, welche sich durch weitere Ausbuchtung und spätere Vereinigung zur Thymusdrüse entwickeln.

Von den übrigen Entwicklungsvorgängen sind hier noch folgende zu erwähnen:

1. Das Medullarrohr (p. 450), dessen Lumen sich durch Wandverdickung immer mehr verengt, zeigt schon sehr früh an dem blasigen Hirnende zwei Querfurchen, wodurch drei Hirnblasen entstehen. Jede Blase treibt beiderseits einen blasigen, später gestielten Auswuchs, welche die Anlagen der drei höheren Sinnesorgane mit ihren Nerven darstellen (vorn Olfactorius; zweite Blase Opticus, dritte Acusticus); die Bläschen sind die Anlagen der peripherischen Nervenausbreitungen. — In die Augenblase, welche unmittelbar unter der Haut liegt, stülpt sich von vorn eine blasenförmige Ausbuchtung der Haut hinein, welche sich schliesslich abschnürt und die Linse mit ihrer Kapsel bildet. Die so in sich selbst eingestülpte Augenblase fällt vollkommen zur blossen Halbkugel zusammen, dadurch dass sich die vordere Hälfte (Retina) dicht an die hintere (Chorioidea) anlegt. Zwischen Linse und Retina entsteht dann der Glaskörper, und ringsum, durch Umlagerung vom mittleren Keimblatt aus, die Sclerotica, welche mit der bedeckenden Hautpartie (Cornea) verwächst. — Die drei Hirnblasen stellen dar (der Reihe nach von vorn) den dritten Ventrikel, die Vierhügelhöhle (Aquaeductus Sylvii), und den vierten Ventrikel. Die

erste sendet jederseits eine neue Blase aus, deren Höhle den Seitenventrikel (1. und 2.; die Communication mit der Urblase ist das For. Monroi), deren Wand die Grosshirnhemisphäre darstellt; diese Seitenblasen überwuchern beim Menschen alle übrigen. Analog sendet die dritte Blase die beiden Kleinhirnblasen aus. Zwischen der ersten und zweiten Blase entsteht ferner schon frühzeitig eine ziemlich scharfe Knickung, so dass jene sich auf die Vorderseite des Embryo herumbiegt. Die Ganglien (Thal. opt. etc.) entstehen als Verdickung der Blasenwände.

Ueber die Entstehung der peripherischen Nerven und Ganglienzellen sind die Angaben verschieden; die Meisten lassen sie aus dem mittleren Keimblatt hervorgehen, Andre (Hensen) lassen die Axoncylinder durch Auswachsen der Medullar-Ganglienzellen in das mittlere Blatt hinein entstehen, während letzteres die Umhüllung (Markscheide und Neurilem) liefere.

2. Der Darmcanal bildet zuerst eine einfache, nur in der Mitte, wo das Mesenterium am längsten ist, schwach geknickte Röhre (s. u. Fig. 32, VIII.) In ihr bildet sich in der Lebergegend eine bauchige Erweiterung, die Anlage des Magens, welcher später durch Drehung seine bleibende Querlage einnimmt und dadurch einen Fundus und die beiden Curvaturen erhält. Durch Verlängerung des Darmrohrs und gleichzeitige Verlängerung des Mesenteriums bilden sich dann die Dünndarmschlingen und die Dickdarmkrümmungen. Das im Embryo liegende Stück des Ductus omph.-mesent. reisst am Nabel ab und bildet einen rudimentären Anhang des unteren Ileumtheiles.

3. Das Herz, anfangs ein grader medianer Schlauch (p. 452), ändert schon sehr frühzeitig seine Form so, dass das venöse (hintere, untere) Ende sich zum arteriellen aufbiegt, so dass das Ganze (mit den Venenanfängen) eine S förmige Gestalt annimmt (s. unten Fig. 32, I.). Die Ursache hiervon liegt darin, dass eine Zeit lang die Aortenbogen nach hinten an Zahl zunehmen, während die vorderen schwinden; hierdurch wird das vordere Herzende nach hinten geschoben, während das Venenende seinen Platz behält. Es lassen sich jetzt drei Abtheilungen am Herzen erkennen, die hintereinander sich contrahiren, Venensinus (aus welchem später die beiden Auriculae sich ausstülpen), Kammer und Bulbus aortae. Jetzt bildet sich eine längsverlaufende Scheidewand, zuerst in der Kammer, später im Venensinus (unvollkommen), wodurch zwei getrennte Kammern und zwei durch das For. ovale communicirende Vorhöfe entstehen. — Von den drei zuletzt übrigen (s. oben) Aortenwurzel-

paaren liefert das erste die Carotiden und Subclaviae (rechts bleibt der gemeinsame Stamm); das zweite bildet links den bleibenden Aortenbogen, der zur ursprünglichen Aorta descendens führt und aus dem die Gefässe des ersten Paares entspringen; sein rechter Ast schwindet. Das dritte Paar giebt die Artt. pulmonales ab; der rechte Bogen schwindet bis auf seine Pulmonalis, der linke bleibt mit der Aorta descendens verbunden, das Verbindungsstück ist der Ductus Botalli. Zuletzt theilt sich der Arterienbulbus so, dass der die Lungenarterien abgebende Abschnitt mit der rechten Kammer und der Rest (mit dem Aortenbogen) mit der linken verbunden ist. Noch aber kann alles Blut auch aus dem rechten Herzen in die Aorta gelangen, auch ohne vorher durch die Lungen zu fliessen, nämlich theils durch das For. ovale, theils durch den Ductus Botalli. Erst wenn die Lungenathmung begonnen hat, nach der Geburt, schliessen sich diese beiden Communicationen, so dass nunmehr das ganze Blut des rechten Herzens in die Lungen geführt wird.

4. Die Harn- und Geschlechtsorgane entwickeln sich folgendermaassen: Die ursprüngliche Anlage jederseits, der Wolff'sche Gang (p. 450), ist am Kopfende blind geschlossen und communicirt am Schwanzende mit dem Hinterdarm (Foveola posterior, p. 452). Das Kopfende sendet nach innen halbfiederförmig eine Reihe von Blinddärmchen aus, welche mit Glomerulis (vom mittleren Keimblatt gebildet) besetzt sind. So entsteht die Urniere oder der Wolff'sche Körper, welcher zuerst die Function einer Niere versieht, späterhin aber zur Bildung der Geschlechtsorgane verwandt wird (s. unten). — Die bleibende Niere entsteht so (Kupffer), dass vom Schwanzende des Wolff'schen Ganges eine Ausstülpung röhrenförmig, parallel dem Urnierengang, in die Höhe wächst, die Anlage des Ureters; das obere Ende wächst in einen Zellenhaufen des mittleren Keimblatts (Nierenparenchym) hinein, wodurch das Nierenbecken und durch Verzweigung desselben die Nierenkelche entstehen. Die Harnkanälchen sind entweder (Remak) weitere Auswüchse der Kelche, deren erweiterte Enden (Kapseln) die Glomeruli umwachsen, oder (Kupffer) sie entstehen selbstständig in der Niere (von der Peripherie aus) und brechen erst dann nach den Kelchen durch. — Ausser diesen Anlagen besteht noch jederseits schon sehr frühzeitig ein enger Canal, der Müller'sche Gang oder Faden; beide münden vereinigt in den Hinterdarm; am Kopfende enden sie in ein Bläschen. — Endlich entwickelt sich

in der Nähe des Kopfes der Urnieren jederseits ein vom mittleren Keimblatt gebildeter Zellenhaufen, die Anlage der Keimdrüse, genauer: des bindegewebigen Stroma's derselben.

Weiterhin entwickeln sich die eigentlichen Geschlechtsorgane, wozu die Wolff'schen Körper mit verwandt werden, nachdem die bleibenden Nieren ihre Function angetreten haben. Bei allen Embryonen, gleichgültig welches Geschlecht sich ausbildet, tritt zunächst ein Theil der Blinddärmchen der Urniere mit der Anlage der Keimdrüse (s. oben) in Verbindung, indem sie in das Bindegewebe derselben hineinwachsen. Wird die Keimdrüse zum Hoden, so verlängern sich die Urnierencanälchen stark und schlängeln sich knäuelförmig; die nicht in den Hoden hineingewachsenen Stämmchen werden zum Nebenhoden, der Urnierengang zum Vas deferens mit einer Erweiterung, den Saamenblasen; die nicht mit dem Hoden verwachsenen Blinddärme sind die Vasa aberrantia Halleri; — der Müller'sche Faden aber verkümmert bis auf einige, unten zu erwähnenden Reste. — Wird die Keimdrüse zum Eierstock, so liefert das Hineinwachsen der Urnierenblinddärme die Eischläuche mit den Eiern (p. 439 f.), der nicht hineingewachsene, dem Nebenhoden entsprechende Rest (Rosenmüller'sches Organ, Nebeneierstock) verkümmert bis auf die später im Mesovarium aufzufindenden Reste. Dagegen erhält der Müller'sche Gang unweit seines oberen Endes, dem Ovarium nahe, eine wandständige Oeffnung, von Franzen umgeben; der Müller'sche Gang selbst wird zur Tuba; die unteren Enden beider Gänge verwachsen und das gemeinsame Stück erweitert und verdickt sich zu Uterus und Vagina; zuweilen greift die Erweiterung auch auf die getrennten Gänge über (Uterus bicornis). Auch beim Manne bleibt eine Erweiterung der Müller'schen Gänge, ein Analogon des Uterus, als Vesicula prostatica bestehen (E. H. Weber). Die oberen blasigen Enden der Müller'schen Gänge persistiren meist, beim Weibe als ein Bläschen in der Nähe der Tuba, beim Manne als „Hydatis Morgagni."

Ist mit der Schliessung des Nabels der Urachus abgeschnürt, so bildet das im Embryo zurückbleibende Stück der Allantois die Harnblase (deren Scheitel mit dem Nabel durch den Urachusstrang in Verbindung bleibt). Der unterste Theil der Allantois, welcher zugleich die Oeffnungen der Harn- und Geschlechtsorgane enthält, heisst Sinus uro-genitalis. Zu beiden Seiten der Oeffnung des letzteren (p. 457) entstehen zwei Hautwülste, welche beim

Weibe die grossen Schaamlippen bilden, beim Manne aber über der Oeffnung zum Scrotum zusammenwachsen und sich in einer persistirenden Nahtlinie (Raphe) schliessen. Vor der Oeffnung ferner entsteht ein länglicher Körper, welcher an der Unterseite eine Rinne trägt, die nach hinten in den Sinus urogenitalis ausläuft. Die Ränder dieser Rinne schliessen sich beim Manne, wodurch die canalförmige Harnröhre entsteht, die an der Spitze des länglichen Körpers, des Penis, mündet; den hinteren Theil der Harnröhre bildet der Sinus urogenitalis. Beim Weibe dagegen bleibt die Rinne offen, ihre Ränder wachsen zu den kleinen Schaamlippen aus, und der Körper selbst wird zur Clitoris. Der Sinus urogenitalis aber verkürzt sich so, dass er nur noch eine Grube zwischen den kleinen Schaamlippen bildet, in welche die Vagina und die Harnblase (als kurze Harnröhre) gesondert münden. — Beim männlichen Embryo erfolgt im 8. Monat das Herabsteigen der Hoden in das Scrotum, Descensus testiculorum, worüber die anatomischen Lehrbücher nachzulesen sind.

Ueber die Einflüsse, welche das Geschlecht des Embryo bestimmen, ist noch nichts Sicheres bekannt. Statistisch will man gefunden haben, dass das Alterverhältniss der Eltern einen gewissen Einfluss auf das Ueberwiegen des einen oder andern Geschlechts ausübe; jedoch wird auch dieser Einfluss verschieden angegeben. Neuerdings ist behauptet worden (Thury), dass das Geschlecht von dem Reifezustand abhänge, den die Eier bei der Befruchtung erreicht haben; zuerst sollen die Eier nur zur Entwicklung des weiblichen Geschlechts im Stande sein und erst später eine Umwandlung erleiden, vermöge deren sie Männchen produciren („Vire"). Jedoch ist dies keineswegs allgemeingültig festgestellt.

5. Die Extremitäten entstehen als warzenartige erst spät in die Länge wachsende Fortsätze an den Seiten des Rumpfes.

Die Entwicklung der Gewebe, einer der wichtigsten Theile der Entwicklungsgeschichte, wird gewöhnlich als Gegenstand der Histologie betrachtet; auch hier wird daher auf die histologischen Lehrbücher verwiesen.

Die älteren Keimblättertheorien (Pander, v. Baer, Bischoff) nehmen im Wesentlichen nur zwei Keimblätter an, ein äusseres „animales", entspr. den Hautplatten mit dem Sinnesblatt, und ein inneres, „vegetatives", entspr. den Darmfaserplatten mit dem Darmdrüsenblatt; zwischen beiden soll dann aus einem besonderen „Gefässblatt" das Gefässsystem entstehen. Die Medullarplatte ist hier nur eine „Belegmasse" eines in dem animalen Blatt durch Zusammenwölbung entstehenden Rohres. — Eine andre Theorie (Reichert) kennt bereits den Spaltungsvorgang im mittleren Keimblatt („stratum intermedium"), unterscheidet sich aber von der REMAK'schen dadurch, dass sie kein sensorielles Blatt annimmt, sondern die ursprüngliche Keimblase als „Umhüllungshaut" persistiren und die eigentlichen Keimblätter sich erst nachträglich von innen her an sie anlagern lässt; zwischen Umhüllungshaut und Stratum intermedium entsteht als besonderes (auf den Fruchthof beschränktes) „oberes" Keimblatt die Medullarplatte, die sich zum Medullarrohr zusammenwölbt. Die Umhüllungshaut bildet in ihrem durch das Amnion abgeschnürten Theil (vgl. p. 454) am Embryo die Hornschicht der Haut, und an der Innenseite des Amnion dessen Epithel (Endamnion).

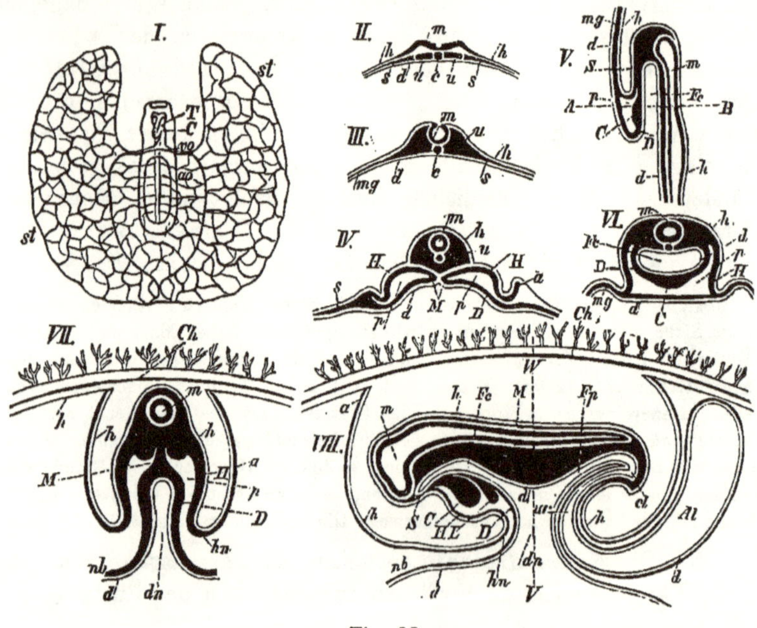

Fig. 32.

Zur Verdeutlichung einiger Hauptpuncte der Entwicklung mögen vorstehende schematische Zeichnungen dienen, bis auf I. sämmtlich Durchschnitte des Embryo. — I. ist eine Flächenansicht desselben von innen (von der Keimblasenhöhle) aus; sie zeigt den schuhförmigen Embryo (p. 452) mit den Gefässen der Area vasculosa. Durch das Vorderblatt des Schuhes hindurch sieht man das bereits S förmig gekrümmte Herz, von dem oben zwei Aortenwurzeln, unten die beiden Vv. omphalomesentericae ausgehen; durch die Oeffnung des Schuhes (Nabel) sieht man die beiden noch getrennten Aorten mit den paarig abgehenden Aa. omphalomesentericae; in der Area vasculosa sind die Arterien schwach, die Venen stark gezeichnet. Die übrigen Figuren sind theils Querschnitte (II., III., IV., VI., VII.), theils mediane Längsschnitte des Embryo (V. und VIII.). Der Querschnitt VI. entspricht der Linie AB im Längsschnitt V.; der Querschnitt VII. ebenso der Linie VW in VIII. — Die Bezeichnungen sind überall dieselben:

h	Hornblatt.	du	Darmnabel (Duct. omph.-mesent.)
m	Medullarplatte, Medullarrohr.	hn	Hautnabel.
mg	mittleres Keimblatt.	Fc	Fovea cardiaca (Vorderdarm).
d	Darmdrüsenblatt.	Fp	Foveola posterior (Hinterdarm).
c	Chorda dorsalis.	a	Amnion (abgelöster und umgeschlagener peripherischer Theil der Hautplatte; in Fig. IV. links noch mit der Darmfaserplatte verbunden, rechts schon abgelöst und sich erhebend).
u	Urwirbelplatten.		
s	Seitenplatten.		
p	Pleuroperitonealhöhle.		
H	Hautplatten.		
D	Darmfaserplatten.	Al	Allantois.
M	Mittelplatten (Mesenterium).	ur	Urachus.
S	Schlundplatte.	cl	Cloake (noch ohne Afteröffnung).
Ch	Chorion frondosum.	vo	V. omph.-mesent.
nb	Nabelblase.	ao	Art. omph.-mesent.
C	Herz.	st	Sinus terminalis.
T	Aortenbogen.	L	Leber.

Um die Zeichnungen möglichst übersichtlich zu machen, sind auf den Querschnitten IV. und VII. in den Mittelplatten die Durchschnitte der beiden Aorten, der beiden WOLFF'schen Körper, etc. nicht angedeutet.

Geburt.

Durch das sich entwickelnde Ei wird der Uterus immer stärker ausgedehnt, so dass zuletzt auch der Cervix völlig verstreicht. Zugleich nimmt seine Wanddicke durch Wachsthum und Neubildung von Muskelfasern, ausserdem auch durch mächtige Entwicklung der Blutgefässe ausserordentlich stark zu. Endlich, etwa 280 Tage nach der Befruchtung, wird durch völlig unbekannte Ursachen die Entleerung des nunmehr reifen Eies eingeleitet. Sie geschieht durch rhythmische, schmerzhafte Contractionen der Uterusmuskeln, die W e h e n, unterstützt durch die Bauchpresse (p. 149).

Das Ei wird beim Menschen nicht unversehrt ausgestossen, sondern zuerst, nach Zerreissung seiner Hüllen, der Embryo, erst später der Rest des Eies. Jene Hüllen sind von aussen nach innen: 1. die Decidua reflexa (p. 446), 2. das Chorion, welches an der Stelle, wo die Allantois anliegt, (in normaler Lage n i c h t am Ausgang des Uterus) die Placenta bildet, am Muttermunde also zottenlos ist, 3. das Amnion (die Nabelblase liegt als unscheinbares Gebilde der Placenta an, vgl. p. 455). Diese Hüllen wölben sich in Folge des Drucks der ersten Wehen blasenförmig durch den Muttermund vor, reissen endlich an einer Stelle, und nachdem sofort ein grosser Theil des Liquor amnii (Fruchtwasser) abgeflossen, liegt ein Theil des Foetus, gewöhnlich der Schädel, frei vor. Jetzt tritt mehr oder weniger schnell die Austreibung ein, verzögert durch die Widerstände, welche theils die Beckenenge, theils die Enge des Muttermundes, der Scheide und der Vulva bieten. Gleichzeitig löst sich auch die Placenta, nicht nur die foetale, sondern auch die mütterliche, also ein Theil der Uterusschleimhaut (p. 455) von der sich contrahirenden Uteruswand allmählich ab, ein Vorgang, der natürlich mit Blutung verbunden sein muss. Nach der Geburt des freien Foetus befindet sich die Placenta mit den an ihren Rand gehefteten Eihäuten, wenn auch schon abgelöst, doch fast stets noch im Uterus, und der Foetus hängt mit ihr durch den langen Nabelstrang zusammen. Dieser besteht aus folgenden Gebilden: 1. der Stiel der Allantois (Fortsetzung des Urachus), mit den Umbilicalgefässen, den noch pulsirenden beiden Arterien und der Vene, welche durch frühere Drehungen des Foetus fast stets spiralig gewunden sind; 2. der geschrumpfte Ductus omphalo-mesentericus mit der Nabelblase; 3. alles andre umgebend der vom Hautnabel ausgehende röhrenförmige Stiel des Amnion, welches dann die Innenseite der Placenta überkleidet und an ihrem Rande auf die des Chorion übergeht. Die Hauptmasse des Nabelstranges bilden die drei Umbilicalgefässe, eingebettet in ein weiches Bindegewebe (Schleimgewebe), die Wharton'sche Sulze.

Sowie die Placenta sich abzulösen beginnt, hört die foetale Respiration durch das mütterliche Blut auf, und es tritt in Folge dessen eine Veränderung der Blutgase ein, welche die erste Inspiration durch die Lungen veranlasst (Schwartz; vgl. p. 147). Die im Uterus befindliche Placenta ist jetzt für das Kind unwesentlich und der Nabelstrang, dessen Arterien zu pulsiren aufhören, kann, nach vorheriger Unterbindung im foetalen Stück, durchschnitten werden, wenn man nicht bis zur Austreibung der Placenta mit den Eihäuten („Nachgeburt“) warten will. Das Kind ist mit dem angehäuften Hauttalg (Vernix caseosa) überzogen. Nachdem die Nachgeburt erfolgt und durch fortschreitende Contractionen des Uterus („Nachwehen“) die Blutung gestillt ist, beginnt eine Regeneration der Uterusschleimhaut und Verkleinerung der Muskelschicht mit Neubildung von Faserzellen; erstere ist mit einem schleimigen, anfangs bluthaltigen Ausfluss (Lochien) verbunden. — Mit der Geburt beginnen die mütterlichen Milchdrüsen zu secerniren (p. 107), und erst beim Nachlass dieser Secretion, etwa nach 10 Monaten, tritt die seit der Befruchtung unterbrochene Menstruation wieder ein.

D. EXTRAUTERINE ENTWICKLUNG.

Mit der Geburt sind bekanntlich weder die formellen noch die functionellen Entwicklungsvorgänge abgeschlossen. Namentlich der Beginn des extrauterinen Lebens und die folgende Zeit bis zur Pubertät sind durch wichtige Entwicklungsvorgänge ausgezeichnet. In diesen Zeitraum (Säuglings- und Kindesalter) fällt die Entwicklung der Knochen, der ersten und zweiten Zähne (über beide Gewebsbildungsprocesse s. d. hist. Lehrbb.), das energischste Wachsthum, vor allem aber die Entwicklung der Seelenthätigkeiten, welche von der ersten niederen, dem Reflexe nahestehenden Stufe durch die Mannigfaltigkeit der äusseren Eindrücke (Erfahrung, Lernen) immer weiter sich ausbilden.

Das Wachsthum ist die Zunahme in allen Dimensionen und im Gewichte des Körpers, bewirkt durch einen Ueberschuss der Einnahmen über die Ausgaben. Sämmtliche Gewebe und Körpertheile nehmen daran Theil, so dass im Allgemeinen die Proportionen des wachsenden Körpers erhalten bleiben; das Schema des Wachsthums ist hauptsächlich die Zunahme der Anzahl der gewebsbildenden Elemente, im Allgemeinen der Erfolg der Zelltheilung, — weit weniger die Vergrösserung der bereits bestehenden; jedoch kommt auch diese als Wachsthumsmodus vor. Das gewöhnliche Maass für das Wachsthum ist die Längenzunahme des Körpers, und diese wiederum hauptsächlich an das Wachsthum der Knochen geknüpft. Dieser mit dem Verknöcherungsprocess eng verbundene Vorgang dauert so lange als noch ossificirendes Material in der Längsaxe des Knochens vorhanden ist, bei Röhrenknochen also, so lange die Knochenkerne der beiden Epiphysen von dem Diaphysenknochen noch durch eine Knorpelschicht getrennt sind. Dies dauert etwa bis zum 22. Lebensjahre, wo die Röhrenknochen ein einziges Stück bilden, also das Längenwachsthum vollendet ist. — Das Wachsthum in anderen Dimensionen und die Gewichtszunahme dauert etwa bis zum 40. Jahre fort.

Eine Gewichtsabnahme kommt vor in den ersten Lebenstagen nach der Geburt; ferner nach dem 40.—50. Lebensjahre, woran sich etwa vom 50. Jahre ab eine Längenabnahme schliesst.

Man theilt gewöhnlich das menschliche Leben in folgende Zeitabschnitte („Lebensalter"): 1. Säuglingsalter, von der Geburt bis zur ersten Dentition (die 7—9 ersten Monate): stärkstes Wachsthum, Längenzunahme um $^{2}/_{3}$ (20^{cm}); — 2. Kindesalter, bis zur zweiten Dentition (9. Monat — 7. Jahr): Wachsthum im 2. Jahre etwa 10, im 3. etwa 7, dann jedes Jahr etwa $5^{1}/_{2}$cm; — 3. Knabenalter, bis zur Pubertät (7.—14. Jahr); — 4. Jünglingsalter, bis zur Vollendung des Längenwachsthums (15.—22. Jahr); — 5. Alter der Reife (früheres Mannesalter), bis zur Involution beim Weibe und beginnenden Rückbildung beim Manne (22.—45. Jahr); — 6. Alter der langsamen Rückbildung (späteres Mannesalter und Greisenalter), vom 45. Jahre ab bis zum Ende.

Die Rückbildung im späteren Leben besteht in mannigfaltigen Abnutzungs-, Schrumpfungs- und Zerfallprocessen, bei denen das Krankhafte vom Normalen noch zu wenig gesondert ist, als dass die Erscheinungen hier aufgeführt werden könnten.

E. TOD.

Der Tod unterbricht die für das Leben characteristischen Vorgänge im Organismus (vgl. die Einleitung), in welchem jetzt eine Reihe von Processen beginnt, die man als „Fäulniss" zusammenfasst.

Das entscheidende Moment, welches das Ende des Lebens bezeichnet, wird sehr verschieden aufgefasst. Am natürlichsten sieht man die Leistungen des Organismus, Bewegung und Wärmebildung, namentlich die erstere wegen ihrer leichten Erkennbarkeit, als Characteristicum des Lebens an; unter den Bewegungen aber kann man begreiflicherweise nur eine automatische als Merkmal des Lebens benutzen, und unter diesen ist die regelmässigste, und zugleich auffallendste die Herzbewegung. Gewöhnlich wird daher der Stillstand des Herzens als Zeichen des Todes angesehen.

Wenn nun auch hiergegen eingewendet werden kann, dass das Aufhören Einer Leistung nicht als Zeichen für das Aufhören aller angesehen werden darf, so ist doch der Herzstillstand zugleich ein sicheres Zeichen des nahen Todes, denn die Leistung jedes Organs ist an die Zufuhr sauerstoffhaltigen Blutes gebunden, und diese bewirkt das Herz; der Herzstillstand ist daher zugleich eine der wichtigsten Todes-Ursachen.

Die Aufsuchung der Todesursachen ergiebt Folgendes: Da die Leistungen das Resultat der Oxydationsprocesse sind, so ergeben sich sofort drei Arten des allgemeinen Todes: 1. Mangel an Oxydationsmaterial oder an den für die Lebensprocesse unentbehrlichen unorganischen Stoffen, also mangelhafte Ernährung; 2. Mangel der Zufuhr sauerstoffhaltigen Blutes; 3. Mangel der Bedingungen für die oxydirende Wirkung des Sauerstoffs. Je nachdem diese Umstände auf einen einzelnen oder auf alle Körpertheile einwirken, kann allgemeiner oder nur localer Tod eintreten. Letzterer (Necrose, Gangrän) kann wiederum zum allgemeinen Tode führen, wenn er Organe betrifft, deren Zerstörung diesen herbeiführt. — Das Ineinandergreifen der Lebensprocesse macht eine strenge Sonderung jener drei Todesarten unmöglich; jeder der drei Umstände zieht meist die beiden anderen nach sich; es wird daher nur soweit auf die einzelnen Rücksicht zu nehmen sein, als sie primäre Todesursachen abgeben.

I. Mangelhafte Ernährung bildet eine sehr häufige, aber wohl stets nur mittelbar wirkende Todesursache (Aufhören der Leistungen in den Herz- oder Athemmuskeln). Ihrer Natur nach bewirkt sie einen allmählichen Tod; der Hungertod (p. 181), der Tod durch Wassermangel (z. B. bei der Cholera), der Tod durch „Altersschwäche", zum Theil auch der locale Tod durch örtliche Kreislaufsstörungen, gehören hierher.

II. Die Zufuhr sauerstoffhaltigen Bluts kann mangelhaft werden oder aufhören: 1. durch Mangel an Blut, Verblutung durch Oeffnung grosser Gefässe oder des Herzens selbst. Ist die Blutung nicht tödtlich, erfolgt ein Wiederersatz durch Wasser (p. 164), so kann doch die Menge der rothen Blutkörperchen so gering sein, dass sie nicht den genügenden Sauerstoffverkehr unterhalten können. — 2. durch Aufhören der Blutbewegung; dies tritt ein: a. local durch Verschluss (Unterbindung, Thrombose, Embolie oder Durchschneidung) der zuführenden Arterien, oder Hemmung des Blutabflusses durch Hindernisse in den Venen; die Folge ist localer Tod (s. oben) oder auch direct allgemeiner Tod, wenn nämlich die Kreislaufsstörung die Hauptgefässstämme betrifft; — b. allgemein durch positiven Druck im Thorax (p. 63) oder durch Nachlass und Stillstand der Herzbewegung; dieser kann wiederum eintreten: durch Zerstörung oder mangelhafte Ernährung (Atrophie) der Herzsubstanz, Unterbrechung des Kreislaufs in den Coronararterien, starke Reizung der Medulla oblongata oder der Vagi (schwerlich pathologisch vorkommend), Lähmung der Herzganglien durch specif. Einflüsse (Herzgifte), oder durch mangelhafte Sauerstoffzufuhr. — Auch wäre ein Aufhören des Kreislaufs durch völlige Unwirksamkeit der Herzbewegungen denkbar, z. B. bei Zerstörung oder Unwirksamkeit der Herzklappen. — 3. durch Hinderung der Sauerstoffaufnahme des Blutes; hierher gehören sämmtliche p. 149 aufgeführten, Erstickung herbeiführenden Einflüsse, von denen einer, nämlich das Aufhören der activen Athembewegungen (abgesehen von der natürlich unschädlichen Apnoe durch Sauerstoffüberschuss

p. 147), hier in seinem Zustandekommen etwas näher betrachtet werden soll. Es können nämlich dazu führen: a. Lähmung des Athmungscentrums in der Medulla oblongata, durch Verletzung oder Zerstörung (z. B. durch Apoplexie), mangelhafte Blut- oder Sauerstoffzufuhr (aus schon genannten Ursachen), endlich Einwirkung lähmender Gifte (Opium etc.); b. Störung in der Nervenleitung zu den Athemmuskeln, z. B. Durchschneidung oder Compression der Phrenici, Vergiftung durch Curare; c. Lähmung der Athemmuskeln, des Zwerchfells; d. Tetanus der Athemmuskeln, z. B. durch Strychninvergiftung, oder durch Reizung der Vagi; e. mechanische Hindernisse der Thoraxausdehnung, z. B. Druck. — 4. durch Austreibung des Sauerstoffs aus dem Blute (Kohlenoxydvergiftung) oder durch Entziehung desselben (durch reducirende Gifte; vgl. p. 149).

III. Von den Bedingungen der Oxydationsprocesse ist noch äusserst wenig bekannt. Es ist schon früher erwähnt (p. 203), dass die mittlere Körpertemperatur ein Erforderniss zum Leben ist. Starke oder wenigstens anhaltende Erhöhungen und Erniedrigungen derselben (Erhitzung oder Abkühlung mit gleichzeitiger Aufhebung der Wärmeregulationsmittel) führen den Tod herbei. Möglicherweise giebt es auch Gifte, welche, ähnlich den gährungshemmenden Mitteln, die Oxydationsprocesse unmöglich machen.

Auf welche Weise nun die auf den Organismus wirkenden Schädlichkeiten (Krankheiten, Verletzungen, abnorme äussere Verhältnisse) den Tod herbeiführen können, zu ermitteln, ist eine Aufgabe der pathologischen Wissenschaften. Als physiologischer („natürlicher") Tod wird gewöhnlich der Tod durch „Altersschwäche" bezeichnet, eine Todesart, deren nächste Ursachen nicht bekannt ist, deren entferntere Ursachen aber in der im Alter abnehmenden Leistungsfähigkeit sämmtlicher Organe, theils durch Atrophie, theils durch Degeneration, zu suchen ist.

Der abgestorbene Körper fällt, nachdem die Erscheinung der Todtenstarre vorüber ist, der Fäulniss anheim, wofern diese nicht durch schnelles Eintrocknen oder fäulnisswidrige Mittel verhindert wird. Die Fäulniss, über welche noch wenig bekannt ist, besteht in einer langsamen Oxydation der organischen Bestandtheile durch den Sauerstoff der Luft, unter dem Einfluss eines Ferments, als welches wahrscheinlich stets Vibrionen zu betrachten sind (Pasteur). Ein Vorläufer der Fäulniss, welcher neben der Todtenstarre als ein annähernd sicheres Todeszeichen benutzt wird, sind die sog. „Todtenflecke" (Livores), entstanden durch Diffusion des Farbstoffs der Blutkörperchen, zunächst in das Serum, dann in die Flüssigkeiten der Gefässwände, Parenchyme und der Haut.

Berichtigungen und Zusätze.

Seite 29 und 40. Den Angaben über die Bildung substituirter Hippursäuren im Körper, welche ich mündlichen Mittheilungen der Herren SCHULTZEN und GRÄBE verdanke, ist nach der unterdess erfolgten Publication noch zuzufügen, dass eine Amidohippursäure noch nicht mit Sicherheit erhalten ist (die Angabe beruhte auf einem Missverständniss meinerseits), ferner dass auch die 2-basische Phthalsäure (ein Benzol, in welchem zweimal ein H-Atom durch die Gruppe ΘΘ.ΘH vertreten ist) wahrscheinlich eine Phthalursäure liefert, indem an jede der beiden ΘΘ.ΘH-Gruppen das Glycin sich anlegt.

Seite 83. Nach Zeile 4 ist folgender Absatz einzuschalten:

Die serösen Höhlen (Pleura, Peritonealraum) communiciren durch Oeffnungen, welche zwischen den Epithelzellen liegen, mit den Lymphgefässen der Wandungen (v. RECKLINGHAUSEN, OEDMANSSON); bei Fröschen kommen auch grössere, mitunter mit flimmernden Rändern versehene, Oeffnungen vor, die aus der Bauchhöhle direct in die Cysterna magna führen. Diese Oeffnungen können den Durchtritt feiner fester Partikelchen vermitteln (v. RECKLINGHAUSEN, DYBKOWSKY), so dass die Höhlenflüssigkeiten, welche auch farblose Zellen enthalten, mit der Lymphe, und die serösen Höhlen mit den Lymphräumen (p. 156) auf einer Stufe stehen (v. RECKLINGHAUSEN).

Seite 102, Zeile 15 von unten, lies MAX HERRMANN.

Seite 110. Nach neuen Untersuchungen des Herrn HERZENSTEIN wird die Thränensecretion vom N. lacrymalis beherrscht, dessen Reizung starke Secretion giebt; auch der Halssympathicus wirkt zuweilen secretionsvermehrend. Die reflectorische Secretion durch Reizung der Nasenschleimhaut ist auf die gereizte Seite beschränkt und bleibt nach Durchschneidung des Lacrymalnerven aus.

Seite 131 und 202. Neue Messungen (COLIN) haben ergeben, dass das Blut des linken Herzens nicht immer kälter, sondern, namentlich bei grossen Thieren, häufig wärmer ist als das des linken, woraus folgt, dass in den Lungen (durch die Sauerstoffbindung) eine Wärmebildung stattfindet, welche jedoch gewöhnlich durch die kalte Luft, sowie durch die Verdunstung von der Lungenoberfläche compensirt oder übercompensirt wird.

Seite 144, Zeile 20 von unten, lies „Phrenograph."

Seite 281, Zeile 20—23. Wie A. FICK neuerdings gefunden hat, entspricht der Nachwirkung des Electrotonus auf die Erregbarkeit, auch eine solche in Betreff des Nervenstroms, so dass der electrotonische Zuwachs nach Oeffnung des polarisirenden Stromes in die umgekehrte Richtung umschlägt, und dann verschwindet.

Seite 290 und 292. Neuerdings ist die Leitungsgeschwindigkeit auch an den motorischen Nerven des Menschen bestimmt worden (Helmholtz & Baxt), und zwar einfach durch den Unterschied des Latenzstadiums zweier von verschiedenen Puncten des N. medianus ausgelösten Myographioncurven (Verdickungscurven der Daumenmusculatur, vgl. p. 233); es ergab sich im Mittel 33,9 mtr. pro Secunde, welche Zahl mit der von Hirsch für sensible Nerven (p. 290) gefundenen übereinstimmt. Diese Zahl ist sicherer als alle bisherigen Bestimmungen am Menschen, weil hier der unberechenbare Einfluss der Centralorgane (p. 292) nicht ins Spiel kommt.

Seite 403 und 414. Die Lehre von der Unerregbarkeit des Rückenmarks und der Med. obl., gegen welche schon die im Text angeführte Wirkung chemischer Reize und die vasomotorischen Erscheinungen (s. d. Anm. S. 404) sprachen, ist neuerdings von Fick & Engelken als irrig erwiesen worden, da electrische Reizung aller Rückenmarkstheile (wenigstens der weissen Substanz) erfolgreich ist, ohne dass Stromesschleifen oder Reflexe mitwirken.

REGISTER.

www.ingramcontent.com/pod-product-compliance
Lightning Source LLC
Chambersburg PA
CBHW020858210326
41598CB00018B/1714